U0940924

中 国 国 家 标 准 汇 编

315

GB 19710～19713

（2005 年制定）

中 国 标 准 出 版 社

2006

图书在版编目（CIP）数据

中国国家标准汇编．315：GB 19710～19713：2005年制定/中国标准出版社总编室编．—北京：中国标准出版社，2006

ISBN 7-5066-4052-X

Ⅰ．中…　Ⅱ．中…　Ⅲ．国家标准-汇编-中国-2005　Ⅳ．T-652.1

中国版本图书馆CIP数据核字（2006）第022245号

中国标准出版社出版发行
北京复兴门外三里河北街16号
邮政编码：100045
网址 www.spc.net.cn
电话：68523946　68517548
中国标准出版社秦皇岛印刷厂印刷
各地新华书店经销

*

开本 880×1230　1/16　印张 37.75　字数 1154千字
2006年5月第一版　2006年5月第一次印刷

*

定价 180.00 元

出 版 说 明

1.《中国国家标准汇编》是一部大型综合性国家标准全集。自1983年起，按国家标准顺序号以精装本、平装本两种装帧形式陆续分册汇编出版。本《汇编》在一定程度上反映了我国建国以来标准化事业发展的基本情况和主要成就，是各级标准化管理机构，工矿企事业单位，农林牧副渔系统，科研、设计、教学等部门必不可少的工具书。

2. 本《汇编》收入我国正式发布的全部国家标准。各分册中如有顺序号缺号的，除特殊情况注明外，均为作废标准号或空号。

3. 由于本《汇编》的出版时间与新国家标准的发布时间已达到基本同步，我社将在每年出版前一年发布的新制定的国家标准，便于读者及时使用。出版的形式不变，分册号继续顺延。

4. 由于标准不断修订，修订信息不能在本《汇编》中得到充分和及时的反应，根据多年来读者的要求，自1995年起，在本《汇编》汇集出版前一年发布的新制定的国家标准的同时，新增出版前一年发布的被修订的标准的汇编版本，视篇幅分设若干分册。这些修订标准汇编的正书名、版本形式与《中国国家标准汇编》相同，但不占总的分册号，仅在封面和书脊上注明“20××年修订-1,-2,-3,……”字样，作为本《汇编》的补充。读者配套购买则可收齐前一年制定和修订的全部国家标准。

5. 由于读者需求的变化，自第201分册起，仅出版精装本。

本分册为第315分册，收入国家标准GB 19710～19713的最新版本。

中国标准出版社

2006年3月

目 录

GB/T 19710—2005 地理信息 元数据 …………………………………………………………… 1
GB/T 19711—2005 导航地理数据模型与交换格式 …………………………………………… 149
GB/T 19712—2005 塑料管材和管件 聚乙烯(PE)鞍形旁通 抗冲击试验方法 ……………… 579
GB/T 19713—2005 信息技术 安全技术 公钥基础设施 在线证书状态协议 ……………… 583

ICS 07.040;01.040.35
A 76

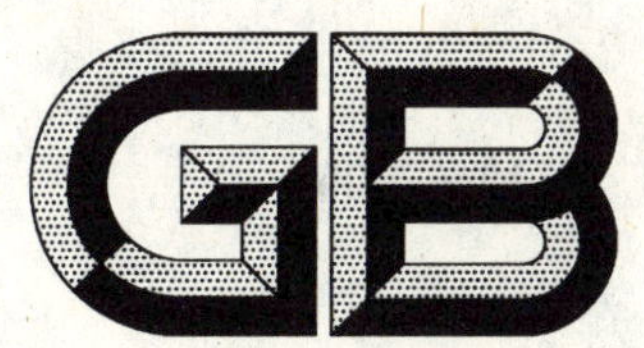

中华人民共和国国家标准

GB/T 19710—2005

地理信息　元数据

Geographic Information—Metadata

（ISO 19115:2003,MOD）

2005-04-15 发布　　　　2005-08-01 实施

中华人民共和国国家质量监督检验检疫总局
中国国家标准化管理委员会　发布

前言

本标准修改采用国际标准化组织地理信息标准化技术委员会(ISO/TC 211)制定的 ISO 19115：2003《地理信息　元数据》,作了如下改动：

① 标准的编写方法执行了国家标准 GB/T 1.1—2000《标准化工作导则　第1部分：标准的结构和编写规则》的要求。

② 引用国际标准名称或编号的改变：

a) 将“本国际标准”和“ISO 19115:2003”改为“本标准”；

b) 将“ISO 19100 系列标准”改为“地理信息系列国家标准”；

c) 将下列国际标准名称和编号用相应的国家标准名称或编号替代：

原国际标准编号	替代的国家标准编号
ISO 3166	GB/T 2659
ISO 4217:2001	GB/T 12406
ISO 639	GB/T 4880
ISO 8601	GB/T 7408—1994
ISO 8859	GB/T 15273
ISO 8879	GB/T 14814
ISO/IEC 10646-1	GB 13000.1
ISO/IEC 11179	GB/T 18391

③ 删除了原国际标准的前言。

④ 增加了如下术语和其定义：“数据交换网站 clearinghouse”和“数据志 lineage”。

⑤ 增加了“6.14 地理信息共享领域元数据专用标准范例”；删除了原 6.14 和原 6.15 的内容；修改了 G.2.4 中的要素实例元数据条目示例。

⑥ 删除了附录 B 数据字典中原“留空”的行，行号为：42、43、58、188、198～200、328～333、366，这些行号断号。

⑦ 删除了资料性附录 K“实现示例”和资料性附录 J“元数据元素自由文本的多语种支持”。

⑧ 元数据数据字典中保留了英文的“名称/角色名称”栏目，与中文“名称/角色名称”对照。其他修改包括：

a) 元素“9、144、364、394”的数据类型由“类”改为“日期型”，域由“日期(B.4.2)”改为“CCYY-MM-DD(GB/T 7408—1994)”；

b) 元素“64、89、106、300”的数据类型由“类”改为“日期时间型”，域由“日期时间(B.4.2)”改为“CCYY-MM-DD hh:mm:ss.s(GB/T 7408—1994)”；

c) B.2.7.6 投影参数信息：第 216 行元数据元素“带号”的定义由“100 km 格网带的唯一标识符”改为“投影分带的唯一标识符”；第 218 和 219 行的约束/条件由“O”改为“C/非方位投影?”；第 225 和 226 行的约束/条件由“O”改为“C/方位投影?”；

d) 元素 361 定义中的示例由“‘DCW’是‘Digital Chart of the World’的别名”改为“‘NFGIS’是‘National Fundamental Geographic Information System’”的别名”；元素 397 定义中的示例由“http://www.statkart.no/isotc211”改为“http://nfgis.nsdi.gov.cn/”；

e) 元素 381 和 383 的定义按照我国国情进行了修改；

f) 实体 69 最大出现次数由“*N*”改为“使用参照对象的最大出现次数”。

⑨ 增加了资料性附录 K“地理信息共享领域元数据专用标准范例”。

⑩ 代码表的修改：

a) “B.5.10 MD_字符集代码 ≪代码表≫”增加了 GB 18030《信息技术 信息交换用汉字编码字符集 基本集的扩充》，域代码为 030，删除了表中预留的域代码为 017 的行，该域代码保留；

b) 扩展了“B.5.8 DS_项目类型代码≪代码表≫”，并删除了代码表的原有内容，原代码的域仍然保留；

c) 按照 GB 7156—2003《文献保密等级代码》和 1988 年 9 月全国人大常委会颁布的《中华人民共和国保守国家机密法》修改了 B.5.11 MD_安全限制分级代码《代码表》中“未分级”、“秘密”、“机密”和“绝密”的说明；

d) “B.5.18 MD_维护频率代码 ≪代码表≫”增加了“按旬”，域代码为 013。

本标准附录 A、附录 B、附录 C、附录 D 和附录 E 为规范性附录，附录 F、附录 G、附录 H 和附录 K 为资料性附录。

本标准由全国地理信息标准化技术委员会提出。

本标准由全国地理信息标准化技术委员会归口。

本标准起草单位：国家基础地理信息中心、国土资源部信息中心、中国农业科学院农业自然资源和农业区划研究所、中国科学院地理科学与资源研究所。

本标准主要起草人：蒋景瞳、刘若梅、周旭、贾云鹏、姜作勤、姚艳敏、李新通。

引 言

随着电子技术的进步，对地理和与空间紧密相关事物的重要性认识的提高，数字地理信息和地理信息系统在全世界得到了广泛应用。除地理科学和信息技术领域外，各个学科的发展，越来越能够生产、提高和更新数字地理信息。鉴于地理数据集的数量、复杂程度和多样性的增长，快速了解这些数据整体特征的方法越来越重要。

数字地理数据是模拟和描述现实世界，以便用于计算机分析和用图形显示信息的一种尝试。事物的任何描述总是抽象的、总是局部的和总是许多可能的“视图”之一。这种现实世界的“视图”或模型不是其精确的复制。有些是近似的、有些经过了简化，而有些则被忽略。很难有绝对完善、完整和正确的数据。为保证数据不被误用，必须充分地说明影响数据生产的设定和限制。元数据允许数据生产者全面地说明数据集，以便用户能够了解其设定和限制，评估数据集对其应用需求的适用性。

鉴于地理数据被除生产者外的许多人所应用，通常由某一个人或单位生产，而由其他人或单位使用。适当的文本资料能使那些不熟悉数据的人更好地了解数据，并恰当地使用数据。由于地理数据生产者和用户处理的数据越来越多，适当的文本资料能为他们提供有关数据的丰富信息，使他们能够更好地管理、存储、更新和重复使用数据产品。

本标准的目的是提供描述数字地理数据特征的结构。期望信息系统分析人员、计划编制人员和地理信息系统开发人员使用本标准。试图了解地理信息标准化基本原理与整体要求的人们也可使用。本标准定义了元数据元素，提供了模式，并确定了一组通用的元数据术语、定义和扩展方法。当数据生产者执行本标准时将：

1） 为数据生产者提供适当的说明他们地理数据的有关信息。

2） 简化地理数据元数据的组织和管理。

3） 使用户了解数据的基本特征，从而能够最有效地应用地理数据。

4） 使数据发现、检索和重复使用变得容易。用户能更好地确定地理数据位置，访问、评价、购买和使用地理数据。

5） 使用户能够决定他们是否使用已有的地理数据。

本标准定义通用的地理信息元数据。更详细的地理数据类型和地理服务元数据由地理信息系列国家标准的其他标准定义和由用户扩展。

地理信息　元数据

1　范围

本标准定义描述地理信息及其服务所需要的模式。它提供有关数字地理数据标识、覆盖范围、质量、空间和时间模式、空间参照系和分发等信息。

本标准适用于：

——数据集编目、对数据集进行完整描述和数据交换网站的数据服务；

——地理数据集、数据集系列，以及单个地理要素和要素属性描述。

本标准定义了：

——必选的和条件必选的元数据子集、元数据实体和元数据元素；

——适合于元数据全部应用范围(数据发现、确定数据的适用程度、数据访问、数据传输和数字数据应用)所需要的最少的元数据集；

——可选的元数据元素，以便必要时能对地理数据进行更详尽的描述；

——为满足特殊需要对元数据进行扩展的方法。

虽然本标准适合于数字数据，但其原理可以扩展到许多其他形式的地理信息，如地图、图表和文本文件，以及非地理数据。

注：某些必选元数据元素可能不适用于这类其他形式的地理信息。

2　一致性

2.1　一致性要求

元数据在第6章、附录A和附录B中阐明。

用户定义的元数据按照附录C定义和描述。

任何声称与本标准一致的元数据应当满足附录D提出的抽象测试套件中规定的要求。

2.2　元数据专用标准

任何与本标准一致的专用标准应当与附录C中C.6的规则一致。

2.3　约束和条件

为使用附录D的抽象测试套件进行一致性测试，应当考虑在专用标准中说明元数据实体和元素是必选、条件必选或是可选。

3　规范性引用文件

下列文件中的条款通过本标准的引用而成为本标准的条款。凡是注明日期的引用文件，其随后所有的修改单(不包括勘误的内容)或修订版均不适用于本标准。但是，鼓励根据本标准达成协议的各方，研究是否可使用这些文件的最新版本。凡是不注明日期的引用文件，其最新版本适用于本标准。

GB/T 2659—1994　世界各国和地区名称代码(eqv ISO 3166-1:1997)

GB/T 4880—1991　语种名称代码(eqv ISO 639:1998)

GB/T 4880.2—2000　语种名称代码　第2部分：3字母代码(eqv ISO 639-2:1998)

GB/T 7408—1994　数据元和交换格式　信息交换　日期和时间表示法

GB/T 12406—1996　表示货币和资金的代码(idt ISO 4217:1990)

GB 13000.1—1993　信息技术　通用多八位编码字符集(UCS)　第一部分：体系结构与基本多文种平面(idt ISO/IEC 10646-1:1993)

GB/T 14814—1993 信息处理 文本和办公系统 标准通用置标语言(SGML)(eqv ISO 8879:1986)

GB/T 15273 信息处理 八位单字节编码图形字符集(idt ISO 8859)

GB/T 18391.1—2002 信息技术 数据元的规范与标准化 第1部分:数据元的规范与标准化框架

GB/T 18391.2—2003 信息技术 数据元的规范与标准化 第2部分:数据元的分类

GB/T 18391.3—2001 信息技术 数据元的规范与标准化 第3部分:数据元的基本属性

GB/T 18391.4—2001 信息技术 数据元的规范与标准化 第4部分:数据定义的编写规则与指南

GB/T 18391.5—2001 信息技术 数据元的规范与标准化 第5部分:数据元的命名和标识原则

GB/T 18391.6—2001 信息技术 数据元的规范与标准化 第6部分:数据元的定义

ISO 8859 (第1至16部分),信息技术 8位单字节编码图形字符集(Information technology—8 bit single byte coded graphic character sets)

ISO 19106:2004 地理信息 专用标准(Geographic information—Profiles)

ISO 19107:2003 地理信息 空间模式(Geographic information—Spatial schema)

ISO 19108:2002 地理信息 时间模式(Geographic information—Temporal schema)

ISO 19109 地理信息 应用模式规则(Geographic information—Rules for application schema)

ISO 19110:2005 地理信息 要素编目方法(Geographic information—Feature cataloguing methodology)

ISO 19111:2003 地理信息 基于坐标的空间参照(Geographic information—Spatial referencing by coordinates)

ISO 19112:2003 地理信息 基于地理标识符的空间参照(Geographic information—Spatial referencing by geographic identifiers)

ISO 19113:2002 地理信息 质量基本元素(Geographic information—Quality principles)

ISO 19114:2003 地理信息 质量评价程序(Geographic information—Quality evaluation procedures)

ISO 19117 地理信息 图示表达(Geographic information—Portrayal)

ISO 19118 地理信息 编码(Geographic information—Encoding)

4 术语和定义

本标准采用下列术语和定义。

注:与 UML 模型一起使用的术语和定义在第5章中列出。

4.1

数据类型 data type

允许对域内的值进行操作的值域说明。[ISO 19103 地理信息 概念模式语言]

例如整型、实型、布尔型、字符串、日期型和 **GM_点**(GM_Point)。

注:数据类型用术语标识,如整型。

4.2

数据集 dataset

可以识别的数据集合。

注:通过诸如空间范围或要素类型的限制,数据集在物理上可以是更大数据集较小的部分。从理论上讲,数据集可以小到更大数据集内的单个要素或要素属性。一张硬拷贝地图或图表均可以被认为是一个数据集。

4.3

数据集系列 dataset series

符合相同产品规范的数据集集合。

4.4

格网 grid

由两组或更多组曲线组成的网络，其中每一组均按算法与其他组相交。[ISO 19123 地理信息 数据覆盖层几何特征与函数模式]

4.5

元数据 metadata

关于数据的数据。即数据的标识、覆盖范围、质量、空间和时间模式、空间参照系和分发等信息。

4.6

元数据元素 metadata element

元数据的基本单元。

注1：元数据元素在元数据实体中是唯一的。

注2：与UML术语中的属性同义。

4.7

元数据实体 metadata entity

一组说明数据相同特性的元数据元素。

注1：可以包括一个或一个以上的元数据实体。

注2：与UML术语中的类同义。

4.8

元数据子集 metadata section

元数据的子集合，由相关的元数据实体和元素组成。

注：与UML术语中的包同义。

4.9

模型 model

论域的某些方面的抽象。[ISO 19109]

4.10

资源 resource

能满足某种需求的资产或手段。

例如：数据集、服务、文档、人力或机构。

4.11

时间参照系 temporal reference system

时间度量所依据的参照系。[ISO 19108]

4.12

数据交换网站 clearinghouse

数据生产者、管理者和用户之间的分布式、电子连接的网络。

4.13

数据志 lineage

数据的历史沿革信息，包括获取或生产数据使用的原始资料说明、数据处理中的参数、步骤等情况及负责单位的有关信息等。

5 符号和缩略语

5.1 缩略语

DTD 文件类型定义(Document Type Definition)

IDL 接口定义语言(Interface Definition Language)

OCL 对象约束语言(Object Constraint Language)

SGML 标准通用置标语言(Standard Generalized Markup Language)

UML 统一建模语言(Unified Modelling Language)

XML 可扩展置标语言(Extensible Markup Language)

5.2 统一建模语言(UML)符号

本标准出现的图用UML静态结构图表示,用ISO接口定义语言(IDL)基本类型定义和UML的对象约束语言(OCL)作为概念模式语言。图1说明本标准使用的UML符号:

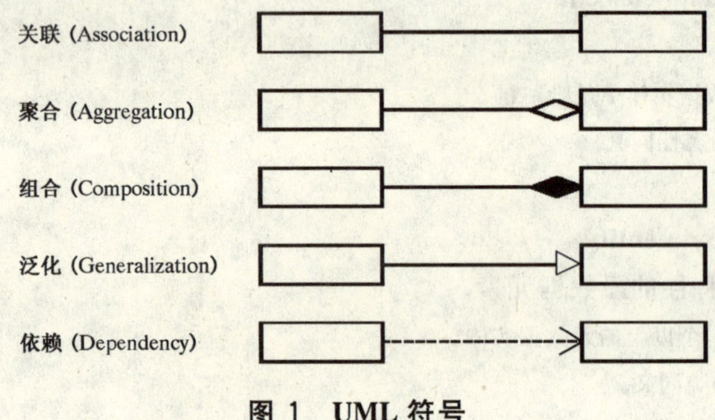

图1 UML符号

5.3 UML模型关系

5.3.1 关联

关联用于说明两个或更多类之间的关系。UML定义三种不同类型关系:关联、聚合和组合。这三种类型具有不同的语义。通常的关联关系用于表示两个类之间的一般关系。聚合关联和组合关联用于创建两个类之间的部分与整体关系。关联的方向必须说明。如果不指明方向,则假定为双向关联。如果是单向关联,关联方向可以在线段终点用箭头标记。

聚合关联表示两个类之间的关系,在该关系中,一个类担当容器角色,另一个类担当容器的构件角色。

组合关联是强聚合。在组合关联中,如果删除一个容器对象,则它的所有容器构件对象也被删除。当没有容器对象,表示容器对象局部的对象就不能存在时,应当使用组合关联。

5.3.2 泛化

泛化表示超类与可以替代它的子类之间的关系。超类是泛化类,而子类则定义为特化类。

5.3.3 实例化/依赖

依赖关系表示**客户类**依赖**供方类/接口**提供一定服务,如:

- **客户类**访问**供方类/接口**定义的值(常数或变量);
- **客户类**的操作调用**供方类/接口**的操作;
- **客户类**的操作有签名,它的**返回类**或变元是**供方类/接口**的实例。

实例化关系表示用实际值替代参数化类参数或参数化类实用程序的操作,以创建其特化型式。

5.3.4 角色

如果关联可按特定的方向导航,模型则提供一个"角色名称",它对于与源对象有关的目标对象的角色是适当的。因此在双向关联中，将提供两个角色名称。图 2 说明在 UML 图中如何表示角色名称和基数。

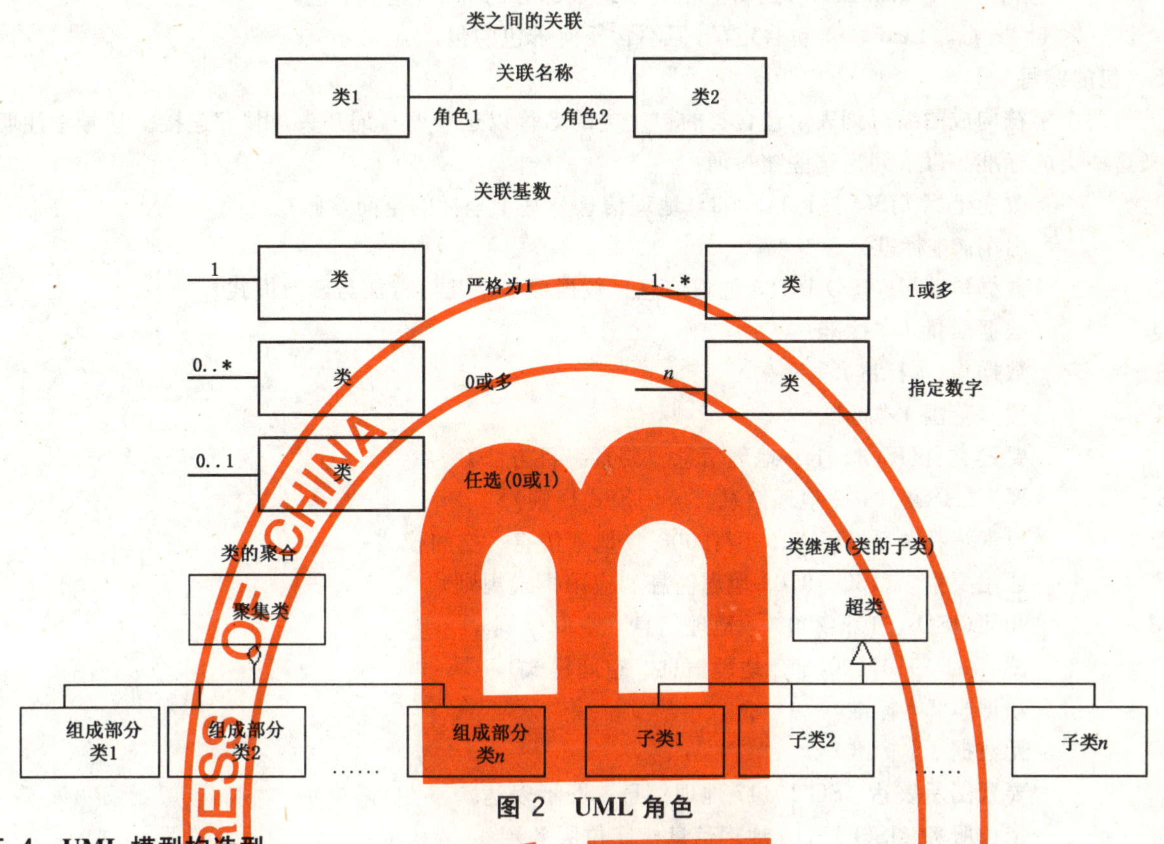

图 2　UML 角色

5.4　UML 模型构造型

UML 构造型是现有 UML 概念的扩展机制。它是一个模型元素，用于对其他 UML 元素进行分类(或标记)，使得它们在某些方面行为上类似新的虚拟或伪元模型类的实例，其构成基于现有基本元模型类。构造型在固有的 UML 元模型类结构的基础上，增强分类机制。以下是本标准使用的构造型的简单说明，更详细的说明见 ISO/TS 19103。

本标准使用如下构造型：

a)　≪类型≫(≪**Type**≫)说明实例(对象)的域和可用于对象的操作的类。一个类型可以有属性和关联。

b)　≪枚举≫(≪**Enumeration**≫)数据类型，其实例构成命名字符值的列表。枚举的名称与它的字符值都予以说明。枚举的意思是一个类中熟知的可取值的简短列表。

c)　≪数据类型≫(≪**DataType**≫)一组不同值的描述符，其操作没有副作用。数据类型包括基本的预定义类型和用户定义的类型。预定义的数据类型包括数字型、字符串和时间型。用户定义的数据类型包括枚举型。

d)　≪代码表≫(≪**CodeList**≫)用于说明更开放的枚举。≪代码表≫是一个灵活的枚举。代码表对于表示潜在值的长表是有用的。如果表的元素完全是已知的，应当使用枚举；如果只有元素的可能值是已知的，则应使用代码表。

e)　≪联合 ≫(≪**Union**≫)选择一种特化类型的说明，可用于确定能够使用的可选类/类型，而无需生成一个公共的超类/超类型。

f)　≪抽象≫(≪**Abstract**≫) 不能直接实例化的类(或其他类元)。该类的 UML 符号用斜体表示其名称。

g)　≪元类≫(≪**Metaclass**≫) 其实例为类的类。元类主要用于构成元模型。元类是对象类，它的主要目的是容纳其他类的元数据。

h) ≪接口≫(≪**Interface**≫)一组命名的操作,说明元素的行为。

i) ≪包≫(≪**Package**≫)逻辑上相关的组成部分的群集,包括子包。

j) ≪叶≫(≪**Leaf**≫) 包含定义,但不含任何子包的包。

5.5 包的缩写

用两个字符构成的缩写词表示包含类的包。类的名称以这些缩写词开头,用"_"连接。括号中注明定义这些类的标准。以下列出这些缩写词:

CC 改变坐标 (ISO 19111:2003 地理信息 基于坐标的空间参照)
CI 引用 (本标准)
CV 数据覆盖层 (ISO 19123 地理信息 数据覆盖层几何特征与函数模式)
DQ 数据质量 (本标准)
DS 数据集(本标准)
EX 覆盖范围 (本标准)
FC 要素类目(ISO 19110 地理信息 要素编目方法)
FE 要素 (ISO 19109 地理信息 应用模式规则)
FT 要素拓扑关系 (ISO 19107:2003 地理信息 空间模式)
GF 通用要素 (ISO 19109 地理信息 应用模式规则)
GM 几何(ISO 19107:2003 地理信息 空间模式)
GR 图(ISO 19107:2003 地理信息 空间模式)
LI 数据志 (本标准)
MD 元数据 (本标准)
PF 要素图示表达(ISO 19117 地理信息 图示表达)
PS 定位服务 (ISO 19116 地理信息 定位服务)
RS 参照系 (本标准)
SC 空间坐标 (ISO 19111:2003 地理信息 基于坐标的空间参照)
SI 空间标识 (ISO 19112:2003 地理信息 基于地理标识符的空间参照)
SV 服务 (ISO 19119 地理信息 服务)
TM 时间 (ISO 19108:2002 地理信息 时间模式)
TP 拓扑关系(ISO 19107:2003 地理信息 空间模式)
TS 简单拓扑关系 (ISO 19107:2003 地理信息 空间模式)

5.6 UML 模型/数据字典关系

表 1 说明 UML 模型术语和数据字典术语之间的关系。

表 1 UML 模型和数据字典关系

UML 模型	数据字典
包	子集
泛化类	实体
特化类	实体
类	实体
属性	元素
关联	元素

6 要求

6.1 地理数据元数据的要求

本标准定义描述数字地理数据所需要的元数据。元数据可以应用于独立的数据集、数据集聚合、单个地理要素和组成要素等各类对象。应当提供地理数据集元数据，也可以提供数据集聚合、要素和要素属性的元数据。元数据由一个或多个元数据子集(UML 包)构成，后者包含一个或多个元数据实体(UML 类)。

6.2 元数据应用信息

图 3 是 UML 类图，定义元数据描述的地理信息的种类。它规定一个数据集(DS_DataSet)必须有一个或多个相关的元数据实体集(MD_Metadata)。元数据可酌情与要素、要素属性、要素类型、要素特征类型(由要素关联角色、要素属性类型和要素操作实例化的元类)和数据集聚合(DS_Aggregate)相关。数据集聚合可以定义(再分类)为泛化关联 (DS_OtherAggregate)、数据集系列(DS_Series)，或项目(DS_Initiative)。**MD_元数据**(MD_Metadata) 也用于该图未表示的其他信息和服务(见 **MD_范围代码**,B. 5. 25)的类。

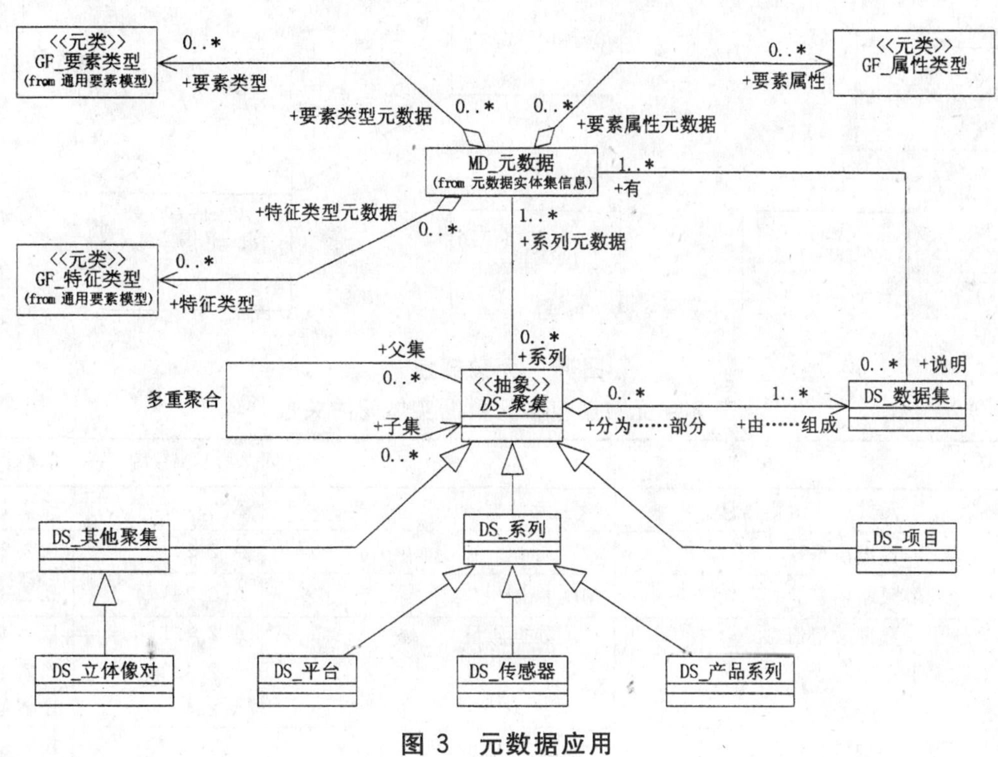

图 3 元数据应用

6.3 元数据包

6.3.1 元数据包和实体关系

本标准中，地理数据的元数据用 UML 包表示。每个包包含一个或多个实体(UML 类)，它们可以是特化的(子类)或泛化的(超类)。实体包含标识各个元数据单元的元素(UML 类属性)。实体可以与一个或多个其他实体相关。实体可以按需要聚集或重复以满足:(1) 本标准规定的必选要求;(2) 用户的其他要求。图 4 表示包的结构。附录 A 和附录 B 分别用每个包的 UML 模型图和数据字典完整地描述了元数据。如果两个附录出现差异，以附录 A 为准。

表 2 列出元数据包和元数据实体之间的关系。元数据包列在包栏目下，相应包中的元数据聚集实体列在实体栏目下。包含在包中的元数据实体在 6.3.2 至 6.4.2 节中进一步定义。每个包有一条相应的条目，列在条目号栏目下。

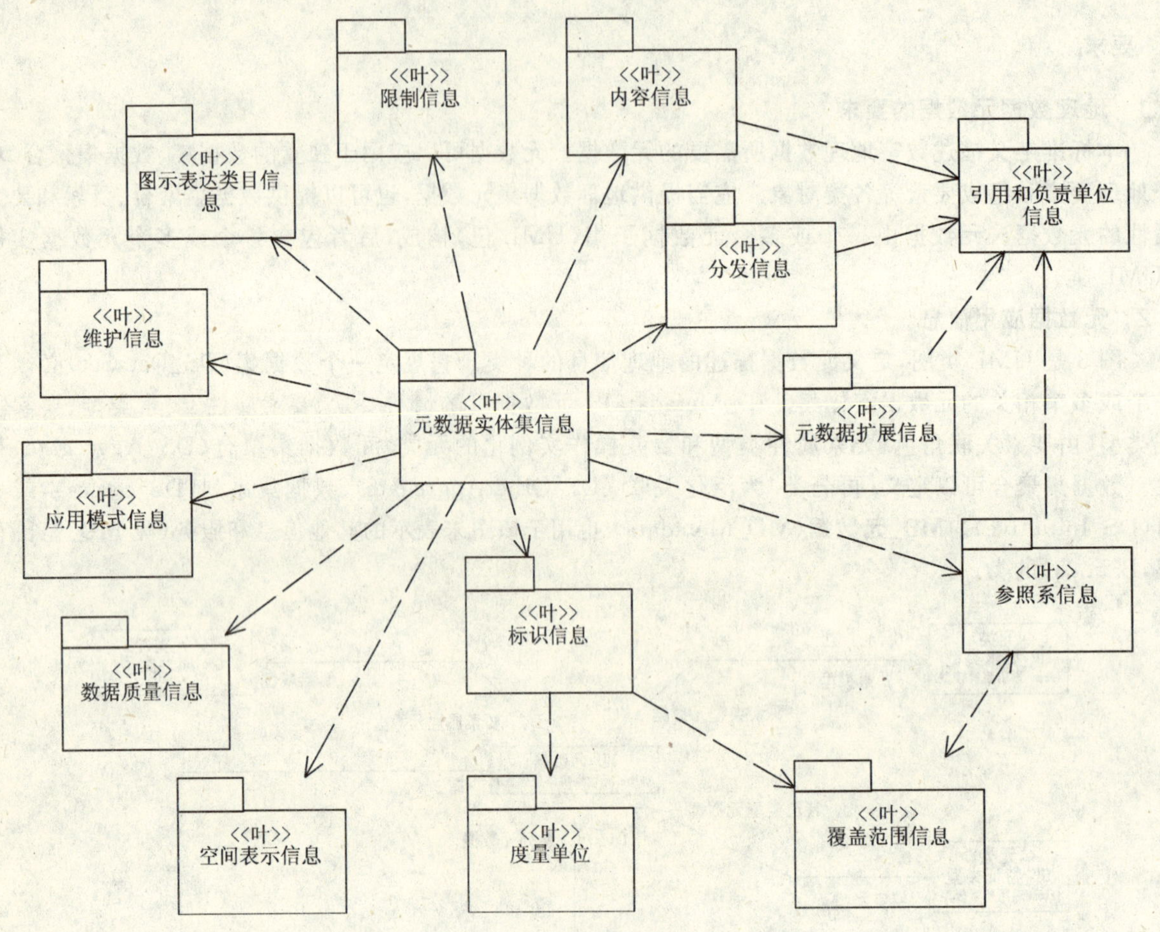

图 4 元数据包

表 2 元数据包和元数据实体间的关系

条目号	包	实体	UML 图	数据字典
6.3.2.1	元数据实体集信息	MD_元数据	A.2.1	B.2.1
6.3.2.2	标识信息	MD_标识	A.2.2	B.2.2
6.3.2.3	限制信息	MD_限制	A.2.3	B.2.3
6.3.2.4	数据质量信息	DQ_数据质量	A.2.4.1 A.2.4.2 A.2.4.3	B.2.4.1 B.2.4.2 B.2.4.3
6.3.2.5	维护信息	MD_维护信息	A.2.5	B.2.5
6.3.2.6	空间表示信息	MD_空间表示	A.2.6	B.2.6
6.3.2.7	参照系信息	MD_参照系	A.2.7	B.2.7
6.3.2.8	内容信息	MD_内容信息	A.2.8	B.2.8
6.3.2.9	图示表达类目信息	MD_图示表达类目参照	A.2.9	B.2.9
6.3.2.10	分发信息	MD_分发	A.2.10	B.2.10
6.3.2.11	元数据扩展信息	MD_元数据扩展信息	A.2.11	B.2.11
6.3.2.12	应用模式信息	MD_应用模式信息	A.2.12	B.2.12
6.4.1	覆盖范围信息	EX_覆盖范围	A.3.1	B.3.1
6.4.2	引用和负责单位信息	CI_引用 CI_负责单位	A.3.2	B.3.2

6.3.2 包说明

6.3.2.1 元数据实体集信息(MD_元数据)

元数据实体集信息由必选的 **MD_元数据**实体(UML 类)组成。**MD_元数据**实体包含必选的和可选的元数据元素(UML 属性)。**MD_元数据**实体是下列实体(后面的子条目对它们进一步解释)的聚集:

- MD_标识(MD_Identification)
- MD_限制(MD_Constraints)
- DQ_数据质量(DQ_DataQuality)
- MD_维护信息(MD_MaintenanceInformation)
- MD_空间表示(MD_SpatialRepresentation)
- MD_参照系(MD_ReferenceSystem)
- MD_内容信息(MD_ContentInformation)
- MD_图示表达类目参照(MD_PortrayalCatalogueReference)
- MD_分发(MD_Distribution)
- MD_元数据扩展信息(MD_MetadataExtensionInformation)
- MD_应用模式信息(MD_ApplicationSchemaInformation)

6.3.2.2 标识信息(MD_标识)

标识信息包含唯一标识数据的信息。标识信息包括有关资源的引用、摘要、目的、可信度、状况和联系方等信息。**MD_标识**实体是必选的。它包含必选、条件必选和可选元素。当用于标识数据时,**MD_标识**实体可以定义为(划分为子类)**MD_数据标识**(MD_DataIdentification),当用于标识服务时,则定义为 **MD_服务标识**(MD_ServiceIdentification)。**MD_服务标识**提供服务的概略说明,详见 ISO 19119 地理信息 服务。MD_标识是下列实体的聚集:

- **MD_格式**(MD_Format),数据格式;
- **MD_浏览图**(MD_BrowseGraphic),数据的概略图形;
- **MD_应用**(MD_Usage),数据的特定应用;
- **MD_限制**(MD_Constraints),对资源施加的限制;
- **MD_关键字**(MD_Keywords),描述资源的关键字;
- **MD_维护信息**(MD_MaintenanceInformation),计划更新数据的频度和更新范围;
- **MD_聚集信息**(MD_AggregateInformation),元数据描述的数据集所属或来源的数据集的信息。

MD_数据标识的**覆盖范围**元素是条件必选的。如果数据集有空间参照,应当包括覆盖范围的地理元素角色的子类 **EX_地理边界矩形**(EX_GeographicBoundingBox)或 **EX_地理区域描述**(EX_GeographicDescription),必要时两个子类都可以使用。

MD_数据标识的字符集(characterSet)元素是条件必选的。如果不执行 GB 2312,则需说明该元素。

6.3.2.3 限制信息(MD_限制)

该包包括有关对数据施加的限制信息。**MD_限制**实体是可选的,可以定义为 **MD_法律限制**(MD_LegalConstraints)和/或 **MD_安全限制**(MD_SecurityConstraints)。

仅当 **MD_限制代码**(MD_RestrictionCode)代码表中的**访问限制**(accessConstraints)元素和/或使用限制(useConstraints)元素的值为"**其他限制**(otherRestrictions)"时,**MD_法律限制**的**其他限制**元素为非零。

6.3.2.4 数据质量信息(DQ_数据质量)

该包包含数据集质量的总体评价。**DQ_数据质量**实体是可选的,包含质量评价的范围。**DQ_数据质量**是 **LI_数据志**(LI_Lineage)和 **DQ_元素**(DQ_Element)的聚集。**DQ_元素**可以定义为 **DQ_完整性**

(DQ_Completeness), **DQ_逻辑一致性**(DQ_LogicalConsistency), **DQ_位置准确度**(DQ_PositionalAccuracy), **DQ_专题准确度**(DQ_ThematicAccuracy)和 **DQ_时间准确度**(DQ_TemporalAccuracy)。这五个实体表示数据质量元素,可以进一步细分数据质量子元素。用户可以通过划分 **DQ_元素**的子类或适当的子元素,扩充数据质量元素和子元素。

该包也包括有关用于生产数据集的数据源和生产过程信息。**LI_数据志**实体是可选的,包含有关数据志的说明。**LI_数据志**是 **LI_处理步骤**(LI_ProcessStep)和 **LI_数据源**(LI_Source)的聚集。

当 **DQ_数据质量. 范围. DQ_范围. 数据层次**(DQ_DataQuality. scope. DQ_Scope. level)的值为"数据集"时, **DQ_数据质量**的"**报告**"角色和"**数据志**"角色都必须选取。

当 **DQ_范围**(DQ_Scope)的"**数据层次**(level)"元素的值不为"**数据集**"或"**数据集系列**"时, **DQ_范围**的"**数据层次说明**(levelDescription)"元素必选。

当 **DQ_数据质量. 范围. DQ_范围. 数据层次**的值为"**数据集**"或"**数据集系列**",且"**数据源**(source)"和"**处理步骤**(processStep)"的 **LI_数据志**角色不选用时,则 **LI_数据志**的"说明(statement)"元素必选。

当 **LI_数据志**的"**说明**"元素和"**处理步骤**"角色不选用时, **LI_数据志**的"**数据源**"角色必选。

当 **LI_数据志**的"**说明**"元素和"**数据源**"角色不选用时, **LI_数据志**的"**处理步骤**"角色必选。

无论 **LI_数据源**的"**说明**(description)"元素,还是"**数据源覆盖范围**(sourceExtent)"元素都必须选用。

6.3.2.5 维护信息 (MD_维护信息)

该包包括有关数据更新范围和更新频率信息。**MD_维护信息**实体是可选的,包含必选和可选元数据元素。

6.3.2.6 空间表示信息 (MD_空间表示)

该包包含数据集中用于表示空间信息的机制信息。**MD_空间表示信息**实体是可选的,可以定义为 **MD_格网空间表示**(MD_GridSpatialRepresentation)实体和 **MD_矢量空间表示**(MD_VectorSpatialRepresentation)实体。定义的每一种实体都包含必选和可选元数据元素。如果需要进一步说明, **MD_格网空间表示**可以定义为 **MD_地理校正**(MD_Georectified)和/或 **MD_地理可参照性**(MD_Georeferenceable)。空间数据表示的元数据从 ISO 19107 导出。

6.3.2.7 参照系信息 (MD_参照系)

该包包括数据集使用的空间和时间参照系的说明。**MD_参照系**包含标识所使用参照系的元素。**MD_参照系**可以再分为 **MD_坐标参照系**(MD_CRS)和 **MD_椭球体参数**(MD_EllipsoidParameters),前者是 **MD_投影参数**(MD_ProjectionParameters)的聚集。**MD_投影参数**又是 **MD_斜轴方位**(MD_ObliqueLineAzimuth)和 **MD_斜轴点**(MD_ObliqueLinePoint)的聚集。

6.3.2.8 内容信息 (MD_内容信息)

该包包含标识所使用的要素类目(**MD_要素类目说明**(MD_FeatureCatalogueDescription))信息和/或描述数据集数据覆盖层内容(**MD_数据覆盖层说明**(MD_CoverageDescription))的信息。这两种说明实体均是 **MD_内容信息**实体的子类。**MD_数据覆盖层说明**可以有 **MD_影像说明**(MD_ImageDescription)子类,且有一个 **MD_量纲范围**(MD_RangeDimension)聚集。**MD_量纲范围**又可以有 **MD_波段**(MD_Band)子类。

6.3.2.9 图示表达类目参照信息 (MD_图示表达类目参照)

该包包括标识所使用的图示表达类目信息。它由可选的 **MD_图示表达类目参照**实体组成。该实体包含必选的元素,用于说明数据集使用的图示表达类目。

6.3.2.10 分发信息 (MD_分发)

该包包括有关资源分发方和可选的如何获取资源的信息。它包含可选的 **MD_分发**实体。**MD_分发**是数字数据集分发(**MD_数字传输选项**(MD_DigitalTransferOptions))、分发方标识 (**MD_分发方**

(MD_Distributor))和分发格式(**MD_格式**)等选项的聚集,包含必选的和可选的元素。**MD_数字传输选项**包含用于数据集分发的介质(**MD_介质**(MD_Medium)),且是**MD_分发方**的聚集。分发订购程序(**MD_标准订购程序**(MD_StandardOrderProcess))是**MD_分发方**的另一个聚集。

当**MD_分发方**的"**分发方格式**"(distributorFormat)角色不选用时,**MD_分发**的"**分发格式**"(distributionFormat)角色必选。

当**MD_分发**的"**分发格式**"角色不选用时,**MD_分发方**的"**分发格式**"角色必选。

6.3.2.11 元数据扩展信息(MD_元数据扩展信息)

该包包含有关用户定义的扩展信息。它包括可选的**MD_元数据扩展信息**实体。**MD_元数据扩展信息**是描述扩展的元数据元素(**MD_扩展元素信息**(MD_ExtendedElementInformation))信息的聚集。

如果**MD_扩展元素信息**的"**数据类型**"(dataType)元素的值不为"**代码表**"、"**枚举**"或"**代码表元素**"(codelistElement),则"**约束条件**"(obligation)、"**最大出现次数**"(maximumOccurence)和"**域值**"(domainValue)元素必选。

如果**MD_扩展元素信息**的"**数据类型**"元素的值为"**代码表元素**",则"**域代码**"(domainCode)元素必选。

如果**MD_扩展元素信息**的"**数据类型**"元素的值不为"**代码表元素**",则"**缩写名**"(shortName)元素必选。

如果**MD_扩展元素信息**的"**约束条件**"元素的值为"**条件必选**"(conditional),则"**条件**"(condition)元素必选。

6.3.2.12 应用模式信息(MD_应用模式信息)

该包包含有关用于建立数据集的应用模式信息。它包括可选的**MD_应用模式信息**实体。该实体包括必选的和可选的元素。

6.4 元数据数据类型

6.4.1 覆盖范围信息(EX_覆盖范围)

该包的数据类型是描述有关实体的空间和时间覆盖范围的元数据元素的聚集。**EX_覆盖范围**(EX_Extent)实体包含有关实体的**地理覆盖范围**(EX_GeographicExtent)、**时间覆盖范围**(EX_TemporalExtent)和**垂向覆盖范围**(EX_VerticalExtent)的信息。**EX_地理覆盖范围**可以分为**EX_边界多边形**(EX_BoundingPolygon)、**EX_地理边界矩形**和**EX_地理区域描述**子类。**空间和时间覆盖范围**(EX_SpatialTemporalExtent)组合是**EX_地理覆盖范围**的聚集。**EX_空间时间覆盖范围**是**EX_时间覆盖范围**的子类。

EX_覆盖范围有3个可选的角色,名称为"**地理覆盖范围**"(geographicElement)、"**时间覆盖范围**"(temporalElement)和"**垂向覆盖范围**"(verticalElement),以及1个名为"**描述**"(description)的元素。至少要选用这4个中的1个。

实体构造型"**数据类型**"在5.4中定义。

6.4.2 引用和负责单位信息(CI_引用和CI_负责单位)

该数据类型包提供引用资料(数据集、要素、原始资料、出版物等)的标准方法(**CI_引用**(CI_Citation)),以及引用资料的负责单位信息(**CI_负责单位**(CI_ResponsibleParty))。**CI_负责单位**的数据类型包括资源的负责人标识,和/或职务,和/或单位。还说明负责人或单位的位置(**CI_地址**(CI_Address))。

实体构造型"**数据类型**"在5.4中定义。

6.5 地理数据集核心元数据

本标准定义了完整的元数据元素集,但通常仅仅应用全部元素的一个子集。实际上对一个数据集而言,往往只使用基本的最少数量的元数据元素。表3中列出的是标识一个数据集,特别是为了编目的目的所需要的核心元数据元素。该表包含的元数据元素回答以下问题:"特定专题的数据集存在吗('什么')?"、"覆盖特定的地区('何处')?"、"特定的日期或时段('何时')?"以及"了解更多情况或订购数据集的联系方('谁')?"除必选元素外,使用推荐的可选元素能提高互操作能力,允许用户准确地理解生产者或发布者提供的地理数据和相关的元数据。本标准的数据集元数据专用标准应包含该核心元数据。

表3列出描述数据集所需的核心元数据元素(必选的和推荐可选的)。"M"表示该元素是必选的,"O" 表示该元素是可选的,"C"表示特定条件下该元素是必选的。

表 3　地理数据集核心元数据

数据集名称 (M) (MD_元数据 > MD_数据标识. 引用> CI_引用. 名称)	空间表示类型 (O) (MD_元数据 > MD_数据标识. 空间表示类型)
数据集引用日期 (M) (MD_元数据 > MD_数据标识. 引用> CI_引用. 日期)	参照系 (O) (MD_元数据 > MD_参照系)
数据集负责单位 (O) (MD_元数据 > MD_数据标识. 联系方 > CI_负责单位)	数据志(O) (MD_元数据 > DQ_数据质量. 数据志 > LI_数据志)
数据集地理位置 (由四个地理边界坐标或地理标识符确定) (C) (MD_元数据 > MD_数据标识. 覆盖范围> EX_覆盖范围> EX_地理覆盖范围>EX_地理边界矩形或 EX_地理区域描述)	在线资源 (O) (MD_元数据 > MD_分发 > MD_数字传输选项. 在线 > CI_在线资源)
数据集采用的语种 (M) (MD_元数据 > MD_数据标识. 语种)	元数据文件标识符 (O) (MD_元数据. 文件标识符)
数据集采用的字符集 (C) (MD_元数据 > MD_数据标识. 字符集)	元数据标准名称 (O) (MD_元数据. 元数据标准名称)
数据集专题分类 (M) (MD_元数据 > MD_数据标识. 专题类型)	元数据标准版本 (O) (MD_元数据. 元数据标准版本)
数据集空间分辨率 (O) (MD_元数据 >MD_数据标识. 空间分辨率 > MD_分辨率. 等效比例尺分母或 MD_分辨率. 采样间隔)	元数据采用的语种 (C) (MD_元数据. 语种)
数据集摘要说明 (M) (MD_元数据 > MD_数据标识. 摘要)	元数据采用的字符集 (C) (MD_元数据. 字符集)
分发格式 (O) (MD_元数据 > MD_分发 > MD_格式. 名称 和 MD_格式. 版本)	元数据联系方(M) (MD_元数据. 联系 > CI_负责单位)
数据集覆盖范围补充信息 (垂向的和时间的) (O) (MD_元数据 > MD_数据标识. 覆盖范围 > EX_覆盖范围> EX_时间覆盖范围或 EX_垂向覆盖范围)	元数据创建日期 (M) (MD_元数据. 创建日期)

6.6 统一建模语言（UML）图

附录 A 用统一建模语言(UML)图的形式提供元数据模式。这些图与附录 B 中的数据字典一致，用于完整地定义元数据的整体抽象模型。

6.7 数据字典

附录 B 包含元数据模式的元素和实体定义。该字典与附录 A 中的图一致，用于完整地定义元数据的整体抽象模型。

本标准（B.5 和 A.2）提供的代码表和它们的值是规范性的。用户对代码表的扩充应遵循附录 C 和 GB/T 18391—2002 中阐明的规则。GB/T 18391—2002 规定了注册数据元素所需说明的信息、满足的条件和遵循的步骤。

6.8 元数据扩展和专用标准

附录 C 提供定义和应用补充元数据的规则，以便更好地满足特殊用户的需求。

6.9 抽象测试套件

附录 D 定义声称与本标准一致所必需通过的测试。

6.10 数据集的全集元数据专用标准

附录 E 定义全集元数据应用模式，提供可执行的元数据专用标准。它包含完全地说明地理数据资源（独立的数据集、数据集系列或单个地理要素）所需要的必选的和可选的元数据。该模式充分定义标识、评价、提取、使用和管理地理信息所需的全集元数据。通常由数据生产者提供全集元数据。

该模式用 UML 模型描述。

6.11 元数据扩展方法

附录 F 提供元数据扩展指导。应按照附录 C 说明的规则定义扩展的元数据元素。

6.12 元数据实现

附录 G 提供实现和管理元数据的一般方法及概念，以达到查询、检索、交换和表示元数据的目的。

6.13 元数据分层结构

附录 H 提供按不同层级元数据需求，有效处理数据集元数据的方法。

6.14 地理信息共享领域元数据专用标准范例

附录 K 定义地理信息共享领域的元数据应用模式，提供可执行的元数据专用标准的一个范例。它包含说明地理信息共享数据所需要的必选的和可选的元数据。

该模式用 UML 模型和元数据字典描述。

附录 K 还提供地理信息共享领域元数据专用标准的应用示例。

附　录　A
（规范性附录）
元数据模式

A.1　元数据 UML 模型

描述地理数据的元数据用统一建模语言(UML)抽象对象模型定义。以下各节的图提供“视图”，它们是整个元数据抽象模型的一部分。每幅图定义了由相关实体、元素、数据类型和代码表构成的元数据子集(UML包)。在其他图中定义的相关实体的元素予以省略，并在实体名称下括号内说明定义的包。以下的所有模型中，实体有必选的元素和/或可选的元素，以及关联。在某些情况下，可选的实体可以有必选的元素；只在选用了可选实体时，这些元素才成为必选。

A.2　元数据包的 UML 图

A.2.1　元数据实体集信息

图 A.1 定义“**MD_元数据**”类，并表示与在聚集中定义地理数据的元数据的其他元数据类的包含关系。此后各节给出其他元数据类图。本图的数据字典见 K.3.1.1。

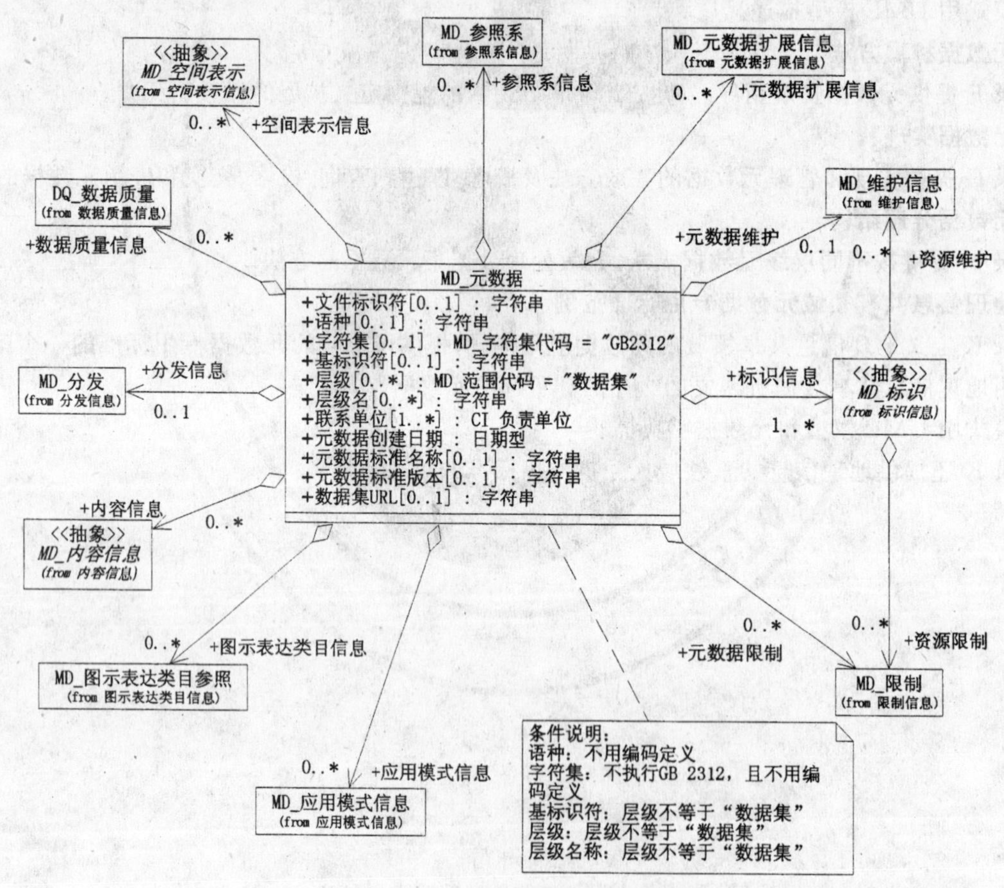

图 A.1　元数据实体集信息

A.2.2　标识信息

图 A.2 定义标识资源所需的元数据类。它也分别定义标识数据和服务的特化子类。本图的数据字典见 B.2.2。

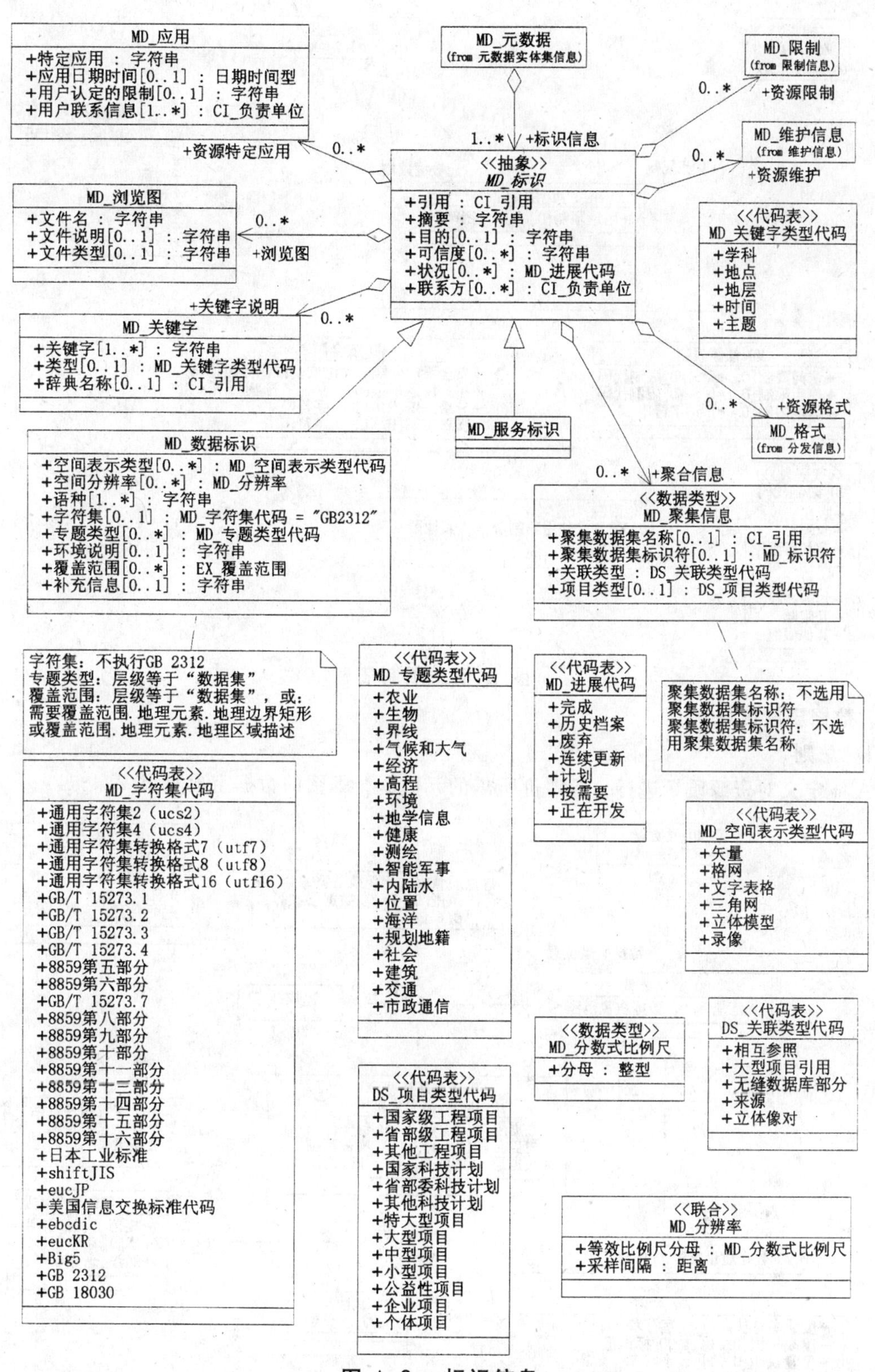

图 A.2　标识信息

A.2.3　限制信息

图 A.3 定义管理信息产权，包括访问和使用限制所需的元数据。本图的数据字典见 B.2.3。

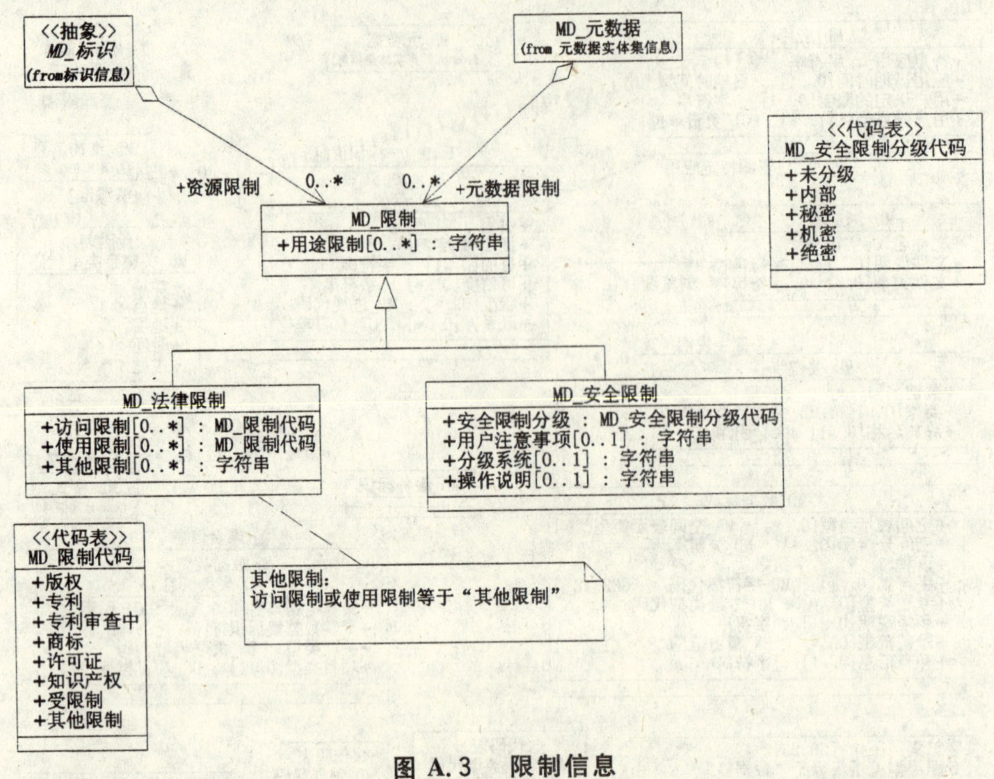

图 A.3　限制信息

A.2.4　数据质量信息

A.2.4.1　总则

图 A.4 定义对资源质量进行一般评价所需的元数据。本图的数据字典见 B.2.4。

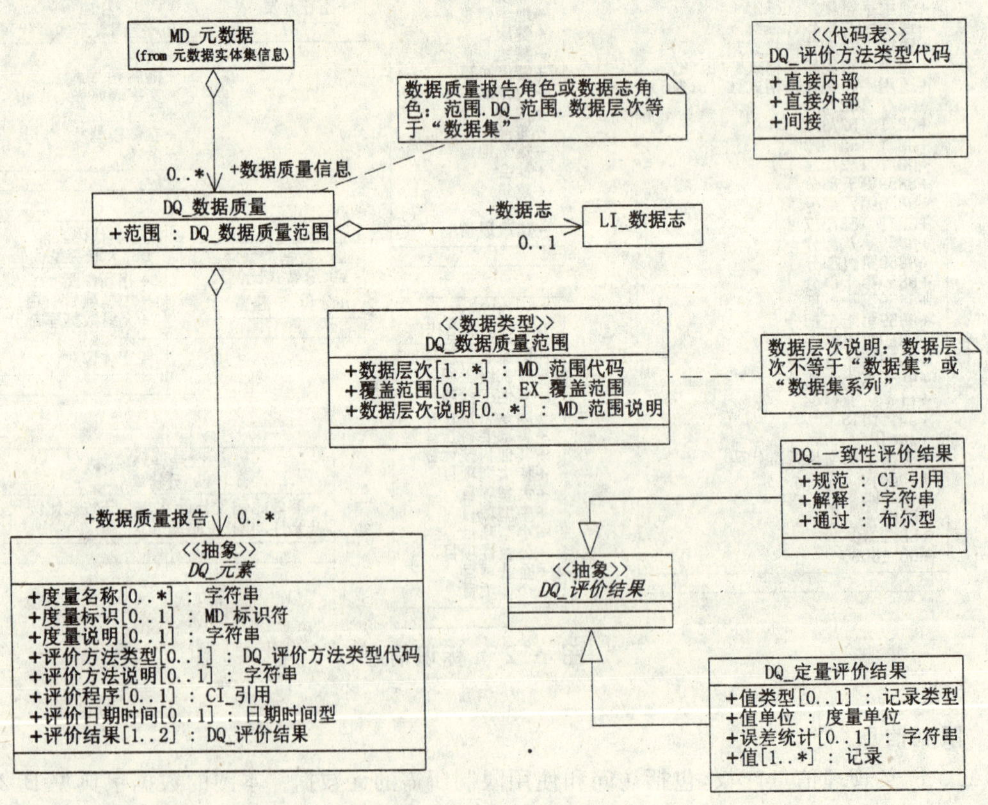

图 A.4　数据质量信息

A.2.4.2　数据志信息

图 A.5 定义描述生产数据集使用的数据源和生产过程所需的元数据。本图的数据字典见 B.2.4.2。

图 A.5　数据志信息

A.2.4.3　数据质量类和子类

图 A.6 定义数据质量图使用的数据质量类和子类。本图的数据字典见 B.2.4.3。

A.2.5　维护信息

图 A.7 定义描述信息的维护和更新工作所需的元数据。本图的数据字典见 B.2.5。

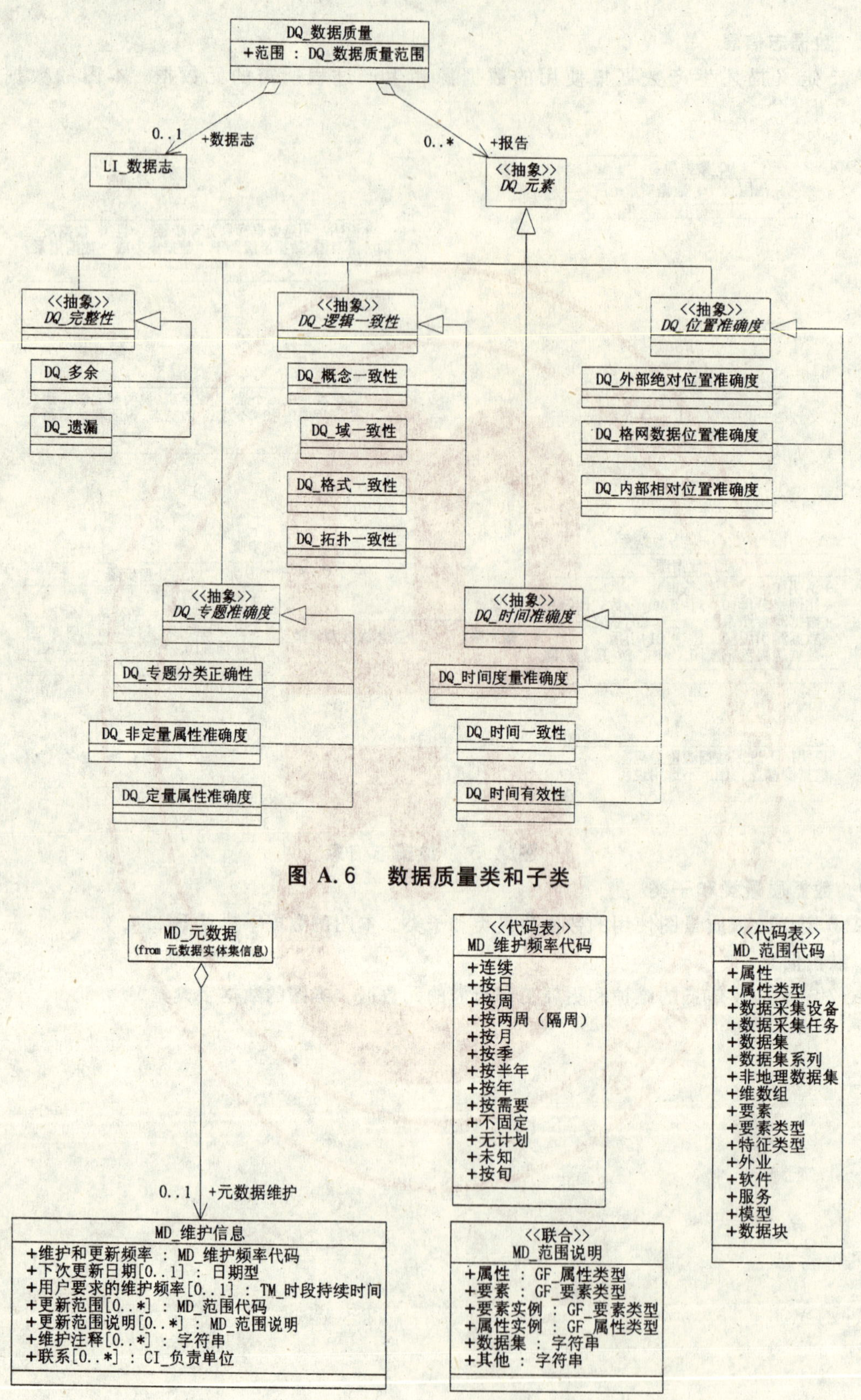

图 A.6　数据质量类和子类

图 A.7　维护信息

A.2.6 空间表示信息

图 A.8 定义描述用于表示空间信息的方法所需的元数据。本图的数据字典见 B.2.6。

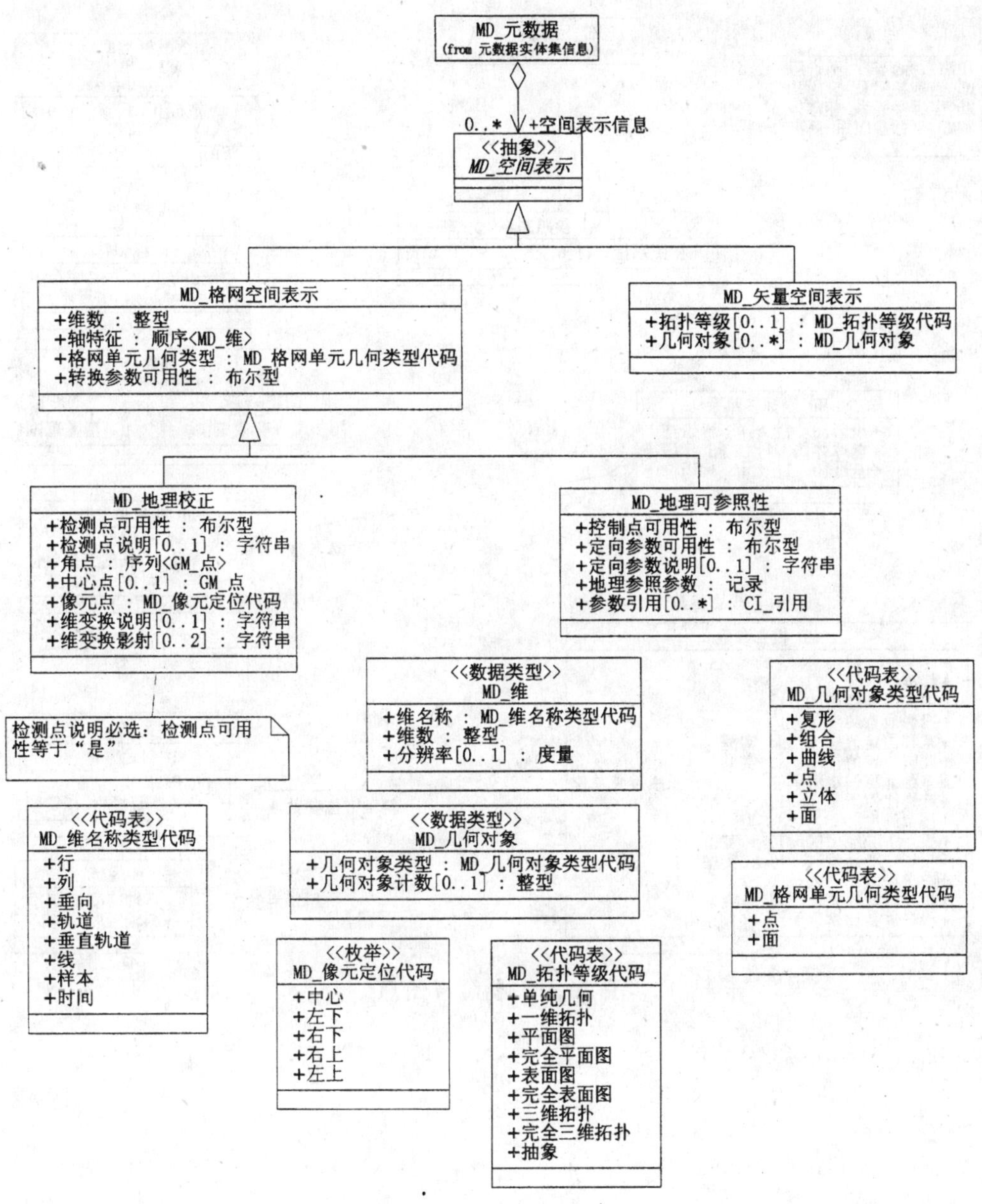

图 A.8 空间表示信息

A.2.7 参照系信息

图 A.9 定义描述采用的空间和时间参照系所需的元数据。本图的数据字典见 B.2.7。

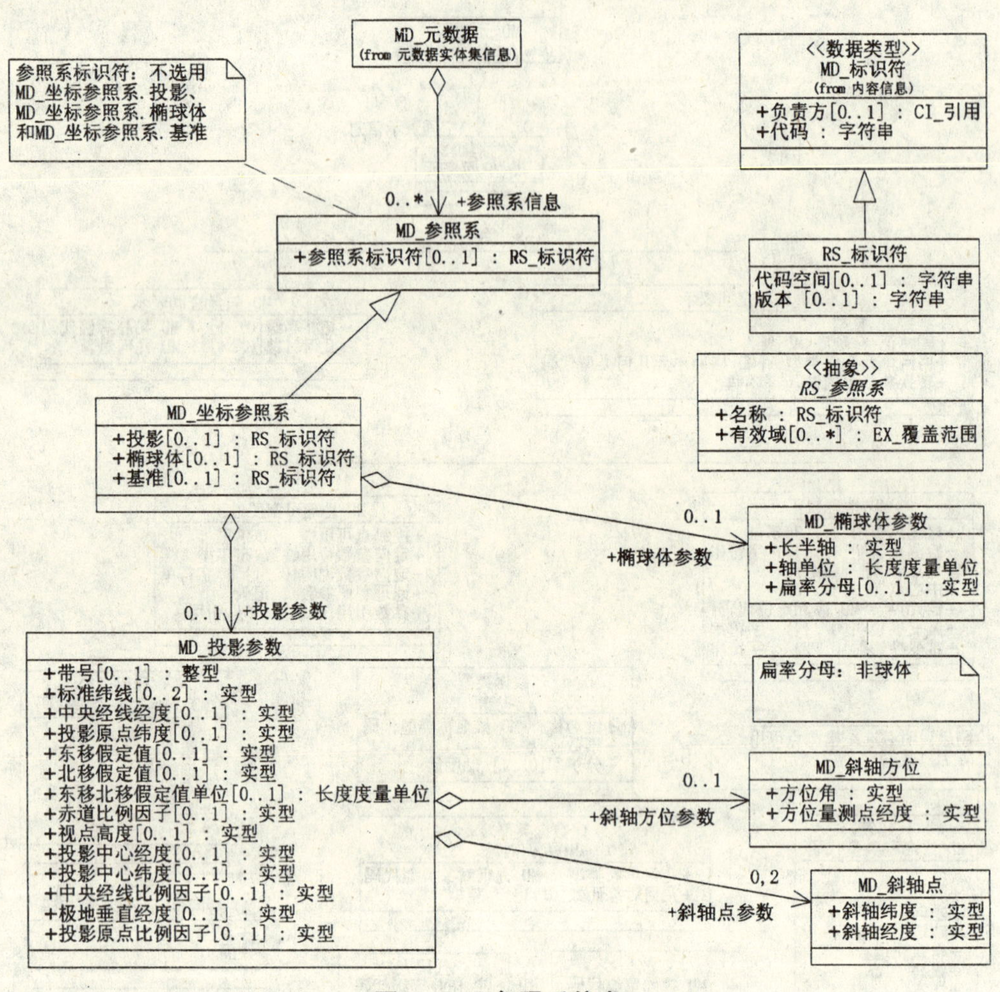

图 A.9 参照系信息

A.2.8 内容信息

图 A.10 定义与数据层内容和用于确定要素的要素类目有关的元数据。本图的数据字典见B.2.8。

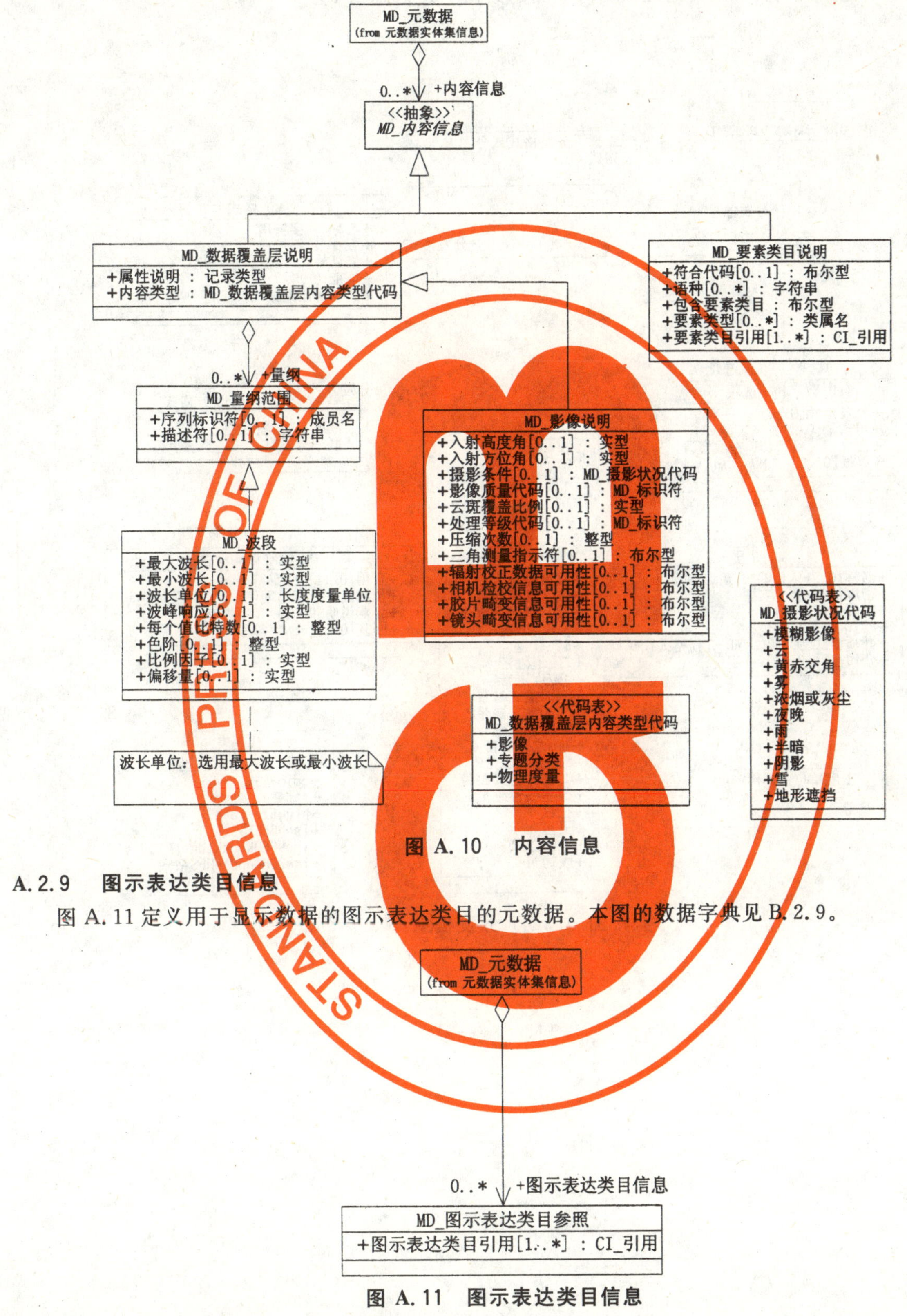

图 A.10 内容信息

A.2.9 图示表达类目信息

图 A.11 定义用于显示数据的图示表达类目的元数据。本图的数据字典见 B.2.9。

图 A.11 图示表达类目信息

A.2.10 分发信息

图 A.12 定义访问资源所需的元数据。本图的数据字典见 B.2.10。

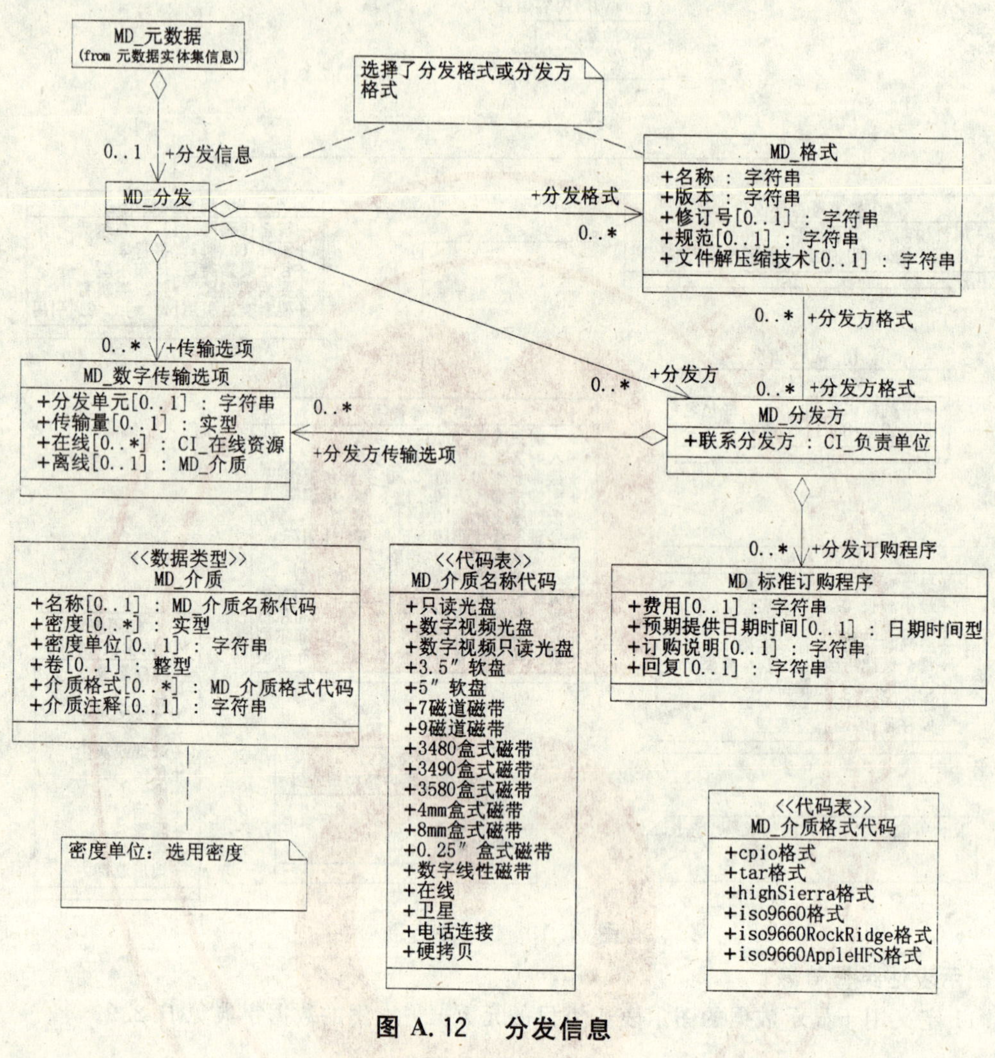

图 A.12 分发信息

A.2.11　元数据扩展信息

图 A.13 定义扩展的元数据元素。本图的数据字典见 B.2.11。

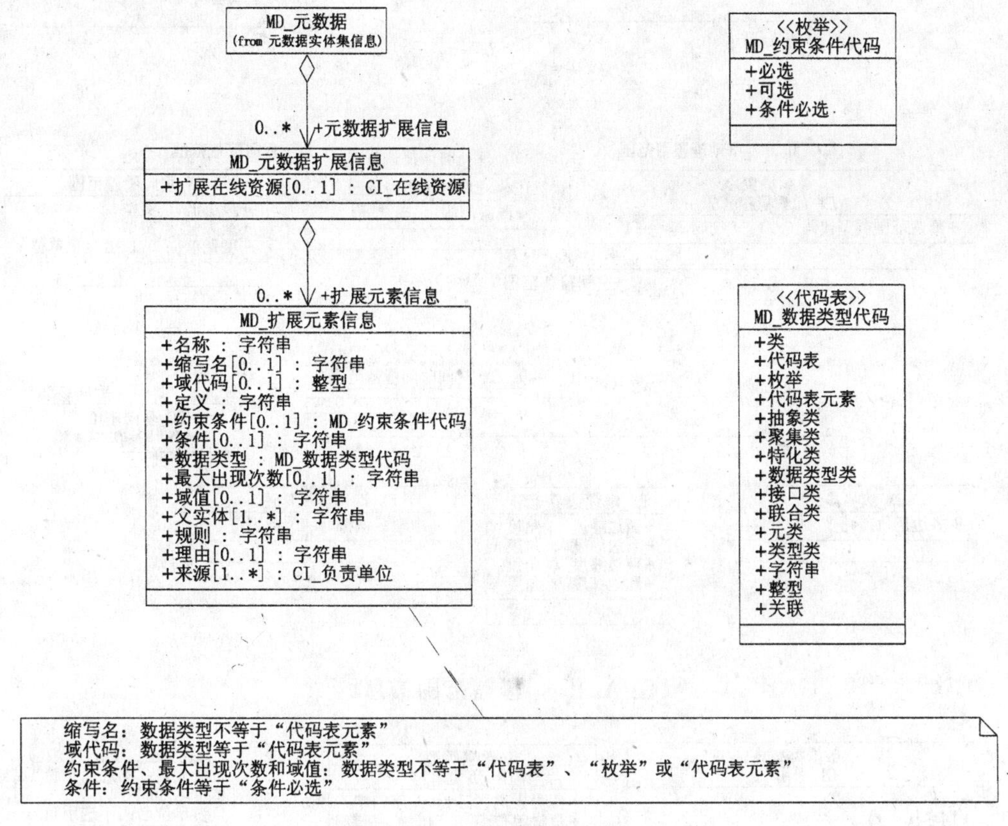

图 A.13　元数据扩展信息

A.2.12　应用模式信息

图 A.14 定义采用的应用模式。本图的数据字典见 B.2.12。

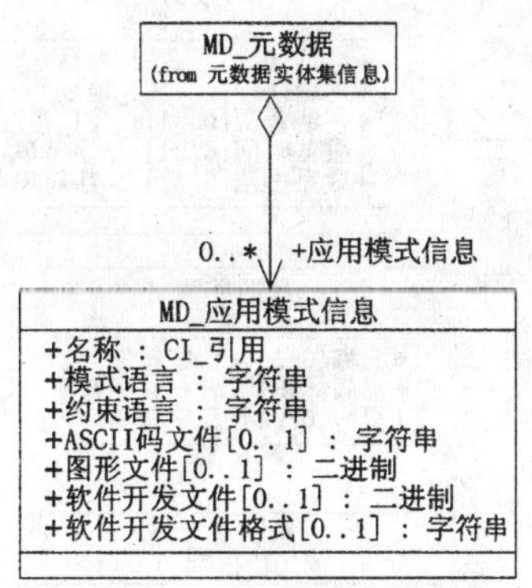

图 A.14　应用模式信息

A.3　元数据数据类型

A.3.1　覆盖范围信息

图 A.15 定义描述资源覆盖的空间和时间范围的元数据。本图的数据字典见 B.3.1。

A.3.2　引用和负责单位信息

图 A.16 定义描述权属范围信息，包括负责单位和联系信息的元数据。本图的数据字典见 B.3.2。

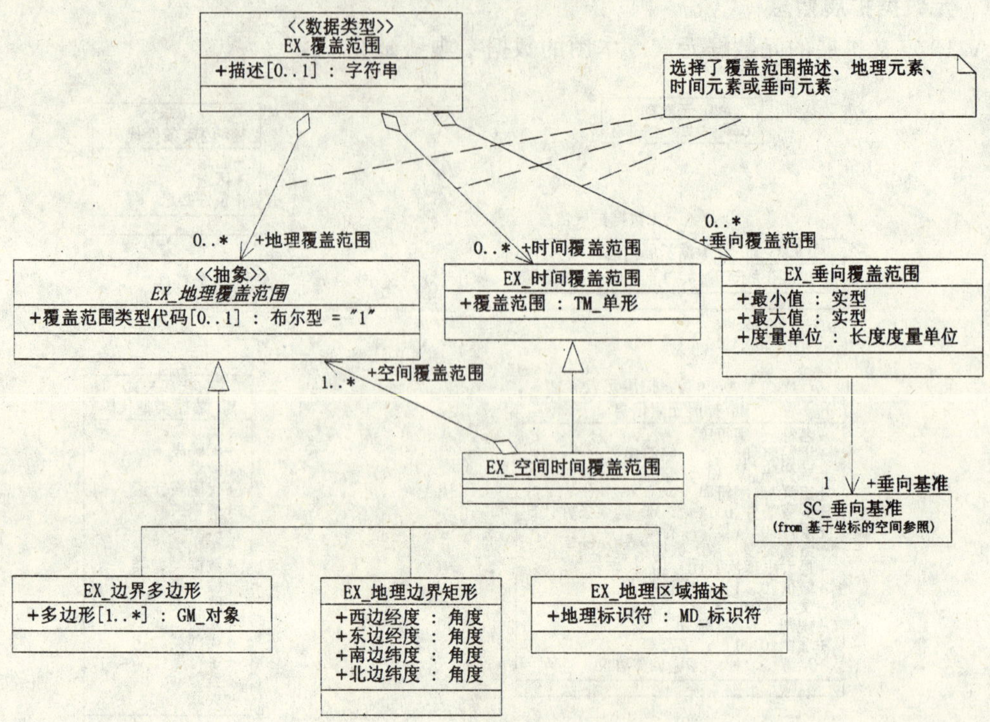

图 A.15 覆盖范围信息

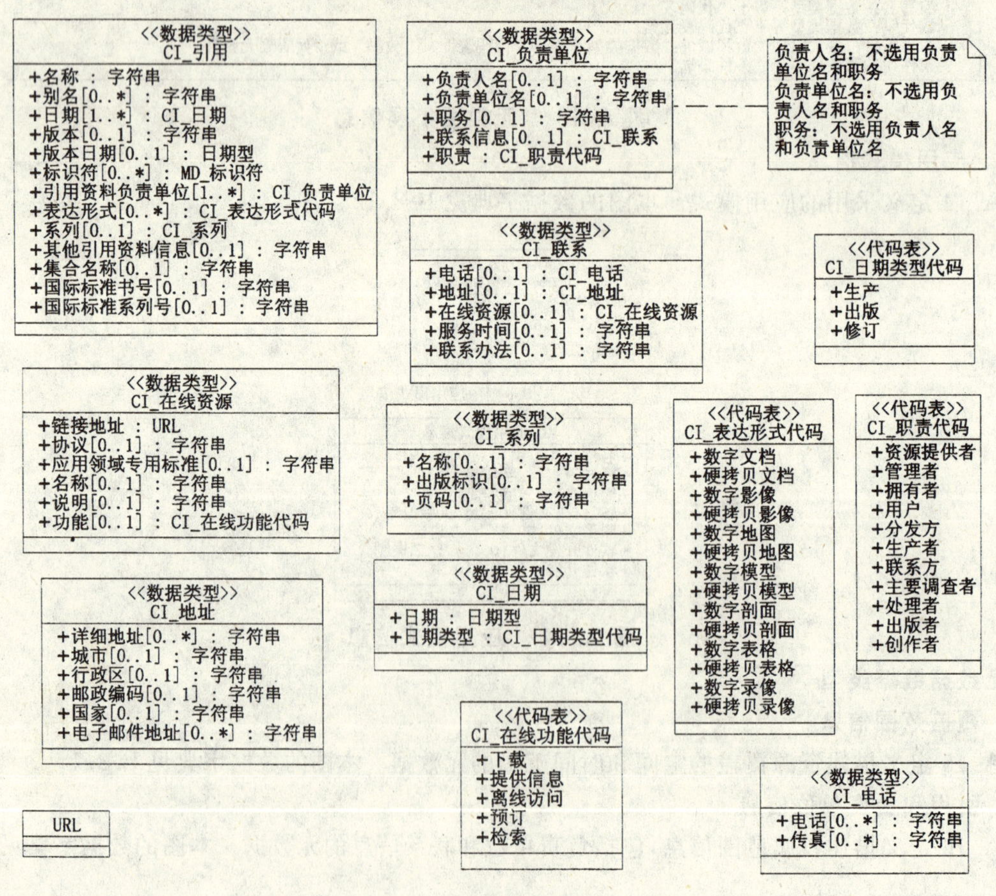

图 A.16 引用和负责单位信息

附 录 B
（规范性附录）
地理元数据数据字典

B.1 数据字典综述

B.1.1 简介

本数据字典描述第6章和附录A定义的元数据特征。为建立关系和组织信息，字典分层说明。字典用UML模型包图分为若干子集：元数据实体集、标识、资源限制、数据质量、维护、空间表示、参照系、内容、图示表达类目、分发、元数据扩展、应用模式、覆盖范围、引用、负责单位和元数据应用。若干表的条目名称已经扩展，以便在各自的图中反映类的说明。附录A的每幅模型图在数据字典中有一个子集。每个UML模型类等于数据字典中的一个实体。每个UML模型类的属性等于数据字典中的一个元素。带晕线的行定义实体。数据字典中的实体和元素用七个属性定义（这些属性在下面列出，它们基于GB/T 18391—2002定义的那些属性，用于描述数据元素概念，即不带表示法的数据元素）。当术语“数据集”作为定义的一部分使用时，与所有类型的地理数据资源（数据集聚合、单个地理要素和组成要素的不同的类）同义。

B.1.2 名称/角色名称

赋给元数据实体或元数据元素的一个标记。元数据实体的英文名称开头为大写字母，元数据实体名称中没有空格，取而代之的是多个单词连写。其中每一个新的单词开头为大写字母（如：XnnnYmmm）。元数据实体名称在本标准的整个数据字典中是唯一的。元数据元素名称在元数据实体中是唯一的，但在本标准的整个数据字典中不是唯一的。通过元数据实体和元数据元素名称的组合，使元数据元素名称在一个应用中唯一（如：**MD_元数据.字符集**）。角色名称用于标识元数据抽象模型关联，并由“**角色名称：**”打头，将它们与其他元数据元素区分。

B.1.3 缩写名和域代码

非代码表或枚举表构造型的那些类的每个元素用缩写名表示。这些缩写名在本标准中是唯一的，可以通过可扩展置标语言（XML）、GB/T 14814（SGML）或其他类似的实现技术使用它们。采用类似于长实体和元素名称的命名规则产生缩写名。

注：未规定必须使用SGML和XML，可以采取其他实现方法。就代码表或枚举构造型而言，对每一个可能的选择均提供一个代码。这些域代码在代码表中是唯一的3位数字码。每个代码表或枚举的第一行为字符型缩写名，因为第一行是代码表或枚举的名称。

B.1.4 定义

元数据实体/元素说明。

B.1.5 约束/条件

B.1.5.1 概要说明

这是一个描述符，说明一个元数据实体或元数据元素是否应当总是在元数据中选用或有时选用（即有值）。该描述符可以有如下的值：M（必选），C（条件必选），或O（可选）。

B.1.5.2 必选（M）

元数据实体或元数据元素应当选用。

B.1.5.3 条件必选（C）

说明元数据实体或元素是否选用的条件。当该条件满足时，至少有一个元数据实体或元数据元素必选。“条件必选”用于以下三种可能之一：

——表示在2或3个选项中进行选择。至少一个选项必选，且必须选用。

——当另一个元数据元素已经选用时,选用一个元数据实体或元数据元素。

——当另一个元数据元素已经选择了一个特定值时,选用元数据元素。为便于人们阅读,特定值使用纯文本表达(例如:B.2 的表中第 5 行的"C/层级不等于'数据集'?"),然而,在电子接口中应当用特定值对应的代码(例如:"数据集"对应的代码 "005")进行条件检查。

如果对条件的回答是肯定的,则该元数据实体或元数据元素应当是必选的。

B.1.5.4 可选(O)

元数据实体或元数据元素可以选用,也可以不选用。定义了可选元数据实体和可选元数据元素,可以为那些希望充分说明其数据的生产者提供指导(使用这组共同定义的元数据元素能促进全球范围的地理数据用户和生产者间的互操作)。如果一个可选实体未被选用,则该实体所包含的元素(包括必选元素)也不选用。可选实体可以有必选元素,但那些元素只当可选实体被选用时才成为必选的。

B.1.6 最大出现次数

说明元数据实体或元数据元素可以有的实例的最大数目。只出现一次用"1"表示;重复出现用"*N*"表示。固定出现次数不为 1 时,用相应数字,即"2"、"3"等表示。

B.1.7 数据类型

说明表示元数据元素的一组不同的值,例如整型、实型、字符串、日期时间型、布尔型。也使用数据类型属性定义元数据实体、构造型和元数据关联。

注:数据类型在 ISO/TS 19103 的 6.5.2 中定义。

B.1.8 域

就实体而言,域说明该实体包含的行数。

对一个元数据元素而言,域说明允许的值或使用自由文本。"自由文本"表明对字段的内容没有限制。应使用基于整型的代码表示包含代码表的域值。

B.2 元数据包数据字典

B.2.1 元数据实体集信息

● UML 模型见图 A.1

	名称/角色名称(中文)	名称/角色名称(英文)	缩写名	定义	约束/条件	最大出现次数	数据类型	域
1	MD_元数据	MD_Metadata	Metadata	定义有关资源的元数据的根实体	M	1	类	第 2~22 行
2	文件标识符	fileIdentifier	mdFileID	元数据文件的唯一标识符	O	1	字符串	自由文本
3	语种	language	mdLang	元数据采用的语言	C/不用编码定义?	1	字符串	GB/T 4880.2—2000,可以使用其他部分
4	字符集	characterSet	mdChar	元数据集采用的字符编码标准的全名	C/不执行 GB 2312,且不用编码定义?	1	类	MD_字符集代码 ≪代码表≫ (B.5.10)
5	基标识符	parentIdentifier	mdParentID	该元数据是其子集(子)的父元数据的文件标识符	C/层级不等于"数据集"?	1	字符串	自由文本

续表

	名称/角色名称(中文)	名称/角色名称(英文)	缩写名	定　义	约束/条件	最大出现次数	数据类型	域
6	层级	hierarchyLevel	mdHrLv	元数据应用范围(关于元数据层级的更多信息见附录H)	C/层级不等于“数据集”?	*N*	类	MD_范围代码≪代码表≫(B.5.25)
7	层级名	hierarchyLevelName	mdHrLvName	提供元数据的层级名称	C/层级不等于“数据集”?	*N*	字符串	自由文本
8	联系单位	contact	mdContact	对元数据信息负责的单位	M	*N*	类	CI_负责单位(B.3.2)≪数据类型≫
9	元数据创建日期	dateStamp	mdDateSt	元数据创建的日期	M	1	日期型	CCYY-MM-DD(GB/T 7408—1994)
10	元数据标准名称	metadataStandardName	mdStanName	执行的元数据标准(包括专用标准)名称	O	1	字符串	自由文本
11	元数据标准版本	metadataStandardVersion	mdStanVer	执行的元数据标准(专用标准)版本	O	1	字符串	自由文本
11.1	数据集 URL	dataSetURL	dataSetURL	元数据描述的数据集位置(URL)	O	1	字符串	自由文本
12	角色名称:空间表示信息	*Role name*:spatialRepresentationInfo	spatRepInfo	数据集空间信息的数字表示	O	*N*	关联	MD_空间表示信息≪抽象≫(B.2.6)
13	角色名称:参照系信息	*Role name*:referenceSystemInfo	refSysInfo	数据集采用的空间和时间参照系说明	O	*N*	关联	MD_参照系(B.2.7)
14	角色名称:元数据扩展信息	*Role name*:metadataExtensionInfo	mdExtInfo	说明元数据扩展的信息	O	*N*	关联	MD_元数据扩展信息(B.2.11)
15	角色名称:标识信息	*Role name*:identificationInfo	dataIdInfo	元数据描述的资源的基本信息	M	*N*	关联	MD_标识≪抽象≫(B.2.2)

续表

	名称/角色名称(中文)	名称/角色名称(英文)	缩写名	定义	约束/条件	最大出现次数	数据类型	域
16	角色名称：内容信息	*Role name*：ContentInfo	contInfo	提供要素类目信息，并说明数据覆盖层及影像数据特征	O	*N*	关联	MD_内容信息≪抽象≫(B.2.8)
17	角色名称：分发信息	*Role name*：distributionInfo	distInfo	提供获取资源所需要的分发方和选项信息	O	1	关联	MD_分发(B.2.10)
18	角色名称：数据质量信息	*Role name*：dataQualityInfo	dqInfo	提供资源质量的总体评价信息	O	*N*	关联	DQ_数据质量(B.2.4)
19	角色名称：图示表达类目信息	*Role name*：portrayalCatalogueInfo	porCatInfo	提供为资源图示表达而定义的编目规则信息	O	*N*	关联	MD_图示表达类目参照(B.2.9)
20	角色名称：元数据限制	*Role name*：metadataConstraints	mdConst	提供访问和使用元数据的限制信息	O	*N*	关联	MD_限制(B.2.3)
21	角色名称：应用模式信息	*Role name*：applicationSchemaInfo	appSchInfo	提供有关数据集概念模式的信息	O	*N*	关联	MD_应用模式信息(B.2.12)
22	角色名称：元数据维护	*Role name*：metadataMaintenance	mdMaint	有关元数据更新频率及更新范围的信息	O	1	关联	MD_维护信息(B.2.5)

B.2.2 标识信息（包括数据和服务标识）

B.2.2.1 简介

● UML模型见图A.2

	名称/角色名称(中文)	名称/角色名称(英文)	缩写名	定义	约束/条件	最大出现次数	数据类型	域
23	MD_标识	MD_Identification	Ident	唯一标识资源所需的基本信息	使用参照对象的约束条件	使用参照对象的最大出现次数	聚集类(MD_元数据)≪抽象≫	第24～35.1行
24	引用	citation	idCitation	资源引用的资料	M	1	类	CI_引用(B.3.2)≪数据类型≫

续表

	名称/角色名称(中文)	名称/角色名称(英文)	缩写名	定　义	约束/条件	最大出现次数	数据类型	域
25	摘要	abstract	idAbs	资源内容的简单说明	M	1	字符串	自由文本
26	目的	purpose	idPurp	资源开发目的的说明	O	1	字符串	自由文本
27	可信度	credit	idCredit	对资源作出贡献者的认可	O	*N*	字符串	自由文本
28	状况	status	idStatus	资源的状况	O	*N*	类	MD_进展代码 ≪代码表≫ (B.5.23)
29	联系方	pointOfContact	idPoC	与资源有关的人和单位标识及与其通讯的方法	O	*N*	类	CI_负责单位 (B.3.2) ≪数据类型≫
30	角色名称：资源维护	*Role name*：resourceMaintenance	resMaint	有关资源更新频率和更新范围的信息	O	*N*	关联	MD_维护信息 (B.2.5)
31	角色名称：浏览图	*Role name*：graphicOverview	graphOver	用图解方法说明资源(应包括图例)的略图	O	*N*	关联	MD_浏览图 (B.2.2.2)
32	角色名称：资源格式	*Role name*：resourceFormat	dsFormat	资源的格式说明	O	*N*	关联	MD_格式 (B.2.10.4)
33	角色名称：关键字说明	*Role name*：descriptiveKeywords	descKeys	类目的关键字及其类型和参考文献等信息	O	*N*	关联	MD_关键字 (B.2.2.3)
34	角色名称：资源特定应用	*Role name*：resourceSpecificUsage	idSpecUse	不同用户已经或正在使用资源的特定应用的基本信息	O	*N*	关联	MD_应用 (B.2.2.6)
35	角色名称：资源限制	*Role name*：resourceConstraints	resConst	关于使用、访问、获取资源的限制信息	O	*N*	关联	MD_限制 (B.2.3)
35.1	角色名称：聚合信息	*Role name*：aggregationInfo	aggrInfo	聚集数据集信息	O	*N*	关联	MD_聚集信息 (B.2.2.7)

续表

	名称/角色名称(中文)	名称/角色名称(英文)	缩写名	定　义	约束/条件	最大出现次数	数据类型	域
36	MD_数据标识	MD_DataIdentification	DataIdent	识别数据集所需的信息	使用参照对象的约束条件	使用参照对象的最大出现次数	特化类(MD_标识)	第37～46行和24～35.1行
37	空间表示类型	spatialRepresentationType	spatRpType	在空间上表示地理信息所使用的方法	O	*N*	类	MD_空间表示类型代码 ≪代码表≫ (B.5.26)
38	空间分辨率	spatialResolution	dataScale	一般了解数据集中空间数据密度的因数	O	*N*	类	MD_分辨率 ≪联合≫ (B.2.2.5)
39	语种	language	dataLang	数据集采用的语言	M	*N*	字符串	GB/T 4880.2—2000,可以使用其他部分
40	字符集	characterSet	dataChar	数据集采用的字符编码标准全名	C/不执行GB 2312?	*N*	类	MD_字符集代码 ≪代码表≫ (B.5.10)
41	专题类型	topicCategory	tpCat	数据集的主题	C/层级等于"数据集"?	*N*	类	MD_专题类型代码 ≪枚举≫ (B.5.27)
44	环境说明	environmentDescription	envirDesc	说明数据集生产者的处理环境,包括软件、计算机操作系统、文件名和数据量等	O	1	字符串	自由文本
45	覆盖范围	extent	dataExt	覆盖范围信息,包括数据集的边界矩形、边界多边形、垂向覆盖范围和时间覆盖范围等	C/层级等于"数据集"?或:需要覆盖范围.地理覆盖范围.地理边界矩形,或覆盖范围.地理覆盖范围.地理区域描述	*N*	类	EX_覆盖范围 ≪数据类型≫ (B.3.1)

续表

	名称/角色名称(中文)	名称/角色名称(英文)	缩写名	定　义	约束/条件	最大出现次数	数据类型	域
46	补充信息	supplementalInformation	suppInfo	有关数据集的其他任何说明信息	O	1	字符串	自由文本
47	MD_服务标识	MD_ServiceIdentification	serIdent	提供服务方通过一组定义操作行为的接口,为用户提供服务能力的标识 详见 ISO 19119 地理信息　服务	使用参照对象的约束条件	使用参照对象的最大出现次数	特化类(MD_标识)	第 24~35.1 行

B.2.2.2 浏览图信息

	名称/角色名称(中文)	名称/角色名称(英文)	缩写名	定　义	约束/条件	最大出现次数	数据类型	域
48	MD_浏览图	MD_BrowseGraphic	BrowGraph	用图解方法说明数据集(应包括图例)的图形	使用参照对象的约束条件	使用参照对象的最大出现次数	聚集类(MD_标识)	第 49~51 行
49	文件名	fileName	bgFileName	包含数据集图解说明的图形文件名称	M	1	字符串	自由文本
50	文件说明	fileDescription	bgFileDesc	数据集图解的文字说明	O	1	字符串	自由文本
51	文件类型	fileType	bgFileType	图解图形编码格式, 如:CGM、EPS、GIF、JPEG、PBM、PS、TIFF、XWD	O	1	字符串	自由文本

B.2.2.3 关键字信息

	名称/角色名称(中文)	名称/角色名称(英文)	缩写名	定　义	约束/条件	最大出现次数	数据类型	域
52	MD_关键字	MD_Keywords	Keywords	关键字、关键字类型和参考文献信息	使用参照对象的约束条件	使用参照对象的最大出现次数	聚集类(MD_标识)	第 53~55 行

续表

	名称/角色名称(中文)	名称/角色名称(英文)	缩写名	定　义	约束/条件	最大出现次数	数据类型	域
53	关键字	keyword	keyword	用于描述主题的通用词、形式化词或短语	M	N	字符串	自由文本
54	类型	type	keyTyp	用于将相似关键字分组的主题内容	O	1	类	MD_关键字类型代码 ≪代码表≫ (B.5.17)
55	辞典名称	thesaurus-Name	thesaNa-me	正式注册的关键字辞典名，或类似权威资料的名称	O	1	类	CI_引用 (B.3.2) ≪数据类型≫

B.2.2.4　分数式比例尺信息

	名称/角色名称(中文)	名称/角色名称(英文)	缩写名	定　义	约束/条件	最大出现次数	数据类型	域
56	MD_分数式比例尺	MD_Repre-sentativeFrac-tion	RepFract	从 ISO 19103《地理信息概念模式语言》的比例尺派生，其中：MD_分数式比例尺.分母 ＝ 1/比例尺.度量和比例尺.目标单位 ＝ 比例尺.资源单位	使用参照对象的约束条件	使用参照对象的最大出现次数	类 ≪数据类型≫	第 57 行
57	分母	denominator	rfDenom	常用分数线下的数字	M	1	整型	整型数 ＞ 0

B.2.2.5　分辨率信息

	名称/角色名称(中文)	名称/角色名称(英文)	缩写名	定　义	约束/条件	最大出现次数	数据类型	域
59	MD_分辨率	MD_Resolu-tion	Resol	用比例因子或地面距离表示的资源详细程度	使用参照对象的约束条件	使用参照对象的最大出现次数	类 ≪联合≫	第 60～61 行

续表

	名称/角色名称(中文)	名称/角色名称(英文)	缩写名	定　义	约束/条件	最大出现次数	数据类型	域
60	等效比例尺分母	equivalentScale	equScale	用类似硬拷贝地图或海图的比例尺表示的资源详细程度	C/不选用采样间隔?	1	类	MD_分数式比例尺 ≪数据类型≫ (B.2.2.4)
61	采样间隔	distance	scaleDist	地面的采样间隔	C/不选用等效比例尺分母?	1	类	距离 (B.4.3)

B.2.2.6　应用信息

	名称/角色名称(中文)	名称/角色名称(英文)	缩写名	定　义	约束/条件	最大出现次数	数据类型	域
62	MD_应用	MD_Usage	Usage	资源当前或已经应用方法的简单说明	使用参照对象的约束条件	使用参照对象的最大出现次数	聚集类(MD_标识)	第 63~66 行
63	特定应用	specificUsage	specUsage	资源和/或资源系列应用的简单说明	M	1	字符串	自由文本
64	应用日期时间	usageDateTime	usageDate	资源和/或资源系列第一次应用，或一系列应用的日期和时间	O	1	日期时间型	CCYY-MM-DD hh:mm:ss.s (GB/T 7408—1994)
65	用户认定的限制	userDeterminedLimitations	usrDetLim	用户认定的资源和/或资源系列不适合的应用	O	1	字符串	自由文本
66	用户联系信息	userContactInfo	usrCntInfo	与应用资源的个人和单位联系的标识和方法	M	*N*	类	CI_负责单位 ≪数据类型≫ (B.3.2)

B.2.2.7　聚合信息

	名称/角色名称(中文)	名称/角色名称(英文)	缩写名	定　义	约束/条件	最大出现次数	数据类型	域
66.1	MD_聚集信息	MD_AggregateInformation	AggregateInfo	聚集数据集信息	使用参照对象的约束条件	使用参照对象的最大出现次数	聚集类(MD_标识)	第 66.2~66.5 行

续表

	名称/角色名称(中文)	名称/角色名称(英文)	缩写名	定　义	约束/条件	最大出现次数	数据类型	域
66.2	聚集数据集名称	aggregateDataSetName	aggrDSName	聚集数据集的引用信息	C/不选用聚集数据集标识符?	1	类	CI_引用(B.3.2)≪数据类型≫
66.3	聚集数据集标识符	aggregateDataSetIdentifier	aggrDSIdent	聚集数据集的标识信息	C/不选用聚集数据集名称?	1	类	MD_标识符(B.2.7.3)≪数据类型≫
66.4	关联类型	associationType	assocType	聚集数据集的关联类型	M	1	类	DS_关联类型代码(B.5.7)≪代码表≫
66.5	项目类型	initiativeType	initType	生产聚集数据集的项目类型	O	*N*	类	DS_项目类型代码(B.5.8)≪代码表≫

B.2.3　限制信息(包括法律和安全)

● UML 模型见图 A.3

	名称/角色名称(中文)	名称/角色名称(英文)	缩写名	定　义	约束/条件	最大出现次数	数据类型	域
67	MD_限制	MD_Constraints	Consts	访问和使用资源或元数据的限制	使用参照对象的约束条件	使用参照对象的最大出现次数	聚集类(MD_元数据和MD_标识)	第68行
68	用途限制	useLimitation	useLimit	影响资源或元数据适用性的限制,如"不可用于导航"	O	*N*	字符串	自由文本
69	MD_法律限制	MD_LegalConstraints	LegConsts	访问和使用资源或元数据的限制和法律上的先决条件	使用参照对象的约束条件	使用参照对象的最大出现次数	特化类(MD_限制)	第70~72行和68行
70	访问限制	accessConstraints	accessConsts	为确保隐私权或保护知识产权,对获取资源或元数据施加的访问限制,以及任何特殊的约束或限制	O	*N*	类	MD_限制代码≪代码表≫(B.5.24)

续表

	名称/角色名称(中文)	名称/角色名称(英文)	缩写名	定　义	约束/条件	最大出现次数	数据类型	域
71	使用限制	useConstraints	useConsts	为确保隐私权或保护知识产权，对使用资源或元数据施加的使用限制，以及任何特殊的约束、限制或声明	O	*N*	类	MD_限制代码≪代码表≫(B.5.24)
72	其他限制	otherCon-straints	othConsts	访问和使用资源或元数据的其他限制和法律上的先决条件	C/访问限制或使用限制等于“其他限制”?	*N*	字符串	自由文本
73	MD_安全限制	MD_Security-Constraints	SecConsts	为了国家安全或类似的安全考虑，对资源或元数据施加的处理限制	使用参照对象的约束条件	使用参照对象的最大出现次数	特化类(MD_限制)	第74～77行和68行
74	安全限制分级	classification	class	对资源或元数据操作限制的名称	M	1	类	MD_安全限制分级代码≪代码表≫(B.5.11)
75	用户注意事项	userNote	userNote	为获取和使用资源或元数据的法律限制或其他限制的说明，以及法律上的先决条件	O	1	字符串	自由文本
76	分级系统	classification-System	classSys	分级系统名称	O	1	字符串	自由文本
77	操作说明	handlingDe-scription	handDesc	限制对资源或元数据进行操作的补充信息	O	1	字符串	自由文本

B.2.4 数据质量信息

B.2.4.1 概述

● UML 模型见图 A.4、图 A.5（数据志）和图 A.6（数据质量类和子类）

	名称/角色名称（中文）	名称/角色名称（英文）	缩写名	定义	约束/条件	最大出现次数	数据类型	域
78	DQ_数据质量	DQ_DataQuality	DataQual	数据质量范围确定的数据质量信息	使用参照对象的约束条件	使用参照对象的最大出现次数	聚集类（MD_元数据）	第 79～81 行
79	范围	scope	dqScope	数据质量信息说明的特定数据	M	1	类	DQ_范围≪数据类型≫（B.2.4.5）
80	角色名称：数据质量报告	*Role name*：report	dqReport	范围确定的数据的定量质量信息	C/不选用数据志？	*N*	关联	DQ_元素≪抽象≫（B.2.4.3）
81	角色名称：数据志	*Role name*：lineage	dataLineage	范围确定的数据的数据志定性质量信息	C/不选用数据质量报告？	1	关联	LI_数据志（B.2.4.2）

B.2.4.2 数据志信息

B.2.4.2.1 概述

	名称/角色名称（中文）	名称/角色名称（英文）	缩写名	定义	约束/条件	最大出现次数	数据类型	域
82	LI_数据志	LI_Lineage	Lineage	范围确定的数据生产的有关事件或数据源信息，或需要了解的数据志信息	使用参照对象的约束条件	使用参照对象的最大出现次数	聚集类（DQ_数据质量）	第 83～85 行
83	说明	statement	statement	数据生产者有关数据集数据志信息的一般说明	C/DQ_数据质量.范围.DQ_范围.层次等于“数据集”或“数据集系列”？	1	字符串	自由文本
84	角色名称：处理步骤	*Role name*：processStep	prcStep	范围确定的数据集生命周期中有关事件的处理信息	C/不选用说明和数据源？	*N*	关联	LI_处理步骤（B.2.4.2.2）

续表

	名称/角色名称(中文)	名称/角色名称(英文)	缩写名	定　义	约束/条件	最大出现次数	数据类型	域
85	角色名称:数据源	*Role name*:source	data-Source	生产范围确定的数据所用数据源的信息	C/不选用说明和处理步骤?	*N*	关联	LI_数据源(B.2.4.2.3)

B.2.4.2.2　处理步骤信息

	名称/角色名称(中文)	名称/角色名称(英文)	缩写名	定　义	约束/条件	最大出现次数	数据类型	域
86	LI_处理步骤	LI_Process-Step	PrcessStep	数据集生命周期中有关事件或转换信息,包括为维护数据集所进行的处理	使用参照对象的约束条件	使用参照对象的最大出现次数	聚集类(LI_数据志和LI_数据源)	第87～91行
87	说明	description	stepDesc	事件处理说明,包括有关的参数或容差	M	1	字符串	自由文本
88	理由	rationale	stepRat	处理步骤的要求或目的	O	1	字符串	自由文本
89	日期时间	dateTime	stepDa-teTm	处理步骤发生的日期和时间,或一段日期和时间	O	1	日期时间型	CCYY-MM-DD hh:mm:ss.s (GB/T 7408—1994)
90	处理者	processor	stepProc	与处理步骤有关的人和单位标识及与其联系的方法	O	*N*	类	CI_负责单位<<数据类型>>(B.3.2)
91	角色名称:数据源	*Role name*:source	stepSrc	生产范围确定的数据所用的数据源信息	O	*N*	关联	LI_数据源(B.2.4.2.3)

B.2.4.2.3　数据源信息

	名称/角色名称(中文)	名称/角色名称(英文)	缩写名	定　义	约束/条件	最大出现次数	数据类型	域
92	LI_数据源	LI_Source	Source	生产范围确定的数据所用的数据源信息	使用参照对象的约束条件	使用参照对象的最大出现次数	聚集类(LI_数据志和LI_处理步骤)	第93～98行

续表

	名称/角色名称(中文)	名称/角色名称(英文)	缩写名	定义	约束/条件	最大出现次数	数据类型	域
93	说明	description	srcDesc	数据源的详细说明	C/不选用数据源覆盖范围?	1	字符串	自由文本
94	比例尺分母	scaleDenominator	srcScale	数据源地图分数式比例尺的分母	O	1	类	MD_分数式比例尺 ≪数据类型≫ (B.2.2.4)
95	数据源参照系	sourceReferenceSystem	srcDatum	数据源资料使用的空间参照系	O	1	类	MD_参照系 (B.2.7)
96	数据源引用	sourceCitation	srcCitatn	数据源资料使用的推荐参考资料	O	1	类	CI_引用 ≪数据类型≫ (B.3.2)
97	数据源覆盖范围	sourceExtent	srcExt	有关数据源资料的平面、垂向和时间覆盖范围的信息	C/不选用说明?	*N*	类	EX_覆盖范围 ≪数据类型≫ (B.3.1)
98	角色名称:数据源处理步骤	*Role name*:sourceStep	srcStep	生产数据源资料处理过程中有关事件的信息	O	*N*	关联	LI_处理步骤 (B.2.4.2.2)

B.2.4.3 数据质量元素信息

	名称/角色名称(中文)	名称/角色名称(英文)	缩写名	定义	约束/条件	最大出现次数	数据类型	域
99	DQ_元素	DQ_Element	DQElement	定量质量信息	使用参照对象的约束条件	使用参照对象的最大出现次数	聚集类(DQ_数据质量)≪抽象≫	第100~107行
100	度量名称	nameOfMeasure	measName	对数据进行检查的名称	O	*N*	字符串	自由文本
101	度量标识	measureIdentification	measId	标识注册的标准度量程序的代码	O	1	类	MD_标识符 ≪数据类型≫ (B.2.7.3)
102	度量说明	measureDescription	measDesc	度量的说明	O	1	字符串	自由文本

续表

	名称/角色名称(中文)	名称/角色名称(英文)	缩写名	定　义	约束/条件	最大出现次数	数据类型	域
1103	评价方法类型	evaluation-MethodType	evalMeth-Type	数据集质量评价方法的类型	O	1	类	MD_评价方法类型代码≪代码表≫(B.5.6)
104	评价方法说明	evaluation-MethodDe-scription	evalMeth-Desc	评价方法的说明	O	1	字符串	自由文本
105	评价程序	evaluation-Procedure	evalProc	有关评价程序的信息	O	1	类	CI_引用≪数据类型≫(B.3.2)
106	评价日期时间	dateTime	measDa-teTm	进行数据质量度量的日期或一段日期	O	*N*	日期时间型	CCYY-MM-DD hh:mm:ss.s (GB/T 7408—1994)
107	评价结果	result	measRe-sult	从数据质量度量获得的值(或一组值),或将获得的值(或一组值)与确定的可接受的一致性质量等级进行对比的结果	M	2	类	DQ_评价结果≪抽象≫(B.2.4.4)
108	DQ_完整性	DQ_Complete-ness	DQCom-plete	要素、要素属性和要素关系存在和遗漏情况	使用参照对象的约束条件	使用参照对象的最大出现次数	特化类(DQ_元素)≪抽象≫	第100～107行
109	DQ_多余	DQ_Complete-nessCommis-sion	DQComp-Comm	数据集中超出范围规定的多余数据	使用参照对象的约束条件	使用参照对象的最大出现次数	特化类(DQ_完整性)	第100～107行
110	DQ_遗漏	DQ_Complete-nessOmission	DQCom-pOm	数据集中比范围规定缺少的数据	使用参照对象的约束条件	使用参照对象的最大出现次数	特化类(DQ_完整性)	第100～107行

续表

	名称/角色名称(中文)	名称/角色名称(英文)	缩写名	定　义	约束/条件	最大出现次数	数据类型	域
111	DQ_逻辑一致性	DQ_LogicalConsistency	DQLogConsis	数据结构(数据结构可以是概念的、逻辑的或物理的)、属性和关系符合逻辑规则的程度	使用参照对象的约束条件	使用参照对象的最大出现次数	特化类(DQ_元素)≪抽象≫	第100~107行
112	DQ_概念一致性	DQ_ConceptualConsistency	DQConcConsis	概念模式规则的符合程度	使用参照对象的约束条件	使用参照对象的最大出现次数	特化类(DQ_逻辑一致性)	第100~107行
113	DQ_域一致性	DQ_DomainConsistency	DQDomConsis	值对值域的符合程度	使用参照对象的约束条件	使用参照对象的最大出现次数	特化类(DQ_逻辑一致性)	第100~107行
114	DQ_格式一致性	DQ_FormalConsistency	DQFormConsis	存储数据与范围说明的数据集物理结构的符合程度	使用参照对象的约束条件	使用参照对象的最大出现次数	特化类(DQ_逻辑一致性)	第100~107行
115	DQ_拓扑一致性	DQ_TopologicalConsistency	DQTopConsis	数据集明确编码的拓扑特征相对于范围说明的正确性	使用参照对象的约束条件	使用参照对象的最大出现次数	特化类(DQ_逻辑一致性)	第100~107行
116	DQ_位置准确度	DQ_PositionalAccuracy	DQ-PosAcc	要素位置的准确度	使用参照对象的约束条件	使用参照对象的最大出现次数	特化类(DQ_元素)≪抽象≫	第100~107行
117	DQ_外部绝对位置准确度	DQ_AbsoluteExternalPositionalAccuracy	DQAbsExtPosAcc	记录的坐标值与可接受的值或真值的接近程度	使用参照对象的约束条件	使用参照对象的最大出现次数	特化类(DQ_位置准确度)	第100~107行
118	DQ_格网数据位置准确度	DQ_GriddedDataPositionalAccuracy	DQGridDataPosAcc	格网数据定位值与可接受的值或真值的接近程度	使用参照对象的约束条件	使用参照对象的最大出现次数	特化类(DQ_位置准确度)	第100~107行

续表

	名称/角色名称(中文)	名称/角色名称(英文)	缩写名	定　义	约束/条件	最大出现次数	数据类型	域
119	DQ_内部相对位置准确度	DQ_RelativeInternalPositionalAccuracy	DQRelIntPosAcc	范围中要素的相对位置与它们各自的可接受的相对位置或真值的接近程度	使用参照对象的约束条件	使用参照对象的最大出现次数	特化类(DQ_位置准确度)	第100～107行
120	DQ_时间准确度	DQ_TemporalAccuracy	DQTempAcc	要素的时间属性和时间关系的准确度	使用参照对象的约束条件	使用参照对象的最大出现次数	特化类(DQ_元素)≪抽象≫	第100～107行
121	DQ_时间度量准确度	DQ_AccuracyOfATimeMeasurement	DQAccTimeMeas	时间参照的正确性(记录时间度量的误差)	使用参照对象的约束条件	使用参照对象的最大出现次数	特化类(DQ_时间准确度)	第100～107行
122	DQ_时间一致性	DQ_TemporalConsistency	DQTempConsis	有序的事件或顺序记录的正确性	使用参照对象的约束条件	使用参照对象的最大出现次数	特化类(DQ_时间准确度)	第100～107行
123	DQ_时间有效性	DQ_TemporalValidity	DQTempValid	范围说明的与时间有关数据的有效性	使用参照对象的约束条件	使用参照对象的最大出现次数	特化类(DQ_时间准确度)	第100～107行
124	DQ_专题准确度	DQ_ThematicAccuracy	DQThemAcc	定量属性的准确度,非定量属性、要素分类和它们的关系的正确性	使用参照对象的约束条件	使用参照对象的最大出现次数	特化类(DQ_元素)≪抽象≫	第100～107行
125	DQ_专题分类正确性	DQ_ThematicClassificationCorrectness	DQThemClassCor	赋给要素或其属性的分类与论域的对比	使用参照对象的约束条件	使用参照对象的最大出现次数	特化类(DQ_专题准确度)	第100～107行
126	DQ_非定量属性准确度	DQ_NonQuantitativeAttributeAccuracy	DQNonQuanAttAcc	非定量属性的准确度	使用参照对象的约束条件	使用参照对象的最大出现次数	特化类(DQ_专题准确度)	第100～107行
127	DQ_定量属性准确度	DQ_QuantitativeAttributeAccuracy	DQQuanAttAcc	定量属性的准确度	使用参照对象的约束条件	使用参照对象的最大出现次数	特化类(DQ_专题准确度)	第100～107行

B.2.4.4 评价结果信息

	名称/角色名称(中文)	名称/角色名称(英文)	缩写名	定　义	约束/条件	最大出现次数	数据类型	域
128	DQ_评价结果	DQ_Result	Result	各类评价结果的概括	使用参照对象的约束条件	使用参照对象的最大出现次数	类≪抽象≫	
129	DQ_一致性评价结果	DQ_ConformanceResult	ConResult	将获取的值(或一组值)与已确定可接受的一致性质量等级进行对比的评价结果信息	使用参照对象的约束条件	使用参照对象的最大出现次数	特化类(DQ_评价结果)	第 130～132 行
130	规范	specification	conSpec	评价数据所引用的产品规范或用户需求	M	1	类	CI_引用≪数据类型≫(B.3.2)
131	解释	explanation	conExpl	评价结果的一致性含义解释	M	1	字符串	自由文本
132	通过	pass	conPass	一致性评价结果说明,其中:0 = 不通过;1 = 通过	M	1	布尔型	1 = 是 0 = 否
133	DQ_定量评价结果	DQ_QuantitativeResult	QuanResult	通过数据质量度量获取的值(或一组值)的有关结果或信息	使用参照对象的约束条件	使用参照对象的最大出现次数	特化类(DQ_评价结果)	第 134～137 行
134	值类型	valueType	quanValType	记录数据质量评价结果的值的类型	O	1	类	记录类型≪元类≫(B.4.3)
135	值单位	valueUnit	quanValUnit	记录数据质量评价结果的值的单位	M	1	类	度量单位(B.4.3)
136	误差统计	errorStatistic	errStat	用于决定质量评价结果的值的统计方法	O	1	字符串	自由文本
137	值	value	quanVal	采用评价程序确定的定量值或一组值、内容	M	*N*	类	记录(B.4.3)

B.2.4.5 范围信息

	名称/角色名称(中文)	名称/角色名称(英文)	缩写名	定义	约束/条件	最大出现次数	数据类型	域
138	DQ_数据质量范围	DQ_Scope	DQScope	报告质量信息的数据特征的覆盖范围	使用参照对象的约束条件	使用参照对象的最大出现次数	类≪数据类型≫	第139～141行
139	数据层次	level	scpLvl	由范围说明的数据层次	M	1	类	MD_范围代码≪代码表≫(B.5.25)
140	覆盖范围	extent	scpExt	范围确定的数据的平面、垂向和时间覆盖范围信息	O	1	类	EX_覆盖范围≪数据类型≫(B.3.1)
141	数据层次说明	levelDescription	scpLvlDesc	范围确定的数据层次的详细说明	C/数据层次不等于"数据集"或"数据集系列"?	N	类	MD_范围说明≪联合≫(B.2.5.2)

B.2.5 维护信息

B.2.5.1 概述

● UML模型见图A.7

	名称/角色名称(中文)	名称/角色名称(英文)	缩写名	定义	约束/条件	最大出现次数	数据类型	域
142	MD_维护信息	MD_MaintenanceInformation	MaintInfo	有关更新范围和频率的信息	使用参照对象的约束条件	使用参照对象的最大出现次数	聚集类(MD_元数据和MD_标识)	第143～148.1行
143	维护和更新频率	maintenanceAndUpdateFrequency	maintFreq	在资源初次完成后，对其进行修改和补充的频率	M	1	类	MD_维护频率代码≪代码表≫(B.5.18)
144	下次更新日期	dateOfNextUpdate	dateNext	预定更新资源的日期	O	1	日期型	CCYY-MM-DD(GB/T 7408—1994)
145	用户要求的维护频率	userDefinedMaintenanceFrequency	usrDefFreq	与确定的周期不同的维护更新周期	O	1	类	TM_时段持续时间(B.4.5)

续表

	名称/角色名称(中文)	名称/角色名称(英文)	缩写名	定　　义	约束/条件	最大出现次数	数据类型	域
146	更新范围	updateScope	maintScp	维护更新数据的范围	O	*N*	类	MD_范围代码≪代码表≫(B.5.25)
147	更新范围说明	updateScope-Description	upScp-Desc	资源范围的补充信息	O	*N*	类	MD_范围说明≪联合≫(B.2.5.2)
148	维护注释	maintenan-ceNote	maintNote	有关对资源维护更新的特殊需求信息	O	*N*	字符串	自由文本
148.1	联系	contact	maintCont	与负责维护元数据的人和单位联系的标识及方法	O	*N*	类	CL_负责单位≪数据类型≫(B.3.2)

B.2.5.2　范围说明信息

	名称/角色名称(中文)	名称/角色名称(英文)	缩写名	定　　义	约束/条件	最大出现次数	数据类型	域
149	MD_范围说明	MD_ScopeDe-scription	ScpDesc	信息覆盖的信息类的说明	使用参照对象的约束条件	使用参照对象的最大出现次数	类≪联合≫	第150～155行
150	属性	attributes	attribSet	有关属性的信息	C/不选用要素、要素实例、属性实例、数据集和其他?	1	集(B.4.7)	GF_属性类型(B.4.4)
151	要素	features	featSet	有关要素的信息	C/不选用属性、要素实例、属性实例、数据集和其他?	1	集(B.4.7)	GF_要素类型(B.4.4)
152	要素实例	featureInstanc-es	featIntSet	有关要素实例的信息	C/不选用属性、要素、属性实例、数据集和其他?	1	集(B.4.7)	GF_要素类型(B.4.4)

续表

	名称/角色名称(中文)	名称/角色名称(英文)	缩写名	定　　义	约束/条件	最大出现次数	数据类型	域
153	属性实例	attributeInstances	attribIntSet	有关属性实例的信息	C/不选用属性、要素、要素实例、数据集和其他?	1	集(B.4.7)	GF_属性类型(B.4.4)
154	数据集	dataset	datasetSet	有关数据集的信息	C/不选用属性、要素、要素实例、属性实例和其他?	1	字符串	自由文本
155	其他	other	other	不属于其他各类数据的信息类	C/不选用属性、要素、要素实例、属性实例和数据集?	1	字符串	自由文本

B.2.6　空间表示信息（包括格网和矢量表示）

B.2.6.1　概述

● UML 模型见图 A.8

	名称/角色名称(中文)	名称/角色名称(英文)	缩写名	定　　义	约束/条件	最大出现次数	数据类型	域
156	MD_空间表示	MD_SpatialRepresentation	SpatRep	用于表示空间信息的数字方法	使用参照对象的约束/条件	使用参照对象的最大出现次数	聚集类(MD_元数据)≪抽象≫	
157	MD_格网空间表示	MD_GridSpatialRepresentation	GridSpatRep	数据集中有关格网空间对象的信息	使用参照对象的约束/条件	使用参照对象的最大出现次数	特化类(MD_空间表示)	第158~161行
158	维数	numberOfDimensions	numDims	独立的空间-时间轴的数目	M	1	整型	整型数
159	轴特征	axisDimensionsProperties	axDimProps	有关空间-时间轴特征的信息	M	1	序列(B.4.7)	MD_维≪数据类型≫(B.2.6.2)
160	格网单元几何特征	cellGeometry	cellGeo	标识是点或格网单元的格网数据	M	1	类	MD_格网单元几何类型代码≪代码表≫(B.5.9)

续表

	名称/角色名称(中文)	名称/角色名称(英文)	缩写名	定　义	约束/条件	最大出现次数	数据类型	域
161	转换参数可用性	transformationParameterAvailability	tranParaAv	说明影像坐标与已知地理或地图坐标之间的转换参数是否可用	M	1	布尔型	1 = 是 0 = 否
162	MD_地理校正	MD_Georectified	Georect	在空间参照系(SRS)中定义的地理(即经纬度)坐标系或地图坐标系中格网单元呈规则分布的格网,从而格网的任何格网单元能够进行地理定位,给出它的格网坐标和格网原点、格网单元间隔和定向	使用参照对象的约束/条件	使用参照对象的最大出现次数	特化(MD_格网空间表示)	第163～169行和158～161行
163	检测点可用性	checkPointAvailability	chkPtAv	说明是否可以用地理定位点检测地理参照格网数据的准确度	M	1	布尔型	1 = 是 0 = 否
164	检测点说明	checkPointDescription	chkPtDesc	说明用于检测地理参照的格网数据准确度的地理定位点	C/检测点可用性等于"是"?	1	字符串	自由文本
165	角点	cornerPoints	cornerPts	格网数据覆盖层两条对角线沿格网空间维的两个端点格网单元,在空间参照系定义的坐标系中的实地位置和格网坐标。在地理校正格网中有四个角点;沿一条对角线至少需要两个角点	M	1	序列(B.4.7)	GM_点≪类型≫(B.4.6)

续表

	名称/角色名称(中文)	名称/角色名称(英文)	缩写名	定　义	约束/条件	最大出现次数	数据类型	域
166	中心点	centerPoint	centerPt	空间维中格网对角端点间中心格网单元在空间参照系定义的坐标系中的实地位置和格网坐标	O	1	类	GM_点≪类型≫(B.4.6)
167	像元点	pointInPixel	ptInPixel	与像元的实地位置对应的像元中的点	M	1	类	MD_像元定位代码≪枚举≫(B.5.22)
168	维变换说明	transformationDimensionDescription	transDimDesc	变换的一般说明	O	1	字符串	自由文本
169	维变换影射	transformationDimensionMapping	transDimMap	有关哪些格网维是空间(地图)维的信息	O	2	字符串	自由文本
170	MD_地理可参照性	MD_Georeferenceable	Georef	在任何给定的地理/地图投影坐标系中格网单元不规则的格网,其每个格网单元能够使用与数据一同提供的地理位置信息进行地理定位,但不能单独用格网特征进行地理定位	使用参照对象的约束/条件	使用参照对象的最大出现次数	特化类(MD_格网空间表示)	第171～175行和158～161行
171	控制点可用性	controlPointAvailability	ctrlPtAv	说明是否有控制点	M	1	布尔型	1＝是 0＝否
172	定向参数可用性	orientationParameterAvailability	orieParaAv	说明定向参数是否可以使用	M	1	布尔型	1＝是 0＝否
173	定向参数说明	orientationParameterDescription	orieParaDs	用于描述传感器定向的参数说明	O	1	字符串	自由文本

续表

	名称/角色名称(中文)	名称/角色名称(英文)	缩写名	定义	约束/条件	最大出现次数	数据类型	域
174	地理参照参数	georeferencedParameters	georefPars	支持格网数据地理参照的参数	M	1	类	记录(B.4.3)
175	参数引用	parameterCitation	paraCit	提供参数说明的参考文献	O	*N*	类	CI_引用 ≪数据类型≫ (B.3.2)
176	MD_矢量空间表示	MD_VectorSpatialRepresentation	VectSpatRep	数据集中矢量空间对象的信息	使用参照对象的约束/条件	使用参照对象的最大出现次数	特化类(MD_空间表示)	第177～178行
177	拓扑等级	topologyLevel	topLvl	标识空间关系复杂程度的代码	O	1	类	MD_拓扑等级代码 ≪代码表≫ (B.5.28)
178	几何对象	geometricObjects	geometObjs	数据集使用的几何对象信息	O	*N*	类	MD_几何对象 ≪数据类型≫ (B.2.6.3)

B.2.6.2 维信息

	名称/角色名称(中文)	名称/角色名称(英文)	缩写名	定义	约束/条件	最大出现次数	数据类型	域
179	MD_维	MD_Dimension	Dimen	轴的特征	使用参照对象的约束/条件	使用参照对象的最大出现次数	类 ≪数据类型≫	第180～182行
180	维名称	dimensionName	dimName	轴的名称	M	1	类	MD_维名称类型代码 ≪代码表≫ (B.5.14)
181	维数	dimensionSize	dimSize	方向轴的数目	M	1	整型	整型数
182	分辨率	resolution	dimResol	格网数据集的详细程度	O	1	类	度量(B.4.3)

B.2.6.3 几何对象信息

	名称/角色名称(中文)	名称/角色名称(英文)	缩写名	定　义	约束/条件	最大出现次数	数据类型	域
183	MD_几何对象	MD_GeometricObjects	GeometObjs	数据集应用的几何对象类型表中对象的数目	使用参照对象的约束/条件	使用参照对象的最大出现次数	类≪数据类型≫	第184～185行
184	几何对象类型	geometricObjectType	geoObjTyp	数据集中用于确定零维、一维、二维或三维空间位置的点或矢量对象的名称	M	1	类	MD_几何对象类型代码≪代码表≫(B.5.15)
185	几何对象计数	geometricObjectCount	geoObjCnt	数据集中出现的点或矢量对象类型的总数	O	1	整型	>0

B.2.7 参照系信息(包括时间、坐标和地理标识符)

B.2.7.1 概述

● UML模型见图A.9

	名称/角色名称(中文)	名称/角色名称(英文)	缩写名	定　义	约束/条件	最大出现次数	数据类型	域
186	MD_参照系	MD_ReferenceSystem	RefSystem	有关参照系的信息	使用参照对象的约束/条件	使用参照对象的最大出现次数	聚集类(MD_元数据)	第187行
187	参照系标识符	refenceSystemIdentifier	refSysID	参照系名称	C/不选用MD_坐标参照系.投影、MD_坐标参照系.椭球体和MD_坐标参照系.基准?	1	类	RS_标识符(B.2.7.3)
189	MD_坐标参照系	MD_CRS	MdCoRefSys	坐标系的元数据,该坐标系的属性按ISO 19111基于坐标的空间参照系定义的SC_坐标参照系派生	使用参照对象的约束/条件	使用参照对象的最大出现次数	特化类(MD_参照系)	第190～194行和187行

续表

	名称/角色名称(中文)	名称/角色名称(英文)	缩写名	定　义	约束/条件	最大出现次数	数据类型	域
190	投影	projection	projection	所用投影的标识	O	1	类	RS_标识符(B.2.7.3)
191	椭球体	ellipsoid	ellipsoid	所用椭球体的标识	O	1	类	RS_标识符(B.2.7.3)
192	基准	datum	datum	所用基准的标识	O	1	类	RS_标识符(B.2.7.3)
193	角色名称：椭球体参数	*Role name*：ellipsoidParameters	ellParas	描述椭球体的参数集	O	1	关联	MD_椭球体参数(B.2.7.2)
194	角色名称：投影参数	*Role name*：projectionParameters	projParas	描述投影的参数集	O	1	关联	MD_投影参数(B.2.7.6)
195	RS_参照系	RS_ReferenceSystem	RefSys	数据集使用的空间和时间参照系说明	使用参照对象的约束/条件	使用参照对象的最大出现次数	类≪抽象≫	第196~197行
196	名称	name	refSysName	使用的参照系名称	M	1	类	RS_标识符(B.2.7.3)
197	有效域	domainOfValidity	domOValid	参照系的有效范围	O	*N*	类	EX_覆盖范围≪数据类型≫(B.3.1)

B.2.7.2　椭球体参数信息

	名称/角色名称(中文)	名称/角色名称(英文)	缩写名	定　义	约束/条件	最大出现次数	数据类型	域
201	MD_椭球体参数	MD_EllipsoidParameters	EllParas	描述椭球体的参数集	使用参照对象的约束/条件	使用参照对象的最大出现次数	聚集类(MD_坐标参照系)	第202~204行
202	长半轴	semiMajorAxis	semiMajAx	椭球体赤道轴的半径	M	1	实型	>0.0
203	轴单位	axisUnits	axisUnits	椭球体长半轴的单位	M	1	类	长度度量单位(B.4.3)

续表

	名称/角色名称(中文)	名称/角色名称(英文)	缩写名	定　义	约束/条件	最大出现次数	数据类型	域
204	扁率分母	denominatorOfFlatteningRatio	denFlatRat	当分子设为1时，椭球体赤道半径和极半径之间的差与赤道半径之比	C/非球体?	1	实型	＞0.0

B.2.7.3　标识符信息

	名称/角色名称(中文)	名称/角色名称(英文)	缩写名	定　义	约束/条件	最大出现次数	数据类型	域
205	MD_标识符	MD_Identifier	MdIdent	唯一标识命名空间中对象的值	使用参照对象的约束/条件	使用参照对象的最大出现次数	类	第206～207行
206	负责人	authority	identAuth	负责维护命名空间的人或单位	O	1	类	CI_引用≪数据类型≫(B.3.2)
207	代码	code	identCode	标识命名空间实例的字符数字值	M	1	字符串	自由文本
208	RS_标识符	RS_Identifier	RsIdent	参照系使用的标识符	使用参照对象的约束/条件	使用参照对象的最大出现次数	特化类(MD_标识符)	第206～207行和第208.1～208.2行
208.1	代码空间	codeSpace	identCodeSpace	对命名空间负责的人或单位的名称或标识符	O	1	字符串	自由文本
208.2	版本	version	identVrsn	命名空间版本的标识符	O	1	字符串	自由文本

B.2.7.4　斜轴方位信息

	名称/角色名称(中文)	名称/角色名称(英文)	缩写名	定　义	约束/条件	最大出现次数	数据类型	域
209	MD_斜轴方位	MD_ObliqueLineAzimuth	ObLineAzi	采用地图投影原点和方位角，描述斜轴墨卡托地图投影中央经线的方法	使用参照对象的约束/条件	使用参照对象的最大出现次数	聚集类(MD_投影参数)	第210～211行

续表

	名称/角色名称(中文)	名称/角色名称(英文)	缩写名	定　义	约束/条件	最大出现次数	数据类型	域
210	方位角	azimuthAngle	aziAngle	从正北起按顺时针方向量算的角度，以度为单位表示	M	1	实型	实型数
211	方位量测点经度	azimuthMeasurePointLongitude	aziPtLong	地图投影原点的经度	M	1	实型	实型数

B.2.7.5　斜轴点(Oblique line point)信息

	名称/角色名称(中文)	名称/角色名称(英文)	缩写名	定　义	约束/条件	最大出现次数	数据类型	域
212	MD_斜轴点	MD_ObliqueLinePoint	ObLinePt	采用定义中央经线的接近图廓的两点，描述斜轴墨卡托地图投影中央经线的方法	使用参照对象的约束/条件	使用参照对象的最大出现次数	聚集类(MD_投影参数)	第 213～214 行
213	斜轴纬度	obliqueLineLatitude	obLineLat	定义斜轴的点的纬度	M	1	实型	实型数
214	斜轴经度	obliqueLineLongitude	obLineLong	定义斜轴的点的经度	M	1	实型	实型数

B.2.7.6　投影参数信息

	名称/角色名称(中文)	名称/角色名称(英文)	缩写名	定　义	约束/条件	最大出现次数	数据类型	域
215	MD_投影参数	MD_ProjectionParameters	ProjParas	描述投影的参数集		使用参照对象的最大出现次数	聚集类(MD_坐标参照系)	第 216～231 行
216	带号	zone	zoneNum	投影分带的唯一标识符	O	1	整型	整型数
217	标准纬线	standardParallel	stanParal	地球表面与平面或可展曲面相交的固定纬线	O	2	实型	实型数
218	中央经线经度	longitudeOfCentralMeridian	longCntMer	地图投影的中央经线，通常用作构建投影的基础	C/非方位投影?	1	实型	实型数

续表

	名称/角色名称(中文)	名称/角色名称(英文)	缩写名	定　义	约束/条件	最大出现次数	数据类型	域
219	投影原点纬度	latitudeOfProjectionOrigin	latProjOri	作为地图投影直角坐标原点的纬度	C/非方位投影?	1	实型	实型数
220	东移假定值	falseEasting	falEastng	地图投影直角坐标中所有X坐标增加的值。常常利用该值避免坐标出现负值。用平面坐标单位定义的度量单位表示	O	1	实型	实型数
221	北移假定值	falseNorthing	fal-Northng	地图投影直角坐标中所有Y坐标增加的值。常常利用该值避免坐标出现负值。用平面坐标单位定义的度量单位表示	O	1	实型	实型数
222	东移北移假定值单位	falseEastingNorthingUnits	falE-NUnits	东移和北移假定值的单位	O	1	类	长度度量单位(B.4.3)
223	赤道比例因子	scaleFactorAtEquator	sclFacEqu	沿赤道的物理距离与相应地图上距离之比	O	1	实型	> 0.0
224	视点高度	heightOfProspectivePointAboveSurface	hgtProsPt	视点在地球上的高度，以米表示	O	1	实型	> 0.0
225	投影中心经度	longitudeOfProjectionCenter	longProjCnt	方位投影投影中心的经度	C/方位投影?	1	实型	实型数
226	投影中心纬度	latitudeOfProjectionCenter	latProjCnt	方位投影投影中心的纬度	C/方位投影?	1	实型	实型数
227	中央经线比例因子	scaleFactorAtCenterLine	sclFacCnt	沿中央经线的物理距离与相应地图上距离之比	O	1	实型	实型数

续表

	名称/角色名称(中文)	名称/角色名称(英文)	缩写名	定义	约束/条件	最大出现次数	数据类型	域
228	极地垂直经度	straightVerticalLongitudeFromPole	stVrLongPl	从北极或南极直接向东的经度	O	1	实型	实型数
229	投影原点比例因子	scaleFactorAtProjectionOrigin	sclFacPrOr	在投影原点,从实地距离到地图上距离的缩小倍数,或相反的放大倍数	O	1	实型	实型数
230	角色名称:斜轴方位参数	*Role name*:obliqueLineAzimuthParameter	obLnAziPars	描述斜轴方位的参数	O	1	关联	MD_斜轴方位(B.2.7.4)
231	角色名称:斜轴点参数	*Role name*:obliqueLinePointParameter	obLnPtPars	描述斜轴点的参数	O	2	关联	MD_斜轴点(B.2.7.5)

B.2.8 内容信息(包括要素类目和数据覆盖层说明)

B.2.8.1 概述

● UML 模型见图 A.10

	名称/角色名称(中文)	名称/角色名称(英文)	缩写名	定义	约束/条件	最大出现次数	数据类型	域
232	MD_内容信息	MD_ContentInformation	ContInfo	数据集内容说明	使用参照对象的约束/条件	使用参照对象的最大出现次数	聚集类(MD_元数据)≪抽象≫	
233	MD_要素类目说明	MD_FeatureCatalogueDescription	FetCatDesc	标识要素类目或概念模式的信息	使用参照对象的约束/条件	使用参照对象的最大出现次数	特化类(MD_内容信息)	第 234～238 行
234	符合代码	complianceCode	compCode	说明是否引用符合 ISO 19110《地理信息 要素编目方法的要素类目》	O	1	布尔型	0=不符合 1=符合
235	语种	language	catLang	要素类目所使用的语言	O	N	字符串	GB/T 4880.2—2000,可以使用其他部分

续表

	名称/角色名称(中文)	名称/角色名称(英文)	缩写名	定　义	约束/条件	最大出现次数	数据类型	域
236	包含要素类目	includedWith-Dataset	incWith-DS	说明数据集是否包含要素类目	M	1	布尔型	0=否 1=是
237	要素类型	featureTypes	catFetT-yps	数据集中出现的引用自要素类目的要素类型子集	O	*N*	类	类属名 (B.4.8)
238	要素类目引用	featureCata-logueCitation	catCitati-on	参照的一种或一种以上外部要素类目的完整目录	M	*N*	类	CI_引用 ≪数据类型≫ (B.3.2)
239	MD_数据覆盖层说明	MD_Coverage-Description	CovDesc	有关格网数据格网单元内容的信息	使用参照对象的约束/条件	使用参照对象的最大出现次数	特化类(MD_内容信息)	第240～242行
240	属性说明	attributeDe-scription	attDesc	用度量值表示的属性说明	M	1	类	记录类型 ≪元类≫ (B.4.3)
241	内容类型	contentType	contentT-yp	格网单元值表示的信息类型	M	1	类	MD_数据覆盖层内容类型代码 ≪代码表≫ (B.5.12)
242	角色名称:量纲	*Role name*: dimension	covDim	格网单元度量值的量纲信息	O	*N*	类	MD_量纲范围 (B.2.8.2)
243	MD_影像说明	MD_ImageDe-scription	ImgDesc	适用的影像信息	O	使用参照对象的最大出现次数	特化类(MD_数据覆盖层说明)	第244～255行和240～242行
244	入射高度角	illuminationEl-evationAngle	illEle-vAng	从光线与地球表面相交处的对象平面按顺时针方向计算的入射高度角，以度为单位。对于扫描图像，与影像中心像元相关	O	1	实型	−90～90

续表

	名称/角色名称(中文)	名称/角色名称(英文)	缩写名	定　义	约束/条件	最大出现次数	数据类型	域
245	入射方位角	illuminationAzimuthAngle	illAziAng	从获取影像时正北方向按顺时针方向计算的入射方位角,以度为单位。对于扫描影像,与影像中心像元相关	O	1	实型	0.00～360
246	摄影状况	imagingCondition	imagCond	影响影像质量的状况	O	1	类	MD_摄影状况代码≪代码表≫(B.5.16)
247	影像质量代码	imageQualityCode	imagQuCode	说明影像的质量	O	1	类	MD_标识符≪数据类型≫(B.2.7.3)
248	云斑覆盖比例	cloudCoverPercentage	cloudCovPer	数据集被云斑遮挡的范围,用占空间覆盖范围的百分比表示	O	1	实型	0.0～100.0
249	处理等级代码	processingLevelCode	prcTypCde	影像分发方的代码,标识已经进行的辐射校正和几何校正的等级	O	1	类	MD_标识符≪数据类型≫(B.2.7.3)
250	压缩次数	compressionGenerationQuantity	cmpGenQuan	对影像进行有损压缩的次数	O	1	整型	整型数
251	三角测量指示符	triangulationIndicator	trianInd	说明是否对影像进行了三角测量	O	1	布尔型	0=否 1=是
252	辐射校正数据可用性	radiometricCalibrationDataAvailability	radCalDatAv	说明生产经过辐射校正的标准数据产品的辐射校正信息是否可以使用	O	1	布尔型	0=否 1=是

续表

	名称/角色名称(中文)	名称/角色名称(英文)	缩写名	定　义	约束/条件	最大出现次数	数据类型	域
253	相机检校信息可用性	cameraCalibrationInformationAvailability	camCalInAv	说明相机检校常数是否可以使用	O	1	布尔型	0=否 1=是
254	胶片畸变信息可用性	filmDistortionInformationAvailability	filmDistInAv	说明校准网格信息是否可以使用	O	1	布尔型	0=否 1=是
255	镜头畸变信息可用性	lensDistortionInformationAvailability	lensDistInAv	说明镜头畸变改正信息是否可以使用	O	1	布尔型	0=否 1=是

B.2.8.2　量纲范围信息(包括波段信息)

	名称/角色名称(中文)	名称/角色名称(英文)	缩写名	定　义	约束/条件	最大出现次数	数据类型	域
256	MD_量纲范围	MD_RangeDimension	RangeDim	格网单元度量值每个量纲的范围信息	使用参照对象的约束/条件	使用参照对象的最大出现次数	聚集类(MD_数据层说明)	第257～258行
257	序列标识符	sequenceIdentifier	seqID	唯一标识传感器操作的波段波长实例号	O	1	类	成员名(B.4.8)
258	描述符	descriptor	dimDescrp	格网单元度量值范围说明	O	1	字符串	自由文本
259	MD_波段	MD_Band	Band	电磁光谱波长范围	使用参照对象的约束/条件	使用参照对象的最大出现次数	特化类(MD_量纲范围)	第260～267行和257～258行
260	最大波长	maxValue	maxVal	传感器能够接收的指定波段的最大波长	O	1	实型	实型数
261	最小波长	minValue	minVal	传感器能够接收的指定波段的最小波长	O	1	实型	实型数
262	波长单位	units	valUnit	表示传感器波长的单位	C/选用最小波长或最大波长?	1	类	长度度量单位(B.4.3)

续表

	名称/角色名称(中文)	名称/角色名称(英文)	缩写名	定　义	约束/条件	最大出现次数	数据类型	域
263	波峰响应	peakResponse	pkResp	最高响应的波长	O	1	实型	实型数
264	每个值比特数	bitsPerValue	bitsPer-Val	非压缩表示每个波段每个像元值的有效位的最大数	O	1	整型	整型数
265	色阶	toneGradation	toneGrad	格网数据中离散数值的数量	O	1	整型	整型数
266	比例因子	scaleFactor	sclFac	格网单元值应用的比例因子	O	1	实型	实型数
267	偏移量	offset	offset	零值格网单元对应的物理值	O	1	实型	实型数

B.2.9　图示表达类目信息

● UML 模型见图 A.11

	名称/角色名称(中文)	名称/角色名称(英文)	缩写名	定　义	约束/条件	最大出现次数	数据类型	域
268	MD_图示表达类目参照	MD_Portrayal-Catalogue Ref-erence	PortCa-tRef	标识所使用的图示表达类目的信息	使用参照对象的约束/条件	使用参照对象的最大出现次数	聚集类(MD_元数据)	第 269 行
269	图示表达类目引用	portrayalCata-logueCitation	port-CatCit	图示表达类目引用的参考文献目录	M	*N*	类	CI_引用 ≪数据类型≫ (B.3.2)

B.2.10　分发信息

B.2.10.1　概述

● UML 模型见图 A.12

	名称/角色名称(中文)	名称/角色名称(英文)	缩写名	定　义	约束/条件	最大出现次数	数据类型	域
270	MD_分发	MD_ Distribu-tion	Distrib	资源的分发方和获取资源的选项信息	使用参照对象的约束/条件	使用参照对象的最大出现次数	聚集类(MD_元数据)	第 271～273 行
271	角色名称：分发格式	*Role name*：distribution-Format	distFor-mat	分发数据的格式说明	C/不选用MD_分发方.分发方格式?	*N*	关联	MD_格式(B.2.10.4)

续表

	名称/角色名称(中文)	名称/角色名称(英文)	缩写名	定　义	约束/条件	最大出现次数	数据类型	域
272	角色名称：分发方	*Role name*：distributor	distributor	分发方的有关信息	O	*N*	关联	MD_分发方(B.2.10.3)
273	角色名称：传输选项	*Role name*：transferOptions	distTranOps	从分发方获取资源的技术方法和介质信息	O	*N*	关联	MD_数字传输选项(B.2.10.2)

B.2.10.2　数字传输选项信息

	名称/角色名称(中文)	名称/角色名称(英文)	缩写名	定　义	约束/条件	最大出现次数	数据类型	域
274	MD_数字传输选项	MD_DigitalTransferOptions	DigTranOps	从分发方获取资源的技术方法和介质	使用参照对象的约束/条件	使用参照对象的最大出现次数	聚集类(MD_分发和MD_分发方)	第275～278行
275	分发单元	unitsOfDistribution	unitsODist	可以使用数据的数据块、数据层、地理范围等	O	1	字符串	自由文本
276	传输量	transferSize	transSize	按确定的传输格式估计，一个分发单元的传输量，用MB表示。传输量＞0.0	O	1	实型	＞0.0
277	在线	onLine	onLineSrc	可以获取资源的在线资源信息	O	*N*	类	CI_在线资源≪数据类型≫(B.3.2.5)
278	离线	offLine	offLineMed	可以获取资源的离线介质信息	O	1	类	MD_介质≪数据类型≫(B.2.10.5)

B.2.10.3　分发方信息

	名称/角色名称(中文)	名称/角色名称(英文)	缩写名	定　义	约束/条件	最大出现次数	数据类型	域
279	MD_分发方	MD_Distributor	Distributor	有关分发方的信息	使用参照对象的约束/条件	使用参照对象的最大出现次数	聚集类(MD_分发和MD_格式)	第280～283行

续表

	名称/角色名称(中文)	名称/角色名称(英文)	缩写名	定　义	约束/条件	最大出现次数	数据类型	域
280	联系分发方	distributor-Contact	distor-Cont	可以获取资源的单位。不要求单位列表是穷举的	M	1	类	CI_负责单位≪数据类型≫(B.3.2)
281	角色名称：分发订购程序	*Role name*：distributionOrderProcess	dis-torOrdPrc	如何获得资源,以及相关说明和费用的信息	O	*N*	关联	MD_标准订购程序(B.2.10.6)
282	角色名称：分发方格式	*Role name*：distributorFormat	distorFor-mat	分发方使用的格式信息	C/不选用 MD_分发.分发格式？	*N*	关联	MD_格式(B.2.10.4)
283	角色名称：分发方传输选项	*Role name*：distributor-TransferOptions	distor-Tran	分发方使用的技术方法和介质信息	O	*N*	关联	MD_数字传输选项(B.2.10.2)

B.2.10.4　**格式信息**

	名称/角色名称(中文)	名称/角色名称(英文)	缩写名	定　义	约束/条件	最大出现次数	数据类型	域
284	MD_格式	MD_Format	Format	计算机语言结构说明,确定数据对象在记录、文件、通讯、存储设备和传输通道中的表示方法	使用参照对象的约束/条件	使用参照对象的最大出现次数	聚集类(MD_分发,MD_标识和 MD_分发方)	第 285～290 行
285	名称	name	format-Name	数据传输格式名称	M	1	字符串	自由文本
286	版本	version	formatVer	格式版本(日期、版本号等)	M	1	字符串	自由文本
287	修订号	amendment-Number	forma-tAmd-Num	格式版本的修订号	O	1	字符串	自由文本
288	规范	specification	for-matSpec	格式的子集、专用标准或产品规范名称	O	1	字符串	自由文本

续表

	名称/角色名称(中文)	名称/角色名称(英文)	缩写名	定 义	约束/条件	最大出现次数	数据类型	域
289	文件解压缩技术	fileDecompressionTechnique	fileDecmTech	能够用来对经过压缩的资源进行读取或解压的算法或处理说明	O	1	字符串	自由文本
290	角色名称:分发方格式	*Role name*:formatDistributor	formatDist	分发方的格式信息	O	*N*	关联	MD_分发方(B.2.10.3)

B.2.10.5 介质信息

	名称/角色名称(中文)	名称/角色名称(英文)	缩写名	定 义	约束/条件	最大出现次数	数据类型	域
291	MD_介质	MD_Medium	Medium	能够用于分发资源的介质信息	使用参照对象的约束/条件	使用参照对象的最大出现次数	类≪数据类型≫	第292～297行
292	名称	name	medName	能够接收资源的介质名称	O	1	类	MD_介质名称代码≪代码表≫(B.5.20)
293	密度	density	medDensity	记录数据的密度	O	*N*	实型	> 0.0
294	密度单位	density Units	medDenUnits	记录数据密度的度量单位	C/选用密度?	1	字符串	自由文本
295	卷	volumes	medVol	标识介质的条目数	O	1	整型	整型数(原文为>0.0,译者注)
296	介质格式	mediumFormat	medFormat	用于在介质上记录数据的方法	O	*N*	类	MD_介质格式代码≪代码表≫(B.5.19)
297	介质注释	mediumNote	medNote	使用介质的其他限制或要求说明	O	1	字符串	自由文本

B.2.10.6 标准订购程序信息

	名称/角色名称(中文)	名称/角色名称(英文)	缩写名	定　义	约束/条件	最大出现次数	数据类型	域
298	MD_标准订购程序	MD_Standard-OrderProcess	StanOrd-Proc	可以获得或接收资源的通用方法,以及相关说明和费用信息	使用参照对象的约束/条件	使用参照对象的最大出现次数	聚集类(MD_分发方)	第 299～302 行
299	费用	fees	resFees	获得资源所需的费用和期限。包括货币单位(按 GB/T 12406 规定)	O	1	字符串	自由文本
300	预期提供日期时间	plannedAvail-ableDateTime	planAv-DtTm	可以获得数据集的日期和时间	O	1	日期时间型	CCYY-MM-DD hh:mm:ss.s (GB/T 7408—1994)
301	订购说明	orderingIn-structions	ordInstr	分发方提供的一般说明、期限和服务	O	1	字符串	自由文本
302	回复	turnaround	ordTurn	完成一次订购的一般回复时间	O	1	字符串	自由文本

B.2.11 元数据扩展信息

B.2.11.1 概述

● UML 模型见图 A.13

	名称/角色名称(中文)	名称/角色名称(英文)	缩写名	定　义	约束/条件	最大出现次数	数据类型	域
303	MD_元数据扩展信息	MD_Metada-taExtensionIn-formation	MdExtIn-fo	说明元数据扩展的信息	使用参照对象的约束/条件	使用参照对象的最大出现次数	聚集类(MD_元数据)	第 304～305 行
304	扩展在线资源	extensionOn-LineResource	extOnRes	有关在线资源信息,包括领域专用标准名称和扩展的元数据元素。所有新元数据元素信息	O	1	类	CI_在线资源 ≪数据类型≫ (B.3.2.5)

续表

	名称/角色名称(中文)	名称/角色名称(英文)	缩写名	定　义	约束/条件	最大出现次数	数据类型	域
305	角色名称：扩展元素信息	*Role name*：extendedElementInformation	extEleInfo	描述地理数据所需要的、本标准中没有的新元数据元素信息	O	*N*	关联	MD_扩展元素信息(B.2.11.2)

B.2.11.2　扩展元素信息

	名称/角色名称(中文)	名称/角色名称(英文)	缩写名	定　义	约束/条件	最大出现次数	数据类型	域
306	MD_扩展元素信息	MD_ExtendedElementInformation	ExtEleInfo	描述地理数据需要的、本标准中没有的新元数据元素	使用参照对象的约束/条件	使用参照对象的最大出现次数	聚集类(MD_元数据扩展信息)	第307～319行
307	名称	name	extEleName	扩展的元数据元素名称	M	1	字符串	自由文本
308	缩写名	shortName	extShortName	适合于实现方法如XML或SGML使用的缩写形式。注：可以使用其他方法	C/数据类型不等于"代码表元素"?	1	字符串	自由文本
309	域代码	domainCode	extDomCode	赋给扩展元素的三位数字代码	C/数据类型等于"代码表元素"?	1	整型	整型数
310	定义	definition	extEleDef	扩展元素的定义	M	1	字符串	自由文本
311	约束条件	obligation	extEleOb	扩展元素的约束条件	C/数据类型不等于"代码表"、"枚举"或"代码表元素"?	1	类	MD_约束条件代码≪枚举≫(B.5.21)
312	条件	condition	extEleCond	扩展元素为必选项的条件	C/约束条件为"条件必选"?	1	字符串	自由文本
313	数据类型	dataType	eleDataType	标识扩展元素提供的值的类型代码	M	1	类	MD_数据类型代码≪代码表≫(B.5.13)

续表

	名称/角色名称(中文)	名称/角色名称(英文)	缩写名	定义	约束/条件	最大出现次数	数据类型	域
314	最大出现次数	maximumOccurrence	extEleMxOc	扩展元素的最大出现次数	C/数据类型不等于"代码表"、"枚举"或"代码表元素"?	1	字符串	N或任何整型数
315	域值	domainValue	extEleDomVal	可以赋给扩展元素的有效值	C/数据类型不等于"代码表"、"枚举"或"代码表元素"?	1	字符串	自由文本
316	父实体	parentEntity	extEleParEnt	扩展的元数据元素所属的元数据实体名称。该名称可以是标准元数据元素,或其他扩展的元数据元素	M	*N*	字符串	自由文本
317	规则	rule	extEleRule	说明扩展的元素如何与现有其他元素和实体相关	M	1	字符串	自由文本
318	理由	rationale	extEleRat	扩展该元数据元素的原因	O	*N*	字符串	自由文本
319	来源	source	extEleSrc	扩展该元数据元素的人或单位名称	M	*N*	类	CI_负责单位≪数据类型≫(B.3.2)

B.2.12 应用模式信息

● UML模型见图A.14

	名称/角色名称(中文)	名称/角色名称(英文)	缩写名	定义	约束/条件	最大出现次数	数据类型	域
320	MD_应用模式信息	MD_ApplicationSchemaInformation	AppSchInfo	建立数据集使用的应用模式信息	使用参照对象的约束/条件	使用参照对象的最大出现次数	聚集类(MD_元数据)	第321~327行

续表

	名称/角色名称(中文)	名称/角色名称(英文)	缩写名	定　义	约束/条件	最大出现次数	数据类型	域
321	名称	name	asName	使用的应用模式名称	M	1	类	CI_引用≪数据类型≫(B.3.2)
322	模式语言	schemaLanguage	asSchLang	使用的模式语言标识	M	1	字符串	自由文本
323	约束语言	constraintLanguage	asCstLang	应用模式使用的形式化语言	M	1	字符串	自由文本
324	ASCII 码文件	schemaAscii	asAscii	用 ASCII 文件给出的完整应用模式	O	1	字符串	自由文本
325	图形文件	graphicsFile	asGraFile	用图形文件给出的完整应用模式	O	1	二进制	二进制数
326	软件开发文件	softwareDevelopmentFile	asSwDevFile	用软件开发文件给出的完整应用模式	O	1	二进制	二进制数
327	软件开发文件格式	softwareDevelopmentFileFormat	asSwDevFiFt	用于应用模式软件相关文件的软件相关格式	O	1	字符串	自由文本

B.3 数据类型信息

B.3.1 覆盖范围信息

B.3.1.1 概述

● UML 模型见图 A.15

	名称/角色名称(中文)	名称/角色名称(英文)	缩写名	定　义	约束/条件	最大出现次数	数据类型	域
334	EX_覆盖范围	EX_Extent	Extent	有关平面、垂向和时间覆盖范围信息	使用参照对象的约束/条件	使用参照对象的最大出现次数	类≪数据类型≫	第 335～338 行
335	描述	description	exDesc	相关对象的空间和时间覆盖范围	C/不选用地理覆盖范围、时间覆盖范围和垂向覆盖范围?	1	字符串	自由文本

续表

	名称/角色名称(中文)	名称/角色名称(英文)	缩写名	定　义	约束/条件	最大出现次数	数据类型	域
336	角色名称：地理覆盖范围	*Role name*：geographicElement	geoEle	相关对象覆盖范围的地理组成部分	C/不选用描述、时间覆盖范围和垂向覆盖范围?	*N*	关联	EX_地理覆盖范围≪抽象≫(B.3.1.2)
337	角色名称：时间覆盖范围	*Role name*：temporalElement	tempEle	相关对象覆盖范围的时间组成部分	C/不选用描述、地理覆盖范围和垂向覆盖范围?	*N*	关联	EX_时间覆盖范围(B.3.1.3)
338	角色名称：垂向覆盖范围	*Role name*：verticalElement	vertEle	相关对象覆盖范围的垂向组成部分	C/不选用描述、地理覆盖范围和时间覆盖范围?	*N*	关联	EX_垂向覆盖范围(B.3.1.4)

B.3.1.2　地理覆盖范围信息

	名称/角色名称(中文)	名称/角色名称(英文)	缩写名	定　义	约束/条件	最大出现次数	数据类型	域
339	EX_地理覆盖范围	EX_Geographic-Extent	GeoExtent	数据集覆盖的地理区域	使用参照对象的约束/条件	使用参照对象的最大出现次数	聚集类(EX_覆盖范围、EX_空间时间覆盖范围)≪抽象≫	第340行
340	覆盖范围类型代码	extentTypeCode	exTypeCode	说明边界多边形是环绕数据覆盖的区域，还是数据不覆盖的区域	O	1	布尔型	0=不包含 1=包含
341	EX_边界多边形	EX_BoundingPolygon	BoundPoly	围绕数据集覆盖范围的边界线，表示为多边形的闭合(最后一点与第一点重合)坐标串	使用参照对象的约束/条件	使用参照对象的最大出现次数	特化类(EX_地理覆盖范围)	第342行和340行

续表

	名称/角色名称(中文)	名称/角色名称(英文)	缩写名	定　义	约束/条件	最大出现次数	数据类型	域
342	多边形	polygon	polygon	定义边界多边形的点集	M	*N*	类	GM_对象(B.4.6) 纬度从−90到90 经度从−180到180(原文为360)
343	EX_地理边界矩形	EX_GeographicBoundingBox	GeoBndBox	数据集的地理位置。 注:这仅仅是近似的范围,无需说明坐标参照系	使用参照对象的约束/条件	使用参照对象的最大出现次数	特化类(EX_地理覆盖范围)	第344～347行和340行
344	西边经度	westBoundLongitude	westBL	数据集覆盖范围最西边坐标,用十进制度表示的经度(东半球为正)	M	1	类	角度(B.4.3) −180.0≤西边边界经度值≤180.0
345	东边经度	eastBoundLongitude	eastBL	数据集覆盖范围最东边坐标,用十进制度表示的经度(东半球为正)	M	1	类	角度(B.4.3) −180.0≤东边边界经度值≤180.0
346	南边纬度	southBoundLatitude	southBL	数据集覆盖范围最南边坐标,用十进制度表示的纬度(北半球为正)	M	1	类	角度(B.4.3) −90.0≤南边边界纬度值≤90.0; 南边边界纬度值≤北边边界纬度值
347	北边纬度	northBoundLatitude	northBL	数据集覆盖范围最北边坐标,用十进制度表示的纬度(北半球为正)	M	1	类	角度(B.4.3) −90.0≤北边边界纬度值≤90.0; 北边边界纬度值≥南边边界纬度值
348	EX_地理区域描述	EX_GeographicDescription	GeoDesc	用标识符说明地理区域范围	使用参照对象的约束/条件	使用参照对象的最大出现次数	特化类(EX_地理覆盖范围)	第349行和340行
349	地理标识符	geographicIdentifier	geoId	用于说明地理区域范围的标识符	M	1	类	MD_标识符(B.2.7.3)

B.3.1.3 时间覆盖范围信息

	名称/角色名称(中文)	名称/角色名称(英文)	缩写名	定　义	约束/条件	最大出现次数	数据类型	域
350	EX_时间覆盖范围	EX_TemporalExtent	TempExtent	数据集内容跨越的时间段	使用参照对象的约束/条件	使用参照对象的最大出现次数	聚集类(EX_覆盖范围)	第351行
351	覆盖范围	extent	exTemp	数据集内容的日期和时间	M	1	类	TM_单形(B.4.5)
352	EX_空间时间覆盖范围	EX_SpatialTemporalExtent	SpatTempEx	有关日期/时间和空间边界的覆盖范围	使用参照对象的约束/条件	使用参照对象的最大出现次数	特化类(EX_时间覆盖范围)	第353行和351行
353	角色名称:空间覆盖范围	*Role name*: spatialExtent	exSpat	组成空间和时间覆盖范围的空间覆盖范围组成部分	M	*N*	关联	EX_地理覆盖范围≪抽象≫(B.3.1.2)

B.3.1.4 垂向覆盖范围信息

	名称/角色名称(中文)	名称/角色名称(英文)	缩写名	定　义	约束/条件	最大出现次数	数据类型	域
354	EX_垂向覆盖范围	EX_VerticalExtent	VertExtent	数据集的垂向域	使用参照对象的约束/条件	使用参照对象的最大出现次数	聚集类(EX_覆盖范围)	第355~358行
355	最小值	minimumValue	vertMinVal	数据集内容的垂向覆盖范围最低值	M	1	实型	实型数
356	最大值	maximumValue	vertMaxVal	数据集内容的垂向覆盖范围最高值	M	1	实型	实型数
357	度量单位	unitOfMeasure	vertUoM	用于垂向覆盖范围信息的度量单位。例如:米、百帕	M	1	类	长度度量单位(B.4.3)
358	角色名称:垂向基准	*Role name*: verticalDatum	vertDatum	度量垂向覆盖范围最大值和最小值的原点信息	M	1	关联	SC_垂向基准(B.4.9)

B.3.2 引用和负责单位信息

B.3.2.1 概述

● UML 模型见图 A.16

	名称/角色名称(中文)	名称/角色名称(英文)	缩写名	定 义	约束/条件	最大出现次数	数据类型	域
359	CI_引用	CI_Citation	Citation	资源的标准参考文献	使用参照对象的约束/条件	使用参照对象的最大出现次数	类≪数据类型≫	第 360~373 行
360	名称	title	resTitle	已知的引用资料的名称	M	1	字符串	自由文本
361	别名	alternateTitle	resAltTitle	已知引用资料的缩写名或用其他语言表述的名称。例如:“NFGIS”是“National Fundamental Geographic Information System”的别名	O	*N*	字符串	自由文本
362	日期	date	resRefDate	引用资料的有关日期	M	*N*	类	CI_日期(B.3.2.4)≪数据类型≫
363	版本	edition	resEd	引用资料的版本	O	1	字符串	自由文本
364	版本日期	editionDate	resEdDate	出版日期	O	1	日期型	CCYY-MM-DD(GB/T 7408—1994)
365	标识符	identifier	citId	命名空间中唯一标识对象的值	O	*N*	类	MD_标识符≪数据类型≫(B.2.7.3)
367	引用资料负责单位	citedResponsibleParty	citRespParty	对引用资料负责的人或单位的名称和地址信息	O	*N*	类	CI_负责单位≪数据类型≫(B.3.2)
368	表达形式	presentationForm	presForm	引用资料的表达方式	O	*N*	类	CI_表达形式代码≪代码表≫(B.5.4)

续表

	名称/角色名称(中文)	名称/角色名称(英文)	缩写名	定义	约束/条件	最大出现次数	数据类型	域
369	系列	series	dataset-Series	数据集为其一部分的数据集系列或聚集数据集信息	O	1	类	CI_系列≪数据类型≫(B.3.2.6)
370	其他引用资料信息	otherCitation-Details	otherCit-Det	完成对其他地方未记录的资料引用所需的其他信息	O	1	字符串	自由文本
371	集合名称	collectiveTitle	collTitle	带注释的公共名称 注:名称标识系列集合的元素,以及引用的资料中那些卷可以使用的信息	O	1	字符串	自由文本
372	国际标准书号	ISBN	isbn	国际标准书号	O	1	字符串	自由文本
373	国际标准系列号	ISSN	issn	国际标准系列号	O	1	字符串	自由文本
374	CI_负责单位	CI_ResponsibleParty	RespParty	与数据集有关的负责人和单位的标识及联系方法	使用参照对象的约束/条件	使用参照对象的最大出现次数	类≪数据类型≫	第375～379行
375	负责人名	individual-Name	rpIndName	负责人姓名、头衔,用分隔符隔开	C/不选用负责单位名和职务?	1	字符串	自由文本
376	负责单位名	organisation-Name	rpOrg-Name	负责单位名	C/不选用负责人名和职务?	1	字符串	自由文本
377	职务	positionName	rpPos-Name	负责人角色或职务	C/不选用负责人名和负责单位名?	1	字符串	自由文本
378	联系信息	contactInfo	rpCntInfo	负责单位地址	O	1	类	CI_联系≪数据类型≫(B.3.2.3)

续表

	名称/角色名称(中文)	名称/角色名称(英文)	缩写名	定 义	约束/条件	最大出现次数	数据类型	域
379	职责	role	role	负责单位职责	M	1	类	CI_职责代码≪代码表≫(B.5.5)

B.3.2.2 地址信息

	名称/角色名称(中文)	名称/角色名称(英文)	缩写名	定 义	约束/条件	最大出现次数	数据类型	域
380	CI_地址	CI_Address	Address	负责人或负责单位地址	使用参照对象的约束/条件	使用参照对象的最大出现次数	类≪数据类型≫	第381～386行
381	详细地址	deliveryPoint	delPoint	所在位置的详细地址，包括路名、门牌号等	O	*N*	字符串	自由文本
382	城市	city	city	所在城市名	O	1	字符串	自由文本
383	行政区	administrativeArea	adminArea	所在省(直辖市、自治区)名	O	1	字符串	自由文本
384	邮政编码	postalCode	postCode	ZIP或其他邮政编码	O	1	字符串	自由文本
385	国家	country	country	所在国家名	O	1	字符串	GB/T 2659
386	电子邮件地址	electronicMailAddress	eMailAdd	负责人或负责单位电子邮件地址	O	*N*	字符串	自由文本

B.3.2.3 联系信息

	名称/角色名称(中文)	名称/角色名称(英文)	缩写名	定 义	约束/条件	最大出现次数	数据类型	域
387	CI_联系	CI_Contact	Contact	与负责人和/或负责单位联系所需的信息	使用参照对象的约束/条件	使用参照对象的最大出现次数	类≪数据类型≫	第388～392行
388	电话	phone	cntPhone	与负责人或负责单位联系的电话号码	O	1	类	CI_电话≪数据类型≫(B.3.2.7)

续表

	名称/角色名称(中文)	名称/角色名称(英文)	缩写名	定　义	约束/条件	最大出现次数	数据类型	域
389	地址	address	cntAddress	与负责人或负责单位联系的物理地址和电子邮件地址	O	1	类	CI_地址≪数据类型≫(B.3.2.2)
390	在线资源	onLineResource	cntOnlineRes	与负责人或负责单位联系的在线信息	O	1	类	CI_在线资源≪数据类型≫(B.3.2.5)
391	服务时间	hoursOfService	cntHours	与负责人或负责单位联系的时间段(包括时区)	O	1	字符串	自由文本
392	联系办法	contactInstructions	cntInstr	如何或何时与负责人或负责单位联系的补充说明	O	1	字符串	自由文本

B.3.2.4　日期信息

	名称/角色名称(中文)	名称/角色名称(英文)	缩写名	定　义	约束/条件	最大出现次数	数据类型	域
393	CI_日期	CI_Date	Date	说明有关日期和事件	使用参照对象的约束/条件	使用参照对象的最大出现次数	类≪数据类型≫	第394～395行
394	日期	date	refDate	引用资料的有关日期	M	1	日期型	CCYY-MM-DD(GB/T 7408—1994)
395	日期类型	dateType	refDateType	与日期相关的事件	M	1	类	CI_日期类型代码≪代码表≫(B.5.2)

B.3.2.5　在线资源信息

	名称/角色名称(中文)	名称/角色名称(英文)	缩写名	定　义	约束/条件	最大出现次数	数据类型	域
396	CI_在线资源	CI_OnLineResource	OnlineRes	可以获取数据集、规范、领域专用标准名称和扩展的元数据元素的在线资源信息	使用参照对象的约束/条件	使用参照对象的最大出现次数	类≪数据类型≫	第397～402行

续表

	名称/角色名称(中文)	名称/角色名称(英文)	缩写名	定　义	约束/条件	最大出现次数	数据类型	域
397	链接地址	linkage	linkage	使用 URL 地址或类似的地址模式进行在线访问的地址，如 http://nfgis.nsdi.gov.cn/	M	1	类	URL (IETF RFC1738 IETF RFC 2056)
398	协议	protocol	protocol	使用的联接协议	O	1	字符串	自由文本
399	应用领域专用标准	application-Profile	appProfile	可以与在线资源一起使用的应用领域专用标准名	O	1	字符串	自由文本
400	名称	name	orName	在线资源名称	O	1	字符串	自由文本
401	说明	description	orDesc	在线资源是什么/做什么的详细文字说明	O	1	字符串	自由文本
402	功能	function	orFunct	在线资源功能代码	O	1	类	CI_在线功能代码≪代码表≫(B.5.3)

B.3.2.6　系列信息

	名称/角色名称(中文)	名称/角色名称(英文)	缩写名	定　义	约束/条件	最大出现次数	数据类型	域
403	CI_系列	CI_Series	Dataset-Series	数据集所属数据集系列或聚集数据集的信息	使用参照对象的约束/条件	使用参照对象的最大出现次数	类≪数据类型≫	第 404～406 行
404	名称	name	se-riesName	数据集为其一部分的数据集系列或聚集数据集名称	O	1	字符串	自由文本
405	出版标识	issueIdentifica-tion	issId	标识系列版本的信息	O	1	字符串	自由文本
406	页码	page	artPage	出版物上刊登有关内容的页码的详细说明	O	1	字符串	自由文本

B.3.2.7 电话信息

	名称/角色名称(中文)	名称/角色名称(英文)	缩写名	定义	约束/条件	最大出现次数	数据类型	域
407	CI_电话	CI_Telephone	Telephone	与负责人或负责单位联系的电话号码	使用参照对象的约束/条件	使用参照对象的最大出现次数	类≪数据类型≫	第 408～409 行
408	电话	voice	voiceNum	与负责人或负责单位通话的电话号码	O	N	字符串	自由文本
409	传真	facsimile	faxNum	负责人或负责单位的传真号码	O	N	字符串	自由文本

B.4 引用的外部实体

B.4.1 简介

本标准从其他外部标准引用了若干实体。以下解释这些引用的外部实体。

B.4.2 日期和日期时间信息

日期型:给出年、月和日的值。日期的字符编码是字符串,应当遵守 GB/T 7408—1994 规定的日期格式。

日期时间型:由日期和时间类型(用小时、分和秒给出)组合而成。日期时间的字符编码应当遵守 GB/T 7408—1994 规定。

B.4.3 距离、角度、度量、数字、记录、记录类型、比例尺和长度度量单位信息

距离:距离类在 ISO/TS 19103 中详细说明。

角度:将一条线或平面与另一条线或平面重合所需旋转的量,一般用弧度或度度量。该类在 ISO/TS 19103 中详细说明。

度量:确定某些实体覆盖范围、维数或数量所进行活动或处理的结果。该类在 ISO/TS 19103 中详细说明。

数值:能够再分为特定数值类型(实型、整型、十进制数、双精度、浮点)的抽象类。该类在 ISO/TS 19103 中详细说明。

记录:该类在 ISO/TS 19103 中详细说明。

记录类型:该类在 ISO/TS 19103 中详细说明。

比例尺:该类在 ISO/TS 19103 中详细说明。

度量单位:该类在 ISO/TS 19103 中详细说明。

长度度量单位:任何度量长度、两个实体之间距离的度量系统。该类在 ISO/TS 19103 中详细说明。

B.4.4 要素类型、特征类型和属性类型信息

GF_属性类型(GF_AttributeType):要素类型的属性定义类。该类在 ISO 19109 中详细说明。

GF_要素类型(GF_FeatureType):描述所有要素类型概念的文本信息,该类在 ISO 19109 中详细说明。

GF_特征类型(GF_PropertyType):与要素类型有关的文本信息,因为它的文本包含一个要素类型的任何特征的特性和行为,以及它在要素关联中的角色。该类在 ISO 19109 中详细说明。

B.4.5　时段持续时间和时间单形信息

TM_时段持续时间(TM_PeriodDuration):GB/T 7408—1994 定义的一个时段的持续时间。

TM_单形(TM_Primitive):描述几何或拓扑不可再分解元素的抽象类。该类在 ISO 19108 中详细说明。

B.4.6　点和对象信息

GM_点(GM_Point):表示一个位置,但无覆盖范围的零维几何单形。该类在 ISO 19107 中详细说明。

GM_对象(GM_Object):几何对象分类的根类,支持对所有地理参照几何对象都通用的接口。该类在 ISO 19107 中详细说明。

B.4.7　集和序列信息

集(Set):对象的有限集合,其中每个对象在集内只出现一次。一个集不应包含任何重复的实例。集的元素顺序不确定。该类在 ISO/TS 19103 中详细说明。

序列(Sequence):序列与它的元素间有序排列的集合有关。序列可以重复,可以作为列表或数组使用。该类在 ISO/TS 19103 中详细说明。

B.4.8　类型名称信息

属性名称(AttributeName):该类在 ISO 19103 中详细说明。

类属名(GenericName): 该类在 ISO/TS 19103 中详细说明。

成员名(MemberName): 该类在 ISO/TS 19103 中详细说明。

B.4.9　垂向基准信息

SC_垂向基准(SC_VerticalDatum); 说明重力高与地球关系的参数集。该类在 ISO 19111 中详细说明。

B.5　代码表和枚举

B.5.1　简介

以下是构造型类 ≪代码表≫ 和 ≪枚举≫ 。这两种构造型类不包括“约束/条件”、“最大出现次数”、“数据类型” 和“域” 属性。这两种构造型类也不包括任何“其他” 值,因为 ≪枚举≫是封闭的(不可扩展的) 、≪代码表≫是可以扩展的。有关如何扩展≪代码表≫的信息参见附录 C 和附录 H。

B.5.2　CI_日期类型代码 ≪代码表≫

	名称(中文)	名称(英文)	域代码	说　　明
1	CI_日期类型代码	CI_DateTypeCode	DateTypCd	标识给定事件发生的时间
2	生产	creation	001	标识资源完成的日期
3	出版	publication	002	标识资源出版的日期
4	修订	revision	003	标识资源检查、重新检查、改善或更新的日期

B.5.3　CI_在线功能代码 ≪代码表≫

	名称(中文)	名称(英文)	域代码	说　　明
1	CI_在线功能代码	CI_OnLineFunctionCode	OnFunctcd	在线对资源执行的功能
2	下载	download	001	将数据从一个存储设备或系统在线传输到另一个的在线指令
3	提供信息	information	002	资源的在线信息

续表

	名称(中文)	名称(英文)	域代码	说明
4	离线访问	offlineAccess	003	向分发方索取资源的在线指令
5	预订	order	004	获得资源的在线订购过程
6	检索	search	005	查询有关资源信息的在线检索界面

B.5.4 CI_表达形式代码 ≪代码表≫

	名称(中文)	名称(英文)	域代码	说明
1	CI_表达形式代码	CI_Presentation-FormCode	PresFormCd	展示数据的模式
2	数字文档	documentDigital	001	主要为数字形式的文本文件(也可以包括图表)
3	硬拷贝文档	documentHardcopy	002	主要在纸张、照相材料或其他介质上表示的文本(也可包括图表)
4	数字影像	imageDigital	003	通过视觉感知,或任何其他波段的电子光谱传感器如热红外、高分辨率雷达获取的自然或人文要素、对象和活动的影像,用数字形式存贮
5	硬拷贝影像	imageHardcopy	004	通过视觉感知,或任何其他波段的电子光谱传感器如热红外、高分辨率雷达获取的自然或人文要素、对象和活动的影像,复制在纸张、照相材料或其他介质上,供用户直接使用
6	数字地图	mapDigital	005	用格网或矢量形式表示的地图
7	硬拷贝地图	mapHardcopy	006	印刷在纸张、照相材料或其他介质上的地图,供用户直接使用
8	数字模型	modelDigital	007	要素、过程等的多维数字表示
9	硬拷贝模型	modelHardcopy	008	三维物理模型
10	数字剖面	profileDigital	009	数字形式的垂直断面
11	硬拷贝剖面	profileHardcopy	010	印刷在纸张等上的垂直断面
12	数字表格	tableDigital	011	系统地显示,特别是按行列形式显示的事实或图形的数字表示
13	硬拷贝表格	tableHardcopy	012	印刷在纸张、照相材料或其他介质上,系统地显示,特别是按行列形式显示的事实或图形
14	数字录像	videoDigital	013	数字形式记录的录像
15	硬拷贝录像	videoHardcopy	014	记录在胶片上的录像

B.5.5 CI_职责代码 ≪代码表≫

	名称(中文)	名称(英文)	域代码	说明
1	CI_职责代码	CI_RoleCode	RoleCd	负责单位担负的作用
2	资源提供者	resourceProvider	001	提供资源的单位

续表

	名称(中文)	名称(英文)	域代码	说　　明
3	管理者	custodian	002	对数据承担责任和义务,并保证对其进行管理和维护的单位
4	拥有者	owner	003	拥有资源的单位
5	用户	user	004	使用资源的单位
6	分发方	distributor	005	分发资源的单位
7	生产者	originator	006	生产资源的单位
8	联系方	pointOfContact	007	可以了解情况或获取资源的联系单位
9	主要调查者	PrincipalInvestiga-tor	008	收集信息和进行研究的主要负责单位
10	处理者	processor	009	用某种方法处理数据,以改善资源的单位
11	出版者	publisher	010	出版资源的单位
12	创作者	author	011	创作资源的单位

B.5.6　DQ_评价方法类型代码≪代码表≫

	名称(中文)	名称(英文)	域代码	说　　明
1	DQ _评价方法类型代码	DQ_Evaluation-MethodTypeCode	EvalMeth-TypeCd	评价特定数据质量度量的方法类型
2	直接内部	directInternal	001	基于数据集内部项检查的数据集质量评价方法,它需要的所有资料都在所评价数据集的内部
3	直接外部	directExternal	002	基于数据集内部项检查的数据集质量评价方法,它需要评价数据集外部的参考资料
4	间接	indirect	003	基于外部知识的数据集质量评价方法

B.5.7　DS_关联类型代码≪代码表≫

	名称(中文)	名称(英文)	域代码	说　　明
1	DS_关联类型代码	DS_Association-TypeCode	AscTypeCd	两个数据集相关的理由
2	相互参照	crossReference	001	一个数据集参照另一个数据集
3	大型项目引用	largerWorkCitation	002	参照总数据集,该数据集是其一部分
4	无缝数据库一部分	partOfSeamlessDa-tabase	003	存放在计算机中的结构相同的数据集的一部分
5	来源	source	004	获得数据集内容的测图和地图信息
6	立体像对	stereomate	005	一组影像的一部分,当将它们一起使用时,可构成三维影像

B.5.8 DS_项目类型代码 ≪代码表≫

	名称(中文)	名称(英文)	域代码	说明
1	DS_项目类型代码	DS_InitiativeTypeCode	InitTypCd	相关数据集聚合行为的类型
2	国家级工程项目	nationalEngineeringProject	101	国家级工程项目
3	省部级工程项目	ministryOrProvincialEngineeringProject	102	省、部级工程项目
4	其他工程项目	otherEngineeringProject	104	国家和省部级以外的地方工程项目
5	国家科技计划	nationalKeyScienceAndTechnicalProgram	106	国家科技攻关计划、国家自然科学基金、863 计划、973 计划、新产品计划、推广计划、创新基金、星火计划、火炬计划、科技专项、基础性项目等
6	省部委科技计划	ministryOrProvincialKeyScienceAndTechnicalProgram	107	省和部委科技攻关计划、地方自然科学基金
7	其他科技计划	otherScienceAndTechnicalProgram	108	国际合作项目等
8	特大型项目	greatProject	109	规模巨大的地理数据系统建设和应用
9	大型项目	bigProject	110	规模大的地理数据系统建设和应用
10	中型项目	middingProject	111	规模中等的地理数据系统建设和应用
11	小型项目	smallProject	112	小规模的地理数据系统建设和应用
12	公益性项目	commonwealProject	113	公益性地理数据系统建设和应用
13	企业项目	projectOfCompany	114	企业地理数据系统建设和应用
14	个体项目	personalProject	115	私人地理数据系统和应用

B.5.9 MD_格网单元几何类型代码 ≪代码表≫

	名称(中文)	名称(英文)	域代码	说明
1	MD_格网单元几何类型代码	MD_CellGeometryCode	CellGeoCd	说明格网数据为点还是面的代码
2	点	point	001	每个格网单元表示一个点
3	面	area	002	每个格网单元表示一个面

B.5.10 MD_字符集代码 ≪代码表≫

	名称(中文)	名称(英文)	域代码	说明
1	MD_字符集代码	MD_CharacterSetCode	CharSetCd	资源使用的字符编码标准的名称

续表

	名称(中文)	名称(英文)	域代码	说　　明
2	通用字符集 2	ucs2	001	基于 ISO 10646 的十六位定长通用字符集
3	通用字符集 4	ucs4	002	基于 ISO 10646 的三十二位定长通用字符集
4	通用字符集转换格式 7	utf7	003	基于 ISO 10646 的七位变长通用字符集转换格式
5	通用字符集转换格式 8	utf8	004	基于 ISO 10646 的八位变长通用字符集转换格式
6	通用字符集转换格式 16	utf16	005	基于 ISO 10646 的十六位变长通用字符集转换格式
7	GB/T 15273 第一部分	8859part1	006	GB/T 15273.1—1994,信息处理　八位单字节编码图形字符集　第一部分:拉丁字母一
8	GB/T 15273 第二部分	8859part2	007	GB/T 15273.2—1994,信息处理　八位单字节编码图形字符集　第二部分:拉丁字母二
9	GB/T 15273 第三部分	8859part3	008	GB/T 15273.3—1994,信息处理　八位单字节编码图形字符集　第三部分:拉丁字母三
10	GB/T 15273 第四部分	8859part4	009	GB/T 15273.4—1994,信息处理　八位单字节编码图形字符集　第四部分:拉丁字母四
11	8859 第五部分	8859part5	010	ISO/IEC　8859-5,信息处理　八位单字节编码图形字符集　第五部分:拉丁/古斯拉夫字母
12	8859 第六部分	8859part6	011	ISO/IEC　8859-6,信息处理　八位单字节编码图形字符集　第六部分:拉丁/阿拉伯字母
13	GB/T 15273 第七部分	8859part7	012	GB/T 15273.7—1994,信息处理　八位单字节编码图形字符集　第七部分:拉丁/希腊字母
14	8859 第八部分	8859part8	013	ISO/IEC　8859-8,信息处理　八位单字节编码图形字符集　第八部分:拉丁/希伯来字母
15	8859 第九部分	8859part9	014	ISO/IEC　8859-9,信息处理　八位单字节编码图形字符集　第九部分:拉丁字母五
16	8859 第十部分	8859part10	015	ISO/IEC　8859-10,信息处理　八位单字节编码图形字符集　第十部分:拉丁字母六
17	8859 第十一部分	8859part11	016	ISO/IEC　8859-11,信息处理　八位单字节编码图形字符集　第十一部分:拉丁/泰语字母
19	8859 第十三部分	8859part13	018	ISO/IEC　8859-13,信息处理　八位单字节编码图形字符集　第十三部分:拉丁字母七
20	8859 第十四部分	8859part14	019	ISO/IEC　8859-14,信息处理　八位单字节编码图形字符集　第十四部分:拉丁字母八(凯尔特语)

续表

	名称(中文)	名称(英文)	域代码	说　明
21	8859 第十五部分	8859part15	020	ISO/IEC　8859-15,信息处理　八位单字节编码图形字符集　第十五部分:拉丁字母九
22	8859 第十六部分	8859part16	021	ISO/IEC　8859-16,信息处理　八位单字节编码图形字符集　第十六部分:拉丁字母十
23	日本工业标准	jis	022	用于电子传输的日语代码集
24	shift JIS	shiftJIS	023	用于 MS-DOS 的基于的机器日语代码集
25	euc JP	eucJP	024	用于 UNIX 的基于机器的日语代码集
26	美国信息交换标准代码	usAscii	025	美国 ASCII 代码集 (ISO 646 US)
27	ebcdic	ebcdic	026	IBM 大型机代码集
28	eucKR	euc KR	027	朝鲜语代码集
29	big5	big5	028	用于中国台湾、香港及其他地区的传统汉字代码集
30	GB　2312	GB 2312	029	简化汉字代码集
31	GB　18030	GB18030	030	GB　18030《信息技术　信息交换用汉字编码字符集　基本集的扩充》

B.5.11　MD_安全限制分级代码 ≪代码表≫

	名称(中文)	名称(英文)	域代码	说　明
1	MD_安全限制分级代码	MD_ClassificationCode	ClasscationCd	对数据集操作进行限制的名称
2	未分级	unclassified	001	含公开级和国内级,一般可以公开
3	内部	restricted	002	一般不公开
4	秘密	confidential	003	一般的国家秘密,泄露会使国家的安全和利益遭受损害
5	机密	secret	004	重要的国家秘密,泄露会使国家的安全和利益遭受严重的损害
6	绝密	topsecret	005	最重要的国家秘密,泄露会使国家的安全和利益遭受特别严重的损害

B.5.12　MD_数据覆盖层内容类型代码 ≪代码表≫

	名称(中文)	名称(英文)	域代码	说　明
1	MD_数据覆盖层内容类型代码	MD_CoverageContentTypeCode	ContentTypCd	说明格网单元中表示的信息类型
2	影像	image	001	物理参数的有意义的数字表示，它不是物理参数的真实值
3	专题分类	thematicClassification	002	不具有定量含义,用于表示物理量的代码值

续表

	名称(中文)	名称(英文)	域代码	说　　明
4	物理度量	physicalMeasurement	003	度量的量的物理单元值

B.5.13　MD_数据类型代码 ≪代码表≫

	名称(中文)	名称(英文)	域代码	说　　明
1	MD_数据类型代码	MD_Datatypecode	DatatypeCd	元素或实体的数据类型
2	类	class	001	共享相同属性、操作、方法、关系和行为的一组对象的描述符
3	代码表	codelist	002	用于表达一长串列表值的可变化的枚举,可以进行扩展
4	枚举	enumeration	003	其实例形成一系列命名文字值的数据类型,不可扩展
5	代码表元素	codelistElement	004	代码表或枚举的允许值
6	抽象类	abstractClass	005	不能直接例示的类
7	聚集类	aggregateClass	006	由通过聚集关系相连接的类组成的类
8	特化类	specifiedClass	007	可以为其超类替代的子类
9	数据类型类	datatypeClass	008	很少或不带操作的类,其主要目的是保持另一个类的抽象状态,以便传输、存储、编码或永久存储
10	接口类	interfaceClass	009	表现元素行为特征的一组命名的操作
11	联合类	unionClass	010	说明选择一个特化类的类
12	元类	metaclass	011	其实例为类的类
13	类型类	typeClass	012	用于说明实例(对象)的域和可以对其进行的操作的类,一个类型可以有属性和关联
14	字符串	characterString	013	自由文本字段
15	整型	integer	014	数字字段
16	关联	association	015	两个类之间的语意关系,包括它们的实例之间的连接

B.5.14　MD_维名称类型代码 ≪代码表≫

	名称(中文)	名称(英文)	域代码	说　　明
1	MD_维名称类型代码	MD_DimensionNameTypeCode	DimNameTypCd	维的名称
2	行	row	001	纵 (y) 坐标轴
3	列	column	002	横 (x) 坐标轴
4	垂向	vertical	003	垂向 (z) 坐标轴
5	轨道	track	004	沿扫描点运行的方向
6	垂直轨道	crossTrack	005	与扫描点运行方向垂直的方向
7	线	line	006	传感器的扫描行
8	样本	sample	007	沿扫描行的元素
9	时间	time	008	持续时间

B.5.15 MD_几何对象类型代码 ≪代码表≫

	名称(中文)	名称(英文)	域代码	说明
1	MD_几何对象类型代码	MD_GeometricObjectTypeCode	GeoObjTypCd	点或矢量对象的名称,用于确定数据集中零维、一维、二维或三维空间位置
2	复形	complex	001	一组几何单形,它们的边界可以表示为其他单形的联合
3	组合	composites	002	相互连接的曲线、立体或面的集合
4	曲线	curve	003	有界的一维几何单形,表示一条线的连续图像
5	点	point	004	零维几何单形,表示一个没有覆盖范围的位置
6	立体	solid	005	有界的、连接的三维几何单形,表示一个空间区域的连续图像
7	面	surface	006	有界的、连接的二维几何单形,表示一个平面区域的连续图像

B.5.16 MD_摄影状况代码 ≪代码表≫

	名称(中文)	名称(英文)	域代码	说明
1	MD_摄影状况代码	MD_ImagingConditionCode	ImgCondCd	说明可能影响影像质量的状况代码
2	模糊影像	BlurredImage	001	部分影像是模糊的
3	云	cloud	002	部分影像因云覆盖而局部模糊
4	黄赤交角	DegradingObliquity	003	黄道平面(地球轨道平面)与天球赤道平面之间的锐角
5	雾	fog	004	部分影像因雾而局部模糊
6	浓烟或灰尘	HeavySmokeOrDust	005	部分影像因浓烟或灰尘而局部模糊
7	夜晚	night	006	夜晚获取的影像
8	雨	rain	007	降雨时获取的影像
9	半暗	semiDarkness	008	在半昏暗条件—黄昏条件下获取的影像
10	阴影	shadow	009	部分影像因阴影而模糊
11	雪	snow	010	部分影像因雪而模糊
12	地形遮挡	TerrainMasking	011	由于地形要素相对位置阻挡了相机与有关对象之间的视线,引起的给定点或区域数据的丢失

B.5.17 MD_关键字类型代码 ≪代码表≫

	名称(中文)	名称(英文)	域代码	说明
1	MD_关键字类型代码	MD_KeywordTypeCode	KeyTypCd	用于将相似的关键字分组的方法
2	学科	discipline	001	标识教育分支或专门知识的关键字
3	地点	place	002	标识位置的关键字
4	地层	stratum	003	标识任何沉积层的关键字

续表

	名称(中文)	名称(英文)	域代码	说　　明
5	时间	temporal	004	标识与数据集相关时间段的关键字
6	主题	theme	005	标识特别的主题或论题的关键字

B.5.18　MD_维护频率代码 ≪代码表≫

	名称(中文)	名称(英文)	域代码	说　　明
1	MD_维护频率代码	MD_ Maintenance-FrequencyCode	MaintFreqCd	数据第一次生成后,对其进行修改和删除的频率
2	连续	continual	001	数据重复地和频繁地进行更新
3	按日	daily	002	数据每天更新一次
4	按周	weekly	003	数据每周更新一次
5	按两周	fortnightly	004	数据每两周更新一次
6	按月	monthly	005	数据每月更新一次
7	按季	quarterly	006	数据每季更新一次
8	按半年	biannually	007	数据每年更新两次
9	按年	annually	008	数据每年更新一次
10	按需要	asNeeded	009	数据按需要更新
11	不固定	irregular	010	数据不定期更新
12	无计划	notPlanned	011	尚无更新计划
13	未知	unknown	012	数据维护频率未知
14	按旬	everyTenDays	013	数据每 10 天更新一次

B.5.19　MD_介质格式代码 ≪代码表≫

	名称(中文)	名称(英文)	域代码	说　　明
1	MD_介质格式代码	MD_Medium FormatCode	MedFormCd	用于在介质上记录的方法
2	cpio 格式	cpio	001	拷贝入/出 (UNIX 文件格式和命令)
3	tar 格式	tar	002	磁带存档
4	highSierra 格式	highSierra	003	高 sierra 文件系统
5	iso9660 格式	iso9660	004	信息处理　只读光盘的卷和文件结构
6	iso9660RockRidge 格式	iso9660RockRidge	005	rock ridge 交换协议 (UNIX)
7	iso9660AppleHFS 格式	iso9660AppleHFS	006	层次文件系统 (Macintosh)

B.5.20 MD_介质名称代码≪代码表≫

	名称(中文)	名称(英文)	域代码	说　　明
1	MD_介质名称代码	MD_MediumNameCode	MedNameCd	介质名称
2	只读光盘	cdRom	001	只读光盘
3	数字视频光盘	dvd	002	数字视频光盘
4	数字视频只读光盘	dvdRom	003	数字视频只读光盘
5	3″软盘	3halfInchFloppy	004	3.5″软盘
6	5″软盘	5quarterInchFloppy	005	5.25″软盘
7	7磁道磁带	7trackTape	006	7磁道磁带
8	9磁道磁带	9trackTape	007	9磁道磁带
9	3480盒式磁带	3480Cartridge	008	3480盒式磁带
10	3490盒式磁带	3490Cartridge	009	3490盒式磁带
11	3580盒式磁带	3580Cartridge	010	3580盒式磁带
12	4 mm盒式磁带	4 mmCartridgeTape	011	4 mm盒式磁带
13	8 mm盒式磁带	8 mmCartridgeTape	012	8 mm盒式磁带
14	0.25″盒式磁带	1quarterInchCartridgeTape	013	0.25″盒式磁带
15	数字线性磁带	digitalLinearTape	014	0.5″数据流盒式磁带
16	在线	onLine	015	直接连接计算机
17	卫星	satellite	016	通过卫星通信系统连接
18	电话连接	telephoneLink	017	通过电话网通信
19	硬拷贝	hardcopy	018	提供说明信息的手册或简介

B.5.21 MD_约束条件代码 ≪枚举≫

	名称(中文)	名称(英文)	域代码	说　　明
1	MD_约束条件代码	MD_ObligationCode	ObCd	元素或实体的约束条件
2	必选	mandatory	001	总是需要的元素
3	可选	optional	002	非必需的元素
4	条件必选	conditional	003	当说明的条件满足时需要的元素

B.5.22 MD_像元定位代码 ≪枚举≫

	名称(中文)	名称(英文)	域代码	说　　明
1	MD_像元定位代码	MD_PixelOrientationCode	PixOrientCd	与像元在地球上位置对应的像元中的点
2	中心	center	001	像元左下和右上角之间的中间点

续表

	名称(中文)	名称(英文)	域代码	说明
3	左下	lowerLeft	002	与空间参照系原点最接近的像元角点;如果两个与原点的距离相等,取 X 值最小的一个
4	右下	lowerRight	003	从左下角按逆时针方向的下一个角点
5	右上	upperRight	004	从右下角按逆时针方向的下一个角点
6	左上	upperLeft	005	从右上角按逆时针方向的下一个角点

B.5.23　MD_进展代码 ≪代码表≫

	名称(中文)	名称(英文)	域代码	说明
1	MD_进展代码	MD_ProgressCode	ProgCd	数据集状况或更新进展
2	完成	completed	001	已经完成的数据产品
3	历史档案	historicalArchive	002	存贮在离线存贮设备中的数据
4	废弃	obsolete	003	不再有用的数据
5	连续更新	onGoing	004	持续更新的数据
6	计划	planned	005	已经确定了数据生产或更新日期
7	按需要	required	006	需要生产或更新的数据
8	正在开发	underdevelopment	007	当前正在进行生产处理的数据

B.5.24　MD_限制代码 ≪代码表≫

	名称(中文)	名称(英文)	域代码	说明
1	MD_限制代码	MD_Restriction-Code	RestrictCd	对访问或使用数据施加的限制
2	版权	copyright	001	法律批准的作家、作曲家、艺术家、发行者在确定的时间内,对出版、创作或销售文学、戏剧、音乐或艺术品的专有权利,或使用商业印刷品或商标的权利
3	专利权	patent	002	政府已经批准的制造、出售、使用或特许发明或发现的专门权利
4	专利审查中	PatentPending	003	等待专利权的生产或销售信息
5	商标	trademark	004	标识产品的、法律上只限于所有者或厂商使用的正式注册的名称、符号或其他图案
6	许可证	license	005	正式许可做某事
7	知识产权	IntellectualProper-tyRights	006	从创造活动产生的无形资产的分发或分发控制获得经济利益的权利
8	受限制	restricted	007	控制一般的流通或公开
9	其他限制	otherRestictions	008	未列出的限制

B.5.25 MD_范围代码 《代码表》

	名称(中文)	名称(英文)	域代码	说明
1	MD_范围代码	MD_ScopeCode	ScopeCd	适用于有关实体的信息类
2	属性	attribute	001	适用于属性类的信息
3	属性类型	attributeType	002	适用于要素特征的信息
4	数据采集设备	collectionHardware	003	适用于数据采集硬件类的信息
5	数据采集任务	collectionSession	004	适用于数据采集任务的信息
6	数据集	dataset	005	适用于数据集的信息
7	数据集系列	series	006	适用于数据集系列的信息
8	非地理数据集	nonGeographic-Dataset	007	适用于非地理数据的信息
9	维数组	dimensionGroup	008	适用于维数组的信息
10	要素	feature	009	适用于要素的信息
11	要素类型	featureType	010	适用于要素类型的信息
12	特征类型	propertyType	011	适用于特征类型的信息
13	外业	fieldSession	012	适用于野外作业的信息
14	软件	software	013	适用于计算机程序或子程序的信息
15	服务	service	014	适用于能力的信息,通过一组定义的行为,如一个使用案例的接口,使得服务提供方实体对服务用户实体的服务成为可能
16	模型	model	015	适用于拷贝或模仿现有对象或假设对象的信息
17	数据块	tile	016	适用于数据块,即地理数据的空间子集的信息

B.5.26 MD_空间表示类型代码 《代码表》

	名称(中文)	名称(英文)	域代码	说明
1	MD_空间表示类型代码	MD_SpatialRepresentationTypeCode	SpatRep-TypCd	用于表示数据集中地理信息的方法
2	矢量	vector	001	用于表示地理数据的矢量数据
3	格网	grid	002	用于表示地理数据的格网数据
4	文字表格	textTable	003	用于表示地理数据的文本或表格数据
5	三角网	tin	004	不规则三角网
6	立体模型	stereoModel	005	重叠像对的同名光线相交形成的三维视图
7	录像	video	006	记录的视频场景

B.5.27 MD_专题类型代码 《代码表》

	名称(中文)	名称(英文)	域代码	说明
1	MD_专题类型代码	MD_TopicCategoryCode	TopicCatCd	高层地理数据专题分类,帮助将可以使用的地理数据集进行分组和搜索。也可以用于将关键字分组。这里列出的例子尚不完整。 注:很明显,在一般类型之间有重叠,建议用户选择最适合的一种。

续表

	名称(中文)	名称(英文)	域代码	说　　明
2	农业	farming	001	动物饲养和/或庄稼耕种 例如:农业、灌溉、水产、耕地、畜牧、影响农作物和牲畜的有害物和疾病
3	生物	biota	002	自然环境中的植物和/或动物 例如:野生动植物、植被、生物科学、生态学、荒地、海洋生物、湿地、动植物栖息地
4	界线	boundaries	003	法定土地说明 例如:行政和管理界线
5	气候气象大气	ClimatologyMeteo-rologyAtmosphere	004	大气过程和现象 例如:云层覆盖、天气、气候、大气条件、气候变迁、降雨
6	经济	economy	005	经济活动、条件和就业 例如:产品、劳动、收入、商业、工业、旅游和生态游、林业、水产业、商业或生活狩猎、资源勘探和开采,如矿物、石油和煤气
7	高程	elevation	006	海拔高度或深度 例如:高程、海深、数字高程模型、坡度、派生产品
8	环境	environment	007	环境资源、保护和保持 例如:环境污染、废物贮藏和处理、环境影响评估、环境风险监测、自然贮量、景观
9	地学信息	geoscientificInfor-mation	008	与地球科学有关的信息 例如:地球物理特征和过程、地质、矿物、处理地球岩石组合、结构和起源的科学、地震风险、活动、滑坡、重力信息、土壤、永久冻土、水文地质、侵蚀
10	健康	health	009	健康、保健服务、人类生态和保险 例如:疾病和生病、影响健康的因素、卫生、药品滥用、精神和身体健康、健康服务
11	测绘	imagery-BaseMapsEarth-Cover	010	基本地图 例如:土地覆盖、地形图、影像、未分类影像、注记
12	智能军事	intelligenceMilitary	011	军事基地、组织、活动 例如:兵营、训练场地、军事运输、情报收集
13	内陆水	inlandWaters	012	内陆水系要素、排水系统和它们的特征 例如:河流和冰河、盐湖、水利用计划、坝、水流、洪水、水质 、水系图
14	位置	location	013	位置信息和服务 例如:地址、大地测量网、控制点、邮区和服务、地名

续表

	名称(中文)	名称(英文)	域代码	说　明
15	海洋	oceans	014	咸水域要素和特征(包括内陆水) 例如:潮汐、潮汐浪、海岸信息、暗礁
16	规划地籍	planningCadastre	015	用于土地利用前景适当活动的信息 例如:土地利用图、分区图、地籍测量、土地所有权
17	社会	society	016	社会和文化特征 例如:殖民地、人类学、考古、教育、传统信仰、礼仪和习俗、人口统计数据、娱乐场所和活动、社会影响评价、犯罪和审判、人口普查信息
18	建筑	structure	017	人工建筑物 例如:建筑物、博物馆、教堂、工厂、住宅、纪念碑、商店、塔
19	交通	transportation	018	人和/或物品运输的方法和设备 例如:公路、机场/跑道、航运路线、隧道、航海图、交通工具或船的位置、航空图、铁路
20	市政通信	UtilitiesCommunication	019	能量、上水和排泄系统、通信设施和服务 例如:水电、地热、太阳能和原子能资源、水净化和配送、污水收集和处理、电和煤气供应、数据通讯、电讯、无线电广播、通信网络

B.5.28　MD_拓扑等级代码 ≪代码表≫

	名称(中文)	名称(英文)	域代码	说　明
1	MD_拓扑等级代码	MD_TopologyLevelCode	TopoLevCd	空间关系的复杂程度
2	单纯几何	geometryOnly	001	无任何说明拓扑关系的附加结构的几何对象
3	一维拓扑	topology1D	002	一维拓扑复形——一般称为“链—结点”拓扑关系
4	平面图	planar Graph	003	一维拓扑平面复形(平面图形是可以在平面上绘制的图形,除顶点外无两条边相交)
5	完全平面图	fullPlanarGraph	004	二维拓扑平面复形(二维拓扑复形一般称为在二维制图环境中的“完全拓扑关系”)
6	表面图	surfaceGraph	005	与表面的子集同形的一维拓扑复形(几何复形与拓扑复形同形,只要它们的元素一对一、维和边界互相保持一致)
7	完全表面图	fullSurfaceGraph	006	与表面子集同形的二维拓扑复形
8	三维拓扑	topology3D	007	三维拓扑复形(拓扑复形是在边界操作下闭合的拓扑单形的集合)
9	完全三维拓扑	fullTopology3D	008	完全覆盖三维欧几里得(Euclidean)坐标空间
10	抽象	abstract	009	无任何特定几何实现的拓扑复形

附 录 C
（规范性附录）
元数据扩展和专用标准

C.1 背景

本标准附录A、附录B和第6章提供标准元数据和关联结构，可用于多种多样的数字地理数据。定义和域值尽可能通用，以满足不同学科对元数据的需求。然而，数据的多样性意味着通用元数据可能适应不了所有的应用。本附录提供定义和应用扩展元数据的规则，以更好地满足特殊用户的需求。

C.2 扩展类型

允许下列扩展的类型：

1. 增加新元数据子集；
2. 建立新的元数据代码表，代替域值为“自由文本”的现有元数据元素的域；
3. 创建新元数据代码表元素（扩展代码表）；
4. 增加新元数据元素；
5. 增加新元数据实体；
6. 对现有元数据元素施加更加严格的约束/条件；
7. 对现有元数据元素的域施加更多限制。

C.3 扩展的实施

在扩展元数据之前，必须仔细地查阅本标准中现有的元数据，确认合适的元数据尚不存在。对于扩展的每一个元数据子集、实体和/或元素，应定义其名称、缩写名、定义、约束/条件、最大出现次数、数据类型和域值。应按附录A的要求定义关系，以便确定结构和模式。

C.4 扩展规则

1. 扩展的元数据元素不应用来改变现有元数据元素的名称、定义或数据类型。
2. 扩展的元数据可以定义为实体，可以包含扩展的和现有的元数据元素，作为其组成部分。
3. 允许对现有元数据元素施加比本标准要求更加严格的约束/条件（如：在本标准中是可选的元数据元素，在扩展后可以是必选的）。
4. 允许对元数据元素的域施加比本标准更严格的限制（如：本标准中域为“自由文本”的元数据元素，在专用标准中可以限定为适当值的列表）。
5. 允许对本标准认可的域值的使用加以限制（如：在本标准中现有元数据元素的域值有五个值，在扩展后可以规定它的域只包含其中三个值，要求用户从这三个域值中选择一个）。
6. 允许对代码表中值的数目进行扩展。
7. 不得扩展本标准不允许的任何内容。

C.5 领域专用标准

如果要增加的信息是广泛的，包括在一个元数据实体中扩展许多元数据元素，特别对一个学科或应用，建议经由用户团体对提议的元数据扩展进行协调，并制定领域专用标准。

本标准定义约300个元数据元素，其中大多数作为“可选”元素列出。对它们进行明确的定义，以帮助用户正确地理解描述的内容。各个领域、部门或单位可以制定本标准的“领域专用标准”。他们应选择必选的元数据元素集。对于特定的领域,一个给定的元数据元素(如数据集的“价格”)可以定义为“必选的”,只要他们希望该元数据元素总是出现。一个用户领域可能需要扩展本标准中没有的元数据元素。例如,一个领域可能希望扩展有关他们的系统中数据集状况的元数据元素,以帮助管理产品。然而,这些增加的元素在该领域以外并不知晓,除非将它们发布。一个领域专用标准应规定所有元数据元素的字段大小和域。如果一个领域内的一个系统的数据集名称采用32个字符,而另一个系统采用8个字符,则不能实现互操作。为了更加有效的检索和更好的系统控制,在一个领域内选择标准化的域是重要的。有关领域专用标准的更多信息见ISO 19106 地理信息　专用标准。

图C.1说明核心元数据组成部分、全集元数据专用标准与国家、地区、特定领域或组织专用标准之间的关系。

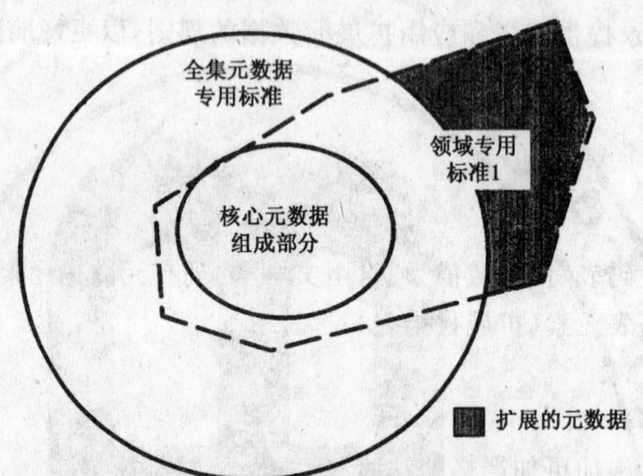

图C.1　领域元数据专用标准

内圆包含核心元数据组成部分。全集元数据包括核心元数据组成部分。领域专用标准应包括核心元数据组成部分,但不需要包括其他所有元数据组成部分。另外,它可以包括扩展的元数据(晕线部分),它们应按本附录的元数据扩展规则定义。

C.6　专用标准制定规则

1. 在制定专用标准前,用户应检查已注册的专用标准。
2. 专用标准必须遵循定义扩展元数据的规则。
3. 专用标准不应改变元数据元素的名称、定义或数据类型。
4. 专用标准应包括:

——为数字地理数据集选定的核心元数据;

——所有必选子集的全部必选元数据元素;

——当数据集满足元数据元素要求的条件时,所有必选子集的全部条件必选元数据元素;

——当数据集满足子集要求的条件时,所有条件必选子集的全部必选元数据元素;

——当数据集满足元数据元素和子集要求的条件时,所有条件必选子集的全部条件必选元数据元素。

5. 应当定义附录A提出的关系,以便能够确定结构和模式 。
6. 专用标准应当使任何人能够接收按照该专用标准建立的元数据。

附 录 D
（规范性附录）
抽 象 测 试 套 件

D.1 抽象测试套件

本抽象测试套件适用于全集专用标准和由本标准派生的任何专用标准。应当按照第6章、附录A和附录B的规定提供元数据。用户定义的元数据应当按照附录C的规定确定和提供。用户定义的元数据应满足D.3规定的要求。

D.2 元数据测试套件

D.2.1 测试用例标识符：完整性测试

1. 测试目的：检查所包含的约束/条件为“必选”或“条件必选”的所有元数据子集、元数据实体和元数据元素的一致性。

注：许多规定为必选的元素包含在可选实体中。只有选用包含它们的实体时，这些元素才成为必选的。

2. 测试方法：应对比本标准和接受测试的元数据集，检查附录B中定义为必选的元数据是否全部出现。当本标准设定的条件满足时，还要对比检查附录B中定义为条件必选的元数据元素是否全部出现。

3. 引用：附录B。

4. 测试类型：基本测试。

以下测试用例适用于各种约束条件—— 必选、条件必选和可选。

D.2.2 测试用例标识符：最大出现次数测试

1. 测试目的：保证每个元数据元素出现次数不超过本标准规定的次数。

2. 测试方法：检查接受测试的元数据集的每个元数据子集、元数据实体和元数据元素的出现次数。将它们中的每个出现次数与附录B中定义的它的“最大出现次数”属性进行对比。

3. 引用：附录B。

4. 测试类型：基本测试。

D.2.3 测试用例标识符：缩写名测试

1. 测试目的：检查接受测试的元数据集使用的缩写名是否在本标准规定的域范围内。

2. 测试方法：检查接受测试的元数据集的每个元数据元素的缩写名，确定它是否在本标准中定义。

3. 引用：附录B。

4. 测试类型：基本测试。

D.2.4 测试用例标识符：数据类型测试

1. 测试目的：检查接受测试的元数据集的每个元数据元素是否使用规定的数据类型。

2. 测试方法：检查提供的每个元数据元素的值，保证其数据类型符合数据类型规定。

3. 引用：附录B。

4. 测试类型：基本测试。

D.2.5 测试用例标识符：域测试

1. 测试目的：检查接受测试的元数据集的每个元数据元素是否在规定的域内。

2. 测试方法：检查每个元数据元素的值，保证它们在规定的域内。

3. 引用：附录B。

4. 测试类型：基本测试。

D.2.6 测试用例标识符：模式测试

1. 测试目的：检查接受测试的元数据集是否遵循本标准定义的模式。
2. 测试方法：检查每个元数据元素，保证它包含在定义的元数据实体中。
3. 引用：附录B。
4. 测试类型：基本测试。

D.3 用户定义的扩展元数据测试套件

D.3.1 测试用例标识符：排他性测试

1. 测试目的：检查用户定义的每个元数据子集、元数据实体和元数据元素是否是唯一的，且尚未在本标准中定义。
2. 测试方法：检查用户定义的每个元数据实体和元数据元素，保证是唯一的，且此前未使用。
3. 引用：附录B。
4. 测试类型：基本测试。

D.3.2 测试用例标识符：定义测试

1. 测试目的：检查用户定义的每个元数据实体和元数据元素是否已经按本标准规定进行了定义。
2. 测试方法：检查用户定义的每个元数据实体和元数据元素，保证所有的属性都已经定义。
3. 引用：附录B。
4. 测试类型：基本测试。

D.3.3 测试用例标识符：标准元数据测试

1. 测试目的：检查接受测试的元数据集中用户定义的元数据，是否满足本标准元数据的相同要求。
2. 测试方法：按照本标准D.2的规定，检查接受测试的元数据集中用户定义的所有元数据。
3. 引用：2.3。
4. 测试类型：基本测试。

D.4 元数据专用标准

D.4.1 测试用例标识符：元数据专用标准

1. 测试目的：检查专用标准是否遵循本标准确定的规则。
2. 测试方法：按照本标准D.2和D.3的规定进行测试。
3. 引用：2.2。
4. 测试类型：基本测试。

附 录 E
(规范性附录)
数据集的全集元数据专用标准

E.1 数据集的全集元数据应用模式

地理信息系列国家标准在理论上定义的信息分类用于:1) 地理现象建模;2)处理、管理和理解这些模型。为实施这些标准,必须制定专用标准。特别是具有特殊需求的信息领域应当使用该标准系列提供的有关部分,制定专用标准。本数据集的全集元数据专用标准是一个基础性专用标准。它提供的专用标准,可用于广阔范围的信息领域。使用本专用标准能促进信息领域之间的互操作。数据集的全集元数据专用标准是附录A和附录B定义的包、类、属性和关系的子集。它仅包括那些满足一般目的数据集元数据需求的类、属性和关系。

以下是为制定该专用标准所做的改变:

- 从标识信息包中删除了"MD_服务标识"类。
- 用ISO/TS 19103定义的等效类型代替简单的概念类型:二进制、布尔型、字符串、日期型、日期时间型、类属名、整型和记录类型。
- 当属性不为可选时,用新定义的XML类型"非空字符串"代替简单的概念类型"字符串"(基于ISO/TS 19103定义的类型"字符串")。
- 基于ISO/TS 19103定义的类型"十进制数",在上下文适当的情况下,用新定义的类型(十进制纬度(decimalLatitude)、十进制经度(decimalLongitude)、非负十进制数(nonnegativeDecimal)和正十进制数(positiveDecimal))代替简单的概念类型"Real"。否则,用ISO/TS 19103定义的类型"十进制数"代替。
- 用XSD-等效类型"持续时间(duration)"代替简单的概念类型"TM_时段持续时间"。
- 用ISO/TS 19103定义的等效类型代替复合的概念类型"成员名"和"记录"。
- 用ISO 19109定义的等效类型代替复合的概念类型"GF_属性类型"和"GF_要素类型"。
- 用新定义的XML等效类型代替复合的概念类型(角度、距离、GM_对象、GM_点、度量、TM_单形和长度度量单位)。
- 删除元数据应用包(包括元数据应用的地理信息类,如DS_聚集、DS_数据集、DS_项目、DS_其他聚集)。
- 删除MD_分发和MD_格式之间的聚集关系。
- 限定EX_边界多边形的多边形属性的实现采用"矩形(Box)"(上下角点)或"多边形(Polygon)"(内边界和外边界"环(Rings)")。
- 将所有非一致的关联类(如双向关联、单向按址聚合,或未确定的聚合(Unspecified aggregation))改为单向按值聚合关系。

E.2 数据集的全集元数据专用标准——UML模型

数据集的全集元数据专用标准用UML元数据应用模式表示,见图E.1。每个类和代码表的属性未在该模型中示出,以简化图形。

注:该图未参照相关的概念模型应用模式,因为这些模式的所有概念类型都已被其他XML等效类型代替。这些XML等效类型的模型也未示出,以简化图形。

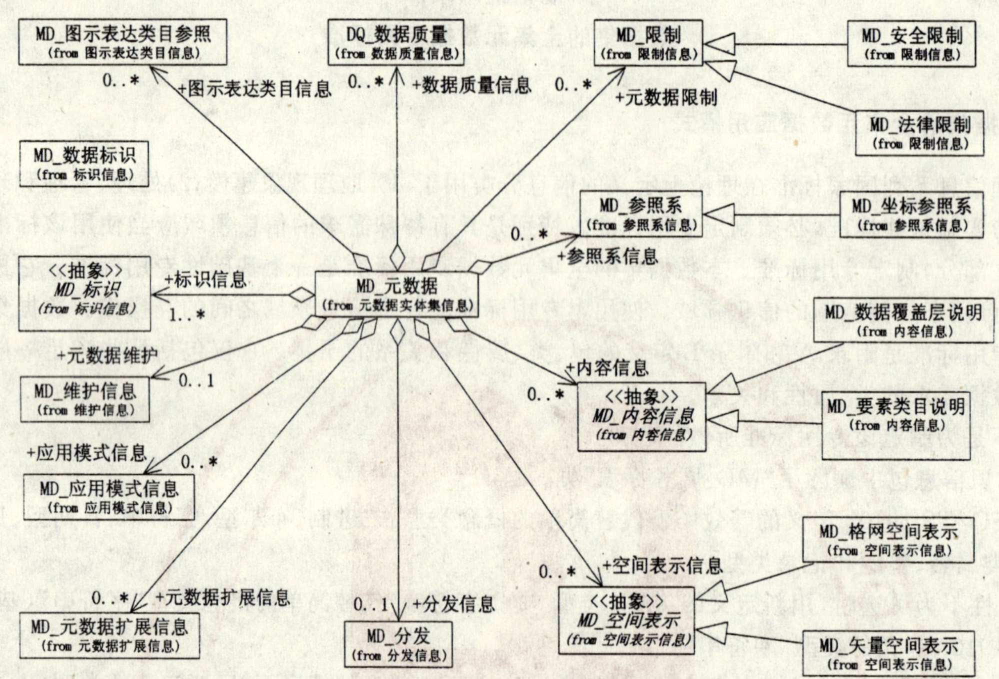

图 E.1 全集元数据专用标准

附 录 F
（资料性附录）
元数据扩展方法

F.1 元数据扩展方法

应按照以下9个步骤定义扩展的元数据。

F.2 现有元数据元素分析（步骤1）

扩展的第1步是保证只对本标准定义的标准集进行有效的扩展。应全面地分析附录B说明的元数据标准集和任何专用标准的正式文档/出版物。这种分析不仅要针对元数据实体/元素的名称，还应分析它们的定义、数据类型、约束/条件、域和最大出现次数。现有的实体/元素有可能满足要求而不需要新的实体/元素。

如果能确认一个合适的实体/元素，则应检查该实体/元素与附录A的实体/元素的关系，以保证该候选实体/元素不被其他实体/元素的排斥组合所排除。

方法：

如果

Ⅰ） 确认一个现有的元数据元素或实体满足要求，则采用该现有元数据实体/元素，无需扩展元数据。

Ⅱ） 为满足新的需求，需要一个新的元数据实体的子集，则进入步骤2。

Ⅲ） 确认一个现有的元数据元素的域，逻辑上可以通过对其现有的域“自由文本”进行限定，以满足确定的需求，则进入步骤3。

Ⅳ） 确认一个现有的元数据元素的域，逻辑上可以通过增加现有代码表的值进行扩展，以满足确定的需求，则进入步骤4。

Ⅴ） 需要一个新的元数据元素以满足需求，且不能将现有元数据元素进行修改来满足该需求，则进入步骤5。

Ⅵ） 需要一个新的元数据实体以满足需求，该元数据实体是一组相关的元素，它们共同满足新的需求。且不能将现有的元数据实体通过增加元数据元素以满足该需求，则进入步骤6。

Ⅶ） 一个现有的元数据元素，或实体，或子集满足需求，但专用标准要求采用比本标准确定的更严格的约束/条件，而本标准规定的元数据约束/条件不适用于专用标准，则进入步骤7。

Ⅷ） 一个现有的元数据元素满足需求，但专用标准要求的域是本标准的子集，则进入步骤8。

F.3 定义新元数据子集（步骤2）

需要定义一个新元数据子集，但本标准中没有适合的元数据子集，也不能用现有子集扩展以满足需求。在这种情况下，可以定义一个新元数据子集。

定义的新元数据子集应与本标准（它基于GB/T 18391.3—2002）规定的要求一致。

方法：

Ⅰ） 进入步骤5，定义该子集需要包含的新元数据元素。

Ⅱ） 进入步骤6，定义该子集需要包含的新元数据实体。

Ⅲ） 进入步骤9。

F.4 定义新元数据代码表（步骤3）

一个现有元数据元素是适合的，对其标识元素的域“自由文本”加以限制，元数据标准现有的元数据代码表不能满足需求。在这种情况下，可以定义新的元数据代码表，以满足专用标准的特殊需求。

定义的新元数据代码表应与本标准（它基于 GB/T 18391.3—2002）规定的要求一致。

方法：

Ⅰ） 按照定义（B.1.4）、名称（B.1.2）和缩写名（B.1.3）定义该新元数据代码表。定义的新代码表应当与 B.5 中现有的代码表一致。

Ⅱ） 按照定义（B.1.4）、域代码和缩写名（B.1.3）定义该新元数据代码表元素。该定义应当与 B.5 中现有的代码表元素一致。

Ⅲ） 进入步骤 9。

F.5 定义新元数据代码表元素（步骤 4）

对一个现有元数据元素的代码表进行扩展。新元数据代码表元素的定义应当与现有的元素集合相关。扩展的元数据代码表必须是现有标准代码的逻辑扩展。

如果拟扩展的新元数据元素的域在逻辑上不是建立在原有域的基础上，标识的元素可能不适合扩展，应回到步骤 1。

为建立新元数据代码表元素的文档，进入步骤 9。

F.6 定义新元数据元素（步骤 5）

元数据标准中现有的元数据元素不能满足需求。在这种情况下，可以定义新元数据元素，以满足专用标准的特殊需求。

定义的新元数据元素应与本标准（它基于 GB/T 18391.3—2002）规定的要求一致。

方法：

Ⅰ） 使用附录 A 说明的元数据模式、附录 B 的数据字典和现有的对元数据标准的任何扩展，确认应当增加新元素的现有元数据实体。如果没有合适的实体，则进入步骤 6。

Ⅱ） 按照 B.2.11.2 说明的扩展元素的信息，定义新的元数据元素：名称、缩写名、域代码、定义、约束/条件、数据类型、域、最大出现次数、父实体、规则、基本原理和资源。确定任何排他的元数据与新定义元素的关系。元数据 UML 模型见附录 A。

Ⅲ） 使用新元数据元素以满足需求。

Ⅳ） 进入步骤 9。

F.7 定义新元数据实体（步骤 6）

元数据标准中现有元数据元素或实体不能满足需求，也不能通过增加简单的元数据元素修改现有元数据实体以满足需求。在这种情况下，可以定义新元数据实体以满足专用标准的特殊需求。

定义的新元数据实体应与本标准（它基于 GB/T 18391.3—2002）规定的要求一致。

方法：

Ⅰ） 使用附录 A 说明的元数据模式、附录 B 的数据字典和现有的对元数据标准的任何扩展，确定哪个元数据组最好地描述新元数据实体的功能。从以下各组选择：

6.3.2.1 元数据实体集

6.3.2.2 标识

6.3.2.3 限制

6.3.2.4 数据质量

6.3.2.5 维护

6.3.2.6 空间表示

6.3.2.7 参照系

6.3.2.8 内容

6.3.2.9 图示表达类目

6.3.2.10 分发

6.3.2.11 元数据扩展

6.3.2.12 应用模式

6.4.1 覆盖范围

6.4.2 引用和负责单位

如果没有合适的组，则进入步骤2。

Ⅱ) 按照B.2.11.2说明的扩展元素的信息，定义新的元数据实体：名称、缩写名、域代码、定义、约束/条件、数据类型、域、最大出现次数、父实体、规则、基本原理和资源。元数据实体的数据类型为“类”。

Ⅲ) 按照步骤5的方法确定构成元数据实体的元素。

Ⅳ) 确定任何排他的元数据与新定义实体的关系。元数据UML模型见附录A。

Ⅴ) 使用新元数据实体，以满足需求。

Ⅵ) 进入步骤9。

F.8 定义更严格的元数据约束/条件（步骤7）

一个现有的元数据元素、实体或子集满足需求，但专用标准要求比本标准规定更加严格的约束条件（其中可选“O”是最轻的，必选“M”是最严格的约束/条件等级）。

方法：

Ⅰ) 定义用于元素、实体或子集的新约束/条件(B.1.5)的值。如果约束/条件的选择是条件必选，则应确定使用该元数据所适用的条件。B.1.5.3规定确定条件的规则。

II) 进入步骤9。

F.9 定义限制更严的元数据代码表(步骤8)

一个现有元数据代码表满足需求，但专用标准要求定义的代码表元素是本标准规定的标准域的有限的子集。

方法：

Ⅰ) 确定满足需求所需要的受约束的元素。

Ⅱ) 进入步骤9。

F.10 元数据扩展文档（步骤9）

一旦定义了新元数据实体/元素，就有必要明确地记录对基础标准的改变。这种改变必须按标准格式在专用标准文档中记录，标准格式从本标准文本本身派生，并作为文档随同数据集及元数据发布。

根据专用标准发布的元数据，也必须按照本标准B.2.11.2规定的元数据扩展字段，记录对标准元数据集的修改。

可以建立7种类型扩展文档：

- 新元数据子集的定义。
- 替代“自由文本”域的新元数据代码表的定义。
- 增加的元数据代码表元素的定义。
- 新元数据元素的定义。
- 新元数据实体的定义。
- 限定的元数据域的定义。

● 更加严格的元数据约束/条件的定义。

方法：

Ⅰ） 更新产品元数据中元数据扩展信息字段。该字段应说明对元数据的扩展，包括新元素的定义。

Ⅱ） 如果定义了一个新元数据子集：

在附录A中UML图的基础上，建立新元数据子集的UML图。

Ⅲ） 如果定义了一个新元数据实体：

按照GB/T 18391—2002和用本标准B.2.11.2作为模板，填写新元数据实体的说明，包括名称、缩写名、域代码、定义、约束/条件、数据类型、域值、最大出现次数、父实体、规则、基本原理和资源。

用新扩展信息更新附录A的有关UML图。

Ⅳ） 如果定义了一个新元数据元素：

按照GB/T 18391—2002和用本标准B.2.11.2作为模板，记录新元数据元素的说明，包括名称、缩写名、域代码、定义、约束条件、数据类型、域值、最大出现次数、父实体、规则、基本原理和资源。

用新扩展信息更新附录A的相关UML图。

Ⅴ） 如果扩展了一个现有元数据代码表：

按照GB/T 18391—2002，用本标准B.2.11.2和B.5定义元数据代码表，并按B.2.11.2的规定记录具有新域代码的元素。

Ⅵ） 如果建立新元数据代码表：

按照GB/T 18391—2002，用本标准B.2.11.2和B.5作为模板，记录新元数据代码表的名称、缩写名、定义和数据类型。按本标准B.2.11.2的规定记录任何新的元数据代码表元素。

Ⅶ） 如果限定了一个现有的元数据元素的域：

按照GB/T 18391—2002和用本标准B.1标识元数据元素，记录经过修改的域的数据类型和域值。

Ⅷ） 如果对一个现有的元数据元素或实体施加了更严格的约束/条件：

按照GB/T 18391—2002和用本标准附录B标识元数据实体/元素，记录修改后的约束/条件的属性：约束/条件(B.1.5)。

用新扩展信息更新附录A中相关UML图。

附 录 G
（资料性附录）
元 数 据 实 现

G.1 背景

G.1.1 问题说明

本标准规定了组成元数据的元素，并给出了这些元素的定义、数据类型及其相互间的依赖关系。元数据的逻辑模型说明元数据的内容，不说明其实现方式，或表示形式。地理数据元数据管理的主要目的是能够访问元数据和所描述的相关空间数据。这需要采用通用编码方法和软件实现，以达到对地理数据元数据的操作使用的目的。

为在数据管理系统间交换元数据，用多种形式和语言表示元数据元素标记，需要提供实现方法，并保证具有评价产生的元数据一致性的可行手段。

G.1.2 范围和目的

本附录提供元数据元素结构和内容编码方法的综述，用于元数据查询和检索、元数据交换和表示。本标准旨在对地理数据元数据进行标准化理解的同时，允许灵活地对元数据进行局部管理。本附录为在局域网或广域网上开展地理数据服务（数据交换网站）建立元数据提供指导。

G.1.3 支持的空间数据粒度

地图编目通常属于对一组属于同一系列的相关文档进行编目的概念。就数字空间数据而言，定义什么构成“数据集”是比较困难的，它反映了原始数据生产单位的制度和软件环境。可以为空间数据集系列导出共同的元数据，这样的元数据一般是相关的，或者能被每个数据集实例所继承。支持编目系统内地理数据元数据这种继承的软件可以简化数据登录、更新和报告。

可重复使用元数据的潜在层级能用于建立元数据集合。通过进行若干层的抽取，链接的层级有助于过滤或将用户的查询定位到所需详细程度的层级。层级的概念不应解释为需要多次拷贝在线管理的元数据。相反，当需要时，可以通过继承或覆盖通用情况的元数据，对通用元数据的定义进行补充。通过使用指针，该方法能减少网站上管理的元数据冗余，并提供用户持有的不同视图。

元数据层级可以按图 G.1 表示。

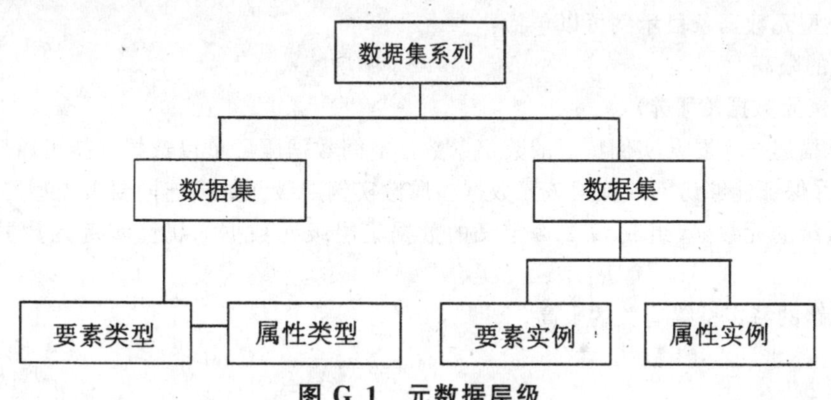

图 G.1 元数据层级

G.2 元数据层级

G.2.1 数据集系列元数据（可选）

数据集系列是共享相似的专题、资源日期、分辨率和方法等特征的空间数据集合。数据集系列由哪些部分构成的准确定义应由数据提供者确定。数据集系列元数据组成部分的示例可以包括：

- 用一台相机和一种类型胶片在一次飞行中获取一条航线的数字航空影像。用相同传感器在一条轨道上从卫星获取的连续扫描带；
- 从传统纸质系列地图采集的栅格地图数据集合；
- 与国家多级政区属性相关的描述地表水的矢量数据集集合。

建立"数据集系列"层级的元数据是可选的，允许用户为检索数据而考虑较高层级的特征。这种类型元数据的定义适合于可用空间数据的初始特征，但可能不适合详细评价特定数据集的数据质量。

G.2.2 数据集元数据

就本标准的目的而言，数据集应当是一致的空间数据产品实例，可以由空间数据发布者生产，或使其能够使用。一个数据集可以是前面条款定义的数据集系列的一部分。数据集可以由一组标识的要素类型、要素实例、属性类型和属性实例组成，在以下4节中分别阐述。

在需要的基础上，数据集系列和数据集的元数据信息应合并，呈现给用户的是在数据集层级抽取的元数据视图。作为缺省值，未说明层级的元数据被认为是"数据集"元数据。

G.2.3 要素类型元数据（可选）

要素的结构是按共同特征组成的。空间数据服务可以选择支持可以使用的要素类型层级的元数据，并保证能够访问或检索该元数据。要素类型层级元数据连同要素实例层级、属性类型层级和属性实例层级的元数据，组成前面条款中定义的数据集层级元数据。要素类型元数据条目示例可以包括：

- 数据集中的所有桥梁。

G.2.4 要素实例元数据（可选）

要素实例是与现实世界对象直接对应的空间结构物(要素)。空间数据服务可以选择支持可以使用的要素实例层级的元数据，并保证能够访问或检索该元数据。要素实例层级元数据连同要素类型层级、属性类型层级和属性实例层级的元数据，组成G.2.2定义的数据集层级元数据。要素实例元数据条目示例可以包括：

- 南京长江大桥；
- 武汉长江大桥。

G.2.5 属性类型元数据(可选)

属性类型是描述分组空间单形(0维、1维、2维和3维几何对象)共同特征的数字参数。空间数据服务可以选择支持可以使用的属性类型层级的元数据，并保证能够访问或检索该元数据。属性类型层级元数据连同要素类型层级、要素实例层级和属性实例层级的元数据，组成G.2.2定义的数据集层级元数据。属性类型元数据条目示例可以包括：

- 与桥梁有关的限高。

G.2.6 属性实例元数据（可选）

属性实例是描述一个要素实例特征的数字参数。空间数据服务可以选择支持可以使用的属性实例层级的元数据，并保证能够访问或检索该元数据。属性实例层级元数据连同要素类型层级、要素实例层级和属性类型层级的元数据，组成G.2.2定义的数据集层级元数据。属性实例元数据条目示例可以包括：

- 与跨一条道路的特定桥梁有关的限高。

附 录 H
（资料性附录）
元 数 据 层 级

H.1 元数据层级

初看起来，似乎有许多层级的元数据需要维护。但大多数情况下，并非如此，因为只有元数据不同时才在较低层级定义。如果元数据值不改变，则该元数据聚集在较高层级中。预期这种情况是最一般的，仅在经过一段时间原始数据维护以后增加元数据的层级。

当增加较低层级的元数据时，只记录更新的元数据值。因此，如果数据的发布者不变，就不需要记录下层的元数据。

为澄清这一概念，以下的示例按照一组地理数据的生命周期进行说明。

H.2 示例

1）考虑地理数据提供者生产3个行政区（A、B和C）的矢量地图数据。起初用传统纸质地图系列生产矢量地图，用同样方法将其转换为矢量格式。这种初始数据的元数据可以是单一的层级（数据集系列）。该元数据应描述3个行政区数据的质量、引用、数据源和处理情况。

因此，该元数据可以是排他的数据集系列层级。

数据集系列——行政区A、B和C

元数据实体集

标识

　　引用和负责单位

　　覆盖范围

限制

数据质量

维护

空间表示

参照系

内容

图示表达

分发

元数据扩展

应用模式

2）一段时间以后，完成了行政区A新矢量数据的替换，因而行政区A的元数据应进行补充，说明新质量日期的值。用这些值代替数据集系列原来给出的值，但仅限于行政区A。而行政区B和C应保持不变。新元数据应在数据集层级上记录。因此，需要在数据集层级补充元数据，说明新行政区A的数据。

反映这种改变需要的最低层级的元数据应为：

数据集系列——行政区A、B和C

元数据实体集

标识

　　引用和负责单位

覆盖范围
限制
数据质量
维护
空间表示
参照系
内容
图示表达
分发
元数据扩展
应用模式

数据集——行政区 A
数据集标识
引用和负责单位
覆盖范围

3）此后，行政区 A 的道路网全部重新测量数据可以提供使用。这再次意味着需要受到影响的要素类型的新元数据。该元数据应在行政区 A 的要素类型层级上记录。所有与其他要素类型相关的其他元数据不受影响。仅仅改变行政区 A 的道路的元数据。该道路的元数据在要素类型层级上记录。

因此，需要要素类型层级的补充元数据，说明新行政区 A 的公路数据。反映这种改变需要的最低层级的元数据应为：

数据集系列——行政区 A、B 和 C

元数据实体集
标识
引用和负责单位
覆盖范围
限制
数据质量
维护
空间表示
参照系
内容
图示表达
分发
元数据扩展
应用模式

数据集——行政区 A
数据集标识
引用和负责单位
覆盖范围
要素类型——行政区 A——道路网
数据集标识
引用和负责单位

4）确认了道路测量的不规则情况，行政区 A 的所有道路的限高原来以米为单位进行了测量，但重新测量以分米为单位。重新测量意味着需要记录受影响的属性类型"限高"的元数据。行政区 A 的所有其他元数据不受影响。该"限高"元数据在属性类型层级上记录。

因此，需要属性类型层级的补充元数据，说明新行政区 A 的"限高"数据。反映这种改变需要的最低层级的元数据应为：

数据集系列——行政区 A、B 和 C

元数据实体集
标识
  引用和负责单位
  覆盖范围
限制
数据质量
维护
空间表示
参照系
内容
图示表达
分发
元数据扩展
应用模式

数据集——行政区 A
  数据集标识
    引用和负责单位
    覆盖范围
  要素类型——行政区 A——道路网
    数据集标识
    引用和负责单位
  属性类型——行政区 A——'限高'
    数据集标识
      引用和负责单位
      数据质量

5）行政区 A 建成了一座新桥。该新数据反映在行政区 A 的地理数据中，需要新的元数据记录该新要素。行政区 A 的所有其他元数据不受影响。该新要素的元数据在要素实例层级上记录。

因此，需要要素实例层级的补充元数据，说明新桥梁数据。反映这种改变需要的最少层级的元数据应为：

数据集系列　行政区 A、B 和 C

元数据实体集
标识
  引用和负责单位
  覆盖范围

限制
数据质量
维护
空间表示
参照系
内容
图示表达
分发
元数据扩展
应用模式

数据集——行政区 A
　　数据集标识
　　　　引用和负责单位
　　　　覆盖范围
　　要素类型——行政区 A——道路网
　　　　数据集标识
　　　　　　引用和负责单位
　　属性类型——行政区 A——'限高'
　　　　数据集标识
　　　　　　引用和负责单位
　　　　　　数据质量
　　要素实例——行政区 A——新桥梁
　　　　数据集标识
　　　　　　引用和负责单位
　　　　　　覆盖范围

6）新桥梁的限高属性记录错误，进行了改正。新属性再次需要新的元数据说明这一修改。行政区 A 的所有其他元数据不受影响。该新属性的元数据在属性实例层级上记录。

因此，需要属性实例层级的补充元数据，说明新限高数据。反映这种改变需要的最低层级的元数据应当为：

数据集系列——行政区 A、B 和 C

元数据实体集
标识
　　引用和负责单位
　　覆盖范围
限制
数据质量
维护
空间表示
参照系
内容
图示表达
分发
元数据扩展

应用模式

- 数据集——行政区 A
  - 数据集标识
    - 引用和负责单位
    - 覆盖范围
  - 要素类型——行政区 A——道路网
    - 数据集标识
      - 引用和负责单位
  - 属性类型——行政区 A——‘限高’
    - 数据集标识
      - 引用和负责单位
      - 数据质量
  - 要素实例——行政区 A——新桥梁
    - 数据集标识
      - 引用和负责单位
      - 覆盖范围
  - 属性实例——行政区 A——新桥梁—限高
    - 数据集标识
      - 引用和负责单位
    - 数据质量

附 录 K
（资料性附录）
地理信息共享领域元数据专用标准范例

K.1 说明

本附录基于本标准附录A、附录B和第6章提供的标准元数据和关联结构，按照附录C提供的元数据扩展原则和制定领域专用标准的方法，定义地理信息共享领域元数据专用标准的范例。

本附录由元数据包UML图、元数据字典和代码表构成，规定了描述地理信息共享数据的元数据内容，包括有关数据的标识、覆盖范围、质量、空间和时间模式、空间参照系和分发等信息。

本附录可以作为一个元数据专用标准范例，可以用于地理信息共享领域，如科学数据共享工程、电子政务、与数字中国有关的数字行业、数字省区、数据城市、数字社区，以及其他地理信息共享领域数据的编目、对数据集的描述和数据交换网站的数据服务。也可以用于科学研究、教学和其他相关工作。应用时，对于特定应用领域，可以视需要遵照附录C的规定对本附录的内容进一步进行扩展和修改。

本附录是本标准的应用示例，也是根据本标准进行扩展，制定领域专用标准的实例。

本附录对本标准的元数据实体、元素进行了如下修改和扩展：

1. 扩充的元数据实体和元素包括：实体**MD_影像标识**及其元素**数据单元标识符**、**卫星**、**仪器（传感器）**、**时间标识**、**分幅标识**、**轨道编号**；实体**DQ_数据质量说明**及其元素**数据质量说明**；实体**TM_时刻信息**及其元素时间；实体**TM_时段信息**及其元素**起始时间**、**终止时间**；同时扩充了元素**要素属性说明**等。

2. 修改了如下元数据角色、实体和元素的名称：

- 名称中的“资源”改为“数据资源”；
- 角色名称“数据质量报告”改为“数据质量说明”；
- 数据志的元素“说明”改为“数据志说明”；
- “基准”改为“基准名称代码”；
- 实体“MD_分发”的元素“在线”改为“在线信息”；
- 实体“MD_格式”的元素“名称”改为“格式名称”、“版本”改为“格式版本”；
- “垂向基准”改为“垂向基准名称代码”。

3. 对如下元数据元素的定义施加限制：

- MD_元数据：“定义有关的元数据的根实体”改为“定义有关地理信息共享数据资源的元数据的根实体”；
- 有关实体和元素的定义中：“资源”改为“数据资源”；
- 角色**关键字说明**的定义“类目的关键字及其类型和参考文献等信息”改为“关键字说明”；
- 实体**MD_关键字**的定义“关键字、关键字类型和参考文献信息”改为“关键字信息”；
- 实体**MD_限制**和**MD_法律限制**、**MD_安全限制**，元素**用途限制**、**访问限制**和**使用限制**的定义中的“资源或元数据”改为“数据资源”；
- 实体**MD_坐标参照系**的定义删去了“该坐标系的属性按ISO 19111《基于坐标的空间参照系》定义的SC_坐标参照系派生”；
- 元素**投影**和**椭球体**的定义中的“标识”改为“名称”；
- 元素**基准名称代码**的定义中的“标识”改为“名称代码”；
- 实体**RS_参照系**的定义中的“空间和时间参照系”改为“基于地理标识符的空间参照系和时间参照系”；
- 元素**联系分发方**的定义中删除了“不要求单位列表是穷举的”；

- 元素**邮政编码**的定义由“ZIP 或其他邮政编码”改为“邮政编码”。

4. 对如下元数据元素的约束/条件进行修改：

- 角色**数据质量信息**:“O”改为“M”；
- 角色**数据志**和元素**覆盖范围**、**负责人名**、**职务**:“C/”改为“O”；
- 角色**数据质量说明**和元素**数据志说明**、**负责单位名**:“C/”改为“M”；
- 实体 **MD_分辨率**、**MD_限制**、**MD_法律限制**、**MD_安全限制**、**MD_坐标参照系**、**RS_参照系**、**MD_数据覆盖层说明**、**MD_格式**:“使用参照对象的约束条件”改为“O”；
- 元素**订购说明**:“O”改为“M”；
- 实体 **EX_地理区域描述**:“使用参照对象的约束条件”改为“M”。

5. 对如下元数据元素的类型和域进行了修改：

- 元数**等效比例尺分母**、**采样间隔**、（数据质量）**范围**、**参照系标识符**、**投影**、**椭球体**、（RS_参照系）**名称**、**要素类型**、**属性说明**、**地理标识符**:类型和域分别改为“字符串”和“自由文本”；
- 实体 **MD_限制**:“聚集类（MD_元数据 和 MD_标识）”改为“聚集类(MD_标识)”；
- 元素**基准名称代码**:域“RS_标识符（B. 2. 7. 3)”改为“SC_大地坐标参照系≪代码表≫(K. 3. 2. 1)”；
- 实体 **MD_分发方**:“聚集类(MD_分发和 MD_格式)”改为“聚集类（MD_分发)”；
- 实体 **MD_格式**:“聚集类（MD_分发，MD_标识和 MD_分发方)”改为“聚集类(MD_分发方，MD_标识)”；
- 实体 **EX_地理覆盖范围**:“聚集类(EX_覆盖范围、EX_空间时间覆盖范围)≪抽象≫”改为“聚集类(EX_覆盖范围) ≪抽象≫”；
- 元素**西边经度**、**东边经度**、**南边纬度**、**北边纬度**:类型改为“角度”；
- EX_垂向覆盖范围的**度量单位**:类型和域分别改为“字符串”和“度量单位为米、百帕等”；
- 元素**垂向基准名称代码**:类型和域分别改为“类”和“SC_垂向坐标参照系≪代码表≫(K. 3. 2. 2)”。

6. 增加了两个代码表:K. 3. 3. 1“SC_大地坐标参照系≪代码表≫”和 K. 3. 3. 2“SC_垂向坐标参照系≪代码表≫”。

K. 2 地理信息共享领域元数据模式

K. 2. 1 地理信息共享领域元数据包的 UML 图

地理信息共享领域的元数据用 UML 包表示。每个包包含一个或多个实体(UML 类)，它们可以是特化的(子类)或泛化的(超类)。实体包含标识各个元数据单元的元素(UML 属性)。实体可以与一个或多个其他实体相关。图 K. 1 表示包的结构。K. 2. 1. 1～K. 2. 2. 2 和 K. 3 分别用每个包的 UML 模型图和数据字典描述了元数据。

K. 2. 1. 1 地理信息共享领域元数据实体集信息

图 K. 2 定义“**MD_元数据**”类，并表示与在聚集中定义地理数据的元数据的其他元数据类的包含关系。此后各节给出其他元数据类图。本图的数据字典见 K. 3. 1. 1。

K. 2. 1. 2 标识信息

图 K. 3 定义标识数据资源所需的元数据类。它也定义标识数据的特化子类。本图的数据字典见 K. 3. 1. 2。

K. 2. 1. 3 限制信息

图 K. 4 定义管理信息产权，包括访问和使用限制所需的元数据。本图的数据字典见 K. 3. 1. 3。

K. 2. 1. 4 数据质量信息

图 K. 5 定义对资源质量进行一般评价所需的元数据。本图的数据字典见 K. 3. 1. 4。

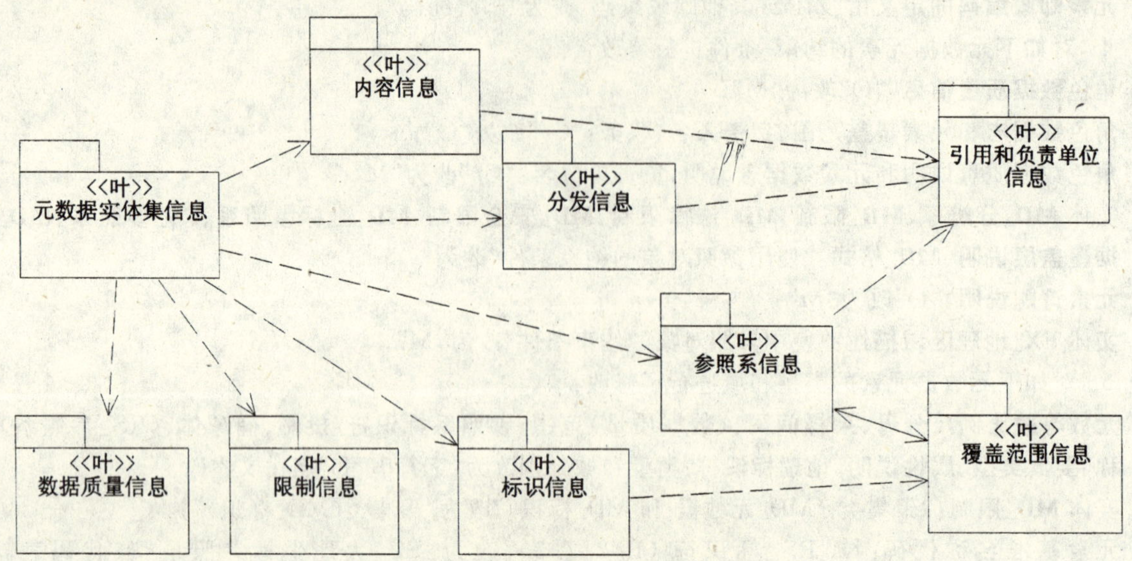

图 K.1 地理信息共享领域元数据包

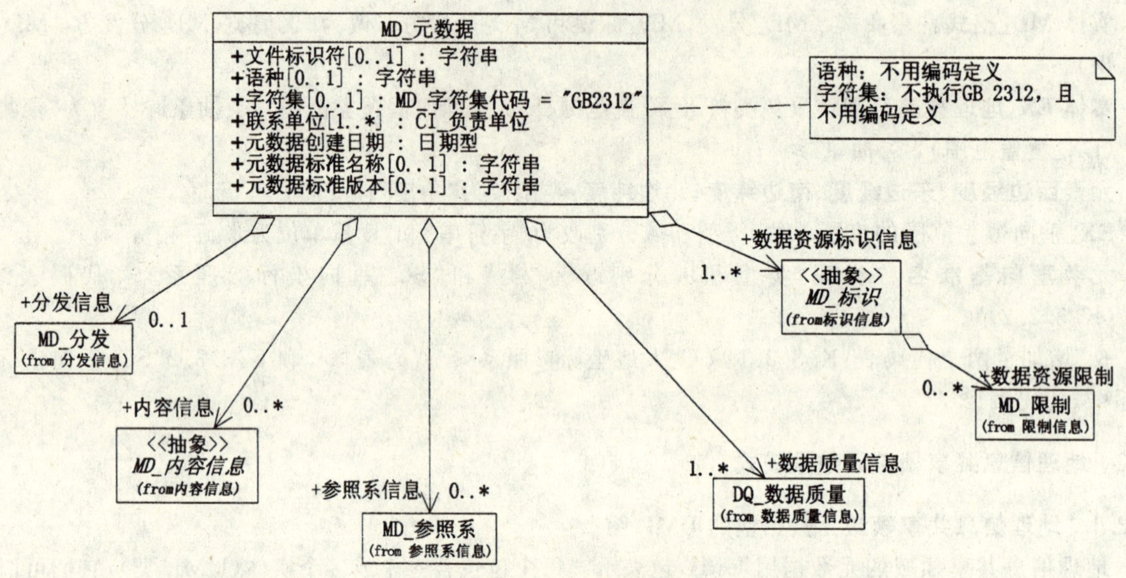

图 K.2 地理信息共享领域元数据实体集信息

K.2.1.5 参照系信息

图 K.6 定义描述采用的空间和时间参照系所需的元数据。本图的数据字典见 K.3.1.5。

K.2.1.6 内容信息

图 K.7 定义与数据覆盖层内容和用于确定要素的要素类目有关的元数据。本图的数据字典见 K.3.1.6。

K.2.1.7 分发信息

图 K.8 定义访问资源所需的元数据。本图的数据字典见 K.3.1.7。

K.2.2 元数据数据类型

K.2.2.1 覆盖范围信息

图 K.9 定义描述资源覆盖的空间和时间范围的元数据。本图的数据字典见 K.3.2.1。

K.2.2.2 引用和负责单位信息

图 K.10 定义描述权属范围信息,包括负责单位和联系信息的元数据。本图的数据字典见K.3.2.2。

<<抽象>>
MD_标识
+引用 : CI_引用
+摘要 : 字符串
+目的[0..1] : 字符串
+状况[0..*] : MD_进展代码
+联系方[0..*] : CI_负责单位
MD_元数据
(from 元数据实体集信息)
1..*
+数据资源标识信息
0..*
MD_限制
(from 限制信息)
+数据资源限制
+浏览图
0..*
浏览图
+文件名 : 字符串
+数据资源格式
0..*
MD_格式
(from 分发信息)
0..*
+关键字说明
MD_关键字
+关键字[1..*] : 字符串
MD_数据标识
+空间表示类型[0..*] : MD_空间表示类型代码
+空间分辨率[0..*] : MD_分辨率
+语种[1..*] : 字符串
+字符集[0..*] : MD_字符集代码 = "GB2312"
+专题类型[1..*] : MD_专题类型代码
+覆盖范围[0..*] : EX_覆盖范围
影像标识
+数据单元标识符[0..1] : 字符串
+卫星 : 字符串
+仪器(传感器) : 字符串
+时间标识[0..1] : 日期时间型
+分幅标识[0..1] : 字符串
+轨道编号[0..1] : 整型
字符集：不执行GB 2312
时间标识：单景影像
等效比例尺分母：不选用采样间隔
采样间隔：不选用等效比例尺分母
MD_分辨率
+等效比例尺分母[0..1] : 字符串
+采样间隔[0..1] : 字符串
<<代码表>>
MD_空间表示类型代码
+矢量
+格网
+文字表格
+三角网
+立体模型
+录像
<<代码表>>
MD_进展代码
+完成
+历史档案
+废弃
+连续更新
+计划
+按需要
+正在开发
<<代码表>>
MD_字符集代码
+通用字符集2 (ucs2)
+通用字符集4 (ucs4)
+通用字符集转换格式7 (utf7)
+通用字符集转换格式8 (utf8)
+通用字符集转换格式16 (utf16)
+GB/T 15273.1
+GB/T 15273.2
+GB/T 15273.3
+GB/T 15273.4
+8859第五部分
+8859第六部分
+GB/T 15273.7
+8859第八部分
+8859第九部分
+8859第十部分
+8859第十一部分
+8859第十三部分
+8859第十四部分
+8859第十五部分
+8859第十六部分
+日本工业标准
+shiftJIS
+eucJP
+美国信息交换标准格式
+ebcdic
+eucKR
+GB1到GB5
+ISO 10646 (GB 13000-1993)
+BIG5
+GB 2312
+GB 18030
<<代码表>>
MD_专题类型代码
+农业
+生物
+界线
+气候和大气
+经济
+高程
+环境
+地学信息
+健康
+测绘
+智能军事
+内陆水
+位置
+海洋
+规划地籍
+社会
+建筑
+交通
+市政通信

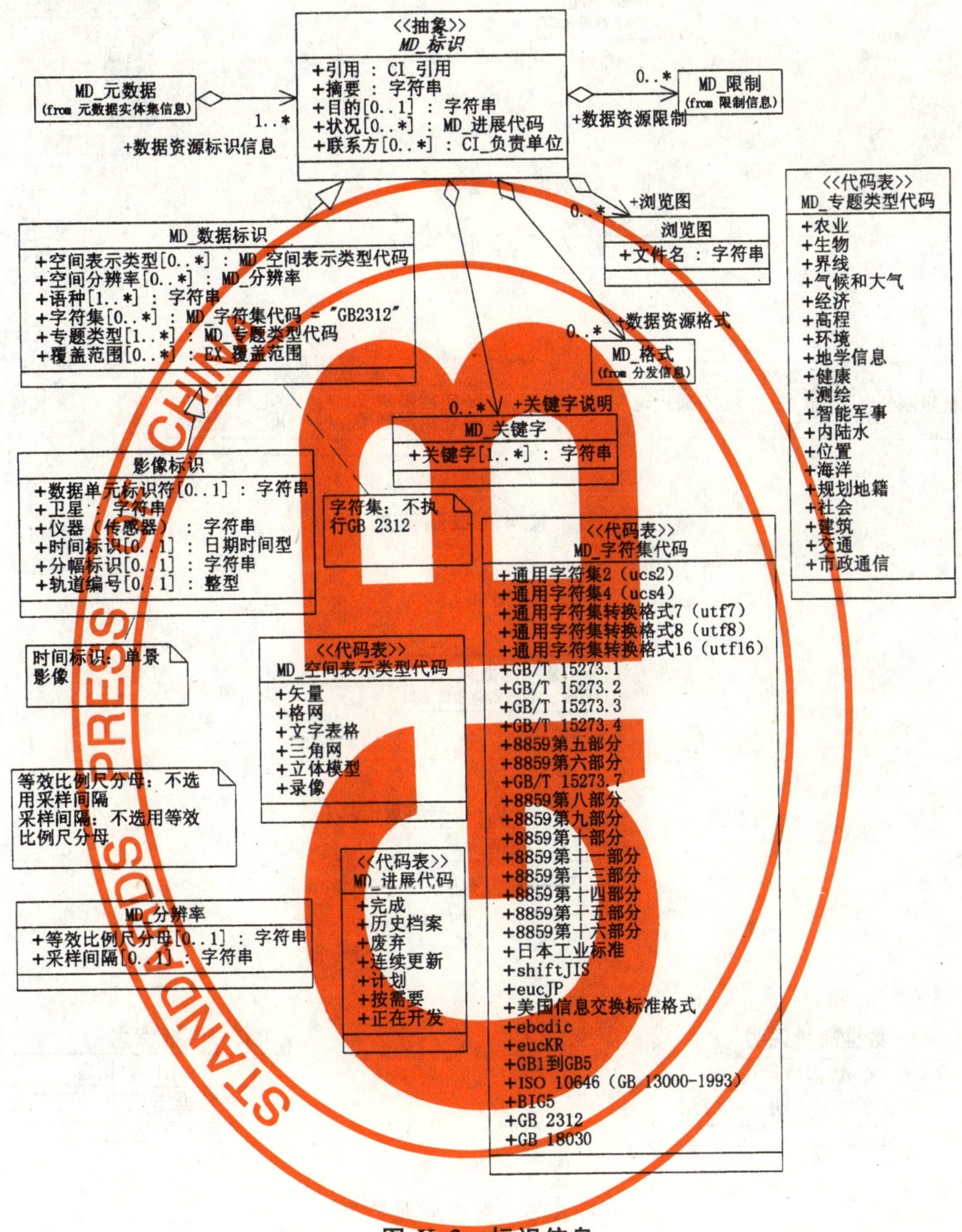

图 K.3 标识信息

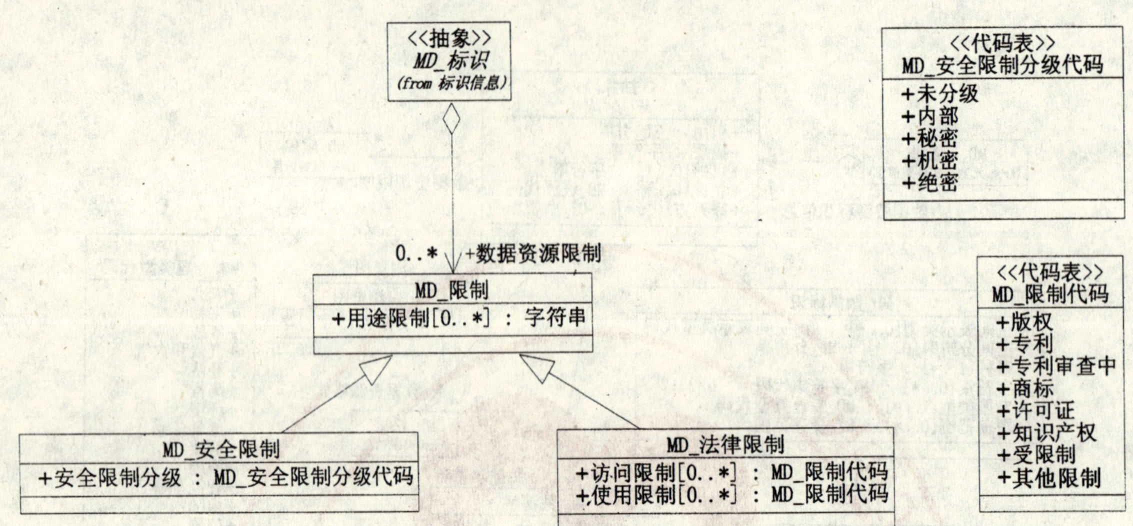

图 K.4 限制信息

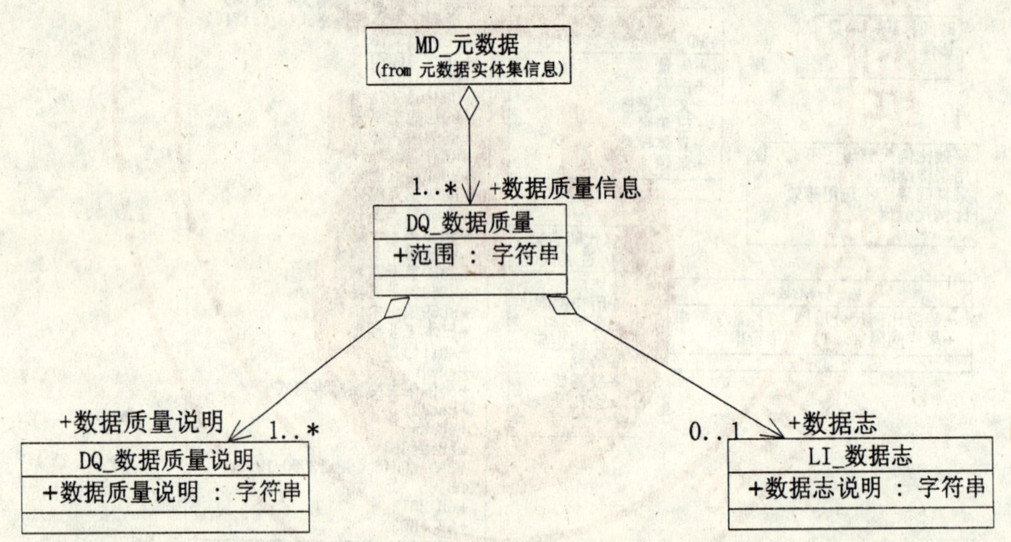

图 K.5 数据质量信息

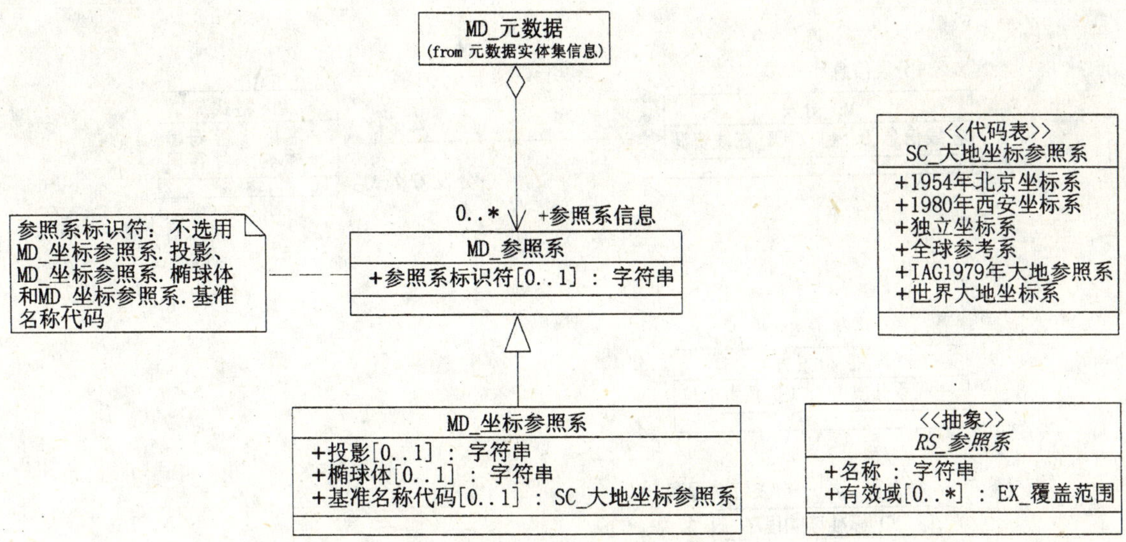

图 K.6 参照系信息

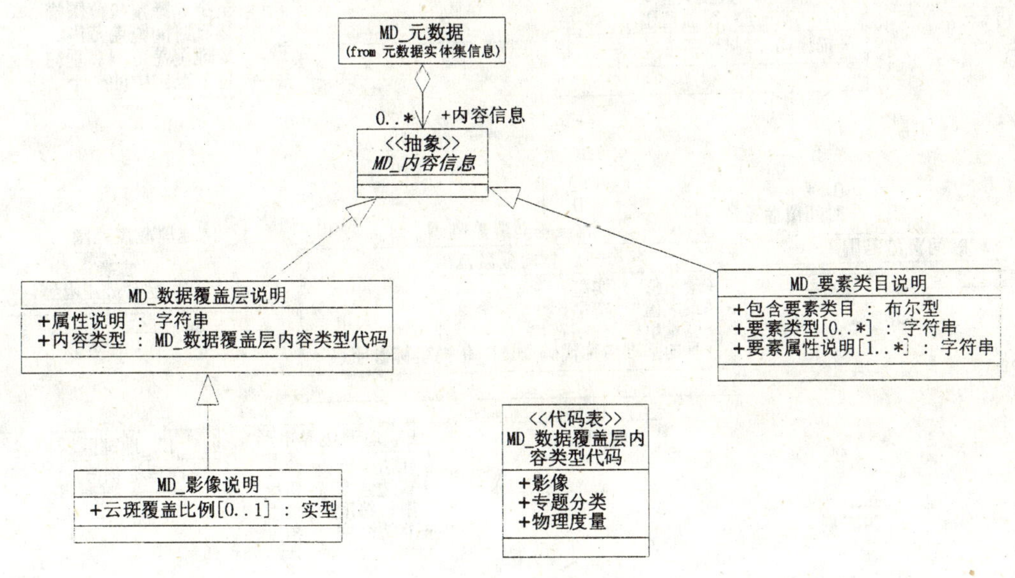

图 K.7 内容信息

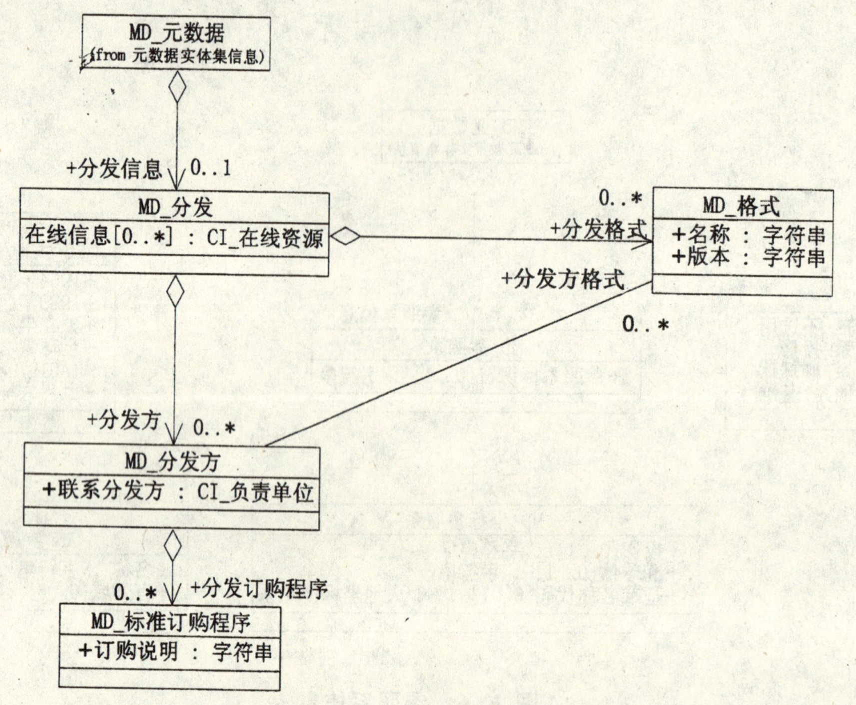

图 K.8 分发信息

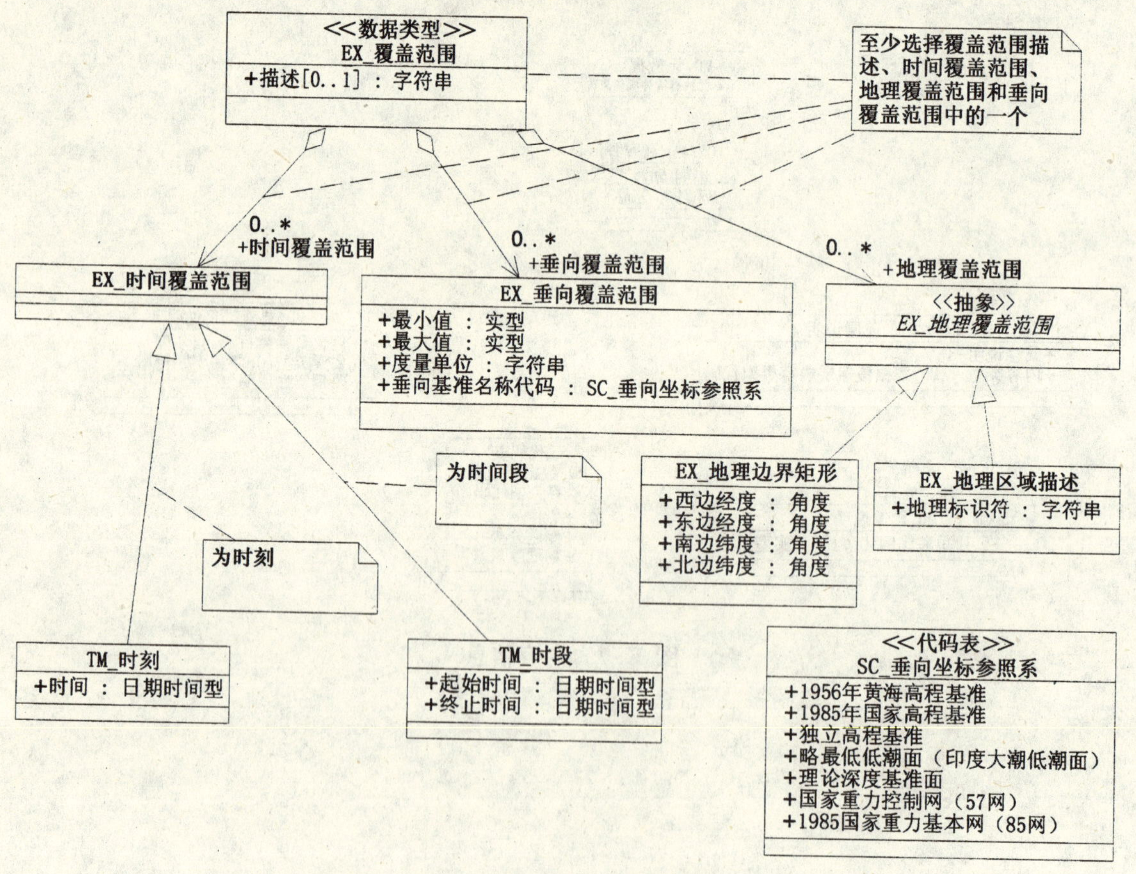

图 K.9 覆盖范围信息

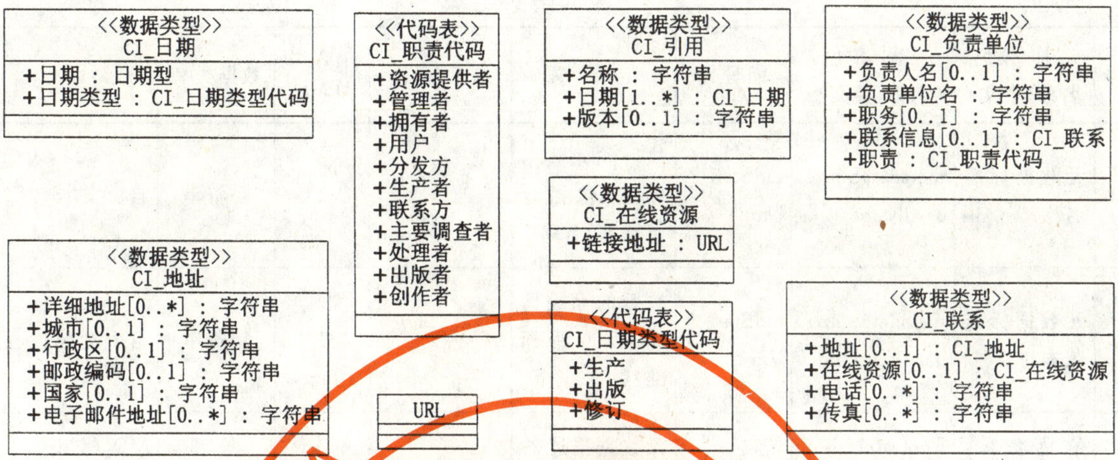

<<数据类型>>
CI_日期
+日期 : 日期型
+日期类型 : CI_日期类型代码

<<代码表>>
CI_职责代码
+资源提供者
+管理者
+拥有者
+用户
+分发方
+生产者
+联系方
+主要调查者
+处理者
+出版者
+创作者

<<数据类型>>
CI_引用
+名称 : 字符串
+日期[1..*] : CI_日期
+版本[0..1] : 字符串

<<数据类型>>
CI_负责单位
+负责人名[0..1] : 字符串
+负责单位名 : 字符串
+职务[0..1] : 字符串
+联系信息[0..1] : CI_联系
+职责 : CI_职责代码

<<数据类型>>
CI_在线资源
+链接地址 : URL

<<数据类型>>
CI_地址
+详细地址[0..*] : 字符串
+城市[0..1] : 字符串
+行政区[0..1] : 字符串
+邮政编码[0..1] : 字符串
+国家[0..1] : 字符串
+电子邮件地址[0..*] : 字符串

URL

<<代码表>>
CI_日期类型代码
+生产
+出版
+修订

<<数据类型>>
CI_联系
+地址[0..1] : CI_地址
+在线资源[0..1] : CI_在线资源
+电话[0..*] : 字符串
+传真[0..*] : 字符串

图 K.10 引用和负责单位信息

K.3 地理信息共享领域元数据专用标准数据字典

K.3.1 地理信息共享领域元数据包的数据字典

K.3.1.1 元数据实体集信息

行号	名称/角色名称(中文)	名称/角色名称(英文)	缩写名	定义	约束/条件	最大出现次数	数据类型	域
1	MD_元数据	MD_Metadata	Metadata	定义有关地理信息共享数据资源的元数据的根实体	M	1	类	第2~13行
2	文件标识符	fileIdentifier	mdFileID	元数据文件的唯一标识符	O	1	字符串	自由文本
3	语种	language	mdLang	元数据采用的语言	C/不用编码定义?	1	字符串	GB/T 4880.2—2000,可以使用其他部分
4	字符集	characterSet	mdChar	元数据集采用的字符编码标准的全名	C/不执行GB 2312,且不用编码定义?	1	类	MD_字符集代码≪代码表≫(B.5.10)
5	联系单位	contact	mdContact	对元数据信息负责的单位	M	N	类	CI_负责单位(K.3.2.2.2)≪数据类型≫
6	元数据创建日期	dateStamp	mdDateSt	元数据创建的日期	M	1	日期型	CCYY-MM-DD(GB/T 7408—1994)

续表

行号	名称/角色名称(中文)	名称/角色名称(英文)	缩写名	定义	约束/条件	最大出现次数	数据类型	域
7	元数据标准名称	metadataStandardName	mdStanName	执行的元数据标准(包括专用标准)名称	O	1	字符串	自由文本
8	元数据标准版本	metadataStandardVersion	mdStanVer	执行的元数据标准(专用标准)版本	O	1	字符串	自由文本
9	角色名称:数据资源标识信息	*Role name*:identificationInfo	dataIdInfo	元数据描述的数据资源的基本信息	M	*N*	关联	MD_标识≪抽象≫(K.3.1.2)
10	角色名称:数据质量信息	*Role name*:dataQualityInfo	dqInfo	提供数据质量的总体评价信息	M	*N*	关联	DQ_数据质量(K.3.1.4)
11	角色名称:参照系信息	*Role name*:referenceSystemInfo	refSysInfo	数据集使用的空间和时间参照系说明	O	*N*	关联	MD_参照系(K.3.1.5)
12	角色名称:内容信息	*Role name*:ContentInfo	contInfo	提供要素类目信息,并说明数据覆盖层及影像数据特征	O	*N*	关联	MD_内容信息(K.3.1.6)
13	角色名称:分发信息	*Role name*:distributionInfo	distInfo	提供获取数据资源所需要的分发方和选项信息	O	1	关联	MD_分发(K.3.1.7)

K.3.1.2 标识信息

行号	名称/角色名称(中文)	名称/角色名称(英文)	缩写名	定义	约束/条件	最大出现次数	数据类型	域
14	MD_标识	MD_Identification	Ident	唯一标识数据资源所需的基本信息	使用参照对象的约束/条件	使用参照对象的最大出现次数	聚集类(MD_元数据)≪抽象≫	第15~23行
15	引用	citation	idCitation	数据资源引用的资料	M	1	类	CI_引用(K.3.2.2.1)≪数据类型≫
16	摘要	abstract	idAbs	数据资源内容的简单说明	M	1	字符串	自由文本

续表

行号	名称/角色名称(中文)	名称/角色名称(英文)	缩写名	定　义	约束/条件	最大出现次数	数据类型	域
17	目的	purpose	idPurp	数据资源开发目的的说明	O	1	字符串	自由文本
18	状况	status	idStatus	数据资源的状况	O	*N*	类	MD_进展代码 ≪代码表≫ (B.5.23)
19	联系方	pointOfContact	idPoC	与数据集有关的人和/或单位标识及与其通讯的方法	O	*N*	类	CI_负责单位 (K.3.2.2.2) ≪数据类型≫
20	角色名称：关键字说明	*Role name*：descriptiveKeyword	descKeys	关键字说明	O	*N*	关联	MD_关键字 (K.3.1.2.1)
21	角色名称：浏览图	*Role name*：GraphOverview	graphOver	用图解方法说明数据资源(应包括图例)的略图	O	*N*	关联	MD_浏览图 (K.3.1.2.2)
22	角色名称：数据资源限制	*Role name*：resourceConstraints	resConst	关于使用、访问、获取数据资源的限制信息	O	*N*	关联	MD_限制 (K.3.1.3)
23	角色名称：数据资源格式	*Role name*：resourceFormat	deFormat	数据资源的格式说明	O	*N*	关联	MD_格式 (K.3.1.7.3)
24	MD_数据标识	MD_DataIdentification	DataIdent	识别数据集所需要的信息	使用参照对象的约束/条件	使用参照对象的最大出现次数	特化类(MD_标识)	第25～30行和15～23行
25	空间表示类型	spatialRepresentationType	spatRpType	在空间上表示地理信息所使用的方法	O	*N*	类	MD_空间表示类型代码 ≪代码表≫ (B.5.26)
26	空间分辨率	spatialResolution	dataScale	一般了解数据集中空间数据密度的因数	O	*N*	类	MD_分辨率 ≪联合≫ (K.3.1.2.3)
27	语种	language	dataLang	数据集采用的语言	M	*N*	字符串	GB/T 4880.2—2000，可以使用其他部分

续表

行号	名称/角色名称(中文)	名称/角色名称(英文)	缩写名	定义	约束/条件	最大出现次数	数据类型	域
28	字符集	characterSet	dataChar	数据集使用的字符编码标准全名	C/不执行GB 2312?	*N*	类	MD_字符集代码≪代码表≫(B.5.10)
29	专题类型	topicCategory	tpCat	数据集的主题	M	*N*	类	MD_专题类型代码≪代码表≫(B.5.27)
30	覆盖范围	extent	dataExt	覆盖范围信息包括数据集的边界矩形、边界多边形、垂向覆盖范围和时间覆盖范围等	O	*N*	类	EX_覆盖范围≪数据类型≫(K.3.2.1)
31	MD_影像标识	MD_ImageIdentification	ImageID	标识影像数据集或数据集系列所需要的信息	C/卫星影像系列?	使用参照对象的最大出现次数	特化类(MD_标识)	第32~37行、25~30行和15~23行
32	数据单元标识符	Data_GRANULE_ID	granuleID	地理信息数据信息单元标识符	O	1	字符串	自由文本
33	卫星	Satellite	satellite	卫星名称及序号	M	1	字符串	自由文本
34	仪器(传感器)	Instrument (Sensor)	sensor	观测仪器(传感器)名称	M	1	字符串	自由文本
35	时间标识	passSequenceIdentifier	passSeqID	平台给定的采集单景影像的时间标识	C/单景影像?	1	日期时间型	CCYY-MM-DD hh:mm:ss.s (GB/T 7408—1994)
36	分幅标识	imageOrbitalIdentifier	imagOrbID	影像覆盖的列和行标识	O	1	字符串	自由文本
37	轨道编号	orbitNumber	orbNum	影像覆盖的轨道编号	O	1	整型	整型

K.3.1.2.1 关键字信息

行号	名称/角色名称(中文)	名称/角色名称(英文)	缩写名	定义	约束/条件	最大出现次数	数据类型	域
38	MD_关键字	MD_Keywords	Keywords	关键字信息	使用参照对象的约束/条件	使用参照对象的最大出现次数	聚集类(MD_标识)	第39行
39	关键字	keyword	keyword	用于描述主题的通用词、形式化词或短语	M	*N*	字符串	自由文本

K.3.1.2.2 浏览图信息

行号	名称/角色名称(中文)	名称/角色名称(英文)	缩写名	定义	约束/条件	最大出现次数	数据类型	域
40	MD_浏览图	MD_BrowseGraphic	BrowGraph	用图解方法说明数据集(应包括图例)的图形	O	使用参照对象的最大出现次数	聚集类(MD_标识)	第41行
41	文件名	fileName	bgFileName	包含数据集图解说明的图形文件名称	M	1	字符串	自由文本

K.3.1.2.3 分辨率信息

行号	名称/角色名称(中文)	名称/角色名称(英文)	缩写名	定义	约束/条件	最大出现次数	数据类型	域
42	MD_分辨率	MD_Resolution	Resol	用比例因子或地面距离表示的数据资源详细程度	O	使用参照对象的最大出现次数	类≪联合≫	第43~44行
43	等效比例尺分母	equivalentScale	equScale	用类似硬拷贝地图或海图的比例尺表示的数据资源详细程度	C/不选用采样间隔?	1	字符串	自由文本
44	采样间隔	distance	scaleDist	地面的采样间隔	C/不选用等效比例尺分母?	1	字符串	自由文本

K.3.1.3 限制信息

行号	名称/角色名称(中文)	名称/角色名称(英文)	缩写名	定义	约束/条件	最大出现次数	数据类型	域
45	MD_限制	MD_Constraints	Consts	访问和使用数据资源的限制	O	使用参照对象的最大出现次数	聚集类(MD_标识)	第46~51行
46	用途限制	useLimitation	useLimit	影响数据资源适用性的限制,如"不可用于导航"	O	*N*	字符串	自由文本
47	MD_法律限制	MD_LegalConstraints	LegConsts	访问和使用数据资源的限制和法律上的先决条件	O	使用参照对象的最大出现次数	特化类(MD_限制)	第48~49行和46行
48	访问限制	accessConstraints	accessConsts	为确保隐私权或保护知识产权,对获取数据资源施加的访问限制,以及任何特殊的约束或限制	O	*N*	类	MD_限制代码≪代码表≫(B.5.24)
49	使用限制	useConstraints	useConsts	为确保隐私权或保护知识产权,对获取数据资源施加的使用限制,以及任何特殊的约束或限制	O	*N*	类	MD_限制代码≪代码表≫(B.5.24)
50	MD_安全限制	MD_SecurityConstraints	SecConsts	为了国家安全或类似的安全考虑,对数据资源施加的处理限制	O	使用参照对象的最大出现次数	特化类(MD_限制)	第51行和46行
51	安全限制分级	classification	class	对数据资源操作限制的名称	M	1	类	MD_安全限制分级代码≪代码表≫(B.5.11)

K.3.1.4 数据质量信息

行号	名称/角色名称(中文)	名称/角色名称(英文)	缩写名	定义	约束/条件	最大出现次数	数据类型	域
52	DQ_数据质量	DQ_DataQuality	DataQual	数据质量范围确定的数据质量信息	使用参照对象的约束/条件	使用参照对象的最大出现次数	聚集类(MD_元数据)	第53～55行
53	范围	scope	dqScope	数据质量信息说明的特定数据	M	1	字符串	自由文本
54	角色名称：数据质量说明	*Role name*：description	dqDescription	范围确定的数据质量说明信息	M	*N*	关联	DQ_数据质量说明(K.3.1.4.1)
55	角色名称：数据志	*Role name*：lineage	dataLineage	范围确定的数据的定性质量信息	O	1	关联	LI_数据志(K.3.1.4.2)

K.3.1.4.1 数据质量说明信息

行号	名称/角色名称(中文)	名称/角色名称(英文)	缩写名	定义	约束/条件	最大出现次数	数据类型	域
56	DQ_数据质量说明	DQ_Description	DQ_Description	数据质量说明	使用参照对象的约束/条件	使用参照对象的最大出现次数	聚集类(DQ_数据质量)	第57行
57	数据质量说明	statement	dqStatement	数据质量说明,包括验收、鉴定,或各个阶段的质量检查、评估或验收的意见	M	1	字符串	自由文本

K.3.1.4.2 数据志信息

行号	名称/角色名称(中文)	名称/角色名称(英文)	缩写名	定义	约束/条件	最大出现次数	数据类型	域
58	LI_数据志	LI_Lineage	Lineage	范围确定的数据生产的有关事件或数据源信息,或需要了解的数据志信息	使用参照对象的约束/条件	使用参照对象的最大出现次数	聚集类(DQ_数据质量)	第59行

续表

行号	名称/角色名称(中文)	名称/角色名称(英文)	缩写名	定　义	约束/条件	最大出现次数	数据类型	域
59	数据志说明	statement	statement	数据生产者有关数据集数据志信息的一般说明	M	1	字符串	自由文本

K.3.1.5　参照系信息

行号	名称/角色名称(中文)	名称/角色名称(英文)	缩写名	定　义	约束/条件	最大出现次数	数据类型	域
60	MD_参照系	MD_ReferenceSystem	RefSystem	有关参照系的信息	使用参照对象的约束/条件	使用参照对象的最大出现次数	类	第61～65行
61	参照系标识符	refenceSystemIdentifier	refSysID	参照系名称	C/不选用MD_坐标参照系.投影,MD_坐标参照系.椭球体和MD_坐标参照系.基准名称代码?	1	字符串	自由文本
62	MD_坐标参照系	MD_CRS	MdCoRefSys	坐标系的元数据	O	使用参照对象的最大出现次数	特化类(MD_参照系)	第63～65行
63	投影	projection	projection	所用投影的名称	O	1	字符串	自由文本
64	椭球体	ellipsoid	ellipsoid	所用椭球体的名称	O	1	字符串	自由文本
65	基准名称代码	datum	datum	所用基准的名称代码	O	1	类	SC_大地坐标参照系≪代码表≫(K.3.3.1)
66	RS_参照系	RS_ReferenceSystem	RefSys	数据集使用的基于地理标识符的空间参照系和时间参照系说明	O	1	类≪抽象≫	第67～68行
67	名称	name	refSysName	使用的参照系名称	M	1	字符串	自由文本

续表

行号	名称/角色名称(中文)	名称/角色名称(英文)	缩写名	定　义	约束/条件	最大出现次数	数据类型	域
68	有效域	domainOfValidity	domOValid	参照系的有效范围	O	N	类	EX_覆盖范围≪数据类型≫(K.3.2.1)

K.3.1.6　内容信息

行号	名称/角色名称(中文)	名称/角色名称(英文)	缩写名	定　义	约束/条件	最大出现次数	数据类型	域
69	MD_内容信息	MD_ContentInformation	ContInfo	数据集内容说明	使用参照对象的约束/条件	使用参照对象的最大出现次数	聚集类(MD_元数据)≪抽象≫	第70～78行
70	MD_要素类目说明	MD_FeatureCatalogueDescription	FetCatDesc	标识要素类目或概念模式的信息	使用参照对象的约束/条件	使用参照对象的最大出现次数	特化类(MD_内容信息)	第71～73行
71	包含要素类目	includedWithDataset	incWithDS	说明数据集是否包含要素类目	M	1	布尔型	0=否 1=是
72	要素类型	featureTypes	catFetTypes	数据集中出现的引用自要素类目的要素类型子集	O	N	字符串	自由文本
73	要素属性说明	featureAttributeDescription	fetAttDesc	要素属性说明或数据库结构说明，如字段等	O	N	字符串	自由文本
74	MD_数据覆盖层说明	MD_CoverageDescription	CovDesc	有关栅格数据单元内容的信息	O	使用参照对象的最大出现次数	特化类(MD_内容信息)	第75～76行
75	属性说明	attributeDescription	attDesc	用度量值表示的属性说明	M	1	字符串	自由文本
76	内容类型	contentType	contentTyp	格网单元值表示的信息类型	M	1	类	MD_数据覆盖层内容类型代码≪代码表≫(B.5.12)

续表

行号	名称/角色名称(中文)	名称/角色名称(英文)	缩写名	定　义	约束/条件	最大出现次数	数据类型	域
77	MD_影像说明	MD_ImageDescription	ImgDesc	适用的影像信息	O	使用参照对象的最大出现次数	特化类(MD_数据覆盖层说明)	第78行和75~76行
78	云斑覆盖比例	cloudCoverPercentage	cloudCovPer	数据集被云斑遮挡的范围，用占空间覆盖范围的百分比表示	O	1	实型	0.0~100.0

K.3.1.7　分发信息

行号	名称/角色名称(中文)	名称/角色名称(英文)	缩写名	定　义	约束/条件	最大出现次数	数据类型	域
79	MD_分发	MD_Distribution	Distrib	数据资源的分发方和获取数据资源的信息	使用参照对象的约束/条件	使用参照对象的最大出现次数	聚集类(MD_元数据)	第80~82行
80	在线信息	onLine	onLineSrc	可以获取数据资源的在线资源信息	O	*N*	类	CI_在线资源≪数据类型≫(K.3.2.2.6)
81	角色名称：分发格式	*Role name*：distributionFormat	distFormat	分发数据的格式说明	C/不选用MD_分发方.分发方格式?	*N*	关联	MD_格式(K.3.1.7.3)
82	角色名称：分发方	*Role name*：distributor	distributor	分发方的有关信息	O	*N*	关联	MD_分发方(K.3.1.7.1)

K.3.1.7.1　分发方信息

行号	名称/角色名称(中文)	名称/角色名称(英文)	缩写名	定　义	约束/条件	最大出现次数	数据类型	域
83	MD_分发方	MD_Distributor	Distributor	有关分发方的信息	使用参照对象的约束/条件	使用参照对象的最大出现次数	聚集类(MD_分发)	第84~86行
84	联系分发方	distributorContact	distorCont	数据资源的分发单位	M	1	类	CI_负责单位≪数据类型≫(K.3.2.2.2)

续表

行号	名称/角色名称(中文)	名称/角色名称(英文)	缩写名	定义	约束/条件	最大出现次数	数据类型	域
85	角色名称:分发订购程序	*Role name*: distributionOrderProcess	distorOrdPrc	如何获得数据资源,以及相关说明和费用的信息	O	*N*	关联	MD_标准订购程序(K.3.1.7.2)
86	角色名称:分发方格式	*Role name*: distributorFormat	distorFormat	分发方使用的格式信息	C/不选用 MD_分发.分发格式	*N*	关联	MD_格式(K.3.1.7.3)

K.3.1.7.2 标准订购程序信息

行号	名称/角色名称(中文)	名称/角色名称(英文)	缩写名	定义	约束/条件	最大出现次数	数据类型	域
87	MD_标准订购程序	MD_StandardOrderProcess	StanOrdProc	可以获得或接收数据资源的通用方法,以及相关说明和费用信息	使用参照对象的约束/条件	使用参照对象的最大出现次数	聚集类(MD_分发方)	第88行
88	订购说明	orderingInstructions	ordInstr	分发方提供的一般说明、期限和服务	M	1	字符串	自由文本

K.3.1.7.3 格式信息

行号	名称/角色名称(中文)	名称/角色名称(英文)	缩写名	定义	约束/条件	最大出现次数	数据类型	域
89	MD_格式	MD_Format	Format	计算机语言结构说明,确定数据对象在记录、文件、通讯、存储设备和传输通道中的表示方法	O	使用参照对象的最大出现次数	聚集类(MD_分发方,MD_标识)	第90~91行
90	格式名称	name	formatName	数据传输格式名称	M	1	字符串	自由文本
91	格式版本	version	formatVer	格式版本(日期、版本号等)	M	1	字符串	自由文本

K.3.2 数据类型信息

K.3.2.1 覆盖范围信息

行号	名称/角色名称(中文)	名称/角色名称(英文)	缩写名	定义	约束/条件	最大出现次数	数据类型	域
92	EX_覆盖范围	EX_Extent	Extent	有关平面、垂向和时间覆盖范围信息	使用参照对象的约束/条件	使用参照对象的最大出现次数	类≪数据类型≫	第93~96行

续表

行号	名称/角色名称(中文)	名称/角色名称(英文)	缩写名	定　义	约束/条件	最大出现次数	数据类型	域
93	描述	description	exDesc	相关对象的空间和时间覆盖范围	C/不选用地理覆盖范围、时间覆盖范围和垂向覆盖范围?	1	字符串	自由文本
94	角色名称：地理覆盖范围	*Role name*：geographicElement	geoEle	相关对象覆盖范围的地理组成部分	C/不选用描述、时间覆盖范围和垂向覆盖范围?	*N*	关联	EX_地理覆盖范围≪抽象≫(K.3.2.1.1)
95	角色名称：时间覆盖范围	*Role name*：temporalElement	tempEle	相关对象覆盖范围的时间组成部分	C/不选用描述、地理覆盖范围和垂向覆盖范围?	*N*	关联	EX_时间覆盖范围(K.3.2.1.2)
96	角色名称：垂向覆盖范围	*Role name*：verticalElement	vertEle	相关对象覆盖范围的垂向组成部分	C/不选用描述、地理覆盖范围和时间覆盖范围?	*N*	关联	EX_垂向覆盖范围(K.3.2.1.3)

K.3.2.1.1　地理覆盖范围信息

行号	名称/角色名称(中文)	名称/角色名称(英文)	缩写名	定　义	约束/条件	最大出现次数	数据类型	域
97	EX_地理覆盖范围	EX_GeographicExtent	GeoExtent	数据集覆盖的地理区域	使用参照对象的约束/条件	使用参照对象的最大出现次数	聚集类(EX_覆盖范围)≪抽象≫	第98～104行
98	EX_地理边界矩形	EX_GeographicBoundingBox	GeoBndBox	数据集的地理位置。注意：这仅仅是近似的范围，无需说明坐标系	使用参照对象的约束/条件	使用参照对象的最大出现次数	特化类(EX_地理覆盖范围)	第99～102行
99	西边经度	westBoundLongitude	westBL	数据集覆盖范围最西边坐标，用十进制度表示的经度(东半球为正)	M	1	角度	－180.0≤西边边界经度值≤180.0

续表

行号	名称/角色名称(中文)	名称/角色名称(英文)	缩写名	定义	约束/条件	最大出现次数	数据类型	域
100	东边经度	eastBoundLongitude	eastBL	数据集覆盖范围最东边坐标,用十进制度表示的经度(东半球为正)	M	1	角度	−180.0≤东边边界经度值≤180.0
101	南边纬度	southBoundLatitude	southBL	数据集覆盖范围最南边坐标,用十进制度表示的纬度(北半球为正)	M	1	角度	−90.0≤南边边界纬度值≤90.0;南边边界纬度值≤北边边界纬度值
102	北边纬度	northBoundLatitude	northBL	数据集覆盖范围最北边坐标,用十进制度表示的纬度(北半球为正)	M	1	角度	−90.0≤北边边界纬度值≤90.0;北边边界纬度值≥南边边界纬度值
103	EX_地理区域描述	EX_GeographicDescription	GeoDesc	用标识符说明地理区域范围	M	使用参照对象的最大出现次数	特化类(EX_地理覆盖范围)	第104行
104	地理标识符	geographicIdentifier	geoId	用于说明地理区域范围的标识符	M	1	字符串	自由文本

K.3.2.1.2 时间覆盖范围信息

行号	名称/角色名称(中文)	名称/角色名称(英文)	缩写名	定义	约束/条件	最大出现次数	数据类型	域
105	EX_时间覆盖范围	EX_TemporalExtent	TempExtent	数据集内容跨越的时间范围	使用参照对象的约束/条件	使用参照对象的最大出现次数	聚集类(EX_覆盖范围)	第106~110行
106	TM_时刻	TM_Instant	Instant	数据集内容的日期和时间	C/时刻?	使用参照对象的最大出现次数	特化类(EX_时间覆盖范围)	第107行
107	时间	position	position	数据集内容的日期和时间	M	1	日期时间型	CCYY-MM-DD hh:mm:ss.s (GB/T 7408—1994)

续表

行号	名称/角色名称(中文)	名称/角色名称(英文)	缩写名	定　义	约束/条件	最大出现次数	数据类型	域
108	TM_时段	TM_Period	Period	数据集内容跨越的时间段	C/时间段?	使用参照对象的最大出现次数	特化类(EX_时间覆盖范围)	第109～110行
109	起始时间	beginning	beginning	数据集内容的起始时间	M	1	日期时间型	CCYY-MM-DD h:mm:ss.s (GB/T 7408—1994)
110	终止时间	ending	ending	数据集内容的终止时间	M	1	日期时间型	CCYY-MM-DD hh:mm:ss.s (GB/T 7408—1994)

K.3.2.1.3 垂向覆盖范围信息

行号	名称/角色名称(中文)	名称/角色名称(英文)	缩写名	定　义	约束/条件	最大出现次数	数据类型	域
111	EX_垂向覆盖范围	EX_VerticalExtent	VertExtent	数据集的垂向域	使用参照对象的约束/条件	使用参照对象的最大出现次数	聚集类(EX_覆盖范围)	第112～115行
112	最小值	minimumValue	vertMinVal	数据集内容的垂向覆盖范围最低值	M	1	实型	实型数
113	最大值	maximumValue	vertMaxVal	数据集内容的垂向覆盖范围最高值	M	1	实型	实型数
114	度量单位	unitOfMeasure	vertUoM	用于垂向覆盖范围信息的度量单位。例如:米、厘米、百帕	M	1	字符串	度量单位为米、百帕等
115	垂向基准名称代码	verticalDatumname	vertDatum	度量垂向覆盖范围最大值和最小值的原点信息	M	1	类	SC_垂向坐标参照系≪代码表≫(K.3.3.2)

K.3.2.2 引用和负责单位

K.3.2.2.1 引用信息

行号	名称/角色名称(中文)	名称/角色名称(英文)	缩写名	定　义	约束/条件	最大出现次数	数据类型	域
116	CI_引用	CI_Citation	Citation	数据资源的标准参考文献	使用参照对象的约束/条件	使用参照对象的最大出现次数	类≪数据类型≫	第117～119行
117	名称	title	resTitle	已知的引用资料的名称	M	1	字符串	自由文本
118	日期	date	resRef-Date	引用资料的有关日期	M	*N*	类	CI_日期≪数据类型≫(K.3.2.2.5)
119	版本	edition	resEd	引用资料的版本	O	1	字符串	自由文本

K.3.2.2.2 负责单位信息

行号	名称/角色名称(中文)	名称/角色名称(英文)	缩写名	定　义	约束/条件	最大出现次数	数据类型	域
120	CI_负责单位	CI _ ResponsibleParty	RespParty	与数据集有关的负责人和单位的标识及联系方法	使用参照对象的约束/条件	使用参照对象的最大出现次数	类≪数据类型≫	第121～125行
121	负责人名	individual-Name	rpIndName	负责人姓名、头衔，用分隔符隔开	O	1	字符串	自由文本
122	负责单位名	organisation-Name	rpOrg-Name	负责单位名	M	1	字符串	自由文本
123	职务	positionName	rpPos-Name	负责人角色和职务	O	1	字符串	自由文本
124	联系信息	contactInfo	rpCntInfo	负责单位地址	O	1	类	CI_联系≪数据类型≫(K.3.2.2.3)
125	职责	role	role	负责单位职责	M	1	类	CI_职责代码≪代码表≫(B.5.5)

K.3.2.2.3 联系信息

行号	名称/角色名称(中文)	名称/角色名称(英文)	缩写名	定　义	约束/条件	最大出现次数	数据类型	域
126	CI_联系	CI_Contact	Contact	与负责人和/或负责单位联系所需的信息	使用参照对象的约束/条件	使用参照对象的最大出现次数	类≪数据类型≫	第127～130行
127	地址	address	cntAddress	与负责人或负责单位联系的物理地址和电子邮件地址	O	1	类	CI_地址≪数据类型≫(K.3.2.2.4)
128	在线资源	onLineResource	cntOnlineRes	与负责人或负责单位联系的在线信息	O	1	类	CI_在线资源≪数据类型≫(K.3.2.2.6)
129	电话	voice	voiceNum	与负责人或负责单位通话的电话号码	O	N	字符串	自由文本
130	传真	facsimile	faxNum	负责人或负责单位的传真号码	O	N	字符串	自由文本

K.3.2.2.4 地址信息

行号	名称/角色名称(中文)	名称/角色名称(英文)	缩写名	定　义	约束/条件	最大出现次数	数据类型	域
131	CI_地址	CI_Address	Address	负责人或负责单位地址	使用参照对象的约束/条件	使用参照对象的最大出现次数	类≪数据类型≫	第132～137行
132	详细地址	deliveryPoint	delPoint	所在位置的详细地址,包括路名、门牌号等	O	N	字符串	自由文本
133	城市	city	city	所在城市名	O	1	字符串	自由文本
134	行政区	administrativeArea	adminArea	所在省(直辖市、自治区)名	O	1	字符串	自由文本
135	邮政编码	postalCode	postCode	邮政编码	O	1	字符串	自由文本
136	国家	country	country	所在国家名	O	1	字符串	GB/T 2659
137	电子邮件地址	electronicMailAddress	eMailAdd	负责人或负责单位电子邮件地址	O	N	字符串	自由文本

K.3.2.2.5 日期信息

行号	名称/角色名称(中文)	名称/角色名称(英文)	缩写名	定　义	约束/条件	最大出现次数	数据类型	域
138	CI_日期	CI_Date	Date	说明有关日期和事件	使用参照对象的约束/条件	使用参照对象的最大出现次数	类≪数据类型≫	第139～140行
139	日期	date	refDate	引用资料的有关日期	M	1	日期型	CCYY-MM-DD (GB/T 7408—1994)
140	日期类型	dateType	refDate-Type	与日期相关的事件	M	1	类	CI_日期类型代码≪代码表≫(B.5.2)

K.3.2.2.6 在线资源信息

行号	名称/角色名称(中文)	名称/角色名称(英文)	缩写名	定　义	约束/条件	最大出现次数	数据类型	域
141	CI_在线资源	CI_OnLineResource	OnlineRes	可以获取数据集、规范、领域专用标准名称和扩展的元数据元素的在线资源信息	使用参照对象的约束/条件	使用参照对象的最大出现次数	类≪数据类型≫	第142行
142	链接地址	linkage	linkage	使用URL地址或类似的地址模式进行在线访问的地址,如:http://nfgis.nsdi.gov.cn/	M	1	类	URL (IETF RFC1738 IETF RFC 2056)

K.3.3 代码表

K.3.3.1 SC_大地坐标参照系≪代码表≫

序号	名称(中文)	名称(英文)	域代码	说　明
1	SC_大地坐标参照系	SC_GeodeticReferenceSystem	GeoRefSysCd	
2	1954年北京坐标系	BeijingGeodeticCoordinateSystem—1954	001	采用克拉索夫斯基椭球体 长半径　$a = 6378245$ m 扁率　$f = 1/298.3$

续表

序号	名称(中文)	名称(英文)	域代码	说　　明
3	1980 年西安坐标系	Xi′anGeodeticCoordinateSystem—1980	002	采用 1975 年 IUGG 第 16 届大会推荐的椭球体参数 长半径　$a = 6378140$ m 扁率　　$f = 1/298.257$
4	独立坐标系	independentCoordinateSystem	003	相对独立于国家坐标系的局部坐标系
5	全球参考系	worldReferenceSystem	004	全球参考系(用于检索陆地卫星数据的一个全球检索系统)
6	IAG 1979 年大地参照系	GeodeticReferenceSystem—1980	005	国际大地测量协会(IAG)1979 年大会通过的大地参照系
7	世界大地坐标系	worldGeodesySystem—1984	006	世界大地坐标系,原点在地球质心

K.3.3.2　SC_垂向坐标参照系≪代码表≫

序号	名称(中文)	名称(英文)	域代码	说　　明
	SC_垂向坐标参照系	SC_VerticalReferenceSystem	VerRefSysCd	
1	1956 年黄海高程基准	HuanghaiVerticalDatum—1956	101	1961 年后全国统一采用
2	1985 年国家高程基准	NationalVerticalDatum—1985	102	经国务院批准,国家测绘局于 1987 年 5 月 26 日公布使用
3	独立高程基准	independentVerticalDatum	103	相对独立于国家高程系外的局部高程坐标系
4	略最低低潮面(印度大潮低潮面)	lowestNormalLowWater	201	1956 年前采用
5	理论深度基准面	depthDatum	202	1956 年起采用
6	国家重力控制网(57 网)	NationalGravityDatum—1957	301	重力基准由前苏联引入,属波茨坦重力基准
7	1985 国家重力基本网(85 网)	NationalGravityDatum—1985	302	综合性的重力基准

K.4　地理信息共享领域元数据专用标准实现示例

以下根据本附录定义的专用标准,分别采用 XML 和纯文本格式,给出描述四个数据库的元数据示例,其内容不作为实际应用依据。

K.4.1　示例 1:全国 1∶400 万基础地理信息共享平台数据库元数据(XML)

```
<? xml version="1.0" encoding="UTF-8" standalone="no"? >
```

```
<Metadata>
  <mdFileID>meta_xxx.xml</mdFileID>
  <mdLang>zh</mdLang>
  <mdChar>GB 2312</mdChar>
  <mdContact>
    <rpOrgName>国家基础地理信息中心</rpOrgName>
    <rpCntInfo>
      <cntAddress>
        <delPoint>海淀区紫竹院百胜村 1 号</delPoint>
        <city>北京</city>
        <adminArea>北京</adminArea>
        <postCode>100044</postCode>
        <country>中国</country>
        <eMailAdd>std@nsdi.gov.cn</eMailAdd>
      </cntAddress>
      <cntOnLineRes>
        <linkage>http://nfgis.nsdi.gov.cn</linkage>
      </cntOnLineRes>
      <voiceNum>010-68462660</voiceNum>
      <faxNum>010-68424101</faxNum>
    </rpCntInfo>
    <role>元数据维护者</role>
  </mdContact>
  <mdDateSt>2003-11-27</mdDateSt>
  <mdStanName>地理信息共享领域元数据专用标准</mdStanName>
  <mdStanVer>1.0</mdStanVer>
  <dataIdInfo>
    <DataIdent>
      <idCitation>
        <resTitle>全国 1∶400 万基础地理信息共享平台数据库</resTitle>
        <resRefDate>
          <refDateType>出版</refDateType>
          <refDate>1998-03-01</refDate>
        </resRefDate>
        <resEd>1.0</resEd>
      </idCitation>
      <idAbs>全国 1∶400 万基础地理信息共享平台系全国无缝拼接的分层数据。主要内容包括县
             和县级以上境界、县和县以上人民政府驻地、5 级以上河流、主要公路(国道)和铁路
             等。与全国 1∶100 万比例尺地形数据库数据比较,1∶400 万数据境界数据层属性数
             据增加了县的汉字名称,居民地数据层属性数据增加了该驻地名称所在的行政区划
             代码,河流数据层的属性数据增加了河流名称与河流、湖泊分级等内容。全国 1∶400
             万基础地理信息共享平台数据库的精度符合 1∶100 万地形图要求,要素的内容详细
             程度,或图面显示载负量符合 1∶400 万比例尺地图要求。
```

```
    </idAbs>
    <idPurp>建立统一的基础地理信息共享平台，以大幅度避免各专业部门的重复采集现象，节省
            大量人力、物力和财力，并保证基础地理信息共享平台的一致性，为实现信息共享奠
            定基础。用于1∶100万或更小比例尺可持续发展数据或专题地图的地理空间定位
            控制、分析、显示或制图等。
  </idPurp>
    <idStatus>完成</idStatus>
    <idPoC>
      <rpOrgName>国家测绘局</rpOrgName>
      <rpCntInfo>
        <cntAddress>
          <delPoint>三里河路九号</delPoint>
          <city>北京</city>
          <adminArea>北京</adminArea>
          <postCode>100830</postCode>
          <country>中国</country>
          <eMailAdd>mailbox@sbsm. gov. cn</eMailAdd>
        </cntAddress>
        <voiceNum>010-68337751</voiceNum>
        <faxNum>010-68321893</faxNum>
      </rpCntInfo>
      <role>管理者</role>
    </idPoC>
    <descKeys>
      <keyword>基础地理信息  共享  数据库 </keyword>
    </descKeys>
    <resConst>
      <SecConsts>
        <class>未分级</class>
      </SecConsts>
    </resConst>
    <resConst>
      <LegConsts>
        <useLimit>执行《国家基础地理信息数据使用许可管理规定》
        </useLimit>
      </LegConsts>
    </resConst>
    <deFormat>
      <formatName>ArcGIS</formatName>
      <formatVer>8. 3</formatVer>
    </deFormat>
    <spatRpType>矢量</spatRpType>
    <dataScale>
```

```
        <equScale>4000000</equScale>
      </dataScale>
      <dataLang>zh</dataLang>
      <dataChar>GB 2312</dataChar>
      <tpCat>测绘地理基础</tpCat>
      <dataExt>
        <geoEle>
          <GeoBndBox>
            <eastBL>136</eastBL>
            <southBL>3</southBL>
            <westBL>72</westBL>
            <northBL>54</northBL>
          </GeoBndBox>
        </geoEle>
      </dataExt>
      <dataExt>
        <exDesc>全国</exDesc>
      </dataExt>
    </DataIdent>
  </dataIdInfo>
  <dqInfo>
    <dqScope>本数据集</dqScope>
    <dqDescription>
      <dqStatement>全国 1∶400 万基础地理信息共享平台数据库的精度符合 1∶100 万地形图要
      求。要素的内容详细程度,或图面显示载负量符合 1∶400 万比例尺地图要求。
      </dqStatement>
    </dqDescription>
    <dataLineage>
      <statement>国家基础地理信息系统全国 1∶100 万地形数据库为本数据库的基础资料。处理
      步骤为:数据源选择、予处理、根据信息共享的要求进行提取、部分内容如行政区
      划采用采用 2000 年“中华人民共和国行政区划代码”更新、图幅拼接等。
      </statement>
    </dataLineage>
  </dqInfo>
  </refSysInfo>
  <refSysInfo>
    <MdCoRefSys>
      <ellipsoid>克拉索夫斯基</ellipsoid>
      <datum>1954 年北京坐标系</datum>
    </MdCoRefSys>
  </refSysInfo>
  <contInfo>
    <FetCatDesc>
```

```xml
        <incWithDS>否</incWithDS>
        <catFetTypes>全国 1：400 万基础地理信息共享平台数据库总数据量约 34MB(ARC/INFO
                     的 E00 格式)，包括 5 类要素，分别存储在 5 个数据层中。</catFetTypes>
        <fetAttDesc>主要属性内容如下：GB_CODE——分类码；SDINFO_CODE——中国可持续发
                    展信息分类代码；NAME——汉字名称；PINYIN——拼音名称；CNTY_
                    CODE——行政区划代码(GB/T 2660—2000)；CLASS——地名行政等级；
                    LEVEL_RIVER——河流等级；LEVEL_LAKE——湖泊等级</fetAttDesc>
      </FetCatDesc>
    </contInfo>
    <distInfo>
      <onLineSrc>
        <linkage>http://ngcc.sbsm.gov.cn</linkage>
      </onLineSrc>
      <distFormat>
        <formatName>XXX</formatName>
        <formatVer>×.×</formatVer>
      </distFormat>
      <distributor>
        <distorCont>
          <rpOrgName>国家基础地理信息中心</rpOrgName>
          <rpCntInfo>
            <cntAddress>
              <delPoint>海淀区紫竹院百胜村 1 号</delPoint>
              <city>北京</city>
              <adminArea>北京</adminArea>
              <postCode>100044</postCode>
              <country>中国</country>
              <eMailAdd>xinxi@nsdi.gov.cn</eMailAdd>
            </cntAddress>
            <cntOnLineRes>
              <linkage>http://ngcc.nsdi.gov.cn</linkage>
            </cntOnLineRes>
            <voiceNum>010-68462660</voiceNum>
            <faxNum>010-68424101</faxNum>
          </rpCntInfo>
          <role>分发者</role>
        </distorCont>
        <distorOrdPrc>
          <distorOrdPrc>请与分发单位联系</distorOrdPrc>
        </distorOrdPrc>
      </distributor>
    </distInfo>
</Metadata>
```

K.4.2　示例 2:全国 1∶100 万基础地理信息共享平台数据库元数据(纯文本)

元数据使用的语言: zh

元数据使用的字符集: GB 2312

元数据负责单位(人):

　　负责单位名: 国家基础地理信息中心

　　联系信息:

　　　　地址:

　　　　　　详细地址: 海淀区紫竹院百胜村 1 号

　　　　　　城市: 北京

　　　　　　行政区: 北京

　　　　　　邮政编码: 100044

　　　　　　国家: 中国

　　　　　　电子邮件地址: std@nsdi.gov.cn

　　　　在线信息:

　　　　　　链接地址: http://nfgis.nsdi.gov.cn/

　　　　电话: 010-68462660

　　　　传真: 010-68424101

　　职责: 元数据维护者

元数据创建日期: 2003-11-27

元数据标准名称: 地理信息共享领域元数据专用标准

元数据标准版本: 1.0

标识信息:

　　数据资源标识信息:

　　　　名称、日期及版本说明:

　　　　　　名称: 全国 1∶100 万基础地理信息共享平台数据库

　　　　　　日期:

　　　　　　　　日期类型: 出版

　　　　　　　　日期: 2002-09-01

　　　　　　版本: 1.0

摘要: 全国 1∶100 万基础地理信息共享平台数据库主要内容包括境界、河流、交通、居民地和地名等内容。该平台数据库覆盖全国,无缝存储,由国家基础地理信息系统全国 1:100 万地形数据库派生。后者利用 1∶100 万比例尺分版二底图正片作为数据源,执行了《国土基础信息数据分类与编码》(GB/T 13923—1992)国家标准。

目的: 建立统一的基础地理信息共享平台,以大幅度地避免各专业部门的重复采集现象,节省大量人力、物力和财力,并保证基础地理信息共享平台的一致性,为实现信息共享奠定基础。

状况: 完成

负责单位(人)信息:

　　负责单位名: 国家测绘局

　　联系信息:

　　　　地址:

　　　　　　详细地址: 三里河路 9 号

　　　　　　城市: 北京

　　　　　　行政区: 北京

邮政编码：100830

国家：中国

电子邮件地址：mailbox@sbsm.gov.cn

电话：010-68337751

传真：010-68321893

职责：管理者

关键字说明：

关键字：基础地理信息　信息共享　数据库

限制信息：

安全限制：

安全限制分级：未分级

限制信息：

法律限制：

用途限制：执行《国家基础地理信息数据使用许可管理规定》

数据资源格式：

格式名称：XXX

格式版本：×.×

空间表示类型：矢量

空间分辨率：

等效比例尺分母：1000000

语种：zh

字符集：GB 2312

专题类型：测绘基础地理

覆盖范围：

地理覆盖范围：

地理边界矩形：

东边经度：136

南边纬度：3

西边经度：72

北边纬度：54

覆盖范围：

覆盖范围描述：全国

质量信息：

数据范围：本数据集

数据质量描述：

数据质量说明：符合国家测绘局出版的1∶100万地形图(内部版)质量要求，内容完备。

数据志：

数据志说明：全国1∶100万地形图(内部版)为本数据库的基础资料；处理步骤为：数据源选择、预处理、水系和等高线版扫描和矢量化处理、其他要素手扶跟踪数字化、数据编辑处理、建立拓扑关系、接边处理、投影转换、与地名数据库连结并获取地名属性数据、建立数据库索引框架、数据入库、数据库应用管理系统开发等。在此基础上，根据中国可持续发展信息共享的要求，进行摘取。境界数据层属性数据增加了县的汉字名称，居民地数据层属性数据增加了该驻地名称所在的行政区划代码，河流数据层的属性数据增加了河流名称与河流、湖泊分级等内容。

参照系信息：

坐标参照系：

椭球体：克拉索夫斯基

基准名称代码：1954年北京坐标系

内容信息：

要素类目说明：

包含要素类目：否

要素类型：本平台数据库内容包括境界、居民地、交通、水系、经纬网等5大类要素，分为9层，内容包含省、地、县政区、境界、城市、居民地、机场、铁路、公路、桥梁、河、湖、水库、渠道、礁等。

要素属性说明：主要属性项名称及其定义为：GB_CODE——要素分类代码(GB/T 13923—1992)；CNTY_CODE——行政区划代码(GB/T 2260—2000)；NAME——汉字名称；PYNAME——汉语拼音名称；CLASS——居民地行政等级；ISO3166——3字符国家代码(ISO 3166-1)；IKO——国际民航组织(ICAO)给定的机场代码；VALUE——经度或纬度。

分发信息：

在线信息：

链接地址：http://ngcc. sbsm. gov. cn/

分发格式：

格式名称：XXX

格式版本：×.×

分发单位信息：

分发单位联系方式：

负责单位名：国家基础地理信息中心

联系信息：

地址：

详细地址：海淀区紫竹院百胜村1号

城市：北京

行政区：北京

邮政编码：100044

国家：中国

电子邮件地址：xinxi@nsdi. gov. cn

在线信息：

链接地址：http://ngcc. nsdi. gov. cn/

电话：010-68462660

传真：010-68424101

职责：分发者

分发订购程序：

分发订购程序：请与分发单位联系

K.4.3 示例3：全国1∶100万土地资源土地适宜类图元数据(纯文本)

元数据使用的语言：zh

元数据使用的字符集：GB 2312

元数据负责单位(人)：

负责单位名：中国科学院地理科学与资源研究所

联系信息：

地址：

详细地址：朝阳区大屯路甲 11 号

城市：北京

行政区：北京

邮政编码：100101

国家：中国

电子邮件地址：yyz@cern. ac. cn

在线信息：

链接地址：http://www. cern. ac. cn /

电话：010-64889273，64889271

传真：010-64889399

职责：生产者

元数据创建日期：2003-11-27

元数据标准名称：地理信息共享领域元数据专用标准

元数据标准版本：1.0

标识信息：

数据资源标识信息：

名称、日期及版本说明：

名称：全国 1∶100 万土地资源土地适宜类图

日期：

日期类型：生产

日期：2001-07-21

版本：1.0

摘要：图上内容包括：宜农耕地类；宜农林牧类；宜农林类；宜农牧类；宜林牧类；宜林类；宜牧类；不宜类；共八大类。

状况：完成

负责单位(人)信息：

负责单位名：中国科学院地理科学与资源研究所

联系信息：

地址：

详细地址：朝阳区大屯路 3 号

城市：北京

行政区：北京

邮政编码：100101

国家：中国

电子邮件地址：zhu@cern. ac. cn

电话：010-64889271

传真：010-64889399

职责：管理者

关键字说明：

关键字：土地资源　土地适宜　信息共享　数据库

限制信息：

安全限制：

安全限制分级：

限制信息：

法律限制：

用途限制：

使用限制：

数据资源格式：

格式名称：XXX

格式版本：×.×

空间表示类型：矢量

空间分辨率：

等效比例尺分母：1000000

语种：zh

字符集：GB 2312

专题类型：土地资源

覆盖范围：

地理覆盖范围：

地理边界矩形：

东边经度：136

南边纬度：3

西边经度：72

北边纬度：54

覆盖范围：

覆盖范围描述：全国

质量信息：

数据范围：本数据集

数据质量描述：

数据质量说明：国家测绘局出版的1∶100万地形图(内部版)为底图,1∶100万土地资源部分要素数据,内容包括土地适宜八大类。

数据志：

数据志说明：全国1∶100万土地资源图为本数据的基础资料;处理步骤为:数据源选择、预处理、扫描和矢量化处理、手扶跟踪数字化、数据编辑处理、建立拓扑关系、接边处理、投影转换、与地名数据库连结并获取地名属性数据、建立数据库索引框架、数据入库、数据库应用管理系统开发等。

参照系信息：

坐标参照系：

椭球体：

基准名称代码：

内容信息：

要素类目说明：

包含要素类目：否

要素类型：图上内容包括：宜农耕地类；宜农林牧类；宜农林类；宜农牧类；宜林牧类；宜林类；宜牧类；不宜类；共八大类。

分发信息：

在线信息：

链接地址：http://www.cern.ac.cn/

分发格式：

格式名称：XXX

格式版本：×.×

分发单位信息：

分发单位联系方式：

负责单位名：中国科学院地理科学与资源研究所

联系信息：

地址：

详细地址：朝阳区大屯路甲11号

城市：北京

行政区：北京

邮政编码：100101

国家：中国

电子邮件地址：yyz@cern.ac.cn

在线信息：

链接地址：http://www.cern.ac.cn/

电话：010-64889273

传真：010-64889399

职责：分发者

分发订购程序：

分发订购程序：请与分发单位联系

K.4.4　示例4：中国1971～2000累年年气候标准值元数据(纯文本)

元数据使用的语言：zh

元数据使用的字符集：GB 2312

元数据负责单位(人)：

负责单位名：中国气象科学研究院

联系信息：

地址：

详细地址：北京市海淀区中关村南大街46号

城市：北京

行政区：北京

邮政编码：100081

国家：中国

电子邮件地址：wlb@cams.cma.gov.cn

在线信息：

链接地址：

电话：010-68406546

传真：010-68406878

职责：分发者

元数据创建日期：

元数据标准名称：地理信息共享领域元数据专用标准

元数据标准版本：1.0

标识信息：

数据资源标识信息：

名称、日期及版本说明：

名称：中国1971～2000累年年气候标准值

日期：

日期类型：生产

日期：2003-01-16

版本：1.0

摘要：

状况：完成

负责单位(人)信息：

负责单位名：中国气象局

联系信息：

地址：

详细地址：北京市海淀区中关村南大街46号

城市：北京

行政区：北京

邮政编码：100081

国家：中国

电子邮件地址：cdc@cma.gov.cn

电话：68407499

传真：68407499

职责：管理者

关键字说明：

关键字：气候标准值　信息共享　数据库

限制信息：

安全限制：

安全限制分级：未分级

空间表示类型：统计

语种：zh

字符集：GB 2312

专题类型：气候资源

覆盖范围：

地理覆盖范围：

地理区域描述：

地理标识符：中国

覆盖范围：

地理覆盖范围：

地理边界矩形：

东边经度：135.00

南边纬度：18.00

西边经度：73.00

北边纬度：54.00

覆盖范围：

时间覆盖范围：

TM_时段：

起始时间：1971-01-01

终止时间：2000-12-31

质量信息：

数据范围：本数据集

数据质量描述：

数据质量说明：本数据集资料由中国地面月报信息化文件经过较严格的质量控制和检查得到的，并将中国194个站点，1971～2000年出版项目的统计结果经过极值检验和时间一致性检验人工抽查，数据无误。

数据志：

数据志说明：本数据是全国气象站点数据，该数据在收集过程中由各台站进行了点的预处理，然后就提交到国家气象局，再经面上的质量控制。本数据属于离散点数据，也是唯一的基础数据。

内容信息：

要素类目说明：

包含要素类目：否

要素属性说明：中国194个台站1971～2000累年年气候标准值数据，包括77个要素，分别为：id、区站号、累年-年日平均总云量<2成日数、累年-年日平均总云量>8成日数、累年-年蒸发量、累年-年霜日数、累年-年霜初日、累年-年霜终日、累年-年霜初终间日数、累年-年雾日数、累年-年最大冻土深度、累年-年最大冻土深度出现日、累年-年最大冻土深度出现年、累年-年最大日降水量、累年-年最大日降水量出现日、累年-年最大日降水量出现年、累年-年大风日数、累年-年冰雹日数、累年-年10 cm平均地温、累年-年15 cm平均地温、累年-年20 cm平均地温、累年-年40 cm平均地温、累年-年5 cm平均地温、累年-年极端最高地温、累年-年极端最高地温出现日、累年-年极端最高地温出现年、累年-年最大积雪深度、累年-年最大积雪深度出现日、累年-年最大积雪深度出现年、累年-年极端最高气温、累年-年极端最高气温出现日、累年-年极端最高气温出现年、累年-年最大风速、累年-年最大风向、累年-年最大风速、风向出现日、累年-年最大风速、风向出现年、累年-年平均总云量、累年-年平均地温、累年-年平均相对湿度、累年-年极端最低地温、累年-年极端最低地温出现日、累年-年极端最低地温出现年、累年-年最小相对湿度、累年-年最小相对湿度出现日、累年-年最小相对湿度出现年、累年-年极端最低气温、累年-年极端最低气温出现日、累年-年极端最低气温出现年、累年-年平均低云量、累年-年最多风向、累年-年最多频率、累年-年次多风向、累年-年次多频率、累年-年平均本站气压、累年-年平均气温、累年-年气温年较差、累年-年平均水汽压、累年-年平均风速、累年-年降水量、累年-年日降水量≥10 mm日数、累年-年日降水量≥25 mm日数、累年-年日降水量≥50 mm日数、累年-年日降水量≥0.1 mm日数、累年-年积雪日数、累年-年积雪初日、累年-年积雪终日、累年-年积雪初终间日数、累年-年降雪日数、累年-年降雪初日、累年-年降雪终日、累年-年降雪初终间日数、累年-年沙尘暴日数、累年-年日照时数、累年-年日照百分率、累年-年雷暴日数、累年-年雷暴初日、累年-年雷暴终日、累年-年雷暴初终间日数。

分发信息：

分发格式：

格式名称：.dbf

格式版本：DBASE4

分发单位信息：

分发单位联系方式：

负责单位名：中国气象科学研究院

联系信息：

地址：

详细地址：北京市海淀区中关村南大街46号

城市：北京

行政区：北京

邮政编码：100081

国家：中国

电子邮件地址：wlb@cams.cma.gov.cn

在线信息：

链接地址：http://www.cams.cma.gov.cn/htdocs/xxgx2003.htm

电话：010-68406546

传真：010-68406878

职责：分发者

分发订购程序：

分发订购程序：请与分发单位联系

参 考 文 献

[1] GB/T 7408—1994 数据元和交换格式 信息交换 日期和时间表示法
[2] GB/T 1988—1998 信息技术 信息交换用七位编码字符集
[3] ISO 690:1996 文献 参考文献 内容、形式和结构
[4] ISO 11180 邮政地址
[5] ISO 19104 地理信息 术语
[6] ISO 19116:2004 地理信息 定位服务
[7] ISO 19119:2005 地理信息 服务
[8] ISO 19123 地理信息 数据覆盖区几何特征和函数模式
[9] ISO 23950:1998 情报和文献 信息检索(Z39.50) 应用服务定义和协议规范
[10] ISO/TR 19121:2000 地理信息 影像与格网数据
[11] IETF RFC 1738 统一资源定位器(URL)
[12] IETF RFC 2056 Z39.50 的统一资源定位器

ICS 07.040;01.040.35
A 76

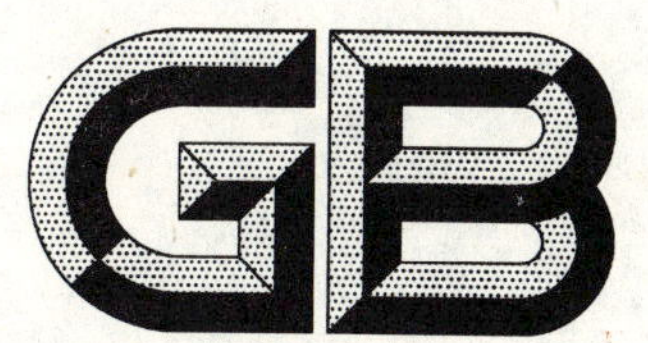

中华人民共和国国家标准

GB/T 19711—2005

导航地理数据模型与交换格式

Data model and data exchange format for navigable spatial database

(ISO 14825:2004,Intelligent transport systems—Geographic Data Files (GDF)—Overall data specification,MOD)

2005-04-15 发布　　2005-10-01 实施

中华人民共和国国家质量监督检验检疫总局
中国国家标准化管理委员会　发布

前　言

国际标准化组织(International Standard Organization，ISO)第204技术委员会(ISO/TC 204)针对智能交通领域(Intelligent Transportation Systems ,ITS)地图数据库建设与数据交换而制定了国际标准“Intelligent transport systems-Geographic Data Files（GDF）-Overall data specification”(ISO 14825:2004)。为了使我国技术与国际接轨,我们修改采用了ISO 14825:2004。

本标准与ISO 14825:2004的主要差异如下:

(1) 根据我国国情,删除了原标准中与大地测量基准面和高程基准转换的有关内容。

(2) 将一些适用于国际标准的表述改为适用于我国标准的表述。

(3) 原文附录B主要规定了世界各国的有关元数据的代码,基本与我国应用无关。因而本标准只保留其中个别与我国有关的内容,并将其移入本标准要求的相关条文中,同时删除原文中的附录B。

(4) 增加定义了几个与我国相关的,而原标准中没有的元数据代码。

(5) 原标准中平面角度单位采用“冈”(Gon),为与我国标准用法相统一,在本标准中平面角度单位采用“度”(Degree)。

(6) 原文图示及举例中采用的是国外地名或交通标志符号,为便于我国读者理解,用类似的中文名称及符号替换了其中的一部分。

(7) 原标准中“土地覆盖与利用”部分分类过细,根据我国实际情况,本标准中只保留到第二级子类。

(8) 某些要素属性类型的取值采用了我国相关标准。

(9) 根据我国的实际情况,修改了原文标题。

本标准的附录A、附录C为规范性附录,附录B、附录D、附录E、附录F、附录G、附录H为资料性附录。

本标准由国家测绘局提出。

本标准由全国地理信息标准化技术委员会归口。

本标准起草单位:中国全球定位系统技术应用协会。

本标准主要起草人:张小京、蒋捷、曹晓航。

引 言

车载导航领域在近十年内有很大的发展,并已成为21世纪汽车电子工业发展最为迅速的新兴产业。随着车载导航技术的不断发展,与之相应的静态交通、动态交通以及道路信息数据的应用也在不断深化,数字道路地图数据的生产者与使用者愈来愈明确地认识到建立一种通用数据交换标准的必要性。为了科学全面地描述这些信息,实现这些信息资源的共享,有必要制定以道路交通信息为主的,主要服务于汽车导航系统的数字地图数据模型和交换格式的标准。

导航地理数据模型与交换格式

1 范围

本标准规定了导航地理信息所依赖的地理数据库的概念数据模型、逻辑数据模型和数据交换格式。它阐述了这类数据库可能具有的内容(要素、属性与关系),并说明如何表达这些内容、如何定义关于数据库本身的相关信息(元数据)。

本标准着重描述道路及与道路有关的信息。但也包括智能交通系统(ITS)应用所需的其他相关信息,如:

例1:ITS应用需要使用地址系统信息来说明地点及/或目的地,因此本标准将行政区划及邮政分区等信息作为重要内容之一;

例2:地图显示是ITS应用中的重要组成部分,为了较好地显示表达地图,本标准包含了土地覆盖、河流等信息;

例3:兴趣点(或服务信息是出行者关注的主要信息,对于ITS的终端用户有极大使用价值。

本标准适用于ITS应用。其中概念数据模型不仅适用于ITS应用,也适用于其他相关应用,它实际是独立于应用的,可以与其他地理数据库标准相融合。

本标准只规定地理数据的表示方法,不涉及数据的具体内容。在使用本标准的过程中,如果用户采用的电子地图数据内容与国家地图保密原则发生冲突时,应首先遵守国家地图数据的保密原则。

2 规范性引用文件

下列文件中的条款通过本标准的引用而成为本标准的条款。凡是注日期的引用文件,其随后所有的修改单(不包括勘误的内容)或修订版均不适用于本标准,然而,鼓励根据本标准达成协议的各方研究是否可使用这些文件的最新版本。凡是不注日期的引用文件,其最新版本适用于本标准。

GB/T 918.1—1989 道路车辆分类与代码 机动车

GB/T 919—2002 公路等级代码

GB/T 2260—2002 中华人民共和国行政区划代码

GB/T 2659—2000 世界各国和地区名称代码

GB 3100~3102—1993 量和单位

GB/T 4880.2—2000 语种名称代码 第2部分:3字母代码

GB 5768—1999 道路交通标志和标线

GB/T 14911—1994 测绘基本术语

GB/T 15273.1—1994 信息处理 八位单字节编码图形字符集 第一部分:拉丁字母一

GB/T 16831—1997 地理点位置的纬度、经度和高程的标准表示法

ISO 2108 国际标准书号(ISBN)

ISO 3297 国际标准连续出版物(ISSN)

3 术语和定义

以下术语和定义适用于本标准。

3.1 通用术语

3.1.1

图元 cartographic primitive

在制图表达中的基元，如结点、边与面。

3.1.2

数据文件 data file

相关数据记录的集合。这些记录应有相同的结构。

3.1.3

数据记录 data record

包含与要素相关的数据的记录。

3.1.4

实体 entity

一个现实世界的现象，该现象不再细分为同类现象。例：一座桥梁。

3.1.5

错误率 error rate

错误的百分比。

3.1.6

地理编码 geocoding

将街道地址或其他地理实体与一个地图数据库进行匹配的软件处理，其目的是得到地址或相关路段的地理坐标。

3.1.7

全局记录 global record

逻辑上位于数据记录之前的记录，包括控制参数、数据定义和解释相关数据记录所必需的文件。

3.1.8

非外业检测 ground-truth surrogate

替代外业工作来检测地图要素、属性或特性的完整性和准确性的一种方法。

3.1.9

信息单元 information unit

可以作为一个整体的信息集合。

例：一个数据集(Dataset)、一个分区(Section)、一个图层(Layer)。

3.1.10

逻辑域 logical domain

有意义的属性值范围。

3.1.11

逻辑单元 logical unit

可以作为逻辑上不可再分的整体的数据组。例：1个逻辑记录。

3.1.12

介质单元 medium unit

可以作为整体的物理上不可再分的数据存贮介质。

例：1个软盘、一盘磁带、一张CD、一张DVD等。

3.1.13

多媒体　multi-media

任何一种非常规数据。

例：图像、视频和声频数据。

3.1.14

多媒体对象　multi-media object

是一个被某种应用所处理的多媒体。

例：一张图画、一段文字、一个电影、一种声音等。

3.1.15

基础形式　primitive

可以派生其他形式的基本形式。

3.1.16

记录　record

由一个或多个相关字段组成的结构。

3.1.17

分辨率　resolution

可以检测到的最小单位。它限定了精度和准确度的范围。

3.1.18

空间域　spatial domain

一个特定的数据组在空间上所属的地理区域范围的描述。

3.1.19

原始资料　source material

以模拟或数字形式表现，保存于任何介质上的数据源。

3.1.20

拓扑学　topology

研究连续变形后保持几何结构特征的数学。

3.1.21

转换　transcription

地理名称由不按字母顺序向按字母顺序的变换，或反之。

注：本术语也适用于未成文名称的原始记录稿。

3.1.22

现势性　up-to-dateness

（地理）数据与现实的接近程度。

3.2　数学术语

3.2.1

面要素　area feature

一个2维要素，由一个或多个面（Face）定义。

3.2.2

边　edge

不相交线段的有向序列，两端各有一个结点（Node）。

3.2.3

被其他辖区包围的辖地　enclave

被其他区域包围的小块区域(从被包围的区域看)。

3.2.4

位于其他辖区的辖地　exclave

被其他区域所包围的小块区域(从包围的区域看)。

3.2.5

面　face

由一个封闭的边序列以及位于该序列之中的零个或多个非交叉的封闭边序列所围绕而成的 2 维元素。

注:面是 2 维原子元素。

3.2.6

图　graph

一组点与一组有向线,每条有向线联接两个点。这些点称为图的结点,有向线称为图的边。

3.2.7

中间点　intermediate

一个决定一条边的形状的不同于结点的点。

3.2.8

线要素　line feature

一个 1 维要素。一个线要素由一个或多个边定义。

3.2.9

环　loop

一条边,两端被同一结点联接。

3.2.10

结点　node

一个 0 维元素,是两个或更多边的拓扑连接点,或是一条边的端点。

3.2.11

非平面的图　non planar graph

不是平面图的图。

3.2.12

路径　path

一个有限的由结点和边构成的序列,每个弧段都有前节点(Vertice)与后节点。在弧段上没有重复的节点(除了第一个和最后一个)。

3.2.13

平面的图　planar graph

能够存在于一个平面中的图。即它可以在一个平面中画出,边只在公共结点处相交。

3.2.14

平面图　plane graph

位于平面中的平面的图。

3.2.15

点要素　point feature

标示几何位置的0维元素。一个二元坐标(或三元坐标)定义一个位置。

3.2.16

(线)段　(Line)　segment

两个中间点、两个结点、或一个结点与一个中间点之间的直接联接。

3.2.17

阶数　valency

价

度　degree

与某一结点联系的边的数量。

3.3　测量术语

3.3.1

控制点　control points

在现实世界中一个坐标已知的点,并可以在地图或航片及卫星影像上找到对应的点。

3.3.2

大地高　ellipsoidal height

一个点沿椭球法线到参考椭球体之间的距离。

3.3.3

大地测量基准面　geodetic datum

近似地球原始表面的数学表面。

3.3.4

大地水准面　geoid

静止海水面向陆地延伸形成的封闭的曲面,在海洋地区与平均海平面一致。

注:大地水准面在任何一处都与重力方向垂直。该球体是不规则的。

3.3.5

高程　height/elevation

一个点与高程参考面或参考椭球之间的垂直距离。

注:在地图上常用的高程参考面是平均海水面。

3.3.6

水平参考系统　horizontal reference system

用于定位的参考系统。

3.3.7

磁偏角　magnetic declination

在磁北与正北之间的夹角。

3.3.8

地图投影　map projection

在一个平面上表达弯曲地球表面的变换方法。

3.3.9

偏移　offset

从所有坐标值中减去的一组值,用于减小这些坐标的值。

3.3.10

参考椭球体　reference ellipsoid

与大地水准面最为接近的旋转椭球体。

注：它由两个参数表征：长半径“a”(地球的赤道半径)和短半径“b”(极半径)。扁率“f”定义为：$f=(a-b)/a$。

3.3.11

高程参考面　reference height level

确定高程的参考面为高程参考面。不同国家用不同的水准面作为高程参考面。

3.3.12

参考系　reference system

国家测绘依据的坐标系统。

3.3.13

垂直参考系　vertical reference system

高程参考系统。

3.3.14

正常高　normal height

一点与似大地水准面之间的垂直距离。

3.3.15

似大地水准面　quasigeoid

地球轮廓的一个理论模型。假想地球是一个具有正常重力场的椭球体，由此形成的大地水准面称为似大地水准面。

3.4　地理数据文件术语

3.4.1

册　album

相关数据集(逻辑划分)与卷(物理划分)的集合。

3.4.2

属性　attribute

要素所具有的一个特征，它独立于其他要素。

3.4.3

属性代码　attribute code

一个属性类型的字母标识。

3.4.4

属性名称　attribute name

一个属性类型的名称。

3.4.5

属性类型　attribute type

要素的一个定义特征，与其他要素无关。

3.4.6

重复属性类型　repeating attribute type

一种可以有多个取值的属性类型，这些取值和某个要素类型，以及该类型的相同实例有关。

3.4.7

属性值 attribute value

赋于一个属性的特定的定性或定量值。

3.4.8

完整性 completeness

所有定义的要素出现的程度。

3.4.9

正确性 correctness

表明一个数据项是否正确地按照定义的数据类型记录了数据。

3.4.10

数据集 data set

数据集是特定地理区域内的一个大的数据集合。是册(Album)的构成部分,它可再被划分成分区(Sections)。

3.4.11

管区 district

作为地理单元的一个区域,以某种公共服务或私人服务范围来定义。

3.4.12

要素 feature

现实世界的对象在数据库中的表示。

3.4.13

要素表达类型 feature category

要素表达的类型,如点要素、线要素、面要素或复杂要素。

3.4.14

要素分类 feature class

要素的分类。

3.4.15

要素分类代码 feature class code

要素分类的字母标识。

3.4.16

要素分类名称 feature name

要素分类的名称。

3.4.17

要素主题 feature theme

一组特定的相关要素。

3.4.18

字段

表示一个数据单元的字符组。

3.4.19

图层

根据信息内容对数据集进行划分后形成的一个子集。

3.4.20

策略 manoeuvre

为了描述某种通行规则而定义的由一个道路元素、一个连接点与一个或多个道路元素构成的序列。

3.4.21

地点 place

各种类型的管理区域,如:i级行政区划、国家、跨国行政区划;命名区域,如:建成区域、有名称区域、管区。

3.4.22

特性 property

属于某一要素的属性与关系值的结合,它们共同定义该要素的某种特点。

3.4.23

关系代码 relationship code

关系的数字标识。

3.4.24

关系名称 relationship name

赋予关系类型的名称。

3.4.25

关系类型 relationship type

一个要素的一个定义的特征与其他要素的关系。

3.4.26

(语义)关系 (Semantic) relationship

一个要素所具有的涉及其他要素的特性。

3.4.27

分区 section

一个图层按地理范围划分的一个子集。

例:根据地理坐标划定的一个图幅的覆盖区域。

3.4.28

交通元素 transportation element

一个道路元素、铁路元素、链段、车渡联络线、水体、水体边界元素、连接点、铁路元素连接点及水体边界连接点。

3.4.29

转向 turn

一个道路元素、一个连接点和一个道路元素的序列。

注:转向是策略的特例,只与两个道路元素相关。

3.4.30

卷 volume

最小的物理介质单元。

注:根据数据量大小,一个卷可能包含一个或多个GDF数据集。

例:一盘磁带、一张软盘等。

4 模型表达符号及说明

本标准中的许多基本概念都需用数据模型来表达。本标准采用NIAM(Nijssens Information Analysis Method)方法,它是E-R(Entity-Relation Modelling)建模方法的一种。具体表达方法与含义见图1。

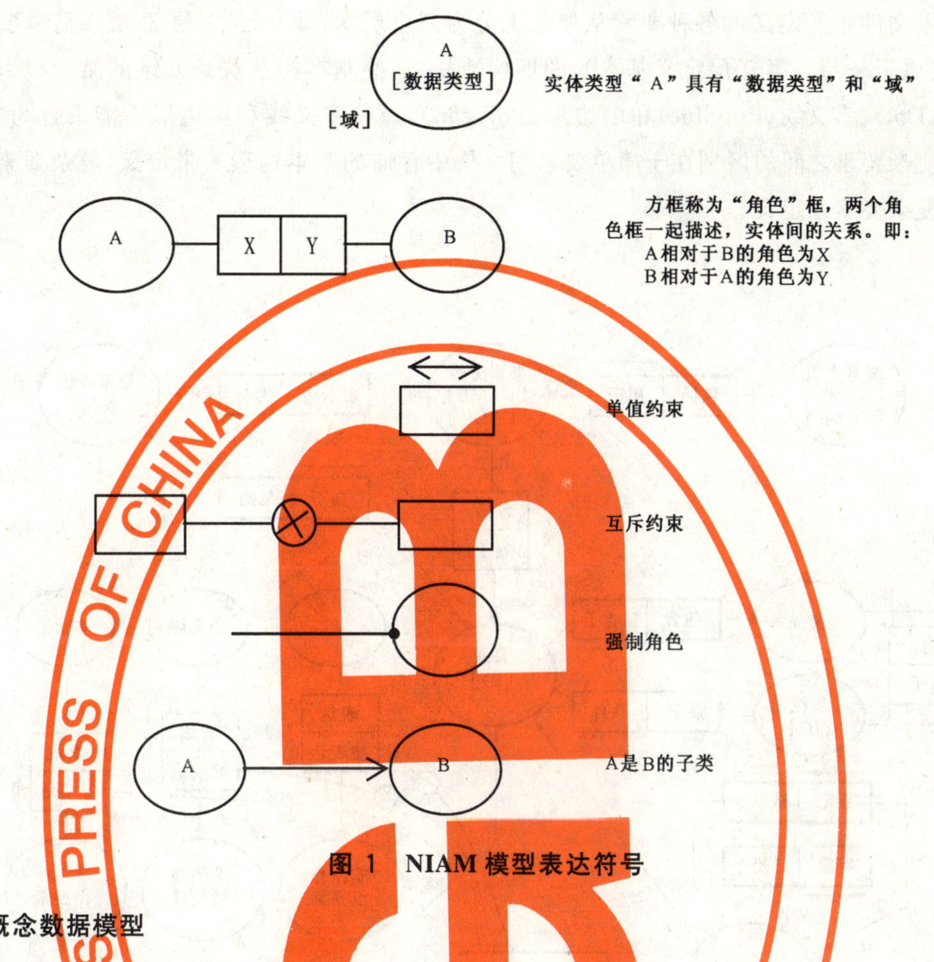

图 1 NIAM 模型表达符号

5 总体概念数据模型

5.1 数据模型

图 2 所示的是本标准的要素总体模型。详细的子模式在相关条款中描述。本章其他部分详细解释总体模型。

5.2 要素总体模型

图 2 中的"要素"是现实世界地理对象在数据库中的表达，如道路或建筑物等。在本图中"要素"是表示要素的实际情况和地理目标，如天安门城楼。

图 2 表明，每个要素必须属于且仅属于一个要素分类和一个要素主题。要素分类和要素主题由一个名称和一个代码惟一标识。

每个要素属于某一个要素分类(即一组同类的要素)。每个要素只能属于一个要素分类，不允许出现混合要素。这种约束用"属于"箭头来表示。每个要素也必须属于一个要素分类：不允许出现没有要素分类的要素。在要素与"属于"连接时，用一个黑点表示这种约束。

每个要素可以有零个、一个或多个属性，并可以与一个或多个要素相关联。

每个要素只可以表达为一个要素表达类型。要素表达类型包括点要素、线要素、面要素和复杂要素。单向箭头线表达子类约束。

模型中点要素、线要素、面要素均出现了两次，表明这些要素在地理数据文件中可以用两种方法来表达。其区别在于本标准所支持的不同类型的拓扑关系。因而首先应注意信息存储在哪个层次。

一个要素可以由一个或多个其他要素所构成，称为复杂要素。如一个路段可以包含许多道路元素。

5.2.1 层次

地理数据文件中所定义的各种要素从概念上分为三个层次，即0-层、1-层、2-层。简单要素属于1-层，复杂要素属于2-层。第0-层定义基本的图形构造块，这些基本构造块是0维的结点、1维的边和2维的面或点(Dot)、多义线(Polyline)和多边形(Polygon)。点、多义线和多边形不能聚合为复杂要素。简单要素与复杂要素之间的区别在于简单要素用0层中存储的基本构造块来定义，复杂要素则用简单要素或其他复杂要素来定义。

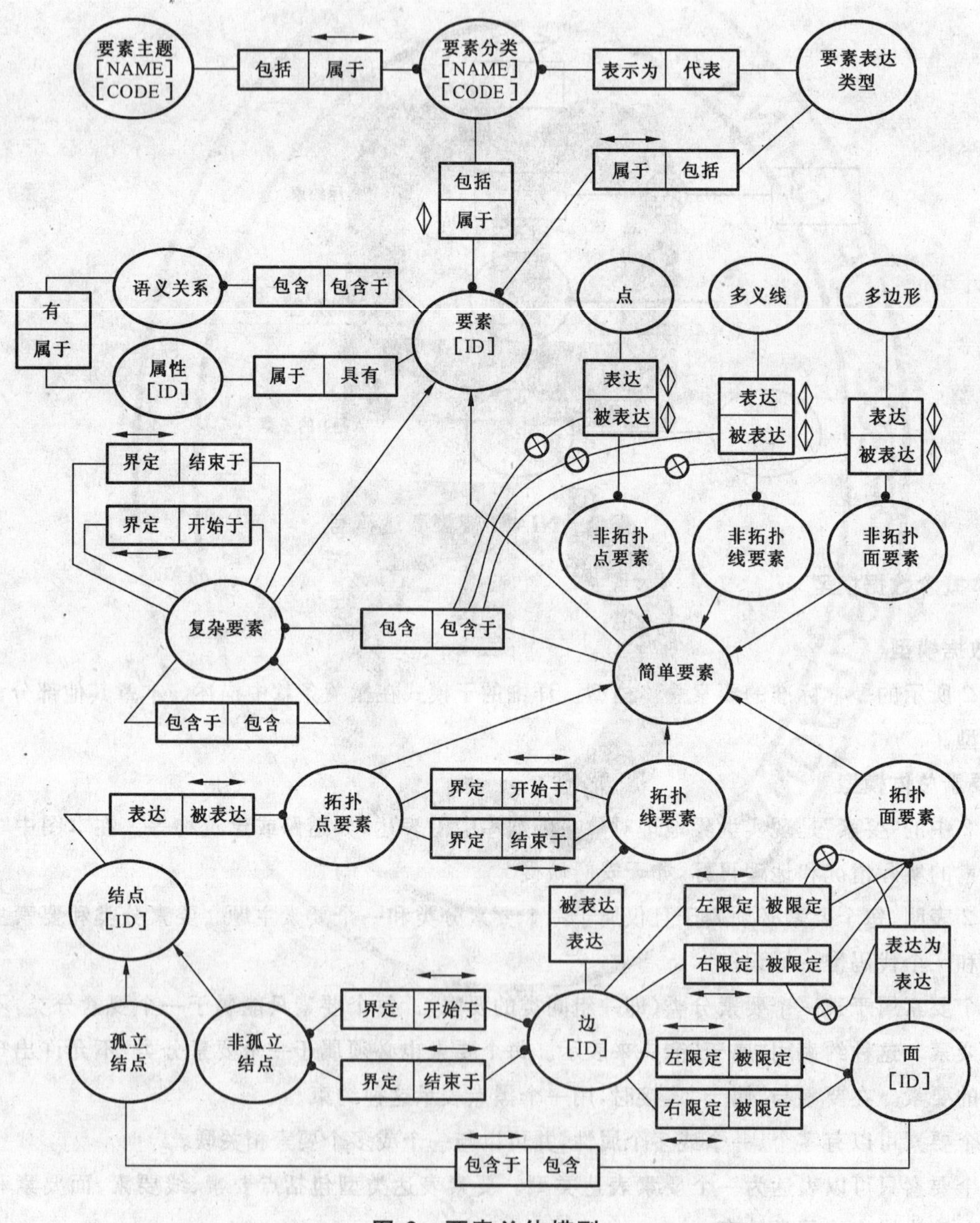

图2 要素总体模型

5.2.2 拓扑类型

拓扑类型是指0-层所定义的拓扑。要素层只在以下情况才显式定义拓扑：

- 1-层：在引用线要素的起止点要素时；
- 2-层：在引用复杂要素的起止复杂要素时。

在要素定义中不支持其他显式定义1-层拓扑关系的方法。如果需要扩展，可利用关系。

在0-层中定义了以下拓扑类型：

- 非显式拓扑：没有显式定义对象之间的拓扑关系，即拓扑关系仅仅通过坐标值来定义；
- 连通拓扑：明确定义了0维与1维对象之间的拓扑关系。但没有明确定义这些对象与2维对象之间的拓扑关系；
- 完全拓扑：0、1、2维对象之间的所有拓扑关系都明确定义。

非显式拓扑能用于定义并处理空间关系不甚相关的数据(如仅用于地图显示的数据)。连通拓扑便于有效实现网络操作。完全拓扑便于有效地在网络操作中集成面状信息。

本标准支持这三种拓扑类型。在完全拓扑中，0维和1维要素的基本构造块为结点和边，构成一个平面图。面要素用面定义，它是2维基本构造块。

在连通拓扑中，0维和1维要素的基本构造块为结点和边，构成非平面图，即现实中两个要素在不同层次相交时(如两条道路相互穿越于一座立交桥)，表达这些要素的有结点可定义。2维要素的定义也与完全拓扑中的定义方法根本不同。在完全拓扑中一个面要素用形成这个面要素的相关的面来定义，在连通拓扑中则用它们的边界来定义。这个边界由构成边界的边来定义。图2中表示了两个可选方法，一个区域(Area)可以与一个面有"表达/被表达"关系；也可以与一个边有"左/右界定和被界定"关系。

在完全拓扑中，基本图是平面的，但现实世界是非平面的。例如，道路可以在不同的高度相互穿越。这种非平面性应在1-层中通过立交跨越和1-层拓扑关系来表达。

在非显式拓扑中，0、1、2维要素的基本构造块(点、多义线、多边形)只是通过它们的坐标值实现关联。

在下文中，完全拓扑与连通拓扑都称为"拓扑方法"，相应的要素称为拓扑要素。而非显式拓扑则称为非拓扑方法，相应要素称为"非拓扑要素"。

在拓扑方法中，要素用基本构造块(结点、边和面)来定义。图2中表示拓扑点要素总是由一个结点来表达，一个拓扑线要素由一个或多个边表达，一个拓扑面要素由一个或多个面，或由一个或多个构成一个或多个封闭边界线的边所表达。图中最下方表示面、边与结点如何相互联系。

在非拓扑方法中，要素用基本构造块(点、多义线和多边形)来定义。图2中表明非拓扑点要素总是用一个点来表达，一个非拓扑线要素由多义线定义，一个非拓扑面要素由一个多边形定义。这些基本构造块之间没有定义关系，表明了它们的非拓扑特性。

因为假设非拓扑要素的定义完全独立于其他要素，因而非拓扑要素不能构成复杂要素。

必须指出，非拓扑要素不应该与拓扑要素放在同一图层中(见图3)。当任何现实世界对象可以用一个拓扑要素表达时，就不用非拓扑要素表达它。特别是道路与车渡、公共交通等要素主题中的对象不能表达为非拓扑要素。

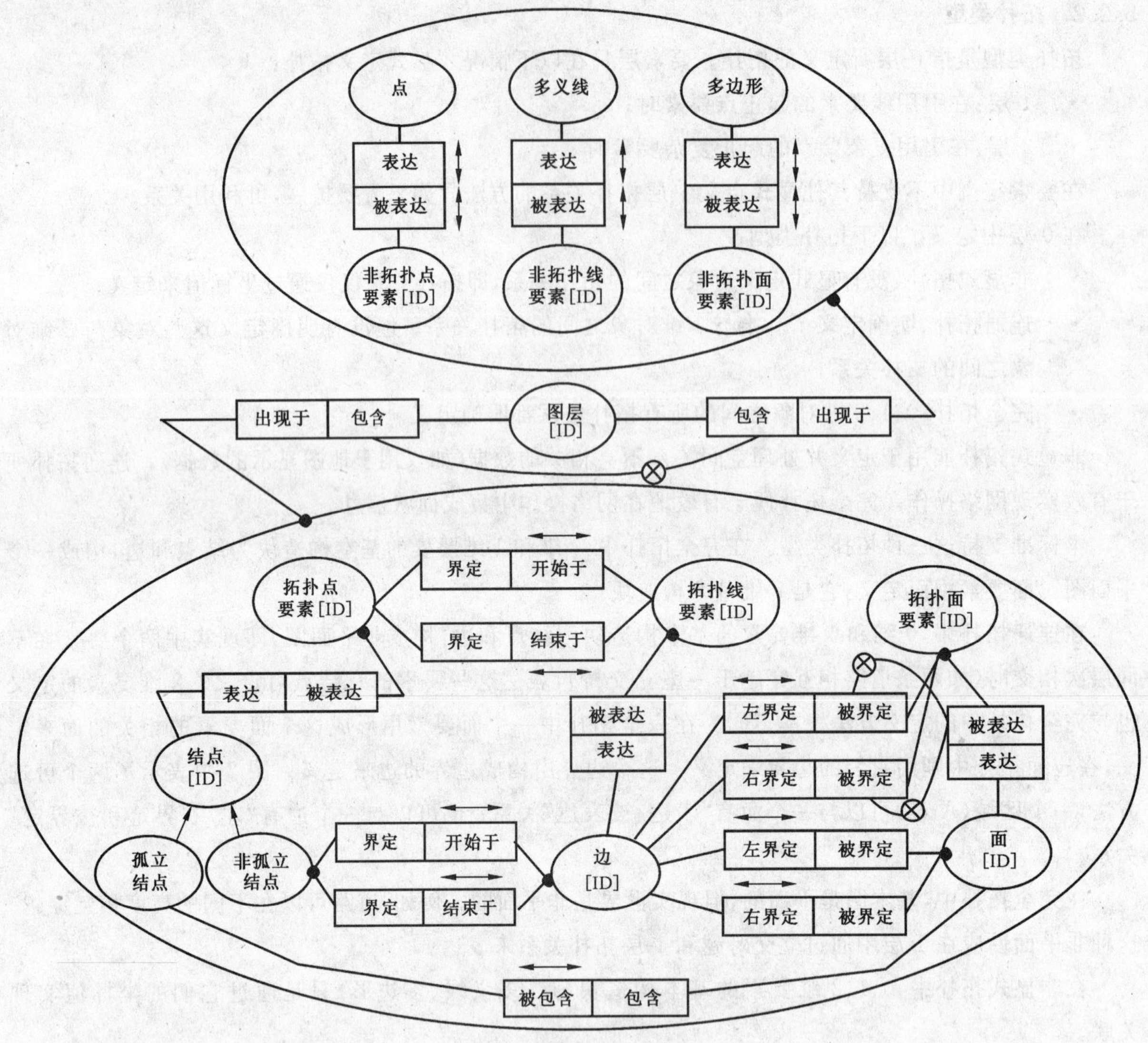

图3 图层中数据的组织

5.3 拓扑要素的基本构造块:结点、边、面

本标准中拓扑要素的基本构造块是图元,包括结点、边、面。它们蕴涵了相关要素的几何与拓扑信息。

一个结点表示地表的一个0维位置。一个边表示地表的一个1维位置,以一个首结点和一个末结点为端点。一个面是2维构造块,它表达地表的一个2维位置。面也可以用边界来定义,边界由边构成。

5.4 非拓扑要素的基本构造块:点、多义线、多边形

非拓扑要素的基本构造块是对象,包括点、多义线、多边形。它们包含了相关要素的几何信息,但不包括显式表达的拓扑信息。

一个点是地表0维位置,一个多义线是地表1维位置,一个多边形是以对象边界表达的地表2维位置。

为了惟一地定义多边形,需要用边界的有序坐标串来定义。多边形总是位于坐标串的右侧。可以用多个边界来定义多边形。一条边界线将总是有固定的起点和终点坐标。

5.5 属性模型

要素的特性用属性表示。属性是由名称与代码来标识某一属性类型。一个属性实例的值称为属性

值，它可以是代码、文字、标识符(ID)或数值。本标准规定属性可以与其要素复合使用。大多数情况下属性值在本标准内部定义，但也有例外。图4中给出了属性模型。一个属性可以由其他属性组合而成，称为复合属性。一个复合属性由一些子属性构成。从语义上讲，一个复合属性表达了一个复合值，由相关子属性的值构成。大多数情况下，子属性值与通常的属性值一样是独立的。它们出现在复合属性中仅表示当它们与其他子属性值结合时才有意义。当一个属性(简单或复合)与一个“限制性子属性”结合时，子属性值不独立。限制性子属性不能单独附加于一个要素，它们只有与它们所限制的属性结合时才出现。限制性子属性可以独立附加于关系，此时它们限制关系的有效性。

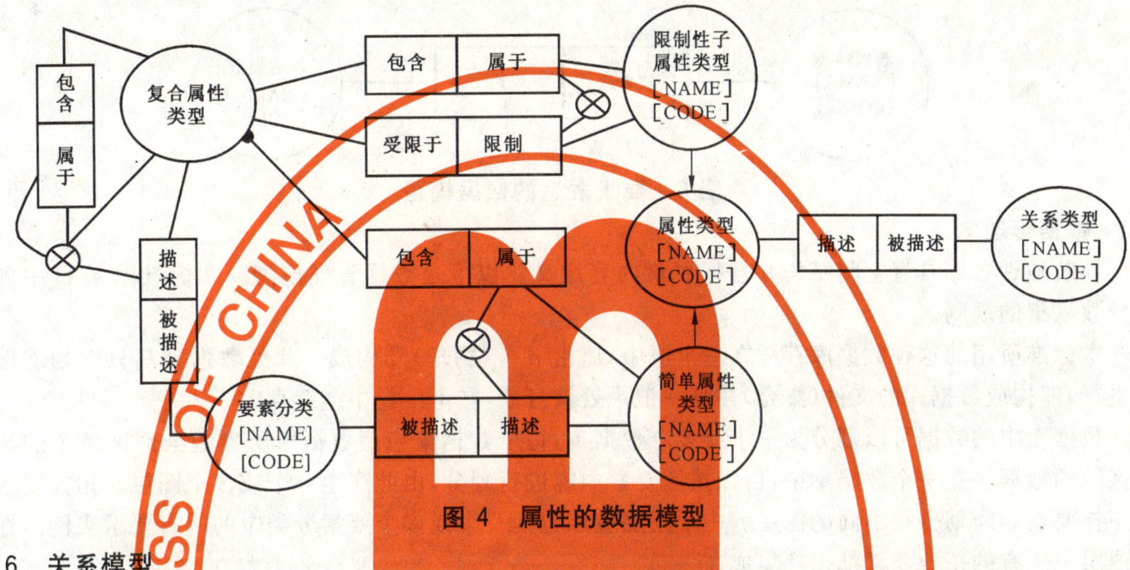

图 4 属性的数据模型

5.6 关系模型

语义关系是两个或多个要素之间的有意义的联系，这些要素可以是同一种类，也可以是不同的种类。因此，由语义关系所联系的要素可以存在于相同或不同的图层中。

有共同结构与共同意义的语义关系属于同一关系类型。一个特定的关系类型有惟一的关系名称或关系代码。

大多数情况下关系是二元的，即涉及两个要素。但一个关系也可能涉及三个或多个要素。例如，在交通规则中需要涉及一个道路元素、一个连接点，以及其他道路元素。这些要素的顺序十分重要，这就是为什么图5中有一个“成员编号”，其表示关系中某一要素分类产生的顺序。

一个关系可用属性进一步定义。所附加的属性可以有顺序，也可以没顺序。

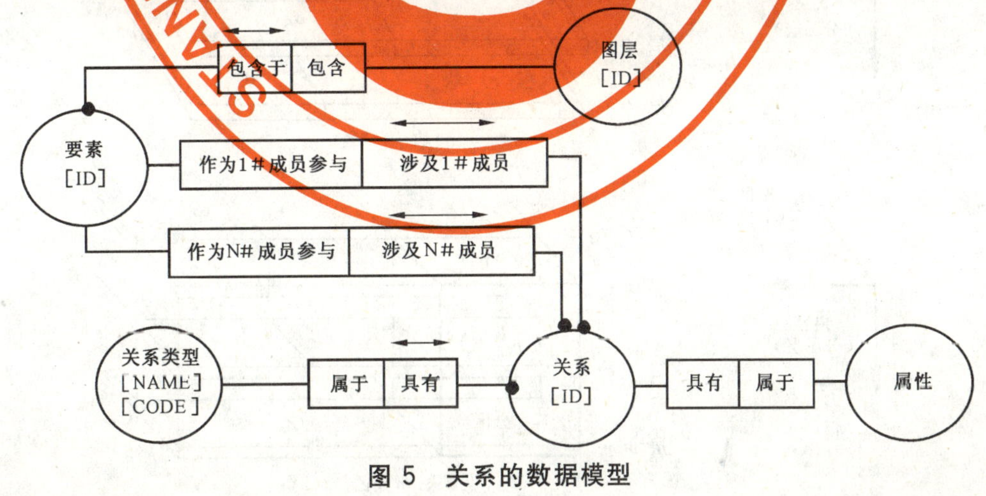

图 5 关系的数据模型

5.7 要素表达方法

要素模型、属性模型与关系模型可广泛应用。可以用要素表达方法来满足一些应用中表达的需求。

例如，在要素表达方法中规定道路元素总是作为线要素。但在另一些应用领域，道路元素可能需要作为面要素表达。要素表达方法的最重要的作用是定义某一要素必须或可以表达为哪个要素表达类型。共有七个不同的要素表达类型，分别是拓扑点要素、拓扑线要素、拓扑面要素、复杂要素、非拓扑点要素、非拓扑线要素、非拓扑面要素。

图6列出了某一要素分类两种可能的存在形式：

- 所有实例必须是同一表达类型；
- 某些实例是一种表达类型，其他是另一种表达类型。

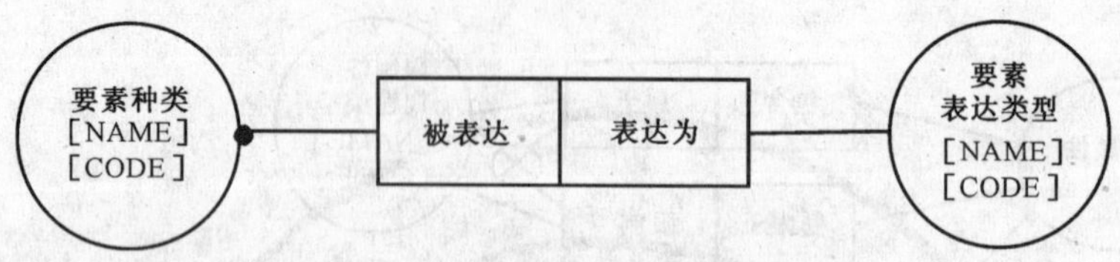

图6 要素表达的数据模型

5.8 数据管理

导航地理数据具有空间结构并且按要素内容定义。以下是数据管理模型。本标准附录D中列出划分数据集的规则。

本标准所用的这种数据库存贮在一个册中，册由 n 个(物理)卷构成。此处数据分割只在物理层次上进行，即构成数据库的文件(集合)在某一记录处被打断，在下一卷中继续存贮。

数据库中的数据可以划分为一个或多个数据集，每个数据集包括数据库所覆盖全部区域中的某一子区域的数据。在一个数据集中，可以按照要素内容进行划分，由此产生一个或多个图层。拓扑要素和非拓扑要素必须划分在不同的图层。一个图层应该包括一个或多个要素分类中的所有要素实例。在一个图层中所有的拓扑要素都拓扑集成在一起。

在某一特定图层中的要素实例由相同的0-层表达构成。在一个图层内部的数据可以组织为一个或多个子空间。这些子空间称为分区。例如，规则网格或自然区域(如行政区划)。如果数据集合中的所有图层按同样的子空间划分，所有具有相同地理边界的分区视为一个块。否则，一个块等于一个分区(见图7)。

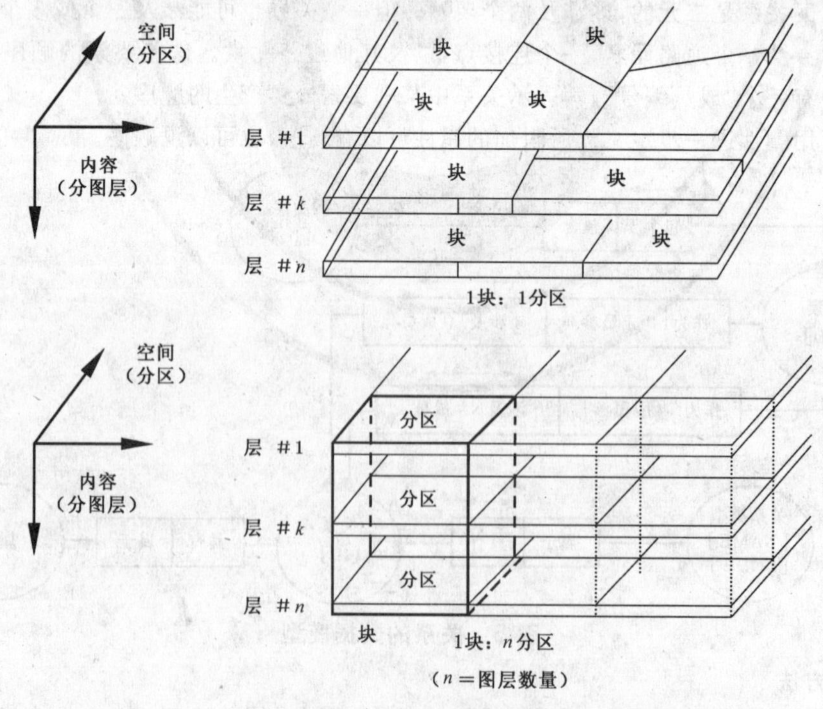

图7 分区、图层、块

6 要素分类与定义

6.1 概述

6.1.1 要素与要素主题

现实世界中的对象或在某个位置的活动在本标准中用"要素"来表示。如道路、建筑物或服务等。道路和车渡等要素可以组合为要素主题(如"道路与车渡")。本标准中所有的要素与要素主题始终用要素名称或要素主题名称来标识。这些名称大多来自于日常生活中通用的称呼(如环岛、建筑物)。

6.1.2 要素分类代码

为便于数据交换,不用要素的名称,而是用4位数字代码来标识要素,用2位数字代码来标识要素主题。在要素名称与要素分类代码之间、要素主题名称与要素主题代码之间有严格的一一对应的关系。代码列表见附录A.1。

6.1.3 简单要素与复杂要素

本标准明确区分简单要素与复杂要素。一个简单要素是一个不包含其他要素的要素。一个复杂要素由简单要素兼或其他复杂要素所构成。例如,一个"交叉口"是一个复杂要素,由"道路元素"、"连接点"等一组要素构成。一个"国家"(复杂要素)由不同级别的"行政区划"(复杂要素)所构成。

6.1.4 要素的分层结构

本标准中定义了要素层次。要素层次定义中,某一要素分类可以定义为一个更概要的上一层次的要素分类的子类。这样,一个子类在其自身的概括层次中可作为子类的实例,而在更高的概括层次中可作为它上层的实例。例如,一个旅馆可作为"住所"的下层,而"住所"又作为"旅游设施"的下层。

6.1.5 要素分类的数据模型

图8是与要素分类有关的数据模型。表明要素按不同的要素主题进行组织。

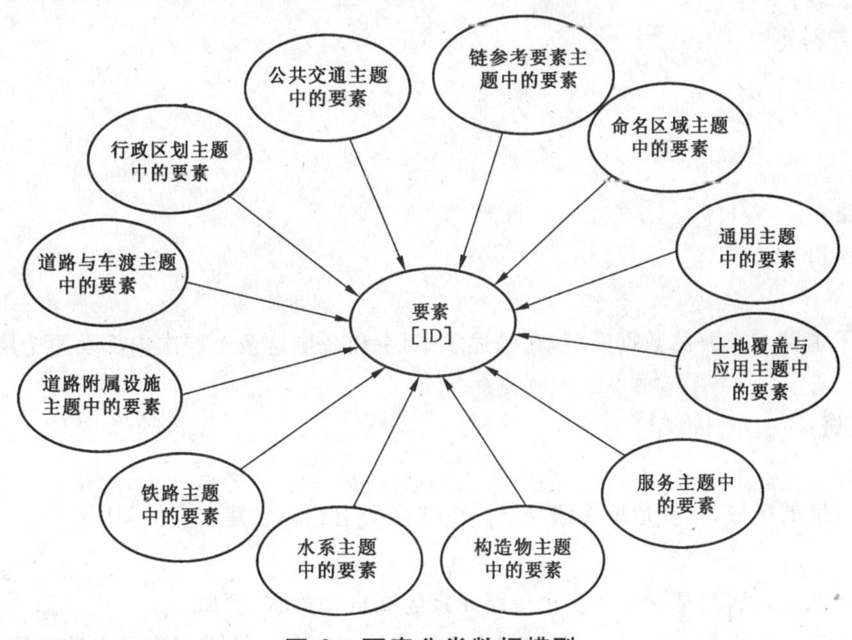

图8 要素分类数据模型

6.1.6 用户自定义要素

本标准支持用户自定义要素,预留了要素分类代码(见附录A.1)。

目前定义了以下要素主题:

- 道路与车渡;
- 行政区划;
- 命名区域;

- 土地覆盖与利用；
- 构造物；
- 铁路；
- 水系；
- 道路附属设施；
- 服务；
- 公共交通；
- 链参考要素；
- 通用要素；
- 用户自定义要素。

6.2 道路与车渡

6.2.1 概述

主要从交通运输的角度来看待道路网，因而将车渡联络线与道路网元素放在同一主题中。根据应用需求道路网可分成 1-层和 2-层两个层次进行表达，其中：

1-层 描述所有简单要素：

- 道路元素；
- 连接点；
- 车渡联络线；
- 封闭交通区域；
- 地址区域边界元素；
- 地址区域。

2-层 描述复杂要素：

- 路段；
- 交叉口；
- 车渡；
- 聚合路；
- 汇交路口；
- 环岛。

图 9 给出了道路与车渡的数据模型，它描述了 1-层 和 2-层这两个层次内部及两个层次之间的要素间的关系。

6.2.2 地址区域

6.2.2.1 定义

一个包含地址的区域，这些地址无法与某一个或多个道路元素建立直接关联。

6.2.2.2 描述

有些情况下地址无法与某一个或多个道路元素建立直接关联，例如：

- 地址位于一个广场，该广场的名称与表达广场道路网络的道路元素的名称不同；
- 地址按照建筑区来定义，该建筑区的名称与其相邻的建筑区的名称，以及划分两个建筑区的道路元素的名称不符。

一个地址区域应总是与道路网络有一个连接。

6.2.3 地址区域边界元素

6.2.3.1 定义

表达地址区域的边界。

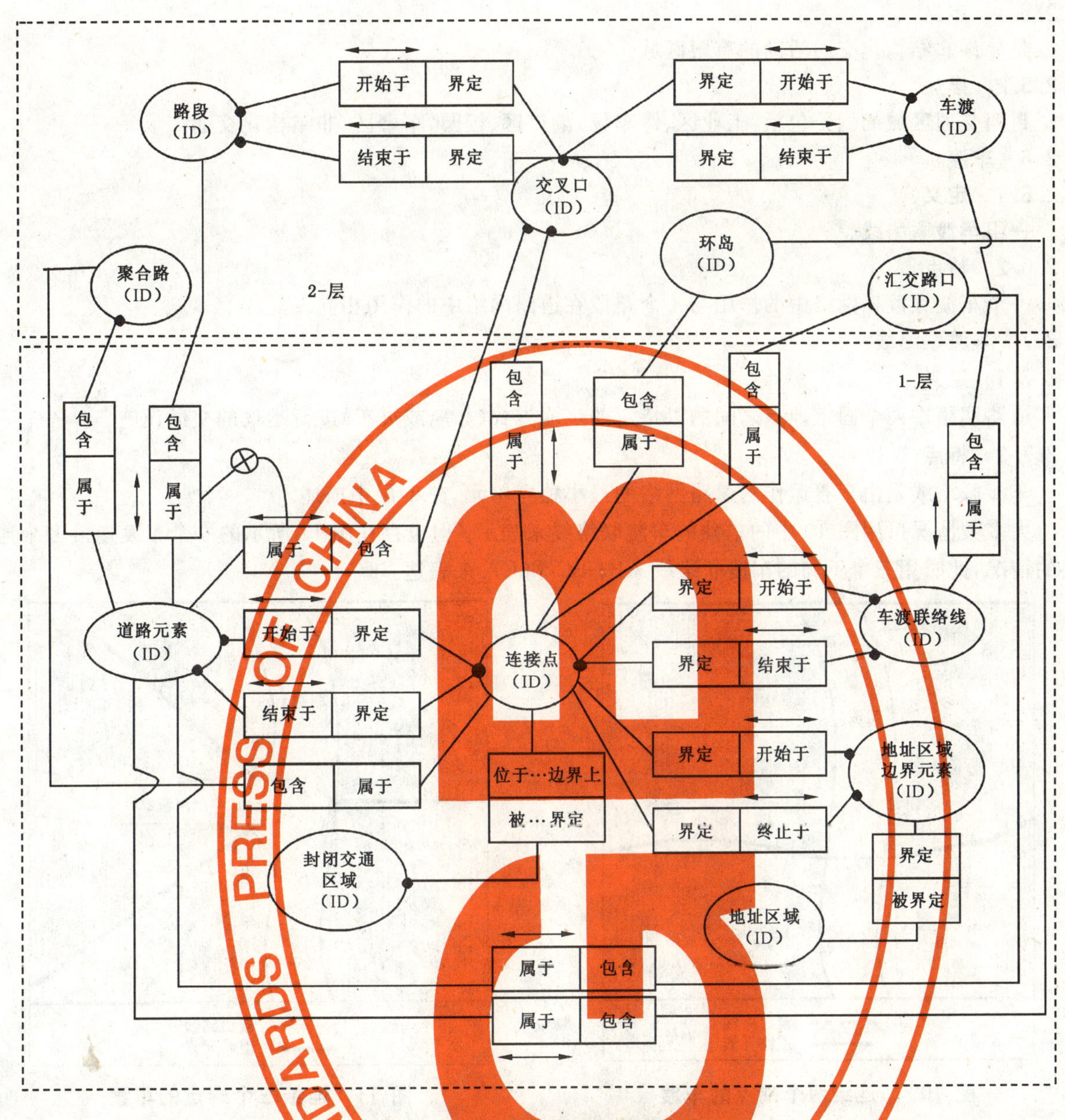

图 9 道路与车渡的数据模型

6.2.3.2 描述

地址区域边界元素描述地址区域的外边界，其以一个连接点为起止点，该连接点是地址区域与道路网的交点。

地址区域边界中至少有一条边应该与一个道路元素建立联系，并通过它与道路网络的其他部分相连。

6.2.4 聚合路

6.2.4.1 定义

一组具有相同功能或特点的相关道路元素及连接点。

6.2.4.2 描述

聚合路是用户定义的要素，在本标准中用于用户应用模型中标识并关联有关的要素，如一条道路的所有权。

一个道路元素或连接点可以属于多个聚合路。聚合路可以没有拓扑，即它们不必与其他聚合路连通，不必形成一个完整的网络。

6.2.5 封闭交通区域

6.2.5.1　**定义**

是允许非结构化交通活动的有限区域。

6.2.5.2　**描述**

封闭交通区域的例子包括：工业区、停车场、港口区、校园、军事区、非结构化交通广场。

6.2.6　**车渡**

6.2.6.1　**定义**

一组车渡联络线。

6.2.6.2　**特点**

一个车渡在渡口网络中的作用与一个路段在道路网络中的作用相同。

6.2.7　**车渡联络线**

6.2.7.1　**定义**

道路网络中两个固定地点之间的以特定的运输方式(如船或火车)进行运输的交通设施。

6.2.7.2　**特点**

车渡联络线是由车渡运作的道路网络的最小独立单元，在 1-层中描述。

大多数情况可用图 10 中的单独的车渡联络线来表示。但也存在图 11 所示的一个车渡连接多个地点的情况，此时用三个不同的车渡联络线 AB，BC 和 CA 来表达。

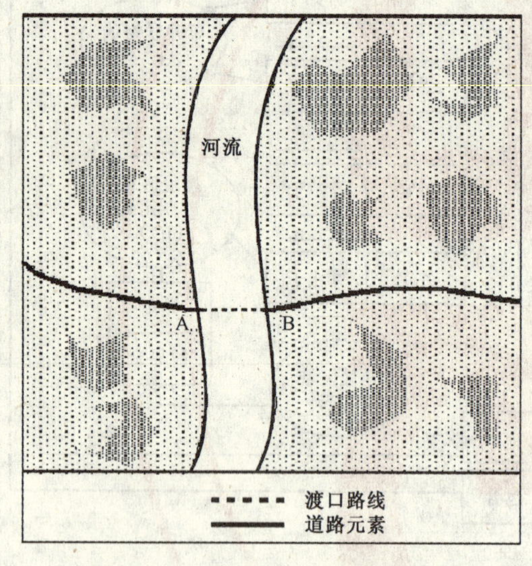

图 10*　**连结两个端点的车渡**

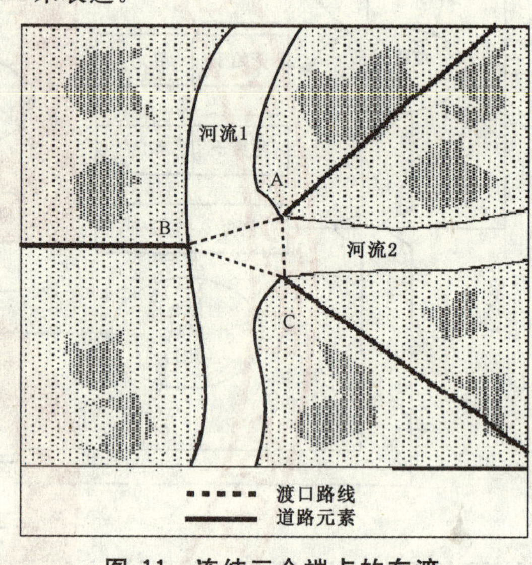

图 11　**连结三个端点的车渡**

6.2.8　**汇交路口**

6.2.8.1　**定义**

使车辆在两条或多条道路的交叉处便于通行的路段、匝道兼或车道的集合。

6.2.8.2　**描述**

一个汇交路口是复杂要素，由组成它的所有的道路元素及连接点构成。实例包括：

- 快速路或高速公路之间的汇交路口，由坡道、匝道及连接它们的车道所构成。
- 快速路或高速公路与非高速公路之间的汇交路口，由坡道、匝道及连接它们的车道所构成。
- 不同级别多车道或单车之间的车道汇交路口。可以是没有匝道的简单交叉，也可以是包括匝道和环岛的交叉。

不同的汇交路口不可共享道路元素，但可共享连接点。一个汇交路口可以包含多个互相交叉的道路(当其中之一的坡道通向多条道路时)。两个相距较近的交叉口可能会共享车道，此时两个汇交路口应合并为一个汇交路口。

* 本图所使用的图例为示意性，不作为图式标准(下同)。

6.2.9 交叉口

6.2.9.1 定义

2-层中的结点。交叉口是由路段和车渡构成的 2-层网络的一部分。它是一个复杂要素，由一个或多个 1-层的连接点、道路元素及封闭交通区域组成。

6.2.9.2 交叉口与连接点的异同

交叉口在 2-层的作用和连接点在 1-层的作用是相同的。

其区别在于它们抽象的程度不同。1-层中由多个道路元素和连接点表达的多要素交汇，在 2-层中只需用一个交叉口来表达。

构建交叉口的规则见附录 E。

6.2.10 连接点

6.2.10.1 定义

连接点是界定道路元素或车渡联络线的边界的一种要素。一个道路元素或车渡联络线总是连接两个连接点，一个道路元素或车渡联络线总是以两个连接点为端点。一个连接点表示相邻的道路元素或车渡联络线之间的物理连接。

6.2.10.2 连接点的阶数(或称为价)

连接点处所连接的道路元素或车渡联络线的数量称为连接点的阶数(或称为价)。例如，连接了两个道路元素的连接点称为二阶连接点。

连接点只是两个道路元素或车渡联络线的端点的情况通常有以下几种：

- 当道路闭塞不通的一端作为车渡联络线的起点时，必须定义一个额外的连接点；
- 如果两个道路元素有至少一个不同的属性值或参与了至少一个不同的关系，可用一个额外的连接点(图 12)；
- 可用一个额外的连接点来避免一个道路元素的两端使用同一个连接点(图 13)；
- 可用一个额外的连接点来形成一个独立的复杂道路要素(图 14)；
- 如果不满足上述条件，则道路网络中不允许出现一个连接点只界定两个道路元素或车渡联络线的情况出现。

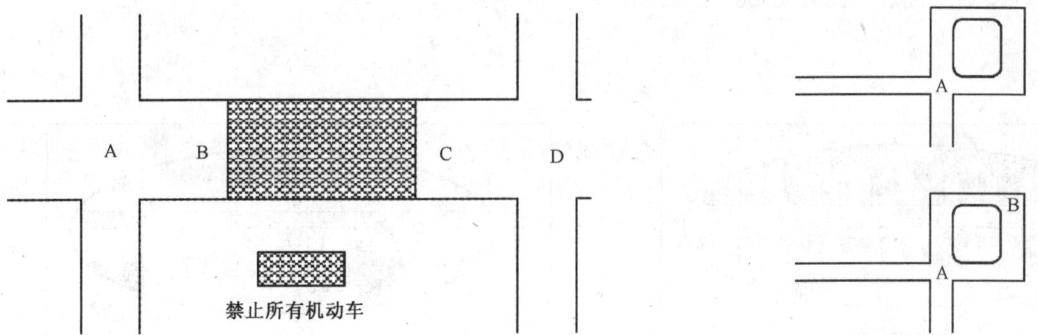

可以在属性不同的道路元素之间加一个二阶连接点(B，C)。

图 12 属性不同的道路元素

构成一个环路的道路元素必须用一个二价连接点(B)隔断，以便描述交通流方向。

图 13 构成环路的道路元素

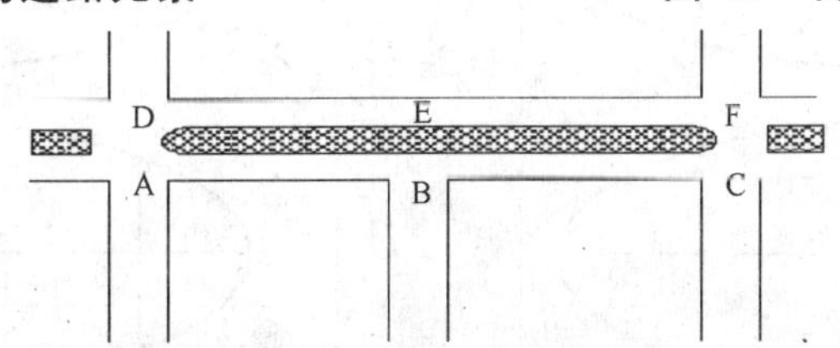

第二层道路的构建，可增添连接点 E 来表示第二层道路的交叉口。

图 14 复杂道路元素

6.2.11 路段

6.2.11.1 定义

由一个、多个或零个道路元素所构成的2-层上的要素，以两个交叉口为端点。它是2-层道路网中的最小独立单元。

6.2.11.2 路段、道路元素和交叉口间的关系

一个路段总是连接两个交叉口。路段由其所包含的道路元素依据一定的规则而构成。详细描述见附录E。

6.2.11.2.1 包含一个道路元素的路段

这是最常见的情况，在1-层，该道路可视为一个道路元素。在2-层，同一道路又被视为一个路段。如图15所示，路段CL 573以交叉口CS 203和CS 204为两端，包含道路元素L 203。

6.2.11.2.2 包含两个道路元素的路段

两个车道由物理隔断分开，可视为两个道路元素，但在2-层，这两个车道视为一条路段。图16是一个双车道路段，路段CL 583包含道路元素L 452和L 854，并以交叉口CS 723和CS 721为端点。

将两个道路元素视为一个多车道路段时需满足以下条件：

- 每个道路元素必须是一个“单向道路”(图17)；
- 必须有可能将路段视为一个单独的功能体。即不同的道路元素有相同的道路名称或代码。图18表示一条道路旁边有一条辅路。表示辅路的道路元素的道路等级与主路不同。因此这两个道路元素不能构成一个多车道路段。

一个路段不能由属于其他路段的道路元素分离的道路元素来构建。如图19，一条主路两侧都有辅路，虽然两条辅路满足所有其他要求，但它们被表示主路的道路元素所分离，因此表示辅路的两个道路元素不能构成路段。

6.2.11.2.3 包含多个道路元素的路段

有时一个路段可能包括两个以上的道路元素。在图20的例子中，一个路段有两部分单车道、一部分双车道。在1-层中这条道路可视为包含四个道路元素。在2-层，该道路则可视为一个路段。路段CL 599由道路元素L 258、L 259、L 260和L 261所构成。

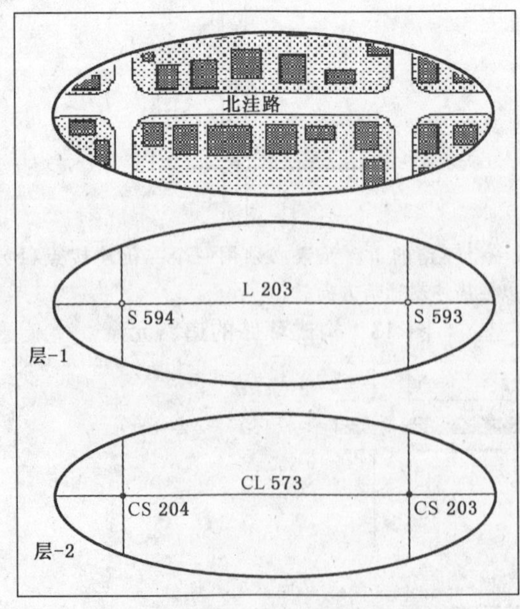

图15 包含一个道路元素的路段

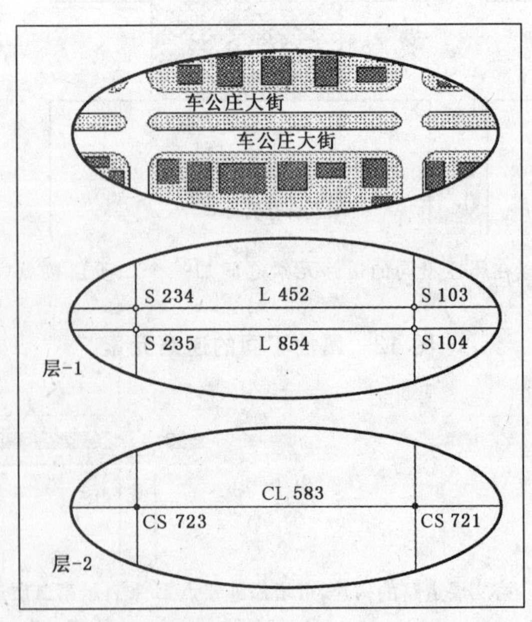

图16 包含两个道路元素的路段

若一个路段被视为多车道路，则每个道路元素必须是“单向”的。

图 17　路段构成示例一

一条主路旁边有一条辅路。表示辅路的道路元素的道路等级与主路不同。因此这两个道路元素不构成一个多车道路段。

图 18　路段构成示例二

一个路段不能由被属于其他路段的道路元素分离的道路元素来构建。

图 19　路段构成示例三

图 20　包含两个以上道路元素的路段

6.2.11.2.4　没有道路元素的路段

在个别的情况下，一个路段可能不包含道路元素。图 21 中是一个双车道和两个单车道交汇的情况，由 1-层构造 2-层的过程如下：

- 道路元素 L 217、L 218、L 219、L 220、L 401、L 402 、L 403、L 501、L 502、L 503 与 L 504 及与它们相联的连接点映射为交叉口 CS754；
- 道路元素 L 221、L 222、L 223、L 224、L 404、L 405、L 406、L 505、L 506、L 507、L 508 及与它

们相联的连接点映射为交叉口 CS 755。

因此没有余留的道路元素映射到路段 CL 891。该路段不包含道路元素，以交叉口 CS 754 和 CS 755为端点。

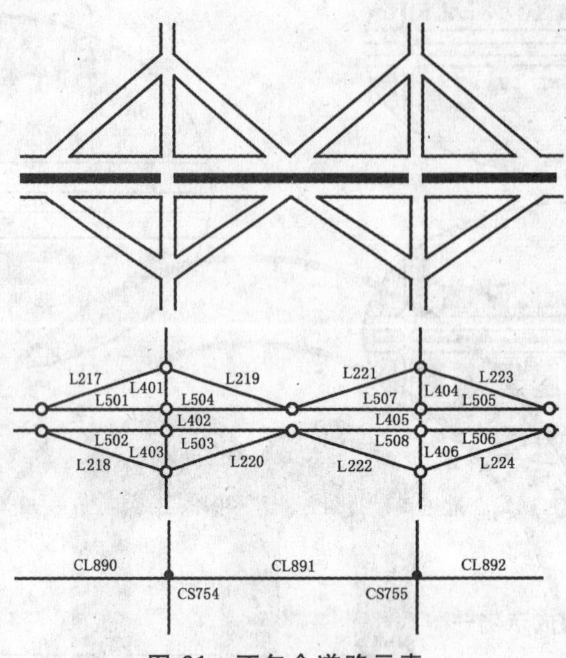

图 21 不包含道路元素

6.2.12 道路元素

6.2.12.1 定义

为车辆行驶所设计的(或车辆行驶所形成的)线形地物。是 1-层道路网的最小单元，两端各有一个连接点。

6.2.12.2 道路元素的独立性

每一道路元素必须独立于其他的道路元素。一个道路元素状态的改变不能影响其他道路元素的状态。例如在图 22 中，AB、BE、ED、DC、CA 全是道路元素。在 CD 上放置一个禁行障碍不影响其他的道路元素。

道路元素也可能有不同的属性。例如，图 23 中，道路元素 AF、FB 有不同的名称。AD、DE 和 EC 有不同的交通限制。从正式名称和交通流方向两属性来看，AF、FB、AD、DE、EC、BC 可以视为最小独立单元，因而可作为独立的道路元素。描述一个道路元素属性的变化，可以指定该属性生效的起止点。这一过程在属性类别中进一步说明(见第 7.1.12，属性与要素之间的关系:分段属性)。

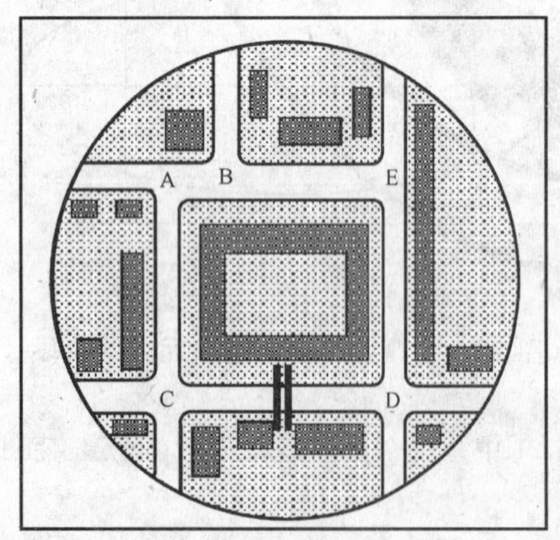

道路元素 CD 独立于其他道路元素。当 CD 被隔断时，交通流仍可在其他道路元素通行。

图 22 功能不同的独立道路元素

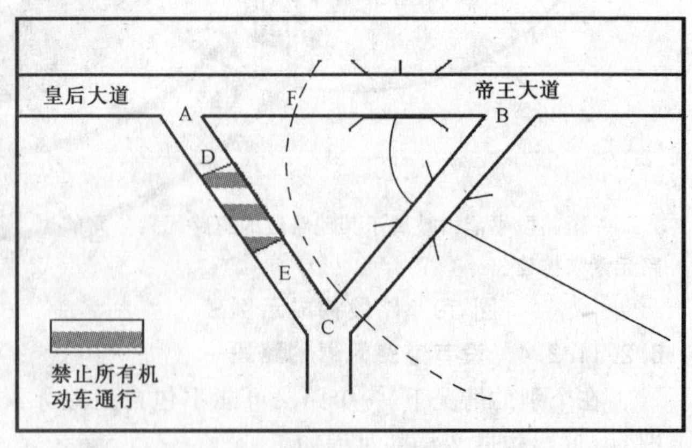

道路元素 AF 与 BF 的属性不同(名称不同)，因而是彼此独立的。AD、DE 和 EC 的区别在于交通限制不同。

图 23 属性不同的独立道路元素

6.2.12.3 聚合原则

对一个道路元素附加诸如限制、别名等属性时，可能需要将它分割为两个或更多的道路元素。在图23的例子中，对BC加入宽度限制后就需要将它分割成三个新的元素，以便于将较窄的桥梁从其他部分区分出来。属性在道路元素上的有效区段也可以用属性值同时描述。

在图24中，两个车道视为彼此独立，因而被作为两个道路元素。被物理分隔带分隔开的道路可表达为两个不同的道路元素。物理分隔带可用属性来说明。

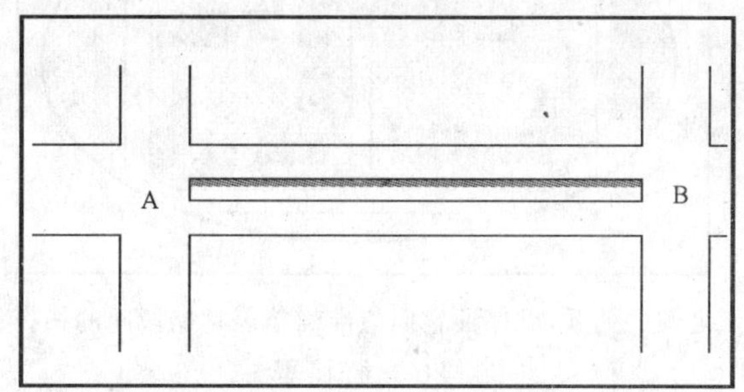

一个道路中被分隔的两侧车道可以用分开的道路元素来表示。

图24 表示为分开的道路元素的道路

6.2.13 环岛

6.2.13.1 定义

道路网络中一个简单的封闭单向环状路，用于规范不同层次道路交汇处的交通流。

6.2.13.2 描述

环岛是一个复杂要素，由所有构成封闭环的道路元素及连接点，加上所有属于环路沿线的交叉口的道路元素与连接点构成(见图25)。

环岛在提供实时驾驶指示时与其他的交通控制要素不同，如“从环岛的第三个路口离开”。与环岛可交替使用的术语有圆形道路交叉口。

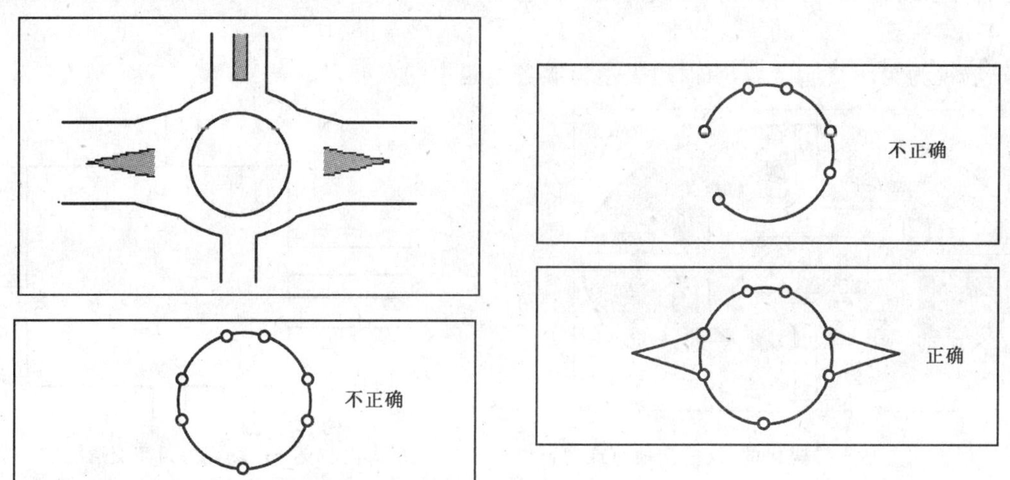

图25 定义环岛的规则

6.2.14 连接点、道路元素、封闭交通区域、车渡联络线与地址区域之间的拓扑关系

道路元素、车渡联络线和连接点相互依赖：前者的改变会导致后者的变化，反之亦然。

连接点位于两个或更多的道路中心线交汇之处。如果道路中心线在两个不同的点相交，则需用两个不同的连接点来表达。

连接点还可能位于道路的起止点或道路元素与封闭交通区域的交点，或道路元素与铁路元素的交点，或道路元素与地址区域的交点。

6.2.14.1 概述

需要建立拓扑结构以正确表达连接点、道路元素、封闭交通区域、地址区域及车渡联络线在道路网络中的相互关系。

图 26 表达一个 T 型连接点，由 AB、BC、BD 道路元素在连接点 B 相交。

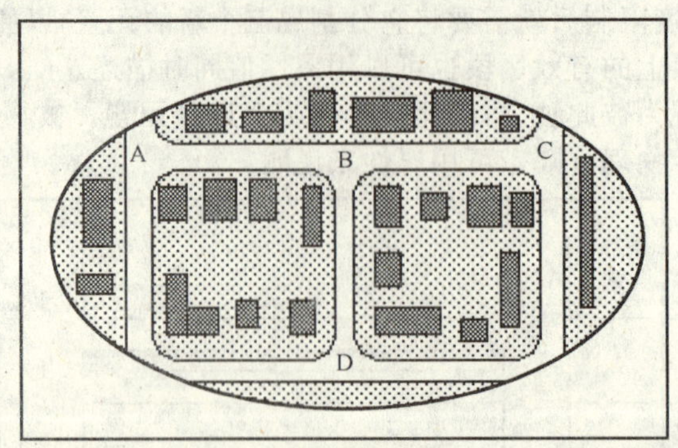

需要构建连接点和道路元素之间的关系，以保证它们能准确地表达路段间的拓扑。

图 26　拓扑要求

6.2.14.2　立交跨越

道路网络中的立交跨越包括桥梁、高架桥、天桥、地下道等。此处的道路元素没有共同的连接点。如果出现了连接点，它要么连接下一层道路元素，要么连接上一层，但不会同时连接两者。

6.2.14.3　广场

交通广场不完全是非结构化的，而是具有一些逻辑定义的交通流或内部结构（例如，喷泉、花坛、道路表面描画的线条等）。这些交通流或内部结构视为由不同的道路元素所构成。图 27 表示了中心有一草坪的交通广场。其由道路元素 AB、BC、CD、DA 构成一个封闭环。

图 28 表示了一个不严格限制交通活动的交通区域，其被视为封闭交通区域，用一个面状区域加上以连接点为端点的道路元素为入口。封闭交通区域本身在这些道路元素之间构成了拓扑关系，在区域内部，道路元素可定义为只有拓扑意义而无几何意义。

6.2.14.4　停车场

停车场视为封闭交通区域，有时也表达为服务主题中的点要素。

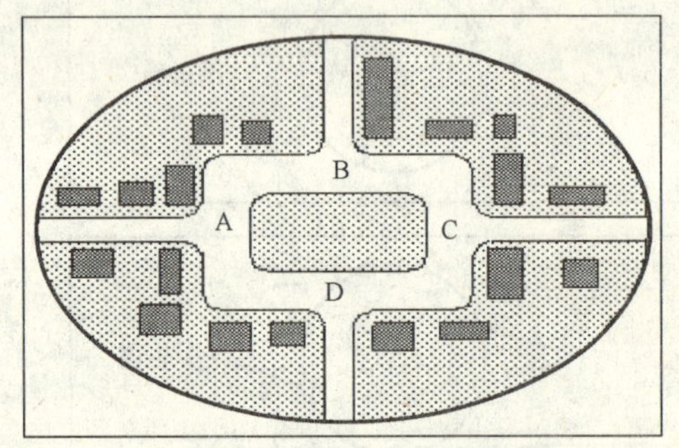

交通广场不完全是非结构化的，这些交通流或内部结构视为由不同的道路元素所构成。

图 27　结构化交通广场的拓扑要求

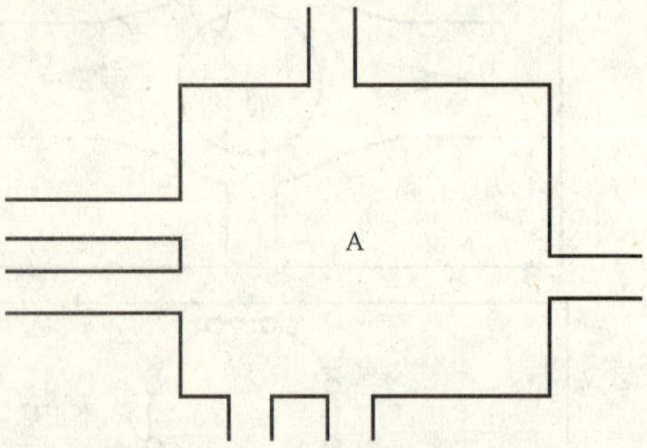

非结构化的交通广场视为封闭交通区域。

图 28　非结构化交通广场

6.3　行政区划

6.3.1　概述

为便于管理，一个国家被划分为不同层次的政区，称为行政区划。

行政区划的层次根据各个国家的不同情况而不同，而对于一个国家来说是一定的。

最高级别的行政区划称为国家。国家以下按 1 至 8 级划分。在要体现的最低级行政区划只存在于一个国家的一部分时，可以用第 9 级来划分 8 级行政区划。

本标准可以对覆盖多个国家的区域进行描述，将其称为跨国行政区划。

不属于行政区划分层结构之内的行政区域称为行政地点 *n*，此处 *n* 表示一个大写字母。它与行政区划之间的确切关系在“地点中的地点关系”中描述。

本要素主题包括以下要素分类：

- 行政区划边界元素；
- 行政区划边界连接点；
- 行政地点(A-Z)；
- 国家；
- 1-7 级行政区划；
- 8 级行政区划；
- 9 级行政区划；
- 跨国行政区划。

行政区划的数据模型如图 29 所示。8 级行政区划表示可以完全划分国家的最小行政区划。允许用行政区域边界元素界定高一级别的区划。

附录 F 说明如何用本国术语和语言替换 *i* 级行政区划。本标准还提供了专用的元数据结构。

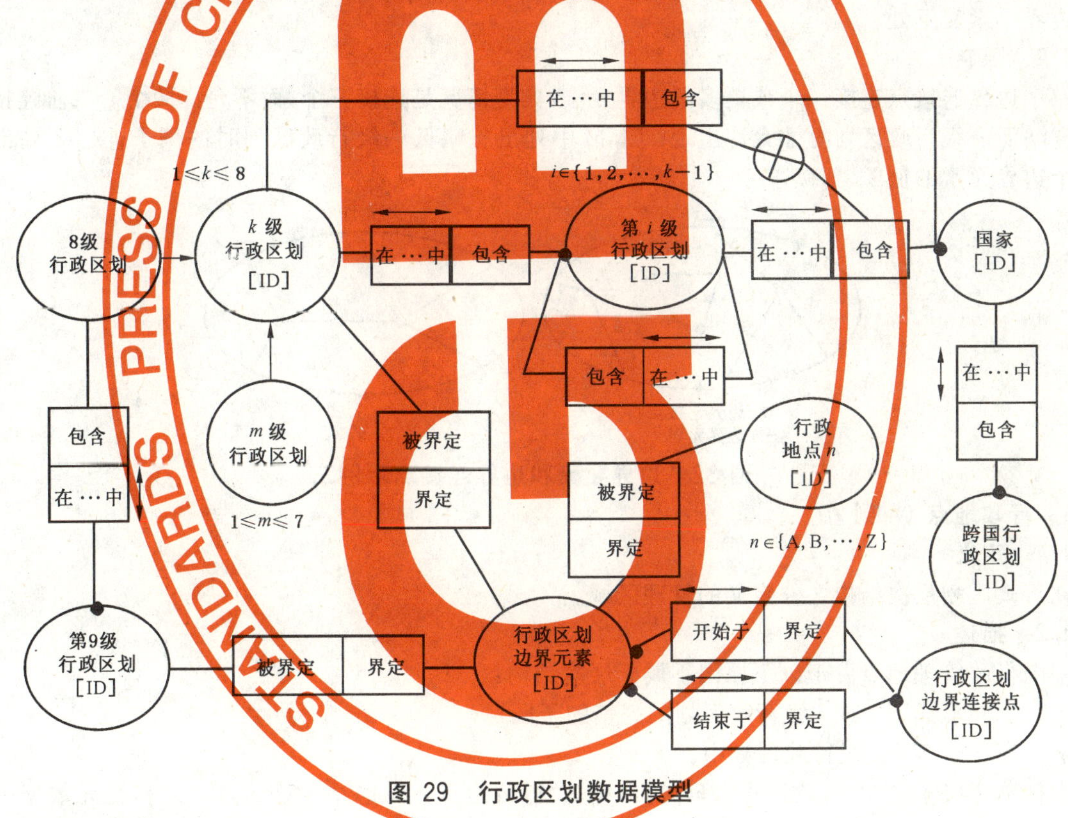

图 29　行政区划数据模型

6.3.2　行政区划边界元素

6.3.2.1　定义

行政区划的边界的最小单元。

6.3.2.2　描述

同一行政区划边界元素可以界定不同层次的行政区划。当多个行政地点共享一个边界时，每个行政地点都应由一个单独的行政区划边界元素所界定。

6.3.2.3　限制

一个行政区划边界元素严格地以两个边界连接点为端点。这些边界连接点不必是不同的结点。一个行政区划边界元素不允许两次界定同一行政区域(见图 30、图 31)。

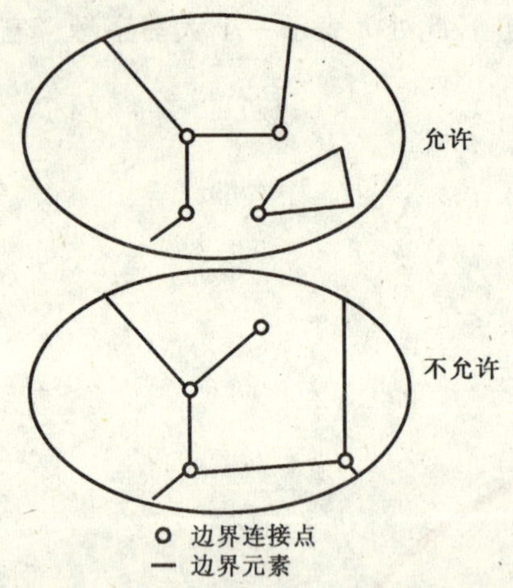

图 30　边界要素和边界连接点示例一

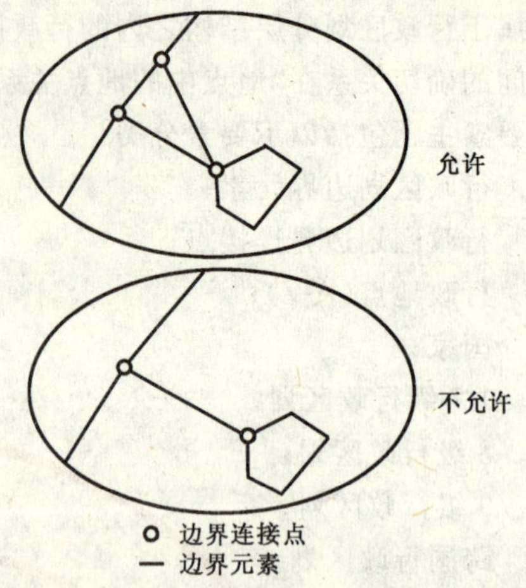

图 31　边界要素和边界连接点示例二

6.3.3　行政区划边界连接点

6.3.3.1　定义

边界元素交汇处。

6.3.3.2　限制

一个边界连接点连接一个或更多的边界元素，典型情况是连接三个，而不允许两个。二阶连接点只有当省略低一级行政区划时才允许出现。图 30 中列出省略低一级行政区划时的例子；图 32 列出只连接一个边界元素的例子。

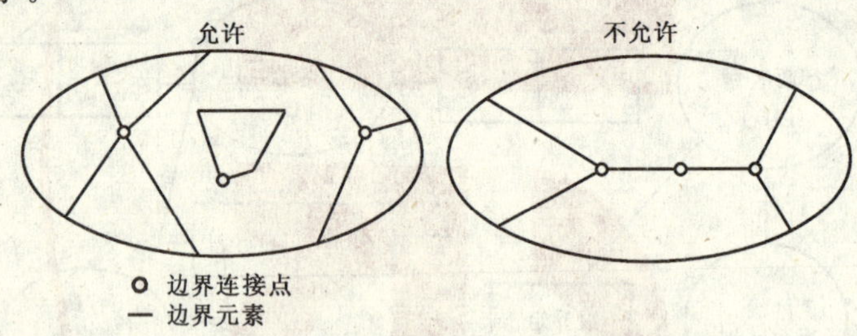

图 32　边界要素和边界连接点示例三

6.3.4　行政地点（A 到 Z）

6.3.4.1　定义

在行政区划层次结构之外定义的管理区域。

6.3.4.2　描述

一个行政管理地点由于以下原因不属于层次结构：

- 不能形成国家或 i 级行政区划的完整的子区划；
- 存在于多个 i 级行政区划中。

本标准定义了 26 个行政地点要素分类，称为“行政地点 n”，此处 $n\in\{A,B,...\}$，是元数据中为地点定义的 26 个占位符，其间没有顺序关系。

6.3.5　国家

6.3.5.1　定义

由国家边境所划定。

6.3.5.2　描述

一个国家必须以统一的方式再划分为 i 级行政区划。没有子区划的国家应视为由一个 8 级行政区划所构成。

6.3.6　1 至 7 级行政区划

6.3.6.1　定义

i 级行政区划（$i\in\{1,2,...,7\}$）是一个国家层次结构的行政区划的中间层。

6.3.6.2 **描述**

在一些国家中可能不存在这些中间层。附录F给出了一个实例。

6.3.7 **8级行政区划**

6.3.7.1 **定义**

是国家中,在全国范围内存在的行政区划层次中的最低层。

6.3.7.2 **描述**

在没有细分区域的国家,只有8级行政区划且覆盖整个国家。附录F列出了一些8级行政区划的名称。

6.3.8 **9级行政区划**

6.3.8.1 **定义**

是8级行政区划的下一级。

6.3.8.2 **描述**

一些8级行政区划可以被划分为更小的单元。可以是单独的一个8级行政区划,也可划分某区域内的所有8级行政区划。这些更小的单元称为9级行政区划。

6.3.9 **跨国行政区划**

6.3.9.1 **定义**

由多个国家的整体构成,具有共同的跨国管理功能。

6.3.9.2 **描述**

如欧盟。

6.4 **命名区域**

6.4.1 **概述**

命名区域是指具有独立功能或作用的区域。例如建筑物集中的居民区、具有公认名称的区域、或由同一服务提供者提供的服务区域(如治安区、学区等)。命名区域的数据模型如图33所示。

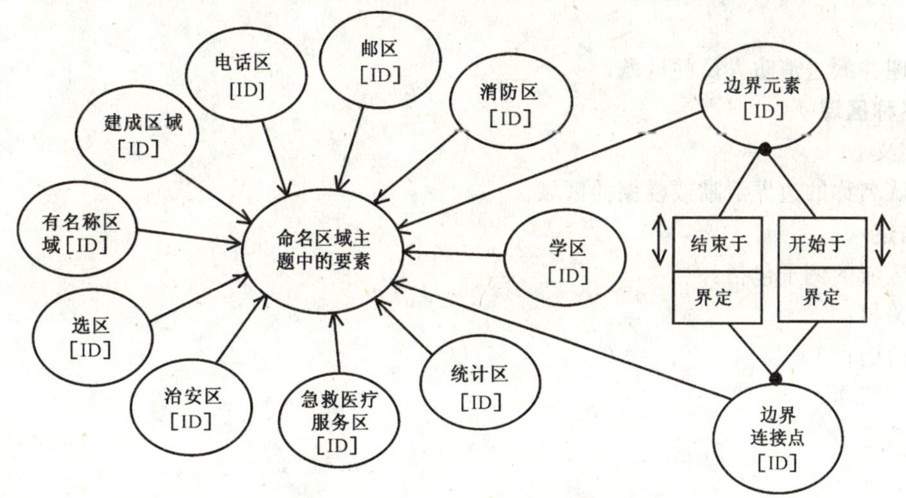

图33 命名区域的数据模型

6.4.2 **边界元素**

6.4.2.1 **定义**

是限定要素主题命名区域中的要素的边界的最小单元。

6.4.2.2 **描述**

边界在两个相邻的相同类型的命名区域之间,或者一个命名区域以及地理边界(例如外国)之间形成。

6.4.2.3 **约束**

一个边界元素以两个边界连接点为端点,它们可以是同一结点。一个边界元素不能两次界定同一居民地和命名区域。

6.4.3 边界连接点

6.4.3.1 定义

是边界元素相互连接的位置。

6.4.3.2 约束

一个边界连接点连接一个、三个或更多的边界元素。一般三个，但不允许二个。

6.4.4 建成区域

6.4.4.1 定义

建筑物集中的地区，一般有城内速度限制。

6.4.4.2 描述

在建成区域和市政区之间没有确切的关系，但有些情况下建成区域与具有相同名称的市政区之间有关。但在农村地区，一个市政区可以包含几个小的建成区域。有时一个建成区域也可能跨越几个市政区或其他类型的行政区划。

6.4.5 统计

定义

用于收集并统计信息的区域。

6.4.6 选区

定义

用于选举投票和管理政治活动的区域。

6.4.7 急救医疗服务区

定义

用于管理并派送急救人员的区域。

6.4.8 消防区

定义

用于管理并派送消防人员的区域。

6.4.9 有名称区域

6.4.9.1 定义

具有公认名称的边界清晰或模糊的区域。

6.4.9.2 描述

有名称区域的例子包括：

- 中关村；
- 长白山；
- 黄金海岸。

6.4.10 电话区

定义

电话服务区，一般与一个区号相关。

6.4.11 治安区

定义

用于管理并派送警察的区域。

6.4.12 邮区

定义

邮政服务区。

6.4.13 学区

定义

教育设施向居民服务的范围。

6.5 土地覆盖与利用

6.5.1 概述

土地覆盖与利用提供地表覆盖物或地表用途的有关信息。许多土地覆盖与利用类型在结构上都是层次化的，可以再分为子类型。本主题的最高层包括以下要素：

- 建筑物；
- 人工表面；
- 农业区；
- 森林与半自然区；
- 湿地；
- 岛屿。

图 34 给出最高层的数据模型。

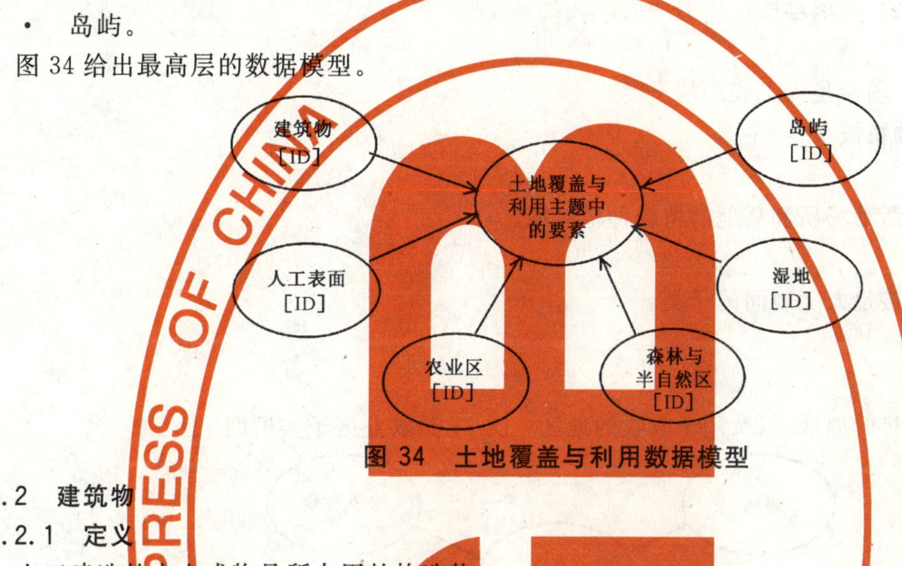

图 34 土地覆盖与利用数据模型

6.5.2 建筑物

6.5.2.1 定义

人工建造的由人或物品所占用的构造物。

6.5.2.2 描述

建筑物用于表示物理构筑物，相邻的建筑物可以组合成一个建筑物要素。图 35 是建筑物子类模型。

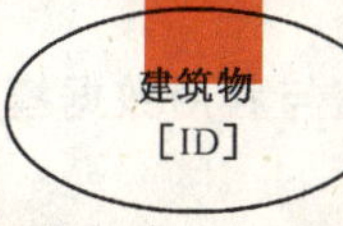

图 35 土地覆盖与利用数据模型：建筑物子类

6.5.3 人工表面

定义

由人类改造的地表，通常是建筑工程的结果，用于特定的用途。图 36 是人工表面子类模型。

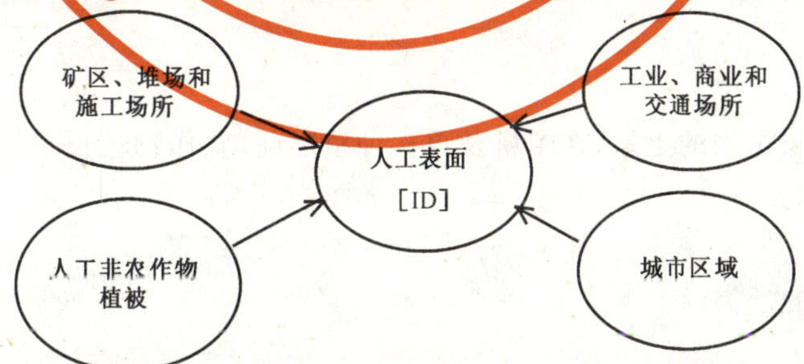

图 36 土地覆盖与利用数据模型：人工表面子类

6.5.4 城市区域

6.5.4.1 定义

大部分土地都被建筑物、道路和人工表面所覆盖的区域。

6.5.4.2 描述

城市区域是人工表面的子类。

6.5.5 工业、商业和交通场所

6.5.5.1 定义

与交通及(或)工业活动相关的人工表面与设施。

6.5.5.2 描述

工业、商业和交通场所是人工表面的子类。

6.5.6 矿区、堆场与施工场所

6.5.6.1 定义

由于开挖、矿石堆存或填埋所产生的地表。

6.5.6.2 描述

矿山、堆场和施工场所是人工表面的子类。

6.5.7 人工非农作物植被

6.5.7.1 定义

休闲、运动、娱乐活动场所和墓地的植物种植区域。

6.5.7.2 描述

人工非农作物植被是人工表面的子类。

6.5.8 农业区

定义

种植农作物或水果的地区,以及用于放牧的地区。图 37 是农业区子类模型。

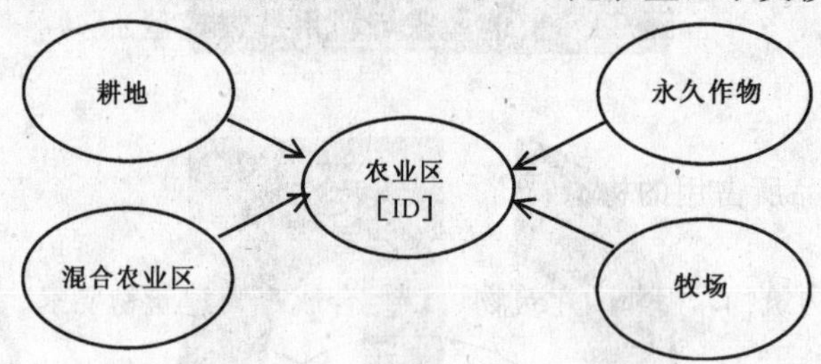

图 37 土地覆盖与利用数据模型:农业区子类

6.5.9 耕地

6.5.9.1 定义

定期耕作的土地。

6.5.9.2 描述

耕地是农业区的子类。

6.5.10 长久作物

6.5.10.1 定义

不以循环方式种植农作物的土地,在犁耕及再次种植之前,农作物较长时间占用土地。主要是木本作物,不包括牧场和森林。

6.5.10.2 描述

长久作物是农业区的子类。

6.5.11 牧场

6.5.11.1 定义

草地,通常用于放牧。

6.5.11.2 描述

牧场是农业区的子类。

6.5.12　**混合农业区**

6.5.12.1　**定义**

邻近其他植物(如树)的部分或全部种植农作物或牧草的地区。

6.5.12.2　**描述**

混合农业区是农业区的子类。

6.5.13　**森林与半自然区域**

定义

由树木及/或灌木林覆盖的区域。图38是森林与半自然区域子类模型。

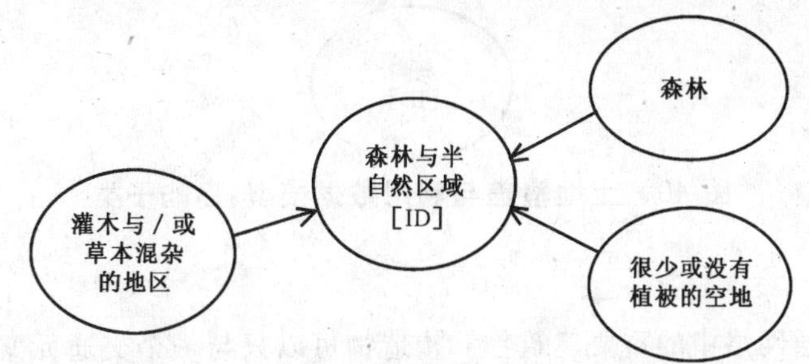

图38　土地覆盖与利用数据模型:森林与半自然区域子类

6.5.14　**森林**

6.5.14.1　**定义**

主要由树木构成的植被,包括灌木与矮树丛。

6.5.14.2　**描述**

森林是森林与半自然区的子类。

6.5.15　**灌木与/或草本混杂的地区**

6.5.15.1　**定义**

灌木丛,通常没有或只有分散的树木。

6.5.15.2　**描述**

是森林与半自然区的子类。

6.5.16　**很少或没有植被的空地**

6.5.16.1　**定义**

植物很少或没有植物的地区,如沙地或岩石地、永久冰雪地、植物稀疏的高纬度地区等。

6.5.16.2　**描述**

是森林与半自然区的子类。

6.5.17　**湿地**

定义

内陆或沿海随季节、潮汐或永久浸满水的地区。图39是湿地子类模型。

图39　土地覆盖与利用数据模型:湿地子类

6.5.18　**内陆湿地**

6.5.18.1　**定义**

随季节、潮汐或永久浸满水的森林或非森林地区。水可以是死水或循环水。

6.5.18.2　**描述**

内陆湿地是湿地的子类。

6.5.19　沿海湿地

6.5.19.1　定义

随季节、潮汐或永久被盐水淹没的无树木地区。

6.5.19.2　描述

沿海湿地是湿地的子类。

6.5.20　岛屿

定义

被水环绕的地区，可能由桥梁、隧道或航道与大陆相连。图 40 是岛屿子类模型。

图 40　土地覆盖与利用数据模型：岛屿子类

6.6　构造物

6.6.1　概述

构造物用于描述交通网络中的重要建筑物。构造物可以只与一个交通元素相关，也可以形成两个交通元素之间的立体交叉。构造物的这一特性在其所参与的关系中表达。构造物的例子有桥梁、高架桥、隧道、渡槽、路堑、廊道、防护墙、涵洞等。

图 41 是构造物的数据模型。

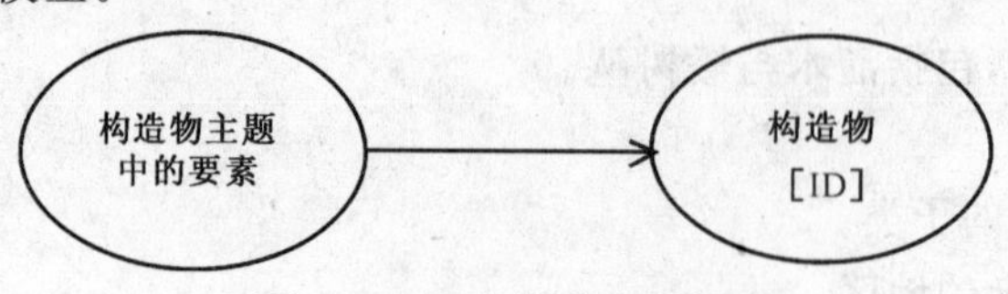

图 41　构造物数据模型

6.6.2　构造物

6.6.2.1　定义

一个构造物是交通网络中的重要建筑物，如桥梁、隧道或防护墙。

6.6.2.2　构造物的类型

一个构造物要素可以根据构造物类型属性来分类。

6.7　铁路

6.7.1　概述

铁路在网络构成方式上与道路相似，因而铁路网络可视为由一些铁路元素所构成，这些铁路元素被铁路元素连接点相连接。图 42 是铁路的数据模型。

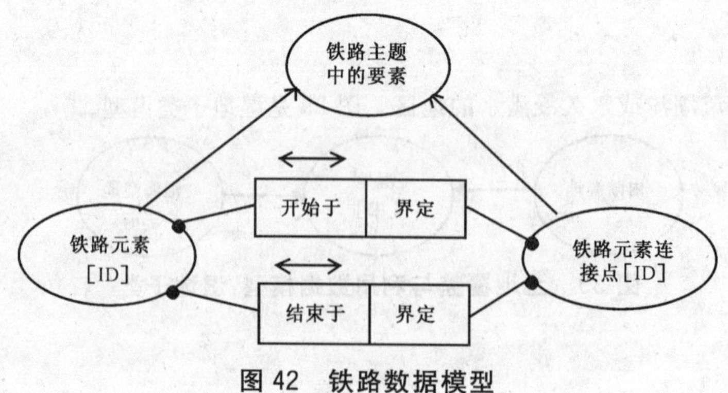

图 42　铁路数据模型

6.7.2　铁路元素

6.7.2.1　定义

由一条或多条轨道构成的用于火车行驶的永久性道路。

6.7.2.2　**描述**

铁路元素是铁路网络中的最小独立单元,以两个铁路元素连接点为端点。

6.7.3　**铁路元素连接点**

6.7.3.1　**定义**

三条或更多铁路元素交汇之处,或铁路元素结束的端点。

6.7.3.2　**描述**

铁路元素连接点位于三条或更多铁路元素交汇之处,或铁路元素结束之处。

6.8　**水系**

6.8.1　**概述**

水系要素主题包含对水体的表达。水系要素由水体与水体边界构成。水体可以与其他水体相连,也可以是孤立的。水体边界由水体边界元素和水体边界连接点来表达。一个水体边界元素描述水面的外轮廓,并连接两个水体边界连接点。

图 43 是水系的数据模型。

图 43　水系总数据模型

6.8.2　**运河**

6.8.2.1　**定义**

人工构筑的线状水体。

6.8.2.2　**描述**

运河是水道的子类。

6.8.3　**沿海礁湖**

6.8.3.1　**定义**

由舌状陆地或类似地形与海水隔开的没有植物的含盐水体。这些水体在有限点位永久或一年中有部分时间与海水相通。

6.8.3.2　**描述**

沿海礁湖是海水的子类。

6.8.4　**河口**

6.8.4.1　**定义**

河流的入海口,潮水在其内涨落并流动。

6.8.4.2 描述

河口是海水的子类。

6.8.5 内陆水体

6.8.5.1 定义

与海洋没有连通(或只有有限连通)的水体。

6.8.5.2 描述

内陆水体是水体的子类。

6.8.6 湖泊

6.8.6.1 定义

自然或人工水面,不包括水库。

6.8.6.2 描述

湖泊是内陆水体的子类。

6.8.7 海水

6.8.7.1 定义

海、洋或其他与其连通的含盐水体。

6.8.7.2 描述

海水是水体的子类。

6.8.8 水库

6.8.8.1 定义

人工构建出来的水面或人工保留的自然水面,主要用于人类生活与农业。

6.8.8.2 描述

水库是内陆水体的子类。

6.8.9 河流

6.8.9.1 定义

自然或半自然的线状内陆水体。

6.8.9.2 描述

河流是水道的子类。

6.8.10 海、洋

6.8.10.1 定义

以低潮线划分的海域。

6.8.10.2 描述

海、洋是海水的子类。

6.8.11 水体

定义

水流所通过的路径,或被水所覆盖的区域。

6.8.12 水体边界元素

6.8.12.1 定义

是描述水体边界的最小单元。

6.8.12.2 描述

水体边界元素是构成水体与陆地界限的连续边界线。

6.8.12.3 限制

水体边界元素只能以两个水体边界连接点为端点,在岛屿的情况下可为一个(见图 44)。一个水体边界元素不允许重复界定同一水体要素。

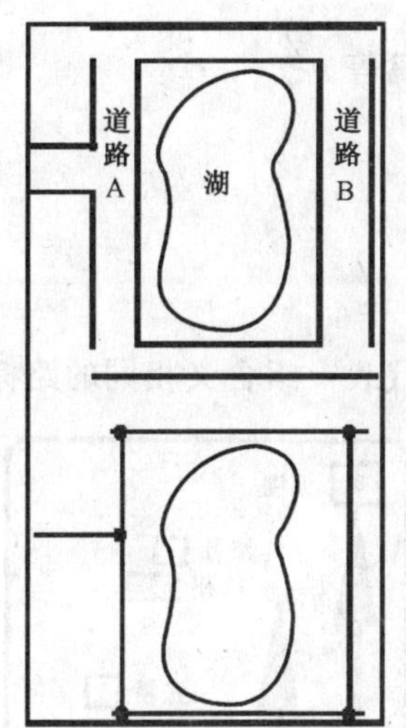

水体边界元素由一个水体边界连接点所连接。

图 44 水体边界元素定义

6.8.13 水体边界连接点

6.8.13.1 定义

是水体边界元素交汇之处。

6.8.13.2 限制

一个水体边界连接点连接一个或多个水体边界元素。图 44 是其连接一个水体边界元素的情况。

6.8.14 水道

6.8.14.1 定义

用于排水的自然或人工水系,包括运河。

6.8.14.2 描述

水道是内陆水体的子类。

6.9 道路附属设施

6.9.1 概述

道路附属设施按其在道路元素或链段沿线上的固定位置来分类，可位于车道或人行道上。如交通信号灯、交通标志和测量设备。

图 45 是道路附属设施的数据模型。

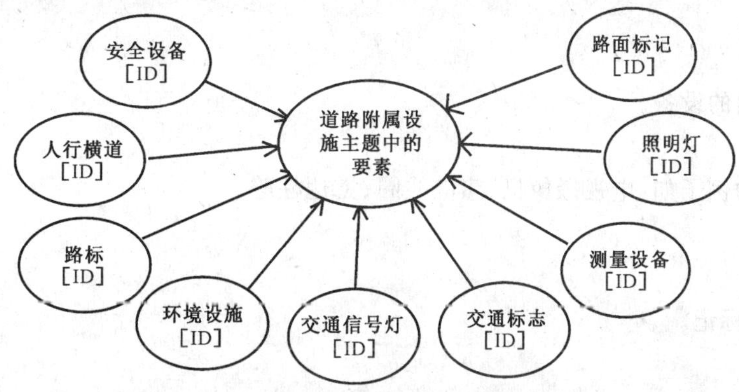

图 45 道路附属设施的数据模型

6.9.2 环境设施

6.9.2.1 定义

沿道路或邻近道路的用于保护环境的设备。

6.9.2.2 描述

环境设施要素的例子是噪声墙、树篱等。

6.9.3 路标

6.9.3.1 定义

包含方向信息的木板或金属板。

6.9.3.2 解释

图 46 给出了例子。一个路标可以代表一组含义相同的路标。

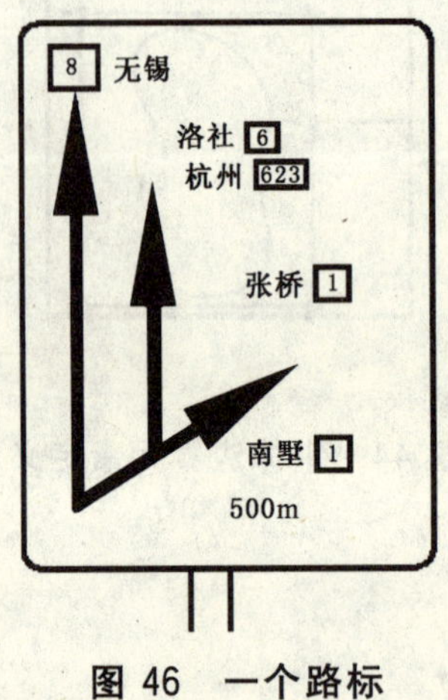

图 46 一个路标

6.9.4 交通信号灯

定义

一种控制交通流的多色灯。

6.9.5 交通标志

定义

一块包括信息和一些附加文字的路牌，表示一种交通限制、建议(劝告)或信息。

6.9.6 照明灯

6.9.6.1 定义

为道路照明的装置。

6.9.6.2 描述

照明灯要素的一个例子是街灯柱。

6.9.7 测量设备

6.9.7.1 定义

测量或监控交通的设备。

6.9.7.2 描述

测量设备要素的例子如：电视摄像机、感应线圈、雷达柱等。

6.9.8 路面标记

6.9.8.1 定义

路面上的标线、标记。

6.9.8.2 描述

如限制车道的实线或虚线。

6.9.9 安全设备

6.9.9.1 定义

道路上用于安全目的的设备。

6.9.9.2　**描述**

如安全栅栏。

6.9.10　**人行横道**

定义

道路元素的一个特定标记的位置，供行人横穿道路。可能有信号灯或斑马线，也可能没有。

6.10　**服务**

6.10.1　**概述**

服务广义上讲是在某一位置的活动。应注意服务代表的是一个活动而非活动发生所在地的建筑物。

许多服务与道路环境有关，如健身、车辆维修、紧急救援、货物/海关/零售服务等。这些服务中的每种也可与道路元素或连接点关联以描述车辆通达信息。服务还要进一步用属性来描述其特征。服务定义与分类是对于现实的解释而非对其的表达。因而除了通用要素分类“服务入口点”以外，本标准不包含服务的定义。但在附录 B.1 中给出了一些示例。

图 47 是一个数据模型示例，包含了一些服务。

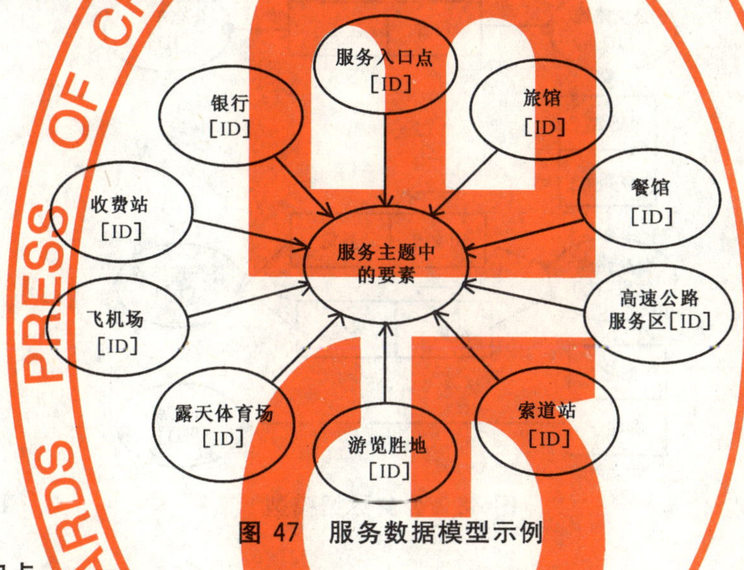

图 47　服务数据模型示例

6.10.2　**服务入口点**

6.10.2.1　**定义**

表示服务入口的位置。

6.10.2.2　**描述**

一个服务入口点表达一个或多个服务的入口，或者一个或多个服务的出入口。它不应只表示一个出口。

6.11　**公共交通**

6.11.1　**概述**

6.11.1.1　**描述**

与公共交通网有关的所有要素都被包括在公共交通要素主题中。该主题中包含可以和一个几何位置关联的所有公交基本要素。

6.11.1.2　**公交要素**

包括以下子类：

- 公交路线线段；
- 公交连接点；
- 公交车站；

- 公交点；
- 公交换乘区；
- 公交路线；
- 公交线路。

公共交通的数据模型如图 48。

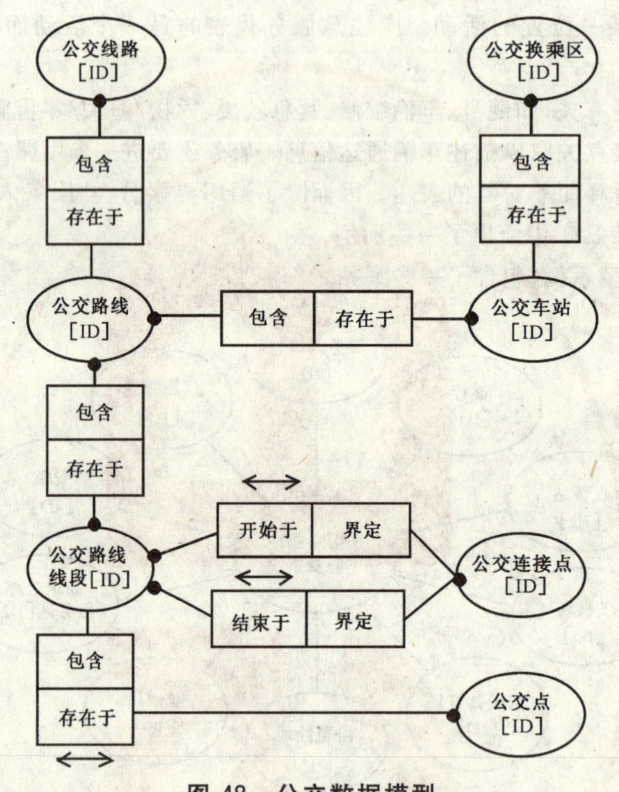

图 48 公交数据模型

6.11.2 公交线路

6.11.2.1 定义

一组具有共同名称或编号的公交路线。

6.11.2.2 描述

大多数情况下，复杂要素公交线路包含两个公交路线，每个代表不同的方向。如果定义了可选择的公交路线，则一个线路可包括多个公交路线。

6.11.3 公交连接点

6.11.3.1 定义

公交路线线段的端点。一个公交路线线段只能以两个公交连接点为端点，一个公交连接点可以连接一个或多个公交路线线段。

6.11.3.2 描述

一个公交连接点位于两个或多个公交路线线段相交之处或一个公交路线线段死胡同的端点。当三个或更多的公交路线线段相交时应加入一个公交连接点，例如，当两个公交线路分叉时。图 49 中是两个公交路线交汇的情况，在共用段有一个公交车站，两个公交路线共享一个公交路线线段，在交汇处加入一个公交连接点。公交路线在公交路线线段处分开。公交路线 A 由{RL3，RL2，RL5}等公交路线线段所构成，公交路线 B 由公交路线线段{RL1，RL2，RL4}所构成。公交车站与 A 或 B 或两者相关。

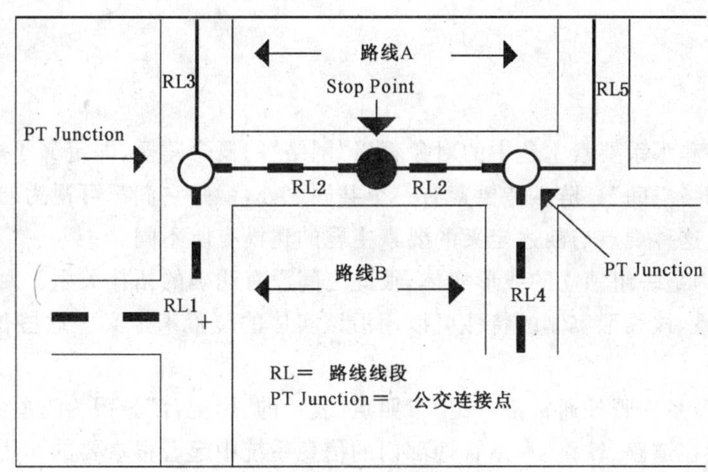

图 49 公交要素示例

6.11.4 公交点

6.11.4.1 定义

一个公交点是公交网络中具有自身标识的可设定地址的位置。

6.11.4.2 描述

所有的公共交通点的位置都可用公交点来描述。该点可以有明确的物理意义，如景观点或测量点(但这不是必需的)。用属性公交点类型来标明该点的类型。

6.11.5 公交路线

6.11.5.1 定义

是一组公交路线线段的有序排列，其定义了公交网络中的一个有向路径。

6.11.5.2 描述

公交路线是一组公交路线线段，为公交车辆行驶构建一个物理路径。通常在每一个方向有一条路线。在特别情况下可定义可选路线(如每星期有一天公交车辆行驶不同的路线)。

6.11.6 公交路线线段

6.11.6.1 定义

公交网络中的最小线状单元，有其自身的标识，两端以公交连接点为端点。

6.11.6.2 描述

一个公交路线线段可以是几个公交路线的一部分。在每个端点各有一个公交连接点。其相互间不能重叠。当两个或更多的路线共用同一道路时，只能定义一个公交路线线段，该公交路线线段可被多个公交路线共享。

6.11.7 公交换乘区

6.11.7.1 定义

公交换乘区由一个或多个邻近的公交车站所构成。

6.11.7.2 描述

公交换乘区定义为乘客可在步行距离内换乘公交线路的公交车站的集合。典型的换乘区是公共汽车站或在一个交叉口的几个公共汽车站。

6.11.8 公交车站

6.11.8.1 定义

是乘客上下公交车辆的地点。

6.11.8.2 描述

由于公交车站和公交点关系到道路元素和服务，因此两者不同。这用于在多模式环境中变换交通方式。

6.12 链参考要素

6.12.1 概述

道路与车渡、铁路和水系要素主题中的对象都以“网络”的概念建模，即定义了一个由一组具有拓扑关系的对象构成的“网络空间”。链参考要素有一个共同之处，就是它们都可视为与线形地理对象(如道路、铁路与水系)相关，这种观点与前述定义的要素主题的建模有所不同。

这些对象可以视为是一组独立的线形实体，彼此之间没有明确的拓扑关系。对于每个线形实体，可以使用一个1维参考系，该线形实体的特性可以用沿该实体的位置来定义。这些位置由对曲线测量所对应的链距值来表达。

这种基于链的参照系在野外通常是一组“参照点”表示的“标记台”。因为这些参照点经常用于采集和表达数据，所以它们在道路、铁路、水系管理部门的信息系统中起着很重要的作用。

链参考要素的数据模型如图50。图51解释了链参考要素主题中的要素与属性结合的方法。

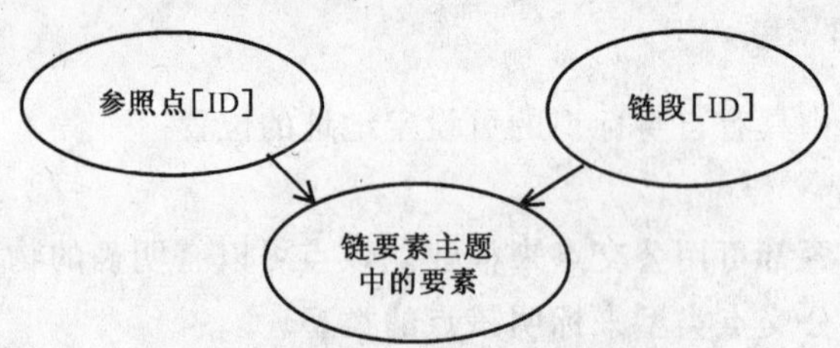

图50 链参考要素数据模型

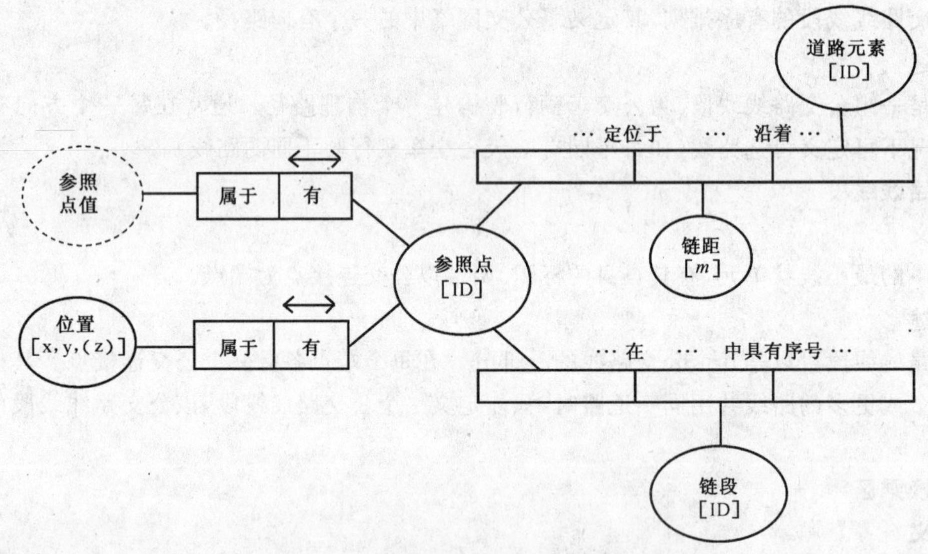

图51 链参考要素数据模型及其属性

6.12.2 链段

6.12.2.1 定义

道路、铁路或水系网络中的一段(部分)，被某一机构视为一个单独的实体。一个链段与一组参照点有关。

6.12.2.2 描述

链段表达一个线性通道。例如，在公共道路管理部门的道路数据库中，道路实体的长度可能是几百公里，宽度很少超过100米。一个链段一般有一个惟一的名称或代码，以便与其他链段区分。

一个链段通道一般是连续的。但偶尔也会包括两个或更多相互不连接的部分(即中间有缺口)。作为一个通道，很容易将一个中心线与链段关联。这个中心线是一维曲线参考系的基础。这个参考系由以下内容定义：

- 一组参照点；
- 距离(表达为从一个参照点到下一个参照点的链距)；
- 一个原点(是位于链段一个端点的参照点)。

通常，这些参照点在物理上标于链段的边缘，或有时位于链段的轴上。

在链段定义中，参照点的顺序很重要。

6.12.3 参照点

6.12.3.1 定义

一个位置，逻辑上属于链段的中心线，由位于链段边缘或轴线上的基准标牌来指示。

6.12.3.2 描述

参照点的概念相应于道路、铁路或水系的边缘或侧翼的里程碑(物理标记)。也许，物理标记本身和位于链段轴线上的理论位置是一个抽象点。

一个参照点可以视为一个独立对象，但在其他方面(位置、外观、取值)与相邻点相关联，表明它们共同构成一个参考系统。出于某种原因，没有物理标记时也可以存在参照点。这种情况的一个实例是缺少里程碑(例如：由于存在一个出口，或者由于事故损坏)，但该位置仍然作为参照点。这种情况由相邻参照点指示。

6.13 通用要素

6.13.1 概述

通用要素是其性质、属性及关系适用于所有要素主题的要素。是为便于共有属性及关系的表达而单独定义的(见图52)。

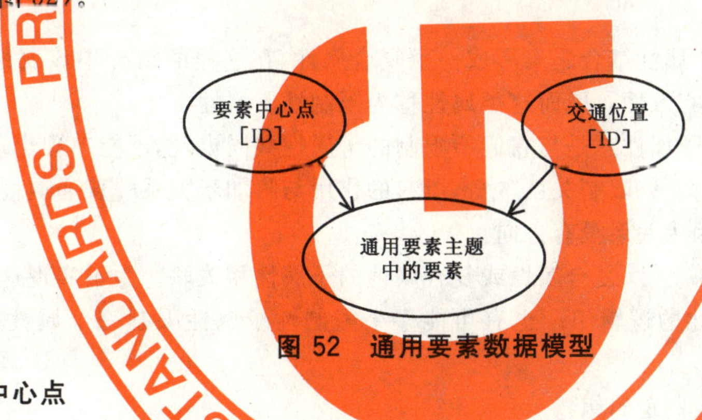

图52 通用要素数据模型

6.13.2 要素中心点

6.13.2.1 定义

近似或准确描述简单或复杂要素的中心的点。

6.13.2.2 描述

该要素形成另一(简单或复杂)要素的地理参照点。要素中心点通过“属于要素的要素中心点”关系类型与相应的要素关联。

要素中心点可视为一个孤立的结点或其所属要素的一个结点。

6.13.3 交通位置

6.13.3.1 定义

一个或多个要素作为一个整体，表达交通信息服务中的一个位置。

6.13.3.2 描述

一个要素可以属于多个交通位置。交通位置没有隐含的拓扑。一个交通位置要素可以属于另一个交通位置。

7 要素的属性及其值域

7.1 概述

7.1.1 属性类型

现实世界中的对象的性质表达为属性。属性按属性类型来分类。每个属性类型对应于现实世界对象的一个特别定义的性质(如:颜色)。

7.1.2 属性值

每个属性类型都附加以一个或多个属性值,可视为一个属性类型的特定实例(如:“绿”颜色)。一个属性类型可以有无限多个属性值(例如:属性类型“宽度”的值),而另一些属性类型只能有一定数量的值(如:性别“男”与“女”)。属性可能的取值称为属性的域。

附录 A.3 给出属性值的代码。

7.1.3 属性类型名称

本标准中每个属性类型有一个属性类型名称。

附录 A.2 给出属性类型的名称和代码。

7.1.4 简单属性、复合属性与子属性

属性可分为简单属性与复合属性。一个简单属性只有一个组件。而一个复合属性有多个组件,每个组件称为一个子属性。

复合属性的子属性可以是简单属性或复合属性。因而一个复合属性可视为只由简单属性构成的层次化属性树。

复合属性的某些子属性可以不存在或为空值,但对于另一些子属性,这种情况就不允许出现,用“——必选的”一词来说明。某些子属性可以在子属性的上下文中出现多次。

限制性子属性

一些属性类型可以与多个属性结合起来形成一个复合属性,在这样的结合中该属性每次都起同样的作用,即限制相关子属性的有效性。因而这类属性称为限制性子属性。

如果附加于要素,限制性子属性总是与它们所限制的子属性共同出现,不能单独出现。如果附加于关系,它们可以单独出现,此时它们限制关系本身,所起的作用与附加于关系的普通属性相同。属性“有效方向”不可以附加于关系,因为关系没有方向。

限制性子属性可以与简单属性、复合属性或复合属性的子属性相关联。为了实现这一点,可以定义附属于限制性子属性的子属性的逻辑组。也有可能多个限制性子属性限制一个属性(简单的或复合的),此时需要区分两种情况:

- 限制性子属性同时限制逻辑组;
- 限制性子属性相继地限制逻辑组,每次形成一个单独的逻辑组,由下一个限制性子属性限制。

第一种情况的结果可以解释为:被第一个限制性子属性限制的属性值,延续为被第二个限制性子属性限制的同一个属性值,再延续为被第三个限制性子属性限制的同一个属性值……在集合论中是一个“并(Union)“算子或”或(OR)“算子”。

第二种情况的结果可以解释为一些并发限制的结果。第一个限制性子属性限制逻辑组的属性值,形成一个新的逻辑组,其又被第二个限制性子属性限制,形成第三个逻辑组……集合论中是“与(AND)”算子。

对于缺省属性来说,适用于限制性子属性的规则不同于普通属性。限制性子属性缺省值不必明确说明。它定义为“无限制”。

目前限制性子属性有:有效方向、车道依赖性、街道侧面、车辆类型、有效期。

7.1.5 与限制性子属性“有效方向”结合的复合属性

属性有效方向原则上可与一个线形要素的任何其他属性结合。有效方向说明相关子属性的值附加

于线形要素的哪一个方向。与任意属性 XX 结合构成线形要素正向或反向的复合属性 XX(此处 XX 可以是道路与车渡主题中的任一简单或复合属性)。

7.1.5.1 **定义**

一个只对关联的线形要素特定方向有效的属性。

7.1.5.2 **域/单位**

复合。

7.1.5.3 **子属性**

该复合属性可由以下子属性构成:

- 任一属性类型 ——必选的;
- 有效方向。

7.1.6 **与限制性子属性“车道依赖性”结合的复合属性**

属性车道依赖性原则上可与一个道路元素的任何其他属性结合。车道依赖性说明相关子属性附加于道路元素的哪一个车道上。与任意属性 XXX 结合构成关于车道的复合属性 XXX(此处 XXX 可以是任一简单或复合属性)。

7.1.6.1 **定义**

一个只对关联的道路元素的有限车道数有效的属性。

7.1.6.2 **域/单位**

复合。

7.1.6.3 **子属性**

该复合属性可由以下子属性构成:

- 道路与车渡中的任一属性类型 ——必选的;
- 车道依赖性。

7.1.7 **与限制性子属性“街道侧面”结合的复合属性**

属性街道侧面原则上可与一个道路元素的任何其他属性结合。街道侧面说明相关子属性的值附加于道路元素的的哪一侧。与任意属性 XX 结合构成关于道路元素某侧的复合属性 XX(此处 XX 可以是道路与车渡主题中任一简单或复合属性)。

7.1.7.1 **定义**

一个只对关联的道路元素的指定一侧有效的属性。

7.1.7.2 **域/单位**

复合。

7.1.7.3 **子属性**

该复合属性可由以下子属性构成:

- 任一属性类型 ——必选的;
- 街道侧面。

7.1.8 **与限制性子属性“有效期”结合的复合属性**

属性有效期原则上可与任何其他属性结合。它表达与“有效期”结合的属性的时间周期。与任意属性 XXXX 结合构成具有有效期的复合属性 XXXX(此处 XXXX 可以是任意简单或复合属性)。

7.1.8.1 **定义**

一个只对特定时间段有效的属性。

7.1.8.2 **域/单位**

复合。

7.1.8.3 **子属性**

该复合属性可由以下子属性构成:

• 任一属性类型 ——必选的;
• 有效期。

7.1.9 与限制性子属性“车辆类型”结合的复合属性

属性车辆类型原则上可与道路与车渡主题中的任何其他属性结合。它定义了相关属性生效的车辆类型。与道路与车渡主题中的任意属性 XXXX 结合构成关于车辆类型的复合属性 XXXX。

7.1.9.1 定义

一个只对一定车辆类型有效的属性。

7.1.9.2 域/单位

复合。

7.1.9.3 子属性

该复合属性可由以下子属性构成:

• 道路与车渡主题中的任一属性类型 ——必选的;
• 车辆类型[.]…[.]。

7.1.10 与语种代码结合的名称

说明名称的属性与语言有关。为了表达这种语言依赖性,可将语种代码与名称结合起来使用。语种代码说明该名称用哪种语言定义。中国的语种代码为 CHI。

7.1.11 缺省属性值

如果某一要素没有某一属性类型,说明该属性未采集,可以赋值“没有被采集”。但是也有可能是说明该属性有一个默认值,此时,值“没有被采集”不再适用于该属性。

7.1.12 属性与要素之间的关系:分段属性

属性只是针对要素的一部分时,该属性称为分段属性。

对于线形要素,被分段属性所涉及的部分由开始位置和结束位置值定义,这些位置表示曲线距离,即沿线形要素几何形状的距离或实测距离(沿现实世界对象所测得的距离),以米为单位。开始位置和结束位置的值可以相同,它表示一个点而非一段曲线。反之,开始位置和结束位置值可以为空,表示整个要素从属于相关的子属性。

曲线位置可以从要素的起点开始测,也可已从终点开始。这是因为有时所存贮的曲线位置的定义方向与线形要素的方向相反。曲线位置也可以以绝对方式或相对方式存贮。绝对是指要素起点的曲线位置为零,相对是指要素起点的曲线位置不等于零。区分曲线位置的方法如下:

• 0 按线形要素的方向绝对分段;
• 1 绝对相反分段,即按与线形要素方向相反的方向绝对分段;
• 2 按线形要素的方向相对分段;
• 3 相对相反分段,即按与线形要素方向相反的方向上相对分段。

如果使用相对分段,开始位置和结束位置值与测量长度有关。反之如果使用绝对分段,这些值与几何表示的长度有关。

如果开始位置或结束位置等于要素终点位置,或相反的分段等于要素起点的位置,则存在两种可能的定义方式。通常方法是描述要素终点位置的字段包括线形要素的整个长度。另一种方法是在这些字段中存贮“-1”值。

如果与点要素和面要素结合,开始位置和结束位置值无意义,因而永远为空。

分段属性结构可以与任何简单或复合属性类型结合。图 53 表示了分段属性类型的一般结构。图 54 中给出了相对与绝对分段之间的区别。

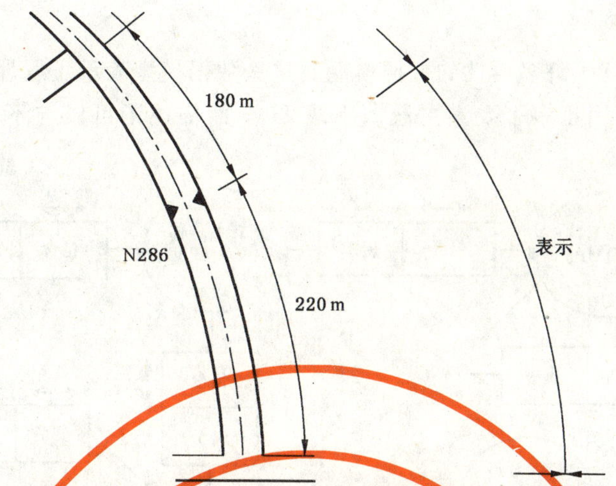

编号为 N286 的道路，宽度为 15 m，在某点宽度变为 8 m，之后宽度又变回为 15m。

开始位置:0 结束位置:220 宽度:15	开始位置:220 结束位置:220 宽度:8	开始位置:220 结束位置:400(或－1) 宽度 15	开始位置:0(或<S>) 结束位置:400(或<S>) 道路编号:N286

有关的分段属性(<S>表示为空)

图 53　分段属性使用举例

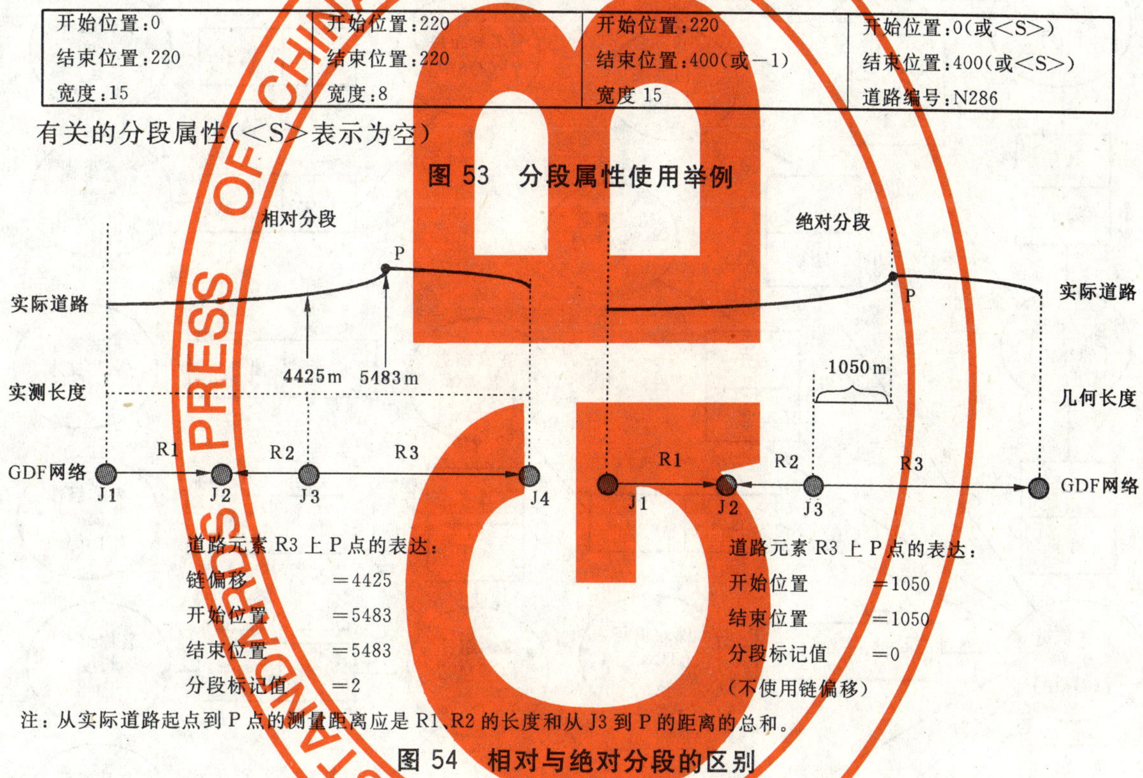

注：从实际道路起点到 P 点的测量距离应是 R1、R2 的长度和从 J3 到 P 的距离的总和。

图 54　相对与绝对分段的区别

7.1.13　通用要素的属性

通用要素是属于所有要素主题的要素。“要素中心点”的属性与其所在要素的属性完全相同。这表明每种情况的属性都不同。交通位置未特别定义属性。

7.1.14　关系的属性

与要素主题无关的另一种属性类型是关系属性。这些属性没有单独定义，原则上为不同要素主题定义的所有属性都能与任何关系结合。

7.1.15　属性类型代码

7.1.3 节中描述了如何用属性类型名称标识属性，这种标识是用文本描述的方法。但在物理数据结构中，简单属性用属性类型代码来标识。因为复合属性只形成逻辑结构，因而其不必在物理结构中标识。附录 A.2 中包含了属性类型代码。

7.1.16　用户自定义属性

本标准支持用户自定义属性，并预留了属性类型代码(见附录 A.2)。

7.1.17 属性的数据模型

在图 55～图 66 中描述了许多属性的数据模型。这些数据模型表示了属性如何应用于要素。只有在特别的情况下属性才可用于多个要素主题。附录 H 全面描述了可以与不同要素分类结合的所有属性。

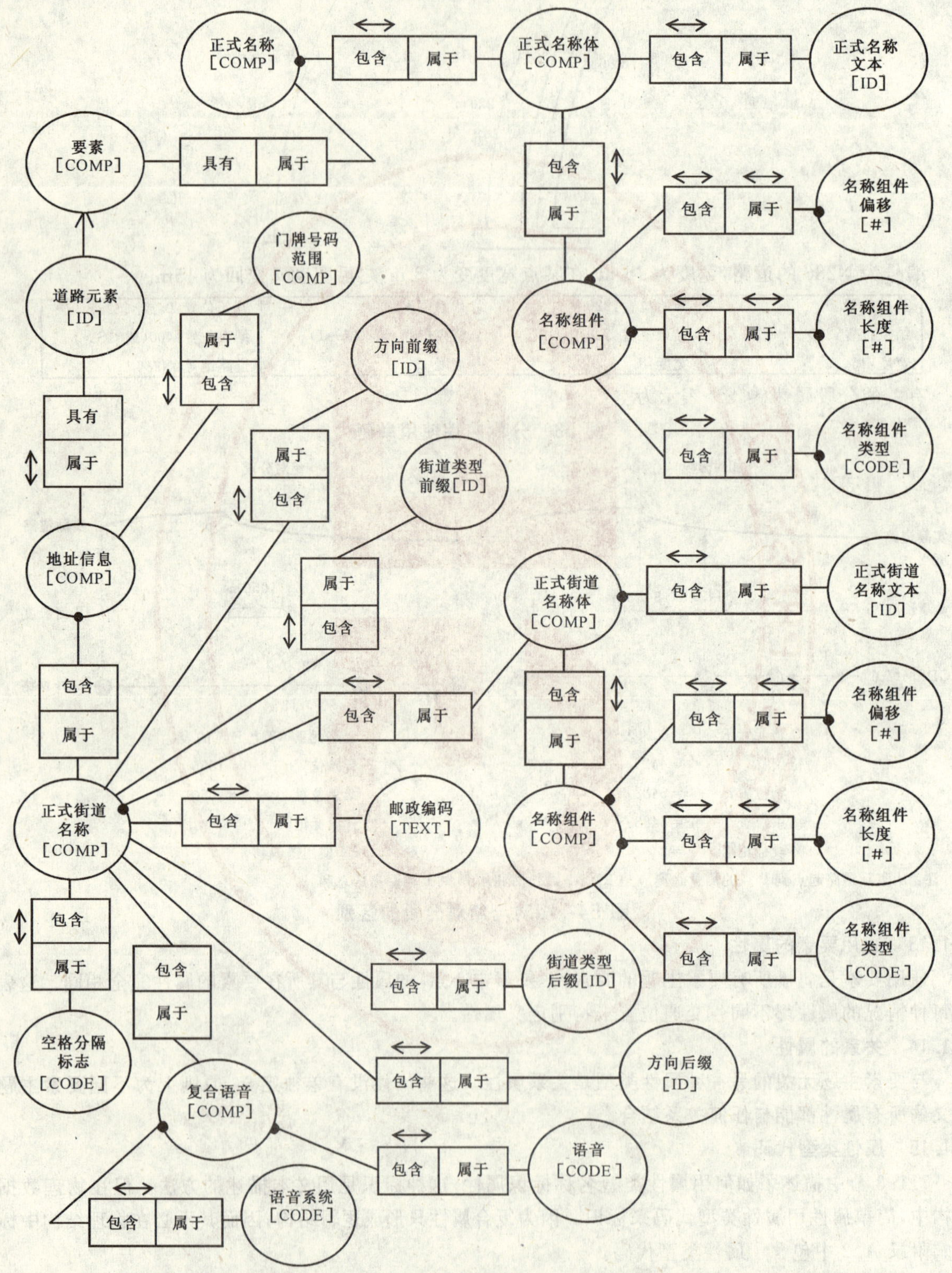

图 55 一般要素的正式名称的数据模型、道路元素地址信息数据模型
(该模型同样适用于地址区域边界元素、别名及街道别名)(注："#"表示"数字")

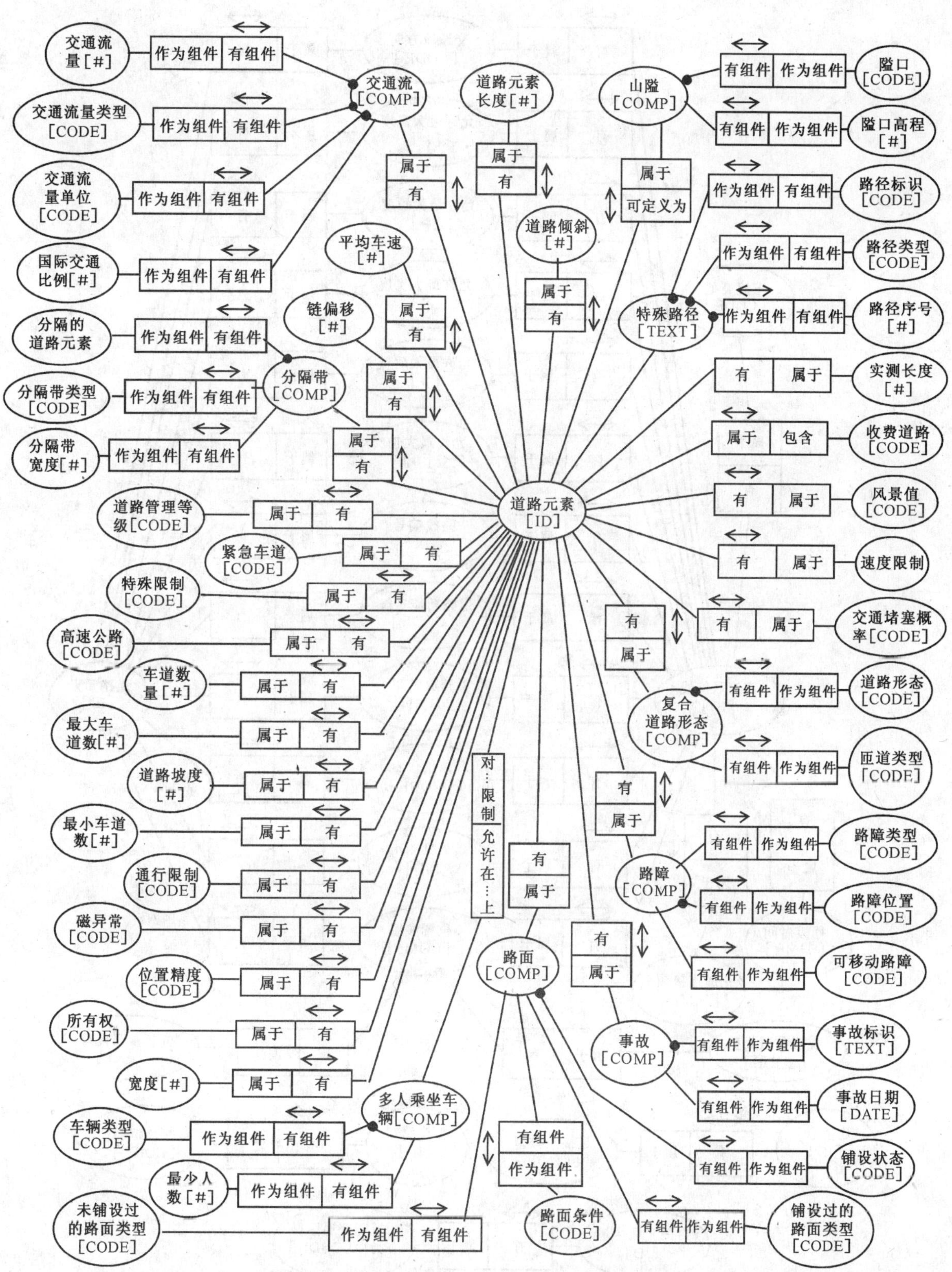

图 56 道路与车渡的属性的数据模型 1(不包括正式街道名称及别名)

(#表示数字)

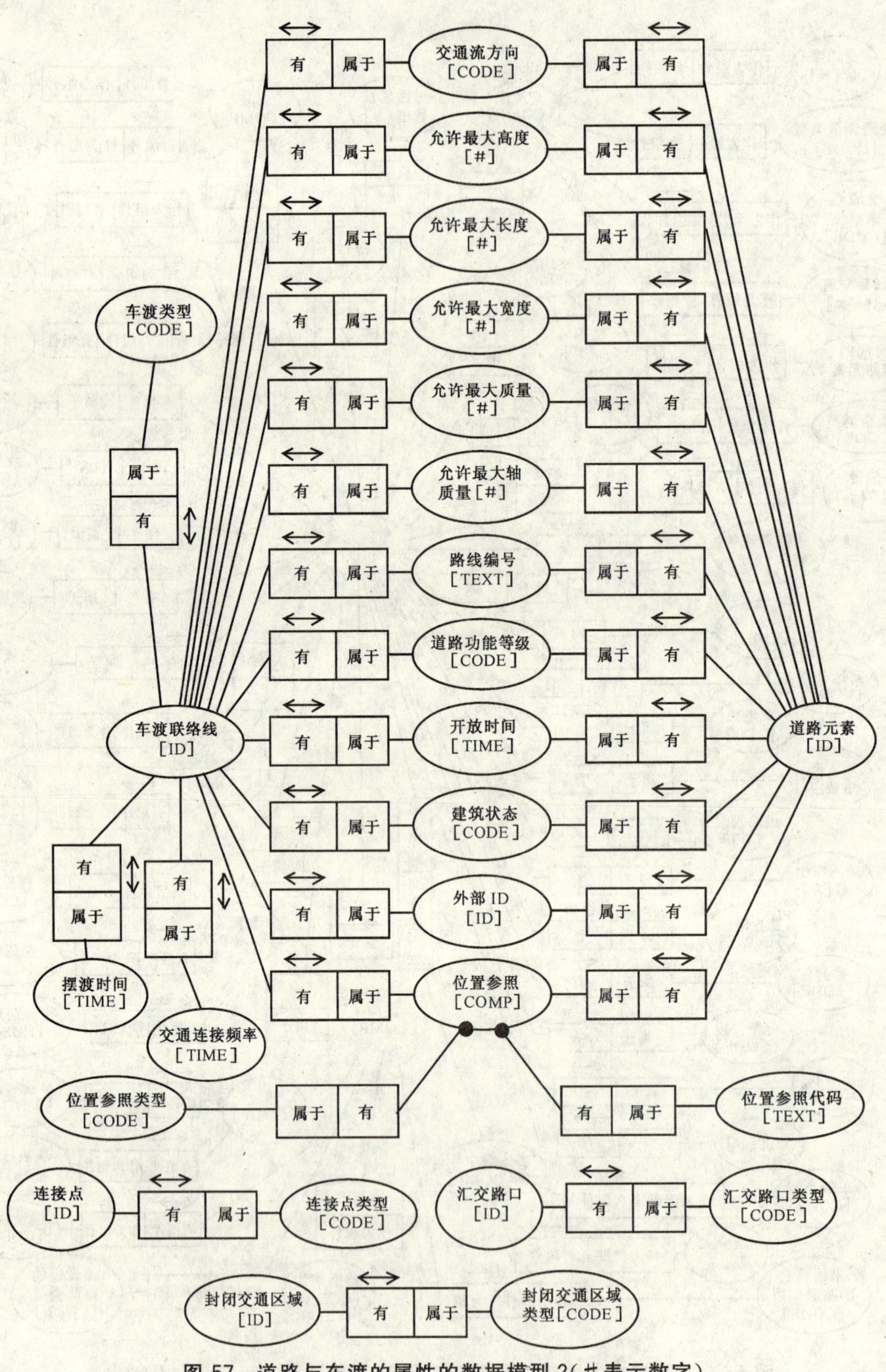

图 57 道路与车渡的属性的数据模型 2(#表示数字)

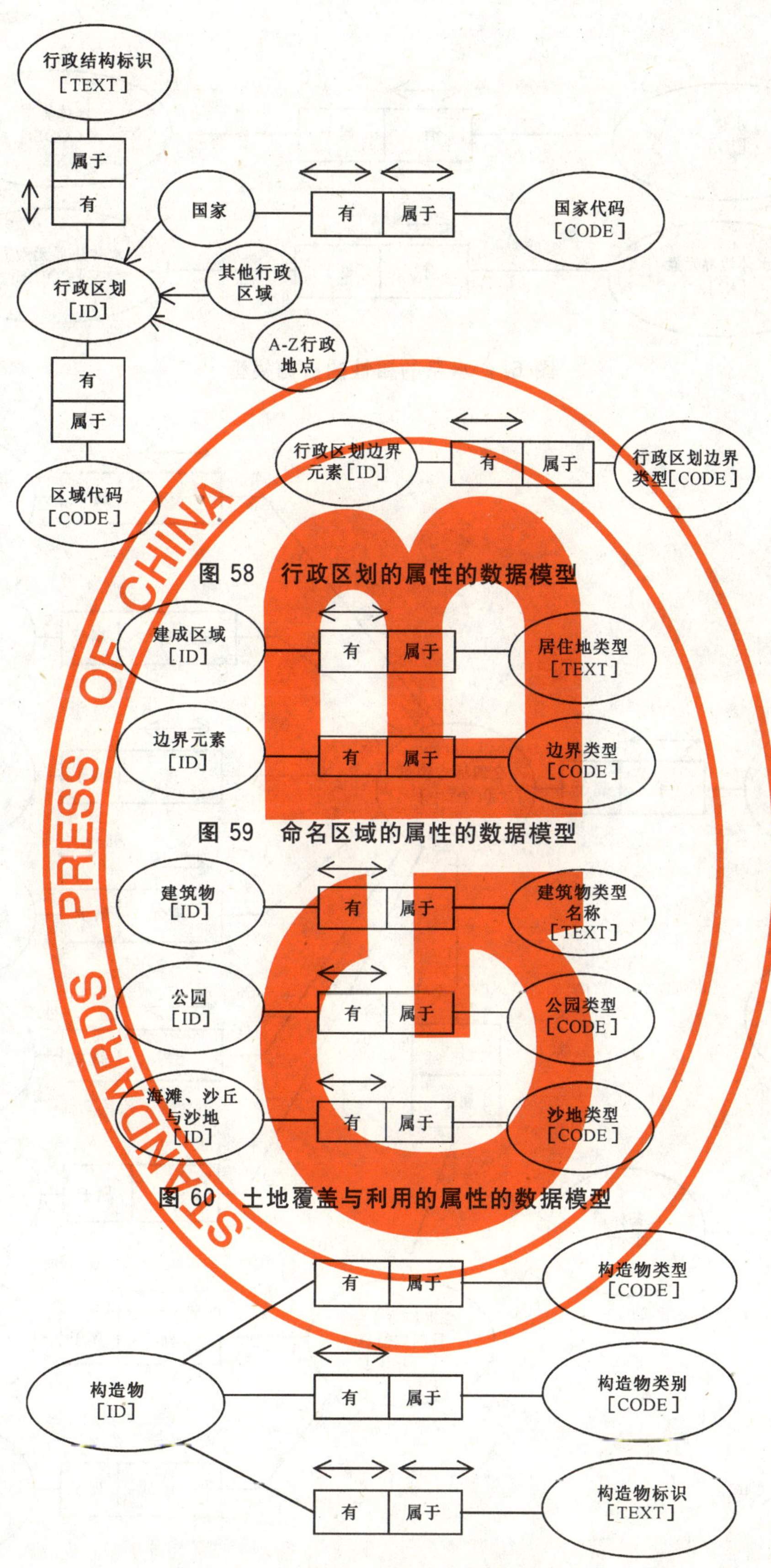

图 58 行政区划的属性的数据模型

图 59 命名区域的属性的数据模型

图 60 土地覆盖与利用的属性的数据模型

图 61 构造物的属性的数据模型

水体
[ID]
有
属于
水体类型
[CODE]
水体边界元素
[ID]
有
属于
水体边界元素类型
[CODE]

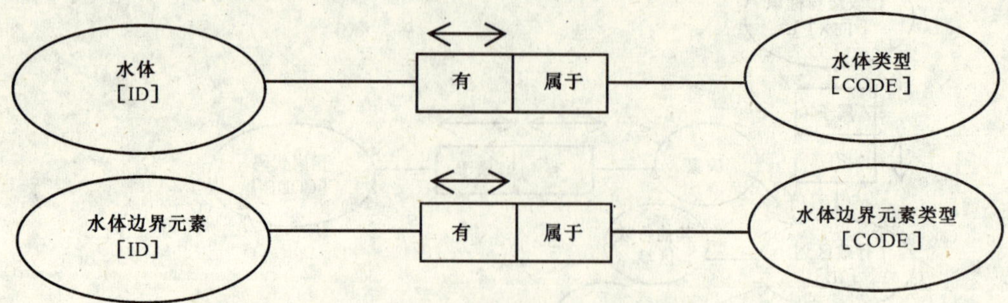

图 62　水系的属性的数据模型

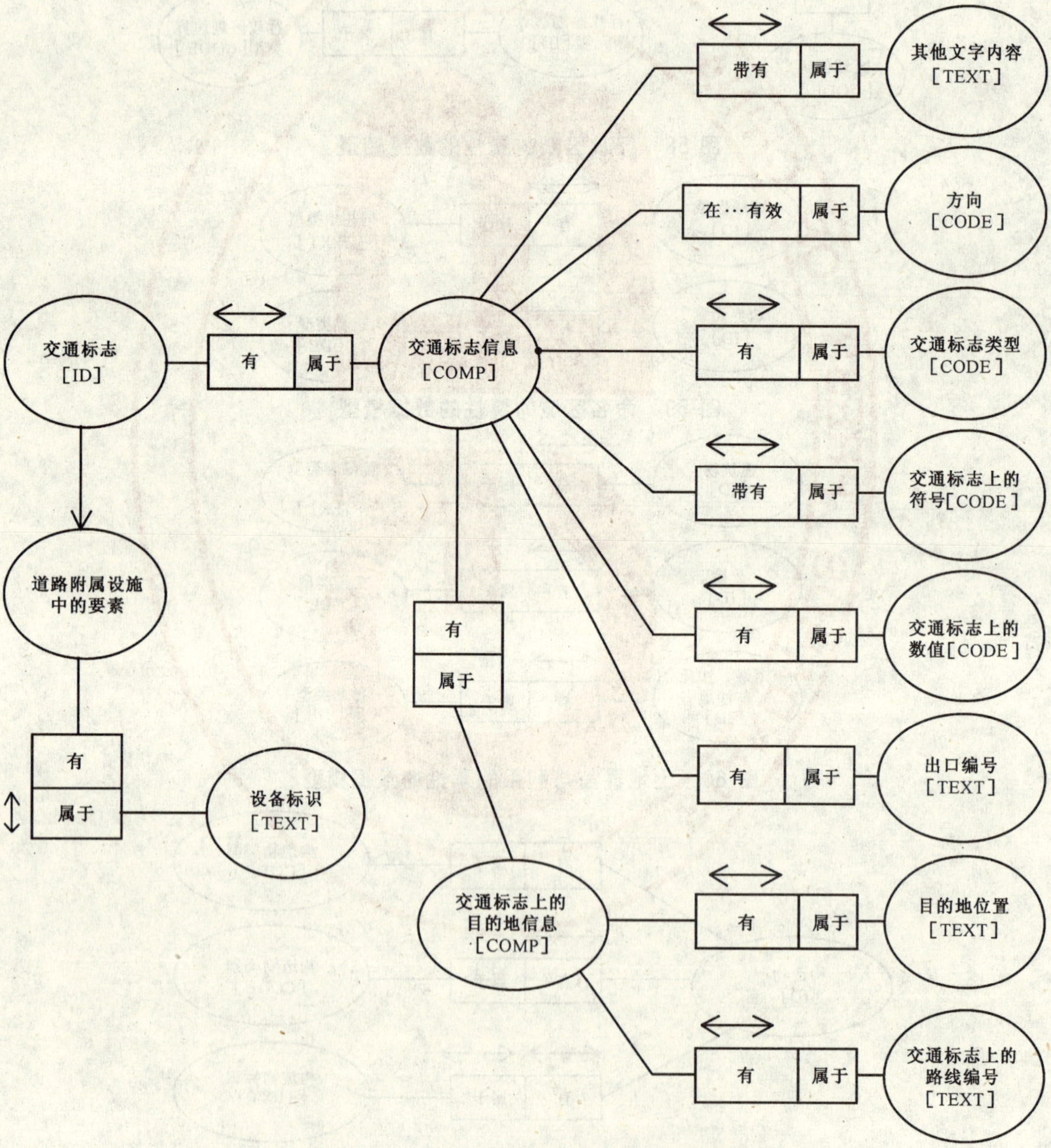

交通标志
[ID]
有
属于
交通标志信息
[COMP]
带有
属于
其他文字内容
[TEXT]
在…有效
属于
方向
[CODE]
有
属于
交通标志类型
[CODE]
带有
属于
交通标志上的
符号[CODE]
有
属于
交通标志上的
数值[CODE]
有
属于
出口编号
[TEXT]
道路附属设施
中的要素
有
属于
设备标识
[TEXT]
有
属于
交通标志上的
目的地信息
[COMP]
有
属于
目的地位置
[TEXT]
有
属于
交通标志上的
路线编号
[TEXT]

图 63　道路附属设施的属性的数据模型

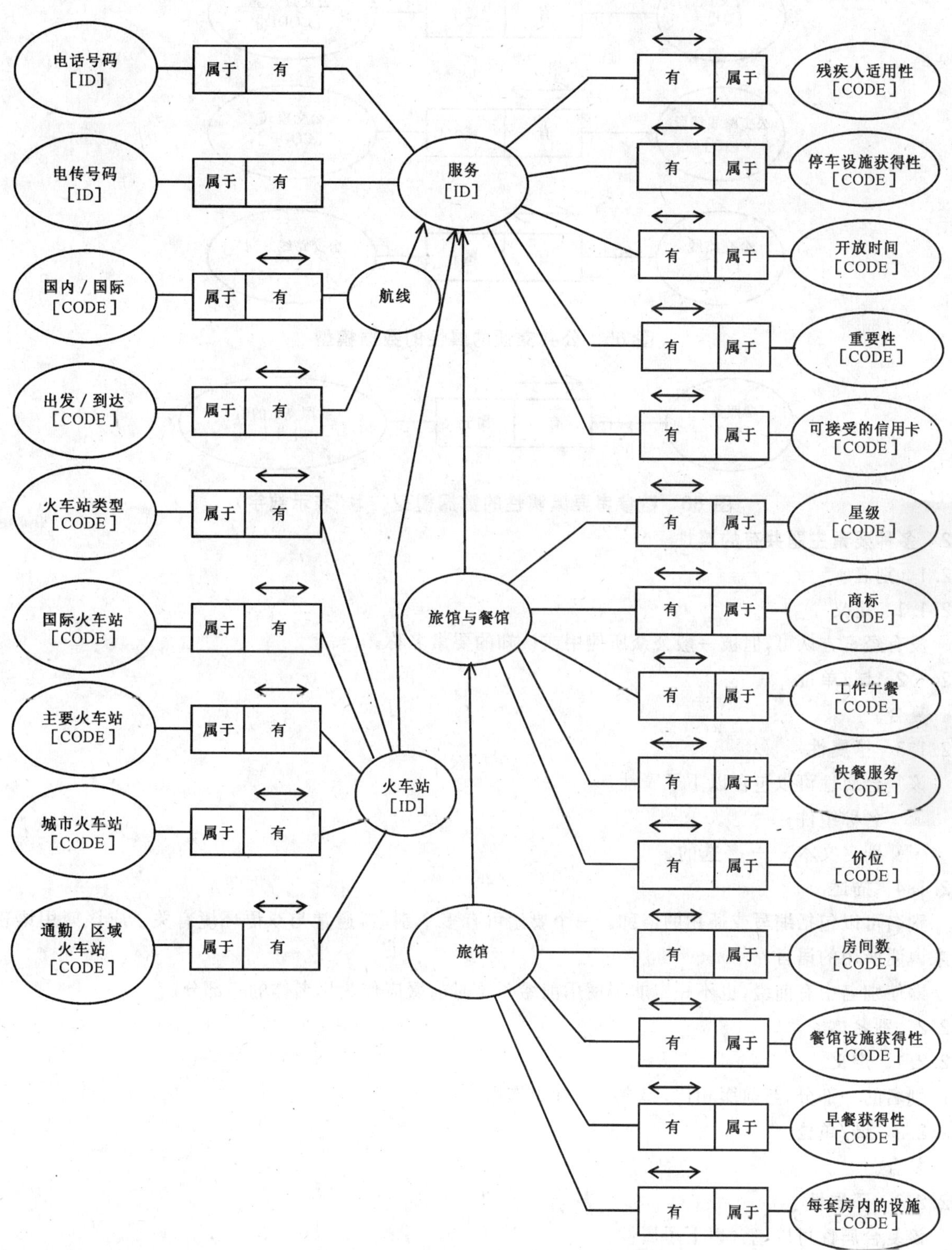

图 64 服务的属性的数据模型（"#"表示数字）

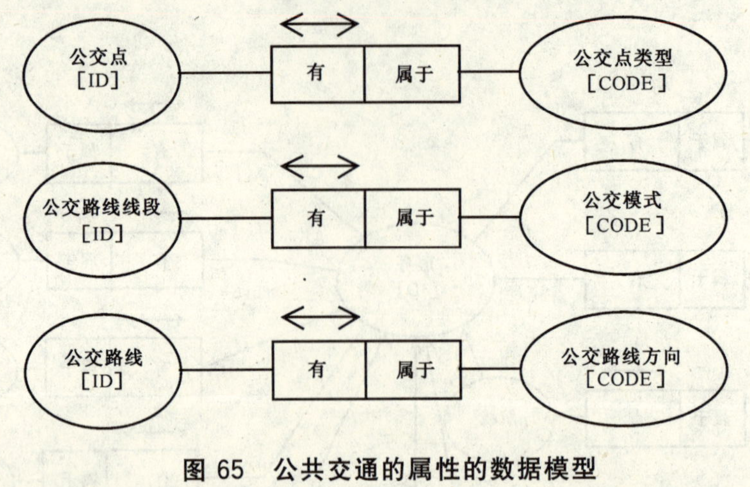

图 65 公共交通的属性的数据模型

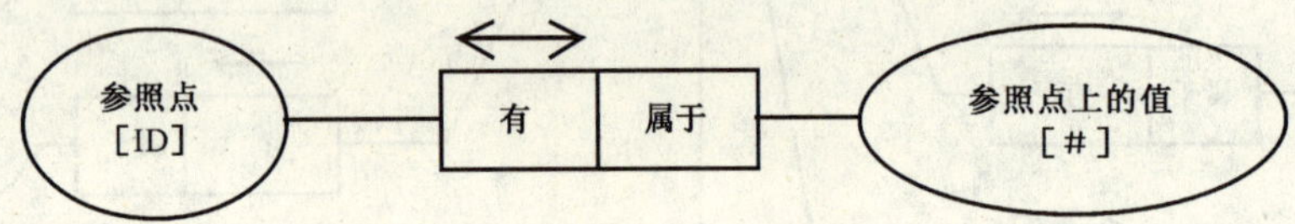

图 66 链参考要素属性的数据模型("#"表示数字)

7.2 多种要素主题共有的属性

7.2.1 别名

7.2.1.1 定义

没有经官方认可,但被一般公众所使用或认知的要素名称。

7.2.1.2 域/单位

复合。

7.2.1.3 子属性

该复合属性可以包含以下子属性:

- 名称组件;
- 别名文本 ——必选的。

7.2.1.4 描述

别名可以包括缩写或通用的俗称。一个要素可有多个别名,通常与双语环境有关。应该使用语言码来说明所用的语言。

即使别名中有前缀,也不一定非得使用前缀。这时前缀应作为别名体的一部分。

7.2.2 别名体

7.2.2.1 定义

别名的一部分,与前缀相比,起主要的标识作用。

7.2.2.2 域/单位

复合。

7.2.2.3 子属性

该复合属性可以包含以下子属性:

- 名称组件;
- 别名文本 ——必选的。

该属性用作子属性,有可能与子属性名称前缀结合使用。它们共同构成复合属性别名。

7.2.2.4 描述

大多数情况,在名称体的层次划分正式名称已足够了。此时别名体将包含一个别名文本的实例和零个名称组件。在某些情况下需要进一步划分别名体，此时别名体由两个或更多的名称组件与别名文本组合而成。

7.2.3 别名文本

7.2.3.1 定义

一个别名(的一部分)。

7.2.3.2 域/单位

字符与标点的任意组合。

7.2.3.3 描述

该属性用作子属性，可能与子属性名称组件结合使用，构成复合属性别名体。

7.2.4 关联类型

7.2.4.1 定义

定义关系中的两个要素之间的关联的类型。

7.2.4.2 域/单位

- 地理包含；
- 一般的相关。

7.2.4.3 描述

地理包含是指表达了真实信息的情况。一般相关是指所表达的信息虽然与地理信息相矛盾，但却被一般公众认为是正确的。

7.2.5 链距

7.2.5.1 定义

沿一个道路元素或链段的相对于参照点的测量或计算的曲线位置。

7.2.5.2 域/单位

米。

7.2.5.3 描述

该属性作为一个包含线状要素的关系的通用定位属性。该属性不直接赋给线要素。

根据关系类型，属性值可有不同的含义：

- 对于将信息关联到道路元素的关系的属性，链距值是沿道路元素正方向相对于起始连接点的曲线距离；
- 对于将信息关联到链段的关系的属性，链距值是沿链段正方向的相对于参照点的正向曲线距离。

7.2.6 通用语言

7.2.6.1 定义

在行政区划或命名区域内通用的语言，但不被政府所正式认可。

7.2.6.2 域/单位

一个语种代码。

7.2.6.3 描述

一个区域可以有多种通用语言。

7.2.7 包含类型

7.2.7.1 定义

包含类型属性规定一个地点(Place)是否被完全包含于另一个地点之中，或是部分被包含。

7.2.7.2 域/单位

- 完全被包含；
- 部分被包含。

7.2.8 货币

7.2.8.1 定义

可以用作某种支付的国家货币。

7.2.8.2 域/单位

按照国际公认的缩写规则而制定的任意字母、数据或符号的组合，用于说明一种货币。

7.2.9 显示等级

7.2.9.1 定义

对要素的一种分类，目的是以显示方式区分其意义。

7.2.9.2 域/单位

- 显示等级 1；
- 显示等级 2；
- 显示等级 3；
- 显示等级 4；
- 显示等级 5；
- 显示等级 6；
- 显示等级 7；
- 显示等级 8；
- 显示等级 9；
- 显示等级 10。

7.2.9.3 描述

虽然用户可以定义自己的分类方法，但建议按要素的重要程度进行分类，最重要的要素定义第一级。

7.2.10 出口编号

7.2.10.1 定义

由管理部门指定的高速公路上的出口的号码。

7.2.10.2 域/单位

任意数字，包括表示方向或其他信息的前缀或后缀。如出口 2，出口 34B，出口 48 北。

7.2.10.3 描述

该属性作为一个子属性可与子属性路线编号、别名及正式名称联合起来，共同形成复合属性复合出口编号。

该属性是一个子属性，与目的地位置和交通标志上的路线编号一起形成复合属性交通标志上的目的地信息。

7.2.11 外部标识

7.2.11.1 定义

描述某一要素的由数字与文字构成的惟一标识。

7.2.11.2 域/单位

字母、数字或标点的任意组合。

7.2.12 多媒体动作

7.2.12.1 定义

说明对多媒体对象如何操作。

7.2.12.2 域/单位

用户定义。

7.2.12.3 描述

多媒体对象执行的动作，应该用一组用户定义说明来描述。

7.2.13 多媒体描述

7.2.13.1 定义

多媒体对象的描述。

7.2.13.2 域/单位

用户定义。

7.2.13.3 描述

多媒体对象应该用一组用户定义说明来描述。

7.2.14 多媒体文件名称

7.2.14.1 定义

附加于要素的多媒体文件的名称。

7.2.14.2 域/单位

字符与标点的任意组合。

7.2.14.3 描述

对于指定的命名文件未作特别限制。

7.2.15 多媒体文件类型

7.2.15.1 定义

附加于要素的多媒体文件的类型。

7.2.15.2 域/单位

字符与标点的任意组合。

7.2.15.3 描述

该属性的目的是以一种不受平台限制的标准的方法指明一个多媒体文件类型。不必根据文件名(及其后缀)来猜测文件的类型。此外，不必在每有一个新的多媒体类型出现时就修改地理数据文件标准。

该多媒体文件类型属性值应以 MIME(Multipurpose Internet Mail Extension)类型说明。

这些表明一个文件类型应是具有格式＜类(genus)＞'I'＜种(species)＞。例如，文件类型"图像/jpeg"具有"图像"类，"jpeg"种。术语"类"与"种"不是 MIME 的标准术语，正确的 MIME 术语应是"类(type)"与"子类(subtype)"。本标准目前只定义了以下 8 种类，即：应用程序、音频、图像、消息、模型、多部分的(multipart)、文本、视频。正式的"种"有多达数百，还有更多非正式的。非正式的"种"用前缀"x"来标识。"audio/x-wav"是一个常用的(但尚未正式注册的)"种"的例子。最近在"种"层次，有"IP-地址"形式的名称子组。在任何层次以 VND 作为前缀表示销售商定义的文件类型。以下是一些例子：

Audio/vnd. xiff

Application/vnd. lotus-1-2-3

Application/vnd. ibm. modcap

Application/vnd. mitsubishi. misty-guard. trustweb

Video/vnd. motorola. video

7.2.16 多媒体时间域

7.2.16.1 定义

说明什么时间执行在相关的子属性多媒体动作中所定义的动作。

7.2.16.2 域/单位

用户定义。

7.2.16.3 **描述**

动作执行时间用一组用户定义的描述方法来说明。

7.2.17 **多媒体文件**

7.2.17.1 **定义**

包含描述相关要素的多媒体对象的多媒体文件。

7.2.17.2 **域/单位**

复合。

7.2.17.3 **子属性**

本复合属性可由以下子属性构成：

- 多媒体文件内容；
- 多媒体文件名称 ——必选的；
- 多媒体文件类型 ——必选的。

7.2.17.4 **描述**

本属性不规定一个文件应有什么名称，也不对文件的名称的格式作任何限制。但是，为了使命名灵活，需要适当地定义设计多媒体文件"文件类型"的方法。例如，一个 JPED 影像，一个 Wave Audio 文件，一个 Quick Time Movie clip，一个 HTML 复杂文件（包含其他的组件，如声音与影像），甚至一个字处理文档，都可以是地理数据文件中作为任何要素的属性的多媒体文件的例子。假定多媒体文件是单独的文件，不是地理数据文件的内在组成部分。因为多媒体文件类型不断变化，而标准不应该不断地改变文件类型编码。因而标准说明了工业标准 MIME 的使用。MIME 是在邮件应用、WEB 浏览器及许多其他 Internet 应用中使用的标准。新的 MIME 类型定期发布，经正式登记后在以下网址可以得到：

ftp://ftp.isi.edu/in-notes/iana/assignemnts/media-types/media-types.

7.2.18 **多媒体文件内容**

7.2.18.1 **定义**

附加于要素的多媒体文件的内容。

7.2.18.2 **域/单位**

复合。

7.2.18.3 **子属性**

本复合属性可由以下子属性构成：

- 多媒体描述 ——必选的；
- 多媒体动作；
- 多媒体时间域[.]…[.]。

7.2.18.4 **描述**

附加于某一要素的多媒体文件的内容是便于应用者决定如何使用多媒体。

7.2.19 **名称组件**

7.2.19.1 **定义**

有特定意义的名称的一部分。

7.2.19.2 **域/单位**

复合。

7.2.19.3 **子属性**

本复合属性可由以下子属性构成：

- 名称组件偏移 ——必选的；
- 名称组件长度 ——必选的；
- 名称组件类型 ——必选的。

7.2.19.4 **描述**

该属性与子属性街道别名文本或正式街道名称文本联合构成复合属性街道别名体或正式街道名称体；或与子属性别名文本或正式名称文本形成复合属性别名体或正式名称体。

7.2.20 **名称组件长度**

7.2.20.1 **定义**

一个名称组件的长度。

7.2.20.2 **域/单位**

字段限制之内的任意正数。

7.2.20.3 **描述**

名称组件长度用名称组件开始处的字符的个数(不是以字节的个数)来描述。

这个属性与子属性名称组件偏移和名称组件类型联合使用，构成复合属性名称组件。

7.2.21 **名称组件偏移**

7.2.21.1 **定义**

表示名称组件开始位置的名称偏移。

7.2.21.2 **域/单位**

字段限制之内的任意正数。

7.2.21.3 **描述**

名称组件长度用名称组件开始处的字符的个数来描述(不是用字节的个数)。如果名称组件开始于名称的起点，名称组件偏移等于1。

这个属性与子属性名称组件长度与名称组件类型联合使用，形成复合属性名称组件。

7.2.22 **名称组件类型**

7.2.22.1 **定义**

一个名称组件的类型。

7.2.22.2 **域/单位**

用户定义。

7.2.22.3 **描述**

与子属性名称组件长度和名称组件偏移联合使用，构成复合属性名称组件。

7.2.23 **名称前缀**

7.2.23.1 **定义**

正式名称或别名的一部分，不属于正式名称/别名体，通常表示对象的类型，在正式名称/别名体之前。

7.2.23.2 **域/单位**

构成有效名称的字符与标点的任意组合。

7.2.23.3 **描述**

例如：

北京西苑宾馆；

北京首都机场。

7.2.24 **正式代码**

7.2.24.1 **定义**

是由相关权威机构指定的行政区划、有名称区域、管区或建成区域的正式代码。

7.2.24.2 **域/单位**

形成有效代码的字母、数字、标点的任意组合。

7.2.25 **官方语言**

7.2.25.1 **定义**

被政府认可或在一个行政的或有名称区域内使用的主要语言。

7.2.25.2 **域/单位**

一个语种代码。

7.2.25.3 **描述**

一个区域可能有多种官方语言。

7.2.26 **正式名称**

7.2.26.1 **定义**

由负责管理与维护要素的官方机构指定的要素名称。

7.2.26.2 **域/单位**

复合。

7.2.26.3 **子属性**

本复合属性由以下子属性构成：

- 名称前缀；
- 正式名称体 ——必选的。

7.2.26.4 **描述**

一个单独的要素可以有多个正式名称。这通常与双语环境有关。可用一个语种代码来说明适用于哪种语言。

前缀的使用不是必须的。如果不用前缀但它是正式名称的一部分，它则应是正式名称体的一部分。

7.2.27 **正式名称体**

7.2.27.1 **定义**

正式名称的一部分，与前缀相比，起主要标识作用。

7.2.27.2 **域/单位**

复合。

7.2.27.3 **子属性**

本复合属性由以下子属性构成：

- 名称组件；
- 正式名称文本 ——必选的。

该属性有可能与子属性名称前缀联合使用。共同构成复合属性正式名称。

7.2.27.4 **描述**

大多数情况下在名称体的层次划分正式名称已足够了。此时正式名称体将包含一个正式名称文本的实例和零个名称组件。在某些情况下需要进一步划分正式名称体，此时正式名称体由两个或更多的名称组件与正式名称文本组合而成。

7.2.28 **正式名称文本**

7.2.28.1 **定义**

正式名称(的一部分)。

7.2.28.2 **域/单位**

字符与标点的组合。

7.2.28.3 **描述**

例如：

北京西苑宾馆；

北京首都机场。

该属性可能与子属性名称组件联合使用，构成复合属性正式名称体。

7.2.29 开放时间

7.2.29.1 定义

相关要素的功能向公众开放的时间段。

7.2.29.2 域/单位

其值应包括以时间域语法表达的开始日期及时间段。

7.2.30 地点中的地点分类

7.2.30.1 定义

地点中的地点关系的类型。

7.2.30.2 域/单位

- 行政区域:说明在关系中列出的第一个地点是第二个的一个行政子区;
- 邮区:说明邮局认为关系中列出的第一个地点是位于第二个之内的,以便于构造邮政地址;
- 重要地址:说明最终用户通常认为关系中列出的第一个地点是位于第二个之内的,以便于确定起始或目的地的位置;
- 用于反向的地理编码:说明应用中所使用的地点树的向上遍历,以便向最终用户提供易懂的地点描述。

7.2.30.3 描述

地点(即有名称区域、行政区划、建成区域或管区)可以通过地点中的地点关系来相互关联。地点可以用不同的方法来相关,其作用方法可各不相同。在地点中的地点分类属性提供了确定两个地点如何相关所必需的数据。

7.2.31 人口

7.2.31.1 定义

一个行政区划或有地名区域、管区、建成区域内的人口数。

7.2.31.2 域/单位

任意整数。

7.2.32 人口等级

7.2.32.1 定义

表示人口数的分类。

7.2.32.2 域/单位

根据用户定义的分级。

7.2.32.3 描述

该属性适用于行政区划、建成区域、有名称区域、管区。

7.2.33 位置精度

7.2.33.1 定义

标明有关要素的精度。

7.2.33.2 域/单位

用米表示值,0 表示“未知”。

7.2.34 邮政编码

7.2.34.1 定义

由国家邮政机构定义的邮区的正式代码。

7.2.34.2 域/单位

构成邮政编码的字符可以是任何种类:空格、数字、字母、字符或图形字符。

7.2.34.3 描述

该子属性可与正式街道名称、街道别名或路线编号与门牌号码范围联合使用,共同构成复合属性地址信息。

该子属性也可与街道名称、地点名称与门牌号码联合使用，共同构成复合属性服务地址。

7.2.35 街道侧面

7.2.35.1 定义

一个属性所适用的线形要素的一侧。

7.2.35.2 域/单位

- 街道左侧；
- 街道右侧。

7.2.35.3 描述

任一个可以根据线形要素的左侧或右侧变化的特性，都可以用表达特性的属性与街道侧面属性结合起来形成的复合属性来表达。此时表达特性的属性只在街道侧面所描述的一侧生效。

当特性不限于街道某一侧时，就不必用街道侧面属性。

对于左侧与右侧的定义是通过道路元素/地址区域边界元素的方向而实现的。

7.2.36 通行费

7.2.36.1 定义

通过一条收费道路时所需付的费用（以某种货币）。

7.2.36.2 域/单位

复合。

7.2.36.3 子属性

- 收费金额 ——必选的；
- 货币种类。

7.2.36.4 描述

该属性与关系收费路线联合使用。

7.2.37 收费金额

7.2.37.1 定义

通过一条收费道路时所需支付的费用。

7.2.37.2 域/单位

以某种货币的最小单位所定义的，由相关的用户自定义要素收费站所认可的数额。

7.2.37.3 描述

该子属性与货币种类结合使用来说明需要支付的收费金额。该复合属性与关系收费路线联合使用。

7.2.38 有效方向

7.2.38.1 定义

在线要素的相关子属性中所定义的值生效的方向。

7.2.38.2 域/单位

- 正向有效；
- 反向有效。

7.2.38.3 描述

只对一个线要素的某一个方向有效的特性可以如此表达，即将表达该特性的属性与有效方向结合起来，此时有效方向作为限制性子属性。

相关子属性有效的方向是通过线要素沿作为结点的点要素起算的方向来定义的。

一个属性的方向的值域也包含“正反两个方向都有效”和“正反两个方向都无效”。正反两向都有效时就不需要限制性子属性；都无效时则相关属性本身都不存在（因而限制性子属性也不存在）。

7.2.39 **有效期**

7.2.39.1 **定义**

一个有关子属性或关系的值生效的时间段。

7.2.39.2 **域/单位**

有效期的值可以按时间域语法规则由开始日期与时间区间来构造。

7.2.39.3 **描述**

任何随时间变化的特性可以用这种方式来表达,即将表达特性的属性与有效期结合起来形成复合属性。如果特性没有时间限制,则不用有效期或其值为空。

7.3 道路与车渡的属性

7.3.1 **事故**

见7.4.2。

7.3.2 **事故日期**

见7.4.3。

7.3.3 **事故标识**

见7.4.4。

7.3.4 **地址信息**

7.3.4.1 **定义**

一个街道地址的基本成分。

7.3.4.2 **域/单位**

复合。

7.3.4.3 **子属性**

地址信息可指正式街道地址、其他街道地址或以路线编号代替街道名称的地址信息。

对于正式街道地址,该复合属性可由以下子属性构成:

- 正式街道名称 ——必选的;
- 门牌号码范围 ——[.]…[.];
- 邮政编码 ——[.]…[.]。

对于其他街道地址,该复合属性由以下子属性构成:

- 街道别名 ——必选的;
- 门牌号码范围 ——[.]…[.];
- 邮政编码 ——[.]…[.]。

对于路线编号,该复合属性由以下子属性构成:

- 路线编号 ——必选的;
- 门牌号码范围 ——[.]…[.];
- 邮政编码 ——[.]…[.]。

7.3.4.4 **描述**

地址信息涉及道路元素两侧。如果只针对道路的一侧(如门牌号码范围),则需要使用限制性子属性街道侧面。在地址信息涉及地址区域边界元素时也用该子属性。

7.3.5 **别名**

见7.2.1。

注意:街道别名见7.3.8。

7.3.6 **别名体**

见7.2.2。

注意:街道别名体见7.3.9。

7.3.7 **别名文本**

见7.2.3。

注意:街道别名文本见7.3.10。

7.3.8 **街道别名**

7.3.8.1 **定义**

一个道路元素或地址区域的名称,没有被官方认定,但被公众使用或熟知。

7.3.8.2 **域/单位**

复合。

7.3.8.3 **子属性**

该复合属性可由以下子属性构成:

- 方向前缀;
- 街道类型前缀;
- 街道别名体 ——必选的;
- 空格分隔标志;
- 街道类型后缀;
- 方向后缀;
- 复合语音[.]…[.]。

该属性与子属性门牌号码范围及邮政编码联合使用,共同构成复合属性地址信息。

7.3.8.4 **描述**

前缀与后缀的使用不是必须的。如果没有使用前缀或后缀,但它们又是街道名称的一部分,则它们应是街道别名体的一部分。也允许组合,例如,一个街道类型前缀可以在一个街道类型前缀中单独定义而街道类型后缀定义为街道别名体的一部分。

在街道名称的不同组件之间可以存在空格。但在街道别名体的前面或后面是否有空格是不确定的。因此,定义了子属性空格分隔标志来表示是否有空格。

一个道路元素可以有多个街道别名。这常与双语环境有关,可用语种代码来说明适用于哪种语言。

在元数据信息中说明了在地理数据文件中如何使用不同的子属性。

7.3.9 **街道别名体**

7.3.9.1 **定义**

街道别名的一部分,起主要标识作用。

7.3.9.2 **域/单位**

复合。

7.3.9.3 **子属性**

该复合属性可由以下子属性构成:

- 名称组件;
- 街道别名文本 ——必选的。

该属性可能与子属性方向前缀、街道类型前缀、空格分隔标志、街道类型后缀、方向后缀及复合发音等联合使用,共同构成复合属性街道别名。

7.3.9.4 **描述**

大多数情况下在街道名称体的层次划分街道名称已足够了。此时街道别名体将包含一个街道别名文本的实例和零个名称组件。在某些情况下需要进一步划分街道名称体,此时街道别名体由两个或更多的名称组件与街道别名文本组合而成。

7.3.10 **街道别名文本**

7.3.10.1 **定义**

街道别名的一部分。

7.3.10.2 **域/单位**

字符、数据与标点的任意组合。

7.3.10.3 **描述**

该属性可能与子属性名称组件联合使用,形成复合属性街道别名体。

7.3.11 **平均车速**

7.3.11.1 **定义**

沿道路元素行驶的车辆的平均速度。

7.3.11.2 **域/单位**

公里/小时。

7.3.12 **路障**

7.3.12.1 **定义**

指明道路元素上的一个物理障碍。

7.3.12.2 **域/单位**

复合。

7.3.12.3 **子属性**

该复合属性可由以下子属性构成:

- 路障位置 ——必选的;
- 路障类型;
- 可移动路障。

7.3.13 **路障位置**

7.3.13.1 **定义**

指明道路元素上的一个物理障碍。

7.3.13.2 **域/单位**

- 在开始连接点设置的路障;
- 在结束连接点设置的路障;
- 在开始连接点与结束连接点之间设置的路障。

7.3.13.3 **描述**

若在开始连接点或结束连接点设置了路障,表明无法从该点进入道路元素。当路障设置在这些位置附近,但车辆可以进入道路元素时,则使用“在开始连接点与结束连接点之间设置的路障”。

本属性可与可移动路障和路障类型联合使用,共同构成复合属性路障。

7.3.14 **路障类型**

7.3.14.1 **定义**

说明路障是否为可移动的。

7.3.14.2 **域/单位**

- 永久固定的;
- 可移动的。

7.3.14.3 **描述**

如果一个路障只有在摧毁后才能移走,则视为是永久固定的。如果该路障可以被移走以开放它所封闭的道路元素,则视为是可移动的。

该属性可以与可移动路障、路障位置联合使用,构成复合属性路障。

7.3.15 **链距**

见 7.2.5。

7.3.16 **链偏移**

7.3.16.1 **定义**

定义沿道路元素的曲线位置的偏移。

7.3.16.2 **域/单位**

用米表示。

7.3.16.3 **描述**

对于每个道路元素,可定义链偏移与要素的起点或终点相关。如果使用绝对分段,链偏移总为零。如果使用相对分段,可在要素的起点和终点都定义不等于零的链偏移。这时两者中较小的用作链偏移值。

这两种情况下,如果按线形要素的方向分段,链偏移与要素起点相关。反之,如果使用反向分段,与终点相关(见 7.1.12)。

7.3.17 **复合出口编号**

7.3.17.1 **定义**

一条高速公路上某一出口的号码与名称。

7.3.17.2 **域/单位**

复合。

7.3.17.3 **子属性**

- 出口编号;
- 正式名称;
- 别名;
- 路线编号。

7.3.18 **道路复合形态**

7.3.18.1 **定义**

道路元素所采用的某种物理形态。基于一些物理与交通特性。

7.3.18.2 **域/单位**

复合。

7.3.18.3 **子属性**

本复合属性有以下子属性:

- 道路形态 ——必选的;
- 匝道类型。

7.3.19 **复合交叉口类型**

7.3.19.1 **定义**

一个交叉口的一般分类。

7.3.19.2 **域/单位**

复合。

7.3.19.3 **子属性**

本复合属性有以下子属性:

- 交叉口类型 ——必选的;
- 汇交路口类型。

7.3.20 **复合语音**

7.3.20.1 **定义**

按照某一语音系统对一个字符串的发音。

7.3.20.2 **域/单位**

复合。

7.3.20.3 **子属性**

- 语音 ——必选的；
- 语音系统 ——必选的。

7.3.20.4 **描述**

与正式街道名称体/街道别名体、方向前缀、街道类型前缀、空格分隔标志、街道类型后缀、方向后缀联合使用，构成复合属性正式街道名称/街道别名。

7.3.21 **建设状态**

见7.4.5。

7.3.22 **货币**

见7.2.8。

7.3.23 **交通流方向**

见7.4.6。

7.3.24 **方向前缀**

见7.4.7。

7.3.25 **方向后缀**

见7.4.8。

7.3.26 **显示等级**

见7.2.9。

7.3.27 **分隔道路元素**

7.3.27.1 **定义**

指明是否存在物理或逻辑分隔带，将相反方向的车道分隔开。

7.3.27.2 **域/单位**

- 未分隔的；
- 分隔的。

7.3.27.3 **描述**

该属性表明在一个双向道路元素的中心线位置上是否存在物理分隔带或逻辑分隔带(实(双)线)。根据应用需求的精度要求，分隔带可用本属性表示，或用两个独立的中心线表示该道路。

该属性不提供在起止连接点是否可以穿越道路的信息。

该属性可作为子属性与分隔带类型及分隔带宽度(或其中之一)联合使用，它们共同构成复合属性分隔带。

7.3.28 **分隔带**

7.3.28.1 **定义**

不用单独的要素表达的道路元素上是否存在物理或逻辑分隔带的信息。

7.3.28.2 **域/单位**

复合。

7.3.28.3 **子属性**

该复合属性包括以下子属性：

- 分隔道路元素 ——必选的；
- 分隔带类型；

- 分隔带宽度。

7.3.29 **分隔带类型**

7.3.29.1 **定义**

道路元素沿线分隔带的分类。

7.3.29.2 **域/单位**

- 不可穿越物理分隔带；
- 可穿越物理分隔带；
- 法定分隔带。

7.3.29.3 **描述**

分隔带类型用作子属性来指明在相关的道路元素上的分隔带的类型。它应和子属性分隔道路元素及(或)分隔带宽度联合使用。

例如：

- 将相对通行的车道分隔开来的有轨电车轨道应作为“可穿越物理分隔带”；
- 将相对通行的车道分开的实线应作为“法定分隔带”；
- 分隔快速路(相向)车道的分隔带应作为“不可穿越物理分隔带”。

7.3.30 **分隔带宽度**

7.3.30.1 **定义**

道路元素沿线的分隔带的宽度。

7.3.30.2 **域/单位**

米。

7.3.30.3 **描述**

该属性应与子属性分隔道路元素及(或)分隔带类型联合使用，共同构成复合属性分隔带。

7.3.31 **紧急车道**

7.3.31.1 **定义**

指明相关道路元素是否有一个独立的紧急车道。

7.3.31.2 **域/单位**

- 不存在；
- 存在。

7.3.31.3 **描述**

紧急车道是只在紧急情况下使用的车道，只允许急救车辆或出了事故的车辆使用。

该属性可与说明道路元素车道位置的子属性车道依赖性结合使用，不必与车辆类型结合。

7.3.32 **封闭交通区域类型**

7.3.32.1 **定义**

封闭交通区域的类型。

7.3.32.2 **域/单位**

- 停车处；
- 停车建筑物；
- 非结构化的交通广场；
- 其他类型封闭交通区域。

非结构化的交通广场

是道路网络中的一个允许来自不同道路的交通进行汇合的区域，目的是便于从一个道路转向另一个道路。它内部没有特别规定行驶方向。

7.3.33 **出口编号**

见7.2.10。

7.3.34 **外部标识**

见7.2.11。

7.3.35 **车渡类型**

7.3.35.1 **定义**

是车渡联络线的类型。

7.3.35.2 **域/单位**

- 由船或气垫船运作;
- 由火车运作。

7.3.36 **第一门牌号码**

7.3.36.1 **定义**

道路元素或地址区域边界元素上的第一个门牌号码。

7.3.36.2 **域/单位**

值域只限于物理意义。该值最大为10个字符。这些字符可以是任意种的组合:数字、字母、图形符号。典型的例子是223,456,57-a,435-Ⅱ等。

7.3.36.3 **描述**

如果道路元素或地址区域边界元素上没有带门牌号码的房屋时,该属性为空。

该属性作为子属性与门牌号码结构、最后门牌号码结合起来使用,还可能与中间门牌号码结合。这些属性一起构成复合属性门牌号码范围。

7.3.37 **道路形态**

7.3.37.1 **定义**

道路元素所采用的某种物理形态,与一些物理与交通特性有关。

7.3.37.2 **域/单位**

- 快速路的一部分;
- 非快速路的多车道道路的一部分;
- 单车道道路的一部分;
- 环岛的一部分;
- 交通广场的一部分;
- 封闭交通区域的一部分;
- 匝道的一部分;
- 辅路的一部分;
- 停车场出入通道;
- 服务出入通道;
- 步行区的一部分;
- 不允许车辆穿越的人行道的一部分。

7.3.37.3 **描述**

该子属性与匝道类型联合使用,共同形成复合属性复合道路形态。

7.3.37.4 **快速路定义**

快速路定义为允许机动车以限定最低速行驶的道路。有两个或更多的由物理分隔带分隔的车道,没有平面交叉口。

7.3.37.5 **多车道道路定义**

多车道道路定义为有物理分隔带的道路(无论有多少车道)。如果一个道路同时是快速路,则视其为快速路而不是多车道路编码。

7.3.37.6 **单车道道路定义**

没有分离车道的所有路视为单车道道路。

7.3.37.7 **环岛定义**

环岛是只允许车辆单方向行驶的环状道路。用图 67 所示符号来指明环岛。

构成环路的道路元素必须互相联接并严格形成环路(图 68)。

图 67 环岛标志

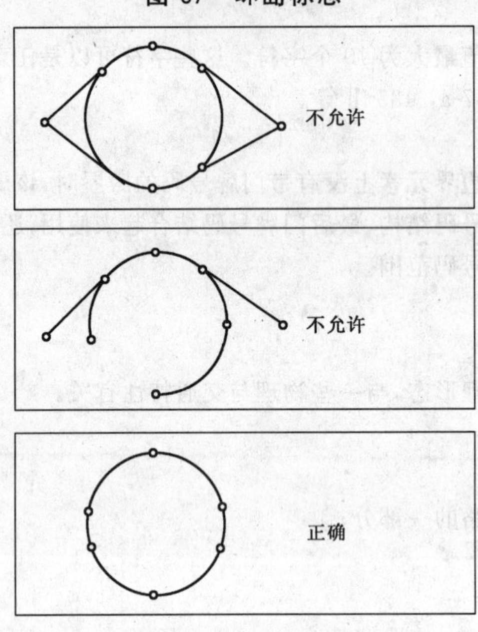

图 68 环岛定义示例

7.3.37.8 **交通广场定义**

交通广场是由道路围绕形成的露天(部分露天)区域,用于非交通目的,并且不是环岛。

7.3.37.9 **匝道定义**

匝道是用于进入或离开道路元素的一段道路。

7.3.37.10 **辅路的定义**

辅路是与主路平行并联通的道路,其连通功能比主路更强,主要用于从连通的道路到邻近的连通功能较弱的道路之间的通路。

一般辅路和与其平行的高等级道路同名,只用小型构筑物与其隔开,如人行道,交通岛等。

7.3.37.11 **停车场出入通道定义**

是专门用于出入换乘区的道路。

7.3.37.12 **服务出入通道定义**

仅供服务出入的道路。

7.3.37.13 **步行区一部分的定义**

步行区是专门为步行者设计的一个有道路网的区域。通常位于市区。在区内除急救车辆和限时的送货车辆外不允许车辆行驶。

7.3.37.14 **不允许车辆穿越的人行道定义**

不允许车辆穿越的人行道是道路网络的一部分,只允许步行者通行,具有物理标识禁止车辆进入。

7.3.38 **高速公路**

7.3.38.1 **定义**

当道路元素是高速公路的一部分时。

7.3.38.2 **域/单位**

- 非高速公路的一部分;
- 高速公路的一部分。

7.3.38.3 **描述**

高速公路定义为与其他道路没有平面交汇的道路,即其与其他道路元素的连通都是通过公路匝道及(或)平行道路实现的。

7.3.39 **交通连接的频率**

7.3.39.1 **定义**

交通连接两次出发间的时间间隔。

7.3.39.2 **域/单位**

用时间域的语法来表示值。

7.3.40 **道路功能等级**

7.3.40.1 **定义**

根据道路元素或车渡联络线在整个道路网络连通性中的重要性而划分。

7.3.40.2 **域/单位**

- 主要道路:道路网中最重要的道路;
- 一级路;
- 二级路;
- 三级路;
- 四级路;
- 五级路;
- 六级路;
- 七级路;
- 八级路;
- 九级路:道路网中最不重要的道路。

7.3.40.3 **描述**

7.3.40.3.1 **道路等级数量**

道路等级的数量根据数据源而随不同国家变化。

7.3.40.3.2 **道路等级值的数量**

原则上允许一个道路元素有一个以上的道路功能等级值(根据不同的数据源)。此时要求明确指出某一值依据哪个数据源。

7.3.40.3.3 **车渡联络线分级**

车渡联络线分级与道路分级类似。因此,一个车渡联络线连接两个道路元素。如果两个道路元素具有相同功能等级,则车渡联络线的功能等级值与道路元素的相同;如果两个道路元素的功能等级不同,则车渡联络线的功能等级值取其较低者。

7.3.40.3.4 **分级规则**

以下是分级的规则:

- 一般情况下，属于某一道路功能等级的道路元素和较高功能等级的道路元素所形成的每一子集应构成一个连通的图；
- 在每个子集中属于“死胡同”类型的道路元素的数量应保持最小。

7.3.41 隘口高程

7.3.41.1 定义

某一道路元素沿线中，标识为山隘的某一点的海拔高程。

7.3.41.2 域/单位

整数米。

7.3.41.3 描述

本属性作为子属性与子属性隘口及(或)开放时间联合使用。这些子属性共同构成属性山隘。

7.3.42 多人乘坐车辆

7.3.42.1 定义

在某一道路元素或车道上行驶的客车的允许最小乘坐人数。

7.3.42.2 域/单位

复合。

7.3.42.3 子属性

此复合属性包括以下子属性：

- 车辆类型 ——必选的；
- 最小乘坐人数。

只有当车辆类型中有“ 多人乘坐车辆” 值时才有效。

7.3.43 门牌号码范围

7.3.43.1 定义

与某一道路元素或某一地址区域边界元素的一侧相关的门牌号码的集合。

7.3.43.2 域/单位

复合。

7.3.43.3 子属性

此复合属性包括以下子属性：

- 门牌号码结构——必选的；
- 街道侧面——必选的；
- 第一门牌号码；
- 最后门牌号码；
- 中间门牌号码[.]..[.]。

[.]..[.] 表示子属性可能有多个实例。

定义门牌范围所需要的子属性的数量依赖于门牌号码结构。

注：地址区域边界元素上的门牌号码只出现于一侧。

7.3.43.4 描述

该子属性与正式街道名称、街道别名或路线编号与邮政编码联合使用，共同构成复合属性地址信息。

7.3.44 门牌号码结构

7.3.44.1 定义

某一道路元素或地址区域边界元素一侧的门牌号码的编号方法。

7.3.44.2 域/单位

- 无门牌号码；

· 规则的单号；
· 规则的双号；
· 规则的单、双号；
· 不规则。

7.3.44.3 **描述**

本属性作为子属性与子属性第一门牌号码(可能还有中间门牌号码及最后门牌号码)联合使用，共同构成复合属性门牌号码范围。

7.3.44.4 **不同门牌号码结构的定义**

· 无门牌号码：道路元素或地址区域边界元素沿线没有门牌号码，或道路元素沿线的房屋没有被编号；
· 规则的单、双号：单、双号的门牌号码从道路元素的一端到另一端顺序(升序或降序)排列。此时在一组号码中不要求完整，如果中间缺少一些号码，但只要按顺序排列，就视为规则的。如(5,6,7,9,10,13)、(24,27,30,33,34,36)、(35,36,48,69,71,74,86)；
· 规则的单号：单号的门牌号码从道路元素的一端到另一端顺序(升序或降序)排列。此时在一组号码中不要求完整，如果中间缺少一些号码，但只要按顺序排列，就视为规则的。如(5,7,9,11,13)、(35,39,43,69,71,73,85)；
· 规则的双号：双号的门牌号码从道路元素的一端到另一端顺序(升序或降序)排列。此时在一组号码中不要求完整，如果中间缺少一些号码，但只要按顺序排列，就视为规则的。如(2,4,8,18,22)；
· 不规则：表示门牌号码不按某种规则排列。

图69、图70、图71是示例。

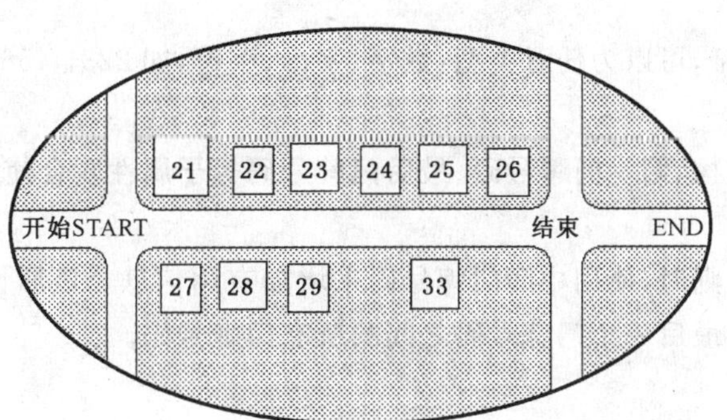

图69　在一侧同时有单号和双号

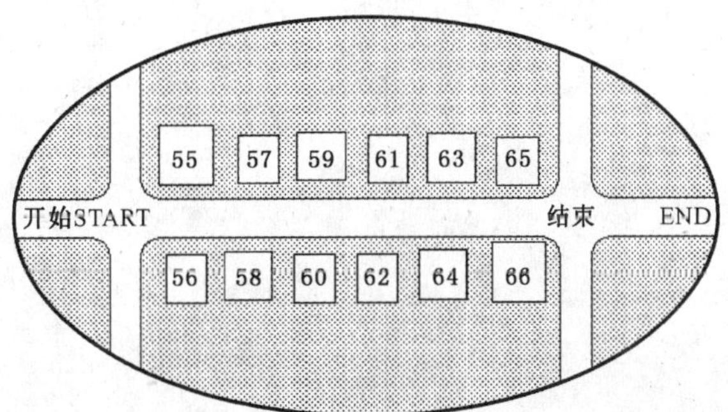

图70　两侧分别是单、双号

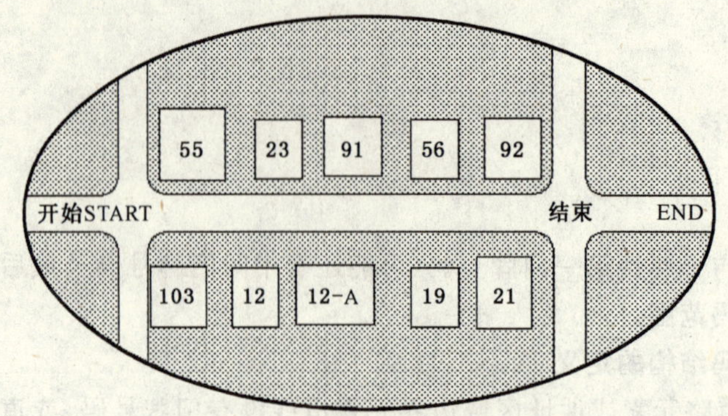

图 71　不规则门牌号码

7.3.45　**汇交路口类型**

7.3.45.1　**定义**

对汇交路口的分类。

7.3.45.2　**域/单位**

- 高速公路交叉口；
- 高速公路与非高速公路的交叉口；
- 非高速公路交叉口。

7.3.45.3　**描述**

混合的汇交路口表示高速路与非高速路之间的交叉口。

7.3.46　**中间门牌号码**

7.3.46.1　**定义**

在道路元素或地址区域边界元素上的门牌号码，其既不是第一个也不是最后一个。

7.3.46.2　**域/单位**

值域定义为10个字符，可以为任意类型：数字、字母、字符，如223，456，57-a，435-Ⅱ等。

7.3.46.3　**描述**

该属性与门牌号码结构、第一门牌号码、最后门牌号码等子属性联合使用。共同构成复合属性门牌号码范围。

当门牌号码结构不规则时，使用中间门牌号码来增加有用信息。该属性存贮道路元素或地址区域边界元素一侧的第一个和最后一个门牌号码之间的所有门牌号码。

排列顺序

门牌号码需要按道路元素或地址区域边界元素从第一到最后一个门牌号码方向的实际顺序存贮。

7.3.47　**连接点类型**

7.3.47.1　**定义**

连接点的分类。

7.3.47.2　**域/单位**

- 小环岛；
- 铁路交叉；
- 边界交叉。

7.3.47.3　**描述**

7.3.47.4　**小环岛定义**

是一种环路，主要用于减小过往车辆的速度。当沿同一方向继续行驶时只需要较小方向偏离。见图72示例。

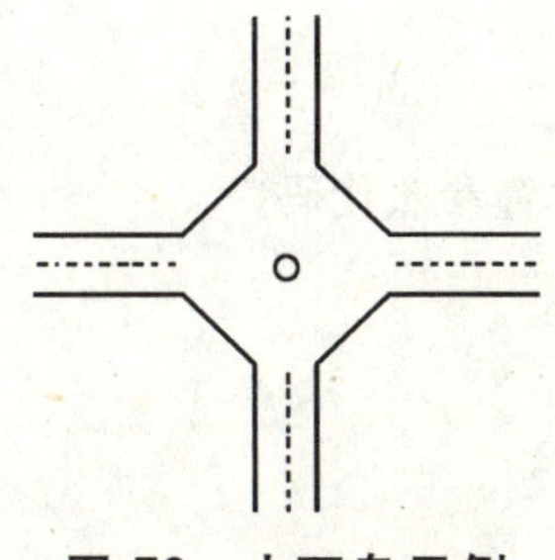

图 72 小环岛示例

7.3.47.5 **铁路交叉的定义**

道路与铁路平面交叉的地方。

7.3.47.6 **边界交叉的定义**

道路与国境线交叉的地方。

7.3.48 **车道依赖性**

7.3.48.1 **定义**

某个车道是否具有相关道路元素的属性或关系。

7.3.48.2 **域/单位**

一个字符串，最长等于道路元素所具有的车道数+1，其中第(n+1)个字符表示第 n 个车道。字符串第一个字符是：

- L：表示车道从道路元素的左侧开始数起；
- R：表示车道从道路元素的右侧开始数起。

第 n 个字符(n>1)是：

- 0：表示相关子属性对于此车道无效；
- 1：表示相关子属性对于此车道有效。

7.3.48.3 **描述**

道路元素的左、右侧是根据道路元素的方向(由起止端点决定)来定义的。

字符数不要求一定等于车道数+1。此时没有表达的车道视为没有被采集。

该属性与其他用车道有效性描述的有关车道的属性联合使用。

7.3.49 **最后门牌号码**

7.3.49.1 **定义**

道路元素右侧或地址区域边界元素的最后一个门牌号码。

7.3.49.2 **域/单位**

最大可有 10 个字符。字符可以是任何类型：数字、字母、符号。如 223，456，57-a，435-Ⅱ 等。

7.3.49.3 **描述**

该属性与门牌号码结构、第一门牌号码联合使用，可能还有中间门牌号码。共同构成复合属性门牌号码范围。

7.3.50 **侧向偏移**

见 7.4.9。

7.3.51 **道路元素长度**

7.3.51.1 **定义**

道路元素的二维曲线长度。

7.3.51.2 **域/单位**

以米为单位。

7.3.51.3 **描述**

该属性包含道路元素平面投影的曲线长度。

7.3.52 **位置参照**

7.3.52.1 **定义**

某个位置在某一位置参照系中的位置参照代码。

7.3.52.2 **域/单位**

复合。

7.3.52.3 **子属性**

此复合属性包括以下子属性：

- 位置参照代码[.]…[.] ——必选的；
- 位置参照类型 ——必选的。

7.3.53 **位置参照代码**

7.3.53.1 **定义**

某一位置参照系的标识。

7.3.53.2 **域/单位**

任意表示一个位置参照代码的值。

7.3.53.3 **描述**

该属性与位置参照类型联合，共同构成复合属性位置参照。

7.3.53.4 **位置参照类型**

7.3.53.5 **定义**

位置参照代码所使用的位置参照系的类型。

7.3.53.6 **域/单位**

- RDS/TMC；
- VICS；
- 用户定义。

7.3.53.7 **描述**

该属性与位置参照代码联合，共同构成复合属性位置参照。

7.3.54 **磁异常**

7.3.54.1 **定义**

在某一建筑物附近由于该建筑物存在而引起的地磁明显变化。

7.3.54.2 **域/单位**

- 不存在；
- 存在。

7.3.54.3 **描述**

可能影响地球磁场变化的构筑物，包括：桥梁、隧道、电线、电气铁路、有轨电车。

7.3.55 **允许最大高度**

见7.4.10。

7.3.56 **允许最大长度**

见7.4.11。

7.3.57 **最大车道数**

7.3.57.1 **定义**

道路元素上的最大车道数。

7.3.57.2 **域/单位**

任意整数。

7.3.57.3 描述

该属性表示某一道路元素某一方向上的车道的数量。如果该属性出现于一个道路元素,但没有指明是哪一侧,表明道路元素两侧都有同样数量的车道数,或该道路元素只有一个交通方向。如果一个道路元素的两个方向的车道数不同,则每个车道数要与一个指明哪一侧的属性值结合起来使用。

7.3.58 允许最大质量

见 7.4.12。

7.3.59 允许最大轴质量

见 7.4.13。

7.3.60 允许最大宽度

见 7.4.14。

7.3.61 实测长度

见 7.4.15。

7.3.62 最小车道数

7.3.62.1 定义

一个道路元素上的最小车道数。

7.3.62.2 域/单位

任意整数。

7.3.62.3 描述

该属性表示某一道路元素某一方向上的车道的数量。如果该属性出现于一个道路元素,但没有指明是哪一侧,表明道路元素两侧都有同样数量的车道数,或该道路元素只有一个交通方向。如果一个道路元素的两个方向的车道数不同,则每个车道数要与一个指明哪一侧的属性值结合起来使用。

7.3.63 最小乘坐人数

7.3.63.1 定义

交通限制所规定的一辆车的最小乘坐人数。

7.3.63.2 域/单位

任意整数。

7.3.63.3 描述

该属性应与车辆类型联合使用。只有当车辆类型的值是"多人乘坐车辆"时这种联合才有意义。它们共同构成复合属性多人乘坐车辆。

7.3.64 山隘

7.3.64.1 定义

当一个道路元素被视为一个山隘时,该属性表示其存在、高程和开放时间。

7.3.64.2 域/单位

复合。

7.3.64.3 子属性

包括以下子属性:

- 隘口——必选的;
- 隘口高程;
- 开放时间[.]..[.]。

[.]..[.] 表示该子属性可有多个实例。

7.3.65 多媒体动作

见 7.2.12。

7.3.66 多媒体描述

见 7.2.13。

7.3.67 多媒体文件

见 7.2.17。

7.3.68 多媒体文件内容

见 7.2.18。

7.3.69 多媒体文件名称

见 7.2.14。

7.3.70 多媒体文件类型

见 7.2.15。

7.3.71 多媒体时间域

见 7.2.16。

7.3.72 名称组件

见 7.2.19。

7.3.73 名称组件长度

见 7.2.20。

7.3.74 名称组件偏移

见 7.2.21。

7.3.75 名称组件类型

见 7.2.22。

7.3.76 名称前缀

见 7.2.23。

注：街道名称见 7.3.24 及 7.3.112。

7.3.77 道路管理等级

见 7.4.16。

7.3.78 车道数量

见 7.4.17。

7.3.79 正式代码

见 7.2.24。

7.3.80 正式名称

见 7.2.26。

注：正式街道名称见 7.3.84。

7.3.81 正式名称体

见 7.2.27。

7.3.82 正式名称文本

见 7.2.28。

7.3.83 正式街道名称

7.3.83.1 定义

道路元素或地址区域边界元素的正式名称。

7.3.83.2 域/单位

复合。

7.3.83.3 子属性

本复合属性可包括以下子属性：

- 方向前缀；
- 街道类型前缀；
- 正式街道名称体　——必选的；
- 空格分隔标志；
- 街道类型后缀；
- 方向后缀；
- 复合发音。

该属性与门牌号码范围及邮政编码联合使用，共同构成复合属性地址信息。

7.3.83.4　**描述**

前缀与后缀不是必须使用的。如果未用前缀或后缀，但内容是街道名称的一部分，则内容写在正式街道名称体中。同时允许组合，如一个街道类型前缀可以单独定义为街道类型前缀，而街道类型后缀可以定义为正式街道名称体的一部分。

在街道名称的不同组件之间可以存在空格。但在街道别名体的前面或后面是否有空格是不确定的。因此，定义了子属性空格分隔标志来表示是否有空格。

一个道路元素可以有多个正式街道名称。这常与双语环境有关。如“花园路”与“Gardern Road”是同一条街道的在汉语与英语中的名称。应使用语种代码来说明所使用的语言。

可利用元数据信息来说明在一个地理数据文件中如何使用不同的子属性。

用正式街道名称来代替街道别名并不表示构成正式街道名称的所有子属性都要替换。只有正式街道名称体或街道别名体需要改变。其他的子属性两种街道名称都适用。

7.3.84　**正式街道名称体**

7.3.84.1　**定义**

正式街道名称的一部分，与其他部分相比更具标识作用。

7.3.84.2　**域/单位**

复合。

7.3.84.3　**子属性**

本复合属性可包括以下子属性：

- 名称组件；
- 正式街道名称文本　——必选的。

该属性与方向前缀、街道类型前缀、空格分隔标志、街道类型后缀、方向后缀及复合语音联合使用，共同构成复合属性正式街道名称。

7.3.84.4　**描述**

大多数情况下在街道名称体的层次划分街道名称已足够了(见表1)。此时正式街道名称体将包含一个正式街道名称文本的实例和零个名称组件。在某些情况下需要进一步划分正式街道名称体，此时正式名称体由两个或更多的名称组件与正式街道名称文本组合而成。

表 1

街　道　名　称	街 道 名 称 体
中关村	中关村
西长安街	西长安
南京路	南京
顾家弄	顾家

7.3.85　**正式街道名称文本**

7.3.85.1　**定义**

一个正式街道名称(的一部分)。

7.3.85.2 域/单位

字符与标点的任意组合。

7.3.85.3 描述

该属性用作子属性，可能与子属性名称组件结合使用，构成复合属性正式街道名称体。

7.3.86 开放时间

见7.2.29。

7.3.87 所有权

7.3.87.1 定义

即一个道路元素是公有的还是私人所有的。

7.3.87.2 域/单位

- 公有；
- 私有。

7.3.88 隘口

7.3.88.1 定义

一个道路元素是否被视为一个山隘。

7.3.88.2 域/单位

- 非隘口；
- 隘口。

7.3.88.3 描述

该属性与隘口高程及开放时间联合使用。它们共同构成复合属性山隘。

7.3.89 通行限制

7.3.89.1 定义

表明相关道路元素是否不允许通行其他车辆。

7.3.89.2 域/单位

- 有限制；
- 无限制。

7.3.89.3 描述

该属性应与车辆类型联合使用。

7.3.90 铺设过的路面类型

见7.4.18。

7.3.91 铺设状态

见7.4.19。

7.3.92 国际交通百分比

见7.4.20。

7.3.93 位置精度

见7.2.33。

7.3.94 邮政编码

见7.2.34。

注：在道路与车渡主题中，邮政编码可以与子属性正式街道名称/街道别名、门牌号码范围及/或路线编号联合使用，共同构成复合属性地址信息。也可以单独使用这个属性(如一个道路元素只有一个邮政编码，并且没有街道名称等信息)。

7.3.95 语音

7.3.95.1 定义

在相关子属性中定义的一个字符串的发音的表示。

7.3.95.2 **域/单位**

某一语音系统中定义的一组字符。

7.3.95.3 **描述**

该属性与子属性语音系统联合,构成复合属性复合语音。

7.3.96 **语音系统**

7.3.96.1 **定义**

在相关子属性语音中所使用的语音系统。

7.3.96.2 **域/单位**

- 语音的;
- 用户定义。

7.3.96.3 **描述**

与子属性语音联用,构成复合属性复合语音。

7.3.97 **可移动路障**

7.3.97.1 **定义**

通过路障的方式。

7.3.97.2 **域/单位**

- 只允许紧急车辆通过;
- 有授权可通行;
- 被看守的。

7.3.97.3 **描述**

与子属性路障位置及路障类型联合使用,构成复合属性路障。

7.3.98 **道路坡度**

7.3.98.1 **定义**

道路元素的道路坡度百分数。

7.3.98.2 **域/单位**

以斜坡的百分数表示。负数表示下坡,正数表示上坡。

只存贮道路元素沿线的最大坡度值。

7.3.98.3 **描述**

7.3.98.4 **上坡与下坡的定义**

根据道路元素从起点到终点的方向定义上、下坡。

7.3.99 **路面倾斜**

7.3.99.1 **定义**

道路元素的横向坡度。

7.3.99.2 **域/单位**

以千分率表达。负值表示从道路的左侧向右侧倾,正值表示从右向左倾。根据道路方向来定义。

只存贮道路元素沿线的最大倾斜值。

用整数值表示,有效范围是－999～＋999。

7.3.100 **路面**

见7.4.21。

7.3.101 **路面条件**

见7.4.22。

7.3.102 **路线编号**

见7.4.23。

注：在道路与车渡主题中，路线编号可与子属性门牌号码范围、邮政编码联合使用，构成复合属性地址信息。路线编号也可以与子属性出口编号、正式名称及别名联合使用，构成复合属性复合出口编号。

7.3.103 路径标识

见7.4.27。

7.3.104 路径序号

见7.4.28。

7.3.105 路径类型

见7.4.29。

7.3.106 风景值

7.3.106.1 定义

表明一个道路元素是否视为风景区。

7.3.106.2 域/单位

- 不是风景区；
- 是风景区。

7.3.106.3 描述

该属性取值具有主观性，并且可根据各种资源而定义。

7.3.107 匝道类型

7.3.107.1 定义

匝道的类型。

7.3.107.2 域/单位

- 平行路；
- 立交跨越的匝道；
- 平面交叉的匝道；
- 其他。

7.3.107.3 描述

用于进一步说明道路形态中定义的匝道。

例子见图73、图74、图75、图76、图77。

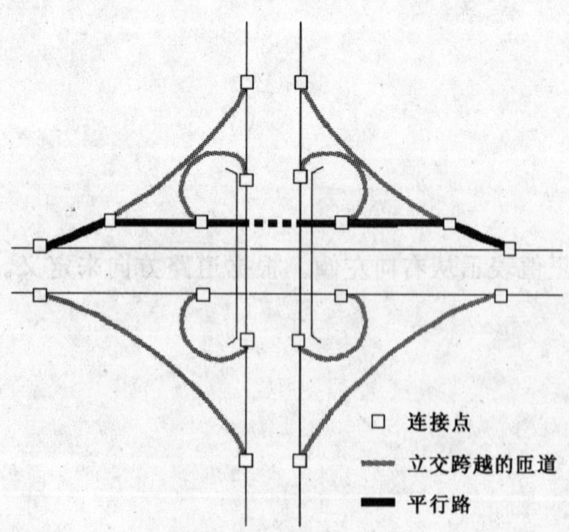

图73 “立交跨越的匝道”与“平行路”示例

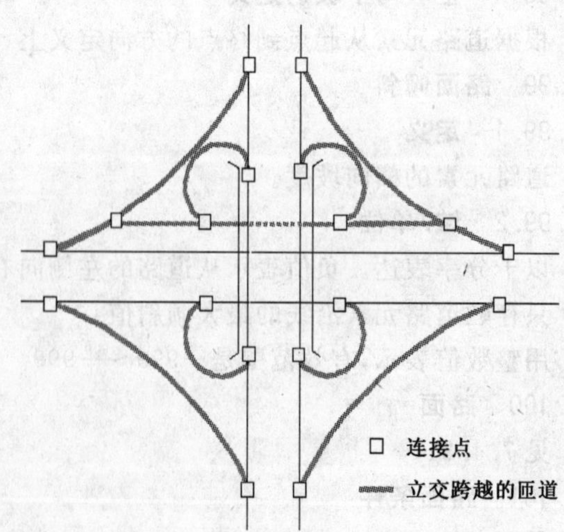

图74 没有“平行路”时的“立交跨越的匝道”

图 75 "立方跨越的匝道"示例

图 76 "其他"匝道示例

图 77 "立方跨越的匝道"与"其他"匝道的示例

7.3.107.3.1 立交跨越的匝道的定义

立交跨越的匝道是指仅用于出入道路元素的道路，它连接两条或多条立交跨越的道路。

7.3.107.3.2 平面交叉的匝道的定义

平面交叉匝道是同一平面中交叉的一条或多条车道（不是高速公路）之间的匝道。

7.3.107.3.3 平行路定义

是匝道的子类，起止点都连接在同一道路上。起止点之间部分与其所连接的道路平行或近似平行，它只连通匝道。平行路只允许机动车单向行驶。

7.3.108 特殊限制

7.3.108.1 定义

某一道路元素使用中的特殊限制。

7.3.108.2 域/单位

- 公众可进入；
- 公众不可进入。

7.3.109 特殊路径

见7.4.31。

7.3.110 速度限制

7.3.110.1 定义

道路元素允许的最高速度的限制。

7.3.110.2 域/单位

每小时千米(整数)。

7.3.110.3 描述

可与车辆类型联合使用来指明该限制针对于何种车辆。

7.3.111 街道侧面

见7.2.35。

7.3.112 街道类型前缀

7.3.112.1 定义

是一个道路元素或地址区域边界元素的正式街道名称或街道别名的一部分，用于指定街道类型，可能包括正文与前置词。位于正式街道名称体/街道别名体之前。

7.3.112.2 域/单位

构成街道类型前缀的任意字符与标点的组合。

7.3.112.3 描述

一般情况下，街道类型前缀与道路元素所位于的国家或地址系统有关，如表2。

表2

街道类型前缀	国　　家
Rue de	法国、比利时
Piazza della	意大利
Plaza	西班牙

该属性可能与正式街道名称体/街道别名体、方向前缀、空格分隔标志、街道类型后缀、方向后缀与复合语音联合使用，构成复合属性正式街道名称/街道别名。

7.3.113 街道类型后缀

7.3.113.1 定义

是一个道路元素或地址区域边界元素的正式街道名称或街道别名的一部分，用于指定街道类型，如果正式街道名称体/街道别名体与街道类型后缀被一个空格分隔开，则后缀第一位包括一个空格。位于正式街道名称体/街道别名体之后。

7.3.113.2 域/单位

构成街道类型后缀的任意字符与标点的组合。

7.3.113.3 **描述**

一般情况下,街道类型后缀与道路元素所位于的国家或地址系统有关,如表3。

表3

街道名称	街道类型后缀
西长安街	街
北洼路	路
宝盛胡同	胡同

该属性可能与正式街道名称体/街道别名体、方向前缀、街道类型前缀、空格分隔标志、方向后缀与复合语音联合使用,构成复合属性正式街道名称/街道别名。

7.3.114 **通行费**

见7.2.36。

7.3.115 **收费金额**

见7.2.37。

7.3.116 **收费道路**

7.3.116.1 **定义**

需要缴纳通行费才可通行的道路元素。

7.3.116.2 **域/单位**

- 不收费道路;
- 收费道路。

7.3.117 **交通流**

见7.4.32。

7.3.118 **交通流量**

见7.4.33。

7.3.119 **交通流量类型**

见7.4.34。

7.3.120 **交通流量单位**

见7.4.35。

7.3.121 **交通堵塞概率**

7.3.121.1 **定义**

某一道路元素上发生交通堵塞的可能性。

7.3.121.2 **域/单位**

- 没有或低概率;
- 高概率。

7.3.122 **空格分隔标志**

7.3.122.1 **定义**

说明在正式街道名称体/街道别名体与其前或后部分之间是否存在空格符的标识。

7.3.122.2 **域/单位**

- 没有;
- 位于前部与正式街道名称体/街道别名体之间;
- 位于正式街道名称体/街道别名体与后部分之间;
- 位于前部与正式街道名称体/街道别名体之间,以及正式街道名称体/街道别名体与后部分之间。

7.3.122.3　描述

如果正式街道名称/街道别名中名称体与街道类型前缀或街道类型后缀之间用空格符分开，则需用子属性空格分隔标志来说明。

该属性与街道别名体/正式街道名称体、方向前缀、街道类型前缀、街道类型后缀、方向后缀及复合语音联合使用，构成复合属性正式街道名称/街道别名。

7.3.123　摆渡时间

7.3.123.1　定义

单程通过一个车渡所需的时间。

7.3.123.2　域/单位

以时间域语法来表达。

7.3.123.3　描述

表示一个车渡所需要的平均摆渡时间。

7.3.124　未铺设的路面类型

见 7.4.36。

7.3.125　有效方向

见 7.2.38。

7.3.126　有效期

见 7.2.39。

7.3.127　车辆类型

见 7.4.37。

7.3.128　宽度

见 7.4.38。

7.4　道路与车渡及链参考要素的属性

7.4.1　本节内容

本节说明可以用于描述道路与车渡及链参考要素这两个不同要素主题中的要素的特性。这两个要素主题都是对道路网络的概念建模，因而有一些共同的属性。本节只描述这些共同的属性类型。

构造物主题中的要素的属性

属性允许最大高度、允许最大长度、允许最大质量、允许最大轴质量、允许最大宽度等是本节中的特别案例，因为它们也可用于要素主题构造物中的要素。

7.4.2　事故

7.4.2.1　定义

被相关组织登录在案的一个事故的信息。

7.4.2.2　域/单位

复合。

7.4.2.3　子属性

本复合属性由以下子属性构成：

- 事故标识——必选的；
- 事故日期。

7.4.3　事故日期

7.4.3.1　定义

一个事故发生的日期。

7.4.3.2　域/单位

时间域语法。

7.4.3.3 描述

与事故标识联合使用。

7.4.4 事故标识

7.4.4.1 定义

一个惟一的包含文字与数字的标识,用于指定一个事故,作为外部数据库的关键字段。

7.4.4.2 域/单位

由管理机构定义。

7.4.4.3 描述

与事故日期联合使用。

7.4.5 建筑状态

7.4.5.1 定义

一个诸如道路元素或链段这样的要素,当前是否正在建设之中或是规划阶段。

7.4.5.2 域/单位

- 规划;
- 建设之中——开放;
- 建设之中——关闭。

7.4.6 交通流方向

7.4.6.1 定义

道路元素或车渡元素或链段上允许的交通流方向。

7.4.6.2 域/单位

- 双向通行;
- 正向禁行且反向通行;
- 反向禁行且正向通行;
- 双向禁行。

7.4.6.3 描述

7.4.6.3.1 通行的定义

"通行"的含义可以利用与子属性车辆类型有关的若干值中的一个,或是这些值的逻辑"或"进一步说明。

7.4.6.3.2 正/反的定义

交通流的正/反方向与道路元素或链段有关。道路元素的正方向是从起点往终点的方向看。对于链段,使用导线的正/反方向。

7.4.7 方向前缀

7.4.7.1 定义

道路元素或地址区域边界元素的正式街道名称/街道别名或路线编号的地理方向,位于以下部分之前:

- 正式街道名称体/街道别名体;
- 路线编号体。

或:

- 街道类型前缀;
- 路线类型前缀。

7.4.7.2 域/单位

形成一个有效方向前缀的字母、数字或符号的组合。

7.4.7.3 描述

该属性用作子属性，构成复合属性正式街道名称/街道别名或复合属性路线编号。第一种情况下它可能与子属性正式街道名称体/街道别名体、街道类型前缀、空格分隔标志、街道类型后缀、方向后缀与复合语音结合。第二种情况下它可能与子属性方向前缀、路线类型前缀、分隔符、路线编号体、路线类型后缀、方向后缀、复合语音结合。

7.4.8 方向后缀

7.4.8.1 定义

道路元素或地址区域边界元素的正式街道名称/街道别名或路线编号的地理方向，位于以下部分之后：

- 正式街道名称体/街道别名体；
- 路线编号体。

或：

- 街道类型后缀；
- 路线类型后缀。

7.4.8.2 域/单位

形成一个有效方向后缀的字母、数字或符号的组合。

7.4.8.3 描述

该属性用作子属性，构成复合属性正式街道名称/街道别名或复合属性路线编号。第一种情况下它可能与子属性正式街道名称体/街道别名体、街道类型前缀、空格分隔标志、街道类型后缀、方向前缀与复合语音结合。第二种情况下它可能与子属性方向前缀、路线类型前缀、分隔符、路线编号体、路线类型后缀、方向前缀、复合语音结合。

7.4.9 侧向偏移

7.4.9.1 定义

道路附属设施或构造物要素的侧向位置的表示。

7.4.9.2 域/单位

任意整数值。

7.4.9.3 描述

正值用于表示道路元素或链段右边的位置；负值表示左边的位置。零表示道路元素或链段之上的位置。

较大数字(负数时较小数字)表示距道路元素的偏移较大。

该属性用作关系“与道路元素有关的道路相关对象”及“与链段有关的道路相关对象”的属性。

7.4.10 允许最大高度

7.4.10.1 定义

道路元素、车渡联络线或链段能够允许通过的车辆的最大高度。该限制通常由物理阻碍物(如桥梁、隧道)或法律限制来设定。

7.4.10.2 域/单位

用厘米表示。

7.4.10.3 描述

本属性可用于构造物主题中的要素。

7.4.11 允许最大长度

7.4.11.1 定义

道路元素、车渡联络线或链段能够允许通过的车辆的最大长度。

7.4.11.2 **域/单位**

取值为整数米。

7.4.11.3 **描述**

与构造物主题的关系

本属性可用于构造物主题中的要素。

7.4.12 **允许最大质量**

7.4.12.1 **定义**

道路元素、车渡联络线或链段能够允许通过的车辆的最大质量。

7.4.12.2 **域/单位**

单位为十分之一吨。

7.4.12.3 **描述**

与构造物主题的关系

本属性可用于构造物主题中的要素。

7.4.13 **允许最大轴质量**

7.4.13.1 **定义**

道路元素、车渡联络线或链段能够允许通过的车辆每轴的最大质量。

7.4.13.2 **域/单位**

单位为十分之一吨。

7.4.13.3 **描述**

与构造物主题的关系

本属性可用于构造物主题中的要素。

7.4.14 **允许最大宽度**

7.4.14.1 **定义**

道路元素、车渡联络线或链段能够允许通过的车辆的最大宽度。该限制通常由物理阻碍物(如桥梁、隧道)或法律限制来设定。

7.4.14.2 **域/单位**

厘米。

7.4.14.3 **描述**

与构造物主题的关系

本属性可用于构造物主题中的要素。

7.4.15 **实测长度**

7.4.15.1 **定义**

一个道路元素或链段的 3-D 长度。

7.4.15.2 **域/单位**

以整数米表示。

7.4.15.3 **描述**

该值表示实际测量的长度。

7.4.16 **道路管理等级**

7.4.16.1 **定义**

等同于道路元素、车渡联络线或链段的国家道路分级的数字。1 代表最高等级。

7.4.16.2 **域/单位**

- 国家主干线公路:最重要的道路;
- 国家干线公路(国道);

- 省干线公路(省道);
- 县公路;
- 乡公路;
- 专用公路;
- 城市道路;
- 其他道路:最不重要的道路。

7.4.17 车道数量

7.4.17.1 定义

一个道路元素或链段上的车道数量。

7.4.17.2 域/单位

任意整数。

7.4.17.3 描述

该属性表示某一道路元素某一行驶方向上的车道的数量。如果该属性出现于一个道路元素,但没有指明是哪一侧,表明道路元素两侧都有同样数量的车道数。当该道路元素只有一个交通方向时,表示总的车道数。如果一个道路元素的两个方向的车道数不同,则每个车道数要与一个指明哪一侧的属性值结合起来使用。

7.4.18 铺设过的路面类型

7.4.18.1 定义

一个铺设过的道路元素所具有的路面类型。

7.4.18.2 域/单位

- 刚性的;
- 柔性的;
- 砖石的。

7.4.18.3 描述

刚性表面的例子之一是水泥路面。沥青是柔性路面的例子。鹅卵石是砖石铺设路面的例子。

该属性与铺设状态、未铺设的路面类型及路面条件共同构成复合属性路面。

7.4.19 铺设状态

7.4.19.1 定义

指示路面是否被改善。

7.4.19.2 域/单位

- 铺设过;
- 未铺设过。

7.4.19.3 描述

由砂砾铺设的道路视为未铺设过的。

本属性与铺设过的路面类型、未铺设的路面类型及路面条件共同构成复合属性路面。

7.4.20 国际交通百分比

7.4.20.1 定义

表示国际交通(即来自国外的车辆)的交通流量的比例。

7.4.20.2 域/单位

百分值。

7.4.20.3 描述

本属性与交通流量、交通流量类型、交通流量单位联合使用,构成复合属性交通流。

7.4.21 路面

7.4.21.1 **定义**

一个道路元素的表面条件的类型。

7.4.21.2 **域/单位**

复合。

7.4.21.3 **子属性**

本属性有如下子属性：

- 铺设状态 ——必选的；
- 铺设过的路面类型；
- 未铺设的路面类型；
- 路面条件。

7.4.21.4 **描述**

该属性是独立的。表明一条泥土路可以有很好的路面条件，而一条沥青铺设过的道路可能有很差的路面条件。

7.4.22 **路面条件**

7.4.22.1 **定义**

道路元素表面质量的标识。

7.4.22.2 **域/单位**

- 好；
- 差。

7.4.22.3 **描述**

好与差是从车辆行驶的角度来定义的。

该属性与铺设状态、铺设过的路面类型、未铺设的路面类型联合使用，共同构成复合属性路面。

7.4.23 **路线编号**

7.4.23.1 **定义**

一个道路元素、车渡联络线或链段的路线编号。它是在某一道路网络中某一特定路线的 ID 号码，由国家、省或国际机构指定。

7.4.23.2 **域/单位**

复合。

7.4.23.3 **子属性**

本属性有如下子属性：

- 方向前缀；
- 路线类型前缀；
- 分隔符；
- 路线编号体 ——必选的；
- 路线类型后缀；
- 方向后缀。

7.4.23.4 **描述**

前缀与后缀的使用不是必需的。如果前缀或后缀的内容是路线编号的一部分，但却没有表示为前缀或后缀，则这些内容应作为路线编号体的一部分。也可以进行组合，如，一个路线类型前缀可以在一个路线类型前缀中单独定义，而路线类型后缀定义为路线编号体的一部分。

在路线编号的不同组成部分之间可以有空格。但路线类型前缀与路线编号体之间不允许有空格。它们被由“分隔符”所定义的分隔符所隔开。

7.4.24 **路线编号体**

7.4.24.1 定义

路线编号的一部分，与其他部分相比，起着主要的标识作用。

7.4.24.2 域/单位

字符与标点的任意组合。

7.4.24.3 描述

例如：1, 25, 66, 101。

7.4.25 路线类型前缀

7.4.25.1 定义

一个道路元素、车渡联络线或链段的路线编号的一部分，表示它的路线类型。位于路线编号体之前。

7.4.25.2 域/单位

形成一个有效路线类型前缀的字符与标点的任意组合。

7.4.25.3 描述

一般情况下路线类型前缀依赖于道路元素所位于的国家。例如，美国路线类型前缀包括 I、US、SR、RTE。欧洲的包括 E、A、M、B、R；中国的包括 G、S、X。

7.4.26 路线类型后缀

7.4.26.1 定义

一个道路元素、车渡联络线或链段的路线编号的一部分，表示它的路线类型。位于路线编号体之后。

7.4.26.2 域/单位

字符与标点的任意组合。

7.4.26.3 描述

一般情况下路线类型后缀依赖于道路元素所位于的国家。例如，美国路线类型后缀包括 Alt、Bus、Outer、Inner。

7.4.27 路径标识

7.4.27.1 定义

一个包含文字与数字的惟一的标识，用于指定一条特定路线，作为外部数据库的关键字段。

7.4.27.2 域/单位

任意文本。

7.4.27.3 描述

与路径类型、路径序号联合使用，构成复合属性特殊路径。

7.4.28 路径序号

7.4.28.1 定义

某一路径之中的某一道路元素、车渡联络线或链段的序列号。

7.4.28.2 域/单位

正数值。

7.4.28.3 描述

与路径标识、路径类型联合，构成复合属性特殊路径。

7.4.29 路径类型

7.4.29.1 定义

一个道路元素、车渡联络线或链段所属的特殊路径的类型的说明。

7.4.29.2 域/单位

- 受限制的车辆路线；

- 危险品路线；
- 撒盐路线；
- 横贯大陆路线；
- 其他路线。

7.4.29.3　**描述**

该属性与路径标识、路径序号联合使用，共同构成复合属性特殊路径。

7.4.29.3.1　**受限制的车辆路线的定义**

预先定义的具有对车辆载质量、宽度与高度限制的路线。

7.4.29.3.2　**危险品路线的定义**

预先定义的，用于运送危险货物穿越某一区域的路线。

7.4.29.3.3　**撒盐路线的定义**

在冬季维护时所选择的要撒盐的路线。

7.4.29.3.4　**跨国路线的定义**

是贯穿国家的道路网络的一部分。

7.4.29.3.5　**其他路线的定义**

选作特别用途的其他特别路线。

7.4.30　**分隔符**

7.4.30.1　**定义**

路线编号的一部分，用于分隔路线类型前缀与路线编号体。

7.4.30.2　**域/单位**

一个字符。

7.4.30.3　**描述**

如 I-280 中的“-”，SR 92 中的“ ”。

7.4.31　**特殊路径**

7.4.31.1　**定义**

关于一组道路元素、车渡联络线或链段上的特殊路径的信息。

7.4.31.2　**域/单位**

复合。

7.4.31.3　**子属性**

本属性可以包括以下子属性：

- 路径标识　——必选的；
- 路径类型　——必选的；
- 路径序号　——必选的。

7.4.32　**交通流**

7.4.32.1　**定义**

关于一组道路元素或链段上的交通流的信息。

7.4.32.2　**域/单位复合**

7.4.32.3　**子属性**

本属性可以包括以下子属性：

- 交通流量　——必选的；
- 交通流量类型　——必选的；
- 交通流量单位　——必选的；
- 国际交通百分比。

7.4.33 **交通流量**

7.4.33.1 **定义**

道路元素或链段上的交通流，例如，可用每天通过的车辆数来表达。

7.4.33.2 **域/单位**

正数值。

7.4.33.3 **描述**

可以用交通流量单位中所规定的单位来表达交通流的值。

该属性与交通流量类型、交通流量单位及国际交通百分比共同使用。

7.4.34 **交通流量类型**

7.4.34.1 **定义**

道路元素或链段上的交通流量的分类。

7.4.34.2 **域/单位**

- 平均交通流量；
- 高峰期间平均流量；
- 最大流量。

7.4.34.3 **描述**

该属性与交通流量、交通流量单位及国际交通百分比共同使用。

7.4.35 **交通流量单位**

7.4.35.1 **定义**

记录交通流的时间单位。

7.4.35.2 **域/单位**

时间域语法。

7.4.35.3 **描述**

该属性与交通流量、交通流量类型及国际交通百分比共同使用。

7.4.36 **未铺设的路面类型**

7.4.36.1 **定义**

未铺设的道路元素的路面类型。

7.4.36.2 **域/单位**

- 砂砾；
- 泥土。

7.4.36.3 **描述**

泥土道路是那些通过铲除植物形成的道路，或是由于车辆的行驶使得植物无法生长而形成的道路。砂砾道路是在泥土路表面辅上砂砾的道路。

该属性与铺设状态、铺设过的路面类型及路面条件一起共同形成复合属性路面。

7.4.37 **车辆类型**

7.4.37.1 **定义**

涉及子属性或关系的车辆的类型。

7.4.37.2 **域/单位**

- 所有车辆；
- 客车；
- 本地车辆；
- 多人乘坐车辆；
- 有拖车的车；

- 急救车；
- 出租车；
- 公共汽车；
- 私营公共汽车；
- 军车；
- 配送卡车；
- 运输卡车；
- 摩托车；
- 机动脚踏两用车；
- 自行车；
- 行人；
- 农用车；
- 载有水污染品的车辆；
- 载有易爆品的车辆；
- 载有其他危险品的车辆；
- 电车；
- 班车公务车；
- 轻轨；
- 工程车；
- 校车；
- 四轮驱动车；
- 装有防雪链的车；
- 邮政车；
- 槽罐车；
- 残疾人车；
- 用户自定义。

7.4.37.3　**描述**

当交通标志指明对车辆类型有所限制时，应使用这个限制性子属性。车辆的负值表示除此车辆以外的所有车辆。

7.4.37.3.1　**四轮驱动车的定义**

对所有车轮都有驱动的车辆。

7.4.37.3.2　**所有车辆的定义**

不包括行人的任何车辆。

7.4.37.3.3　**校车的定义**

为学校接送学生的车辆。

7.4.37.3.4　**槽罐车的定义**

具有两个以上轮轴的用于运送散装液体的卡车。

7.4.37.3.5　**出租车的定义**

具有出租执照的车辆，通常装有计程表。

7.4.37.3.6　**运输卡车的定义**

用于长距离运送货物的卡车。

7.4.37.3.7　**电车的定义**

勾在一个电网上获得电力的，样子像公共汽车的公交车辆。

7.4.37.3.8 用户自定义车辆的定义

用户自定义的车辆类型。

7.4.37.3.9 装有防雪链的车的定义

装备了防雪链的车。

7.4.37.3.10 残疾人车的定义

专为残疾人设计的车辆。

7.4.37.3.11 载有水污染品的车的定义

运输水污染货物的车辆。

7.4.37.3.12 载有易爆物的车的定义

运输易爆货物的车辆。

7.4.37.3.13 载有其他危险品的车的定义

运输除水污染货物和易爆货物以外其他危险品的车辆。

7.4.38 宽度(Width)

7.4.38.1 定义

一个道路元素、链段,一个车道、一个道路附属设施或构造物要素的宽度。

7.4.38.2 域/单位

以厘米为单位。

7.4.38.3 描述

该属性用于描述道路元素的宽度时,作为一个普通属性附加于道路元素或链段之上。如果描述车道,则与子属性车道依赖性联合起来附加于道路元素。如果描述与道路元素相关或与链段相关的对象,附加于与道路附属设施或构造物要素与道路元素的关系。

7.5 行政区划的属性

7.5.1 行政区划边界类型

7.5.1.1 定义

说明由行政区划边界元素所围绕的行政区域。

7.5.1.2 域/单位

- 数据库覆盖区域边界;
- 跨国行政区划;
- 国家行政区划;
- 省、自治区、直辖市行政区划;
- 地级行政区划;
- 县级行政区划;
- 乡/镇级行政区划;
- 其他;
- 行政地点 A-Z(26 个)。

7.5.1.3 描述

对于分级行政区划来说明,取值应总是表明最高等级的行政区划。应考虑以下从高到低的顺序:

- 跨国行政区划;
- 国家;
- 1-7 级行政区划;
- 8 级行政区划;
- 9 级行政区划。

一个行政地点的边界应按下列方法分类:

- 行政地点 A 的边界；
- 行政地点 B 的边界；
- 行政地点 C 的边界；
- ……
- 行政地点 Y 的边界；
- 行政地点 Z 的边界。

7.5.2 行政区划结构标识

7.5.2.1 定义

说明行政区划属于哪一种行政结构。

7.5.2.2 域/单位

1～9999 之间的任意值。

7.5.2.3 描述

本标准允许使用多种行政区划结构(由元数据描述)。行政区划结构标识将一个行政区划要素与某一种行政区划结构联系起来,从而可以推断出这个要素与其他行政区划要素之间的关系。属于同一行政区划结构的所有行政区划,即构成该行政区划结构的有效区域。

7.5.3 别名

见 7.2.1。

7.5.4 别名体

见 7.2.2。

7.5.5 别名文本

见 7.2.3。

7.5.6 通用语言

见 7.2.6。

7.5.7 显示等级

见 7.2.9。

7.5.8 外部标识

见 7.2.11。

7.5.9 国家代码

定义

GB/T 2659—2000 世界各国和地区名称代码中的三位字母代码。

7.5.10 多媒体动作

见 7.2.12。

7.5.11 多媒体描述

见 7.2.13。

7.5.12 多媒体文件

见 7.2.17。

7.5.13 多媒体文件内容

见 7.2.18。

7.5.14 多媒体文件名称

见 7.2.14。

7.5.15 多媒体文件类型

见 7.2.15。

7.5.16 多媒体时间域

见7.2.16。

7.5.17 名称组件

见7.2.19。

7.5.18 名称组件长度

见7.2.20。

7.5.19 名称组件偏移

见7.2.21。

7.5.20 名称组件类型

见7.2.22。

7.5.21 名称前缀

见7.2.23。

7.5.22 正式代码

见7.2.24。

7.5.23 官方语言

见7.2.25。

7.5.24 正式名称

见7.2.26。

7.5.25 正式名称体

见7.2.27。

7.5.26 正式名称文本

见7.2.28。

7.5.27 地点中的地点分类

见7.2.30。

7.5.28 人口

见7.2.31。

7.5.29 人口等级

见7.2.32。

7.5.30 位置精度

见7.2.33。

7.5.31 邮政编码

见7.2.34。

7.5.32 区域代码

定义

根据一些区域编码规则定义,由地图出版商选择的区域代码。

7.5.33 街道侧面

见7.2.35。

7.5.34 夏令时

7.5.34.1 定义

说明一个区域是否将时间往前定义以便在傍晚获得更多的日照。

7.5.34.2 域/单位

时间相对于标准时的偏移,以分钟计。

7.5.34.3 **描述**

当夏令时生效时,本属性与有效期一起使用。一般情况下它应用于最高行政区划,在低级行政区划中可能会使用不同的夏令时值或有效期。例如,美国大多数地区都使用夏令时以节约时间,但亚利桑那就不使用。此时代表美国的国家要素的夏令时取值为 60,而亚利桑那的夏令时取值为 0。

7.5.35 **时区**

7.5.35.1 **定义**

说明当地时间与 GMT 的时差。

7.5.35.2 **域/单位**

-12 与+12 之间的一个数字。小数点前的数字表示距 GMT 的小时差,小数点后的数字表示分钟差。例如,北京时差与 GMT 的时差是+8,芝加哥与 GMT 的时差是-6。

7.5.35.3 **描述**

时区应用于该时区所覆盖的最高行政区域,必要时在低级行政区划中有所变化。例如,由于美国跨越多个时区,一般是以州作为使用这一信息的最高行政级。印地安那州跨越了中部与东部两个时区,由于该州大部分位于东部时区,因而取-5 时区。对于位于中部时区的区域,则可以在低一级的行政区划(县)中取-6 的时区。这个时间表示的是标准时而非夏令时,夏令时用"夏令时"属性来表示。

7.5.36 **有效期**

见 7.2.39。

7.6 **命名区域的属性**

7.6.1 **别名**

见 7.2.1。

7.6.2 **别名体**

见 7.2.2。

7.6.3 **别名文本**

见 7.2.3。

7.6.4 **边界类型**

7.6.4.1 **定义**

定义建成区域、有名称区域及管区的边界的类型。

7.6.4.2 **域/单位**

- 数据库覆盖区域边界;
- 建成区域;
- 有名称区域;
- 治安区;
- 急救医疗服务区;
- 学区;
- 统计区;
- 消防区;
- 邮区;
- 电话区;
- 选区。

7.6.5 **通用语言**

见 7.2.6。

7.6.6 **显示等级**

见 7.2.9。

7.6.7 外部标识

见 7.2.11。

7.6.8 多媒体动作

见 7.2.12。

7.6.9 多媒体描述

见 7.2.13。

7.6.10 多媒体文件

见 7.2.17。

7.6.11 多媒体文件内容

见 7.2.18。

7.6.12 多媒体文件名称

见 7.2.14。

7.6.13 多媒体文件类型

见 7.2.15。

7.6.14 多媒体时间域

见 7.2.16。

7.6.15 名称组件

见 7.2.19。

7.6.16 名称组件长度

见 7.2.20。

7.6.17 名称组件偏移

见 7.2.21。

7.6.18 名称组件类型

见 7.2.22。

7.6.19 名称前缀

见 7.2.23。

7.6.20 正式代码

见 7.2.24。

7.6.21 官方语言

见 7.2.25。

7.6.22 正式名称

见 7.2.26。

7.6.23 正式名称体

见 7.2.27。

7.6.24 正式名称文本

见 7.2.28。

7.6.25 地点中的地点分类

见 7.2.30。

7.6.26 人口

见 7.2.31。

7.6.27 人口等级

见 7.2.32。

7.6.28 位置精度

见7.2.33。

7.6.29 邮政编码

见7.2.34。

7.6.30 居民地类型

7.6.30.1 定义

一个建成区域的类型或特点。

7.6.30.2 域/单位

- 居住；
- 娱乐；
- 工业；
- 军事。

7.6.30.3 描述

居民地类型应说明建成区域内主要活动的类型。此时专业活动应归为工业。

7.6.31 街道侧面

见7.2.35。

7.6.32 有效期

见7.2.39。

7.7 土地覆盖与利用属性

7.7.1 别名

见7.2.1。

7.7.2 别名体

见7.2.2。

7.7.3 别名文本

见7.2.3。

7.7.4 建筑物类型名称

7.7.4.1 定义

建筑物的功能或结构描述，如“教堂”、“塔”。

7.7.4.2 域/单位

任意字母、数字或标点的组合。

7.7.4.3 描述

建筑物类型名称只用于土地覆盖与利用主题中的建筑物要素。

7.7.5 显示等级

见7.2.9。

7.7.6 多媒体动作

见7.2.12。

7.7.7 多媒体描述

见7.2.13。

7.7.8 多媒体文件

见7.2.17。

7.7.9 多媒体文件内容

见7.2.18。

7.7.10　多媒体文件名称

见 7.2.14。

7.7.11　多媒体文件类型

见 7.2.15。

7.7.12　多媒体时间域

见 7.2.16。

7.7.13　名称组件

见 7.2.19。

7.7.14　名称组件长度

见 7.2.20。

7.7.15　名称组件偏移

见 7.2.21。

7.7.16　名称组件类型

见 7.2.22。

7.7.17　名称前缀

见 7.2.23。

7.7.18　正式名称

见 7.2.26。

7.7.19　正式名称体

见 7.2.27。

7.7.20　正式名称文本

见 7.2.28。

7.7.21　公园类型

7.7.21.1　定义

说明公园的类型。

7.7.21.2　域/单位

- 城市公园；
- 区域公园；
- 县级公园；
- 省级公园；
- 国家公园。

7.7.21.3　描述

城市公园与国家或区域公园之间有本质的区别。城市公园位于城市环境中，用于娱乐，有的可免费进入。区域或国家公园一般具有自然保护的功能，并非总是(完全)允许公众进入。

7.7.22　位置精度

见 7.2.33。

7.7.23　沙地类型

7.7.23.1　定义

海滩、沙丘和沙地的类型。

7.7.23.2　域/单位

- 海滩/沙丘；
- 沙漠；
- 其他。

7.7.24 有效期

见7.2.39。

7.8 构造物属性

7.8.1 别名

见7.2.1。

7.8.2 别名体

见7.2.2。

7.8.3 别名文本

见7.2.3。

7.8.4 显示等级

见7.2.9。

7.8.5 外部标识

见7.2.11。

7.8.6 最大允许高度

见7.4.10。

7.8.7 最大允许长度

见7.4.11。

7.8.8 最大允许载质量

见7.4.12。

7.8.9 最大允许轴承质量

见7.4.13。

7.8.10 最大允许宽度

见7.4.14。

7.8.11 多媒体动作

见7.2.12。

7.8.12 多媒体描述

见7.2.13。

7.8.13 多媒体文件

见7.2.17。

7.8.14 多媒体文件内容

见7.2.18。

7.8.15 多媒体文件名称

见7.2.14。

7.8.16 多媒体文件类型

见7.2.15。

7.8.17 多媒体时间域

见7.2.16。

7.8.18 名称组件

见7.2.19。

7.8.19 名称组件长度

见7.2.20。

7.8.20 名称组件偏移

见7.2.21。

7.8.21 名称组件类型

见 7.2.22。

7.8.22 名称前缀

见 7.2.23。

7.8.23 正式代码

见 7.2.24。

7.8.24 正式名称

见 7.2.26。

7.8.25 正式名称体

见 7.2.27。

7.8.26 正式名称文本

见 7.2.28。

7.8.27 位置精度

见 7.2.33。

7.8.28 构造物类别

7.8.28.1 定义

通过构造物的交通流的分类。

7.8.28.2 域/单位

- 上面；
- 下面；
- 其他。

7.8.28.3 描述

本属性可作为关系"涉及道路元素的道路相关对象"与"涉及链段的道路相关对象"的属性，用于说明交通流是位于构造物之上还是之下(或其他)。

7.8.29 构造物标识

7.8.29.1 定义

一个包含数字与文字的惟一的标识，用于说明某一个构造物要素，可以作为外部数据库的关键字。

7.8.29.2 域/单位

由管理机构定义。

7.8.30 构造物类型

7.8.30.1 定义

构造物的分类。

7.8.30.2 域/单位

- 桥梁；
- 高架桥；
- 渡槽；
- 隧道；
- 路堑；
- 廊道；
- 防护墙；
- 涵洞；
- 路堤。

7.8.30.3 **描述**

这些类型不是互斥的。

7.8.30.3.1 **桥梁定义**

人造构筑物，在一个要素之上承载交通元素，或跨越一个交通元素。当一个交通元素跨越另一个交通元素时，桥梁表示为一个跨越立交。

7.8.30.3.2 **高架桥定义**

桥梁的一种，通常有多重跨越。高架桥经常承载高出地面的交通元素。

7.8.30.3.3 **渡槽定义**

桥梁的一种，运载水系要素。

7.8.30.3.4 **隧道定义**

一种封闭的人工构筑物，供一个交通元素从中间或下面穿过一个自然要素或其他障碍物。

7.8.30.3.5 **路堑定义**

一种不封闭的人工挖掘构筑物，供一个交通元素从中间或从地平面以下通过。

7.8.30.3.6 **路堤定义**

一种不封闭的地表人工构筑物，供一个交通元素从地平面以上通过。

7.8.30.3.7 **廊道定义**

一种人工构筑物，遮盖一个交通元素，一般一侧是开放的。类似一个隧道，供一个交通元素从中间或下面穿过一个自然要素或其他障碍物。

7.8.30.3.8 **防护墙定义**

一种人工构筑物，可将自然地面保持在比相关交通元素高的位置，或是将交通元素保持在比周围地面高的位置。

7.8.30.4 **构造物类型与立交跨越的关系**

桥梁、渡槽、高架桥、隧道、廊道等构造物类型可以与以下要素相关：

- 一个交通元素（不是立交跨越，或与立交跨越无关），或；
- 两个交通元素（相互跨越的）。

路堑、路堤和防护墙与立交跨越无关。图 78 是示例。

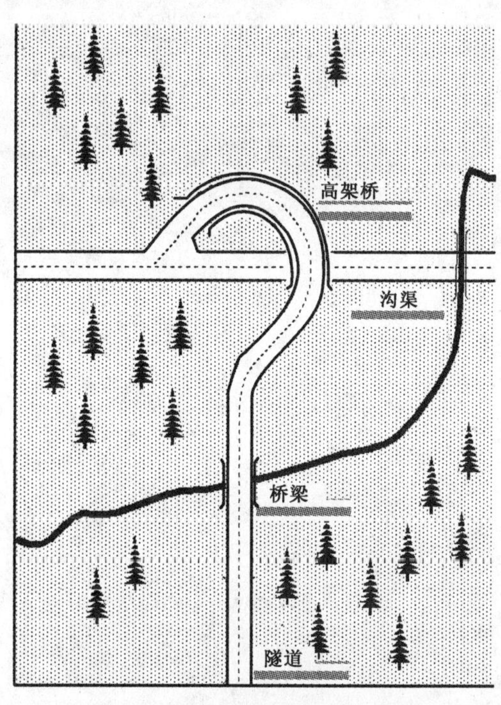

图 78 不同类型构造物示例

7.8.31 有效方向

见 7.2.38。

7.8.32 有效期

见 7.2.39。

7.9 铁路的属性

7.9.1 别名

见 7.2.1。

7.9.2 别名体

见 7.2.2。

7.9.3 别名文本

见 7.2.3。

7.9.4 显示等级

见 7.2.9。

7.9.5 外部标识

见 7.2.11。

7.9.6 多媒体动作

见 7.2.12。

7.9.7 多媒体描述

见 7.2.13。

7.9.8 多媒体文件

见 7.2.17。

7.9.9 多媒体文件内容

见 7.2.18。

7.9.10 多媒体文件名称

见 7.2.14。

7.9.11 多媒体文件类型

见 7.2.15。

7.9.12 多媒体时间域

见 7.2.16。

7.9.13 名称组件

见 7.2.19。

7.9.14 名称组件长度

见 7.2.20。

7.9.15 名称组件偏移

见 7.2.21。

7.9.16 名称组件类型

见 7.2.22。

7.9.17 名称前缀

见 7.2.23。

7.9.18 正式代码

见 7.2.24。

7.9.19 正式名称

见 7.2.26。

7.9.20 正式名称体

见7.2.27。

7.9.21 正式名称文本

见7.2.28。

7.9.22 位置精度

见7.2.33。

7.9.23 有效方向

见7.2.38。

7.9.24 有效期

见7.2.39。

7.10 水系的属性

7.10.1 别名

见7.2.1。

7.10.2 别名体

见7.2.2。

7.10.3 别名文本

见7.2.3。

7.10.4 显示等级

见7.2.9。

7.10.5 外部标识

见7.2.11。

7.10.6 多媒体动作

见7.2.12。

7.10.7 多媒体描述

见7.2.13。

7.10.8 多媒体文件

见7.2.17。

7.10.9 多媒体文件内容

见7.2.18。

7.10.10 多媒体文件名称

见7.2.14。

7.10.11 多媒体文件类型

见7.2.15。

7.10.12 多媒体时间域

见7.2.16。

7.10.13 名称组件

见7.2.19。

7.10.14 名称组件长度

见7.2.20。

7.10.15 名称组件偏移

见7.2.21。

7.10.16 名称组件类型

见7.2.22。

7.10.17 **名称前缀**

见7.2.23。

7.10.18 **正式代码**

见7.2.24。

7.10.19 **正式名称**

见7.2.26。

7.10.20 **正式名称体**

见7.2.27。

7.10.21 **正式名称文本**

见7.2.28。

7.10.22 **位置精度**

见7.2.33。

7.10.23 **有效方向**

见7.2.38。

7.10.24 **有效期**

见7.2.39。

7.10.25 **水体类型**

7.10.25.1 **定义**

水体的类型。

7.10.25.2 **域/单位**

- 港口/海港；
- 湾；
- 码头；
- 未指明的。

7.10.25.3 **描述**

7.10.25.3.1 **海港/港口定义**

用于商业船只停泊、装载、卸货的区域。

7.10.25.3.2 **码头定义**

带有供娱乐船只停靠的码头，以及其服务的设施的区域。

7.10.25.3.3 **湾定义**

大部分尚未被陆地环绕，并与较大水体连通的区域。

7.10.26 **水体边界元素类型**

7.10.26.1 **定义**

水体边界元素的类型。

7.10.26.2 **域/单位**

- 湾岸线；
- 湖岸线；
- 河岸线；
- 运河岸线；
- 湿地岸线；
- 港口岸线；
- 桥墩或码头岸线；
- 海、洋的岸线；

- 其他。

7.10.26.2.1 **岸线定义**

直接与水体接触的陆地部分，包括高水位线与低水位线之间的区域。

7.10.26.2.2 **桥墩或码头定义**

建于水中，作为船只靠岸用。

7.10.26.2.3 **组合规则**

水体边界元素类型并不互相排斥。如果有冲突则使用以下层次顺序，其中高层次作用总是优先于低层次：

高

- 桥墩或码头岸线；
- 港口岸线；
- 河或运河岸线；
- 海或洋的海岸线。

低

7.11 **道路附属设施属性**

7.11.1 **交通标志上的目的地信息**

7.11.1.1 **定义**

在交通标志上出现的与目的地有关的信息。

7.11.1.2 **域/单位**

复合。

7.11.1.3 **子属性**

- 目的地位置[.]..[.]；
- 交通标志上的路线编号[.]..[.]；
- 出口编号[.]..[.]。

7.11.2 **目的地位置**

7.11.2.1 **定义**

在交通标志上出现的与目的地位置有关的信息。

7.11.2.2 **域/单位**

任意字符与标点的组合。

7.11.2.3 **描述**

例如，居民地、工业区、邻近地区等。

该属性与交通标志上的路线编号、出口编号共同构成复合属性交通标志上的目的地信息。

7.11.3 **方向**(Direction)

7.11.3.1 **定义**

标志上禁止或限制转向或指明行驶权力的箭头的方向。

7.11.3.2 **域/单位**

- 前；
- 右前；
- 右；
- 右后；
- 后；
- 左后；
- 左；

• 左前。

7.11.3.3 描述

该属性作为复合属性交通标志信息的子属性使用。只有当前面有交通标志类型子属性时才有意义。

所有参照(如前、右等)都是相对于面临信号的驾驶者的方向。图79是示例。

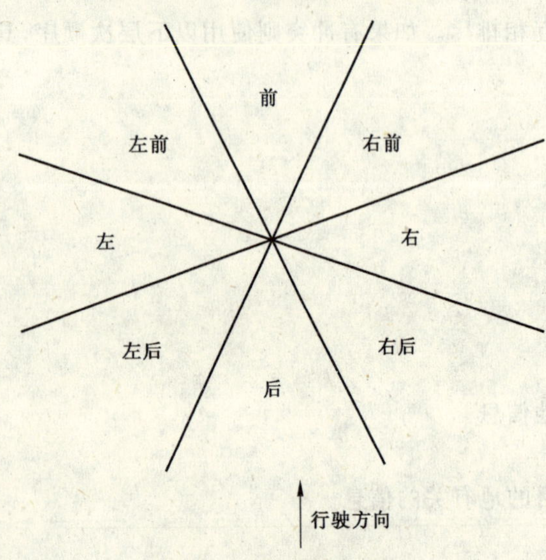

图79 方向值的图示

7.11.4 显示等级

见7.2.9。

7.11.5 设备标识

7.11.5.1 定义

用于指定某一道路附属设施要素的,由数字和文字组成的惟一的标识,可以作为外部数据库的关键字。

7.11.5.2 域/单位

由管理机构指定。

7.11.6 出口编号

见7.2.10。

7.11.7 外部标识

见7.2.11。

7.11.8 多媒体动作

见7.2.12。

7.11.9 多媒体描述

见7.2.13。

7.11.10 多媒体文件

见7.2.17。

7.11.11 多媒体文件内容

见7.2.18。

7.11.12 多媒体文件名称

见7.2.14。

7.11.13　**多媒体文件类型**

见7.2.15。

7.11.14　**多媒体时间域**

见7.2.16。

7.11.15　**正式代码**

见7.2.24。

7.11.16　**交通标志上的其他文字内容**

7.11.16.1　**定义**

无法以交通标志上的符号或有效期表达的信息，以及不表示目的地的文字信息。

7.11.16.2　**域/单位**

任意字符与标点的组合。

7.11.16.3　**描述**

该属性是交通标志信息的子属性。只有与子属性交通标志类型结合时才有意义。

7.11.17　**位置精度**

见7.2.33。

7.11.18　**交通标志上的路线编号**

7.11.18.1　**定义**

交通标志上表示的作为目的地信息的路线编号。交通标志上的路线编号是在给定道路网络中的某一特定路线的标识号码(ID码)，由国家、省或国际组织指定。

7.11.18.2　**域/单位**

任意字符、标点与(或)数字的组合。

7.11.18.3　**描述**

某一目的地可以属于多个路线。此时可以记录相应的路线编号值。

该属性与目的地位置及出口编号共同构成复合属性交通标志上的目的地信息。

7.11.19　**标志文字**

7.11.19.1　**定义**

一个标志上的表示一个逻辑元素的文字。

7.11.19.2　**域/单位**

任意可印刷字符。

7.11.19.3　**描述**

一般情况下，路标包括逻辑信息中的不同独立元素(如不同的地名、娱乐区名称等)。这些都应作为属性标志文字的不同实例。路线编号与出口编号不能用标志文字来表达。

7.11.20　**交通标志上的符号**

7.11.20.1　**定义**

交通标志上的符号的描述。

7.11.20.2　**域/单位**

- 汽车；
- 轿车；
- 客车；
- 城市公共汽车；
- 货车；
- 工程作业车；
- 特种车；

- 牵引车；
- 吉普车；
- 摩托车；
- 电车；
- 拖拉机；
- 挂车；
- 所有交通形式；
- 载其他危险品货物车辆；
- 载易爆货物车辆；
- 载水污染货物车辆；
- 火车；
- 自行车；
- 自动自行车(机动脚踏两用车)；
- 马车；
- 骑手；
- 行人；
- 使用手拖车的步行者；
- 速度；
- 总质量；
- 每轴质量；
- 宽度；
- 高度；
- 长度。

“速度”至“长度”的属性值后应附加属性交通标志上的数值。

7.11.20.3 **描述**

该属性用作复合属性交通标志信息的子属性。只有当前面有交通标志类型子属性时才有意义。

7.11.21 **交通标志类型**

7.11.21.1 **定义**

交通标志的分类。

7.11.21.2 **域/单位**

交通标志分为以下7类：

- 警告标志；
- 禁令标志；
- 指示标志；
- 指路标志；
- 旅游区标志；
- 道路施工安全标志；
- 辅助标志。

图80是一些示例。

警告标志

Y形交叉

环形交叉

向左急弯路

向右急弯路

注意行人

注意儿童

禁令标志

禁止机动车通行

禁止载货汽车通行

禁止三轮机动车通行

禁止向左转弯

禁止向右转弯

禁止直行

指示标志

直行和向左转弯

直行和向右转弯

向左和向右转弯

公交线路专用车道

机动车行驶

机动车车道

指路标志

国道编号

省道编号

交叉路口预告

绕行标志

终点

旅游区标志

旅游区方向

问询处

徒步

道路施工安全标志

路栏

道路封闭

辅助标志

时间范围

货车

向左、向右各50 m

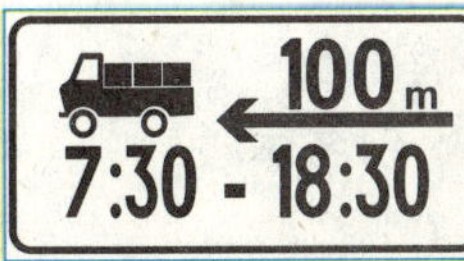

组合

图 80　交通标志类型中的交通标志

7.11.21.3 描述

作为复合属性交通标志信息的子属性。

7.11.22 交通标志信息

7.11.22.1 定义

描述一个交通标志上所包含的信息。包括交通标志本身所包含的信息及其他附加内容(如文字)所包含的信息。

7.11.22.2 域/单位

复合。

7.11.22.3 子属性

- 交通标志类型——必选的;
- 交通标志上的符号 [.]..[.];
- 方向[.]..[.];
- 交通标志上的数值 [.]..[.];
- 出口编号[.]..[.];
- 交通标志上的目的地信息 [.]..[.];
- 交通标志上的其他文字内容[.]..[.]。

[.]..[.] 表示该属性可以有多个实例。

7.11.23 有效期

见 7.2.39。

7.11.24 交通标志上的数值

7.11.24.1 定义

交通标志上所提到的数值。

7.11.24.2 域/单位

用整数表达以下单位(见表 4)。

表 4

符号名称	单位
速度	km/h
总质量	0.1 t
每轴质量	0.1 t
宽度	0.01 m
高度	0.01 m
长度	1 m

7.11.24.3 描述

作为复合属性交通标志信息的子属性使用。与交通标志上的符号对应,并存贮相关的数值。

7.12 服务的属性

本章只列出服务的基本(共有)属性,各类服务的具体属性列在附录 B.3 中以供参考。

7.12.1 别名

见 7.2.1。

7.12.2 别名体

见 7.2.2。

7.12.3 别名文本

见 7.2.3。

7.12.4 **城市行政等级**

7.12.4.1 **定义**

说明一个城市的行政重要程度。

7.12.4.2 **域/单位**

- 第 0 级：首都；
- 第 1 级：省会、自治区首府、直辖市；
- 第 2 级：地级政府所在地；
- 第 3 级：县级政府所在地；
- 第 8 级：乡/镇政府所在地；
- 其他：其余的村镇（如小村、镇）。

7.12.4.3 **描述**

第 1 至 7 级与整个国家有关，并不要求全部出现。但一般情况下第 i 级总是比第 $i+1$ 级重要。

7.12.5 **显示等级**

见 7.2.9。

7.12.6 **入口点类型**

7.12.6.1 **定义**

一个入口点重要程度的说明。

7.12.6.2 **域/单位**

- 主要；
- 次要。

7.12.6.3 **描述**

一个“主要”入口一般有以下特点：

- 它与所选择的服务具有相同的地址；
- 为来访者提供接待/大厅；
- 是最吸引人注意的入口；
- 是路标（如果有的话）所指示的入口。

一个服务至少应有一个入口被定为“主要”入口。

7.12.7 **门牌号码（House Number）**

7.12.7.1 **定义**

与一个服务有关的说明门牌号码的任意号码或号码范围。

7.12.7.2 **域/单位**

号码、字母或标点的任意组合，如 12、39B、2300—2360。

7.12.7.3 **描述**

与子属性街道名称、地点名称与邮政编码联合，构成复合属性服务地址。

7.12.8 **重要性**

7.12.8.1 **定义**

服务的重要程度。

7.12.8.2 **域/单位**

- 全国；
- 本地。

7.12.8.3 **描述**

“本地”指城镇或市政当局。具有本地重要性的要素包括旅馆、饭店、电影院等。大多数城镇有一个或多个。

"全国"指国家级或国际级的重要性，如考古纪念处(史前巨石柱)、纪念馆、主题公园(迪斯尼)等。

7.12.9 多媒体动作

见7.2.12。

7.12.10 多媒体描述

见7.2.13。

7.12.11 多媒体文件

见7.2.17。

7.12.12 多媒体文件内容

见7.2.18。

7.12.13 多媒体文件名称

见7.2.14。

7.12.14 多媒体文件类型

见7.2.15。

7.12.15 多媒体时间域

见7.2.16。

7.12.16 名称组件

见7.2.19。

7.12.17 名称组件长度

见7.2.20。

7.12.18 名称组件偏移

见7.2.21。

7.12.19 名称组件类型

见7.2.22。

7.12.20 名称前缀

见7.2.23。

7.12.21 正式代码

见7.2.24。

7.12.22 正式名称

见7.2.26。

7.12.23 正式名称体

见7.2.27。

7.12.24 正式名称文本

见7.2.28。

7.12.25 有效期

见7.2.39。

7.12.26 地点名称

7.12.26.1 定义

一个行政区划、管区或其他有名称区域的名称是一个服务的地址的一部分，并且需要街道名称具有惟一性。

7.12.26.2 域/单位

任意字母、数字或标点的组合。

7.12.26.3 描述

与街道名称、邮政编码、门牌号码联合使用，构成复合属性服务地址。

7.12.27 人口

见7.2.31。

7.12.28 人口等级

见7.2.32。

7.12.29 位置精度

见7.2.33。

7.12.30 邮政编码

见7.2.34。

7.12.31 服务地址

7.12.31.1 定义

一个服务与街道或管区相关的地址的描述。

7.12.31.2 域/单位

复合。

7.12.31.3 子属性

本属性可包括如下子属性：

- 地点名称([.]..[.])；
- 街道名称；
- 门牌号码；
- 邮政编码。

[.]..[.]表示可以有多个实例。

7.12.32 街道名称

7.12.32.1 定义

一个服务地址中的街道名称。

7.12.32.2 域/单位

任意字母、数字或标点的组合。

7.12.32.3 描述

与地点名称、邮政编码及门牌号码联合，构成复合属性服务地址。

7.12.33 街道侧面

见7.2.35。

7.12.34 有效期

见7.2.39。

7.13 公共交通的属性

7.13.1 别名

见7.2.1。

7.13.2 别名体

见7.2.2。

7.13.3 别名文本

见7.2.3。

7.13.4 链距

见7.2.5。

7.13.5 显示等级

见7.2.9。

7.13.6 外部标识

见7.2.11。

7.13.7 多媒体动作

见7.2.12。

7.13.8 多媒体描述

见7.2.13。

7.13.9 多媒体文件

见7.2.17。

7.13.10 多媒体文件内容

见7.2.18。

7.13.11 多媒体文件名称

见7.2.14。

7.13.12 多媒体文件类型

见7.2.15。

7.13.13 多媒体时间域

见7.2.16。

7.13.14 名称组件

见7.2.19。

7.13.15 名称组件长度

见7.2.20。

7.13.16 名称组件偏移

见7.2.21。

7.13.17 名称组件类型

见7.2.22。

7.13.18 名称前缀

见7.2.23。

7.13.19 正式代码

见7.2.24。

7.13.20 正式名称

见7.2.26。

7.13.21 正式名称体

见7.2.27。

7.13.22 正式名称文本

见7.2.28。

7.13.23 位置精度

见7.2.33。

7.13.24 公交模式

7.13.24.1 定义

公交路线线段上的公交类型。

7.13.24.2 域/单位

- 公共汽车；
- 轻轨；
- 地铁；

- 铁路。

7.13.24.3 描述

应注意一条公交路线线段上可有多种公交模式。

7.13.25 公交路线方向

7.13.25.1 定义

说明一条公交路线是在公交路线线段的正向还是反向上。

7.13.25.2 域/单位

- 反向；
- 正向。

7.13.25.3 描述

只有当一条公交路线包含一条公交路线线段时才使用公交路线方向。如果一条公交路线包含多个公交路线线段，则公交路线的方向已经由公交路线线段的顺序所指定。

7.13.25.3.1 指明特定方向

公交路线线段的方向按从起点到终点的方向定义。

7.13.26 公交点类型

7.13.26.1 定义

一个公交点的功能。

7.13.26.2 域/单位

- 定时点；
- 交通控制点；
- 活化点；
- 折返点；
- 休息设施；
- 停车点；
- 调剂点。

7.13.27 有效方向

见7.2.38。

7.13.28 有效期

见7.2.39。

7.14 链参考要素的属性

7.14.1 事故

见7.4.2。

7.14.2 事故日期

见7.4.3。

7.14.3 事故标识

见7.4.4。

7.14.4 链距

见7.2.5。

7.14.5 建设状态

见7.4.5。

7.14.6 交通流方向

见7.4.6。

7.14.7 显示等级

见 7.2.9。

7.14.8 外部标识

见 7.2.11。

7.14.9 侧向偏移

见 7.4.9。

7.14.10 允许最大高度

见 7.4.10。

7.14.11 允许最大长度

见 7.4.11。

7.14.12 允许最大质量

见 7.4.12。

7.14.13 允许最大轴承质量

见 7.4.13。

7.14.14 允许最大宽度

见 7.4.14。

7.14.15 实测长度

见 7.4.15。

7.14.16 多媒体动作

见 7.2.12。

7.14.17 多媒体描述

见 7.2.13。

7.14.18 多媒体文件

见 7.2.17。

7.14.19 多媒体文件内容

见 7.2.18。

7.14.20 多媒体文件名称

见 7.2.14。

7.14.21 多媒体文件类型

见 7.2.15。

7.14.22 多媒体时间域

见 7.2.16。

7.14.23 道路管理等级

见 7.4.16。

7.14.24 车道数量

见 7.4.17。

7.14.25 正式代码

见 7.2.24。

7.14.26 铺设过的路面类型

见 7.4.18。

7.14.27 铺设状态

见 7.4.19。

7.14.28 国际交通百分比

见7.4.20。

7.14.29 位置精度

见7.2.33。

7.14.30 路面

见7.4.21。

7.14.31 路面条件

见7.4.22。

7.14.32 路线编号

见7.4.23。

7.14.33 路径标识

见7.4.27。

7.14.34 路径序号

见7.4.28。

7.14.35 路径类型

见7.4.29。

7.14.36 特殊路径

见7.4.31。

7.14.37 交通流

见7.4.32。

7.14.38 交通流量

见7.4.33。

7.14.39 交通流量类型

见7.4.34。

7.14.40 交通流量单位

见7.4.35。

7.14.41 未铺设的路面类型

见7.4.36。

7.14.42 有效方向

见7.2.38。

7.14.43 有效期

见7.2.39。

7.14.44 参照点数值

7.14.44.1 定义

在表示一个参照点的物理标志物上印刷的数值(字符值)。

7.14.44.2 域/单位

由管理机构指定。

7.14.44.3 描述

参照标志物上的值一般是公里,有时会有小数位(如50.7)。

7.14.45 车辆类型

见7.4.37。

7.14.46 宽度

见7.4.38。

8 关系类别与定义

8.1 概述

8.1.1 要素及其关系

现实世界中对象的一些信息需要以要素之间的关系这样一种形式来表达。例如,“……是……的首都”是“北京”与“中国”之间的关系。本章即描述地理数据文件中的各种关系。

图 81～图 94 给出了各种关系的数据模型。

所有的关系都有一个特定的关系名称。

一个要素可以涉及到多个关系。两个不同的关系可以联系同一个要素实例,例如,“……坐落于……辖区”和“……是……的首都”都是“北京”与“中国”之间的关系。

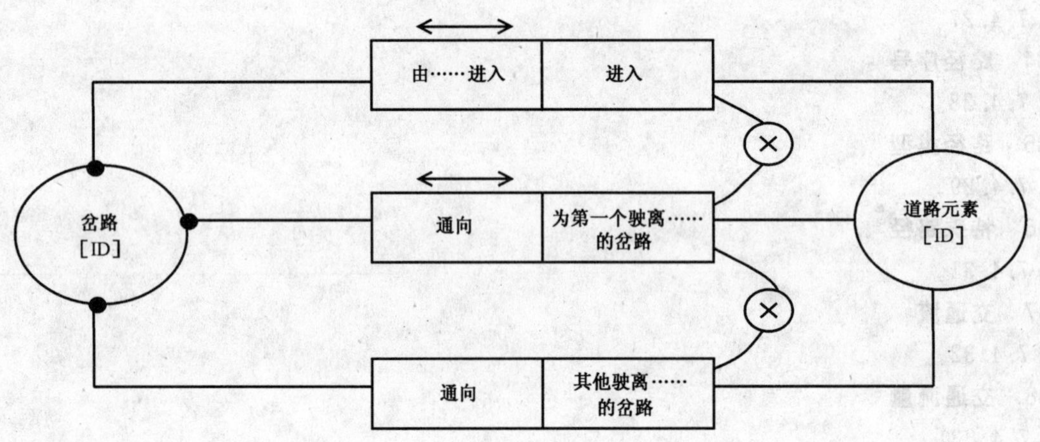

图 81 岔路关系数据模型

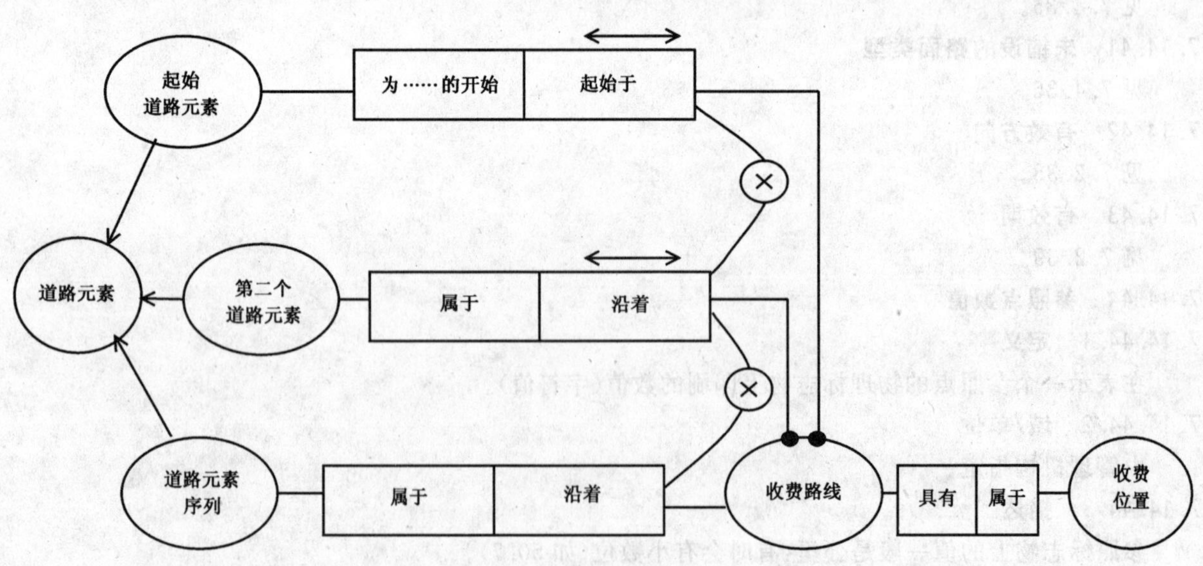

图 82 收费路线关系数据模型

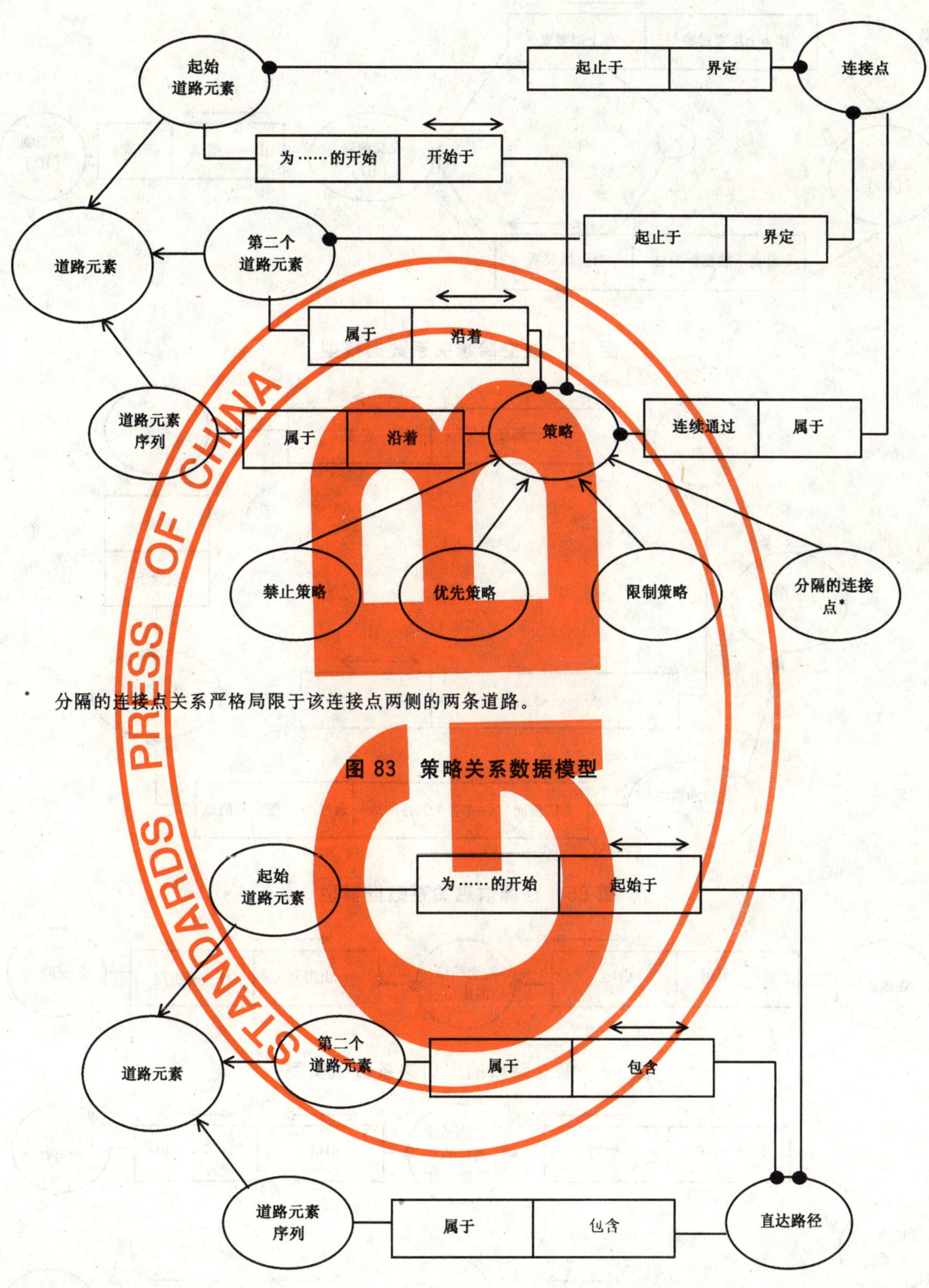

* 分隔的连接点关系严格局限于该连接点两侧的两条道路。

图 83 策略关系数据模型

图 84 直达路径关系数据模型

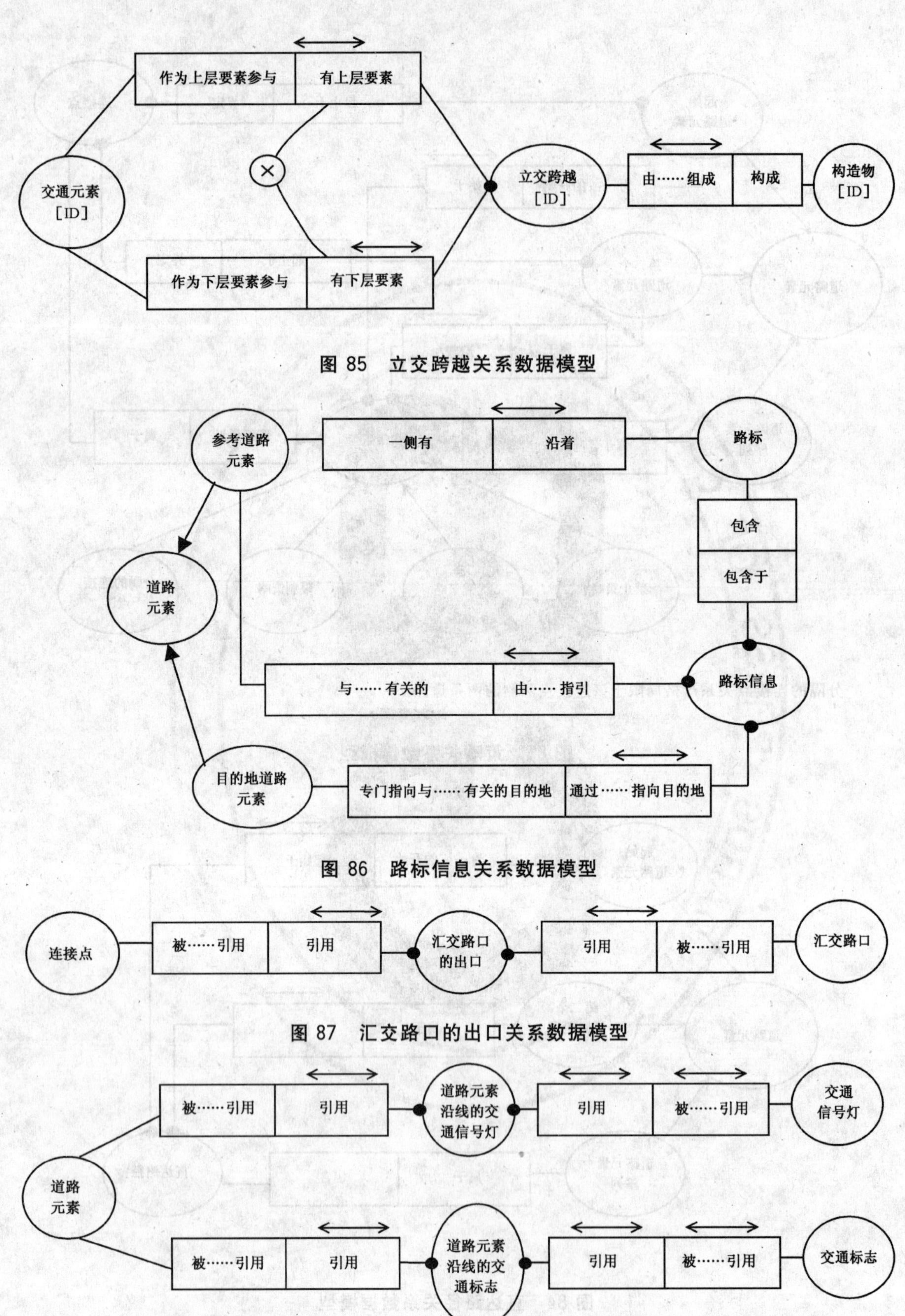

图 85 立交跨越关系数据模型

图 86 路标信息关系数据模型

图 87 汇交路口的出口关系数据模型

图 88 道路元素沿线的交通信号灯及道路元素沿线的交通标志关系数据模型

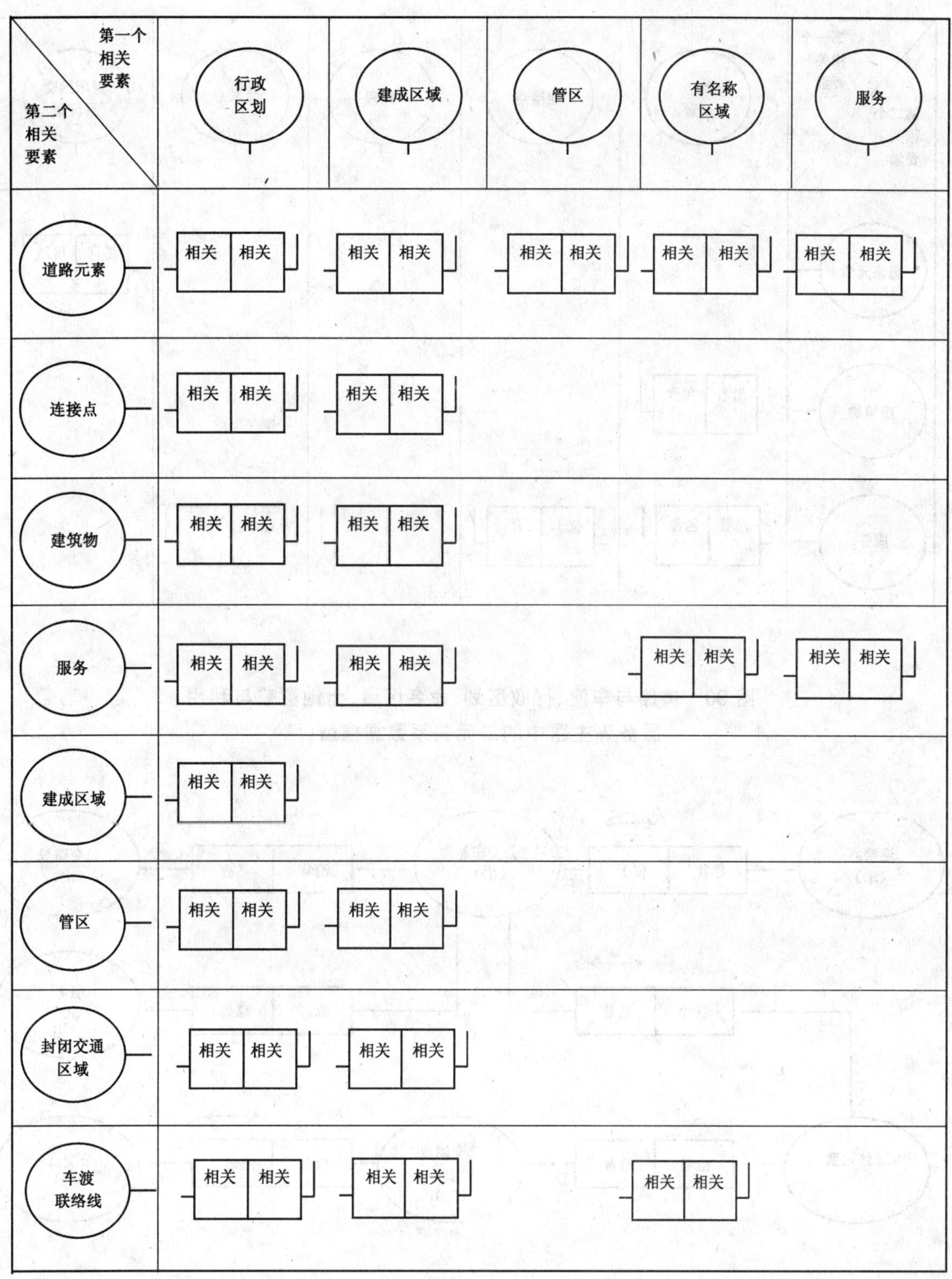

图 89 道路与车渡、行政区划、命名区域、土地覆盖与利用、服务等主题中的二元关系数据模型(未完待续)

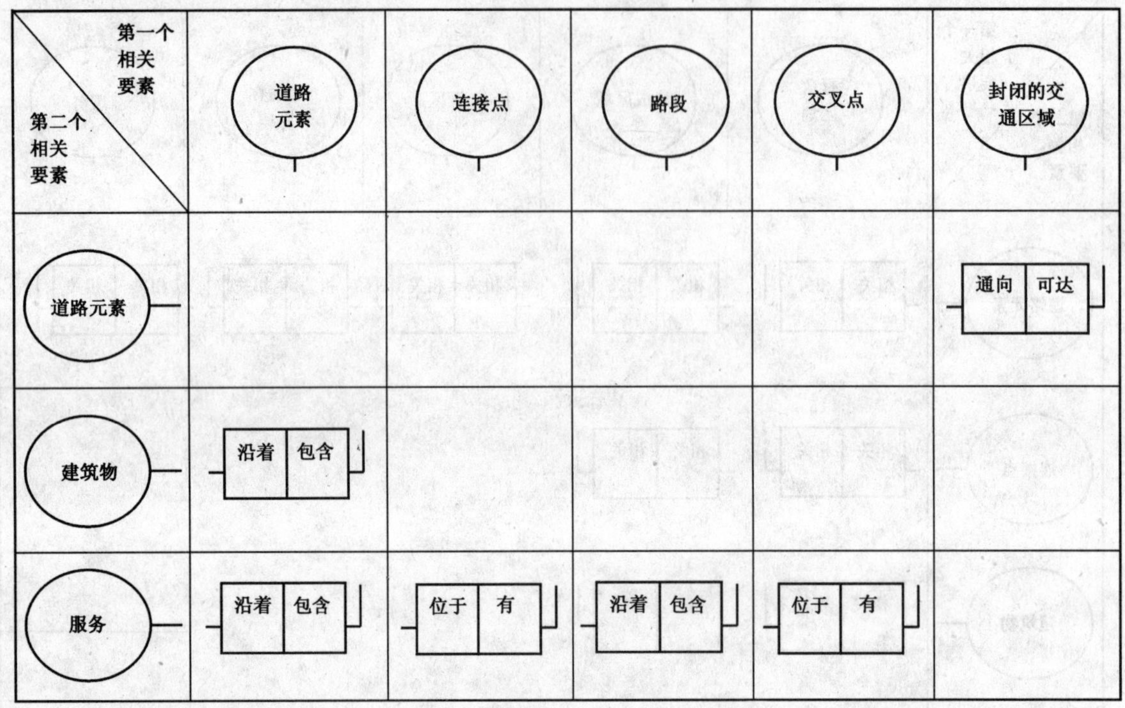

图 90　道路与车渡、行政区划、命名区域、土地覆盖与利用、服务等主题中的二元关系数据模型(续)

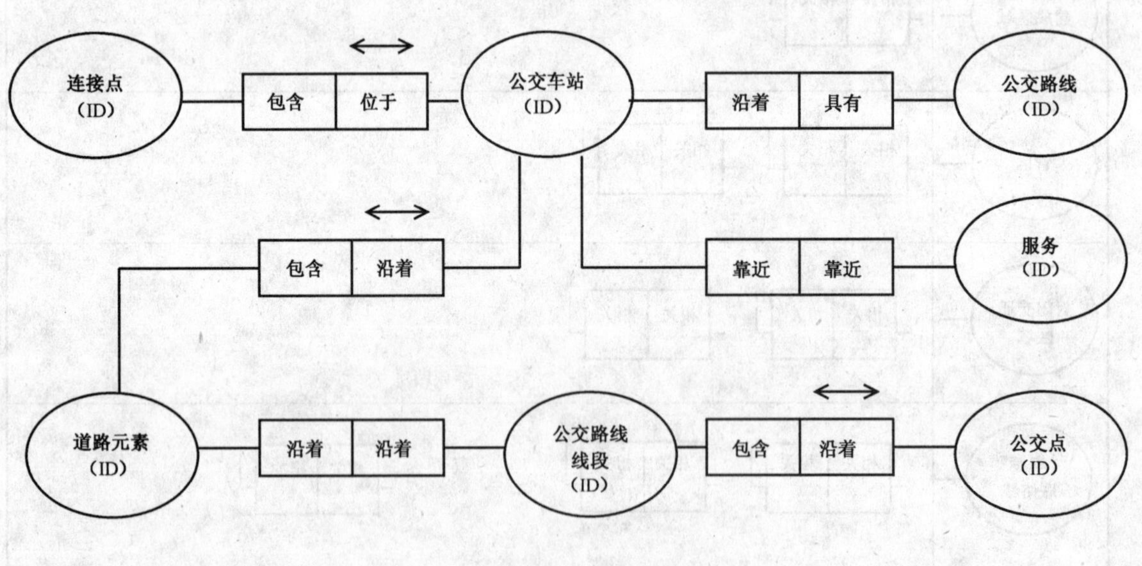

图 91　公交要素关系数据模型

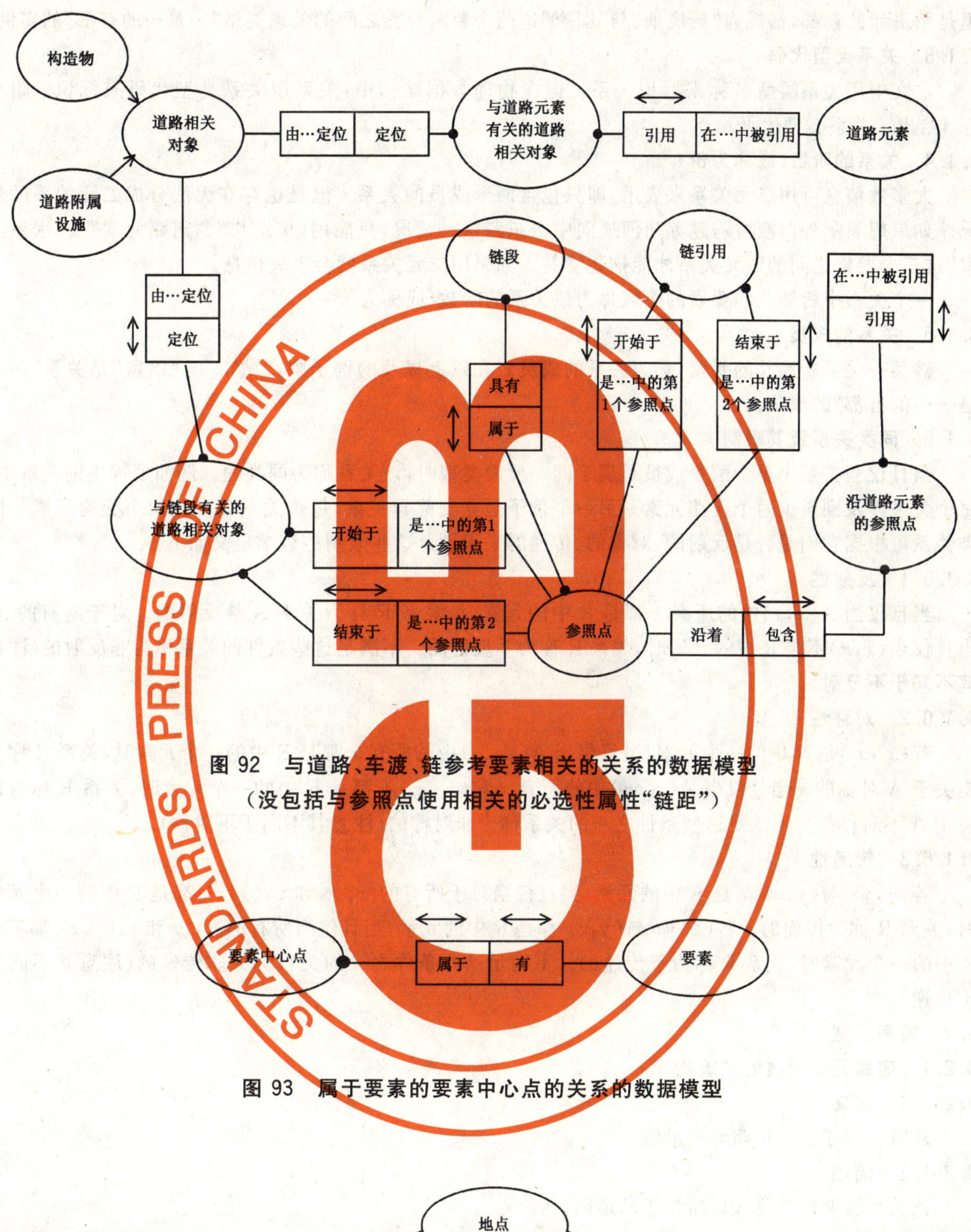

图 92 与道路、车渡、链参考要素相关的关系的数据模型
（没包括与参照点使用相关的必选性属性“链距”）

图 93 属于要素的要素中心点的关系的数据模型

地点
包含于
包含

图 94 地点中的地点关系的数据模型

8.1.2 关系类型

相同要素分类的要素之间的所有关系实例都属于同一关系类型。例如，北京是中国的首都及马德里是西班牙的首都，都视为“居民地”与“国家”这两个要素分类之间的关系类型“…是…的首都”的实例。

8.1.3 关系类型代码

本文中用关系类型名称来标识关系。但在物理数据结构中，关系用关系类型代码来标识。附录A.4给出了关系类型代码。

8.1.4 关系的阶数(或称为价)

大多数信息可用二元关系来表示，即只包含两个成员的关系。但是也存在无法分成二元关系的情况。如果想表示外白渡桥跨越苏州河通向中山东路这一情况，只能用“构造物”、“道路元素”及“水系元素”这三个要素之间的三元关系才能描述清楚。如果用二元关系就会丢失信息。

一个关系中所涉及的要素的个数称为该关系的阶数(或称为价)。

8.1.5 关系的成员

被某一关系所涉及的要素，称为关系的成员。在以上提及的例子中，“城市”与“国家”是关系“……是……的首都”的成员。

8.1.6 同类关系及其限制

当且仅当关系中至少两个成员是属于同一要素类型时，该关系称为同类的。例如禁行规则关系中，每个关系涉及到至少两个道路元素。另一个例子是立交跨越关系，每个关系都涉及两个交通元素。同类关系可根据它们是否是反射的、对称的、传递的来识别。这些限制的数学定义如下。

8.1.6.1 反射性

当且仅当 A(x,x)中的所有 x 都是 R 中的元素时，关系 R 称为关于 A 是反射的。对于所有的 x，当且仅当(x,x)不是 R 中的元素时，关系 R 称为不反射的。不满足这些条件的关系称为非反射的(注意其不同于不反射)。

8.1.6.2 对称性

若(x_j,x_i)是 R 中的一个元素，当且仅当 A(x_i,x_j)中的所有 x 都是 R 中的一个元素时，关系 R 称为是关于 A 对称的。当且仅当 $A(x_i,x_j)$中的所有 x 和(x_j,x_i)不都是 R 中的一个元素时，关系 R 称为是关于 A 不对称的。不满足这些条件之一的关系称为非对称的(注意其不同于不对称)。

8.1.6.3 传递性

若(x,y) 与(y,z) 都是 R 中的元素，当且仅当对于所有的 x，y 和 z，(x,z) 都是 R 中的一个元素时，关系 R 称为传递的。若(x,y) 与(y,z) 都是 R 中的元素，当且仅当所有的 x，y 和 z，(x,z) 都不是 R 中的一个元素时，关系 R 称为不传递的。不满足这些条件之一的关系称为非传递的(注意其不同于不传递)。

8.2 关系类型

8.2.1 道路元素沿线的建筑物

8.2.1.1 定义

建筑物位于某一道路元素沿线。

8.2.1.2 描述

此关系说明建筑物入口所位于的道路。

大多数情况下，一个建筑物逻辑上所“属于”的道路元素应是最近的。但也有例外的情况，如图 95。

如果一个建筑物有多个位于不同道路元素上的入口，这个建筑物可以属于两个或更多的不同道路元素。

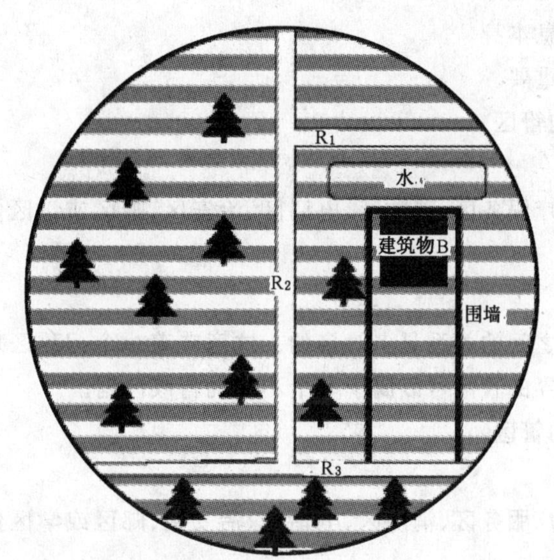

建筑物B属于道路元素R_3。

图 95 沿道路元素的建筑物

8.2.2 与行政区划关联的建筑物

定义

建筑物位于某一8级行政区划的内部或与其关联。

8.2.3 与建成区域关联的建筑物

定义

建筑物位于某一建成区域的内部或与其关联。

8.2.4 与行政区划关联的建成区域

8.2.4.1 定义

建成区域位于某一8级行政区划的内部或与其关联。

8.2.4.2 描述

这个建成区域与行政区划之间的关系是多对多的。这意味着一个行政区划可以包含多个不同的建成区域，一个跨越行政区划边界的建成区域可以属于多个不同的行政区划。

8.2.5 属于要素的要素中心点

8.2.5.1 定义

要素中心点是一个要素的中心。

8.2.5.2 描述

此关系的第二个参数可以属于道路与车渡、命名区域、行政区划、土地覆盖与利用、服务等要素主题的要素。

8.2.6 链引用

8.2.6.1 定义

利用位置的链距信息将有关属性关联到一个链段的方法。

8.2.6.2 描述

为了将属性与链段关联起来，这个关系描述链段上与属性有关的分段：

- 通过指定链段和两个参照点；

- 通过说明分段的起止点(对应于两个关联的参照点)的链距值;
- 通过附加属性信息本身。

链引用关系的顺序很重要。

8.2.7 与行政区划关联的管区

8.2.7.1 定义

统计区、选区、急救医疗服务区、消防区、电话区、治安区、邮区或学区位于某一8级行政区划之内,或与其关联。

8.2.7.2 描述

这种管区与行政区划之间的关系是多对多的。这意味着一个行政区划可以包含多个不同的管区,同时一个跨越行政区划边界的管区可以属于多个不同的行政区划。

8.2.8 与建成区域关联的管区

定义

统计区、选区、急救医疗服务区、消防区、电话区、治安区、邮区或学区位于某一建成区域之内,或与其关联。

8.2.9 分隔的连接点

定义

一个分隔的连接点是一个策略,包括一个有物理或逻辑分隔物(阻止某一方向的通行)的连接点。由连接点连接的两个道路元素指明连接点在哪些道路元素上被分隔,表明某些交通行为是禁止的。

8.2.10 与行政区划关联的封闭交通区域

定义

封闭交通区域位于某一行政区划之内,或与其关联。

8.2.11 与建成区域关联的封闭交通区域

定义

封闭交通区域位于某一建成区域之内,或与其关联。

8.2.12 汇交路口的出口

8.2.12.1 定义

一个汇交路口与一个或多个所包含的连接点之间的关系,这些连接点和复合出口编号指定的出口对应。

8.2.12.2 描述

所描述的连接点是汇交路口内部的转弯点,具有出口编号或名称等信息。

在以两条平行的道路元素表示的汽车高速路上可以见到两个连接点用同一个出口编号的例子。在某些汇交路口上,假设每个交通方向存在两个出口点,并且这两个出口点有不同的出口编号(例如:北5号出口、南5号出口),此时每个出口编号都与一个连接点关联,即一个位于正向车道上的出口点处,另一个位于反向车道的出口点处。换句话说,汽车高速路的两个方向上都有一个出口点。因而每个出口编号都对应两个连接点。

8.2.13 与行政区划关联的车渡联络线

定义

车渡联络线位于某一行政区划之内,或与其关联。

8.2.14 与有名称区域关联的车渡联络线

定义

车渡联络线位于某一有名称区域之内,或与其关联。

8.2.15 **与建成区域关联的车渡联络线**

定义

车渡联络线位于某一建成区域之内，或与其关联。

8.2.16 **岔路**

8.2.16.1 **定义**

道路上的自然分岔，对于一个方向的入口来说，有多个出口方向。

8.2.16.2 **描述**

岔路的典型特征如下：

- 在分岔点处或其附近没有明显的转弯；
- 最左侧与最右侧的两个分岔路之间的角度小于90°。

注意岔路包括有两个以上分叉的道路，如一个3车道的道路在某一点分为三条独立的单车道道路。

以下情况一般不作为岔路：

- 除继续向前延伸的那条道路外，其余都是有减速车道的立交跨越口的匝道；
- 丁字路口。

岔路与路径引导有关，用于产生路径引导指示。因此，模型所提供的信息应能反映道路使用者对道路延伸方式的理解。

8.2.17 **立交跨越**

8.2.17.1 **定义**

两个交通元素和一个构造物之间的关系，表达道路、铁路或水系网络彼此直接跨越。

8.2.17.2 **限制**

此关系仅包含两个交通元素，当三个交通元素在同一地点利用同一构造物彼此穿越时，需要定义两个关系。一个用于描述下层与中间交通元素间的关系；另一个用于描述中间与上层交通元素间的关系。上层与下层元素间的关系不作显式描述。

上层交通元素应总是在下层元素之前。

8.2.18 **与行政区划关联的连接点**

定义

连接点位于某个8级行政区划之内或与其关联。

8.2.19 **与建成区域的连接点**

定义

连接点位于某个建成区域之内，或与其关联。

8.2.20 **地点中的地点**

8.2.20.1 **定义**

一个地点位于另一地点之内。

8.2.20.2 **描述**

该关系说明按照特定的分类方案，第一个地点至少有一部分位于第二个地点之内。地点的分类方式由属性“地点中的地点分类”来定义。

8.2.21 **优先策略**

8.2.21.1 **定义**

描述有优先权的策略。

8.2.21.2 **描述**

优先策略有两种不同的形式：

- 隐式:蕴涵于一般的交通规则中。例如,“由右(或左)边开来的车辆可以通行”;
- 显式:在某一交叉口,车辆行驶权通过交通标志来指明,而不参照一般的交通规则。

图 96 给出的一个优先策略的例子。注意优先策略关系是不对称的。

该关系只能用于描述静态的行驶权,不描述由交通信号灯控制的优先权。

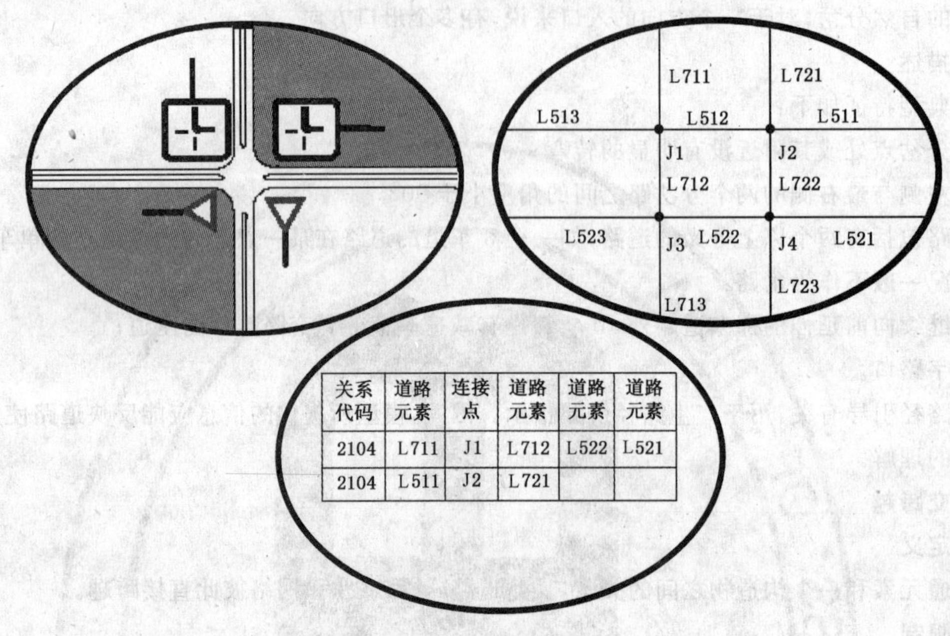

关系代码	道路元素	连接点	道路元素	道路元素	道路元素
2104	L711	J1	L712	L522	L521
2104	L511	J2	L721		

图 96 优先策略

8.2.22 禁止策略

8.2.22.1 定义

在物理上可能,但通过法定措施(如类型为“禁令标志”的交通标志所指明)“禁止”的策略。

8.2.22.2 描述

禁止策略有三种不同的形式,图 98 中给出的例子:

- 由于一个道路元素上单向行驶交通流所造成的禁行,不需作为禁止策略;
- 不是由道路元素单行性造成的,而是由交通标志指示的所有禁止策略。这些需要作为禁止策略。图 97 是指示这些情况的交通标志;
- 既不是由道路元素单行性造成,也不是由交通标志所指示,而是由于道路网络所造成的所有禁行。这些需要表示为禁止策略或限制策略。

图 99 给出了构造禁止策略的例子。

注意禁止策略不必是对称的,即相反的方向可能并不禁行。

可对该关系附加属性来进一步说明。例如,可以与属性“有效期”共同来定义随时间变化的情况。例如只在高峰期禁行。禁止策略也可以与属性“车辆类型”联合使用来说明哪种车辆禁行。

8.2.22.3 限制

如果一个道路元素与连接点是一个禁止策略中的前两个元素,则不允许它们在一个限制策略中有同样的角色,反之亦然。

图 97 禁止策略与限制策略中的交通标志示例

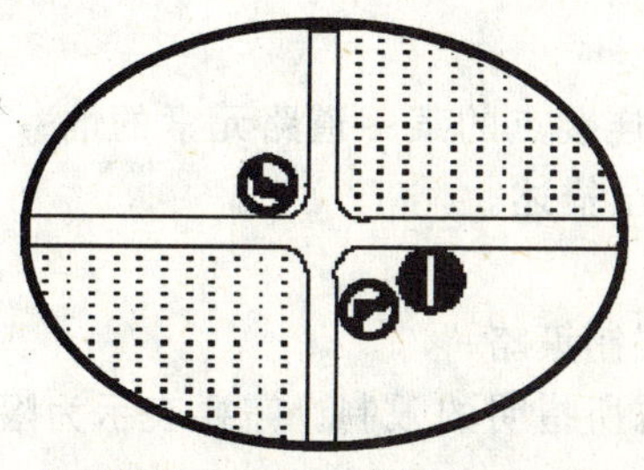

由于道路元素单行性所造成的禁行，不需作为禁止策略。

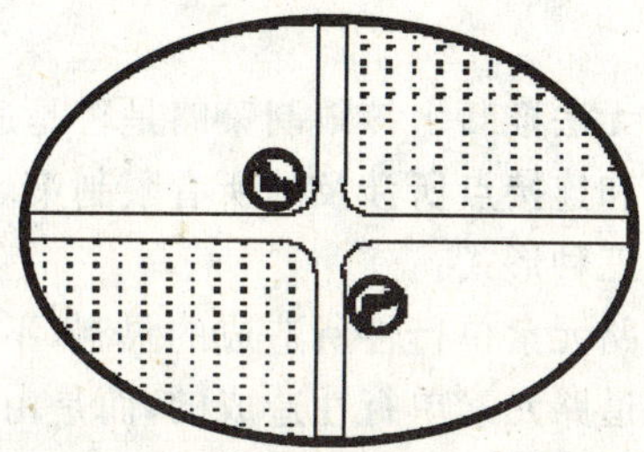

与道路元素单行性无关的禁止策略。

图 98 禁止策略例子

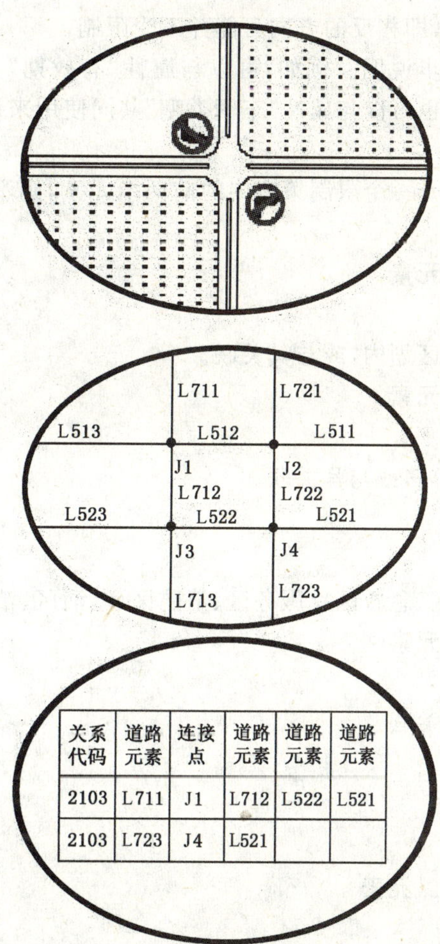

关系代码	道路元素	连接点	道路元素	道路元素	道路元素
2103	L711	J1	L712	L522	L521
2103	L723	J4	L521		

图 99 禁止策略的表达

8.2.23　公交路线线段沿线的公交点

定义

公交点属于某一公交路线线段。

8.2.24　道路元素沿线的参照点位置

8.2.24.1　定义

用于说明道路元素上某一参照点位置的方法。

8.2.24.2　描述

这个关系包括两个要素和一个用链距属性方式表达的距离值(从起始连接点沿道路元素测得)。

8.2.25　限制策略

8.2.25.1　定义

由立法规定,用交通标志指明的策略。

8.2.25.2　描述

从这一关系无法推断出该限制策略是否是通过某一连接点的某一道路元素的惟一可能策略,需要考虑该道路元素和连接点所涉及的所有限制策略才能完全描述。

限制策略有三种形式:

- 由于道路元素单行性所造成的限制,不需作为限制策略;
- 不是由道路元素单行性造成的,而是由交通标志所指明的限制。需要表示为限制策略。图 97 中给出的交通标志的例子;
- 既不是由于道路元素单行性造成,也不是由交通标志所指明的,是由于道路网络所造成的。这些需要表示为限制策略或禁止策略。

注意限制策略不必是对称的,即相反的方向可能并不受限制。

可对该关系附加属性来进一步说明。例如,可以与属性“有效期”共同来定义情况随时间的变化。例如只在高峰期限制。限制策略也可以与属性“车辆类型”共同使用来说明哪种车辆受限制。

8.2.25.3　限制

如果一个道路元素与连接点是一个限制策略中的前两个元素,则不允许它们在一个禁止策略中有同样的角色,反之亦然。

8.2.26　与行政区划关联的道路元素

定义

道路元素位于某个 8 级行政区划内,或与其关联。

8.2.27　与建成区域关联的道路元素

定义

道路元素位于某一建成区域内,或与其关联。

8.2.28　与管区关联的道路元素

定义

道路元素与某一统计区、选区、急救医疗服务区、消防区、电话区、治安区、邮区或学区有关。

8.2.29　与命名区域关联的道路元素

定义

道路元素与一个有名称区域关联。

8.2.30　属于服务的道路元素

定义

道路元素属于某一服务。

8.2.31　通向封闭交通区域的道路元素

定义

道路元素通向某一封闭交通区域。

8.2.32 **与链段有关的道路相关对象**

8.2.32.1 **定义**

链段与构造物或道路附属设施之间的关系的说明。

8.2.32.2 **描述**

该关系说明一个对象沿着某一链段、位于其上方或坐落于其上。可利用属性“宽度”与“侧向偏移”进一步说明有关信息。

道路相关对象的曲线位置用两个链距属性值(线段的起止点)与两个关联的参照点来说明。

本关系属性的顺序很重要。

8.2.33 **与道路元素相关的道路相关对象**

8.2.33.1 **定义**

是一个道路元素与一个构造物或道路附属设施之间关系的说明。

8.2.33.2 **描述**

该关系说明一个对象沿着某一道路元素、位于其上方或坐落于其上。可利用属性“宽度”与“侧向偏移”进一步说明关联信息。

道路相关对象的曲线位置用两个链距属性值(线段的起止点)与两个关联的参照点来说明。

本关系属性的顺序很重要。

8.2.34 **道路元素沿线的公交路线线段**

8.2.34.1 **定义**

公交路线线段或其一部分属于某一道路元素。

8.2.34.2 **描述**

这个关系是多对多的。一个道路元素可以包含多个公交路线线段，一个公交路线线段可以包括多个道路元素。

8.2.35 **路段沿线的服务**

定义

沿某一路段的服务。

8.2.36 **道路元素沿线的服务**

定义

沿某一道路元素的服务。

8.2.37 **与行政区划关联的服务**

定义

与某个8级行政区划有关的服务。

8.2.38 **与建成区域关联的服务**

定义

与某个建成区域有关的服务。

8.2.39 **与命名区域关联的服务**

定义

与某个有名称区域有关的服务。

8.2.40 **交叉口处的服务**

定义

服务位于某一交叉口。

8.2.41 **连接点处的服务**

定义

服务位于某一连接点。

8.2.42 **与服务相关的服务**

定义

服务在功能上属于某个服务或与其关联。

8.2.43 路标信息

8.2.43.1 定义

位于某个道路元素上一个或一组关联路标，符合某一策略，用形成路标信息的文字或图形描述(如一个地名或路线编号等)。

8.2.43.2 描述

在一个或一组路标上的信息用以下要素之间的关系来表达：

· 这个(这组)路标本身；
· 路标所位于的道路元素；
· 通向路标上所指示的目的地的第一个道路元素。

实际上涉及同一地点的“物理”路标的数量并不重要。所有信息都可视为一个“逻辑”路标，属于这一特定的策略。

路标上的以下数据项有意义：

· 城镇、乡村的名称或其他名称(如工业区名称、会议中心名称、旅游点名称等)；
· 区域代码(如北京海淀区的的代码 110108)；
· 路线编号；
· 出口编号；
· 方向箭头。

8.2.43.3 注意

名称及区域代码信息应通过属性地点名称与“关系”关联；通过属性路线编号将路线编号与“关系”关联；通过属性出口编号将出口编号与“关系”关联。图 100 中给出一些实例。

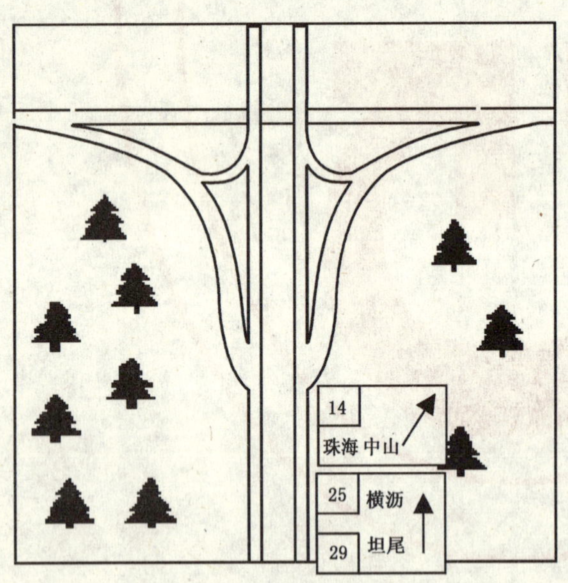

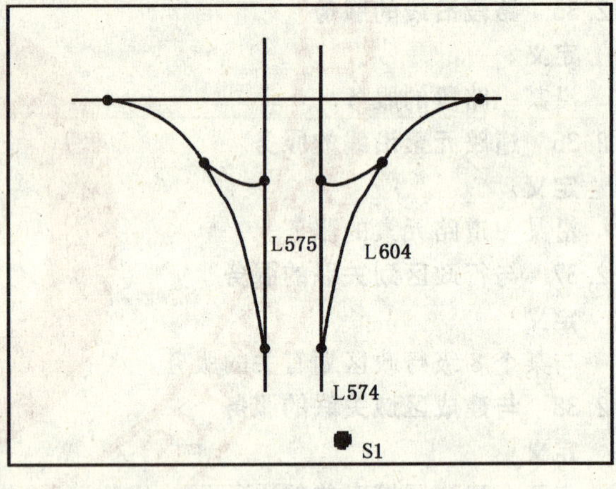

关系代码	路标	道路元素	道路元素	属性值	关系代码	路标	道路元素	道路元素	属性值
2128	S1	L574	L604	珠海	2128	S1	L574	L575	横沥
				中山					坦尾
				14					25
									29

图 100 路标信息

8.2.44 道路元素沿线的公交车站

8.2.44.1 定义

位于一个道路元素附近的公交车站。

8.2.44.2 描述

该关系用于说明公交车站位于哪个街道上。属性链距可用于给出更精确的位置。

8.2.45 公交路线沿线的公交车站

定义

属于某一公交路线的公交车站。

8.2.46 连接点处的公交车站

8.2.46.1 定义

位于一个连接点附近的公交车站。

8.2.46.2 描述

大多数情况下一个公交车站与一个道路元素有一个关系。当一个公交车站位于两个道路元素之间的连接点上时，该公交车站可与该连接点关联。

8.2.47 服务要素附近的公交车站

8.2.47.1 定义

公交车站位于一个服务要素附近或是一个服务的参照点。

8.2.47.2 描述

典型情况下这个关系用于说明哪个公交车站位于一个服务附近。例如："哪个公共汽车站或电车站可以换乘抵达某一服务(如一个剧场或博物馆)的车辆"。这个关系是多对多的，一个公共汽车站可以是多个服务的参照点，一个服务可以有多个公共汽车或电车站。

8.2.48 直达路线

8.2.48.1 定义

两个或更多道路元素之间的关系，描述道路的延续性。

8.2.48.2 描述

直达路径关系对于路径引导很有用。

图 101 是现实中道路的示意图，底部是其"数字"表示。在数字表达中有可能错误地将 R2 作为 R1 的自然延续。可用直达路径来防止这种错误。

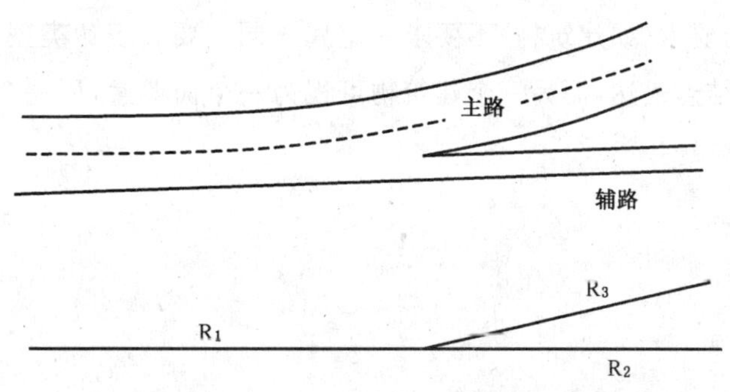

图 101 直达路径的示例

8.2.49 收费路线

8.2.49.1 定义

是收费站(表示收费点)、收费路线的第一个道路元素或车渡联络线、收费路线的最后一个道路元素或车渡联络线,以及用于惟一描述收费路线的中间道路元素或车渡联络线之间的关系。该关系表示一条(一段)需要付一定费用的收费路线。

8.2.49.2 描述

该关系指定一条收费路线的两个或更多的道路元素或车渡联络线的顺序集,沿该收费路线行驶时需要付一定的费用。两个道路元素相反的组合可能涉及不同的收费额,应该用另一个关系来说明。如果收费路线不能惟一地由收费路线的第一个和最后一个道路元素描述(例如,在两个道路元素之间存在多个收费路线,每个都有不同的收费值),则应使用中间道路元素来惟一地说明这个收费路线。

8.2.50 道路元素沿线的交通信号灯

定义:一个道路元素沿线的交通信号灯。

8.2.51 道路元素沿线的交通标志

定义:一个道路元素沿线有关的交通标志。

9 要素表达规则

9.1 概述

9.1.1 引言

要素表达规则的目的是说明如何用不同的要素表达类型来表示某一个要素、如何用基元(结点、边、面、点、多义线、多边形)来表示简单要素。

9.1.2 要素表达类型

图 102 所示的数据模型表示如何将要素划分为复杂要素与简单要素,也表明了简单要素可以是 0 维(点要素)、1 维(线要素)或 2 维(面要素)。一个点要素用一个结点或一个点来表达,一个线要素用一个或多个边或多义线来表达;一个面要素由一个或多个面,或者用表示其边界的一个或多个边或者用一个多边形来表达。地理数据文件中,每一个要素表达类型可用多种方式表达,这与可表达的不同的拓扑类型有关(见 5.2.2)。本文对这些不同表示方法进行了约定(见图 103 及 9.1.5)。

点要素、线要素、面要素及复杂要素共同构成四种要素表达类型。

属于同一要素分类的要素(如建筑物)不要求一定属于同一要素表达类型。例如,一个建筑物可视为一个点要素,用孤立的结点表达,而另一个建筑物可视为一个面要素,用一个或多个面或一个或多个边来表达。

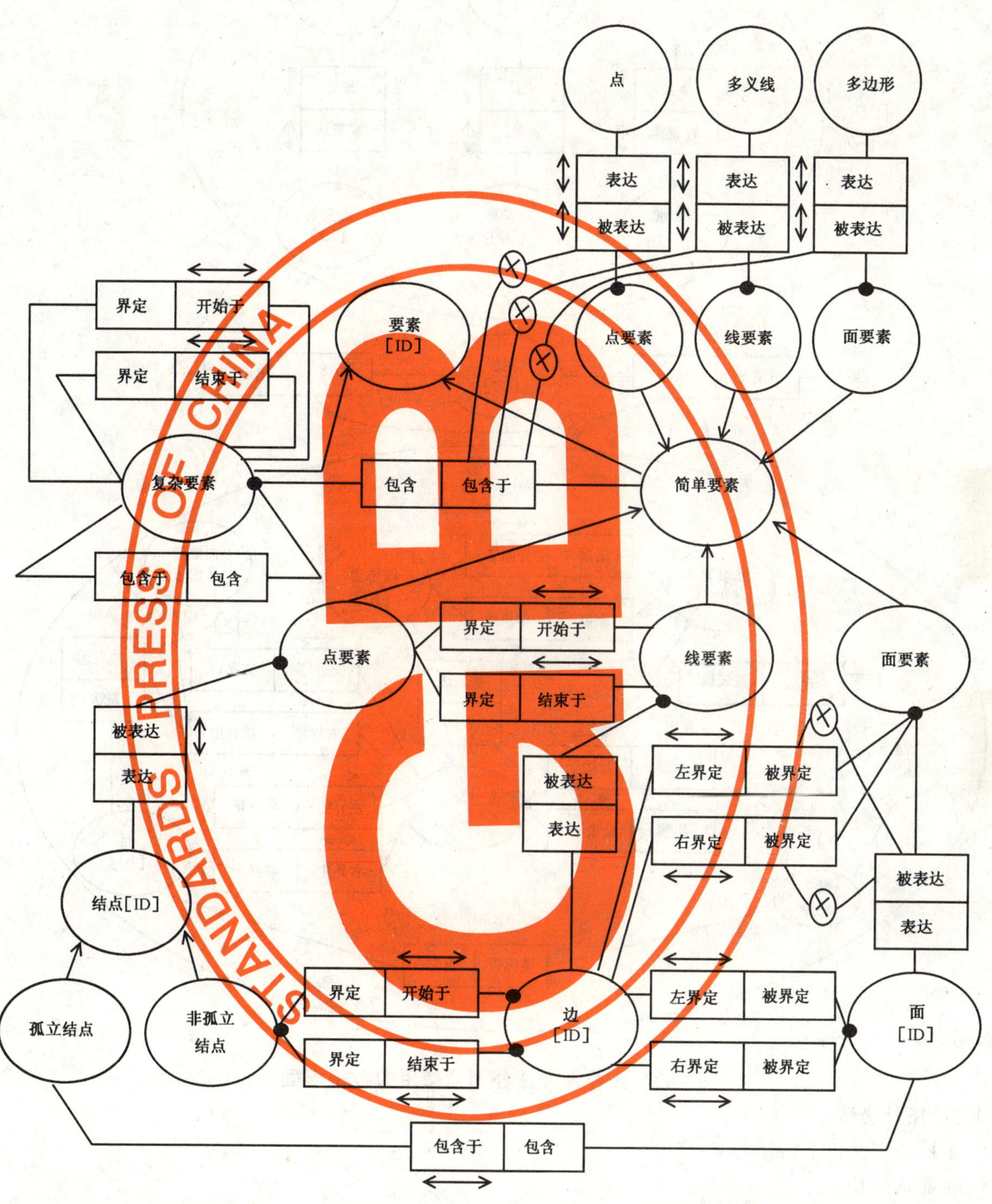

图 102　用基元表示要素的数据模型

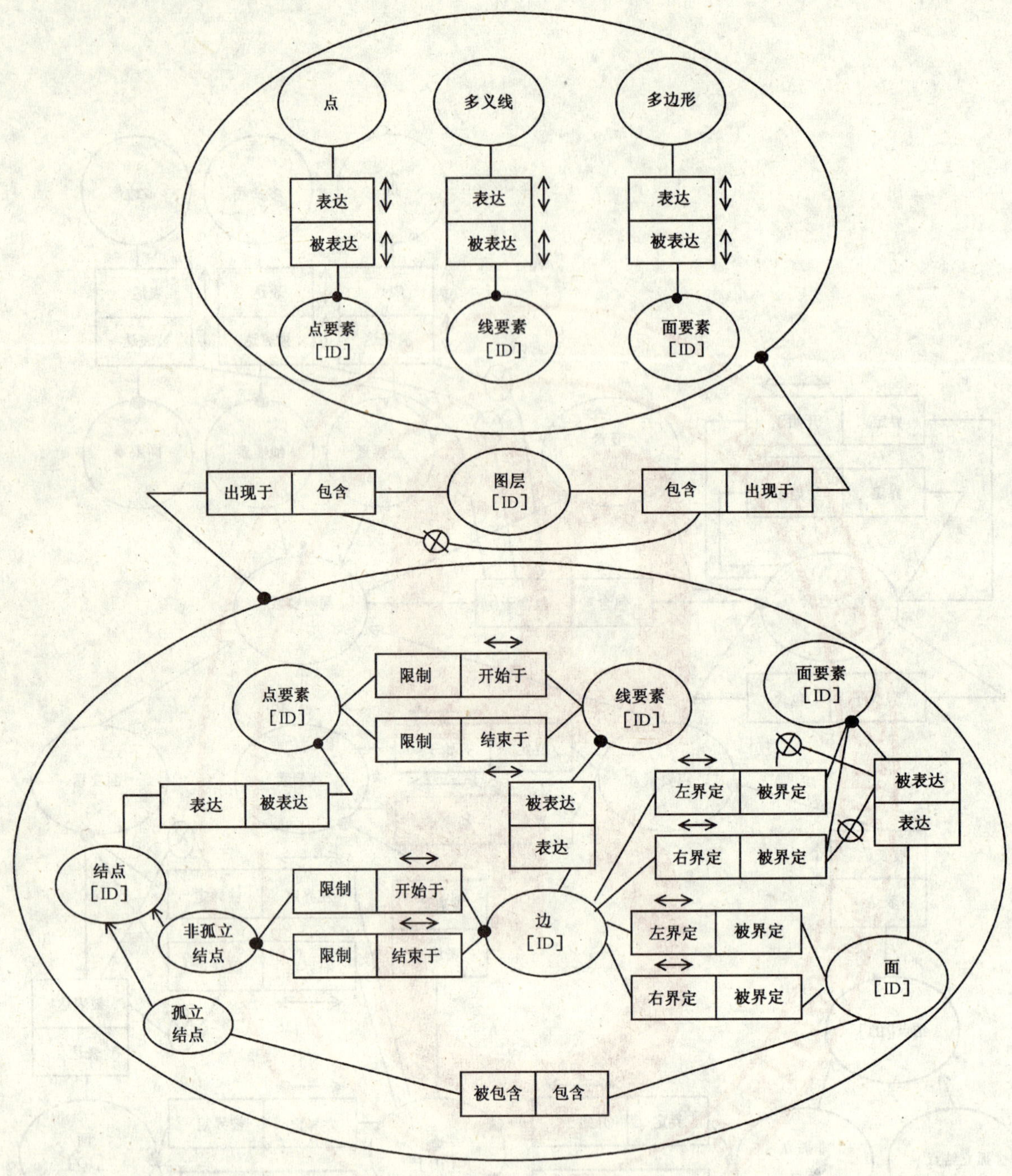

图 103　拓扑及非拓扑图元使用的数据模型

9.1.3　拓扑类型

本标准定义以下拓扑类型。

非显式拓扑

- 简单要素由点、多义线及多边形构成；
- 在图元之间没有显式定义拓扑关系，因而拓扑关系只能通过点、多义线及多边形的坐标值获得。

连通拓扑

- 简单要素由结点和边构成；
- 这两种图元之间显式定义了拓扑关系；
- 面要素没有显式地定义拓扑关系。

完全拓扑

- 简单要素由结点、边和面构成；
- 所有图元之间都显式地定义了拓扑关系。

9.1.4 表达层次

9.1.4.1 0-层：几何表达

0-层用图元来描述地图的几何特性。它将地图分割为最基本的表达形式。地图的所有元素都可以表达为一个平面图或非平面图。

曲线必须用一组直线段来表达。但这些线段并非以一种明显的方式来表达，而是用一组中间点来描述。每一对相邻中间点都只界定一个线段。

9.1.4.2 1-层：简单要素

1-层用简单要素来描述地图。这些地图可以用点要素、线要素或面要素的形式来表达。例如，一个道路元素是一个简单线要素，一个连接点是一个简单点要素。在1-层上，0-层要素具有了“现实世界”的意义。

非平面状况（如两条道路的立交跨越）需要在1-层上用非平面图表达。

1-层与0-层之间存在以下关系：

- 1-层上的每个点要素必须用0-层上的一个结点或点表达，没有几何意义的点要素除外；
- 1-层上的每个线要素都必须用0-层上的一个或多个边，或一个多义线来表达；
- 1-层上的每个面要素都必须用0-层上的一个或多个面，一个或多个边（是指描述面的边），或一个多边形来表达，没有几何意义的面除外；
- 0-层上一个结点表示1-层上的0、1或多个点要素；
- 0-层上的一个点表示1-层上的一个点要素；
- 0-层上的一个边表示1-层上一个或多个线要素、0-层上一个面的一条边界边、1-层的一个面要素的一个边，或这些内容的组合；
- 0-层的一个多义线表示1-层的一个线要素；
- 0-层的一个面表示（或部分表示）1-层的一个或多个面要素；
- 0-层的一个多边形表达1-层的一个面要素。

9.1.4.3 2-层：复杂要素

一个要素由其他要素构成，这些要素就称为复杂要素。复杂要素可以由简单要素或其他复杂要素所构成。由简单要素聚合而成的复杂要素的实例是由一组道路元素及连接点构成的交叉口。

9.1.4.4 符号表示

用一组确定的符号可视化表达2-层、1-层和0-层。图104、图105和图106是拓扑结构表达的符号。

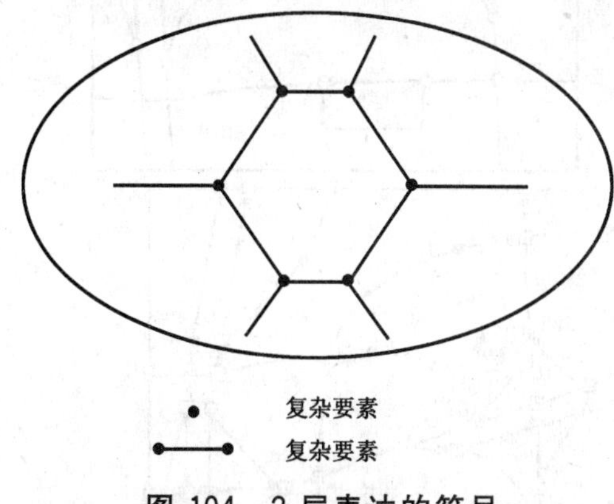

图104 2-层表达的符号

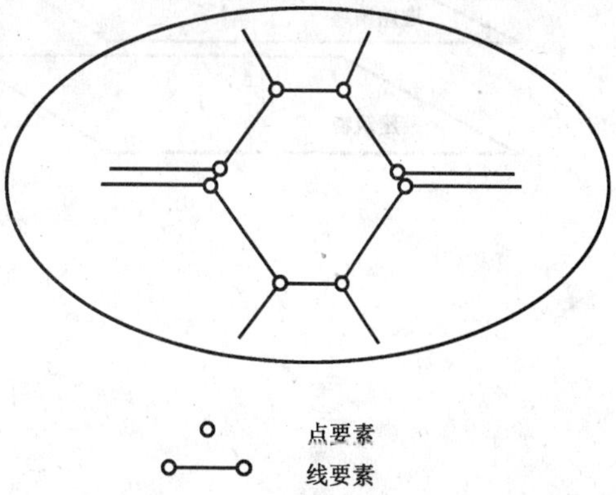

点要素
线要素

图105 1-层表达的符号

图107给出了三个层次中拓扑结构表达的总概念。

对于非显式拓扑要素，0-层和1-层之间的关系比较简单。0-层中的每个要素都严格对应于1-层中的一个元素。

= 结点
= 中间点
= 边
= 分段
= 边
= 分段

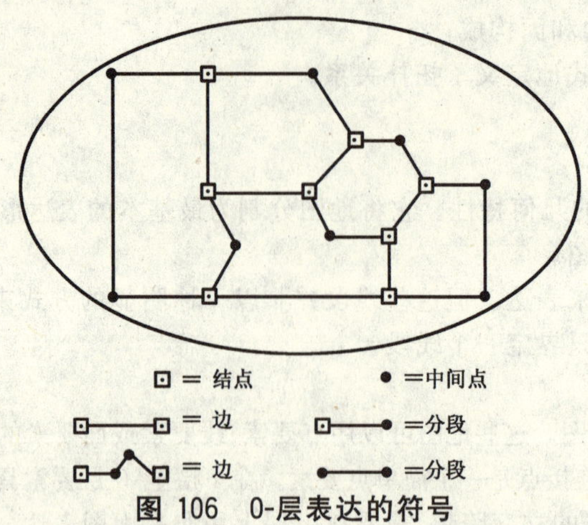

图 106 0-层表达的符号

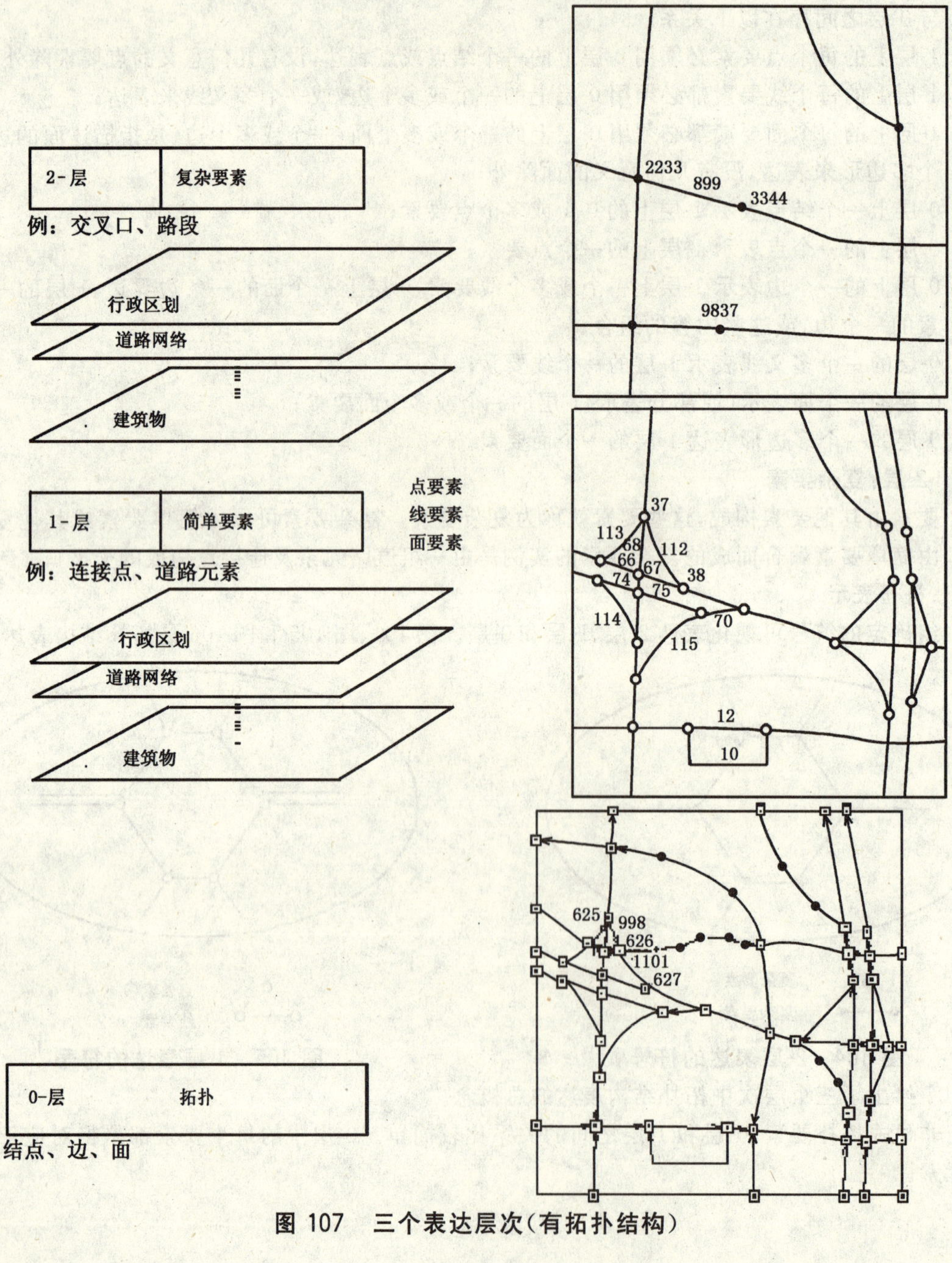

2-层
复杂要素
例：交叉口、路段
行政区划
道路网络
建筑物
2233
899
3344
9837
1-层
简单要素
点要素
线要素
面要素
例：连接点、道路元素
行政区划
道路网络
建筑物
37
113
68
112
66
67
38
74
75
114
70
115
12
10
625
998
626
1101
627
0-层
拓扑
结点、边、面

图 107 三个表达层次(有拓扑结构)

9.1.5 0-层中的图层

一个图层包括一组0-层的元素，这些0-层元素要么全是拓扑结构的，要么全是非显式拓扑要素（见图103）。如果两个0-层对象在两个不同的图层表示，则不必建立拓扑关系。

限制条件：

- 一个要素主题总是全部表示在一个图层中；
- 非显式拓扑要素不可以与拓扑要素出现在同一个图层中（见图103）；
- 道路与车渡要素、链参考要素与公交主题中的对象不可以表示为非显式拓扑要素。

图108 道路与车渡的1-层表达

图109 道路与车渡、行政区划与水系的0-层拓扑表达

9.1.6 0-层表达的一般规则

图108、图109列出了过程。图108表明如何用点要素和线要素表示一个主题(道路与车渡)。图108表示如何用结点、边、线段、中间点表示相应的主题(对于道路与车渡例子,不能用点、多义线和多边形)。

当根据1-层中的表达来构造0-层中的拓扑结构表达时,需遵循以下规则:

- 1-层中的每个点要素需用0-层中的一个结点来表达。在一个平面0-层中,如果有两个或多个同一要素主题中的不同点要素具有相同的位置,它们应该用一个结点来表示;
- 0-层的一个边与分区边界的每个交点都应表达为一个结点;
- 一个图层中的0-层可以构成一个平面图,也可以构成非平面图。不表示为结点的同一图层的边的交点允许在0-层中以非平面图表达;
- 1-层中的不同的主题可以存在于一个图层中,此时一个0-层元素应被来自不同主题的同一位置的1-层元素所共享;
- 1-层中的每个线要素应由一个或多个边表达。

构造0-层非显式拓扑表达时(不可用于道路与车渡),每个简单要素(点要素、线要素、面要素)与相应的点、多义线、或多边形有一一对应的关系。一个边或多义线的形状用一个或多个线段来描述。线段只用于表示边或多义线的形状。以下给出正确表达各种对象形状的规则。

9.1.6.1 直线对象

一个直的线要素用一个只包含一个线段的边/多义线来表示。线段的位置由边的两个端点或定义这条多义线的两个点的两组坐标来确定,不需要中间点。图110与图111给出了例子。

9.1.6.2 有拐弯的线状对象

一些线状要素不是直的,但可以分割为许多直线部分。这些线要素可以用一个或多个边表达,或用一个由多个线段构成的多义线来表示,其中每个线段严格对应于线状要素的一个直线部分。用线段两端的中间点表示拐弯,见图111。

9.1.6.3 弯曲的线状对象

一个曲线也可以近似地用直线段及中间点来表示。此时中间点的位置和密度依赖于其与曲线的逼近程度。如图112所示,中间点的密度由所要求的精度所决定。

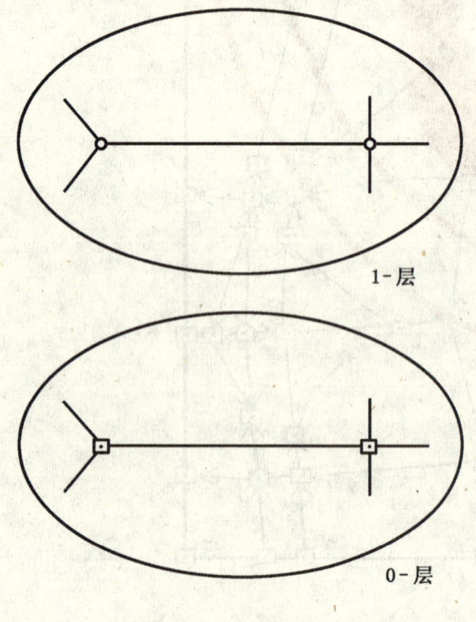

图110 直线的表示

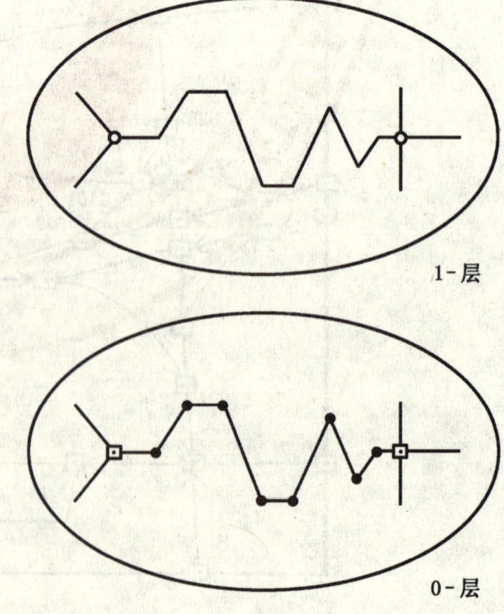

图111 线段的表示

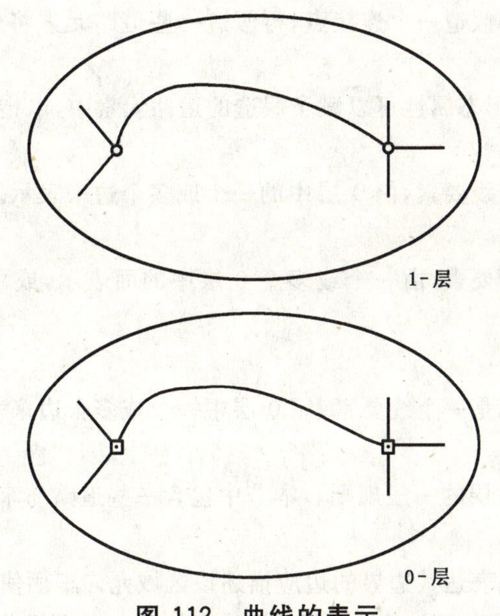

图 112 曲线的表示

9.1.6.4 曲线之间的夹角

两个关联的线要素之间的夹角只能近似地用线段和中间点来表示。

9.2 道路与车渡

本章描述道路与车渡主题的三个不同层次(0-层、1-层、2-层)的表达。这些元素都是有拓扑结构的。

9.2.1 2-层表达

一个路段、车渡、交叉口、汇交路口、环岛、聚合路是复杂要素。

附录E中给出了构成路段、交叉口、汇交路口和环岛的规则。

9.2.2 1-层表达

- 一个道路元素总是一个线要素,用一个或多个0-层的边表示;
- 一个车渡联络线总是一个线要素,用一个或多个0-层的边表示;
- 一个连接点总是一个点要素,用0-层的一个单结点表示;
- 一个地址区域总是一个面要素,用一个或多个0-层的面或边来表示;
- 一个地址区域边界元素总是一个线要素,用一个或多个0-层的边表示;
- 一个封闭交通区域总是一个面要素,用一个或多个0-层中的面或边表示。

9.2.2.1 道路元素

道路元素是线要素,用0-层中的一个或多个边来表示。它们用道路的中心线来表示。如果道路中心线不明确或不连续,就用主要交通流来定义道路元素的形状。这些边应落在道路边线之内。

9.2.2.2 连接点

连接点总是一个点要素,用0-层中的一个结点表示。连接点的位置对应以下之一:

- 两个或多个道路元素的连接点;
- 一个或多个道路元素与一个封闭交通区域或地址区域的外轮廓相交的点;
- "死胡同"式道路元素的端点。

9.2.2.3 封闭交通区域

在封闭交通区域内部,无法定义道路中心线。一般也不存在主要交通流。因而这些对象不表示为线要素,而是表示为面要素。

通向封闭交通区域的所有的道路元素与该区域的连通性可用以下三种方式描述:

- 用它们共用的结点或边;
- 定义封闭交通区域和每个与其相连的道路元素之间的二阶关系;

- 在封闭交通区域内部假造一个连接点,再假造一些道路元素将外轮廓上的连接点和内部假造的连接点连接起来。

在最后一种情况中,道路形态属性可以赋予假造的道路元素中,以指明它们特殊的状态。

9.2.2.4 车渡联络线

一个车渡联络线总是一个线要素,由0-层中的一个或多个边来表示。

9.2.2.5 地址区域

一个地址区域总是一个面要素,由一个或多个0-层中的面表示,或用一个或多个表示其边界的0-层中的边来表示。

9.2.2.6 地址区域边界元素

一个地址区域边界元素总是一个线要素,用0-层中一个或多个边来表示。

9.2.3 0-层表达

前面章节中描述了构成0-层的一般规则。本节中包含一些道路与车渡的实例和详细规则。

9.2.3.1 封闭交通区域

表达封闭交通区域的面或表达其边界的边应描述该区域允许车辆使用的最大范围。

应特别注意一个封闭交通区域的一个或多个外轮廓与一个“正常”道路元素的中心线相同的情况。

图113描述一个直接位于道路一侧的停车区。在0-层中,C203这条边同时表示道路元素的中心线和停车场的外轮廓。

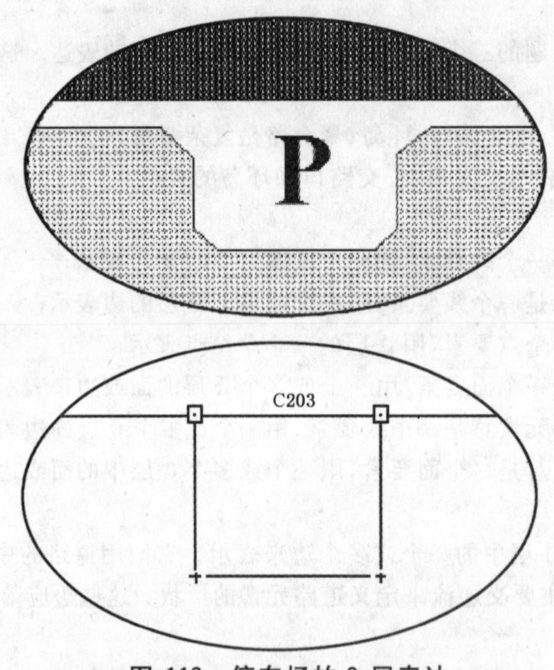

图113 停车场的0-层表达

9.2.3.2 车渡联络线

表示一个车渡联络线的边需要反映渡船的一般路线。由于该路线可能随季节或潮汐变化,因而不必详细表示。

9.3 行政区划

9.3.1 1-层与2-层表达

9.3.1.1 行政区划边界元素

一个行政区划边界元素总是表示为线要素。每个行政区划边界元素都是构成一个封闭多边形的一组行政区划边界元素中的一部分,不允许出现“悬挂点”。

为避免在边界的某一部分出现“悬挂点”,边界也必须表示为行政区划边界元素,从而形成封闭的多边形。如图 114 与图 115。

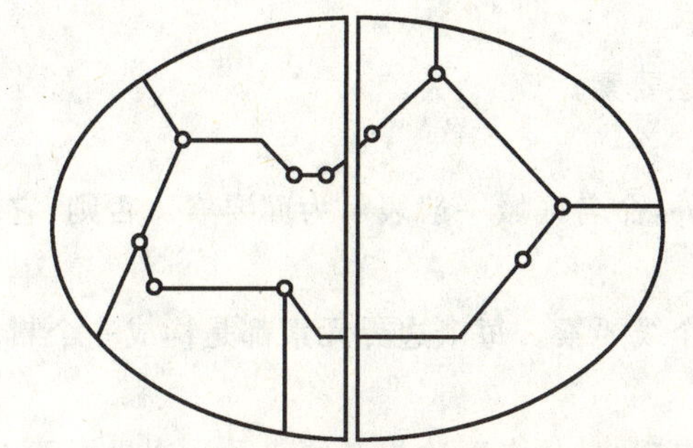

图 114　行政区划边界元素表示为一个或多个边

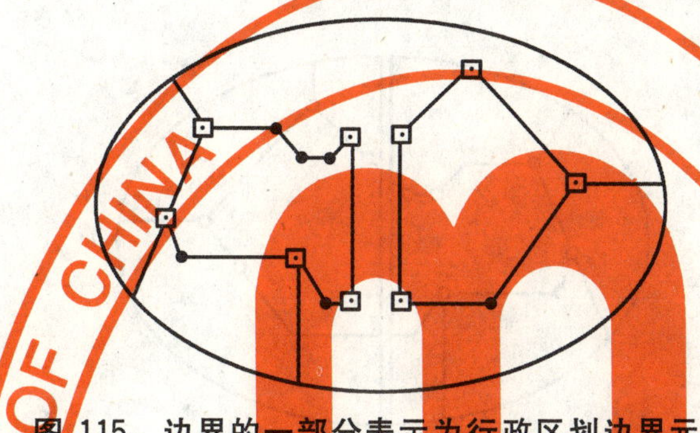

图 115　边界的一部分表示为行政区划边界元素

9.3.1.2　行政区划边界连接点

一个行政区划边界连接点总是一个点要素，表示为一个单结点。

如果某一个行政区划的边界(或其一部分)不与任何其他边界相连(如飞地或孤立区域)，就必须在边界上加入一个行政区划连接点来定义至少一个行政区划边界元素。见图 116。

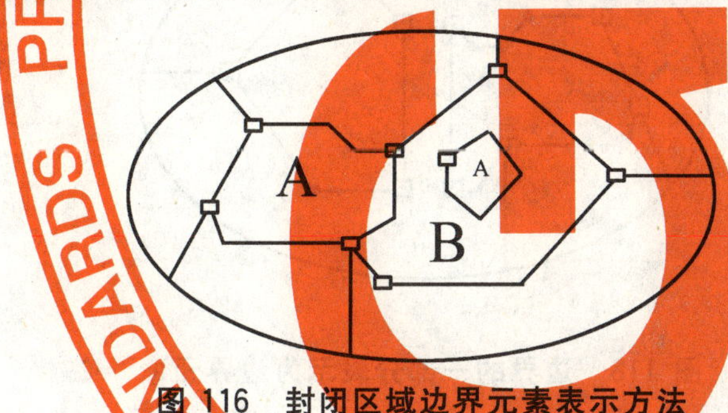

图 116　封闭区域边界元素表示方法

9.3.1.3　9 级及其以上行政区域、国家

行政区划中最低层的要素一般表示为面要素，用一个或多个面定义，或用表示其边界的一个或多个边定义。否则，它就应表示为一个点要素，用一个结点来表示。如果它们在单独的图层中表示，也可以表示为多边形。较高层次的行政区划应视为复杂要素。它们由较低层次的行政区划(区域或复杂要素)构成。

9.3.1.4　行政地点

一个行政地点通常表示为一个面要素，由一个或多个面定义，或由描述其边界的一个或多个边定义。否则，就应表示为一个点要素，用一个结点来表示。如果它们在一个单独的图层中表示，也可以表示为多边形。

9.3.1.5　跨国区域

一个跨国区域表示为一个复杂要素，由它的成员国构成。

9.3.2　0-层表达

使用一般的 0-层表达规则。

9.4 命名区域

9.4.1 2-层表达

在命名区域主题中没有2-层要素。

9.4.2 1-层表达

除了以下说明的两种情况外，命名区域一般表示为面要素。否则，它们表示为点要素。

9.4.2.1 边界元素

一个边界元素总是作为一个线要素。每个边界元素都是构成一个封闭多边形的一组边界元素中的一部分。不允许出现“悬挂点”。

为避免某个区域的边界处出现“悬挂点”，边界必须表示为边界元素，从而形成封闭的多边形。如图117与图118。

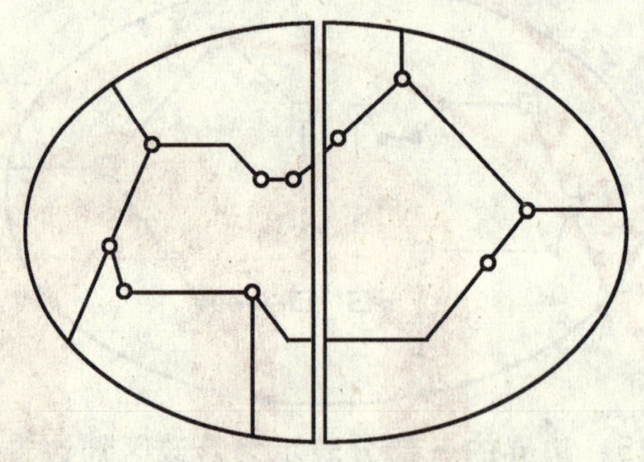

图117 边界元素表示为一个或多个边

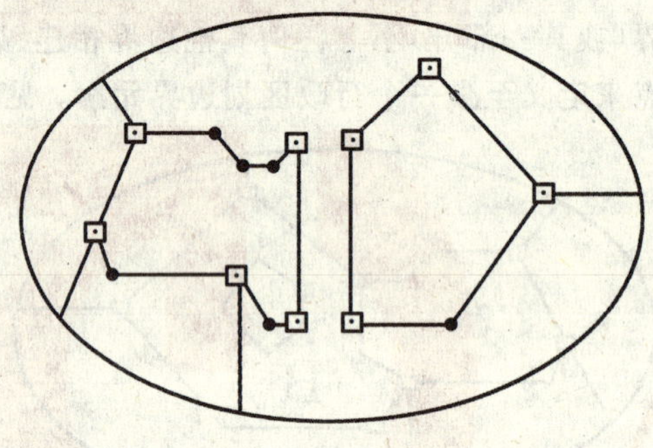

图118 边界的一部分表示为边界元素

9.4.2.2 边界连接点

一个边界连接点总是一个点要素，用一个单结点表示。

如果一个命名区域的边界(或其一部分)不与任何其他边界相连(如飞地或孤立区域)，就必须在边界上加入一个边界连接点，以便定义至少一个边界元素。见图119。

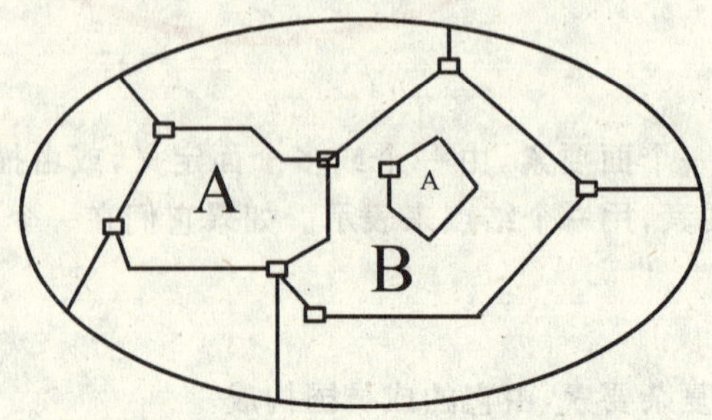

图119 封闭区域边界元素表示方法

9.4.3 0-层表达

使用一般的0-层表达规则。

9.5 土地覆盖与利用

9.5.1 2-层表达

在土地覆盖与利用主题中没有2-层要素。

9.5.2 1-层表达

土地覆盖与利用中的要素一般表示为面要素。否则,它们表示为点要素。

9.5.3 0-层表达

使用一般的0-层表达规则。

9.6 构造物

9.6.1 2-层表达

在构造物主题中没有2-层要素。

9.6.2 1-层表达

构造物可以表示为点要素、线要素或面要素。

普通应用时可利用由其他要素创建而成的几何图形。也可创建新的图形以便更准确地表达构造物的物理结构。但是,在某些情况下,需要创建0-层元素来表达构造物。例如,一个山沟之上的桥梁,穿山的隧道,以及开凿路、廊道和防护墙。

以下给出表示构造物的规则,它们和所关联的交通元素在同一图层中表示。如果构造物在一个独立的图层中表示,也可以表示为点、多义线或多边形。

9.6.2.1 构造物表示为点要素

大多数情况下,构造物被视为点要素。例如,图120中所示的位于两个单车道交叉处的跨越式构造物。这种交叉的0-层表示是一个单独的结点。同一结点也可用于描述构造物的位置。

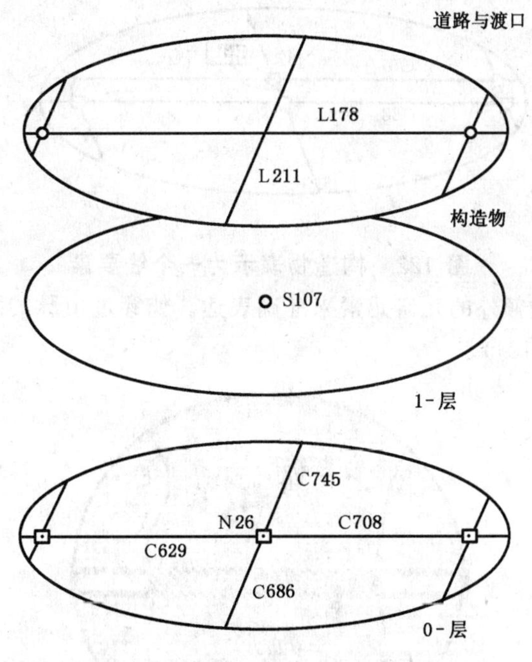

图120 构造物表示为一个点要素

9.6.2.2 构造物表示为线要素

一个单车道穿越一个双车道的构造物表示为一个线要素,如图121和图122所示。

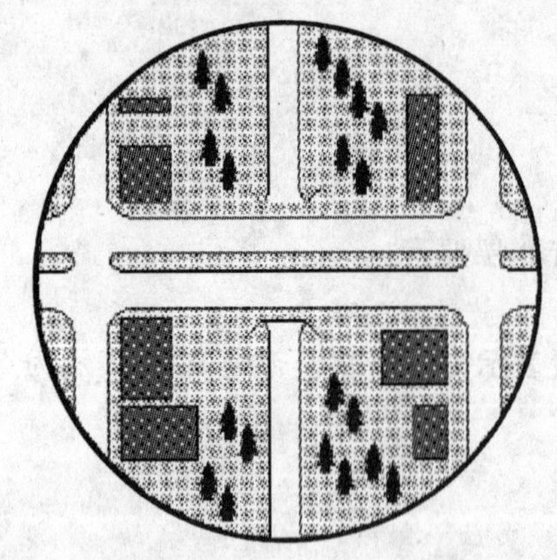

图 121 一个单车道道路与一个双车道道路交叉口处的构造物

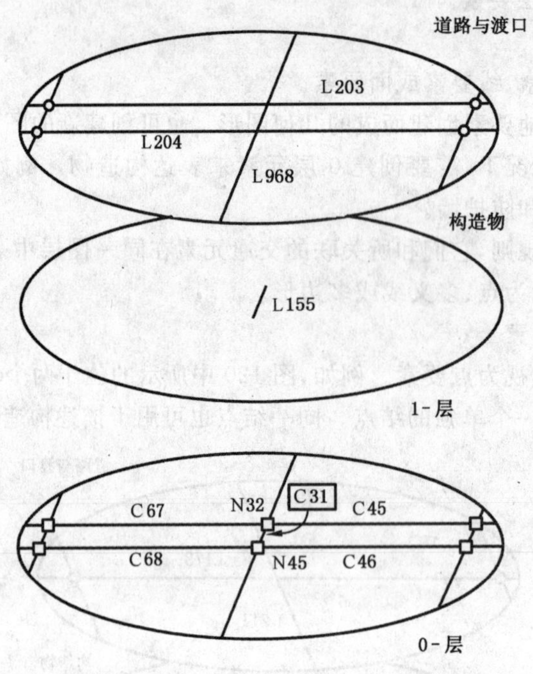

图 122 构造物表示为一个线要素

在某些情况下，需要附加额外的几何元素来准确表达。如穿过山脉的隧道、或一个很长的高架桥、开凿路、防护墙等(见图 123、124)。

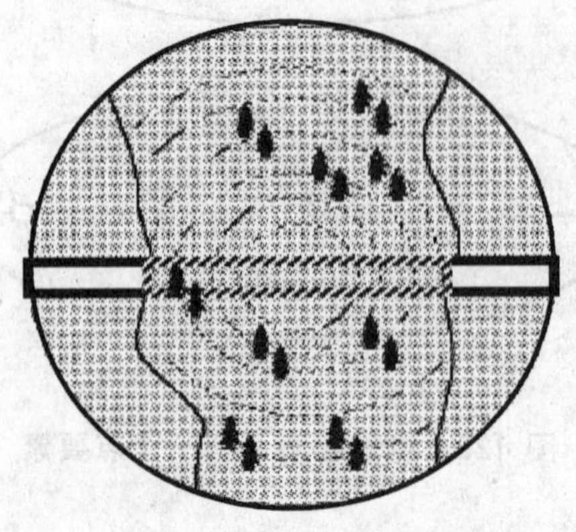

图 123 穿过山脉的隧道

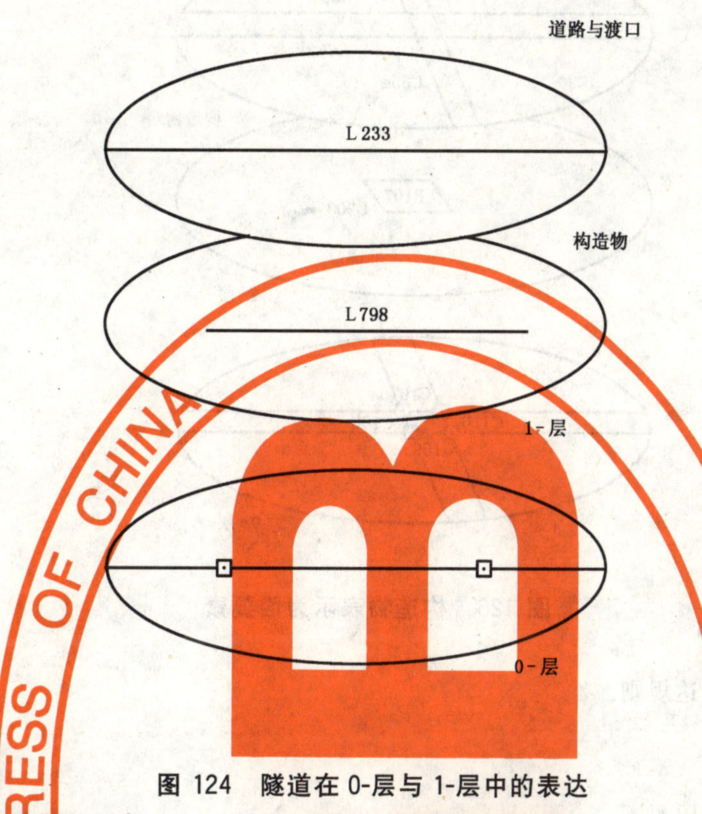

图 124 隧道在 0-层与 1-层中的表达

9.6.2.3 **构造物表示为面要素**

对于两个双车道道路相交的构造物(见图 125),可以根据将其作为一个构造物还是两个独立的构造物,而采用两种方式表示:

- 表示为面要素,如图 126 所示;
- 表示为两个(平行的)线要素。

开凿路、路堤和防护墙不表示为面要素。

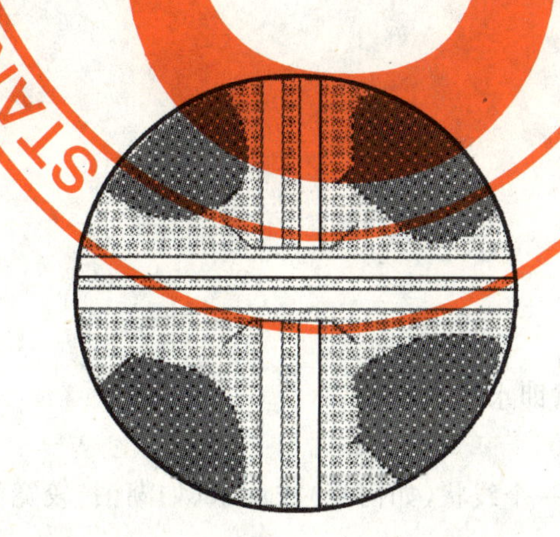

图 125 两个双车道道路交叉处的构造物

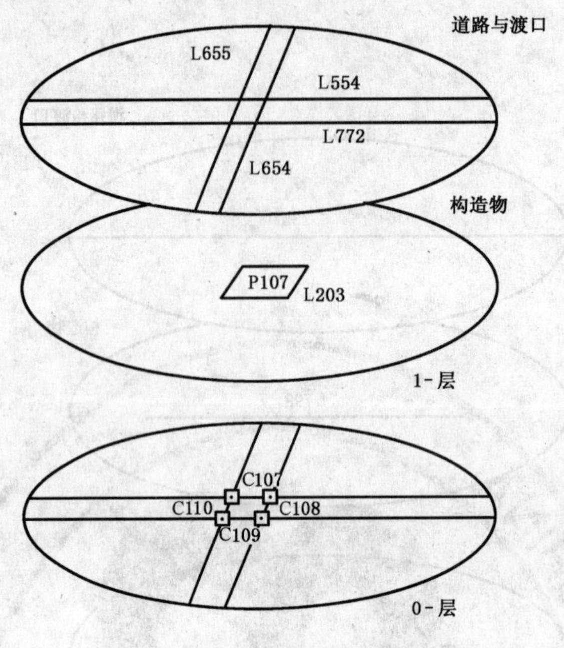

图 126 构造物表示为面要素

9.6.3 0-层表达

使用一般的0-层表达规则。

9.7 铁路

9.7.1 2-层表达

铁路主题中没有2-层要素。

9.7.2 1-层表达

9.7.2.1 铁路元素

一个铁路元素总是表达为一个线要素。

9.7.2.2 铁路元素连接点

一个铁路连接点总是表达为一个点要素。

9.7.3 0-层表达

使用一般的0-层表达规则。

9.8 水系

9.8.1 2-层表达

水系主题中没有2-层要素。

9.8.2 1-层表达

水体可以用三种方式表达：

- 描述水体的外轮廓；
- 描述由水域覆盖的区域，即水体本身；
- 以上两种方法的结合。

第二种表达方法将水体视为一个线状(如河流)或面状(如湖泊、较宽河流)的自然体或标志性地物(如泉水、池塘)。

9.8.2.1 水体

一个水体根据其大小和表达精度，可以是一个点要素，或是线要素、面要素。作为点要素时，描述水体的中心点。作为线要素时，描述水体的中心线。作为面要素时，描述水体的实际范围。

当水体的宽度不超过XX米时，应作为线要素处理。否则，构成一个面要素。如果河流或运河沿线的宽度在 YY 值附近变化，使得用于表达的要素在线与面之间频繁变化，则选择两者之一来表达较长的一段距离。在线与面之间的转换频度应保持最小。当一个水体的直径不超过 ZZ 米时，视为一个点要素。对应于原始地图中的中心点。

XX、YY、ZZ 的值由用户根据应用情况自行确定。

9.8.2.2 水体边界元素

一个水体边界元素总是用一个线要素表示。它的方向可以描述水体存在于边界的哪一边。

9.8.2.3 水体边界连接点

一个水体边界连接点总是用一个点要素表示。

9.8.3 0-层表达

使用一般的 0-层表达规则。

9.9 道路附属设施

9.9.1 2-层表达

道路附属设施主题没有 2-层要素。

9.9.2 1-层表达

9.9.2.1 人行横道

人行横道对象根据其大小及表示精度可以表示为点、线或面要素。作为点要素时，描述对象的中心点。作为线要素时，描述对象的中心线。作为面要素时，描述对象的实际范围。当对象长度或宽度不超过 YY 米时，应作为线要素处理。否则，构成一个面要素。当一个对象的长度不超过 ZZ 米时，视为一个点要素。

YY、ZZ 的值由用户根据应用情况确定。

9.9.2.2 环境设施、路面标记、安全设备

环境设施、路面标记和安全设备等对象，根据其大小和表示精度可表示为点要素或线要素。作为点要素时，描述对象的中心点。作为线要素时，描述对象的中心线。当一个对象的长度不超过 ZZ 米时，视为一个点要素。

ZZ 的值由用户根据应用情况而确定。

照明灯、量测设备、交通标志、交通信号灯、路标等对象总是用点要素表示。

9.9.3 0-层表达

使用一般的 0-层表达规则，但不一定要采集道路附属设施要素的位置信息(如坐标)。

9.10 服务

9.10.1 1-层与 2-层表达

除了服务入口点总是表达为点要素外，所有服务对象都可以用点要素、线要素或面要素表示。

9.10.2 0-层表达

使用一般的 0-层表达规则，但不一定要采集服务要素的位置信息(如坐标)。

9.11 公共交通

9.11.1 2-层表达

公交线路、公交路线、公交换乘区表达为复杂要素。

9.11.2 1-层表达

一个公交车站、公交点和公交连接点总是表达为点要素。

一个公交路线线段表示为线要素。

9.11.3 0-层表达

使用一般的 0-层表达规则，但只能用拓扑结构元素表达。

9.12 链参考要素

9.12.1 1-层与 2-层表达

9.12.1.1 链段

链段是复杂要素,表示为一组有序参照点。

9.12.1.2 参照点

表示为一个点要素。

9.12.1.3 0-层表达

使用一般的0-层表达规则,但一个参照点可能没有几何表示,即关联的结点可以没有坐标。

9.13 通用要素

9.13.1 2-层表达

一个交通位置表达为一个复杂要素。

9.13.2 1-层表达

要素中心点总是表示为一个点要素。

9.13.3 0-层表达

使用一般的0-层表达规则。

限制:要素中心点与该要素既可以在一个拓扑图层,也可以在一个非拓扑图层,但必须在同一图层中。

10 元数据

10.1 一般说明

10.1.1 概述

在地理数据文件中,数据集合应该尽可能的进行自我描述,以便使用者可以不需使用大量文件就能说明数据。这种数据的自我描述信息称为"元数据",包括下列主要项目:

- 不同逻辑和物理单位的区别和描述;
- 字段和记录类型的定义;
- 数据目录表;
- 使用的外部数据源的描述;
- 使用的空间参照系统的说明;
- 用于更新的资料信息的描述。

10.1.2 元数据描述语法

详细描述见第12章。

10.1.3 数据集划分

为了便于数据集合的管理,每个地理数据集合被分割为若干部分,这个过程称为划分。一个地理数据集合可以划分为信息单元和介质单元。

10.1.4 信息单元

10.1.4.1 引言

信息单元描述和册相应的整体数据的特征。

在一个册中有3个层次的信息单元:数据集、图层、分区。

10.1.4.2 数据集

数据集是特定地理区域内的一个大的数据集合,是最高层次的信息单元。该集合在数据提供者提交数据时确定。

10.1.4.3 图层

图层是根据信息内容对数据集进行划分后形成的一个子集。它由结点、边、面构成,这些结点、边和面共同构成一个平面图。图层可以表示一个或多个要素主题。

在地理数据文件中定义一个数据集后,描述该数据集中的所有图层,再定义第二个数据集(但这并不是必须的）。

10.1.4.4　**分区**

分区是一个图层按地理范围划分的一个子集。

10.1.5　**介质单元**

10.1.5.1　**引言**

地理数据存储在物理介质上。本标准定义两种类型的介质单元：卷和册。

10.1.5.2　**卷**

卷是最小的物理介质单元。例如，一张软盘、DVD、CD-ROM 等。一个卷可以根据数据集的大小，包括一个、多个或一部分数据集。

10.1.5.3　**册**

册是相关数据集（逻辑划分）与卷（物理划分）的集合。

10.2　**头和尾**

10.2.1　**概述**

"头"用于识别信息单元和介质单元里面划分的数据集合。和单元的名字对应，这些头被称为册头、数据集头、分区头和图层头。

"卷尾"表示卷的结束。

10.2.2　**册头**

10.2.2.1　**引言**

每一个册由册头开始。册头指定相关的卷，以及和整个册有关的特征，还指定与本册和卷相关的数据集的连接。

册头包括下列项目：

- 数据供应者的缩写名称；
- 数据供应者名称；
- 标准名称；
- 版本编号；
- 卷大小；
- 册标识符；
- 卷数量；
- 卷标识符；
- 字符集；
- 关联数据集；
- 地方字符集定义信息；
- 创建日期；
- 版权日期；
- 版权所有者。

10.2.2.2　**数据提供者的缩写名称**

指定的册的主要生产者或发表者的缩写名称。

10.2.2.3　**数据提供者名称**

册的主要生产者或发表者的名字。

如果生产卷的单位和提供原始资料的单位不同，这里的生产者指对卷的产品负责的单位。

有多个卷的主要生产者时，可以给一个组合名字。

所有其他有关的生产者，将在数据集头中详细描述。

10.2.2.4 **标准名称**

册遵循的标准名称。

10.2.2.5 **版本编号**

册遵循的标准的版本编号或发布编号。

10.2.2.6 **卷大小**

卷的以字节为单位的大小。

10.2.2.7 **册标识符**

册的惟一的标识编码。每生成一个物理册，即使是按另一个册原样拷贝，都将获得它自己的标识编码。

10.2.2.8 **卷数量**

册中卷的总数。每册中的卷的最大数量为 9 999。

10.2.2.9 **卷标识符**

当前卷在册中的顺序号，第一个卷为 1，随后的卷逐渐递增，最大可达 9 999。册中最后一个卷的“卷标识符”和卷编号完全相同。

卷标识符和册标识符组合，构成卷的惟一的标识编码。

10.2.2.10 **关联数据集**

10.2.2.10.1 **引言**

指定当前卷或册中各自创建的数据集或部分数据集。

- 对于一个卷，它由与卷关联的数据集数量，当前卷中的每一个数据集或部分数据集的数据集标识符，以及存储对应数据集头的外部卷标识符组成；
- 对于一个册，它由册内数据集数量，册中的每一个数据集或部分数据集的数据集标识符，以及存储对应数据集头的卷的标识符组成。

10.2.2.10.2 **数据集数量**

和卷或册关联的数据集或部分数据集的个数。

10.2.2.10.3 **数据集标识符**

关于每一个数据集或部分数据集的，涉及到册或卷的数据集头的标识编码。

10.2.2.10.4 **卷标识符**

卷的标识编码。该卷包含“数据集标识符”中指定的数据集的数据集头。

10.2.2.11 **地方字符集定义信息**

10.2.2.11.1 **引言**

册中使用的地方字符集信息。

10.2.2.11.2 **地方字符集标识符**

册中使用的地方字符集的标识符。

10.2.2.11.3 **机构信息**

支持地方字符集的机构的国家的国家代码，见 GB/T 2659—2000《世界各国和地区名称代码》。中国的国家代码为 CHN。

10.2.2.11.4 **字符集代码表名**

册中使用的字符集的字符集代码表名称。

10.2.2.11.5 **字符集代码表版本号**

字符集代码表的版本号。

10.2.2.11.6 **地方字符集部分的分隔符(地方字符开始，地方字符结束)**

引言

地方字符集开始和结束的代码值，用于从其他 1 字节字符中区分出地方字符部分。开始码标志地方字符的开始,结束码标志地方字符的结束。

开始码

作为开始码使用的值。

结束码

作为结束码使用的值。

10.2.2.12 **制作日期**

制作册的物理拷贝的日期。

10.2.2.13 **版权日期**

当前册的版权注册日期。

10.2.2.14 **版权人**

当前册的版权人的名字。

10.2.3 **卷尾**

10.2.3.1 **引言**

指示当前卷终止,同时指出它后面是否跟着另一个卷。它由卷尾注释和卷继续标志构成。

10.2.3.2 **卷尾注释**

关于当前卷的有关信息。

10.2.3.3 **卷继续标志**

一个标志,是下两个值之一:

- 当前卷是册中的最后一个;
- 当前卷不是册中的最后一个,后面跟有另一个卷。

10.2.4 **数据集头**

10.2.4.1 **引言**

数据集头标志一个新数据集的开始和前面数据集的结束。

当一个数据集含有多个物理卷时,不能在每一个卷中重复数据集头。

数据集头含有如下项目:

- 国际数据集标识编码;
- 提供者数据集标识编码;
- 版本日期;
- 数据集语言;
- 有关国家;
- 数据集标题;
- 生产信息;
- 建立年代;
- 数据集地理覆盖;
- 主题内容;
- 数据集 XY 分辨率。

10.2.4.2 **国际数据集标识编码**

一个世界范围内惟一的标识符编号。为了保证这些标识符编号的惟一性,分类必须由国际组织确定。在这样的协定制定前这项将空缺。

10.2.4.3 **提供者数据集标识编码**

提供者或提供者组织系统内的数据集的惟一标识编码,又称为数据集标识符。后面分配册标识符也有同样要求。

一个数据集是一个信息单元,与其对应的一个册或卷是一个介质单元。因此,不管发行多少物理拷贝,一个数据集的标识符总是相同的。

10.2.4.4 版本日期

建立数据集时的日期和小时。

当数据集完全改变或者在重要的地方改变时,将作为新的数据集,并给一个新的数据集标识编码。当变化较小(如修正和增加)的时候,数据集保持以前的标识编码,这时用版本日期表示数据集的版本编号。

10.2.4.5 数据集语言

在数据集头、图层头或者数据中使用的语言的语种代码。中文为 CHI,英文为 ENG。

10.2.4.6 有关国家

发行数据集产品的国家的国家代码,见 GB/T 2659—2000。

10.2.4.7 数据集标题

10.2.4.7.1 引言

数据集的标题和副标题。数据集的标题和副标题用多种语言给出时,本条目可以有多个实例。

数据集标题由数据集标题语言、数据集主标题和数据集副标题组成。

10.2.4.7.2 数据集主标题

描述数据集的标题,以及书写数据集标题所用语言的语种代码。中文为 CHI,英文为 ENG。

10.2.4.7.3 数据集副标题

描述数据集的副标题。

使用的语言和数据集主标题相同。

10.2.4.8 生产信息

10.2.4.8.1 引言

关于数据集的生产商和产地的信息。该条款可以有多条,以便列出所有的生产商和产地。

生产信息列表包括生产国家、生产地点和生产者名称。

10.2.4.8.2 生产国家

生产地点所在的国家的国家代码,见 GB/T 2659—2000《世界各国和地区名称代码》,中国的代码为 CHN。

10.2.4.8.3 生产地点

生产场所的地点名称,如城市、乡镇或村庄。如果生产者有多个办公地点,只需填写公司总部和(或)实际生产部门所在的地点。

10.2.4.8.4 生产者名称语言

指定书写生产者名称所用语言的语种代码。中文为 CHI,英文为 ENG。

10.2.4.8.5 生产者名称

数据集生产者的名称。生产者有多个通用名称时(跨国公司,多语言国家),每一个名称必须用单独的生产信息描述。

生产者是指全部或部分拥有数据集知识产权的组织。

10.2.4.9 建立年代

数据集的知识和逻辑内容的建立年代。

10.2.4.10 数据集地理覆盖

代表数据集覆盖的地理区域的名称。

例如:一个行政的或经济的区域,或一个景观区域。

10.2.4.11 主题内容

10.2.4.11.1 引言

描写要素主题代码和要素主题名称。

10.2.4.11.2　**要素主题代码**

当前数据集中包含的要素主题的代码。允许的主题代码见附录 A.1。

10.2.4.11.3　**要素主题名称**

当前数据集中包含的要素主题的名称。允许的主题名称见附录 A.1。

10.2.4.12　**数据集 XY 的分辨率**

数据集中以米为单位的平面测量数据分辨率的最差情况。

最差分辨率和所有数据一样以米为单位表示。非整数值要向上进位成整数，例如 1.25 米的分辨率要进位成 2 米。

最差情况由图层头中相应的分辨率值确定，数据集的最差分辨率和图层头中相应项目的最大值相同。

10.2.5　**图层头**

10.2.5.1　**引言**

图层头表示一个新图层的开始和前面图层的结束。

图层头包含如下数据项：

- 图层标识符；
- 主题内容；
- 0 层网络拓扑；
- 边高度层引用；
- 图层 XY 分辨率。

10.2.5.2　**图层标识符**

图层标识符在一个数据集的所有图层的标识编码中惟一。

10.2.5.3　**主题内容**

指明属于该图层的要素主题。

10.2.5.4　**0 层网络拓扑**

指示本图层中 0 层网络的拓扑。允许下列拓扑类型：

非显式拓扑

对象之间没有明确定义拓扑关系，它们的拓扑关系由坐标值确定；

连通性拓扑

0 维和 1 维空间对象之间明确定义拓扑关系，而它们和 2 维空间对象之间没有明确定义拓扑关系；

完全拓扑

0 维、1 维和 2 维空间对象之间明确定义了拓扑关系。

10.2.5.5　**边高度层引用**

本图层引用高度层的方法。

坐标隐含

在本图层中，利用边引用的结点的 Z 坐标和边的中间点的 Z 坐标，指出和坐标系相应的地理高度；

通过边的层实现

对于本图层，在边本身的定义中不指定边的高度，而是在这条边表示的线要素的定义中，指定边的首结点、中间点和末结点的相对高度。相对高度的范围从－9 到＋9；

通过关系“立交跨越”(Grade sparated Grossing)实现

本图层中的高度层信息不由 Z 坐标指定，而是经由关系“立交跨越”来指定相对高度层；

没有高度层

本图层不指定高度层。

注：立交跨越能由“坐标隐含”和“通过边的层实现”的值相结合产生。

10.2.5.6 **图层 XY 分辨率**

关于图层分辨率的信息。该值指定以米为单位的分辨率的最差情况。

10.2.6 **分区头**

10.2.6.1 **引言**

分区头标志一个新分区的开始和前面分区的结束。头中含有解释和处理数据记录中字段所需的信息和参数。

分区头含有如下项目：

- 分区标识符；
- 分区地理覆盖范围；
- 分区 XY 分辨率；
- 原始资料；
- 大地测量基准面；
- 参考椭球体；
- 平面参考系类型；
- 投影方法；
- 国家地图格网；
- 磁偏角；
- 高程参考系类型；
- 格网代码；
- 坐标偏移量；
- 分区边界；
- 平面控制点；
- 高程控制点；
- 道路网络标识符。

10.2.6.2 **分区标识符**

一个图层中分区的编号，必须在该图层中的所有分区标识符中惟一。

10.2.6.3 **分区地理覆盖范围**

代表分区覆盖范围的地理区域的名字，规定和“数据集地理覆盖范围”一样。

10.2.6.4 **分区 XY 分辨率**

关于分区分辨率的信息。该字段指定分辨率的最差情况，以米为单位。

10.2.6.5 **原始资料**

见 10.5.2 原始资料部分。

10.2.6.6 **大地测量基准面**

见 10.6.2 大地测量基准面部分。

10.2.6.7 **参考椭球体**

见 10.6.4 参考椭球体部分。

10.2.6.8 **平面参考系类型**

说明分区中的坐标值是大地坐标（经纬度）值还是平面直角坐标系中的 X 和 Y。

应能够明确区分两种不同类型的值：

- 大地坐标；
- 平面直角坐标。

10.2.6.9 **投影方法**

见 10.6.5 投影方法部分。

10.2.6.10 **国家地图格网**

见 10.6.6 国家地图格网部分。

10.2.6.11 **磁偏角**

见 10.6.8 磁偏角部分。

10.2.6.12 **高程参考系类型**

说明本分区中的 Z 值是大地高还是正常高。

可以是下面三个值之一：

- 大地高；
- 正常高；
- 相对高程。

10.2.6.13 **坐标偏移量**

10.2.6.13.1 **引言**

包含如下部分：

- XY 乘数因子；
- Z 乘数因子；
- X 偏移量；
- Y 偏移量；
- Z 偏移量。

10.2.6.13.2 **XY 乘数因子**

本分区数据记录中 X 和 Y 的乘数因子(M)用 lgM(以 10 为底的对数)表示。这样可以指定比长度单位的分辨率高的坐标，或者可以不删除坐标末端有用的 0。

lgM 必须是整数值，正值必须在前面加上＋号，负值必须加－号。

例 1：－2 表示乘数因子为 0.01；

例 2：－1 表示乘数因子为 0.1；

例 3：0 表示乘数因子为 1；

例 4：1 表示乘数因子为 10；

例 5：2 表示乘数因子为 100。

10.2.6.13.3 **Z 乘数因子**

本分区数据记录中 Z 值的乘数因子(M)，用 lgM 表示。

10.2.6.13.4 **X 偏移量**

本分区数据记录中所有 X 坐标值的偏移量，数据记录中的所有 X 坐标值加上该值才能获得地图格网中的坐标值。

X 偏移量的作用是缩短数据记录中的坐标值的长度。

10.2.6.13.5 **Y 偏移量**

本分区数据记录中所有 Y 坐标值的偏移量。说明同 10.2.6.14.4。

10.2.6.13.6 **Z 偏移量**

本分区数据记录中所有 Z 坐标值的偏移量。说明同 10.2.6.14.4。

当分区中没有 Z 值时，Z 偏移量保留且为空。

10.2.6.14 **分区边界**

包括如下部分。

10.2.6.14.1 **X 最大值**

分区中 X 坐标的最大值。

10.2.6.14.2 **Y 最大值**

分区中 Y 坐标的最大值。

10.2.6.14.3 **X 最小值**

分区中 X 坐标的最小值。

10.2.6.14.4 **Y 最小值**

分区中 Y 坐标的最小值。

注：在最大值和最小值的说明中，没有加入或者不包含 X 偏移量和 Y 偏移量。

10.2.6.15 **平面控制点**

10.2.6.15.1 **引言**

具有高精度 X、Y 坐标值的点要素，可以用于检查通过数字化获得的坐标值的精度。平面控制点包括下面的项目。

10.2.6.15.2 **点名称**

点要素的标识符，它可以是名字、数字或两者的组合。该点是当地国土测量组织的控制点目录中的点。

如果在一个较大的范围内无法保证标识符的惟一性，必须在后面附加所属的城镇名称，或测量组织的名字。

10.2.6.15.3 **X 数字化值**

用纸质地图数字化，或用其他方法（如航空摄影测量法）获得的控制点的 X 坐标值，以厘米为单位。

10.2.6.15.4 **Y 数字化值**

用纸质地图数字化，或用其他间接测量方法获得的以厘米为单位的控制点的 Y 坐标值。

规则同数字化的 X 值。

10.2.6.15.5 **X 测量值**

国土测量单位发表的以厘米为单位的 X 坐标值。

10.2.6.15.6 **Y 测量值**

国土测量单位发表的以厘米为单位的 Y 坐标值。

10.2.6.16 **高程控制点**

10.2.6.16.1 **引言**

具有高精度高程坐标的点要素，可以用于检查从摄影测量获得的坐标。

一个高程控制点包含如下的部分。

10.2.6.16.2 **点名**

同平面控制点。

10.2.6.16.3 **X 坐标**

控制点的 X 坐标，和该分区数据记录中使用的长度单位相同。

10.2.6.16.4 **Y 坐标**

控制点的 Y 坐标，和该分区数据记录中使用的长度单位相同。

10.2.6.16.5 **Z 数字化值**

控制点的 Z 坐标，其获取方法和数据记录中确定 Z 坐标值的技术方法相同（例如，在纸质地图上用等高线插值，或从立体模型中读取）。

Z 值以厘米为单位。

10.2.6.16.6 **Z 测量值**

以厘米为单位的点的 Z 坐标，和测量单位公布值相同。

10.2.6.17 **道路网络标识符**

本分区中道路网络的规格。

10.3 数据字典

10.3.1 概述

数据字典位于数据集的开始,明确定义在一个特定的地理数据文件中使用的所有字段、记录、要素、属性和关系等的类型。

定义分为六个部分:字段定义、记录定义、要素定义、属性定义、属性值定义和关系定义。这些定义按照规定的顺序紧跟在数据集头的后面。

10.3.2 字段定义

10.3.2.1 引言

数据集中使用的每一个字段类型由一个字段定义描述。因此,有多少字段类型,文件中就有多少字段定义。描述字段定义功能的记录的字段,也由字段定义描述。

字段定义包括如下项目:

- 字段名称;
- 字段长度;
- 数据类型;
- 数据单位类型;
- 数据单位;
- 单位指数;
- 无数据;
- 字段值域;
- 字段用途;
- 字段说明。

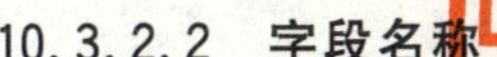

10.3.2.2 字段名称

字段类型的名字,是GB/T 15273.1—1994中,可印刷的字符集里除空格字符以外的任何字符组成的字符串。

非重复字段的字段名的最大长度是10个字符,重复字段或重复字段组中的字段的名字的最大长度是8个字符。

10.3.2.3 字段长度

字段的长度,用该字段保存字符的字节数表示。

固定长度的字段长度用从1到99的正整数指定。变长字段用值=0的方法指出。

数据类型L的字段类型可能含有2字节的字符,因而应有一个不少于4字节的偶数的字符位数(字节)。这种字段类型可以采用变化的字段长度。

10.3.2.4 数据类型

数据类型是在一个特定的字段类型中,允许使用的通用字符集或地方字符集的子集。有效的数据类型值是:

L ::= {＜间隔＞|＜可印刷字符＞| ＜地方字符串＞}

G ::= ＜间隔＞|＜可印刷字符＞ {＜可印刷字符＞| 间隔字符}

A ::= ＜间隔＞|＜字母字符＞ {＜字母字符＞| 间隔字符}

AN::= ＜间隔＞|＜字母数字字符＞ {字母数字字符＞| 间隔字符}

N ::= {间隔字符} {＜数字＞}

I ::= {间隔字符} [＜符号字符＞ ＜数字＞ {数字}]

其中:

<可印刷字符> ::= <字母数字字符>|<图形字符>|<符号字符>

<字母数字字符> ::= <字母字符>|<数字>

<字母字符> ::= A|B|C|…Z|a|b|c|… z|

< GB/T 15273.1—1994 中由位组 12/00 - 15/15 表示的字符>

<数字> ::= 0|1|2|3|4|5|6|7|8|9|

<图形字符>::=! |"|#|$|%|&|'|(|)|*|,|/|:|;|<|=|>|? |@|[|\|]|^|_|`| {|||}|~|

< GB/T 15273.1—1994 中由位组 10/01 - 10/12 表示的字符>|

< GB/T 15273.1—1994 中由位组 10/14 - 11/15 表示的字符>

<符号字符> ::= +|-

<间隔> ::= 间隔字符 {间隔字符}

间隔字符 ::= GB/T 15273.1—1994 中由位组 02/00 表示的字符

另外：

<地方字符串> ::= <地方字符开始编码> {<地方字符>} <地方字符结束编码>

<地方字符> ::= 地方 1 字节字符 |地方 2 字节字符

<地方字符开始编码> ::= <2 字节编码>

<地方字符结束编码> ::= <2 字节编码>

<2 字节编码> ::= <双 1 字节字符>|<单 2 字节字符>

<双 1 字节字符> ::=地方 1 字节字符，地方 1 字节字符

<单 2 字节字符> ::= 地方 2 字节字符

地方 1 字节字符::= 用户定义的 1 字节字符集中的一个字符

地方 2 字节字符::= 用户定义的 2 字节字符集中的一个字符

上面使用的符号规则的含义如下：

::= 替换，组成。

| 取其一，或。

[] 其中的项目是可选的(使用 0 次或 1 次)。

{} 其中的项目是可选的(使用 0 次、1 次或多次)。

<> 其中的项目不是最终的。

, 共同存在。

… 表示一个相似条目的重复列表。

10.3.2.5 数据单位类型

指示单位类型是度量单位还是一个本标准定义单位。

10.3.2.6 数据单位

指出字段类型中的值采用的单位。

只允许使用下面指定的单位。使用十进倍数词头(cm,km 等)的单位，划分为基本单位和一个指数值，指数用“单位指数”中所述的方法表示。

数据的度量单位和对应的数据单位代码如下：

DEG = 角度

GRD = 百分度

MTR = 米

FET = 英尺

KGR = 千克

SEC = 秒(时间)

MIN = 分(时间)

HOR = 小时

WAT = 瓦特

VLT = 伏特

MPS = 每秒米

KPH = 每小时公里

MPH = 每小时英里

YMD = 年,月,日

MDH = 月,日,小时

DHM = 日,小时,分

WHM = 周日(指星期一到星期日),小时,分

YXM = 年,月,日,小时,分

YXH = 年,月,日,小时

OTH = 在"字段说明"部分描述的其他的 SI 单位

允许使用下列由本标准定义的数据单位:

COD = 代码

CNT = 计数器

BOL = 布尔值

TMR = 时间域

TXT = 文本

PRC = 百分数

如果相关字段类型不包含以某种度量单位表示的值(例如,当字段类型包含一个自由文本注释或一个标识符时),"数据单位"应置为"空"。

10.3.2.7 单位指数

单位指数用于把字段中的值转换为"数据单位"中指定的度量单位。

单位指数是一个 10 的指数。指数的前面冠以 + 或 - 号,指数的值域为 -9 到 +9。

当字段中的值和"数据单位"指定的度量单位的一致时,"单位指数"的值=0(相应的乘数因子为 1)。

数据单位和单位指数的例子见表 5。

表 5

值	数据单位	单位指数	字段中的值
2.65 m	MTR	−2	265
377 mm	MTR	−3	377
7.3 tons	KGR	+2	73
75 km/h	KMH	0	75
45 %	PRC	0	45
30 October 1986	YMD	<S>	19861030

10.3.2.8 无数据

在字段为"空",即"无数据"时,字段将包含 GB/T 15273.1—1994 字符集中的某些字符,可能的情况如下:

<S> 空字段包含空格字符。这种情况在数据类型是 N 和 I 的字段中使用(但并不仅限于这种情况),因为 0 在这些字段中是有意义的值。

0 空字段包含一个 0 字符。这种情况用于除数据类型是 N 和 I 以外的其他字段中,因为空格字符串在这些字段中是有意义的值。

Obl 表示这个字段不允许是空的,否则不可能正确地说明该数据。

10.3.2.9 字段值域

10.3.2.9.1 引言

根据允许的最大值和最小值确定的特定字段类型的逻辑上的范围。

10.3.2.9.2 允许的最小值

该"字段类型"允许的最小值。

10.3.2.9.3 允许的最大值

该"字段类型"允许的最大值。

10.3.2.10 字段用途

指出某一"字段类型"的用途。字段用途如下:

1 = 实体

2 = 外部标识符

3 = 字段计数器

4 = 其他

10.3.2.11 字段说明

"字段类型"的内容和用途的文字描述。

10.3.3 记录定义

10.3.3.1 引言

数据集中使用的记录类型的说明。数据集中的每一个记录类型必须由一个记录定义说明,在数据集中有多少数据类型就有多少"记录定义"。描述"字段定义"和"记录类型"的记录类型,也必须由"记录定义"描述。

记录定义包括如下项目:

- 记录类型码;
- 记录子类型码;
- 记录名称;
- 字段名表;
- 重复字段标志;
- 记录类型描述。

10.3.3.2 记录类型码

特定记录类型的引用代码,在每一个特定类型的记录出现的开始位置创建该代码值。

记录类型码只允许用两位数字表示,无效记录用包含两个空格字符的类型码表示。

10.3.3.3 记录子类型码

一个记录的可能存在的记录子类型的代码。

用"记录子类型码"可以将记录类型进一步细分为 100 种不同的子类型,子类型是一个数字代码,在每一个记录子类型出现时创建该代码值。当一个记录类型不需要细分为子类型时,"记录子类型码"为"空"。

10.3.3.4 记录名称

规范文档中涉及的记录类型的名称。名字由 GB/T 15273.1—1994 中的可印刷的字符组成,最大长度为 10 个字符。

10.3.3.5 **字段名表**

根据“字段定义”中所定义的字段名称，构造的字段名称列表。在字段名称列表中，字段名称的顺序，必须在该记录类型出现时与数据字段的顺序相同。

10.3.3.6 **重复字段标志**

区分重复和非重复字段的标志。

10.3.3.7 **记录类型描述**

记录类型的文本字描述。

10.3.4 **要素定义**

10.3.4.1 **引言**

要素分类的定义，包括相应要素分类名称、要素分类代码和要素层次等信息。

要素分层结构可以用于描述土地覆盖和利用、道路附属设施、服务和用户自定义等要素主题中的要素。该分层结构可以用某一要素分类的子类(可选)的列表来说明。这些子类单独定义，这意味着任何子类可以进一步划分为子类。在要素分类的子类的列表定义中，子类由它们的要素分类码标识。

要素定义由下列项目组成：

- 要素分类码；
- 语种代码；
- 要素分类名称；
- 要素描述；
- 要素层次信息。

10.3.4.2 **要素分类码**

表示要素分类的 4 个阿拉伯数字的编码。

10.3.4.3 **语种代码**

要素分类名称使用的语言的语种代码。中文为 CHI，英文为 ENG。

10.3.4.4 **要素分类名称**

要素分类的名称。对于英文，名称单词的第一个字母大写，其余字母小写。

每个要素分类名称可以使用多种语言指定。

10.3.4.5 **要素描述**

要素分类的文字描述。

10.3.4.6 **要素层次信息**

要素层次信息由层次数、子要素分类(可选)的列表和对子类的文本描述组成。

10.3.4.6.1 **层次数**

要素所在的分层树中的层次数量。不分层次的要素的层次数量置为 1。

10.3.4.6.2 **子要素分类码**

特定要素分类的直接子类的说明，用 4 个阿拉伯数字的要素分类码表示。这些要素分类码属于土地覆盖与利用、服务和用户自定义要素等要素主题。

10.3.5 **属性定义**

10.3.5.1 **引言**

属于特定属性类型的属性子字段的参数。

属性定义包括如下项目：

- 属性类型码；
- 语种代码；
- 属性类型名称；
- 属性值数据类型；

- 最大属性值宽度；
- 数据单位类型；
- 数据单位代码(Data Unit Code)；
- 单位指数；
- 属性值范围；
- 属性描述。

10.3.5.2 属性类型码

指定属性类型的代码。代码由两个字母组成，不能有相同的属性类型码。

属性代码必须和使用中的属性字段的代码值相符。

10.3.5.3 语种代码

属性类型名称使用的语言的语种代码。中文为CHI，英文为ENG。

10.3.5.4 属性类型名称

属性类型的名称。对于英文，属性类型名称单词的第一个字母大写，其余字母小写；对于中文，名称用楷体字。

10.3.5.5 属性值数据类型

见10.3.2.4。

10.3.5.6 最大属性值宽度

在以数字或字符计数的条目中，属性值的最大宽度。

10.3.5.7 数据单位类型

见10.3.2.5“数据单位类型”。

10.3.5.8 数据单位

见10.3.2.6。

10.3.5.9 单位指数

见10.3.2.7“单位指数”。

10.3.5.10 属性值范围

在一个属性中，由它可能的最大值和最小值确定的值的逻辑范围。

10.3.5.10.1 最大属性值

特定属性允许的最大值。

10.3.5.10.2 最小属性值

特定属性允许的最小值。

10.3.5.11 属性描述

属性类型的内容和用法的描述。

10.3.6 属性值定义

10.3.6.1 引言

属性值定义的不是测量值，而是与其对应的一套代码值。

属性值定义由下列项目组成：

- 属性类型码；
- 属性值；
- 语种代码；
- 值描述。

10.3.6.2 属性类型码

属性类型码由与属性相关的两个印刷字符组成。

10.3.6.3 **属性值**

一个特定的属性值,和“值描述”中的意义相符。

10.3.6.4 **语种代码**

“值描述”使用的语言的语言代。中文为CHI,英文为ENG。

10.3.6.5 **值描述**

属性值的文字描述。

10.3.7 **关系定义**

10.3.7.1 **引言**

与“关系”类型名称和“关系”类型码相应的“关系”类型的定义。

“关系定义”包括如下项目:

- 关系类型名称;
- 语种代码;
- 关系类型码;
- 关系成员;
- 关系描述。

10.3.7.2 **关系类型码**

定义关系类型的由4个阿拉伯数字组成的代码。

10.3.7.3 **语种代码**

“关系类型名称”使用的语言的语种代码。中文为CHI,英文为ENG。

10.3.7.4 **关系类型名称**

关系类型的名称。对于英文,名称单词的第一个字母大写,其余字母小写;对于中文,名称用楷体字。

10.3.7.5 **关系成员**

在这个“关系”中扮演一个角色的“要素分类”的说明。它们在“关系”中出现的顺序,定义了在“关系”中的成员号码。应指出要素是能够重复出现还是只能出现一次。此处重复出现应理解为出现的次数不固定。如果重复次数是固定的,则每次出现都要用单独的“要素分类”来说明。还要指出“要素分类”的出现是必须的还是可选的。

10.3.7.5.1 **要素分类代码**

“关系”中扮演一个角色的“要素”的由4个阿拉伯数字组成的“要素分类代码”。

10.3.7.5.2 **重复标志**

指明这个“要素分类”是否重复出现。

10.3.7.5.3 **必须标志**

指明这个“要素分类”是否必须出现。

10.3.7.6 **关系描述**

对所定义的关系类型的内容以及用途所作的文字描述。

10.4 **目录表**

10.4.1 **概述**

目录表包含在数据集中建立的数据集头和字段、记录、属性类型、属性值代码、属性种类和关系类型的概略描述,给出每一个分区的地理覆盖范围说明,还含有数据集中出现的道路网络类型、默认属性值、缩写和一般行政区划结构的说明。

目录表包含下列项目:

- 目录;
- 空间范围;

- 道路网络规格；
- 默认属性值；
- 行政结构定义；
- 缩写。

10.4.2 目录

10.4.2.1 引言

目录描述在一个卷上，某个分区、某个图层中出现多少指定记录类型(或子类型)的实例。

目录包括下面的部分。

10.4.2.2 卷标识符

地理数据文件中卷的标识编码，该编码必须和指定卷的卷头中的卷标识符的值相符。见10.2.2.9。

10.4.2.3 图层标识符

一个卷中特定图层的标识编码，见 10.2.5.2。在数据集记录的目录记录中，“图层标识符”的值保持为“空”，因为数据集记录不属于任何“图层”。

10.4.2.4 分区标识符

图层中出现的特定分区的标识编码。

在数据集记录的目录记录中，“分区标识符”的值保持为“空”。见 10.2.6.2 分区标识符。

10.4.2.5 记录类型码

分区和图层中出现的记录类型的记录类型代码，见 10.3.3.2。仅涉及逻辑记录类型的代码。

10.4.2.6 记录子类型码

见 10.3.3.3。

10.4.2.7 记录数量

记录类型和子类型的逻辑记录实例的数量。

10.4.3 空间范围

10.4.3.1 引言

某一分区地理覆盖范围的描述。需要以数学术语(纬度和经度)和语言术语两种方式来描述。在这里，地理范围只需粗略地描述(200 米地面分辨率)，因此不需要测量基准资料。

在分区层次，地理覆盖范围将与和它有关的所有大地测量参数一起，用更加详细的方法描述。

空间范围描述含有一个分区标识符、地理范围和区域名称。

10.4.3.2 分区标识符

指定分区的标识符，见 10.2.6.2 分区标识符部分。

10.4.3.3 地理范围

地理范围用最大、最小经纬度表示。

10.4.3.3.1 最大纬度

分区最北部的地理纬度。该值采用十进制度，以千分之一度的分辨率表示。例如，北极的纬度为：90 000。该值在北半球加 ＋ 号，在南半球加 — 号。见 GB/T 16831—1997。

10.4.3.3.2 最大经度

分区最东面的地理经度。该值采用十进制度表示，从格林威治起始子午线起算，以千分之一度的分辨率表示。格林威治起始子午线以东的经度加 ＋ 号，格林威治起始子午线以西的加 — 号。见 GB/T 16831—1997。

10.4.3.3.3 最小纬度

分区最南面的地理纬度。其余说明和“最大纬度”相同。

10.4.3.3.4 最小经度

分区最西面的地理经度。其余说明和“最大经度”相同。

10.4.3.4 区域名称

地理区域的名字，该名字必须代表分区覆盖的区域。名字的规定和10.2.4.8生产信息中的“数据集地理覆盖范围”部分相同。

10.4.4 道路网络规格

10.4.4.1 引言

地理数据文件的基本数据常常含有不同类型的道路网络数据。

例如，包括全部道路的网络，仅含有主要道路，或高速公路的网络。

道路网络规格由下面部分组成：

- 道路网络标识符；
- 路网完整层次；
- 路网完整层次描述。

10.4.4.2 道路网络标识符

道路网络的标识符，在当前的数据集中惟一。

10.4.4.3 路网完整层次

道路网络的完整层次的说明，从0到9。0说明没有网络，9说明完整的网络。其余值的含义由生产者定义。

10.4.4.4 路网完整层次描述

说明道路网络完整层次含义的文字描述。

10.4.5 默认属性值

10.4.5.1 引言

地理数据格式中的默认属性值用于不知道或没有收集到属性的场合。如果希望用默认属性值预先规定一个值(例如，定义为一个确定属性类型的属性值)，可以使用默认属性值记录，并在获取新的属性值信息以后对默认属性值作修改。

10.4.5.2 属性类型码

定义默认值的属性类型。

10.4.5.3 默认属性值

数据集中考虑给默认值的属性类型的属性值。

10.4.6 行政结构定义

10.4.6.1 引言

行政结构的用途，是在定义的“行政区划”和确定区域中的实际实例之间规定一个映射。对于不同国家或国家内部的不同地区，如果有不同的行政结构，可以定义几种不同的结构。对于每一种行政结构，其中出现的“行政区划要素分类”，一般都用它们当地的名称标注。

“行政结构定义”由下列项目组成：

- 行政结构标识符；
- 语种代码；
- 行政结构名称；
- 行政区划要素分类码；
- 语种代码；
- 行政区划本地名称。

10.4.6.2 行政结构标识符

本行政结构的数字标识。具有相同行政结构的行政区划采用相同的行政结构标识符，不同结构的行政区划采用不同的标识符。

10.4.6.3 语种代码

定义行政结构名称使用的语言的语种代码。中文为CHI,英文为ENG。

10.4.6.4 行政结构名称

行政结构的名称。

10.4.6.5 行政区划要素分类码

行政结构中出现的行政区划要素分类的要素分类码,由4个阿拉伯数字组成。见附录A.1。

10.4.6.6 语种代码

定义行政区划名称使用的语言的语种代码。中文为CHI,英文为ENG。

10.4.6.7 行政区划本地名称

行政区划本地名称是行政结构中,记录行政区划的本地名称的字段。该名称可以用几种语言给出。

行政区划名称的例子:省、地级市、县和乡等。

它们可以对应第3级行政区划,或者行政地点C。可以利用多种语言机制,为地方行政区划名称提供多种语言的解释。

10.4.7 缩写

10.4.7.1 引言

制图实践中常常在地图上使用词语的缩写,以使图面清晰和醒目。

例如,"广西壮族自治区"可以缩写为"广西"。又如,使用者可以利用地理编码缩写输入地址。

"缩写记录"可以用来描述给定语言的通用的缩写。

10.4.7.2 语种代码

缩写词使用的语言的语种代码。中文为CHI,英文为ENG。

10.4.7.3 缩写短语

要缩写的条款的缩写。

10.4.7.4 缩写全称

要缩写的条款的全称。

10.5 原始资料

10.5.1 概述

数据集的每一个实例,在一定程度上都是以已有的资料为基础。这些原始资料既可表现为文档,也可以是一个事实,可以是一张地图、一本资料、一份报告或其他专题文件。可以是印刷品也可以是数字化形式的。每一个数据集都应包含所用原始资料的简短描述。这些说明既可满足版权要求,也可用于质量管理。

为了真实描述原始资料的情况,应说明外业检查资料的"外业数据采集日期"。该"外业信息"由测量日期描述。

通常,原始资料和外业文档有关,这些外业文档涉及后来在外业进行检查或更新的文档。

原始资料的描述应该紧接在空间范围描述的后面。这些描述包括整个数据集涉及的所有参考文档和外业信息,它们将在相应的分区中被引用。

10.5.2 原始资料

10.5.2.1 引言

"原始资料"部分用于说明数据集创建过程中使用的原始资料的情况。每一个单独文档,原则上用一个原始资料描述来表示。外业信息用野外作业的日期表示。

一个原始资料的描述含有如下项目:

- 描述层次;
- 层次总数;
- 原始资料描述标识符;
- 国家标准图书编号;

- 国家标准序列号；
- 文档语言；
- 有关国家 Involved；
- 测量年代；
- 测量日期；
- 地图比例尺；
- 作者名称；
- 文档标题；
- 文档标题语言；
- 文档卷名；
- 版本编号；
- 印次编号；
- 出版年代；
- 出版地点；
- 出版者名字；
- 发行年代；
- 发行地点；
- 发行者名称；
- 主文档联系；
- 外业信息。

10.5.2.2 描述层次

指出本原始资料描述是“独立”的，还是和它的主文档一起组成“描述树”。还应说明和可能的主文档的关系。

说明“原始资料描述”的描述层次，可以包含下面四个不同的值之一。

1 = 多层描述中的第一层，或独立(单层)描述。

2 = 多层描述中的第二层。

3 = 多层描述中的第三层。

4 = 多层描述中的第四层。

单层描述的值总是 1。二层描述中，父层的值为 1，子层的值为 2。代码 3 和 4 仅用于描述三层和其他不同层的特殊情况。

10.5.2.3 层次总数

在本标准中规定层次总数为 1，这个代码规定为 1，即层次总数为一层，表示只有一层文档描述。

10.5.2.4 原始资料描述标识符

区分原始资料描述的编码，这个编码在整个数据集的所有原始资料描述标识符中必须惟一。

10.5.2.5 国家标准图书编号

原始文档的 ISBN 编码。在原始文档没有 ISBN 编码时，这个字段保持为“空”。

10.5.2.6 国家标准序列号

原始文档的 ISSN 编码。对于非序列号的文档，或文档没有 ISSN 编码，这个字段保持为“空”。

10.5.2.7 文档语言

原始资料文档使用的主要语言的语种代码。中文为 CHI，英文为 ENG。

10.5.2.8 有关国家

和文档生产、出版、发行有关的国家的国家代码，见 GB/T 2659—2000《世界各国和地区名称代码》，中国的代码为 CHN。

10.5.2.9 **测量年代**

文档中表现的现实世界位置的原始外业测量年代，不考虑为更新目的进行的测量。当原始测量不在同一年内完成时(测量时间多于一年)，用平均值。

10.5.2.10 **测量日期**

以月、日、小时格式表示的实际测量日期。这种准确的信息仅用于瞬间测量文档，如航空摄影和卫星图像。

10.5.2.11 **地图比例尺(仅对制图文档)**

制图文档的比例尺分母。

例如：比例尺为1∶25 000，给出的值为25 000。

10.5.2.12 **作者名称**

文档作者的名字。

本项目记录原始资料上记载的作者的名字，首先记录姓。如果原始资料记载多个作者名字，则记录其中最主要的名字。如果名字同等重要，则原始资料中排在第一的名字在这里还排第一。如果对工作共同负责的作者不多于三个，这里将包含两个或三个名字。如果四个或更多的作者对工作负责，这里只记录第一个、或前两个、或前三个名字，其他的名字将被省略，在最后一个名字后面用“等”或同等意义的附加词表述。

10.5.2.13 **文档标题**

出版文档的主标题。当标题用多种语言描述时，使用相应数量的重复文档标题。文档卷与文档卷之间的标题的不同部分作为子标题，用“文档卷名”描述。

在多层次描述中，“文档标题”用于指定通用标题，通用标题是作为一个文档系列的标题的一部分，并在所有(或大部分)单独的标题中出现。

文档标题包含下面两项：

- 文档标题语言；
- 文档标题文本。

10.5.2.13.1 **文档标题语言**

文档标题文本使用的语种代码。中文为CHI，英文为ENG。

10.5.2.13.2 **文档标题文本**

文档的主标题。

当前文档自己的，用于区分一个文档或文档系列的文字串。如果文档(在前面语句的说明中)没有标题，应设计一个标题，并放在方括号中。

在多层次描述的情况下，主标题只包括所有文档卷共同的标题部分。独有的文档卷标题和文档卷编号在“文档卷名”中给出。

在单层次的描述中，如果一个文档有一个长标题，它由两个或多个可明确区分的部分组成，并且第一部分仅用于识别，是必须的，其余部分仅用于进一步详细描述。则可以把它分为两部分：主标题和子标题，子标题将在“文档卷名”中描述。

在标题不是自我说明的情况下，将包括一个概略注释，用一行或两行文字对文档内容进行解释。概略注释紧跟在“文档标题文本”的后面。

10.5.2.14 **文档卷名**

文档卷名是一个单层描述内的子标题，或是多层描述内的文档标题的一部分，该部分不能在所有文档卷中都通用，并且在不同的文档卷之间不同。文档卷编号也可作为子标题(或子标题的一部分)。

如果文档包含用不同语言表达的相同子标题，必须建立相应数量的文档卷名子记录。这些记录独立于文档标题记录。

文档卷名包括两部分：

- 文档卷名语言；
- 文档卷名文本。

10.5.2.14.1 **文档卷名语言**

文档卷名文本使用的语言的语种代码。中文为CHI，英文为ENG。当文档卷名文本仅含有一个文档卷编号时，文档卷名语言项为空。

10.5.2.14.2 **文档卷名文本**

不包含在主标题中的标题部分。文档卷编号可以作为子标题的一部分，并被同样处理。

10.5.2.15 **版本编号**

文档的版本编号。文档中没有文档版本编号时，该文档假定为第一个版本。

10.5.2.16 **印次编号**

文档印刷次数的编号。

10.5.2.17 **出版年代**

文档出版或发行的年代。

10.5.2.18 **出版地点**

包含出版国家和出版地点两个子项。

10.5.2.18.1 **出版国家**

“地点名称”中指定的地点所属的国家的国家代码，见GB/T 2659—2000《世界各国和地区名称代码》。中国的代码为CHN。

10.5.2.18.2 **出版地点**

和数据集头中关于生产地点的规定相同。

10.5.2.19 **出版者名称**

出版者、或组织、或对文档出版在财政上负全部或部分责任的人(法人)的名称。出版者名称必须在每一个文档中记载。

10.5.2.20 **发行年代**

文档发行的年代(公历)。

10.5.2.21 **发行地点**

包含发行国家和发行地点两个子项。

10.5.2.21.1 **发行国家**

“发行地点”中指定的地点所在的国家的国家代码，见GB/T 2659—2000《世界各国和地区名称代码》。中国的代码为CHN。

10.5.2.21.2 **发行地点**

发行人所在的地点的名称。

10.5.2.22 **发行者名称**

文档发行者的名称。规定同“出版者名称”。

10.5.2.23 **主文档联系**

文档或系列文档和主文档之间的关系。一个主文档联系描述包括5个部分：

- 主文档描述标识符；
- 联系类型；
- 开始页；
- 结束页；
- 概略注释。

10.5.2.23.1 **主文档描述标识符**

主文档的描述标识符。

10.5.2.23.2 **联系类型**

文档和主文档之间的联系类型。联系类型用下列值表示：

11 ＝ 从主文档派生；

12 ＝ 主文档的附录；

13 ＝ 和主文档共同出版；

14 ＝ 主文档的附图；

15 ＝ 主文档的插图；

16 ＝ 主文档的一部分。

10.5.2.23.3 **起始页**

被讨论的文档在主文档中开始的页号。

10.5.2.23.4 **结束页**

被讨论的文档在主文档中结束的页号。

10.5.2.23.5 **概略注释**

文本表示的简短的注释。

10.5.2.24 **外业信息**

进行外业调查的外业数据采集的日期。外业信息包括：

- 外业数据采集开始日期；
- 外业数据采集结束日期；
- 概略注释。

10.5.2.24.1 **外业数据采集的开始日期**

进行外业数据采集、检核或最后一次数据更新活动的开始日期。

10.5.2.24.2 **外业数据采集的结束日期**

外业数据采集、检核或最后一次更新活动的结束日期。外业数据采集活动仅在开始日期进行时，本字段为空。

10.5.2.24.3 **概略注释**

关于任何附加的外业数据采集信息的自由文本。

10.6 **大地测量参数**

10.6.1 **概述**

在数据集的层次上给出大地测量参数的描述，该描述拥有一个标识编码，以便可以被相关的分区头引用。

大地测量参数包含下列部分：

- 大地测量基准面；
- 高程基准；
- 参考椭球体；
- 投影方法；
- 国家地图格网；
- 磁偏角。

10.6.2 **大地测量基准面**

10.6.2.1 **引言**

作为地图格网基础的大地测量基准面的描述，该描述由下列项目组成：

- 基准名称；
- 基准代码。

在数据提供和使用时，应遵照国家有关规定。

10.6.2.2 基准名称

大地测量基准面的名称。我国导航地理数据涉及的大地测量基准面主要有三个，1954 年北京坐标系、1980 西安坐标系和 1984 世界大地坐标系(WGS84)。

10.6.2.3 基准代码

大地测量基准面名称的代码。大地测量基准面名称代码如表 6。

表 6

代　码	名　　称
BJZ	1954 年北京坐标系(BJZ54)
XAZ	1980 西安坐标系(XAZ80)
WGE	1984 世界大地坐标系(WGS84)

10.6.3 高程基准

10.6.3.1 引言

描述国家使用的正常高参考系，以及相邻正常高参考系。该描述在相邻高程基准间转换高程数据时是必备的。本描述由下列项目组成：

- 有关国家；
- 高程基准名称；
- 高程基准代码。

10.6.3.2 有关国家

采用这个正常高参考系的国家的国家代码，见 GB/T 2659—2000《世界各国和地区名称代码》。中国的代码为 CHN。

10.6.3.3 高程基准名称

采用的高程基准的名称。中国为 1956 年黄海高程系或 1985 国家高程基准。

10.6.3.4 高程基准代码

采用的高程基准的代码。我国的高程基准代码如表 7。

表 7

代　码	名　　称
HH56	1956 年黄海高程系
CH85	1985 国家高程基准

10.6.4 参考椭球体

10.6.4.1 引言

参考椭球体用下面项目描述：

- 长半径；
- 短半径；
- 椭球体代码；
- 椭球体描述。

10.6.4.2 长半径

用米表示的参考椭球体的长半径的长度。

10.6.4.3 短半径

用米表示的参考椭球体的短半径的长度。

10.6.4.4 椭球体代码

椭球体的引用代码。我国导航地理数据涉及的参考椭球体主要有 3 个，相应的椭球体代码和名称如表 8。

表 8

代　码	名　　称
KA	1940 克拉索夫斯基椭球
IA	1975 国际大地测量协会第 16 届大会推荐椭球
WE	1984 世界大地坐标系椭球

10.6.4.5　椭球体描述

采用椭球体的文字描述。如果没有指定椭球体代码，本项必须存在。

10.6.5　投影方法

10.6.5.1　引言

将 X、Y 坐标换算为大地坐标所需的，用于地图格网投影的信息。如果分区中的所有坐标数据直接用大地坐标表示，投影方法项可以为空。

投影方法的描述含有下面三项：

- 投影类型码；
- 投影参数；
- 投影类型描述。

10.6.5.2　投影类型码

数据集采用的投影方法的引用代码。我国基本比例尺地形图主要采用高斯-克吕格投影，投影类型码规定为：ZY(其他投影)。

10.6.5.3　投影参数

定义投影采用的基线的经度和(或)纬度值，以及长度比。

10.6.5.3.1　纬度、经度

本项最多可以重复 3 次。大地经纬度值涉及的基准和参考椭球体，与"大地测量基准面"和"参考椭球体"项目中相同。

纬度

依赖投影类型的纬度值。

纬度以 10^{-6} 度为单位表示，北半球的纬度(北纬)前面加"＋"，南半球的纬度(南纬)前面加"－"。

赤道的纬度为 ＋0000 000，北极的纬度为 ＋90 000 000。见 GB/T 16831—1997。

经度

依赖投影类型的经度值。

经度以 10^{-6} 度为单位表示，经度从格林威治首子午线起算，格林威治以东的经度(东经)前面加"＋"，格林威治以西的经度(西经)前面加"－"。起始子午线经度前用正号(＋)，180 度子午线的经度前用负号(－)。见 GB/T 16831—1997。

10.6.5.3.2　长度比

一个定义点或沿着一条参考线的比例因子，该点或参考线依赖于投影类型。

长度比(Mo)定义：

用投影系统的 XY 坐标计算的两个无穷小的临近点的距离，除以参考椭球体上的相应大地经纬度计算的同一段距离所得的商。

长度比不保存 Mo 本身，而是保存$(1-\mathrm{Mo})\times 10^{7}$，该值用前面带正号(＋)或负号(－)的整数表示。

例 1：对于高斯-克吕格投影，应该有中央子午线的大地经度和中央子午线的长度比。中央子午线的大地经度由第一个经纬度组给出，后面紧接长度比。

例 2：对于双标准纬线兰伯托正圆锥投影，必须有下列参数：

- 北标准纬线的纬度；
- 南标准纬线的纬度；
- 指定长度比的中纬线的纬度；
- 长度比。

第一个经纬度组给出北面的标准纬线的纬度，第二个经纬度组给出南面的标准纬线的纬度，第三个经纬度组给出点长度比的纬线，后跟一个长度比。

大地经纬度值涉及的基准和参考椭球体必须与“大地测量基准面”和“参考椭球体”项目中相同。

10.6.5.4 **投影类型描述**

采用的投影类型的文字描述。如果没有指定投影类型代码或投影类型代码为“ZY”时，本项必须存在。我国基本比例尺地形图主要采用高斯-克吕格投影。

10.6.6 **国家地图格网**

10.6.6.1 **引言**

需要准确描述指定分区的地图格网的坐标值，以便能够将XY坐标转换为大地坐标。用下面三项描述：

- 指定格网是左转还是右转；
- 用经度和纬度条款描述的“辅助”格网的原点；
- 描述相对于辅助格网的地图格网的原点。

辅助格网假定是常规的迪卡尔坐标系，它的正Y轴指向北，并和原点子午线的射线相切，辅助格网的长度单位为米。

实际格网与辅助格网的旋转关系，将由“格网旋转”叙述。

地图格网的描述包括下面项目：

- 格网轴的方向；
- 辅助格网纬度；
- 辅助格网经度；
- 原点X；
- 原点Y；
- 格网旋转；
- 格网名称；
- 格网代码。

10.6.6.2 **格网轴方向**

指示地图格网是常规的迪卡尔坐标系还是相反的迪卡尔坐标系。

0 常规的迪卡尔坐标系；

1 相反的迪卡尔坐标系。

另外，地图格网假定为矩形，并且为正交坐标轴，两轴使用相同的长度单位。

常规的迪卡尔坐标系按照顺时针计算角度，+Y轴和+X轴之间的角度(Yr－Xr)为270度；在相反的迪卡尔坐标系中，这个角度为90度。

10.6.6.3 **辅助格网纬度**

辅助格网原点的纬度。该值以10^{-6}度为单位表示，规则和10.6.5.3.1中“纬度”的规定相同。

10.6.6.4 **辅助格网经度**

辅助格网原点的经度值。规则和10.6.5.3.1中“经度”的规定相同。

10.6.6.5 **原点X**

“辅助”格网中表示的地图格网原点的X坐标。该值用分米表示。正的坐标值前面加正号(＋)，负的前面加负号(－)。在地图格网坐标原点和“辅助”格网原点一致的情况下(这种情况经常出现)，这个

项目的值为 +00。

10.6.6.6 原点 Y

"辅助"格网中表示的地图格网原点的 Y 坐标。说明同"原点 X"。

10.6.6.7 格网旋转

顺时针计算的地图格网 Y 轴和"辅助"格网 Y 轴之间的角度,以 0.000 001 度为单位。

用符号 Rot=Yn-Yh 表示。

Yn 是地图格网 Y 轴的方向,Yh 是"辅助"格网 Y 轴的方向。如果两个格网的 Y 轴一致或平行(这种情况经常存在),本项为 +0 000 000。

10.6.6.8 格网名称

地图格网的名称。我国基本比例尺地形图采用的地图格网名称为"高斯-克吕格平面直角坐标网"。

10.6.6.9 格网代码

地图格网的代码。

10.6.7 磁偏角

10.6.7.1 引言

用罗盘进行正确导航所必需的,关于磁偏角和年变的信息。提供分区的中心点或分区周围 4 个不同点的磁偏角,以便能够用插值的方法计算出局部值。

每一个磁偏角参照点的说明包括下面项目:

- 参照点纬度;
- 参照点经度;
- 有效日期;
- 磁偏角;
- 年变;
- 水平磁场强度;
- 垂直磁场强度。

10.6.7.2 参照点纬度

见 10.6.7.2 参照点纬度。

10.6.7.3 参照点经度

见 10.6.7.3 参照点经度。

10.6.7.4 有效日期

和"磁偏角"中说明的磁偏角对应的年、月、日。

10.6.7.5 磁偏角

磁北方向(Nm)和大地北方向(Ng)之间的夹角,用符号 Dsc=Nm-Ng 表示。

角度以 0.001 度为单位表示,向东偏差加正号,向西偏差加负号。

10.6.7.6 年变

磁方向每年的变化量,年变定义:顺时针计算的年 i(Nm(i))的磁北方向和前一年 $i-1$(Nm ($i-1$))的磁北方向之间的夹角。

$$\mathrm{Dev(An)} = \mathrm{Nm}(i) - \mathrm{Nm}(i-1)$$

角度以 0.001 度为单位表示,向东的年变加正号,向西的年变加负号。

10.6.7.7 水平磁场强度

以纳特斯拉(Nano Tesla)单位表示的水平磁场强度。

10.6.7.8 垂直磁场强度

以纳特斯拉单位表示的垂直磁场强度。

10.7 更新信息

版本更新信息的语法结构描述如下：

时间标志格式

特定分区内使用的时间标志的格式化字符串：

y = 年

m = 月

d = 日

h = 时

n = 分

s = 秒

:= 隔离符

例如："yyyy :mm:dd: hh:nn"表示时间标志按照 年/月/日的顺序存放，后跟小时和分。

10.8 概略注释

其他需要说明的文本。

11 逻辑数据结构

11.1 引言

本标准详细说明用于数据转换和交换的地理数据文件的数据结构，这些数据结构可以视为独立于任何特定的实际所采用的记录结构。

11.1.1 数据描述语言 ESN

数据结构用一种称为 ESN 的数据描述语言表示。这个语言能够从一个基本类型的集合构造出任何复杂的数据类型，用下面例子说明数据类型的表示形式。

投影类型 =

[

投影标识符	:无符号长整型	11.1.4.85
投影类型	:投影类型代码	11.1.4.58
投影参数	:投影参数	11.3.13.4.3

]

上例中，用黑体字表示的名字(投影类型)是数据类型的专用名称，该名称用于识别指定的数据结构，以便能够在更复杂的数据类型定义中引用。该名称不能用于任何其他的数据类型，并且一个数据类型最好使用一个名称。

每一个数据类型用"["开始并且用"]"结束，方括号之间的每一行描述数据类型的一个角色。在上面的例子中，第一个角色的数据类型是"无符号长整型"，名字后面跟随定义该类型的条目编号，如上例中的 11.1.4.85。

例子中所示的"无符号长整型"有一个对应名称"投影标识符"，称为"角色名"。角色名总位于左侧列。

经常出现角色名和数据类型名相同的情况，这说明这个数据类型是专门为这个角色建立的。如果数据类型被用于多个角色，角色名称应该不同。

角色的排列顺序是重要的，相同的角色按照另一种方式排列，意味着定义了不同的数据类型。见图 127。

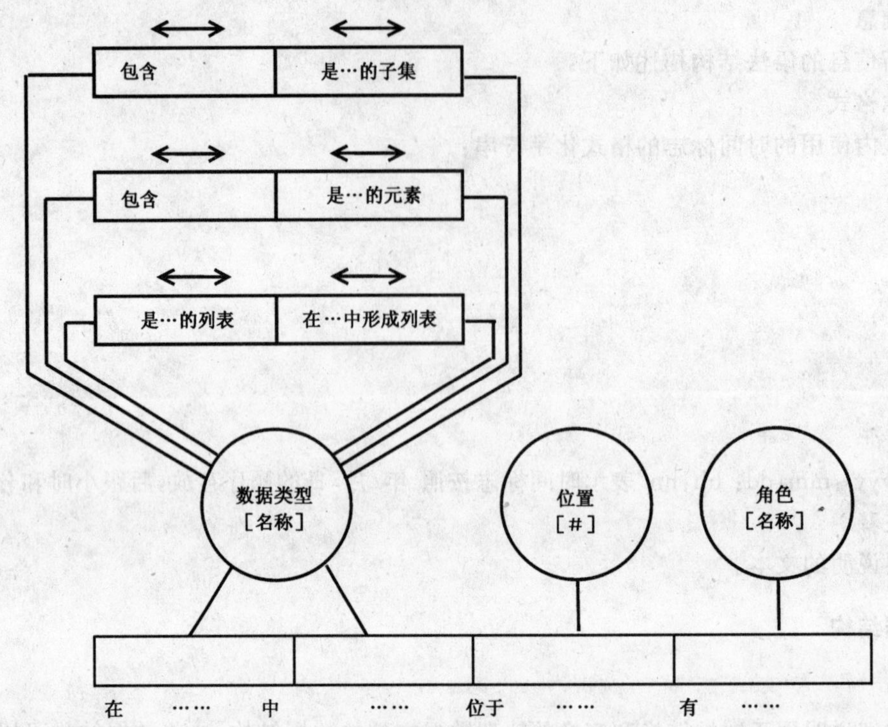

图 127 数据类型的内容

11.1.2 列表、元素和范围

ESN 中使用的一种数据类型是"列表","列表"是一个或多个相同数据类型的元素的简单集合,按照下列格式说明:

L = [T] * * 表示 T 可以有多个元素。

列表 L 的实例中,T 的元素有一个顺序,但这里的顺序没有意义,除非有专门的说明(例如坐标列表的中间点的顺序,见 11.1.5.4)。

一个数据类型可以被限制,例如,规定它的范围必须是一个特定列表中元素的子集。该限制可以使用构造"元素(L)"或"范围(L)"实现。

"元素(L)"意味着角色引用列表 L 的不多于一个的元素。

"范围(L)"意味着角色引用列表 L 的 0 个、一个或多个元素。除另有说明外,这些元素和顺序无关。

11.1.3 语法符号概要

e :T	角色的名称是 e,数据类型是 T,角色的一个实例是 T 中的一个值。
T = [a|b]	数据类型 T 的一个实例可以是值 a 或值 b。
T =	数据类型 T 的一个实例包含两个角色:
[	
e1: T1	数据类型 T1 中的一个实例作为角色 e1 的值。
e2: T2	数据类型 T2 中的一个实例作为角色 e2 的值。
]	
L = [T] *	数据类型 L 的一个实例是数据类型 T 的 0 个或多个实例的序列。一个实例 L 称为一个"列表"。
T = (i … j)	数据类型 T 的一个实例是范围 $i<=t<=j$ 的一个整数。
NULL	表示没有(或无效)值。
元素(L)	表示引用列表 L 的一个实例。

范围(L)　　　　　表示引用列表 L 的一个或多个实例。

11.1.4　**基本数据类型**

本部分包含一个数据类型的列表，这些数据类型在本标准中不再被分解为其他的数据类型，并且能够作为组成其他数据类型的元素，这些数据类型称为“基本数据类型”。基本数据类型常常用于构造组合数据类型。

11.1.4.1　**属性类型代码**

= 属性类型代码集合中的一个值。

见附录 A.2 属性类型代码。

11.1.4.2　**属性类型名称**

= 属性类型名称集合中的一个值。

见附录 A.2 属性类型代码。

11.1.4.3　**属性值代码**

= 属性值代码集合中的一个值。

见附录 A.3 属性值代码。

11.1.4.4　**布尔值**

= [0|1]

11.1.4.5　**字符**

= 地方字符集中的一个可印刷字符

11.1.4.6　**字符_:**

= [:]

11.1.4.7　**字符_[**

= [[ ]

11.1.4.8　**字符_]**

= [ ]]

11.1.4.9　**字符_(**

= [( ]

11.1.4.10　**字符_)**

= [ )]

11.1.4.11　**字符_{**

= [{]

11.1.4.12　**字符_}**

= [}]

11.1.4.13　**字符_A-Z**

= [A|B|C|D|…|Z]

11.1.4.14　**字符_d**

= [d]

11.1.4.15　**字符_f**

= [f]

11.1.4.16　**字符_h**

= [h]

11.1.4.17　**字符_I**

= [I]

11.1.4.18　**字符_m**

= [m]

11.1.4.19　**字符_M**

　　　　　　= [M]

11.1.4.20　**字符_n**

　　　　　　= [n]

11.1.4.21　**字符_s**

　　　　　　= [s]

11.1.4.22　**字符_t**

　　　　　　= [t]

11.1.4.23　**字符_y**

　　　　　　= [y]

11.1.4.24　**字符_w**

　　　　　　= [w]

11.1.4.25　**字符_W**

　　　　　　= [W]

11.1.4.26　**字符_z**

　　　　　　= [z]

11.1.4.27　**曲线位置类型**

　　　　　　= 布尔值

详细描述见第 12 章中的相关条目。

11.1.4.28　**数据类型代码**

　　　　　　= [G|A|N|AN|I|L]

详细描述见第 10 章中的相关条目。

11.1.4.29　**数据单位代码**

　　　　　　= 数据单位代码集合中的一个值

详细描述见第 10 章中的相关条目。

11.1.4.30　**数据单位类型**

　　　　　　= 布尔值

详细描述见“10 元数据定义”中的相关条目。

11.1.4.31　**字段用途**

　　　　　　= 集合 1-4

详细描述见第 10 章中的相关条目。

11.1.4.32　**基准代码**

　　　　　　= 大地测量基准面代码集合中的一个值

详细描述见第 10 章中的相关条目。

11.1.4.33　**基准名称**

　　　　　　= 大地测量基准面名称集合中的一个值

详细描述见第 10 章中的相关条目。

11.1.4.34　**日代码**

　　　　　　= [01|02|03| … |29|30|31]

11.1.4.35　**月内日代码**

　　　　　　= (1 … 31)

注：这里的数据类型和“日代码”不同之处在于小于 10 的数字前面不写 0。

11.1.4.36　**周内日代码**

　　　　　　= (1 … 7)

11.1.4.37 边状态

= 集合 1 … 5

详细描述见第 12 章中的相关条目。

11.1.4.38 椭球体代码

= 椭球体代码集合中的一个值。

详细描述见第 10 章中的相关条目。

11.1.4.39 要素表达类型

= 集合 1 … 4

详细描述见第 12 章中的相关条目。

11.1.4.40 要素分类代码

= 要素分类代码集合中的一个值。

见附录 A.1 要素主题和要素分类代码。

11.1.4.41 要素分类名称

= 要素分类名称集合中的一个值。

见附录 A.1 要素主题和要素分类代码。

11.1.4.42 要素主题代码

= 要素主题代码集合中的一个值。

见附录 A.1 要素主题和要素分类代码。

11.1.4.43 要素主题名称

= 要素主题名称集合中的一个值。

见附录 A.1,要素主题和要素分类代码。

11.1.4.44 格网代码

= 地图格网代码集合中的一代码。

详细描述见第 10 章中的相关条目。

11.1.4.45 格网名称

= 地图格网名称集合中的 个名称。

详细描述见第 10 章中的相关条目。

11.1.4.46 高程基准代码

= 高程基准代码集合中的一个值。

详细描述见第 10 章中的相关条目。

11.1.4.47 高程基准名称

= 高程基准名称集合中的一个名称。

详细描述见第 10 章中的相关条目。

11.1.4.48 时代码

=[00|01|02|03|…|22|23]

11.1.4.49 日内时代码

= (0 … 23)

注:本数据类型和“时代码”之间的不同之处是小于 10 的数字前面不写 0。

11.1.4.50 国家代码

= 国家代码集合中的一个值。

见 GB/T 2659—2000《世界各国和地区名称代码》。中国的国家代码为 CHN。

11.1.4.51 语种代码

= [CHI | ENG]

CHI 为中文的语种代码,ENG 为英文的语种代码。

11.1.4.52　月代码

＝[01|02|03|…|10|11|12]

11.1.4.53　年内月代码

＝(1 … 12)

注：本数据类型和“月代码”的不同之处在于小于 10 的数字前面不写 0。

11.1.4.54　无数据标志

＝[OBL|＜S＞|0]

11.1.4.55　结点状态

＝ 集合 1 … 5

更详细的描述见第 12 章。

11.1.4.56　NULL

＝ 无效值

11.1.4.57　百分比

＝(0 … 100)

11.1.4.58　投影类型代码

＝ 投影类型代码集合中的一个值。

详细描述见第 10 章中的相关条目。

11.1.4.59　联系类型代码

＝[11|12|13|14|15|16]

上述代码含义见第 10 章中的相关条目。

11.1.4.60　关系类型代码

＝ 关系类型代码集合中的一个值。

见附录 A.4 关系类型代码。

11.1.4.61　关系类型名称

＝ 关系类型名称集合中的一个值。

见附录 A.4 关系类型代码。

11.1.4.62　分段方向

＝ 布尔值

更详细的描述见第 12 章中的相关条目。

11.1.4.63　集合 0-2

＝(0…2)

11.1.4.64　集合 0-3

＝(0…3)

11.1.4.65　集合 0-9

＝(0…9)

11.1.4.66　集合-9-9

＝(−9…9)

11.1.4.67　集合 0-49

＝(0…49)

11.1.4.68　集合 0-59

＝(0…59)

11.1.4.69　集合 00-59

＝[00|01|…|58|59]

11.1.4.70　集合 00-99

＝[00|01|…|98|99]

11.1.4.71 集合1

=[1]

11.1.4.72 集合1-3

=(1…3)

11.1.4.73 集合1-4

=(1…4)

11.1.4.74 集合1-5

=(1…5)

11.1.4.75 集合1-6

=(1…6)

11.1.4.76 集合1-8

=(1…8)

11.1.4.77 集合1-11

=(1…11)

11.1.4.78 集合1-99

=(1…99)

11.1.4.79 集合50-99

=(50…99)

11.1.4.80 集合操作符

=[+|*|-]

集合操作符含义如下：

A+B:A和B的并集；

A*B:A和B的交集；

A-B:A和B的相对补集。

11.1.4.81 符号双精度型

=(-2^{63}… $2^{63}-1$)

11.1.4.82 符号长整型

=(-2147483648 … +2147483647)

11.1.4.83 符号短整型

=(-32768 … +32767)

11.1.4.84 特殊对象代码

=[0001|0002|0003|0004]

代码的含义见第12章中的相关条目。

11.1.4.85 无符号长整型

=(0 … 4294967295)

11.1.4.86 无符号短整型

=(0 … 65535)

11.1.4.87 周代码

=(1 … 52)

11.1.4.88 月内周的代码

=(1 … 5)

11.1.4.89　**年代码**

=(1000 … 9999)

11.1.4.90　**+−**

=[+|−]

11.1.5　基础数据类型

这部分定义的“基础数据类型”不是“基本数据类型”，而是组合类型。由于它们经常在其他更复杂的数据类型中使用，所以在本节列出。

11.1.5.1　**属性值范围**

[

最大属性值	:符号长整型	11.1.4.82
最小属性值	:符号长整型	11.1.4.82

]

11.1.5.2　**二维坐标**

[

第一坐标	:符号长整型	11.1.4.82
第二坐标	:符号长整型	11.1.4.82

]

11.1.5.3　**三维坐标**

[

第一坐标	:符号长整型	11.1.4.82
第二坐标	:符号长整型	11.1.4.82
第三坐标	:符号长整型	11.1.4.82
	| NULL	11.1.4.56

]

11.1.5.4　**坐标列表**

=[三维坐标]*　　11.1.5.3

限制：

坐标列表中三维坐标的顺序是重要的，必须和边的中间点的拓扑顺序相同，并且必须和这些点组成的边的方向一致。

11.1.5.5　**国家代码列表**

=[国家代码]*　　11.1.4.50

11.1.5.6　**日期**

[

年	:集合 00-99	11.1.4.70
月	:月代码	11.1.4.52
日	:日代码	11.1.4.34

]

11.1.5.7　**日期/小时**

[

年	:年代码	11.1.4.89
月	:月代码	11.1.4.52
日	:日代码	11.1.4.34
时	:时代码	11.1.4.48

]

11.1.5.8 **自由文本**

=[字符]* 11.1.4.5

11.1.5.9 **语种代码列表**

:[语种代码]* 11.1.4.51

11.1.5.10 **月/小时**

[

月 :月代码 11.1.4.52

日 :日代码 11.1.4.34

时 :时代码 11.1.4.48

]

11.1.5.11 **地点名称**

[

国家 :国家代码 11.1.4.50

地点的名称 :自由文本 11.1.5.8

]

11.1.5.12 **地点名称列表**

:[地点名称]* 11.1.5.11

11.1.5.13 **短字符串**

=[字符]* 11.1.4.5

限制：

- 不允许存在左、右圆括号和空格字符；
- 短字符串的长度不能超过10个字符。

11.1.5.14 **文本结构**

[

语言 :语种代码 11.1.4.51

文本 :自由文本 11.1.5.8

]

11.1.5.15 **值域**

[

最小允许值 :符号双精度型 11.1.4.81

最大允许值 :符号双精度型 11.1.4.81

]

11.2 **册数据**

册包含由提供者建立的指定地理区域内的所有信息的集合。

一个册可以包含一个或多个数据集，每个数据集由数据集全局数据以及后面跟随的一个或多个图层组成，每个图层含有一个或多个分区。

详细情况见第10章。

册、数据集、图层、分区之间的关系用图128表述。

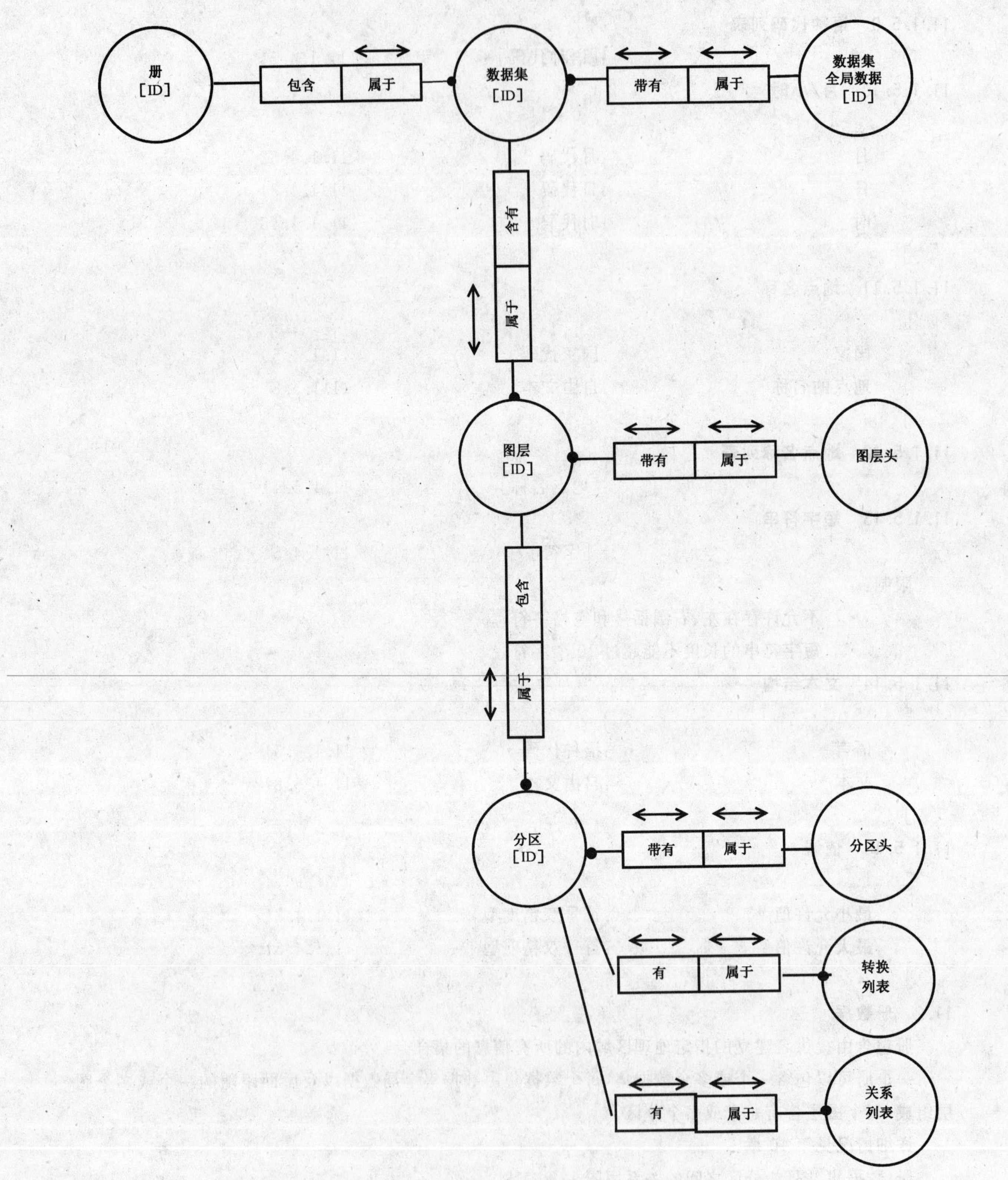

图 128　册、数据集、图层和分区之间的关系

11.2.1 **册**

[

全局册信息	:全局册信息	11.2.2
地方字符集定义	:地方字符集定义列表	11.2.3
数据集	:数据集列表	11.3.1

]

限制:

- 一个册至少包含一个数据集;
- 一个数据集必须确切的属于一个册。

11.2.2 **全局册信息**

[

册标识符	:无符号长整型	11.1.4.85
数据提供者名称	:自由文本	11.1.5.8
建立日期	:日期	11.1.5.6
版权日期	:日期	11.1.5.6
版权所有者	:自由文本	11.1.5.8

]

限制:

- 一个册至少包含一个数据集;
- 册标识符是一个册的标识符,必须在提供者提供的册的集合中惟一。

11.2.3 **地方字符集定义列表**

=[地方字符集定义]* 11.2.3.1

11.2.3.1 **地方字符集定义**

[

地方字符集标识符	:无符号短整型	11.1.4.86
机构代码	:国家代码	11.1.4.50
字符集代码表名称	:自由文本	11.1.5.8
字符集代码表版本号	:自由文本	11.1.5.8
地方字符开始编码	:双 1 字节字符	11.2.3.2
	| 单 2 字节字符	11.2.3.3
地方字符结束编码	:双 1 字节字符	11.2.3.2
	| 单 2 字节字符	11.2.3.3

]

限制:

- 字符集标识符是一个地方字符集的标识符,必须在册中惟一;
- 地方字符开始编码和地方字符结束编码,必须在册中惟一;
- 字符集标识符的数字表示范围,从 1 至 99。

11.2.3.2 双1字节字符

[

第一个字符	:字符	11.1.4.5
第二个字符	:字符	11.1.4.5

]

限制:

字符必须来自1字节字符集。

11.2.3.3 单2字节字符

= 字符　11.1.4.5

限制:

字符必须来自2字节字符集。

11.3 数据集数据

11.3.1 数据集列表

=[数据集]*　11.3.2

11.3.2 数据集

[

数据集全局数据	:数据集全局数据	11.3.3
注释	:自由文本	11.1.5.8
图层	:图层列表	11.4.1.1

]

11.3.3 数据集全局数据

每一个数据集以全局数据开始。

全局数据是正确解释数据集中的数据所必需的数据。

关于全局数据条款的更多的叙述见第10章。

数据集全局数据的构成见图129。

[

数据集头	:数据集头	11.3.4
数据字典	:数据字典	11.3.5
目录	:目录列表	11.3.6.1
空间范围	:空间范围列表	11.3.7.1
原始资料	:原始资料列表	11.3.8.1
默认属性值	:默认属性列表	11.3.9.1
网络规格	:网络规格列表	11.3.10.1
缩写	:缩写列表	11.3.11.1
行政结构定义	:行政结构定义列表	11.3.12.1
大地测量参数	:大地测量参数	11.3.13.1

]

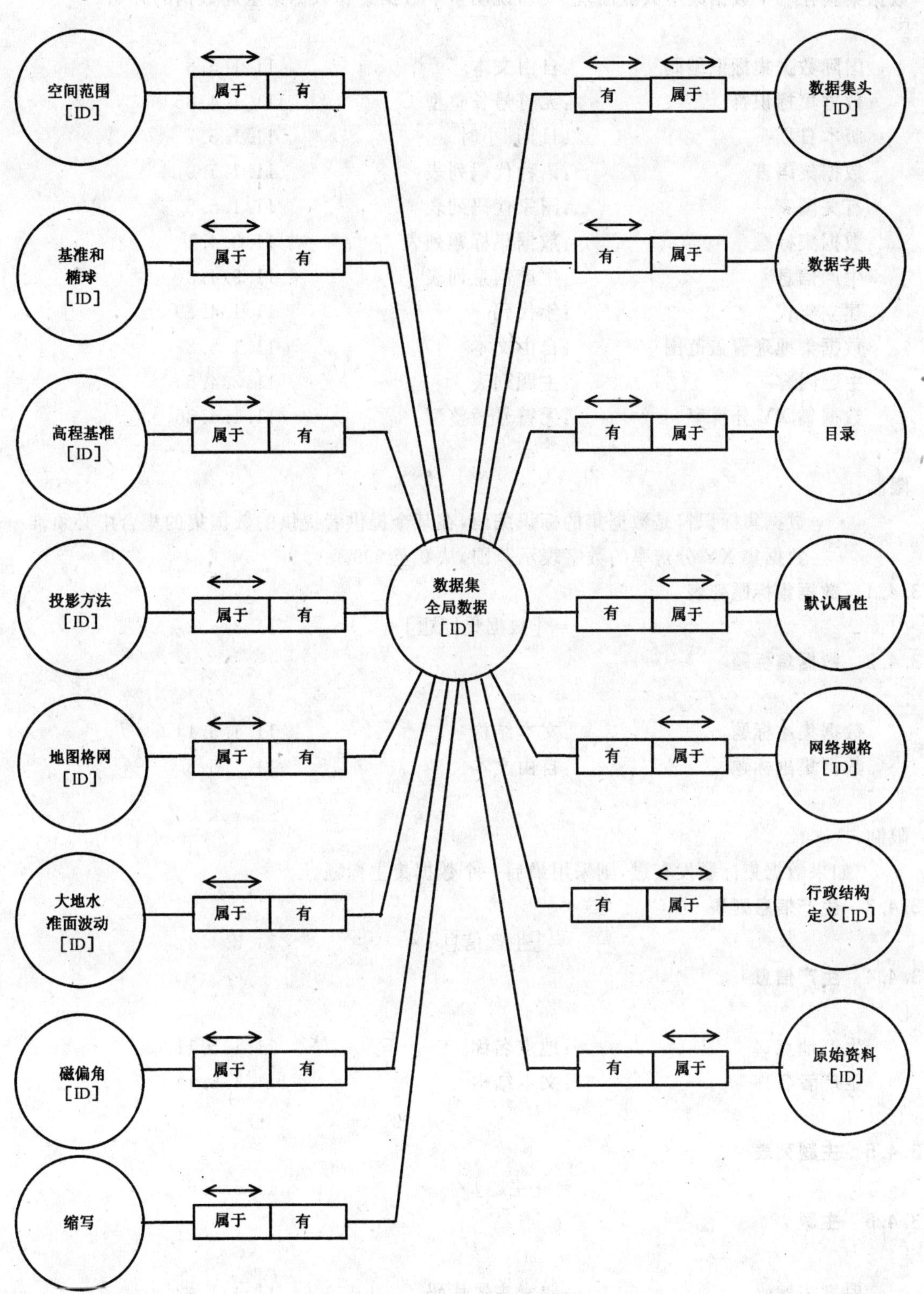

图 129　数据集全局数据的构成概貌

11.3.4 数据集头

数据集头在一个数据集中只能出现一次,说明整个数据集和数据集全局数据的开始。

[

国际数据集标识编码	:自由文本	11.1.5.8
数据集标识符	:无符号长整型	11.1.4.85
版本日期	:日期/小时	11.1.5.7
数据集语言	:语种代码列表	11.1.5.9
有关国家	:国家代码列表	11.1.5.5
数据集标题	:数据集标题列表	11.3.4.1
生产信息	:生产信息列表	11.3.4.3
建立年代	:年代码	11.1.4.89
数据集地理覆盖范围	:自由文本	11.1.5.8
主题内容	:主题列表	11.3.4.5
数据集 XY 分辨率	:无符号短整型	11.1.4.86

]

限制:

- 数据集标识符是数据集的标识编码,在某个提供者提供的数据集的集合中必须惟一;
- 数据集 XY 分辨率的数字表示范围,从 0 至 999。

11.3.4.1 数据集标题列表

= [数据集标题] * 11.3.4.2

11.3.4.2 数据集标题

[

数据集主标题	:文本结构	11.1.5.14
数据集副标题	:自由文本	11.1.5.8

]

限制:

如果数据集标题发布过,则采用最后一个数据集主标题。

11.3.4.3 生产信息列表

= [生产信息] * 11.3.4.4

11.3.4.4 生产信息

[

生产地点	:地点名称	11.1.5.11
生产者名称	:文本结构	11.1.5.14

]

11.3.4.5 主题列表

= [主题] * 11.3.4.6

11.3.4.6 主题

[

要素主题码	:要素主题代码	11.1.4.42
要素主题名称	:要素主题名称	11.1.4.43

]

11.3.5 数据字典

数据字典包括与实现和应用相关一系列文档,包括某一数据集中使用的字段和记录定义,以及要素、属性、属性值代码和关系的定义。

[

字段定义	:字段定义列表	11.3.5.1
记录定义	:记录定义列表	11.3.5.3
要素定义	:要素定义列表	11.3.5.6
属性定义	:属性定义列表	11.3.5.9
属性值定义	:属性值定义列表	11.3.5.12
关系定义	:关系定义列表	11.3.5.16

]

11.3.5.1 字段定义列表

=[字段定义]*	11.3.5.2

11.3.5.2 字段定义

[

字段名称	:短字符串	11.1.5.13
字段长度	:集合 0-99	11.1.4.78
数据类型	:数据类型代码	11.1.4.28
数据单位类型	:数据单位类型	11.1.4.30
数据单位代码	:数据单位代码	11.1.4.29
单位指数	:集合−9-9	11.1.4.66
无数据	:无数据标志	11.1.4.54
字段值域	:值域	11.1.5.15
字段用途	:字段用途	11.1.4.31
字段说明	:自由文本	11.1.5.8

]

限制：

- 字段名称是字段的标识符，在某个数据集的字段定义中必须惟一；
- 字段长度的数字表示范围，从1至99；
- 单位指数的数字表示范围，从−9至+9。

11.3.5.3 记录定义列表

=[记录定义]*	11.3.5.4

11.3.5.4 记录定义

[

记录类型/子类型码	:记录类型标识符	11.3.5.5
记录名称	:短字符串	11.1.5.13
字段名表	:范围(字段定义列表)	11.3.5.1
重复字段标志	:布尔值	11.1.4.4
记录类型描述	:自由文本	11.1.5.8

]

限制：

- 记录类型码和记录子类型码是一个记录类型的标识符，在某个数据集中必须惟一；
- 记录名称是一个记录类型或记录子类型的标识符，在某个数据集中必须惟一；
- 字段名称引用的字段必须属于和本记录类型相同的数据集。

11.3.5.5　**记录类型标识符**

[

记录类型码	:集合 00-99	11.1.4.70
记录子类型码	:集合 00-99	11.1.4.70
	| NULL	11.1.4.56

]

11.3.5.6　**要素定义列表**

=[要素定义]*　　11.3.5.7

11.3.5.7　**要素定义**

[

最大层次	:集合 1-99	11.1.4.78
要素分类码	:要素分类代码	11.1.4.40
要素分类名称	:要素分类名称列表	11.3.5.8
子要素分类	:要素分类代码列表	11.3.5.7.1
要素描述	:自由文本	11.1.5.8

]

11.3.5.7.1　**要素分类代码列表**

=[要素分类代码]*　　11.1.4.40

11.3.5.8　**要素分类名称列表**

=[文本结构]*　　11.1.5.14

限制:

文本结构中的自由文本成分应包含数据类型为"元素(要素分类名称)"的数据,见11.1.4.41。

11.3.5.9　**属性定义列表**

=[属性定义]*　　11.3.5.10

11.3.5.10　**属性定义**

[

属性类型码	:属性类型代码	11.1.4.1
属性类型名称	:属性类型名称列表	11.3.5.11
属性值数据类型	:数据类型代码	11.1.4.28
最大属性值宽度	:集合 1-11	11.1.4.77
数据单位类型	:数据单位类型	11.1.4.30
数据单位代码	:数据单位代码	11.1.4.29
单位指数	:集合－9-9	11.1.4.66
属性值范围	:属性值范围	11.1.5.1
属性描述	:自由文本	11.1.5.8

]

限制:

单位指数的数字表示范围,从－9至＋9。

11.3.5.11　**属性类型名称列表**

=[文本结构]*　　11.1.5.14

限制:

文本结构中的自由文本成分应包含数据类型为"元素(属性类型名称)"的数据,见11.1.4.2。

11.3.5.12　**属性值定义列表**

=[属性值定义]* 11.3.5.13

11.3.5.13 **属性值定义**

[

属性类型码 :属性类型代码 11.1.4.1

属性值列表 :属性值列表 11.3.5.14

]

11.3.5.14 **属性值列表**

=[属性值]* 11.3.5.15

11.3.5.15 **属性值**

[

属性值 :属性值代码 11.1.4.3

值描述 :文本结构 11.1.5.14

]

11.3.5.16 **关系定义列表**

=[关系定义]* 11.3.5.17

11.3.5.17 **关系定义**

[

关系类型码 :关系类型代码 11.1.4.60

关系类型名称 :关系类型名称列表 11.3.5.18

关系成员 :关系成员列表 11.3.5.19

关系类型描述 :自由文本 11.1.5.8

]

11.3.5.18 **关系类型名称列表**

=[文本结构]* 11.1.5.14

限制:

文本结构中的自由文本成分应包含数据类型为"元素(关系类型名称)"的数据,见11.1.4.61。

11.3.5.19 **关系成员列表**

=[关系成员]* 11.3.5.20

11.3.5.20 **关系成员**

[

要素分类码 :要素分类代码 11.1.4.40

重复标志 :布尔值 11.1.4.4

必须标志 :布尔值 11.1.4.4

]

11.3.6 **目录**

目录列出在某个数据集中存储的记录的数量,按照图层、分区和记录类型分类。

11.3.6.1 **目录列表**

=[目录]* 11.3.6.2

11.3.6.2　目录

[

卷标识符	:无符号短整型	11.1.4.86
图层标识符	:元素(图层列表)	11.4.1.1
分区标识符	:元素(分区列表)	11.4.2.1
记录类型/子类型码	:元素(记录定义列表)	11.3.5.3
记录数量	:无符号长整型	11.1.4.85

]

限制:

- 卷标识符代表的卷,应包含图层标识符代表的图层,卷标识符的数字表示范围,从1到9 999;
- 图层标识符代表的图层必须属于本目录所属的数据集;
- 分区标识符代表的分区必须属于前面图层标识符引用的图层;
- 记录类型/子类型码代表的记录类型必须属于和目录相同的数据集;
- 记录类型/子类型码引用的记录实例的集合必须属于前面分区标识符引用的分区;
- 记录数量有一个数字表示范围,最小为0,最大为99 999 999。

11.3.7　空间范围

本数据类型描述某个数据集的地理覆盖范围。详细描述见第10章。

11.3.7.1　空间范围列表

=[空间范围]*　　11.3.7.2

11.3.7.2　空间范围

[

分区标识符	:元素(分区列表)	11.4.2.1
最大纬度	:符号长整型	11.1.4.82
最小纬度	:符号长整型	11.1.4.82
最大经度	:符号长整型	11.1.4.82
最小经度	:符号长整型	11.1.4.82
区域名称	:自由文本	11.1.5.8

]

限制:

分区标识符引用的分区必须属于和空间范围相同的数据集。

11.3.8　原始资料

原始资料是一个关于建立数据集时使用的文档(记簿、报告、地图、航片等)的说明条款。更详细的描述见第10章。

11.3.8.1　原始资料列表

=[原始资料]*　　11.3.8.2

11.3.8.2 **原始资料**

[

描述层次	:集合 1-4	11.1.4.73
层次总数	:集合 1-4	11.1.4.73
原始资料描述标识符	:无符号短整型	11.1.4.86
父描述标识符	:元素(原始资料列表)	11.3.8.1
国家标准图书编号	:自由文本	11.1.5.8
国家标准序列号	:自由文本	11.1.5.8
文档语言	:语种代码列表	11.1.5.9
有关国家	:国家代码列表	11.1.5.5
测量年代	:年代码	11.1.4.89
测量日期	:月/小时	11.1.5.10
作者名称	:自由文本	11.1.5.8
地图比例尺	:地图比例尺列表	11.3.8.3
文档标题	:文档标题列表	11.3.8.4
文档卷名	:文档卷名列表	11.3.8.6
版本编号	:自由文本	11.1.5.8
印次编号	:自由文本	11.1.5.8
出版年代	:年代码	11.1.4.89
出版地点	:地点名称列表	11.1.5.12
出版者名称	:自由文本	11.1.5.8
发行年代	:年代码	11.1.4.89
发行地点	:地点名称列表	11.1.5.12
发行者名称	:自由文本	11.1.5.8
主文档联系	:主文档联系	11.3.8.8
外业数据采集状况	:外业数据采集状况	11.3.8.9

]

限制:

- 原始资料描述标识符是原始资料文档描述的标识符,在某一数据集中惟一;
- 父描述标识符引用的原始资料文档,必须和原始资料描述标识符引用的原始资料在同一个数据集中。

11.3.8.3 **地图比例尺列表**

=[无符号长整型]* 11.1.4.85

11.3.8.4 **文档标题列表**

=[文档标题]* 11.3.8.5

11.3.8.5 **文档标题**

[

文档标题	:文本结构	11.1.5.14
概略注释	:自由文本	11.1.5.8

]

11.3.8.6 **文档卷名列表**

=[文档卷名]* 11.3.8.7

11.3.8.7 **文档卷名**

[

文档卷名语言	:语种代码	11.1.4.51
文档卷名文本	:文本结构	11.1.5.14

]

11.3.8.8 **主文档联系**

[

主文档描述标识符	:元素(原始资料列表)	11.3.8.1
联系类型	:联系类型代码	11.1.4.59
开始页	:无符号短整型	11.1.4.86
结束页	:无符号短整型	11.1.4.86
概略注释	:自由文本	11.1.5.8

]

限制:

主文档描述标识符引用的原始资料文档,必须和主文档联系涉及的原始资料在同一个数据集中。

11.3.8.9 **外业数据采集状况**

[

外业数据采集开始日期	:日期	11.1.5.6
外业数据采集结束日期	:日期	11.1.5.6
概略注释	:自由文本	11.1.5.8

]

11.3.9 **默认属性**

默认属性提供一种方法,分配一个特定的属性值给一个要素的集合,而不是单个要素。它声明一个特定值作为属性的默认值,以便在要素实例的属性不存在时采用该默认值。

默认属性只允许在下述条件下使用:必须完全清楚该属性和哪些要素分类有关,和哪些无关;该属性能够适用于给定种类的要素的所有实例;该属性必须完全依据相关要素的采集经验而制定。

11.3.9.1 **默认属性列表**

	=[默认属性]*	11.3.9.2

11.3.9.2 **默认属性**

[

属性类型	:属性类型代码	11.1.4.1
属性值	:属性值代码	11.1.4.3
	| NULL	11.1.4.56

]

11.3.10 **道路网络规格**

11.3.10.1 **道路网络规格列表**

	=[道路网络规格]*	11.3.10.2

11.3.10.2 **道路网络规格**

[

道路网络标识符	:无符号短整型	11.1.4.86
路网完整层次	:集合 0-9	11.1.4.65
路网完整层次描述	:自由文本	11.1.5.8

]

11.3.11 缩写

11.3.11.1 缩写列表

	=[缩写]*	11.3.11.2

11.3.11.2 缩写

[

语种代码	:语种代码	11.1.4.51
缩写短语	:自由文本	11.1.5.8
缩写全称	:自由文本	11.1.5.8

]

11.3.12 行政结构定义

11.3.12.1 行政结构定义列表

	=[行政结构定义]*	11.3.12.2

11.3.12.2 行政结构定义

[

行政结构标识符	:无符号短整型	11.1.4.86
行政结构名称	:文本结构	11.1.5.14
行政区划要素分类码	:要素分类代码	11.1.4.40
行政区划本地名称	:行政区划名称列表	11.3.12.3

]

限制：

行政结构定义标识符有一个数字表示范围，最小为1，最大为9 999。

11.3.12.3 行政区划名称列表

	=[文本结构]*	11.1.5.14

11.3.13 大地测量参数

大地测量参数包括有关测量条款的综合信息，例如，基准、椭球体、投影方法和格网系统等，还包含正确解释数据度量所必需的资料。

更详细的描述见第10章。

11.3.13.1 大地测量参数

[

大地测量基准面	:基准列表	11.3.13.2.1
正常高高程参考	:高程基准列表	11.3.13.3.1
投影方法	:投影类型列表	11.3.13.4.1
国家地图格网	:地图格网列表	11.3.13.5.1
磁偏角	:磁偏角列表	11.3.13.7.1

]

11.3.13.2 大地测量基准面

11.3.13.2.1 基准列表

	=[大地测量基准面]*	11.3.13.2.2

11.3.13.2.2 大地测量基准面

[

基准描述标识符	:无符号短整型	11.1.4.86
基准名称	:基准名称	11.1.4.33
基准代码	:基准代码	11.1.4.32
参考椭球体	:椭球体	11.3.13.2.4

]

限制：

基准描述标识符是基准的标识符，必须在数据集中惟一。

11.3.13.2.3 **椭球体**

[

长半径	:无符号长整型	11.1.4.85
短半径	:无符号长整型	11.1.4.85
椭球体	:椭球体代码	11.1.4.38
注释	:自由文本	11.1.5.8

]

11.3.13.3 **高程基准**

11.3.13.3.1 **高程基准列表**

	:[高程基准]*	11.3.13.3.2

11.3.13.3.2 **高程基准**

[

高程基准描述标识符	:无符号短整型	11.1.4.86
有关国家	:国家代码	11.1.4.50
高程基准名称	:高程基准名称	11.1.4.47
高程基准代码	:高程基准代码	11.1.4.46

]

限制：

- 高程基准描述标识符是高程基准的标识符，必须在数据集中惟一；
- 有关国家和高程基准名称的组合，是高程基准的标识符，必须在指定的数据集中惟一。

11.3.13.4 **投影方法**

11.3.13.4.1 **投影类型列表**

	:[投影类型]*	11.3.13.4.2

11.3.13.4.2 **投影类型**

[

投影描述标识符	:无符号短整型	11.1.4.86
投影类型代码	:投影类型代码	11.1.4.58
投影参数	:投影参数	11.3.13.4.3
投影类型描述	:自由文本	11.1.5.8

]

限制：

投影描述标识符是一个投影的标识符，必须在指定的数据集中惟一。

11.3.13.4.3 **投影参数**

[

第一纬度参数	:符号长整型	11.1.4.82
	| NULL	11.1.4.56
第一经度参数	:符号长整型	11.1.4.82
	| NULL	11.1.4.56
第二纬度参数	:符号长整型	11.1.4.82
	| NULL	11.1.4.56
第二经度参数	:符号长整型	11.1.4.82
	| NULL	11.1.4.56
第三纬度参数	:符号长整型	11.1.4.82
	| NULL	11.1.4.56
第三经度参数	:符号长整型	11.1.4.82
	| NULL	11.1.4.56
长度比	:符号短整型	11.1.4.83

]

11.3.13.5 国家地图格网

11.3.13.5.1 地图格网列表

:[地图格网]* 11.3.13.5.2

11.3.13.5.2 地图格网

[

格网描述标识符	:符号短整型	11.1.4.83
格网轴方向	:布尔值	11.1.4.4
辅助格网原点	:二维坐标	11.1.5.2
地图格网原点	:二维坐标	11.1.5.2
格网旋转	:符号长整型	11.1.4.82
格网名称	:格网名称	11.1.4.45
格网代码	:格网代码	11.1.4.44

]

限制:

格网描述标识符是一个地图格网描述的标识符,必须在地图格网列表中惟一。

11.3.13.6 磁偏角

11.3.13.6.1 磁偏角列表

:[磁偏角参考]* 11.3.13.7.2

11.3.13.6.2 磁偏角参考

[

磁偏角描述标识符	:无符号短整型	11.1.4.86
参照点位置	:二维坐标	11.1.5.2
有效日期	:日期	11.1.5.6
磁偏角	:符号短整型	11.1.4.83
年变	:符号短整型	11.1.4.83
水平磁场强度	:无符号短整型	11.1.4.86
垂直磁场强度	:无符号短整型	11.1.4.86

]

限制：

磁偏角描述标识符是磁偏角描述的标识符，必须在数据集中惟一。

11.4 图层和分区数据

一个数据集分为一个或多个图层，每个图层再细分为一个或多个分区。典型的划分按地理界线进行。

图 130 表明了图层、分区和图元之间的关系。

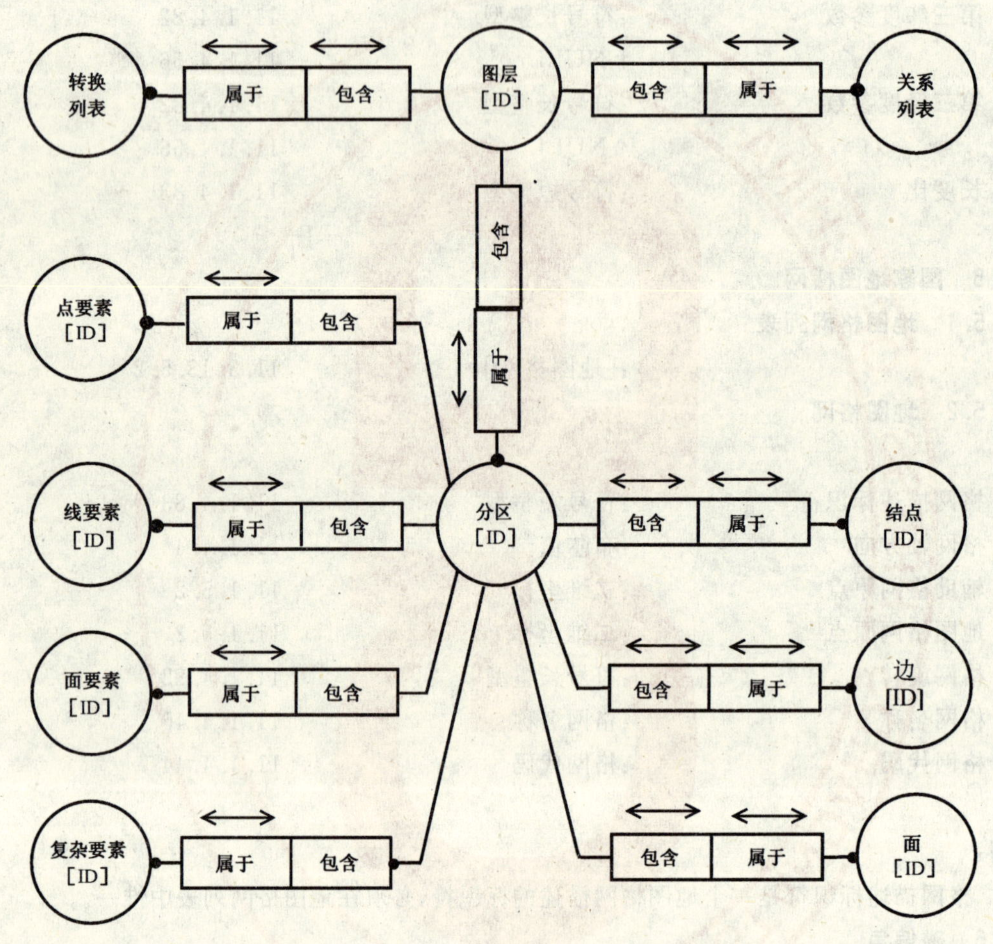

图 130 图层、分区和图元之间的关系

11.4.1 图层

11.4.1.1 图层列表

	=[图层]*	11.4.1.2

11.4.1.2 图层

[

图层头	:图层头	11.4.1.3
注释	:自由文本	11.1.5.8
分区	:分区列表	11.4.2.1

]

11.4.1.3 图层头

[

图层标识符	:无符号短整型	11.1.4.86
网络拓扑	:集合 1-3	11.1.4.72
高度层引用	:集合 0-3	11.1.4.64
图层 XY 分辨率	:无符号短整型	11.1.4.83
主题内容	:主题代码列表	11.4.1.4

]

限制：

- 图层标识符是一个图层的标识符，必须在指定的数据集中惟一；
- XY 分辨率有一个数字表示范围，最小为 0，最大为 999。

11.4.1.4 主题代码列表

	:[要素主题代码]*	11.1.4.42

11.4.2 分区

11.4.2.1 分区列表

	=[分区]*	11.4.2.2

11.4.2.2 分区

[

分区头	:分区头	11.4.2.3
更新信息	:更新信息列表	11.5.1.1
结点	:结点列表	11.4.3.1
边	:边列表	11.4.4.1
面	:面列表	11.4.5.1
点要素	:点要素列表	11.4.9.1
线要素	:线要素列表	11.4.10.1
面要素	:面要素列表	11.4.11.1
复杂要素	:复杂要素列表	11.4.12.1
关系	:关系列表	11.7.1
属性	:属性组列表	11.4.8.4
文本	:文本列表	11.4.6.1
时间域	:时间域列表	11.4.7.1
转换	:转换列表	11.6.1
对象引用	:对象引用列表	11.4.13.1
注释	:自由文本	11.1.5.8

]

11.4.2.3 分区头

[

分区标识符	:无符号长整型	11.1.4.85
分区地理覆盖范围	:自由文本	11.1.5.8
分区 XY 分辨率	:无符号短整型	11.1.4.83
道路网络标识符	:元素(道路网络规格列表)	11.3.10.1
原始资料描述标识符	:范围(原始资料列表)	11.3.8.1
基准描述标识符	:元素(基准列表)	11.3.13.2.1
平面坐标类型	:布尔值	11.1.4.4
投影描述标识符	:元素(投影类型列表)	11.3.13.4.1
格网描述标识符	:元素(地图格网列表)	11.3.13.5.1
磁偏角描述标识符	:范围(磁偏角列表)	11.3.13.7.1
高程坐标类型	:布尔值	11.1.4.4
高程基准描述标识符	:元素(高程基准列表)	11.3.13.3.1
XY 乘数因子	:符号短整型	11.1.4.83
Z 乘数因子	:符号短整型	11.1.4.83
XYZ 偏移量	:三维坐标	11.1.5.3
最大 XY	:二维坐标	11.1.5.2
最小 XY	:二维坐标	11.1.5.2
XY 控制点	:XY 控制点列表	11.4.2.4
Z 控制点	:Z 控制点列表	11.4.2.6
更新信息格式	:更新信息时间标志格式	11.4.2.8

]

限制：

- 分区标识符是一个分区的标识符,它必须在指定的图层中惟一；
- 原始资料描述标识符引用的数据资料,必须属于和分区相同的数据集；
- 基准描述标识符引用的大地测量基准面,必须属于和分区相同的数据集；
- 投影描述标识符引用的投影,必须属于和分区相同的数据集；
- 格网描述标识符引用的地图格网,必须属于和分区相同的数据集；
- 磁偏角描述标识符引用的磁偏角值,必须属于和分区相同的数据集；
- 高程基准描述标识符引用的正常高参考系统,必须属于和分区相同的数据集；
- XY 乘数因子和 Z 乘数因子有一个数字表示范围,最小为−9,最大为+9；
- 分区 XY 分辨率有一个数字表示范围,最小为 0,最大为 999。

11.4.2.4 XY 控制点列表

:[XY 控制点]*	11.4.2.5

11.4.2.5 XY 控制点

[

点名	:自由文本	11.1.5.8
X 数字化值	:符号双精度型	11.1.4.81
Y 数字化值	:符号双精度型	11.1.4.81
X 测量值	:符号双精度型	11.1.4.81
Y 测量值	:符号双精度型	11.1.4.81

]

限制：

点名是一个控制点的标识符,它必须在指定的分区中惟一。

11.4.2.6 **Z控制点列表**

:[Z控制点]* 11.4.2.7

11.4.2.7 **Z控制点**

[

点名	:自由文本	11.1.5.8
XY坐标	:二维坐标	11.1.5.2
Z数字化值	:符号长整型	11.1.4.82
Z测量值	:符号长整型	11.1.4.82

]

限制:

点名是一个控制点的标识符,它必须在指定的分区中惟一。

11.4.2.8 **更新信息时间标志格式**

[

年组件	:年组件	11.4.2.13
	| NULL	11.1.4.56
月组件	:月组件	11.4.2.11
	| NULL	11.1.4.56
日组件	:日组件	11.4.2.9
	| NULL	11.1.4.56
时组件	:时组件	11.4.2.15
	| NULL	11.1.4.56
分组件	:分组件	11.4.2.17
	| NULL	11.1.4.56
秒组件	:秒组件	11.4.2.19
	| NULL	11.1.4.56

]

限制:

最后一个时间组件不能是NULL。

11.4.2.9 **日组件**

[

日占位符	:日占位符	11.4.2.10
分隔符	:字符_:	11.1.4.6

]

11.4.2.10 **日占位符**

=[字符_d]* 11.1.4.14

11.4.2.11 **月组件**

[

月占位符	:月占位符	11.4.2.12
分隔符	:字符_:	11.1.4.6

]

11.4.2.12 **月占位符**

=[字符_M]* 11.1.4.19

11.4.2.13 **年组件**

[

年占位符	:年占位符	11.4.2.14
分隔符	:字符__:	11.1.4.6

]

11.4.2.14 **年占位符**

=[字符__y]* 11.1.4.23

11.4.2.15 **时组件** *

[

时占位符	:时占位符	11.4.2.16
分隔符	:字符__:	11.1.4.6

]

11.4.2.16 **时占位符**

=[字符__h]* 11.1.4.16

11.4.2.17 **分组件**

[

分占位符	:分占位符	11.4.2.18
分隔符	:字符__:	11.1.4.6

]

11.4.2.18 **分占位符**

=[字符__n]* 11.1.4.20

11.4.2.19 **秒组件**

[

秒占位符	:秒占位符	11.4.2.20
分隔符	:字符__:	11.1.4.6

]

11.4.2.20 **秒占位符**

=[字符__s]* 11.1.4.21

11.4.3 **结点**

11.4.3.1 **结点列表**

=[结点]* 11.4.3.2

11.4.3.2 **结点**

[

结点标识符	:无符号长整型	11.1.4.85
原始资料描述标识符	:元素(原始资料列表)	11.3.8.1
结点所在面	:元素(面列表)	11.4.5.1
	| NULL	11.1.4.56
结点状态	:结点状态	11.1.4.55
结点坐标	:三维坐标	11.1.5.3

]

限制:

- 结点标识符是一个结点的标识,它必须在所在的分区中惟一;
- 结点所在面引用的面,必须属于和结点相同的分区。

11.4.4 **边**

11.4.4.1 **边列表**

=[边]＊ 11.4.4.2

11.4.4.2 **边**

[

边标识符	:无符号长整型	11.1.4.85
原始资料描述标识符	:元素(原始资料列表)	11.3.8.1
首结点标识符	:元素(结点列表)	11.4.3.1
末结点标识符	:元素(结点列表)	11.4.3.1
左面标识符	:元素(面列表)	11.4.5.1
右面标识符	:元素(面列表)	11.4.5.1
边状态	:边状态	11.1.4.37
中间点	:坐标列表	11.1.5.4

]

限制:

- 边标识符是一个边的标识,必须在所在的分区中惟一;
- 首、末结点标识符引用的结点,必须和相应边在同一分区;
- 左面标识符和右面标识符引用的面,必须和相应边在同一分区。

11.4.5 **面**

11.4.5.1 **面列表**

=[面]＊ 11.4.5.2

11.4.5.2 **面**

[

面标识符	:无符号长整型	11.1.4.85
原始资料描述标识符	:元素(原始资料列表)	11.3.8.1
界限边	:界限边列表	11.4.5.3

]

限制:

面标识符是一个面的标识符,必须在所在的分区中惟一。

11.4.5.3 **界限边列表**

=[界限边]＊ 11.4.5.4

11.4.5.4 **界限边**

[

边标识符	:元素(边列表)	11.4.4.1
边方向	:布尔值	11.1.4.4

]

限制:

边标识符引用的边,必须和引用该边的面在同一分区。

11.4.6 **文本**

11.4.6.1 **文本列表**

=[文本]＊ 11.4.6.2

11.4.6.2 **文本**

[

文本标识符	:无符号长整型	11.1.4.85
原始资料描述标识符	:元素(原始资料列表)	11.3.8.1
文本	:文本结构	11.1.5.14

]

限制:

- 文本标识符是一个文本的标识符,必须在所在的分区中惟一;
- 原始资料描述标识符引用的数据原始资料,必须和文本在同一个数据集中。

11.4.7 时间域

本节中的日期结构描述,提供了表示任何复杂时间周期的方法。更详细的说明见附录C。

11.4.7.1 时间域列表

	=[时间域]*	11.4.7.2

11.4.7.2 时间域

[

时间域标识符	:无符号长整型	11.1.4.85
原始资料描述标识符	:无符号长整型	11.1.4.85
时间域描述	:复合时间域	11.4.7.3
	| 基本时间域	11.4.7.4

]

限制:

- 时间域标识符是一个时间域的标识符,必须在所在的分区中惟一;
- 原始资料描述标识符表示的数据原始资料,必须和时间域在同一个数据集中。

11.4.7.3 复合时间域

[

时间域描述	:复合时间域	11.4.7.3
	| 基本时间域	11.4.7.4
集合操作符	:集合操作符	11.1.4.80
时间域描述	:复合时间域	11.4.7.3
	| 基本时间域	11.4.7.4

]

11.4.7.4 基本时间域

[

开方括号	:字符__[	11.1.4.7
开始日期	:开始日期条款	11.4.7.5
	| NULL	11.1.4.56
持续时间	:持续时间条款	11.4.7.25
	| NULL	11.1.4.56
闭方括号	:字符__]	11.1.4.8

]

限制:

开始时间和持续时间不能同时为NULL。

11.4.7.5 开始日期条款

[

开圆括号	:字符__(	11.1.4.9
开始日期	:开始日期	11.4.7.6
闭圆括号	:字符__)	11.1.4.10

]

11.4.7.6 **开始日期**

[

年	:年标签	11.4.7.7
	| NULL	11.1.4.56
子年	:子年开始日期	11.4.7.8
	| NULL	11.1.4.56

]

11.4.7.7 **年标签**

[

年指示符	:字符__y	11.1.4.23
年	:年代码	11.1.4.89

]

限制:

这个类型中字段被连接。

11.4.7.8 **子年开始日期**

[

子年日期	:开始日期的年内月	11.4.7.9
	| 开始日期的年内周	11.4.7.11

]

11.4.7.9 **开始日期的年内月**

[

年内月	:年内月标签	11.4.7.10
	| NULL	11.1.4.56
日	:开始日期日	11.4.7.14
	| NULL	11.1.4.56
时间	:开始日期时间	11.4.7.19
	| NULL	11.1.4.56
模糊开始日期	:模糊开始列表	11.4.7.23
	| NULL	11.1.4.56

]

11.4.7.10 **年内月标签**

[

年内月指示符	:字符__M	11.1.4.19
年内月	:年内月代码	11.1.4.53

]

限制:

这个类型中字段被连接。

11.4.7.11 **开始日期的年内周**

[

年内周 :年内周标签 11.4.7.12
| NULL 11.1.4.56
周内日 :周内日标签 11.1.7.13
| NULL 11.1.4.56
时间 :开始日期时间 11.4.7.19
| NULL 11.1.4.56
模糊开始日期 :模糊开始列表 11.4.7.23
| NULL 11.1.4.56
]

11.4.7.12 **年内周标签**

[
年内周指示符 :字符__W 11.1.4.25
年内周 :周代码 11.1.4.87
]

限制:

在这个类型中字段被连接。

11.4.7.13 **周内日标签**

[
周内日指示符 :字符__t 11.1.4.22
周内日 :周内日代码 11.1.4.36
]

限制:

在这个类型中字段被连接。

11.4.7.14 **开始日期日**

[
日 :月内日标签 11.4.7.15
| 周内日标签 11.4.7.13
| 向前的月内周内日标签 11.4.7.17
| 向后的月内周内日标签 11.4.7.18
| NULL 11.1.4.56
]

限制:

文字和它们后面的数字之间没有空格。

11.4.7.15 **月内日标签**

[
月内日指示符 :字符__d 11.1.4.14
月内日 :月内日代码 11.1.4.35
]

限制:

在这个类型中字段被连接。

11.4.7.16 **周内日标签**

[
周内日指示符 :字符__t 11.1.4.22
周内日 :周内日代码 11.1.4.36

]

限制：

在这个类型中字段被连接。

11.4.7.17　向前的月内周内日标签

[

向前的月内周内日指示符	:字符__f	11.1.4.15
月内周	:集合 1-5	11.1.4.74
周内日	:周内日代码	11.1.4.36

]

限制：

在这个类型中字段被连接。

11.4.7.18　向后的月内周内日标签

[

向后的月内周内日指示符	:字符__l	11.1.4.17
月内周	:集合 1-5	11.1.4.74
周内日	:周内日代码	11.1.4.36

]

限制：

在这个类型中字段被连接。

11.4.7.19　开始日期时间

[

日内时	:日内时标签	11.4.7.20
	| NULL	11.1.4.56
时内分	:时内分标签	11.4.7.21
	| NULL	11.1.4.56
分内秒	:分内秒标签	11.4.7.22
	| NULL	11.1.4.56

]

限制：

在这个类型中字段被连接。

11.4.7.20　日内时标签

[

日内时指示符	:字符__h	11.1.4.16
日内时	:日内时代码	11.1.4.49

]

限制：

在这个类型中字段被连接。

11.4.7.21　时内分标签

[

时内分指示符	:字符__m	11.1.4.18
时内分	:集合 0-59	11.1.4.68

]

限制：

在这个类型中字段被连接。

11.4.7.22 **分内秒标签**

[

分内秒指示符	:字符__s	11.1.4.21
分内秒	:集合 0-59	11.1.4.68

]

限制：

在这个类型中字段被连接。

11.4.7.23 **模糊开始列表**

[

	:[模糊开始日期]*	11.4.7.24

]

11.4.7.24 **模糊开始日期**

[

模糊指示符	:字符__z	11.1.4.26
开始模糊值	:集合 0-49	11.1.4.67

]

限制：

在这个类型中字段被连接。

11.4.7.25 **持续时间条款**

[

开花括号	:字符__{	11.1.4.11
持续时间	:持续时间	11.4.7.26
闭花括号	:字符__}	11.1.4.12

]

11.4.7.26 **持续时间**

[

年数字	:年数字标签	11.4.7.27
	| NULL	11.1.4.56
月数字	:月数字标签	11.4.7.28
	| NULL	11.1.4.56
周数字	:周数字标签	11.4.7.29
	| NULL	11.1.4.56
日数字	:日数字标签	11.4.7.30
	| NULL	11.1.4.56
时数字	:时数字标签	11.4.7.31
	| NULL	11.1.4.56
分数字	:分数字标签	11.4.7.32
	| NULL	11.1.4.56
秒数字	:秒数字标签	11.4.7.33
	| NULL	11.1.4.56
模糊持续时间	:模糊持续时间列表	11.4.7.34
	| NULL	11.1.4.56

]

限制：

这个类型中的当前字段被连接。

11.4.7.27 **年数字标签**

[

年数字指示符 :字符_y 11.1.4.23

年 :集合 1-99 11.1.4.78

]

限制：

在这个类型中字段被连接。

11.4.7.28 **月数字标签**

[

月数字指示符 :字符_M 11.1.4.19

月 :集合 1-99 11.1.4.78

]

限制：

在这个类型中字段被连接。

11.4.7.29 **周数字标签**

[

周数字指示符 :字符_w 11.1.4.24

周 :集合 1-99 11.1.4.78

]

限制：

在这个类型中字段被连接。

11.4.7.30 **日数字标签**

[

日数字指示符 :字符_d 11.1.4.14

日 :集合 1-99 11.1.4.78

]

限制：

在这个类型中字段被连接。

11.4.7.31 **时数字标签**

[

时数字指示符 :字符_h 11.1.4.16

时 :集合 1-99 11.1.4.78

]

限制：

在这个类型中字段被连接。

11.4.7.32 **分数字标签**

[

分数字指示符 :字符_m 11.1.4.18

分 :集合 1-99 11.1.4.78

]

限制：

在这个类型中字段被连接。

11.4.7.33 **秒数字标签**

[

秒数字指示符	:字符__s	11.1.4.21
秒	:集合 1-99	11.1.4.78

]

限制：

在这个类型中字段被连接。

11.4.7.34 **模糊持续时间列表**

[

	:[模糊持续时间]*	11.4.7.35

]

11.4.7.35 **模糊持续时间**

[

模糊指示符	:字符__z	11.1.4.26
持续时间模糊值	:集合 50-99	11.1.4.79

]

限制：

在这个类型中字段被连接。

11.4.8 **属性**

11.4.8.1 **属性 ID 组列表**

	=[属性 ID 组]*	11.4.8.3

11.4.8.2 **属性 ID 组**

[

属性组标识符	:无符号长整型	11.1.4.85

]

限制：

属性组标识符是一个属性组的标识符，必须在所在的分区中惟一。

11.4.8.3 **属性组列表**

	=[属性组]*	11.4.8.5

11.4.8.4 **属性组**

[

属性组标识符	:无符号长整型	11.1.4.85
开始曲线位置	:无符号长整型	11.1.4.85
结束曲线位置	:无符号长整型	11.1.4.85
曲线位置类型	:曲线位置类型	11.1.4.27
分段方向	:分段方向	11.1.4.62
属性	:元素(属性列表)	11.4.8.6

]

限制：

- 属性组标识符是一个属性组的标识符，必须在所在的分区中惟一；
- 开始曲线位置和结束曲线位置有一个数字范围，最小为 0，最大为 99 999 999。

11.4.8.5 属性列表

	=[属性]*	11.4.8.7

11.4.8.6 属性

	=复合属性	11.4.8.8
	| 简单属性	11.4.8.9

11.4.8.7 复合属性

[

子属性	:属性列表	11.4.8.6

]

11.4.8.8 简单属性

[

左圆括号数	:集合 0-9	11.1.4.65
属性类型码	:元素(属性定义列表)	11.3.5.9
原始资料描述标识符	:元素(原始资料列表)	11.3.8.1
属性值	:元素(属性值列表)	11.3.5.14
	| 元素(文本列表)	11.4.6.1
	| 元素(时间域列表)	11.4.7.1
	| 短字符串	11.1.5.13
右圆括号数	:集合 0-9	11.1.4.65

]

限制：

- 原始资料描述标识符引用的数据原始资料，必须和属性在同一个数据集中；
- 属性值引用的文本或时间域，必须和属性在同一个分区中。

11.4.9 点要素

11.4.9.1 点要素列表

	=[点要素]*	11.4.9.2

11.4.9.2 点要素

[

点要素标识符	:无符号长整型	11.1.4.85
原始资料描述标识符	:元素(原始资料列表)	11.3.8.1
道路网络标识符	:元素(道路网络规格列表)	11.3.10.1
要素分类码	:元素(要素定义列表)	11.3.5.6
属性组标识符	:范围(属性 ID 组列表)	11.4.8.1
结点标识符	:元素(结点列表)	11.4.3.1
	| NULL	11.1.4.56
点坐标	:三维坐标	11.1.5.3
	| NULL	11.1.4.56

]

限制：

- 点要素标识符是点要素的标识符,必须在所在的分区中惟一;
- 原始资料描述标识符引用的数据原始资料,必须和本点要素在同一个数据集中;
- 结点标识符引用的结点,必须和本点要素在同一分区中;
- 属性组标识符引用的属性 ID 组,必须和本点要素在同一分区中;
- 结点标识符和点坐标互相排斥(两者取其一)。

11.4.10 线要素

11.4.10.1 线要素列表

=[线要素]* 11.4.10.2

11.4.10.2 线要素

[

线要素标识符	:无符号长整型	11.1.4.85
原始资料描述标识符	:元素(原始资料列表)	11.3.8.1
道路网络标识符	:元素(道路网络规格列表)	11.3.10.1
要素分类码	:元素(要素定义列表)	11.3.5.6
分割指示	:布尔值	11.1.4.4
首点要素标识符	:元素(点要素列表)	11.4.9.1
末点要素标识符	:元素(点要素列表)	11.4.9.1
边引用	:边引用列表	11.4.10.3
末结点高度	:集合—9-9	11.1.4.66
属性组标识符	:范围(属性 ID 组列表)	11.4.8.1
折线坐标	:坐标列表	11.1.5.4

]

限制:

- 线要素标识符是一个线要素的标识符,必须在所在的分区中惟一;
- 属性组标识符引用的属性组,必须和线要素在同一分区中;
- 首、末点要素标识符引用的点要素,必须和线要素在同一分区中;
- 边引用和折线坐标互相排斥(两者取其一)。

11.4.10.3 边引用列表

=[边引用]* 11.4.10.4

11.4.10.4 边引用

[

首结点高度	:集合—9-9	11.1.4.66
中间点高度	:集合—9-9	11.1.4.66
边标识符	:元素(边列表)	11.4.4.1
线要素方向	:布尔值	11.1.4.4

]

限制:

边标识符引用的边,必须和该边对应的线要素在同一分区中。

11.4.11 面要素

11.4.11.1 面要素列表

=[面要素]* 11.4.11.2

11.4.11.2 **面要素**

[

面要素标识符	:无符号长整型	11.1.4.85
原始资料描述标识符	:元素(原始资料列表)	11.3.8.1
道路网络标识符	:元素(道路网络规格列表)	11.3.10.1
要素分类码	:元素(要素定义列表)	11.3.5.6
分割指示	:布尔值	11.1.4.4
属性组标识符	:范围(属性 ID 组列表)	11.4.8.1
面标识符	:范围(面列表)	11.4.5.1
边引用	:边界边列表	11.4.11.3
多边形坐标	:坐标列表	11.1.5.4

]

限制:

- 面要素标识符是一个面要素的标识符,必须在所在的分区中惟一;
- 面标识符引用的面,必须和对应的面要素在同一图层中;
- 属性组标识符引用的属性组,必须和相应的面要素在同一图层中;
- 面标识符、边引用和多边形坐标之间互相排斥(只取其一)。

11.4.11.3 **边界边列表**

=[边界边]* 11.4.11.4

11.4.11.4 **边界边**

[

边标识符	:元素(边列表)	11.4.4.1
边方向	:布尔值	11.1.4.4

]

限制:

边标识符引用的边,必须和该边对应的面要素在同一分区中。

11.4.12 **复杂要素**

11.4.12.1 **复杂要素列表**

=[复杂要素]* 11.4.12.2

11.4.12.2 **复杂要素**

[

复杂要素标识符	:无符号长整型	11.1.4.85
原始资料描述标识符	:元素(原始资料列表)	11.3.8.1
道路网络标识符	:元素(道路网络规格列表)	11.3.10.1
要素分类码	:元素(要素定义列表)	11.3.5.6
复杂分割指示	:集合 0-2	11.1.4.63
复合要素	:复合要素列表	11.4.12.3
属性组标识符	:范围(属性 ID 组列表)	11.4.8.1
首复杂要素	:元素(复杂要素列表)	11.4.12.1
末复杂要素	:元素(复杂要素列表)	11.4.12.1

]

限制:

- 复杂要素标识符是一个复杂要素的标识符,必须在所在的分区中惟一;
- 属性组标识符引用的属性组,必须和本复杂要素在同一分区中;
- 首复杂要素和末复杂要素引用的复杂要素,必须和本复杂要素在同一分区中。

11.4.12.3 复合要素列表

	=[复合要素]*	11.4.12.4

11.4.12.4 复合要素

[

要素表达类型	:要素表达类型	11.1.4.39
要素标识符	:元素(点要素列表)	11.4.9.1
	| 元素(线要素列表)	11.4.10.1
	| 元素(面要素列表)	11.4.11.1
	| 元素(复杂要素列表)	11.4.12.1

]

限制:

要素标识符引用的要素,必须和相应的复杂要素在同一分区中。

11.4.13 对象引用

11.4.13.1 对象引用列表

	=[对象引用信息] *	11.4.13.2

11.4.13.2 对象引用信息

[

对象引用标识符	:无符号长整型	11.1.4.85
记录类型码	:元素(记录定义列表)	11.3.5.3
引用对象记录标识符	:元素(结点列表)	11.4.3.1
	| 元素(边列表)	11.4.4.1
	| 元素(面列表)	11.4.5.1
	| 元素(点要素列表)	11.4.9.1
	| 元素(线要素列表)	11.4.10.1
	| 元素(面要素列表)	11.4.11.1
	| 元素(复杂要素列表)	11.4.12.1
	| 元素(关系列表)	11.7.1
	| 元素(属性 ID 组列表)	11.4.8.1
	| 元素(文本列表)	11.4.6.1
	| 元素(时间域列表)	11.4.7.1
对象引用类型	:字符 A-Z	11.1.4.13
数据类型	:数据类型代码	11.1.4.28
对象引用长度	:无符号短整型	11.1.4.86
对象引用	:自由文本	11.1.5.8

]

限制:

- 对象引用标识符是一个对象引用信息的标识符,必须在分区中惟一;
- 引用对象记录标识符引用的对象,必须和本对象引用在同一个分区中;

• 数据类型只能为类型 N、A、G 和 L。

11.5 更新信息

11.5.1.1 更新信息列表

=[几何图形更新信息 11.5.1.2

| 对象更新信息 11.5.1.3

| 对象属性更新信息]* 11.5.1.4

11.5.1.2 几何图形更新信息

[

产品周期	:集合 00-99	11.1.4.70
几何表达类型	:集合 1-6	11.1.4.75
几何记录标识符	:元素(结点列表)	11.4.3.1
	| 元素(边列表)	11.4.4.1
	| 元素(面列表)	11.4.5.1
	| 元素(点要素列表)	11.4.9.1
	| 元素(线要素列表)	11.4.10.1
	| 元素(面要素列表)	11.4.11.1
操作种类	:集合 0-3	11.1.4.64
操作时间标志	:自由文本	11.1.5.8

]

限制：

操作时间标志的长度，不能超过 20 个图形字符(来自 GB/T 15273.1—1994 字符集)。

11.5.1.3 对象更新信息

[

产品周期	:集合 00-99	11.1.4.70
对象表达类型	:集合 1-8	11.1.4.76
对象记录标识符	:元素(点要素列表)	11.4.9.1
	| 元素(线要素列表)	11.4.10.1
	| 元素(面要素列表)	11.4.11.1
	| 元素(复杂要素列表)	11.4.12.1
	| 元素(关系列表)	11.7.1
	| 元素(文本列表)	11.4.6.1
	| 元素(时间域列表)	11.4.7.1
对象代码	:元素(要素定义列表)	11.3.5.6
	| 元素(特殊对象代码)	11.1.4.84
操作种类	:集合 0-3	11.1.4.64
操作时间标志	:自由文本	11.1.5.8

]

限制：

操作时间标志的长度，不能超过 20 个图形字符(来自 GB/T 15273.1—1994 字符集)。

11.5.1.4 对象属性更新信息

[

产品周期	:集合 00-99	11.1.4.70
对象表达类型	:集合 1-8	11.1.4.76
对象记录标识符	:元素(点要素列表)	11.4.9.1
	| 元素(线要素列表)	11.4.10.1
	| 元素(面要素列表)	11.4.11.1
	| 元素(复杂要素列表)	11.4.12.1
	| 元素(关系列表)	11.7.1
	| 元素(文本列表)	11.4.6.1
	| 元素(时间域列表)	11.4.7.1
对象代码	:元素(要素定义列表)	11.3.5.6
	| 元素(特殊对象代码)	11.1.4.84
操作种类	:集合 0-3	11.1.4.64
操作时间标志	:自由文本	11.1.5.8
属性更新列表	:属性更新列表	11.5.1.5

]

限制:

操作时间标志的长度,不能超过 20 个图形字符(来自 GB/T 15273.1—1994 字符集)。

11.5.1.5 属性更新列表

=[属性更新] * 11.5.1.6

11.5.1.6 属性更新

[

左圆括号数	:集合 0-9	11.1.4.65
属性类型码	:元素(属性定义列表)	11.3.5.9
属性值	:元素(属性值列表)	11.3.5.14
	| 元素(文本列表)	11.4.6.1
	| 元素(时间域列表)	11.4.7.1
	| 短字符串	11.1.5.13
右圆括号数	:集合 0-9	11.1.4.65

]

限制:

属性值涉及的文本或时间域必须属于和属性相同的分区。

11.6 转换数据

本节描述的数据结构,使属于不同分区的要素能够交叉访问。如果要素 A 在某个分区 X 的外部,而它和分区 X 内部的要素 B 有关联,要素 A 就可以被转换到分区 X。即要素接收一个要素标识符,该标识符已经在(对方所在的分区中的)标识符集合中被赋值。

11.6.1 转换列表

:[转换] * 11.6.2

11.6.2 **转换**

[

数据集标识符	:元素(数据集列表)	11.3.1
图层标识符	:元素(图层列表)	11.4.1.1
分区标识符	:元素(分区列表)	11.4.2.1
要素表达类型	:要素表达类型	11.1.4.39
外部要素标识符	:元素(点要素列表)	11.4.9.1
	| 元素(线要素列表)	11.4.10.1
	| 元素(面要素列表)	11.4.11.1
	| 元素(复杂要素列表)	11.4.12.1
要素表达类型	:要素表达类型	11.1.4.39
内部要素标识符	:元素(点要素列表)	11.4.9.1
	| 元素(线要素列表)	11.4.10.1
	| 元素(面要素列表)	11.4.11.1
	| 元素(复杂要素列表)	11.4.12.1

]

限制:

- 数据集标识符表示的数据集,必须属于和要素相同的册;
- 图层标识符表示的图层,必须属于前述数据集标识符表示的数据集;
- 分区标识符表示的分区,必须属于前述图层标识符表示的图层;
- 要素标识符表示的要素,必须属丁前述分区标识符表示的分区。

11.7 **关系数据**

本节定义的数据结构用于描述属性之间,以及要素之间的关系。

11.7.1 **关系列表**

:[关系]* 11.7.2

11.7.2 **关系**

[

关系标识符	:无符号长整型	11.1.4.85
关系代码	:元素(关系定义列表)	11.3.5.16
原始资料描述标识符	:元素(原始资料列表)	11.3.8.1
关系成员	:成员列表	11.7.3
属性组标识符	:范围(属性 ID 组列表)	11.4.8.1

]

限制:

- 关系标识符是一个关系实例的标识符,它必须在指定的分区中惟一;
- 原始资料描述标识符引用的原始资料文件,必须属于和关系相同的数据集;
- 属性组标识符引用的属性组,必须属于和关系相同的分区。

11.7.3 **成员列表**

:[成员]* 11.7.4

11.7.4 **成员**

[

要素表达类型　　:要素表达类型　　11.1.4.39
数据集标识符　　:元素(数据集列表)　　11.3.1
图层标识符　　:元素(图层列表)　　11.4.1.1
分区标识符　　:元素(分区列表)　　11.4.2.1
要素标识符　　:元素(点要素列表)　　11.4.9.1
| 元素(线要素列表)　　11.4.10.1
| 元素(面要素列表)　　11.4.11.1
| 元素(复杂要素列表)　　11.4.12.1

]

限制:

要素标识符引用的要素,必须属于和关系相同的数据集。

12 介质记录定义

12.1 概述

12.1.1 引言

本节介绍地理数据文件交换格式说明的一些基本概念。

12.1.2 逻辑记录

可以作为一个逻辑单位的连续数据字段组。逻辑记录的长度可变,它可以包含一个或多个介质记录,逻辑记录的开始和结束由记录类型和延长标志确定。

12.1.3 介质记录

连续的数据字段组的名称,地理数据格式的介质记录长度为 81 或 82 个字符,用一个或两个控制字符表示记录终止。

每个介质记录用一个记录类型码开始,用一个回车符(CR)、换行符(LF)或这两个控制字符的组合结束,用哪一种作为结束,由提供者和使用者商定。

＜CR＞和＜LF＞字符在 GB/T 15273.1—1994 中分别用位组 00/13 和 00/10 表示。

12.1.4 后续记录

用于表示逻辑记录中超过 80 个字符的部分的介质记录,后续记录的记录类型码为两个 0 字符。

12.1.5 无效记录

用于填充一个块的介质记录,这个记录的前两个位置(存储记录类型码)将含有两个空格字符(2/0码)。

12.1.6 变长和固定长字段

大多数的字段为固定长,只有文本字段的长度可变。给定文本内容的实际字段的长度,由后跟空格字符的最后一个位置决定(代码 2/0)。

所有固定长字段的长度用字节数表示,任何变长字段的长度用 * 指示。

固定长字段不能分割。当某个字段不适合介质记录 X 时,该字段延续到下一个介质记录(用后续记录,见 12.1.4)。

相反,在实际文本内容超过一个介质记录的长度时,变长字段可以分割,以便跨越多个介质记录。

12.1.7 重复字段

重复字段是在某个记录中有多个连续实例的字段。

记录中的重复字段出现的数量可变,每个重复字段前有一个字段计数器,指出逻辑记录中后续字段重复的次数。

在记录类型格式说明中(12.6～12.7),一个重复字段用字段名前加竖线(|)的方法表示。

12.1.8 重复字段组

两个或两个以上重复字段的序列，这些字段构成一组，可以一起重复。

重复组前也有一个字段计数器，这个计数器属于重复组，指定该逻辑记录中重复组的重复次数。

在记录格式说明中(12.6～12.7)，用字段前面加竖线(|)的方法表示重复字段组。

12.1.9 填充

从完整字段的结尾到位置80之间的未被使用的字符位置，用空格字符(2/0码)填满，然后写入延长标志和商定的结束控制字符。

12.1.10 数据类型

字段中包含的字符可以是不同的数据类型。关于某个字段可以包含的字符的数据类型，在记录说明中指定(见12.6～12.7)。数据类型定义在元数据定义中说明，并且在整个地理数据文件中是一致的。其中数据类型L是一个例外，它允许使用GB/T 15273.1—1994不包含的本地字符集。

12.1.11 字符集(Character Set)

对于除数据类型L外的所有字段，本标准都支持使用GB/T 15273.1—1994。

数据类型L含有1个或2个字节的字符，这些字符来自在地方字符集定义记录(ALBHDREC.02)中指定的外部定义的字符集。为了引用外部字符集，需要规定“地方字符开始代码”和“地方字符结束代码”。用它们指出开始使用地方字符集字符，以及结束使用地方字符集之后再使用GB/T 15273.1—1994字符集。“地方字符开始代码”和“地方字符结束代码”在地方字符集定义记录中设定。

用作“地方字符开始代码”的第一个字节的字符，在地理数据文件中不能用于任何其他用途；用作“地方字符结束代码”的字符，在地方字符集中也不能用于任何其他用途。

12.1.12 对齐

数值(数据类型I或N的字段)应右对齐，文字和数字(数据类型为A、G、L和AN的字段)应左对齐，类型I或N的字段前面不用的位置填空格字符。

12.1.13 记录顺序

图144显示每一个册由册头记录中的卷头子记录开始，由卷尾记录结束。

卷头记录后紧跟数据集头记录，它是数据集记录组中的第一个记录(因为它含有用于整个数据集的通用数据)，该记录组在一个数据集中只有一个。如果一个数据集分布在多个卷中，该记录组应位于第一个卷中。

出现数据集头记录说明一个数据集的开始，数据集用下一个数据集头记录或一个卷尾标志等于0(册中的最后一个卷)的卷尾记录结束。

除数据集头记录外，数据集记录的顺序不做要求，但建议按照一个标准的顺序排列，例如，按图144中推荐的顺序排列。

数据集记录后紧跟图层头记录，出现第一个图层头记录说明第一个图层开始，出现不同的图层标识符的图层头记录或一个卷尾标志等于0(册中的最后一个卷)的卷尾记录时，该图层结束。

如果分区逻辑上连接到下一个卷，应重复相应的分区头记录。

图层头记录后紧跟分区头记录，该记录说明一个新分区的开始。出现另一个分区头记录时说明该分区结束。

在一个图层头记录、卷尾记录或数据集头记录出现时，图层的最后一个分区结束。

地理数据文件中包含更新信息时，分区头记录后紧跟1个或多个更新信息记录，每个更新信息记录可能带有文本记录和时间域记录。更新信息记录后跟随数据记录。地理数据文件中不包含更新信息时，分区头记录后面直接跟随数据记录。数据记录组内的记录顺序不作要求，但最好按照统一的标准和方法排列，例如图131推荐的顺序：先是所有结点记录，然后是所有边记录等。

册层次	数据集层次	图层层次	分区层次
册头记录			
注释记录 *			
	[		
	数据集头记录		
	字段定义记录 *		
	记录定义记录 *		
	属性定义记录 *		
	要素定义记录 *		
	关系定义记录 *		
	属性值定义记录 *		
	目录记录 *		
	空间范围记录 *		
	原始资料记录 *		
	默认属性值记录 *		
	缩写记录 *		
	基准和椭球体记录 *		
	高程基准记录 *		
	投影记录 *		
	地图格网记录 *		
	地球磁场记录 *		
	道路网络规格记录 *		
	行政结构定义记录 *		
	注释记录 *		
		[	
		图层头记录	
		注释记录 *	
			[
			分区头记录
			[
			更新信息记录
			文本记录
			时间域记录
			] *
			结点记录 *
			边记录 *

图 131　记录顺序

册层次	数据集层次	图层层次	分区层次
			面记录 *
			点要素记录 *
			线要素记录 *
			面要素记录 *
			复杂要素记录 *
			关系记录 *
			属性记录 *
			文本记录 *
			时间域记录 *
			转换记录 *
			对象引用 *
			注释记录 *
			]*
		]*	
	]*		
卷尾记录			

*表示该记录可以在组中重复。

图 131(续)

12.1.14 子记录顺序

一些记录被分为若干子记录，这种情况涉及到册头记录、数据集头记录、原始资料记录、分区头记录和更新信息记录。

子记录实例在它们所属的记录中按照后面规定的顺序排列。

星(*)表示该记录或记录组可以重复。

12.1.14.1 册头记录

[

卷头子记录 *

地方字符集定义子记录 *

全局册信息子记录

]

“全局册信息子记录”在每个卷中重复。

12.1.14.2 数据集头记录

[

数据集标识子记录

[

数据集主标题子记录

数据集副标题子记录

]*

数据集生产子记录 *

数据集适用范围子记录

数据集内容子记录 *

数据集 XY 分辨率子记录

]

12.1.14.3 **原始资料记录**

[

描述信息子记录

ISBN 和测量子记录

作者名称子记录

比例尺和标题子记录 *

文档卷名子记录 *

版本和印次子记录

出版者子记录 *

发行者子记录 *

主文档联系子记录

外业数据采集子记录

]

12.1.14.4 **分区头记录**

[

分区标识子记录

分区 XY 分辨率子记录

道路网络规格子记录

原始资料引用子记录

基准和地磁子记录

正常高引用子记录

分区边界子记录

XY 控制点子记录 *

Z 控制点子记录 *

]

12.1.14.5 **更新信息记录**

[

几何图形信息更新信息子记录

对象更新信息子记录

对象属性更新信息子记录

]

12.1.15 **数据记录间的连接**

概念数据模型(见第 5 章)的实体间的关系,除某些特殊情况外,可以用数据记录之间的指针实现。给每一种记录类型规定一个字段,里面含有访问该记录使用的惟一的标识符。此外,每一种记录类型还可以有一个或多个字段,包含指向其他要引用的记录的指针。非拓扑要素没有与结点、边和面的关联,在这种情况下,没有结点记录、边记录或面记录,把要素坐标直接存储在要素记录中。

拓扑类型不同,记录之间关联的指针也不同。图 132、图 133 和图 134 显示了对于不同的拓扑模型,这些记录之间的连接方法。

图 135 和图 136 显示了和要素有关的其他指针。

图 137、图 138 和图 139 说明记录中的指针字段和它的角色。含有本记录标识符的字段用一个空

心点表示,用于引用其他记录的字段用一个非空心点表示。

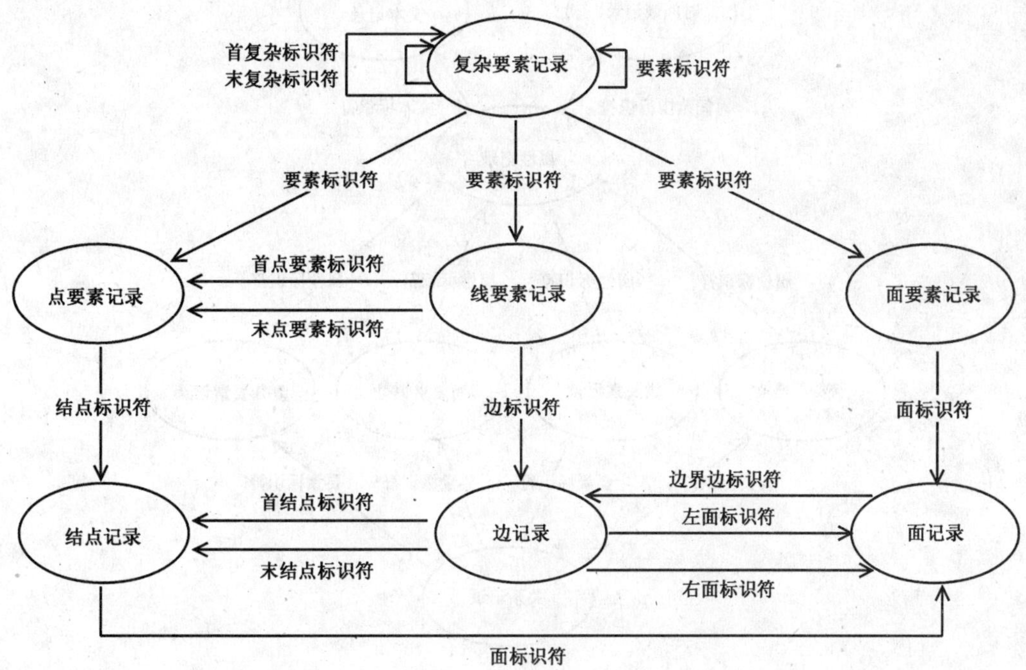

图 132 完全拓扑模型中要素和拓扑图元记录的指向关系

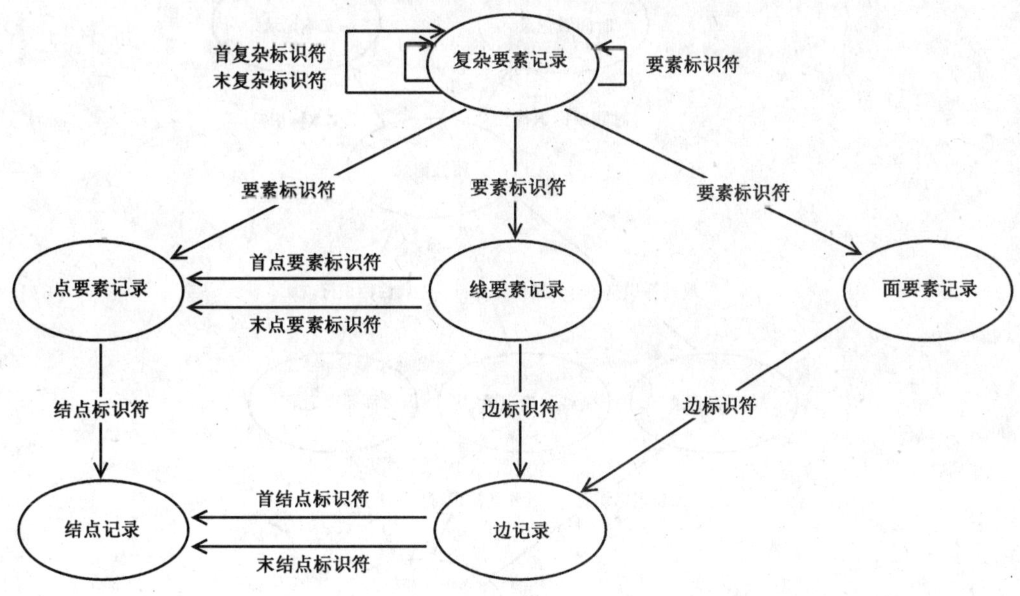

图 133 连通拓扑模型中要素和拓扑图元记录的指向关系

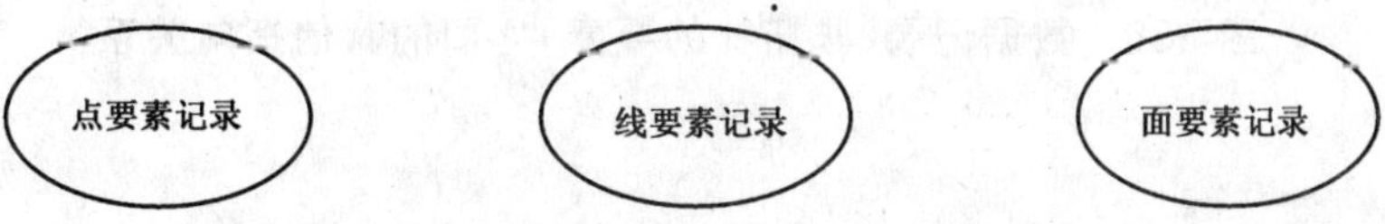

图 134 非拓扑模型中要素的指向关系

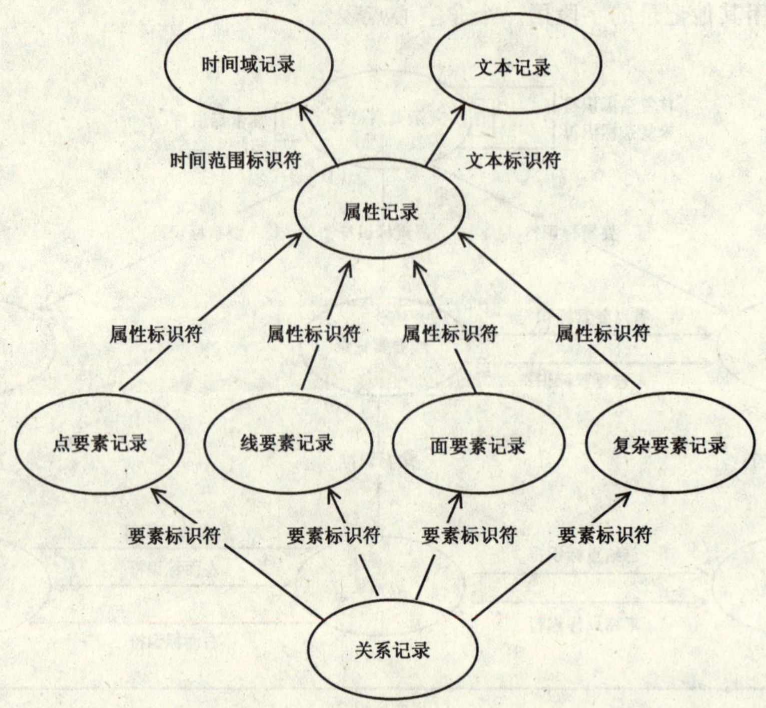

图 135　数据记录(拓扑的要素)之间的其他指向关系

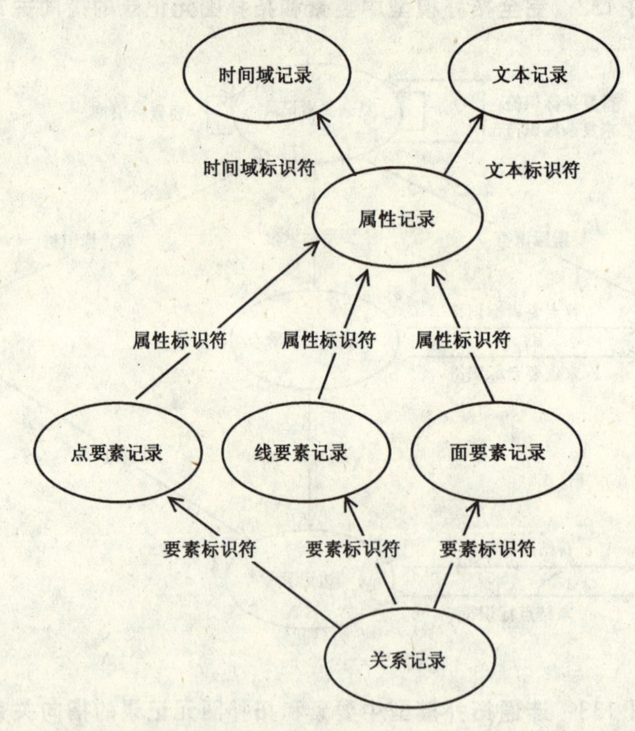

图 136　数据记录(非拓扑的要素)之间的其他指向关系

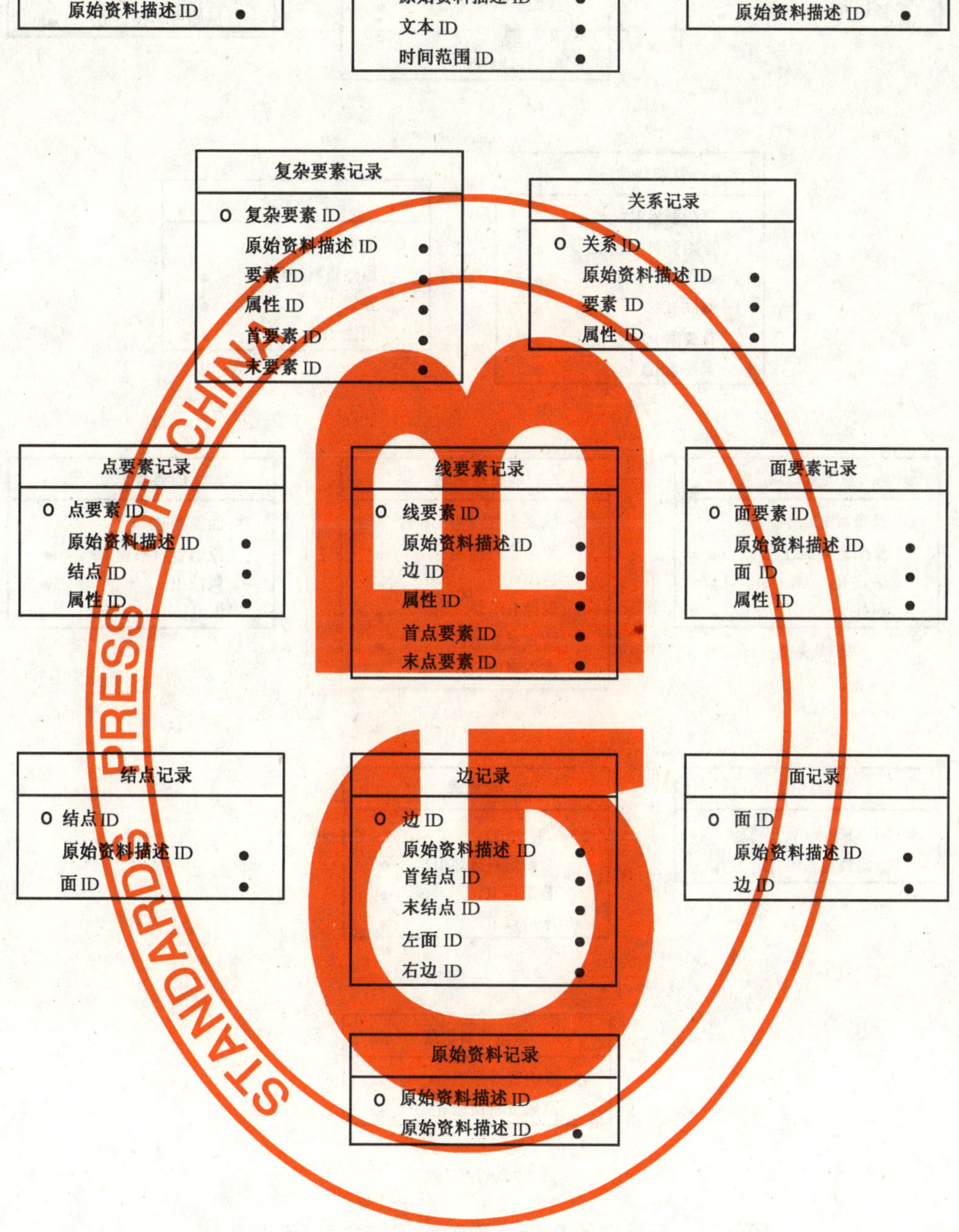

图 137 记录中的指针字段和它们的角色(完全拓扑)

时间域记录	
O 时间域 ID	
原始资料描述 ID	●

属性记录	
O 属性 ID	
原始资料描述 ID	●
文本 ID	●
时间范围 ID	●

文本记录	
O 文本 ID	
原始资料描述 ID	●

复杂要素记录	
O 复杂要素 ID	
原始资料描述 ID	●
要素 ID	●
属性 ID	●
首要素 ID	●
末要素 ID	●

关系记录	
O 关系 ID	
原始资料描述 ID	●
要素 ID	●
属性 ID	●

点要素记录	
O 点要素 ID	
原始资料描述 ID	●
结点 ID	●
属性 ID	●

线要素记录	
O 线要素 ID	
原始资料描述 ID	●
边 ID	●
属性 ID	●
首点要素 ID	●
末点要素 ID	●

面要素记录	
O 面要素 ID	
原始资料描述 ID	●
属性 ID	●
边 ID	●

结点记录	
O 结点 ID	
原始资料描述 ID	●

边记录	
O 边 ID	
原始资料描述 ID	●
首结点 ID	●
末结点 ID	●

原始资料记录	
O 原始资料描述 ID	
原始资料描述 ID	●

图 138 记录中的指针字段和它们的角色(连通拓扑)

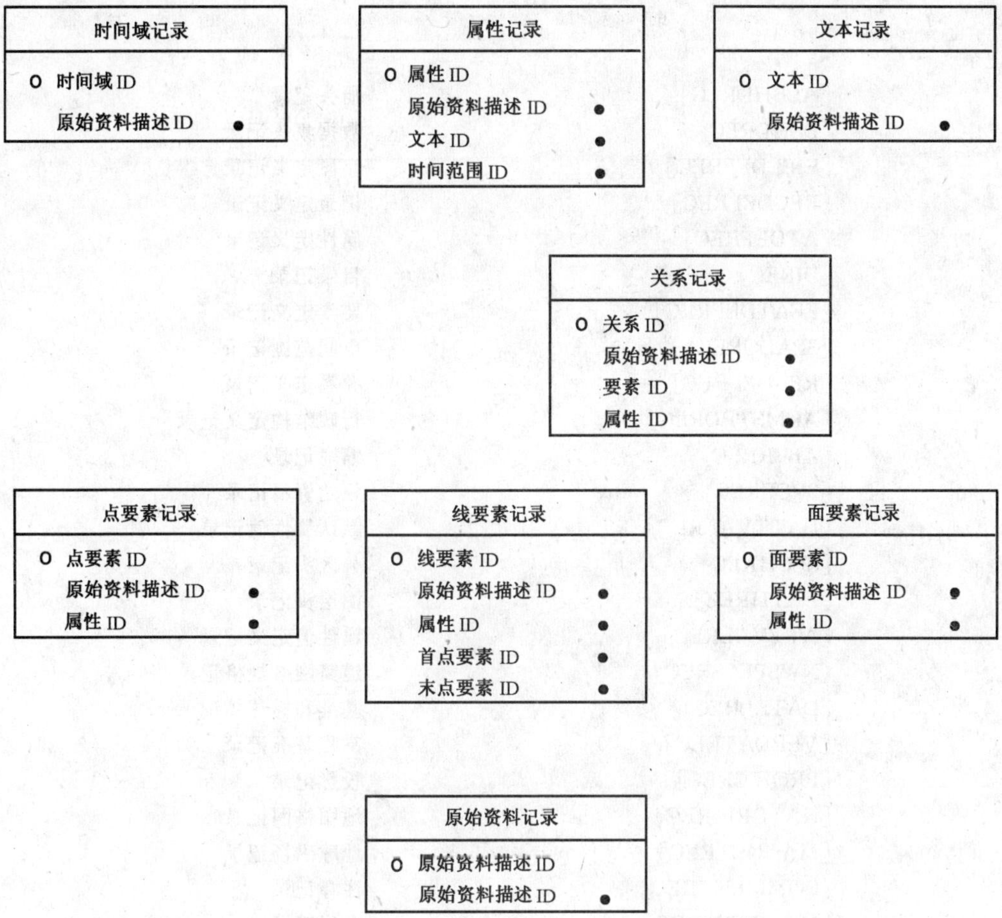

时间域记录
o 时间域 ID
原始资料描述 ID ●

属性记录
o 属性 ID
原始资料描述 ID ●
文本 ID ●
时间范围 ID ●

文本记录
o 文本 ID
原始资料描述 ID ●

关系记录
o 关系 ID
原始资料描述 ID ●
要素 ID ●
属性 ID ●

点要素记录
o 点要素 ID
原始资料描述 ID ●
属性 ID ●

线要素记录
o 线要素 ID
原始资料描述 ID ●
属性 ID ●
首点要素 ID ●
末点要素 ID ●

面要素记录
o 面要素 ID
原始资料描述 ID ●
属性 ID ●

原始资料记录
o 原始资料描述 ID
原始资料描述 ID ●

图 139 记录中的指针字段和它们的角色(非拓扑)

12.2 字段说明

12.2.1 字段名称

字段名称是一个字段的标识符,它在地理数据格式的字段定义中惟一。

12.2.2 记录控制字段

12.2.2.1 引言

某些字段用于记录控制,它们包括记录类型码、记录子类型码、延长标识和字段计数器。

下面的条目描述用于记录控制的字段。

12.2.2.2 记录类型码

记录类型码是一个两字符(节)字段,位于每一个逻辑记录和介质记录的开始。它含有一个数字代码,用于指明记录的记录类型。

记录类型码确定如表 9。

表 9

代 码	助 记 名	记 录 全 名
<SS>	[NULLREC]	无效记录
00	[CONTREC]	后续记录

<SS> 代表两个连续的空格字符。

表 9(续)

代码	助记名	记录全名
全局记录		
01	[ALBHDREC]	册头记录
02	[DSHDREC]	数据集头记录
03	[FIELDEFREC]	字段定义记录
04	[RECDEFREC]	记录定义记录
05	[ATDEFREC]	属性定义记录
06	[DIREC]	目录记录
07	[FEATDEFREC]	要素定义记录
08	[SPADOREC]	空间范围记录
09	[RELDEFREC]	关系定义记录
10	[ADMSTRDREC]	行政结构定义记录
13	[ABBRREC]	缩写记录
14	[SRCEREC]	原始资料记录
15	[DATTVALREC]	默认属性值记录
16	[SECHREC]	分区头记录
17	[LAYHREC]	图层头记录
18	[ATTVALREC]	属性值定义记录
19	[NWSPECSREC]	道路网络规格记录
61	[DATELREC]	基准和椭球体记录
62	[VERDATREC]	高程基准记录
63	[PROJECREC]	投影记录
64	[NATGRIDREC]	地图格网记录
66	[MAGNETREC]	地球磁场记录
90	[COMMENTREC]	注释记录
99	[VOLTERMREC]	卷尾记录
数据记录		
24	[EDGEREC]	边记录
25	[NODEREC]	结点记录
29	[FACEREC]	面记录
41	[TEXTREC]	文本记录
44	[ATTREC]	属性记录
45	[TIMEREC]	时间域记录
46	[CONVERTREC]	转换记录
50	[RELATREC]	关系记录
51	[POFEREC]	点要素记录
52	[LINFREC]	线要素记录
53	[ARFEREC]	面要素记录
54	[COMPFEREC]	复杂要素记录
83	[OBJREFREC]	对象引用记录
更新信息记录		
89	[UPDINFREC]	更新记录

12.2.2.3 记录子类型码

一个记录类型可以用子类型码的方式细分为100个不同的子类型,该字段有两个位置的长度,能够填入数字00到99。

表10定义记录的子类型,它涉及册头记录、数据集头记录、原始资料记录、分区头记录和更新信息记录。

表 10

记录码	子记录码	助记名	记录全名
册头记录			
01	01	[ALBHDREC.01]	卷头子记录
01	02	[ALBHDREC.02]	地方字符集定义子记录
01	03	[ALBHDREC.03]	全局册信息子记录
数据集头记录			
02	01	[DSHDREC.01]	数据集标识子记录
02	02	[DSHDREC.02]	数据集主标题子记录
02	03	[DSHDREC.03]	数据集副标题子记录
02	04	[DSHDREC.04]	数据集生产子记录
02	05	[DSHDREC.05]	数据集适用范围子记录
02	06	[DSHDREC.06]	数据集内容子记录
02	07	[DSHDREC.07]	数据集 XY 分辨率子记录
原始资料记录			
14	01	[SRCEREC.01]	描述信息子记录
14	02	[SRCEREC.02]	ISBN 和测量子记录
14	03	[SRCEREC.03]	作者名称子记录
14	04	[SRCEREC.04]	比例尺和标题子记录
14	05	[SRCEREC.05]	文档卷名子记录
14	06	[SRCEREC.06]	版本和印次子记录
14	07	[SRCEREC.07]	出版者子记录
14	08	[SRCEREC.08]	发行者子记录
14	09	[SRCEREC.09]	主文档联系子记录
14	10	[SRCEREC.09]	外业数据采集子记录
分区头记录			
16	01	[SECHREC.01]	分区标识子记录
16	02	[SECHREC.02]	分区 XY 分辨率子记录
16	03	[SECHREC.03]	道路网络规格子记录
16	04	[SECHREC.04]	原始资料子记录
16	05	[SECHREC.05]	基准和磁场子记录
16	06	[SECHREC.06]	正常高引用子记录
16	07	[SECHREC.07]	分区边界子记录
16	08	[SECHREC.08]	XY 控制点子记录
16	09	[SECHREC.09]	Z 控制点子记录
更新信息记录			
89	01	[UPDINFREC.01]	几何图形更新信息子记录
89	02	[UPDINFREC.02]	对象更新信息子记录
89	03	[UPDINFREC.03]	对象属性更新信息子记录

12.2.2.4 延长标志

延长标志是一个字符的字段，位于每一个介质记录的结尾，它存在于除卷尾记录以外的所有记录中，功能是表示一个介质和(或)逻辑记录的结尾。

延长标志可以是两个值：0 或 1。

0 表示逻辑记录和介质记录一起结束；

1 表示逻辑记录后加后续记录。

12.2.2.5 字段计数器

在许多记录类型中，数据字段或字段组可以在逻辑记录的结构里重复出现，可以有 0、1 或多个，这个数字在不同的逻辑记录实例间可以不同。

当一个记录中有多个重复字段类型,或重复字段后跟另一个(非重复)字段时,必须预先指定出现的个数,否则另外的字段将无法用正确的方式解释。

重复次数由字段计数器指定,该字段是一个短字段,位于重复字段或字段组的前面。这些字段的助记名有一个通用格式:{ NUM _ * },其中的 * 用字符串替代。

字段计数器的定义如表 11。

表 11

助记字段名	描述
NUM _ FIELD	字段个数
NUM _ PARTS	要素个数
NUM _ DASET	数据集个数
NUM _ CNTRY	国家个数
NUM _ LAN	语种个数
NUM _ LEV	相邻大地水准面个数
NUM _ DOC	原始资料个数
NUM _ THEM	主题个数
NUM _ COORD	三维坐标个数
NUM _ EDGE	边个数
NUM _ NODE	结点个数
NUM _ FACE	面个数
NUM _ ATT	属性记录个数或属性个数
NUM _ NAME	名称个数

12.2.3 公共字段

12.2.3.1 引言

本节叙述在许多不同记录类型中出现的字段。

12.2.3.2 语种代码

语种代码字段位于某些自由文本字段的前面,该字段包含后面文本使用的语言的语种代码(中文为 CHI,英文为 ENG)。

12.2.3.3 国家代码

本字段含有国家代码,见 GB/T 2659-2000《世界各国和地区名称代码》。和国际标准化组织的 ISO 3166 中的编码一致。

中国的国家代码为 CHN。

12.2.3.4 主题代码

本字段为 2 个字符长,含有数字表示的值,用于指定要素主题。

附录 A.1 给出了主题代码的值。

12.2.3.5 要素分类码

要素分类码字段是所有要素记录中都含有的字段,该字段包含用 4 个阿拉伯数字表示的要素所属的要素分类的代码。

附录 A.1 给出了要素分类码的值。

12.2.3.6 标识符

许多记录类型有一个字段,该字段声明一个实体的标识符,或者指示在另外记录中声明的实体的标识符，这些标识符在特定范围（分区、图层、数据集、提供者等）和特定实体类型（要素表达类型、边名称、原始资料描述等）中是惟一的。这意味着在同一个范围内，相同类型的两个实体实例不会有相同的标识符。

标识符的字段长度为 2、4、5 或 10 个字符。10 字符标识符字段可以存储的最大值为 $2^{32}-1$，5 字符标识符字段可以存储的最大值为 $2^{16}-1$。不管字段长度的大小，所有标识符的最小值都是 1。

标识符字段有助记字段名称，用通用格式表示为：{ * __ ID}，其中 * 可以用字符串替代。

标识符字段定义如表 12。

表 12

助记名	字段全名
全局记录	
ALBUM __ ID	册标识符
VOL __ ID	卷标识符
DASET __ ID	数据集标识符
LAY __ ID	图层标识符
SECT __ ID	分区标识符
CHARSET __ ID	地方字符集标识符
NW __ ID	道路网络标识符
ADM __ STR __ ID	行政结构标识符
DESC __ ID	原始资料描述标识符
PAR __ ID	父描述标识符
HOST __ ID	主文档描述标识符
DATEL __ ID	基准描述标识符
VERDAT __ ID	高程基准描述标识符
PROJEC __ ID	投影描述标识符
NATGRID __ ID	格网描述标识符
MAGN __ ID	磁偏角描述标识符
数据记录	
TEXT __ ID	文本标识符
ATT __ ID	属性标识符
NODE __ ID	结点标识符
FNODE __ ID	首结点标识符
TNODE __ ID	末结点标识符
EDGE __ ID	边标识符
FACE __ ID	面标识符
L __ FACE __ ID	左面标识符
R __ FACE __ ID	右面标识符
POINT __ ID	点要素标识符
LIFE __ ID	线要素标识符
FROM __ ID	首点要素标识符，首复合要素标识符
TO __ ID	末点要素标识符，末复合要素标识符
AREA __ ID	面要素标识符
COMPLEX __ ID	复杂要素标识符
FEAT __ ID	要素标识符
EXT __ ID	外部要素标识符
INT __ ID	内部要素标识符
REL __ ID	关系标识符
TIME __ ID	时间域标识符

表 12(续)

助记名	字段全名
OBJREF_ID	对象引用标识符
REF_REC_ID	引用对象记录标识符
更新信息记录	
GEO_ID	几何对象标识符
OBJ_ID	对象记录标识符

12.2.4 全局记录中的字段

在元数据定义中,详细描述了全局记录中出现的字段。在记录语法定义(见 12.6～12.8)的"说明"列中使用的字段名称,与元数据定义中的字段名称基本一致,并可以采用索引的方法查找。

12.2.5 数据记录中的字段

12.2.5.1 X坐标

本字段含有点的 X 坐标值。

坐标值采用的(地图格网)格网在分区头中规定,应顾及的偏移量值在同一个数据头中指定。

坐标值用分区头中规定的(地图格网)格网的长度单位表示,应考虑的乘数因子在该数据头中指定。

12.2.5.2 Y坐标

本字段含有点的 Y 坐标值。进一步说明见"X 坐标"。

12.2.5.3 Z坐标

本字段含有点的 Z 坐标值。

Z 坐标值用分区头中规定的长度单位和高程基准表示,应考虑同一个头中指定的乘数因子。

12.2.5.4 状态

本字段有一个指示器,描述结点或边是严格定位于分区边界(因此和邻接分区中的一个结点对应),还是位于分区的内部。

一个结点位于分区的边界有两种情况,一是该结点在确定分区之前就存在,另一种情况是为了终止"边"延续到另一个分区中而引入的(划分分区时产生的)。将两个邻接的分区合并为一个时,第一类结点合并为一个结点,第二类结点将全部被删除。一条"边"只能因为它在那,才能位于一个分区的边界处,绝不可能因为划分分区而产生"边"。因此,合并两个邻接的分区时,一对标识为边界边的"边"总是合并为一条"边"。

当两个分区合并为一个新的分区时,某些结点将被删除或合并成一个,为了区分不同类型的结点,将用状态指示器来标识。

状态可以有 5 个值:

1 结点仅仅由于划分分区而存在;

2 结点或边是"正常的",即不位于分区的边界;

3 结点或边位于分区的边界,同时也是数据集的边界;

4 结点位于"断茬"的端点,"断茬"的意思是:分区或数据集内部的边,被截断并且仅表示要素的一部分;

5 结点或边位于分区的边界,但它们不是由划分分区造成的。

12.2.5.5 边方向

本字段指示构成面和面要素的边界边的方向。

0 边为顺时针方向;

1 边为逆时针方向。

用边的首和末结点确定边的方向,环形边(首结点和末结点相同)有两种定义方向的方法:

1 把该边分割成两条边(非环形);

2 按照边的顶点的顺序。

12.2.5.6 **开始曲线位置**

本字段指示沿着要素的一个曲线位置，从该位置起，特定的属性(属性组)有效。

位置以米为单位。

12.2.5.7 **结束曲线位置**

本字段指示沿着要素的一个曲线位置，在该位置之前，特定的属性(属性组)有效。

位置以米为单位。

12.2.5.8 **属性个数(NUM_ATT)**

12.2.5.8.1 **引言**

通常一个要素有多个属性值，有几种方法指定这些属性。

- 要素记录含有 NUM_ATT(属性个数)和 ATT_ID(属性标识符)字段，通过它们能够关联 NUM_ATT 个属性记录。
- 这些属性记录本身含有 NUM_ATT、ATT_TYPE 和 ATT_VALUE 字段，能够指定 NUM_ATT 个属性值。

12.2.5.8.2 **复合属性说明**

在属性记录中，复合属性不用属性类型码指出，而是由组成复合属性的一个或多个简单属性导出。

复合属性可以由复合属性本身组成。为了定义复合属性的范围，可以使用圆括号。另外，圆括号还可以用于将简单属性和限制性属性，或复合属性和限制性属性聚集成一组。一般而言，圆括号能够用于定义由子属性和子属性/限制性子属性组合的逻辑组。出于一致性的考虑，可将所有属性放在至少一对圆括号中。

位于某个层次的限制性属性可以被聚集，一起被一个更高层次的限制性属性限制。用集合论的术语，就是在一个属性层次内的限制性属性的并，与下一个更高层次的限制性属性的交。

在地理数据文件中并不出现真正的圆括号，在复合属性记录中，左右圆括号的个数隐含于 ATT_TYPE / ATT_VAL 联合字段的每一次出现中。

在复合属性或属性受到一个或多个限制性子属性限制的情况下，要素记录中 NUM_ATT 字段的使用和复合属性记录中 NUM_ATT 字段的使用相关。

例子：

一个情形为：一个道路元素在所有的时间不允许卡车通行，在星期日所有车辆不得通行，并且最右边的车道在所有时间禁止所有车辆通行。描述为：

(“双向禁行”“卡车”“星期日”“最右边车道”)

因为所有限制性子属性在同一个的范围层次(属性“交通流方向”带有“双向禁行”属性值)起作用，因此，描述所有限制性属性在逻辑组“双向禁行”上分别起作用的情形，是通过 AND 操作符(即：并)组合下面条件的结果：

- 卡车禁行(所有时间)；
- 并且星期日禁行(对所有车辆)；
- 并且最右边车道在所有时间对所有车辆禁行。

在上述情形中，最右边车道不是对所有车辆禁行，对紧急情况车辆可按正向通行，描述为：

((“双向禁行”“卡车”“星期日”“最右边车道”)除“紧急情况车辆”以外的“所有车辆”)

And

(“正向通行”“最右边车道”“紧急情况车辆”)

这个情形必须用两个属性记录指定，因为它含有两个逻辑组：“双向禁行”和“正向通行”。

在第一组内，限制性子属性值“卡车”、“星期日”和“最右边车道”在该层次上都起作用，综合结果对于除紧急情况车辆外的所有交通工具都是真。是通过 AND 操作符组合下面条件的结果：

· 卡车禁行(所有时间)(所有车道),除紧急情况车辆;
· 并且星期日禁行(所有车道),除紧急情况车辆;
· 并且最右边车道禁行(所有时间),除紧急情况车辆。

但这还没有描述对于紧急情况车辆什么是真,所以还需要指定第二个逻辑组(对于紧急情况车辆什么是真)如下:

· 最右边的车道允许紧急情况车辆按正向通行。

一个道路元素在星期日禁止卡车通行,并且最右边的车道在星期日禁止所有车辆通行。该情形可以描述为:

((“双向禁行”“卡车”“最右边车道”)“星期日”),含义为:

· 星期日对卡车禁行;
· 并且最右边车道星期日对所有车辆禁行。

一个道路元素的最右边的车道对卡车在所有时间禁行,并且最右边的车道在星期日对所有车辆禁行,该情形可以描述为:

((“双向禁行”“卡车”“星期日”)“最右边车道”),含义为:

· 最右边车道对卡车禁行(所有时间);
· 并且最右边车道星期日对所有车辆禁行。

(((“双向禁行”“卡车”)“最右边车道”)“星期日”),含义为:

· 最右边车道星期日对卡车禁行。

注意,限制性子属性在相同层次的操作能够交换,而交换不同层次的限制性子属性,可以导致根本不同的说明。

12.2.5.9 属性类型码

本字段含有属性类型的代码,这个代码决定了后面属性值字段的类型、范围以及解释。

属性类型码由 2 个字母组成,见附录 A.2。

12.2.5.10 属性值

本字段含有一个在属性类型范围内的对象的属性值。每个属性类型的值域在“7 要素的属性及其值域”中说明。属性值的代码见附录 A.3。

12.2.5.11 作为属性值的文本或时间域

大多数属性值存储在属性值字段中,属性值的长度不能超过 10 个字符。如果超过 10 个字符就要采用别的机制处理。这种机制由专门的存储属性值的文本记录类型组成。为了将属性值连接到要素上,连接要素记录的属性记录的属性值字段将包含一个文本标识符(TEXT_ID),指向文本记录。

因为时间域说明也有可能超过 10 个字符长,超过时,属性值字段将含有一个时间域标识符(TIME_ID),指向时间域记录。

下面的属性类型,将作为采用这个机制的属性类型:

· 正式名称前缀;
· 正式名称文本;
· 别名文本;
· 多媒体文件名称;
· 方向前缀;
· 街道类型前缀;
· 正式街道名称文本;
· 街道别名文本;
· 街道类型后缀;
· 方向后缀;

- 语音；
- 出口编号；
- 路线编号；
- 交通标志上的路线编号；
- 建筑类型名称；
- 目的地位置；
- 交通标志上的其他文字内容；
- 商标名称；
- 地点名称；
- 街道名称；
- 传真号码；
- 电话号码；
- 有效期；
- 开放时间。

12.2.5.12 要素表达类型

本字段指出要素所属的表达类型。

1 = 点要素

2 = 线要素

3 = 面要素

4 = 复杂要素

12.2.5.13 关系类型代码

本字段含有一个4个阿拉伯数字组成的代码，指示关系记录中的关系类型。

见附录A.4关系类型代码。

12.2.5.14 时间域描述

时间域用特定的记录类型时间域记录描述，有自己特殊的语法。见附录C.1。

涉及到时间域(如开放时间，有效期)的每一个属性，在属性值字段中含有一个指向时间域记录的指针。

12.2.5.15 分割指示

当图层被分割成分区时，要素可能被跨越多个分区，这时，一个要素将用两条或多条线要素(或面要素、或复杂要素)表示，每一个分区中只描述该要素的一部分。

当分割指示的值 = 0时，说明线要素、面要素或复杂要素表示完整的要素。

当分割指示的值 = 1时，说明线要素、面要素或复杂要素仅表示要素的一部分，其余部分在邻接的分区中。

对于一个复杂要素，有可能一个要素在两个分区中都进行了完整定义。这种情况用分割指示的值 = 2表示。分割指示的值 = 2的情况仅用于复杂要素，它表示该要素在另外分区中重复定义。

12.2.5.16 线要素方向

指示线要素和下面的边的方向相同还是相反。

0 = 和边的方向相同；

1 = 和边的方向相反。

12.2.5.17 道路网络标识符

要素所在的道路网络种类的说明，网络标识符用于交通网络，涉及的网络类型由元数据描述和定义。

12.2.5.18 对象引用

为了易于有效管理对象 ID,标准规定了对象引用。在介质记录定义中,对象引用描述对一个数据实体的用户自定义的引用。用户定义的对象引用可包括:

- 结点;
- 边;
- 面;
- 点要素;
- 线要素;
- 面要素;
- 复杂要素;
- 关系;
- 属性(单独或复合属性,包括限制性子属性);
- 要素或关系的属性的文本(名称)属性;
- 时间域。

一个对象引用的定义类似于关联表的交叉引用,对于某个特定的数据记录(通过记录类型码和记录标识符确定),可以声明一个用户定义的对象引用。每个单独的对象引用可以进一步由下述内容来描述:

- 对象引用的数据类型;
- 对象引用的长度;
- 来自用户定义的类型集合的对象引用类型。

12.2.6 更新记录中的字段

12.2.6.1 引言

字段的描述仅用于公布更新信息,不描述数据记录中采用的其他字段,除非它们的使用和它们通常的用途不同。

12.2.6.2 产品周期

用户定义的更新数据周期的引用编号。

12.2.6.3 几何表达类型

本字段指出受更新影响的几何对象的表达类型。

1 = 结点;

2 = 边;

3 = 面;

4 = 点;

5 = 折线;

6 = 多边形。

12.2.6.4 对象表达类型

本字段指出要素所属的表达类型。在分类更新信息的上下文中,关系作为另外的表达类型对待。

1 = 点要素;

2 = 线要素;

3 = 面要素;

4 = 复杂要素;

5 = 关系;

6 = 名称;

7 = 时间域;

8 = 其他文本。

12.2.6.5 **对象种类码**

更新对象的惟一标识。对象是一个要素时使用要素分类码。其他特殊对象的对象种类码如下：

- 关 系:0001;
- 名 称:0002;
- 时 间 域:0003;
- 其他文本:0004。

12.2.6.6 **操作种类**

更新操作的类型指示。

0 = 只更新原始资料(对实际的对象和几何图形不起作用)

1 = 增加(增加信息)

2 = 删除(信息不再有效)

3 = 修改(替换当前信息)

注：修改不能用于对象表达类型为点要素、线要素、面要素和复杂要素的对象。

12.2.6.7 **操作时间标志**

指定地理数据文件变更的操作时间。时间标志的格式由元数据指定。

12.2.7 **字段目录**

表13包括了所有记录类型中出现的所有字段，它们按字母顺序列出，并给出了使用该字段的记录类型的交叉引用。

如果一个字段类型多次出现在一个记录类型中，或者出现在两个以上不同的记录类型中，由于特定记录类型内的语义不同，该字段类型的每一次出现，其最小和最大值可能改变。这时，字段目录指定该字段类型按照句法可能存在的最小值和最大值的范围，并用 * 标记，用来说明这些字段类型可以有较大的最小值或较小的最大值。

表 13

序号	字段名称	说　明	记　录	长度	类型	最小值	最大值
1	ABBR _ SHORT	缩写短语	13	20	L		
2	ABBR _ LONG	缩写全称	13	50	L		
3	ABS _ REL	曲线位置类型	44	1	N	0	1
4	ACTION	操作种类	89.01,89.02,89.03	2	N	0	3
5	ACT _ DATE	操作时间标志	89.01,89.02,89.03	20	G		
6	ADM _ STR _ ID	行政结构标识符	10	4	N	1	9 999
7	ADM _ STR _ NM	行政结构名称	10	40	L		
8	ALBUM _ ID	册标识符	01.01,01.03	10	N	1	$2^{32}-1$
9	AREA _ ID	面要素标识符	53	10	N	1	$2^{32}-1$
10	AT _ MAX _ VAL	最大属性值	05	11	I	-2^{31}	$2^{31}-1$
11	AT _ MIN _ VAL	最小属性值	05	11	I	-2^{31}	$2^{31}-1$
12	ATT _ DESC	属性描述	05	*	L		
13	ATT _ DIR	分割方向	44	1	G		
14	ATT _ ID	属性标识符	44,50,51,52,53,54	10	N	1	$2^{31}-1$
15	ATT _ NAME	属性类型名称	05	40	L		

表 13(续)

序号	字段名称	说　明	记　录	长度	类型	最小值	最大值
16	ATT_TYPE	属性类型码	05,15,18,44,89.03	2	G		
17	ATT_VAL	属性值	18,44,89.03	11	G		
18	AUTHOR	作者名称	14.03	*	L		
19	CHARSET_ID	地方字符集标识符	01.02	2	N	1	99
20	CHAR_TBL	字符集代码表名称	01.02	20	G		
21	CHAR_VER	字符集代码表版本号	01.02	10	G		
22	CMPSPLTIND	复杂分割指示	54	1	N	0	2
23	CNT_CODE	有关国家	02.01,02.04,14.02,14.07,14.08,62	3	A		
24	COMPLEX_ID	复杂要素标识符	54	10	N	1	$2^{32}-1$
25	COMMENT	概略注释	04,14.09,14.10,61,63,90	*	L		
26	COMPL_LEV	层次总数	14.01	1	N	1	1
27	CONT_VOL	卷继续标志	99	1	N	0	1
28	COORD_TYPE	平面坐标类型	16.05	1	N	0	1
29	CORI_DATE	版权日期	01.03	8	N		
30	CORI_OWNER	版权所有者	01.03	*	L		
31	COUNT_LF_(	左圆括号数	44,89.03	1	N	0	9
32	COUNT_RT_)	右圆括号数	44,89.03	1	N	0	9
33	CREA_DATE	建立日期	01.03	8	N		
34	CREA_YEAR	建立年代	02.05	4	N		
35	DASET_ID	数据集标识符	01.01,01.03,02.01,46,50	10	N	1	$2^{32}-1$
36	DASET_NAME	数据集主标题	02.02	*	L		
37	DATA_TYPE	数据类型	03,83	2	A		
38	DATA_UNIT	数据单位代码	03,05	3	A		
39	DATA_USE	字段用途	03	2	N	1	4
40	DATEL_ID	基准描述标识符	16.05,61	5	N	1	$2^{16}-1$
41	DATE_FMT	时间标记格式	16.10	20	G		
42	DAT_CODE	基准代码	61	4	A		
43	DAT_NAME	基准名称	61	50	L		
44	DATT_VAL	默认属性值	15	11	G		
45	DEC_DATE	有效日期	66	8	N		
46	DEC_VALUE	磁偏角	66	7	I	−360 000	360 000

表 13(续)

序号	字段名称	说　　明	记　　录	长度	类型	最小值	最大值
47	DESCR_LEV	描述层次	14.01	1	N	1	4
48	DESC_ID	原始资料描述标识符	14.01,16.04,24,25,29,41,44,45,50,51,52,53,54	5	N	1	$2^{16}-1$
49	DEV_ANNUAL	年变	66	7	I	−360 000	360 000
50	DIST_NAME	发行者名称	14.08	*	L		
51	DIST_PLACE	发行地点	14.08	20	L		
52	DIST_YEAR	发行年代	14.08	4	N		
53	DOC_TITLE	文档标题	14.04	*	L		
54	EDGELEVE	末结点高度	52	2	I	−9	9
55	EDGELEVI	中间点高度	52	2	I	−9	9
56	EDGELEVS	首结点高度	52	2	I	−9	9
57	EDGE_ID	边标识符	24,29,52,53	10	N	1	$2^{32}-1$
58	EDIT_NR	版本编号	14.06	20	G		
59	ED_DATE	版本日期	02.01	10	N		
60	EL_CODE	椭球体代码	61	2	A		
61	END_FDC	外业数据采集活动结束日期	14.10	8	N		
62	EXT_ID	外部要素标识符	46	10	N	1	$2^{32}-1$
63	FACE_ID	面标识符	25,29,53	10	N	1	$2^{32}-1$
64	FEAT_CAT	要素表达类型	46,50,54	2	N	1	4
65	FEAT_CODE	要素分类码	07，09，10，51，52，53,54	4	N	1 000 *	9 999 *
66	FEAT_DESC	要素描述	07	*	L		
67	FEAT_ID	要素标识符	50,54	10	N	1	$2^{32}-1$
68	FEAT_NAME	要素分类名称	07	40	L		
69	FIELD_DESC	字段说明	03	*	L		
70	FIELD_SIZE	字段长度	03	2	N	0	99
71	FNODE_ID	首结点标识符	24	10	N	1	$2^{32}-1$
72	FLD_NAME	字段名称	03,04	10	G		
73	FROM	开始曲线位置	44	7	N		
74	FROM_ID	首要素标识符	52,54	10	N	1	$2^{32}-1$
75	FST_PAGE	开始页	14.09	5	N		
76	GEOID_UND	大地高	65	5	I		
77	GEO_AREA	区域名称	02.05,08,16.01	*	L		
78	GEO_CAT	几何表达类型	89.01	2	N	1	6
79	GEO_ID	几何对象标识符	89.01	10	N	1	$2^{32}-1$
80	GRID_CODE	格网代码	64	2	A		

表 13(续)

序号	字段名称	说明	记录	长度	类型	最小值	最大值
81	GRID_NAME	格网名称	64	50	L		
82	GRID_ORT	格网轴方向	64	1	N	0	1
83	HELP_LAT	辅助格网纬度	64	10	I	−90 000 000	+90 000 000
84	HELP_LONG	辅助格网经度	64	10	I	−180 000 000	+180 000 000
85	HMAG_INT	水平磁场强度	66	5	I	0	
86	HOST_ID	主文档描述标识符	14.09	5	N	1	$2^{16}-1$
87	H_TYPE	高程坐标类型	16.06	1	N	0	2
88	IDSI_NR	国际数据集标识编码	02.01	13	G		
89	IMP_NR	印次编号	14.06	20	G		
90	INT_ID	内部要素标识符	46	10	N	1	$2^{32}-1$
91	ISBN	国家标准图书编号	14.02	13	G		
92	ISSN	国家标准序列号	14.02	10	G		
93	LAN_CODE	语种代码	02.01,02.02, 02.04,05,07, 09,10,13, 14.02,14.04, 14.05,18,41	3	A		
94	LAY_ID	图层标识符	06,17,46,50	2	N	1	99
95	LAY_TOPOL	网络拓扑	17	1	N	1	3
96	LCL_IN_COD	地方字符开始编码	01.02	2	L		
97	LCL_OT_COD	地方字符结束编码	01.02	2	L		
98	LEV_CODE	高程基准代码	62	4	A		
99	LEV_NAME	高程基准名称	62	50	L		
100	LINE_ID	线要素标识符	52	10	N	1	$2^{32}-1$
101	LOCAL_NM	行政区划本地名称	10	40	L		
102	LST_PAGE	结束页	14.09	5	N		
103	L_FACE_ID	左面标识符	24	10	N	1	$2^{32}-1$
104	MAGN_ID	磁偏角描述标识符	16.05,66	5	N	1	$2^{16}-1$
105	MANDATRY	必须标志	09	1	N	0	1
106	MAP_SCALE	地图比例尺	14.04	7	N		
107	MAX_LAT	最大纬度	08	7	I	−90 000	+90 000
108	MAX_LEVEL	最大层次	07	2	N	1	99
109	MAX_LONG	最大经度	08	7	I	−180 000	+180 000
110	MAX_VAL	最大允许值	03	20	I	-2^{63}	$2^{63}-1$
111	MIN_LAT	最小纬度	08	7	I	−90 000	+90 000
112	MIN_LONG	最小经度	08	7	I	−180 000	+180 000
113	MIN_VAL	最小允许值	03	20	I	-2^{63}	$2^{63}-1$
114	NATGRID_ID	格网描述标识符	16.05,64	5	N	1	$2^{16}-1$
115	NODE_ID	结点标识符	25,51	10	N	1	$2^{32}-1$

表 13(续)

序号	字段名称	说　明	记　录	长度	类型	最小值	最大值
116	NO _ DATA	无数据	03	3	G		
117	NUM _ ATT	属性个数或属性记录个数	44,50,51,52,53,54,89.03	5	N	0*	$2^{16}-1$
118	NUM _ CNTRY	国家个数	02.01,14.02	2	N	1	99
119	NUM _ COORD	三维坐标个数	24,52,53	5	N	0	$2^{16}-1$
120	NUM _ DASET	数据集个数	01.01,01.03	2	N	1	99
121	NUM _ DOC	原始资料个数	16.04	2	N	1	99
122	NUM _ EDGE	边个数	29,52,53	5	N	0*	$2^{16}-1$
123	NUM _ FACE	面个数	53	5	N	0	$2^{16}-1$
124	NUM _ FEAT	要素个数	09,50	5	N	1	99 999
125	NUM _ FIELD	字段个数	04,16.05,16.06	2	N	1	99
126	NUM _ LAN	语种个数	02.01,14.02	2	N	1	99
127	NUM _ LEV	相邻大地水准面个数	62	2	N	0	99
128	NUM _ NAME	名称个数	05,07,09,10	2	N	1	99
129	NUM _ PAR	参数个数	63	2	N	1	3
130	NUM _ PARTS	要素个数	54	5	N	0	$2^{16}-1$
131	NUM _ SUBT	子类型个数	07	3	N	0	999
132	NUM _ THEM	主题个数	17	2	N	1	99
133	NW _ COMPL	路网完整层次	19	1	N	0	9
134	NW _ DESC	路网完整层次描述	19	*	L		
135	NW _ ID	道路网络标识符	16.03,19,51,52,53,54	5	N	1	$2^{16}-1$
136	OBJ _ CAT	对象表达类型	89.02,89.03	2	N	1	8
137	OBJ _ CODE	对象种类码	89.02,89.03	4	N	1	9 999
138	OBJ _ ID	对象记录标识符	89.02,89.03	10	N	1	$2^{32}-1$
139	OBJREF	对象引用值	83	*	*		
140	OBJREF _ ID	对象引用标识符	83	10	N	1	$2^{32}-1$
141	OBJREF _ LEN	对象引用长度	83	5	N	1	$2^{16}-1$
142	OBJREF _ TYP	对象引用类型	83	1	A		
143	ORG _ CODE	国家代码	01.02	3	N		
144	ORIENT	边方向	29,53	2	N	0	1
145	P _ CYCLE	产品周期	89.01,89.02,89.03	2	N	0	99
146	PAR _ ID	父描述标识符	14.01	5	N	1	$2^{16}-1$
147	PAR _ LAT	参考纬度	63	10	I	−90 000 000	+90 000 000
148	PAR _ LONG	参考经度	63	10	I	−180 000 000	+180 000 000

表 13(续)

序号	字段名称	说　　明	记　　录	长度	类型	最小值	最大值
149	POINT_ID	点要素标识符	51	10	N	1	$2^{32}-1$
150	POINT_NAME	点名	16.08,16.09	20	L		
151	POS_NEG	线要素方向	52	2	N	0	1
152	PROD_NAME	生产者名称	02.04	*	L		
153	PROD_PLACE	生产地点	02.04	50	L		
154	PROJEC_ID	投影描述标识符	16.05,63	5	N	1	$2^{16}-1$
155	PROJ_CODE	投影类型码	63	2	A		
156	PUB_NAME	出版者名称	14.07	*	L		
157	PUB_PLACE	出版地点	14.07	50	L		
158	PUB_YEAR	出版年代	14.07	4	N		
159	REC_CODE	记录子类型码	01.01, 01.02, 01.03, 02.01, 02.02, 02.03, 02.04 02.05, 02.06, 02.07,04,06, 14.01, 14.02, 14.03, 14.04, 14.05, 14.06, 14.07, 14.08, 14.09, 14.10, 16.01, 16.02, 16.03, 16.04, 16.05, 16.06, 16.07, 16.08, 16.09, 16.10, 89.01, 89.02, 89.03	2	N	00	99

表 13(续)

序号	字段名称	说 明	记 录	长度	类型	最小值	最大值
160	REC _ DESCR	记录类型码	01.01, 01.02, 01.03, 02.01, 02.02, 02.03, 02.04, 02.05, 02.06, 02.07,03,04,05,06, 07,08,09, 10,13, 14.01, 14.02, 14.03, 14.04, 14.05, 14.06, 14.07, 14.08, 14.09, 14.10,15, 16.01, 16.02, 16.03, 16.04, 16.05, 16.06, 16.07, 16.08, 16.09, 16.10, 17,18,19,24, 25,29,41,44, 45,46,50,51, 52,53,54,61, 62,63,64,65, 66,83, 89.01, 89.02, 89.03,90, 99	2	N	00	99
161	REC _ NAME	记录名称	04	10	G		

表 13(续)

序号	字段名称	说 明	记 录	长度	类型	最小值	最大值
162	REC _ QTY	记录个数	06	8	N		
163	REC _ TYPE	记录类型码	04,06,83	2	N	00	99
164	REF _ LAT	参考点纬度	65,66	10	I	−90 000 000	+90 000 000
165	REF _ LONG	参考点经度	65,66	10	I	−180 000 000	+180 000 000
166	REF _ REC _ ID	引用对象记录标识符	83	10	N	1	$2^{32}-1$
167	REL _ CODE	关系类型码	09,50	4	N		
168	REL _ DESC	关系类型描述	09	*	L		
169	REL _ ID	关系标识符	50	10	N	1	$2^{32}-1$
170	REL _ KIND	联系类型	14.09	2	N	11	16
171	REL _ NAME	关系类型名称	09	40	L		
172	REPEAT	重复标志	04,09	1	N	0	1
173	ROT _ GRID	格网旋转	64	10	I	0	360 000 000
174	R _ FACE _ ID	右面标识符	24	10	N	1	$2^{32}-1$
175	SCALE _ FAC	点长度比	63	5	I		
176	SECT _ ID	分区标识符	06,08, 16.01,46,50	10	N	1	$2^{32}-1$
177	SEC _ NAME	数据集副标题	02.03	*	L		
178	SEG _ DIR	分段方向	44	1	G		
179	SEM _ MAJOR	长半径	61	8	N		
180	SEM _ MINOR	短半径	61	8	N		
181	SNGL _ PAD	单字节填充	99	1	G		
182	SPLIT _ IND	分割指示	52,53	1	N	0	1
183	STAN _ NAME	标准名称	01.01	10	G		
184	START _ FDC	外业数据采集开始日期	14.10	8	N		
185	STATUS	结点状态、边状态	24,25	2	N	1	5
186	SUP _ NAME	数据提供者名称	01.03	40	L		
187	SUP _ NAM _ SH	数据提供者缩写名称	01.01	18	C		
188	SURV _ DATE	测量日期	14.02	6	N		
189	SURV _ YEAR	测量年代	14.02	4	N		
190	TEXT _ ID	文本标识符	41	10	N	1	$2^{32}-1$
191	TEXT	文本	41	*	L		
192	THEM _ COD	要素主题码	02.06,17	2	N		
193	THEM _ NAME	要素主题名称	02.06	*	G		

表 13(续)

序号	字段名称	说　明	记　录	长度	类型	最小值	最大值
194	TIME_DOM	时间域描述	45	*	G		
195	TIME_ID	时间域标识符	45	10	N	1	$2^{32}-1$
196	TNODE_ID	末结点标识符	24	10	N	1	$2^{32}-1$
197	TO	结束曲线位置	44	7	N		
198	TOT_VOL	卷数量	01.01	4	N	1	9 999
199	TO_ID	末要素标识符	52,54	10	N	1	$2^{32}-1$
200	TRANS_H	高差	62	5	I		
201	UNIT_EXP	单位指数	03,05	2	I	−9	+9
202	UNIT_TYPE	数据单位类型	03,05	1	N	0	1
203	VAL_DESC	值描述	18	*	L		
204	VAL_SIZE	最大属性值宽度	05	2	N	1	11
205	VAL_TYPE	属性值数据类型	05	2	A		
206	VERDAT_ID	高程基准描述标识符	16.06,62	5	N	1	$2^{16}-1$
207	VERSION	版本编号	01.01	4	G		
208	VMAG_INT	垂直磁场强度	66	5	I		
209	VOLENDTEXT	卷尾注释	99	76	L		
210	VOL_ID	卷标识符	01.01,01.03,06	4	N	1	9 999
211	VOL_NAME	文档卷名文本	14.05	*	L		
212	VOL_SIZE	卷大小	01.02	20	N		
213	XY_CONFAC	XY 乘数因子	16.07	2	I	−9	+9
214	XY_RES	XY 分辨率	02.07,16.02,17	3	N		
215	X_COORD	X 坐标	16.09,24,25,51,52,53	11	I	-2^{31}	$2^{31}-1$
216	X_DIG	X 数字化值	16.08	12	I		
217	X_MAX	最大 X 值	16.07	11	I		
218	X_MIN	最小 X 值	16.07	11	I		
219	X_OFFSET	X 偏移量	16.07	11	I		
220	X_ORIG	(格网)原点 X	64	10	I		
221	X_SURV	X 测量值	16.08	12	I		
222	Y_COORD	Y 坐标		11	I	-2^{31}	$2^{31}-1$
223	Y_DIG	Y 数字化值	16.08	12	I		
224	Y_MAX	最大 Y 值	16.07	11	I		
225	Y_MIN	最小 Y 值	16.07	11	I		
226	Y_OFFSET	Y 偏移量	16.07	11	I		

表 13(续)

序号	字段名称	说　明	记　录	长度	类型	最小值	最大值
227	Y_ORIG	(格网)原点 Y	64	10	I		
228	Y_SURV	Y 测量值	16.08	12	I		
229	Z_CONFAC	Z 乘数因子	16.07	2	I	−9	+9
230	Z_COORD	Z 坐标	24,25,51,52,53	11	I	-2^{31}	$2^{31}-1$
231	Z_DIG	Z 数字化值	16.09	11	I	-2^{31}	$2^{31}-1$
232	Z_OFFSET	Z 偏移量	16.07	11	I		
233	Z_REF	Z 高度层引用	17	1	N	0	3
234	Z_SURV	Z 测量值	16.09	11	I	-2^{31}	$2^{31}-1$

12.3 拓扑要素的附加限制

12.3.1 边记录中三维坐标的顺序

边记录中存储的三维坐标形成一个列表,坐标在列表中的存放顺序是重要的,它描述相应边的方向。

坐标列表按这样一种方法排列,在边定义中,首结点位于第一个顶点之前,末结点在最后一个顶点之后。

12.3.2 线要素、面要素和面中的边的顺序

一个线要素中,边按照相邻连接的顺序列出。描述面要素或面边界的边按照顺时针方向(即面要素/面位于边界线的右边)连续排列。面中包围的部分的边界按照逆时针描述。

12.3.3 关系记录中要素的顺序

语义关系中要素的顺序,对于关系的语义含义是至关重要的。要素的顺序见附录 A.4 关系类型代码。

12.4 要素记录中的三维坐标的顺序

当要素按照非显式拓扑方式定义时,它们的几何图形由在要素记录中的三维坐标定义。在线要素和面要素的情况下,要素记录中这些坐标出现的顺序是重要的。在线要素的情况下,只有三维坐标出现的顺序是重要的,顺序的方向不重要。在面要素的情况下,顺序的方向也是重要的,面要素(及多边形)定义在三维坐标组方向的右侧。按这种方法,不仅可以定义简单的面要素,而且可以定义含有被包围领土的面要素(飞地)。

12.5 必选记录

在地理数据文件的所有记录中,有 6 个记录必须在每一个文件中至少出现一次,它们是:

册头记录[01.01]

数据集头记录[02.01]

层头记录[17]

分区头记录[16.01]

分区头记录[16.07]

卷尾记录[99]

12.6 记录格式说明:全局记录

12.6.1 册头记录 [ALBHDREC]

12.6.1.1 卷头子记录 [ALBHDREC.01]

(见表 14)

表 14

字段名称	长度	类型	无数据	最小值	最大值	说明
REC _ DESCR	2	N	Obl			记录类型码(01)。
REC _ CODE	2	N	Obl			记录子类型码(01)。
SUP _ NAM _ SH	18	C	<S>			数据提供者缩写名称。本册的生产者的名称。
STAN _ NAME	10	G	Obl			标准名称。本册遵循的标准名称。(标准名称为“导航地理数据模型与交换格式”)
VERSION	4	G	Obl			版本编号。本册遵循的标准的版本编号。(版本编号为“1.0”)
VOL _ SIZE	20	N	<S>			卷大小。以字节为单位的卷的大小。
ALBUM _ ID	10	N	Obl	1	$2^{32}-1$	册标识符。惟一的册标识符。
TOT _ VOL	4	N	<S>	1	9 999	卷数量。册中卷的数量。
NUM _ DASET	2	N	Obl	1	99	数据集个数。
|DASET _ ID	10	N	Obl	1	$2^{32}-1$	关联数据集。和本卷关联的数据集的数据集标识符。
| VOL _ ID	4	N	Obl	1	9 999	外部卷标识符,该卷含有“数据集头”和全局数据。
VOL _ ID	4	N	Obl	1	9 999	卷标识符。当前卷的顺序编号,是惟一的卷标识符。

注:数据类型的确切含义(N,A,G 等)在元数据定义中叙述。

12.6.1.2 地方字符集子定义记录[ALBHDREC.02]

(见表 15)

表 15

字段名称	长度	类型	无数据	最小值	最大值	说明
REC _ DESCR	2	N	Obl			记录类型码(01)。
REC _ CODE	2	N	Obl			记录子类型码(02)。
CHARSET _ ID	2	N	Obl	1	99	地方字符集标识符。
ORG _ CODE	3	N	<S>			机构代码。国家代码,中国的代码为 CHN。
CHAR _ TBL	20	G	Obl			字符集代码表名称。
CHAR _ VER	10	G	Obl			字符集代码表版本号。
LCL _ IN _ COD	2	L	Obl			地方字符开始编码。
LCL _ OT _ COD	2	L	Obl			地方字符结束编码。

12.6.1.3 全局册信息子记录［ALBHDREC.03］

（见表 16）

表 16

字段名称	长度	类型	无数据	最小值	最大值	说明
REC＿DESCR	2	N	Obl			记录类型码(01)。
REC＿CODE	2	N	Obl			记录子类型码(03)。
ALBUM＿ID	10	N	Obl	1	$2^{32}-1$	册标识符。惟一的册标识符。
SUP＿NAME	40	L	<S>			数据提供者名称。本册的生产者或提供者的名称。
CREA＿DATE	8	N	<S>			建立日期。本册的创建日期。
NUM＿DASET	2	N	Obl	1	99	数据集个数。
| DASET＿ID	10	N	Obl	1	$2^{32}-1$	关联数据集。和本册关联的数据集的数据集标识符。
| VOL＿ID	4	N	Obl	1	9 999	卷标识符，该卷含有“数据集头”和全局数据。
CORI＿DATE	8	N	<S>			版权日期。
CORI＿OWNER	*	L	<S>			版权所有者。有本册版权的法人的名称。

12.6.2 数据集头记录［DSHDREC］

12.6.2.1 数据集标识子记录［DSHDREC.01］

（见表 17）

表 17

字段名称	长度	类型	无数据	最小值	最大值	说明
REC＿DESCR	2	N	Obl			记录类型码(02)。
REC＿CODE	2	N	Obl			记录子类型码(01)。
IDSI－NR	13	G	<S>			国际数据集标识编码。
DASET＿ID	10	N	Obl	1	$2^{32}-1$	数据集标识符。提供者的数据集标识编码，在本数据集的生产者(提供者)的数据集集合中惟一。
ED＿DATE	10	N	Obl			版本日期。本数据集版本的日期和小时。同时也是当前版本的惟一的版本号。
NUM＿LAN	2	N	Obl	1	99	字段计数器，指出下一个字段重复多少次。
| LAN＿CODE	3	A	<S>			数据集语言。本数据集使用的语种代码。中文为 CHI，英文为 ENG。
NUM＿CNTRY	2	N	Obl	1	99	国家个数。字段计数器，指出下一个字段重复多少次。
| CNT＿CODE	3	A	<S>			有关国家。和本数据集有关国家的国家代码。中国的代码为 CHN。

12.6.2.2 数据集主标题子记录［DSHDREC.02］

（见表 18）

表 18

字段名称	长度	类型	无数据	最小值	最大值	说　　明
REC_DESCR	2	N	Obl			记录类型码(02)。
REC_CODE	2	N	Obl			记录子类型码(02)。
LAN_CODE	3	A	<S>			数据集标题语言。下一个字段中指定的数据集标题的语种代码。
DASET_NAME	*	L	<S>			数据集主标题。

12.6.2.3 数据集副标题子记录［DSHDREC.03］

（见表 19）

表 19

字段名称	长度	类型	无数据	最小值	最大值	说　　明
REC_DESCR	2	N	Obl			记录类型码(02)。
REC_CODE	2	N	Obl			记录子类型码(03)。
SEC_NAME	*	L	<S>			数据集副标题，语言同主标题。

12.6.2.4 数据集生产子记录［DSHDREC.04］

（见表 20）

表 20

字段名称	长度	类型	无数据	最小值	最大值	说　　明
REC_DESCR	2	N	Obl			记录类型码(02)。
REC_CODE	2	N	Obl			记录子类型码(04)。
CNT_CODE	3	A	<S>			生产国家。产品生产地所属国家的国家代码。中国的代码为 CHN。
PROD_PLACE	50	L	<S>			生产地点。
LAN_CODE	3	A	<S>			生产者名称语言。生产者名称使用的语言的语种代码。
PROD_NAME	*	L	<S>			生产者名称。

12.6.2.5 数据集适用范围子记录［DSHDREC.05］

（见表 21）

表 21

字段名称	长度	类型	无数据	最小值	最大值	说　　明
REC_DESCR	2	N	Obl			记录类型码(02)。
REC_CODE	2	N	Obl			记录子类型码(05)。
CREA_YEAR	4	N	<S>			建立年代。本数据集建立的年代。
GEO_AREA	*	G	<S>			数据集地理范围。是关于这个数据集有代表性的区域的名称。

12.6.2.6 数据集内容子记录［DSHDREC.06］

（见表22）

表22

字段名称	长度	类型	无数据	最小值	最大值	说明
REC_DESCR	2	N	Obl			记录类型码(02)。
REC_CODE	2	N	Obl			记录子类型码(06)。
THEM_CODE	2	N	<S>			要素主题码。
THEM_NAME	*	G	<S>			要素主题名称。本数据集中出现的要素主题的名称。

12.6.2.7 数据集 XY 分辨率子记录［DSHDREC.07］

（见表23）

表23

字段名称	长度	类型	无数据	最小值	最大值	说明
REC_DESCR	2	N	Obl			记录类型码(02)。
REC_CODE	2	N	Obl			记录子类型码(07)。
XY_RES	3	N	<S>	0	999	数据集 XY 分辨率。数据集中 XY 的最差的情况，以米为单位表示。

12.6.3 字段定义记录［FIELDEFREC］

（见表24）

表24

字段名称	长度	类型	无数据	最小值	最大值	说明
REC_DESCR	2	N	Obl			记录类型码(03)。
FLD_NAME	10	G	Obl			字段名称。在本记录中规定的字段的名称。
FIELD_SIZE	2	N	Obl	0	99	字段长度。指定字段的长度。值0代表一个可变字段长度。
DATA_TYPE	2	A	<S>			数据类型。字段可以包含的字符的子集。 G＝可印刷字符； L＝地方字符集； A＝字母字符； N＝阿拉伯数字； I＝阿拉伯数字加正或负号(＋、－)； AN＝字母和数字。
UNIT_TYPE	1	N	Obl	0	1	数据单位类型。指定是度量单位还是本标准定义的单位。 0＝一般的度量单位； 1＝本标准定义的单位。

表 24(续)

字段名称	长度	类型	无数据	最小值	最大值	说　　明
DATA_UNIT	3	A	<S>			数据单位。数据值使用的度量单位或本标准定义的单位的单位代码。本标准定义的单位可以包含： COD ＝ 代码； CNT ＝ 计数器； BOL ＝ 布尔值； TMR ＝ 时间域记录； TXT ＝ 文本记录； PRC ＝ 百分比。
UNIT_EXP	2	I	<S>	−9	＋9	单位指数。 乘数因子的 lg(10 的指数)，数据值乘以该因子，可获得和“数据单位”中指定的单位相同的单位。
NO_DATA	3	G	Obl			无数据。不提供数据时的采用值。 Obl ＝ 必须的(必须存在的字段)； <S> ＝ 空格字符； 0 ＝ 0 字符。
MIN_VAL	20	I	<S>	-2^{63}	$2^{63}-1$	允许的最小值。
MAX_VAL	20	I	<S>	-2^{63}	$2^{63}-1$	允许的最大值。
DATA_USE	2	N	<S>	1	4	字段用途。指示本字段类型的用途： 1 ＝ 实体； 2 ＝ 外部标识符； 3 ＝ 字段计数器； 4 ＝ 其他。
FIELD_DESC	*	L	<S>			字段说明。被定义的字段的简短说明。

12.6.4 记录定义记录［RECDEFREC］

(见表 25)

表 25

字段名称	长度	类型	无数据	最小值	最大值	说　　明
REC_DESCR	2	N	Obl			记录类型码(04)。
REC_TYPE	2	N	Obl	00	99	记录类型码。被定义的记录类型的代码。
REC_CODE	2	N	<S>	00	99	记录子类型码。被定义的记录类型的可能的子类型代码。
REC_NAME	10	G	<S>			记录名称。本记录中指定的记录类型的名称。
NUM_FIELD	2	N	Obl	1	99	字段计数器，指示下面的字段重复多少次。
|FLD_NAME	10	G	Obl			字段名称。本记录类型的有序的字段名称列表。(见表后说明)

表 25(续)

字段名称	长度	类型	无数据	最小值	最大值	说明
|REPEAT	1	N	Obl	0	1	重复标志。重复字段标志。 0 = 不重复; 1 = 重复。
COMMENT	*	L	<S>			记录类型描述。记录类型内容的简短描述。

说明:FLD__NAME——重复字段的名称,或重复字段组中的字段的名称,用圆括号"("和")"嵌套起来定义。因此,字段名不能用"("开始,用")"结束。重复字段的名称也不能超过8个字符。

12.6.5 属性定义记录[ATDEFREC]

(见表26)

表 26

字段名称	长度	类型	无数据	最小值	最大值	说明
REC__DESCR	2	N	Obl			记录类型码(05)。
ATT__TYPE	2	G	Obl			属性类型码。本记录中指定的属性类型的代码。
NUM__NAME	2	N	Obl	1	99	和属性类型对应的名称的个数。
|LAN__CODE	3	A	<S>			语种代码。属性类型名称使用的语言的语种代码。
|ATT__NAME	40	L	<S>			属性类型名称。属性类型的名称。
VAL__TYPE	2	A	Obl			属性值数据类型。 G = 可印刷字符; A = 字母字符; N = 阿拉伯数字; I =阿拉伯数字加正或负号(+、-); AN = 字母和数字; L = 地方字符集。
VAL__SIZE	2	N	<S>	1	11	最大属性值宽度。
UNIT__TYPE	1	N	Obl	0	1	数据单位类型。指定是度量单位还是本标准定义的单位。 0 = 一般的度量单位; 1 = 本标准定义的单位。
DATA__UNIT	3	A	Obl			数据单位代码。数据值使用的度量单位或本标准定义的单位的单位代码。本标准定义的单位可以包含: COD = 代码; CNT = 计数器; BOL = 布尔值; TMR = 时间域记录; TXT = 文本记录; PRC =百分比。

表 26(续)

字段名称	长度	类型	无数据	最小值	最大值	说明
UNIT _ EXP	2	I	<S>	−9	+9	单位指数。 乘数因子的 lg(10 的指数),数据值乘以该因子,可获得和“数据单位”中指定的单位相同的单位。
AT _ MIN _ VAL	11	I	<S>	-2^{31}	$2^{31}-1$	最小属性值。本属性允许的最小值。
AT _ MAX _ VAL	11	I	<S>	-2^{31}	$2^{31}-1$	最大属性值。本属性允许的最大值。
ATT _ DESC	*	L	<S>			属性描述。被定义的属性类型的文字说明。

12.6.6 目录记录[DIREC]

(见表 27)

表 27

字段名称	长度	类型	无数据	最小值	最大值	说明
REC _ DESCR	2	N	Obl			记录类型码(06)。
VOL _ ID	4	N	Obl	1	9 999	卷标识符。卷的标识编码,该卷包含“图层标识符”中指定的图层。
LAY _ ID	2	N	<S>	1	99	图层标识符。图层的标识编码,该图层包含下面字段指定的“分区”。
SECT _ ID	10	N	Obl	1	$2^{32}-1$	分区标识符。分区的标识编码,该分区包含下一个字段指定的记录。
REC _ TYPE	2	N	Obl	00	99	记录类型码。“记录数量”中指定总数的记录类型的代码。
REC _ CODE	2	N	<S>	00	99	记录子类型码。“记录数量”中指定总数的记录子类型的代码。
REC _ QTY	8	N	<S>	0	99 999 999	记录数量。“记录类型码”中涉及的逻辑记录类型(在分区中)出现的数量。

12.6.7 要素定义记录[FEATDEFREC]

(见表 28)

表 28

字段名称	长度	类型	无数据	最小值	最大值	说明
REC _ DESCR	2	N	Obl			记录类型码(07)。
MAX _ LEVEL	2	N	Obl	1	99	最大层次。在当前数据集定义的分层要素对应的分层树中,层次的最大数。不分级的要素本字段置为 1。
FEAT _ CODE	4	N	Obl	1 000	9 999	要素分类码。代表要素分类的 4 个阿拉伯数字。
NUM _ NAME	2	N	Obl	1	99	和要素分类对应的名称的个数。
LAN _ CODE	3	A	<S>			语种代码。要素分类名称使用的语言的语种代码。

表 28(续)

字段名称	长度	类型	无数据	最小值	最大值	说明
|ATT_NAME	40	L	<S>			要素分类名称。要素分类的名称。
NUM_SUBT	3	N	Obl	0	999	当前要素分类下面定义的子要素分类的个数。
|FEAT_CODE	4	N	Obl	1 000	9 999	子要素分类码。代表子要素分类的 4 个阿拉伯数字。仅适用于分级的要素定义。
FEAT_DESC	*	L	<S>			要素描述。被定义的当前(父)要素分类的文字说明。

12.6.8 空间范围记录［SPADOREC］

(见表 29)

表 29

字段名称	长度	类型	无数据	最小值	最大值	说明
REC_DESCR	2	N	Obl			记录类型码(08)。
SECT_ID	10	N	<S>	1	$2^{32}-1$	分区标识符。在本记录中指定空间范围的分区的标识编号。
MAX_LAT	7	I	<S>	−90 000	+90 000	最大纬度。分区的最大纬度值,以 0.001 度为单位。
MIN_LAT	7	I	<S>	−90 000	+90 000	最小纬度。分区的最小纬度值,以 0.001 度为单位。
MAX_LONG	7	I	<S>	−180 000	+180 000	最大经度。分区的最大经度值,以 0.001 度为单位。
MIN_LONG	7	I	<S>	−180 000	+180 000	最小经度。分区的最小经度值,以 0.001 度为单位。
GEO_AREA	*	L	<S>			区域名称。分区的特有地名。

12.6.9 关系定义记录［RELDEFREF］

(见表 30)

表 30

字段名称	长度	类型	无数据	最小值	最大值	说明
REC_DESCR	2	N	Obl			记录类型码(09)。
REL_CODE	4	N	Obl			关系类型码。4 位数字的关系类型代码。
NUM_NAME	2	N	Obl	1	99	名称个数。和“关系类型码”相应的名称的个数。
|LAN_CODE	3	A	<S>			语种代码。“关系类型名称”使用的语言的语种代码。
|REL_NAME	40	L	<S>			关系类型名称。关系类型的名称。
NUM_FEAT	2	N	Obl	2	99	要素个数。本关系类型包含的要素的个数。
|FEAT_CODE	4	N	Obl	1 000	9 999	要素分类码。本关系类型中用这个成员编号出现的要素分类码。

表 30(续)

字段名称	长度	类型	无数据	最小值	最大值	说　　明
|REPEAT	1	N	Obl	0	1	重复标志。指示本要素分类能否重复出现。 0 = 不重复; 1 = 重复。
|MANDATRY	1	N	Obl	0	1	必须标志。指示本要素分类是否必须出现。 0 = 不必须; 1 = 必须。
REL＿DESC	*	L	<S>			关系描述。关系类型的文字描述。

12.6.10　原始资料记录 [SRCEREC]

12.6.10.1　描述信息子记录[SRCEREC.01]

(见表 31)

表 31

字段名称	长度	类型	无数据	最小值	最大值	说　　明
REC＿DESCR	2	N	Obl			记录类型码(14)。
REC＿CODE	2	N	Obl			记录子类型码(01)。
DESCR＿LEV	1	N	<S>	1	4	描述层次。
COMPL＿LEV	1	N	<S>	1	1	层次总数。本标准的这个版本规定层次总数为 1。
DESC＿ID	5	N	Obl	1	$2^{16}-1$	原始资料描述标识符。本"原始资料描述"的标识编码,在所有"原始资料描述"中惟一。
PAR＿ID	5	N	<S>	1	$2^{16}-1$	父描述标识符。本"原始资料描述"的上层"原始资料描述"的标识符。

12.6.10.2　ISBN 和测量子记录 [SRCEREC.02]

(见表 32)

表 32

字段名称	长度	类型	无数据	最小值	最大值	说　　明
REC＿DESCR	2	N	Obl			记录类型码(14)。
REC＿CODE	2	N	Obl			记录子类型码(02)。
ISBN	13	G	<S>			国家标准图书编号。文档的国家标准图书编号。
ISSN	10	G	<S>			国家标准序列号。文档的国家标准序列号。
NUM＿LAN	2	N	Obl	1	99	语种个数。文档使用的语言种类的个数。
|LAN＿CODE	3	A	<S>			语种代码。文档使用的语言的语种代码。
NUM＿CNTRY	2	N	Obl	1	99	国家个数。文档成果中有关国家的个数。

表 32(续)

字段名称	长度	类型	无数据	最小值	最大值	说明
CNT_CODE	3	A	<S>			有关国家。文档成果中有关国家的国家代码。中国的代码为 CHN。
SURV_YEAR	4	N	<S>			测量年代。文档中描述的位置的测量年代。
SURV_DATE	6	N	<S>			测量日期。文档中描述的位置的测量月、日、小时。

12.6.10.3 作者名称子记录[**SRCEREC.03**]

(见表 33)

表 33

字段名称	长度	类型	无数据	最小值	最大值	说明
REC_DESCR	2	N	Obl			记录类型码(14)。
REC_CODE	2	N	Obl			记录子类型码(03)。
AUTHOR	*	L	Obl			作者名称。

12.6.10.4 比例尺和标题子记录[**SRCEREC.04**]

(见表 34)

表 34

字段名称	长度	类型	无数据	最小值	最大值	说明
REC_DESCR	2	N	Obl			记录类型码(14)。
REC_CODE	2	N	Obl			记录子类型码(04)。
MAP_SCALE	7	N	Obl			地图比例尺(仅用于制图文档)。地图中的所有距离乘以该值,才能获得现实世界中的距离。
LAN_CODE	3	A	<S>			文档标题语言。指定标题的语种代码。
DOC_TITLE	*	L	Obl			文档标题。文档标题的文本。

12.6.10.5 文档卷名子记录[**SRCEREC.05**]

(见表 35)

表 35

字段名称	长度	类型	无数据	最小值	最大值	说明
REC_DESCR	2	N	Obl			记录类型码(14)。
REC_CODE	2	N	Obl			记录子类型码(05)。
LAN_CODE	3	A	<S>			文档卷名语言。下一个字段中指定的文本的语种代码。
VOL_NAME	*	L	<S>			文档卷名文本。文档卷或一张地图的简略名称和(或)编号。

12.6.10.6 版本和印次子记录[**SRCEREC.06**]

(见表 36)

表 36

字段名称	长度	类型	无数据	最小值	最大值	说明
REC_DESCR	2	N	Obl			记录类型码(14)。
REC_CODE	2	N	Obl			记录子类型码(06)。
EDIT_NR	20	G	<S>			版本编号。文档的版本编号。
IMP_NR	20	G	<S>			印次编号。文档的印次编号。

12.6.10.7 出版者子记录［SRCEREC.07］

（见表 37）

表 37

字段名称	长度	类型	无数据	最小值	最大值	说明
REC_DESCR	2	N	Obl			记录类型码(14)。
REC_CODE	2	N	Obl			记录子类型码(07)。
PUB_YEAR	4	N	<S>			出版年代。
CNT_CODE	3	A	<S>			出版国家。"出版地点"中指定的地点所在国家的国家代码。中国的代码为 CHN。
PUB_PLACE	50	L	<S>			出版地点。
PUB_NAME	*	L	<S>			出版者名称。

12.6.10.8 发行者子记录［SRCEREC.08］

（见表 38）

表 38

字段名称	长度	类型	无数据	最小值	最大值	说明
REC_DESCR	2	N	Obl			记录类型码(14)。
REC_CODE	2	N	Obl			记录子类型码(08)。
DIST_YEAR	4	N	<S>			发行年代。
CNT_CODE	3	A	<S>			发行国家。"发行地点"中指定的地点所在国家的国家代码。中国的代码为 CHN。
DIST_PLACE	20	L	<S>			发行地点。
DIST_NAME	*	L	<S>			发行者名称。

12.6.10.9 主文档联系子记录［SRCEREC.09］

（见表 39）

表 39

字段名称	长度	类型	无数据	最小值	最大值	说明
REC_DESCR	2	N	Obl			记录类型码(14)。
REC_CODE	2	N	Obl			记录子类型码(09)。
HOST_ID	5	N	Obl	1	$2^{16}-1$	主文档描述标识符。主文档的标识编码。
REL_KIND	2	N	<S>	11	16	联系类型。和主文档关联的类型的代码。
FST_PAGE	5	N	<S>			开始页。
LST_PAGE	5	N	<S>			结束页。
COMMENT	*	L	<S>			概略注释。

12.6.10.10 外业数据采集子记录［SRCEREC.10］

（见表 40）

表 40

字段名称	长度	类型	无数据	最小值	最大值	说明
REC_DESCR	2	N	Obl			记录类型码(14)。
REC_CODE	2	N	Obl			记录子类型码(10)。
START_FDC	8	N	Obl			外业数据采集开始日期。
END_FDC	8	N	<S>			外业数据采集结束日期。
COMMENT	*	L	<S>			概略注释。附加的外业数据采集信息的自由文本字段。

12.6.11 缩写记录［ABBRREC］

（见表 41）

表 41

字段名称	长度	类型	无数据	最小值	最大值	说明
REC_DESCR	2	N	Obl			记录类型码(13)。
LAN_CODE	3	A	Obl			语种代码。缩写使用的语言的语种代码。
ABBR_SHORT	20	L	Obl			缩写短语。缩写条款的缩写。
ABBR_LONG	50	L	Obl			缩写全称。缩写条款的完整描述。

12.6.12 行政结构定义记录［ADMSTRDREC］

（见表 42）

表 42

字段名称	长度	类型	无数据	最小值	最大值	说明
REC_DESCR	2	N	Obl			记录类型码(13)。
ADM_STR_ID	4	N	Obl	1	9 999	行政结构标识符。
LAN_CODE	3	A	<S>			语种代码。说明行政结构名称使用的语言的语种代码。
ADM_STR_NM	40	L	<S>			行政结构名称。关于行政结构的一个名称。
FEAT_CODE	4	N	Obl	1100	1 199	行政区划要素分类码。组成“行政结构”的行政区划要素的 4 位数字要素代码。
NUM_NAME	2	N	Obl	1	99	名称个数。和行政结构名称对应的“行政区划”名称的个数。
|LAN_CODE	3	A	<S>			语种代码。行政区划名称使用的语言的语种代码。
|LOCAL_NM	40	L	Obl			行政区划名称。使用指定语言的行政区划的名称。

12.6.13 默认属性值记录［DATTVALREC］

（见表 43）

表 43

字段名称	长度	类型	无数据	最小值	最大值	说　　明
REC _ DESCR	2	N	Obl			记录类型码(15)。
ATT _ TYPE	2	G	Obl			属性类型码。
DATT _ VAL	11	G	Obl			默认属性值。

注：在 DATT _ VAL 字段中，空格字符<S>是合法值，但不意味着该元数据字段不存在可用信息。其含义是，在给定类型的属性数据中，在"没有收集或不知道"的情况下必须采用默认值。

12.6.14 属性值定义记录［ATTVALREC］

（见表 44）

表 44

字段名称	长度	类型	无数据	最小值	最大值	说　　明
REC _ DESCR	2	N	Obl			记录类型码(18)。
ATT _ TYPE	2	G	Obl			属性类型码。这个记录中指定的属性的代码。
ATT _ VAL	11	G	Obl			属性值。
LAN _ CODE	3	A	<S>			"值描述"的语种代码。
VAL _ DESC	*	L	<S>			值描述。属性值的文字说明。

12.6.15 道路网络规格记录［NWSPECSREC］

（见表 45）

表 45

字段名称	长度	类型	无数据	最小值	最大值	说　　明
REC _ DESCR	2	N	Obl			记录类型码(19)。
NW _ ID	5	N	Obl	1	$2^{16}-1$	道路网络标识符。在当前数据集中惟一。
NW _ COMPL	1	N	Obl	0	9	路网完整层次。道路网络的完整层次。0说明没有道路网络，道路网络最多为 9。
NW _ DESC	*	L	<S>			路网完整层次描述。说明路网完整层次的含义。

12.6.16 大地测量参数记录

12.6.16.1 基准和椭球体记录［DATELREC］

（见表 46）

表 46

字段名称	长度	类型	无数据	最小值	最大值	说　　明
REC _ DESCR	2	N	Obl			记录类型码(61)。
DATEL _ ID	5	N	Obl	1	$2^{16}-1$	基准描述标识符。本基准描述的标识编码，在数据集中的所有"基准和椭球体记录"的集合中惟一。
DAT _ NAME	50	L	<S>			基准名称。大地测量基准面的名称。
DAT _ CODE	4	A	0			基准代码。大地测量基准面的代码。

表 46(续)

字段名称	长度	类型	无数据	最小值	最大值	说明
SEM _ MAJOR	8	N	<S>			长半径。以米为单位的参考椭球体的长半径的长度。
SEM _ MINOR	8	N	<S>			短半径。以米为单位的参考椭球体的短半径的长度。
EL _ CODE	2	A	<S>			椭球体代码。参考椭球体的代码。
COMMENT	*	L	<S>			椭球体描述。

12.6.16.2 高程基准记录[VERDATREC]

(见表 47)

表 47

字段名称	长度	类型	无数据	最小值	最大值	说明
REC _ DESCR	2	N	Obl			记录类型码(62)。
VERDAT _ ID	5	N	Obl	1	$2^{16}-1$	高程基准描述标识符。高程基准记录的标识编码,在数据集中的所有“高程基准记录”的集合中惟一。
CNT _ CODE	3	A	<S>			有关国家。使用在下面“高程基准名称”提到的正常高参考系统的国家的国家代码。中国的代码为 CHN。
LEV _ NAME	50	L	<S>			高程基准名称。正常高参考系统的名称。
LEV _ CODE	4	A	<S>			高程基准代码。正常高参考系统的代码。

12.6.16.3 投影记录[PROJECREC]

(见表 48)

表 48

字段名称	长度	类型	无数据	最小值	最大值	说明
REC _ DESCR	2	N	Obl			记录类型码(63)。
PROJEC _ ID	5	N	Obl	1	$2^{16}-1$	投影描述标识符。本记录的标识编码,在数据集的所有“投影记录”的集合中惟一。
PROJ _ CODE	2	A	Obl			投影类型代码。
NUM _ PAR	2	N	Obl	1	3	字段计数器,指示下面的字段组重复的次数。
|PAR _ LAT	10	I	<S>	−90 000 000	+90 000 000	参考纬度。投影参数中的纬度,以 10^{-6} 度为单位表示。
| PAR _ LONG	10	I	<S>	−180 000 000	+180 000 000	参考经度。投影参数中的经度,以 10^{-6} 度为单位表示。
SCALE _ FAC	5	I	<S>			点长度比。点长度比 Mo 用(1−Mo)×10 000 000 的形式表示。
COMMENT	*	L	<S>			投影类型描述。

12.6.16.4 地图格网记录［NATGRIDREC］

（见表 49）

表 49

字段名称	长度	类型	无数据	最小值	最大值	说明
REC_DESCR	2	N	Obl			记录类型码(64)。
NATGRID_ID	5	N	Obl	1	$2^{16}-1$	格网描述标识符。本记录的标识编码，在数据集的所有“地图格网记录”的集合中惟一。
GRID_ORT	1	N	Obl	0	1	格网轴方向。指出地图格网的方向是： 0 = 标准的迪卡尔坐标系； 1 = 相反的迪卡尔坐标系。
HELP_LAT	10	I	<S>	−90 000 000	+90 000 000	辅助格网纬度。辅助格网原点的纬度，以 10^{-6} 度为单位表示。
HELP_LONG	10	I	<S>	−180 000 000	+180 000 000	辅助格网经度。辅助格网原点的经度，以 10^{-6} 度为单位表示。
X_ORIG	10	I	<S>			原点 X。地图格网原点的 X 坐标，该值相对于辅助格网的原点，以分米为单位表示。
Y_ORIG	10	I	<S>			原点 Y。地图格网原点的 Y 坐标，该值相对于辅助格网的原点，以分米为单位表示。
ROT_GRID	10	I	<S>	0	+360 000 000	格网旋转。在地图格网 Y 轴的正方向和辅助格网 Y 轴的正方向之间，按顺时针计算的角度，以微冈(10^{-6} gon)为单位表示。
GRID_NAME	50	L	<S>			格网名称。地图格网的名称。
GRID_CODE	2	A	<S>			格网代码。地图格网的代码。

12.6.16.5 地球磁场记录［MAGNETREC］

（见表 50）

表 50

字段名称	长度	类型	无数据	最小值	最大值	说明
REC_DESCR	2	N	Obl			记录类型码(66)。
MAGN_ID	5	N	Obl	1	$2^{16}-1$	磁偏角描述标识符。本记录的标识编码，在数据集的所有“地球磁场记录”的集合中惟一。
REF_LAT	10	I	<S>	−90 000 000	+90 000 000	参照点纬度。指定磁偏角的点的纬度，以 10^{-6} 度为单位表示。
REF_LONG	10	I	<S>	−180 000 000	+180 000 000	参照点经度。指定磁偏角的点的经度，以 10^{-6} 度为单位表示。
DEC_DATE	8	N	<S>			有效日期。在“磁偏角”中指定的偏差值的日期。

表 50(续)

字段名称	长度	类型	无数据	最小值	最大值	说明
DEC_VALUE	7	I	<S>	−360 000	+360 000	磁偏角。磁北方向和大地北方向之间,按顺时针计算的角度值,以 10^{-3} 度为单位表示。
DEV_ANNUAL	7	I	<S>	−360 000	+360 000	年变。按顺时针计算的磁偏角每年变化的角度值,以 10^{-3} 度为单位表示。
HMAG_INT	5	I	<S> 0	0		水平磁场强度。以纳特斯拉(nano Tesla)为单位表示。
VMAG_INT	5	I	<S>	0		垂直磁场强度。以纳特斯拉(nano Tesla)为单位表示。

12.6.17 图层头记录[LAYHREC]

(见表 51)

表 51

字段名称	长度	类型	无数据	最小值	最大值	说明
REC_DESCR	2	N	Obl			记录类型码(17)。
LAY_ID	2	N	Obl	1	99	图层标识符。图层的标识编码,在本图层所属的数据集中惟一。
LAY_TOPOL	1	N	Obl	1	3	网络拓扑。本层的 0 层网络拓扑。 1 = 非显式拓扑; 2 = 连通性拓扑; 3 = 完全拓扑。
Z_REF	1	N	Obl	0	3	高度层引用。在本层中采用的引用边高度层的方法。 0 = 坐标隐含; 1 = 通过边的层实现; 2 = 通过关系“跨越式交叉”实现; 3 = 没有高度层。
XY_RES	3	N	<S>	0	999	图层 XY 分辨率。
NUM_THEM	2	N	Obl	1	99	字段计数器,指示下面的字段重复多少次。
|THEM_COD	2	N	<S>			要素主题码。本图层出现的要素主题的代码。

12.6.18 分区头记录[SECHREC]

12.6.18.1 分区标识子记录[SECHREC.01]

(见表 52)

表 52

字段名称	长度	类型	无数据	最小值	最大值	说明
REC_DESCR	2	N	Obl			记录类型码(16)。
REC_CODE	2	N	Obl			记录子类型码(01)。
SECT_ID	10	N	Obl	1	$2^{32}-1$	分区标识符。分区的标识编码,在图层中惟一。
GEO_AREA	*	L	<S>			分区地理覆盖范围。分区特有的地形学的名称。

12.6.18.2 分区 XY 分辨率子记录[SECHREC.02]

(见表 53)

表 53

字段名称	长度	类型	无数据	最小值	最大值	说　　明
REC_DESCR	2	N	Obl			记录类型码(16)。
REC_CODE	2	N	Obl			记录子类型码(02)。
XY_RES	3	N	<S>	0	999	分区 XY 分辨率。数据集(层)中最坏情况的值,以米为单位表示。

12.6.18.3 道路网络规格标识子记录[SECHREC.03]

(见表 54)

表 54

字段名称	长度	类型	无数据	最小值	最大值	说　　明
REC_DESCR	2	N	Obl			记录类型码(16)。
REC_CODE	2	N	Obl			记录子类型码(03)。
NW_ID	5	N	<S>	1	$2^{16}-1$	道路网络标识符。分区中道路网络种类的"道路网络标识符"。

12.6.18.4 原始资料引用子记录[SECHREC.04]

(见表 55)

表 55

字段名称	长度	类型	无数据	最小值	最大值	说　　明
REC_DESCR	2	N	Obl			记录类型码(16)。
REC_CODE	2	N	Obl			记录子类型码(04)。
NUM_DOC	2	N	Obl	1	99	字段计数器。指示下面的字段重复多少次。
|DESC_ID	5	N	<S>	1	$2^{16}-1$	原始资料描述标识符。 和当前分区有关的原始资料记录的标识编码。

12.6.18.5 基准和地磁子记录[SECHREC.05]

(见表 56)

表 56

字段名称	长度	类型	无数据	最小值	最大值	说　　明
REC_DESCR	2	N	Obl			记录类型码(16)。
REC_CODE	2	N	Obl			记录子类型码(05)。
DATEL_ID	5	N	Obl	1	$2^{16}-1$	基准描述标识符。"基准和椭球体记录"的标识编码,该记录包含和本分区有关的大地测量资料和参考椭球体信息。
COORD_TYPE	1	N	Obl	0	1	平面坐标类型。指示当前分区中给出的坐标值形式。 0 = 大地经纬度; 1 = 迪卡尔直角坐标系中的 X、Y 值。

表 56(续)

字段名称	长度	类型	无数据	最小值	最大值	说　　明
PROJEC_ID	5	N	<S>	1	$2^{16}-1$	投影描述标识符。含有投影信息的“投影记录”的标识编码。
NATGRID_ID	5	N	<S>	1	$2^{16}-1$	格网描述标识符。含有地图格网信息的“地图格网记录”的标识编码。
NUM_FIELD	2	N	Obl	1	99	字段计数器,指示下面的字段重复多少次。
MAGN_ID	5	N	<S>	1	$2^{16}-1$	磁偏角描述标识符。含有磁偏角信息的“地球磁场记录”的标识编码。

12.6.18.6　正常高引用子记录[SECHREC.06]

(见表 57)

表 57

字段名称	长度	类型	无数据	最小值	最大值	说　　明
REC_DESCR	2	N	Obl			记录类型码(16)。
REC_CODE	2	N	Obl			记录子类型码(06)。
H_TYPE	1	N	Obl	0	2	高程坐标类型。指示当前分区中给出的高程值类型。 0 = 大地高; 1 = 正常高; 2 = 相对高程。
VERDAT_ID	5	N	<S>	1	$2^{16}-1$	高程基准描述标识符。“高程基准记录”的标识编码,记录含有和本分区相关的正常高高程参考系的信息。

12.6.18.7　分区边界子记录[SECHREC.07]

(见表 58)

表 58

字段名称	长度	类型	无数据	最小值	最大值	说　　明
REC_DESCR	2	N	Obl			记录类型码(16)。
REC_CODE	2	N	Obl			记录子类型码(07)。
XY_CONFAC	2	I	0	−9	+9	XY 乘数因子。当前分区中的 X 和 Y 值的乘数因子的以 10 为底的对数。
Z_CONFAC	2	I	0	−9	+9	Z 乘数因子。当前分区中的 Z 值的乘数因子的以 10 为底的对数。
X_OFFSET	11	I	0			X 偏移量。本分区中所有 X 坐标的附加常数。
Y_OFFSET	11	I	0			Y 偏移量。本分区中所有 Y 坐标的附加常数。
Z_OFFSET	11	I	0			Z 偏移量。本分区中所有 Z 坐标的附加常数。
X_MAX	11	I	<S>			最大 X 值。本分区可能出现的最大的合理的 X 值。

表 58(续)

字段名称	长度	类型	无数据	最小值	最大值	说明
Y _ MAX	11	I	<S>			最大 Y 值。本分区可能出现的最大的 Y 值。
X _ MIN	11	I	<S>			最小 X 值。可能出现的最小的 X 值。
Y _ MIN	11	I	<S>			最小 Y 值。可能出现的最小的 Y 值。

12.6.18.8 **XY 控制点子记录 [SECHREC.08]**

(见表 59)

表 59

字段名称	长度	类型	无数据	最小值	最大值	说明
REC _ DESCR	2	N	Obl			记录类型码(16)。
REC _ CODE	2	N	Obl			记录子类型码(08)。
POINT _ NAME	20	L	<S>			点名。一个惟一的外部标识符或控制点的名称。
X _ DIG	12	I	<S>			X 数字化值。控制点的 X 坐标的数字化值,以厘米为单位表示。
Y _ DIG	12	I	<S>			Y 数字化值。控制点的 Y 坐标的数字化值,以厘米为单位表示。
X _ SURV	12	I	<S>			X 测量值。控制点的 X 坐标的测量值,以厘米为单位表示。
Y _ SURV	12	I	<S>			Y 测量值。控制点的 Y 坐标的测量值,以厘米为单位表示。

12.6.18.9 **Z 控制点子记录 [SECHREC.09]**

(见表 60)

表 60

字段名称	长度	类型	无数据	最小值	最大值	说明
REC _ DESCR	2	N	Obl			记录类型码(16)。
REC _ CODE	2	N	Obl			记录子类型码(09)。
POINT _ NAME	20	L	<S>			点名。一个惟一的外部标识符或控制点的名称。
X _ COORD	11	I	<S>	-2^{31}	$2^{31}-1$	X 坐标。控制点的 X 坐标,用和数据记录相同的单位表示。
Y _ COORD	11	I	<S>	-2^{31}	$2^{31}-1$	Y 坐标。控制点的 Y 坐标,用和数据记录相同的单位表示。
Z _ DIG	11	I	<S>	-2^{31}	$2^{31}-1$	Z 数字化值。控制点的 Z 坐标的数字化值,以厘米为单位表示。
Z _ SURV	11	I	<S>	-2^{31}	$2^{31}-1$	Z 测量值。控制点的 Z 坐标的测量值,以厘米为单位表示。

12.6.18.10 **更新信息子记录 [SECHREC.10]**

(见表 61)

表 61

字段名称	长度	类型	无数据	最小值	最大值	说明
REC_DESCR	2	N	Obl			记录类型码(16)。
REC_CODE	2	N	Obl			记录子类型码(10)。

DATE_FMT	20	G	Obl			时间标志格式。
						给定分区中使用的时间标志(占位符)的格式串:
						y = 年;
						m = 月;
						d = 日;
						h = 时(0…23);
						n = 分;
						s = 秒;
						:= 分隔符。
						例如:“yyyy:mm:dd:hh:nn”表示日期标记按照“年月日”的规律存储,后跟小时和分。

12.6.19 注释记录[COMMENTREC]

(见表 62)

表 62

字段名称	长度	类型	无数据	最小值	最大值	说明
REC_DESCR	2	N	Obl			记录类型码(90)。
COMMENT	*	L	<S>			概略注释。

12.6.20 卷尾记录[VOLTERMREC]

(见表 63)

表 63

字段名称	长度	类型	无数据	最小值	最大值	说明
REC_DESCR	2	N	Obl			记录类型码(99)。
VOLENDTEXT	76	L	<S>			卷尾注释。
SNGL_PAD	1	G	<S>			单字节填充。
CONT_VOL	1	N	Obl	0	1	卷继续标志。 0 = 当前卷是数据集中的最后卷; 1 = 后面跟有其他卷。

12.7 记录格式说明:数据记录

12.7.1 结点记录[NODEREC]

(见表 64)

表 64

字段名称	长度	类型	无数据	最小值	最大值	说明
REC_DESCR	2	N	Obl			记录类型码(25)。
NODE_ID	10	N	Obl	1	$2^{32}-1$	结点标识符。结点的标识符,在分区中惟一。
DESC_ID	5	N	<S>	1	$2^{16}-1$	原始资料描述标识符。

表 64(续)

字段名称	长度	类型	无数据	最小值	最大值	说　　明
FACE _ ID	10	N	<S>	1	$2^{32}-1$	面标识符。含有本结点的面的标识符。
STATUS	2	N	<S>	1	5	结点状态。结点的位置状态： 1 = 分区边界结点； 2 = 普通结点(不位于分区边界)； 3 = 数据集边界结点； 4 = 断茬的端点； 5 = 非分区边界结点。
X _ COORD	11	I	Obl	-2^{31}	$2^{31}-1$	X 坐标。
Y _ COORD	11	I	Obl	-2^{31}	$2^{31}-1$	Y 坐标。
Z _ COORD	11	I	<S>	-2^{31}	$2^{31}-1$	Z 坐标。

12.7.2 边记录[NEDGEREC]

(见表 65)

表 65

字段名称	长度	类型	无数据	最小值	最大值	说　　明
REC _ DESCR	2	N	Obl			记录类型码(24)。
EDGE _ ID	10	N	Obl	1	$2^{32}-1$	边标识符。边的标识符,在分区中惟一。
DESC _ ID	5	N	<S>	1	$2^{16}-1$	原始资料描述标识符。
FNODE _ ID	10	N	Obl	1	$2^{32}-1$	首结点标识符。本边的首结点的标识符。
TNODE _ ID	10	N	Obl	1	$2^{32}-1$	末结点标识符。本边的末结点的标识符。
L _ FACE _ ID	10	N	<S>	1	$2^{32}-1$	左面标识符。本边的左面的标识符。
R _ FACE _ ID	10	N	<S>	1	$2^{32}-1$	右面标识符。本边的右面的标识符。
STATUS	2	N	<S>	1	5	边状态。边的位置状态： 1 = (不用)； 2 = 普通边(不位于分区边界)； 3 = 数据集边界边； 4 = (不用)； 5 = 非分区边界边。
NUM _ COORD	5	N	Obl	0	$2^{16}-1$	三维坐标个数。本边的中间点的个数。
| X _ COORD	11	I	Obl	-2^{31}	$2^{31}-1$	X 坐标。
| Y _ COORD	11	I	Obl	-2^{31}	$2^{31}-1$	Y 坐标。
| Z _ COORD	11	I	<S>	-2^{31}	$2^{31}-1$	Z 坐标。

12.7.3 面记录[FACEREC]

(见表 66)

表 66

字段名称	长度	类型	无数据	最小值	最大值	说　　明
REC _ DESCR	2	N	Obl			记录类型码(29)。
FACE _ ID	10	N	Obl	1	$2^{32}-1$	面标识符。本面的标识符,在分区中惟一。

表 66(续)

字段名称	长度	类型	无数据	最小值	最大值	说明
DESC_ID	5	N	<S>	1	$2^{16}-1$	原始资料描述标识符。
NUM_EDGE	5	N	Obl	1	$2^{16}-1$	字段计数器,指示下面的字段组重复的次数(至少为1)。
|EDGE_ID	10	N	Obl	1	$2^{32}-1$	边标识符。构成本区的边界的边的标识符。
|ORIENT	2	N	Obl	0	1	边方向。指示面边界上的边的方向。 0 = 顺时针; 1 = 逆时针。

12.7.4 点要素记录[POFEREC]

(见表 67)

表 67

字段名称	长度	类型	无数据	最小值	最大值	说明
REC_DESCR	2	N	Obl			记录类型码(51)。
POINT_ID	10	N	Obl	1	$2^{32}-1$	点要素标识符。点要素的标识符,在分区中惟一。
DESC_ID	5	N	<S>	1	$2^{16}-1$	原始资料描述标识符。
NW_ID	5	N	<S>	1	$2^{16}-1$	道路网络标识符。本要素所在的道路网络分类的"道路网络标识符"。
FEAT_CODE	4	N	Obl	1 000	9 999	要素分类码。要素所属的分类的代码。
NODE_ID	10	N	<S>	1	$2^{32}-1$	结点标识符。如果这个要素是完全拓扑或连通拓扑层的一部分,本字段是包含点要素几何图形的结点的标识符。
NUM_ATT	5	N	Obl	0	$2^{16}-1$	字段计数器,指示下面字段的重复次数。
|ATT_ID	10	N	Obl	1	$2^{32}-1$	属性标识符。一个属性记录的标识符,该记录含有本要素相应的属性值。
X_COORD	11	I	<S>	-2^{31}	$2^{31}-1$	X坐标。指定 NODE_ID 时,本字段不存在。
Y_COORD	11	I	<S>	-2^{31}	$2^{31}-1$	Y坐标。指定 NODE_ID 时,本字段不存在。
Z_COORD	11	I	<S>	-2^{31}	$2^{31}-1$	Z坐标。指定 NODE_ID 时,本字段不存在。

12.7.5 线要素记录[LINFREC]

(见表 68)

表 68

字段名称	长度	类型	无数据	最小值	最大值	说明
REC_DESCR	2	N	Obl			记录类型码(52)。
LINE_ID	10	N	Obl	1	$2^{32}-1$	线要素标识符。线要素的标识符,在分区中惟一。

表 68(续)

字段名称	长度	类型	无数据	最小值	最大值	说明
DESC _ ID	5	N	<S>	1	$2^{16}-1$	原始资料描述标识符。
NW _ ID	5	N	<S>	1	$2^{16}-1$	道路网络标识符。本要素所在的道路网络分类的“道路网络标识符”。
FEAT _ CODE	4	N	Obl	1 000	9 999	要素分类码。要素所属的分类的代码。
SPLIT _ IND	1	N	Obl	0	1	分割指示。 0 = 线要素描绘一个完整的要素; 1 = 线要素描绘分割要素的一部分。
FROM _ ID	10	N	<S>	1	$2^{32}-1$	首点要素标识符。本线要素的第一个端点的点要素的标识符。
TO _ ID	10	N	<S>	1	$2^{32}-1$	末点要素标识符。本线要素的另一端的点要素的标识符。
NUM _ EDGE	5	N	Obl	0	$2^{16}-1$	字段计数器,指示下面字段的重复次数。如果本要素在完全拓扑或连通拓扑层中定义,本字段大于 0,否则等于 0
|EDGELEVS	2	I	<S>	−9	+9	首结点高度。在当前边的首结点上,线要素的相对高度层。
|EDGELEVI	2	I	<S>	−9	+9	中间点高度。当前边的中间点的高度层。
|EDGE _ ID	10	N	Obl	1	$2^{32}-1$	边标识符。组成线要素的一条边的标识符。
|POS _ NEG	2	N	Obl	0	1	线要素方向。和边方向对应的线要素的方向。 0 = 和边的方向相同; 1 = 和边的方向相反。
EDGELEVS	2	I	<S>	−9	+9	末结点高度。定义线要素的最后一条边的末结点的相对高度层。当 NUM _ EDGE 为 0 时本字段为“空”。
NUM _ ATT	5	N	Obl	0	$2^{16}-1$	字段计数器,指示下面字段的重复次数。
|ATT _ ID	10	N	Obl	1	$2^{32}-1$	属性标识符。一个属性记录的标识符。该记录包含本要素的相应属性值。
NUM _ COORD	5	N	Obl	0	$2^{16}-1$	三维坐标个数。构成本线要素的折线几何图形的坐标点的个数。当 NUM _ EDGE 大于 0 时本字段必须为 0。
| X _ COORD	11	I	Obl	-2^{31}	$2^{31}-1$	X 坐标。
| Y _ COORD	11	I	Obl	-2^{31}	$2^{31}-1$	Y 坐标。
| Z _ COORD	11	I	<S>	-2^{31}	$2^{31}-1$	Z 坐标。

12.7.6 面要素记录 [ARFEREC]

(见表 69)

表 69

字段名称	长度	类型	无数据	最小值	最大值	说明
REC _ DESCR	2	N	Obl			记录类型码(53)。
AREA _ ID	10	N	Obl	1	$2^{32}-1$	面要素标识符。面要素的标识符，在分区中惟一。
DESC _ ID	5	N	<S>	1	$2^{16}-1$	原始资料描述标识符。
NW _ ID	5	N	<S>	1	$2^{16}-1$	道路网络标识符。本要素所在的道路网络分类的“道路网络标识符”。
FEAT _ CODE	4	N	Obl	1 000	9 999	要素分类代码。要素所属的分类的代码。
SPLIT _ IND	1	N	Obl	0	1	分割指示。 0 = 面描绘一个完整的要素； 1 = 面描绘分割要素的一部分。
NUM _ FACE	5	N	Obl	0	$2^{16}-1$	字段计数器，指示下面字段的重复次数。如果本要素是完全拓扑的一部分，本字段大于0，否则等于0。
|FACE _ ID	10	N	Obl	1	$2^{32}-1$	面标识符。组成面要素的面的标识符。
NUM _ EDGE	5	N	Obl	0	$2^{16}-1$	字段计数器，指示下面字段的重复次数。当本要素在连通拓扑中定义时，本字段大于0。否则本字段为0。
|EDGE _ ID	10	N	Obl	1	$2^{32}-1$	边标识符。构成面要素边界的一条边的标识符。
|ORIENT	2	N	Obl	0	1	边方向。面要素边界上的边的方向。 0 = 顺时针； 1 = 逆时针。
NUM _ ATT	5	N	Obl	0	$2^{16}-1$	字段计数器，指示下面字段的重复次数。
|ATT _ ID	10	N	Obl	1	$2^{32}-1$	属性标识符。一个属性记录的标识符，该记录含有这个面要素的属性值。
NUM _ COORD	5	N	Obl	0	$2^{16}-1$	三维坐标个数。组成多边形几何图形的坐标点的个数。当 NUM _ EDGE>0 或 NUM _ FACE>0 时，本字段必须为0。
| X _ COORD	11	I	Obl	-2^{31}	$2^{31}-1$	X 坐标。
| Y _ COORD	11	I	Obl	-2^{31}	$2^{31}-1$	Y 坐标。
| Z _ COORD	11	I	<S>	-2^{31}	$2^{31}-1$	Z 坐标。

12.7.7 复杂要素记录［**COMPFEREC**］

(见表 70)

表 70

字段名称	长度	类型	无数据	最小值	最大值	说明
REC _ DESCR	2	N	Obl			记录类型码(54)。
COMPLEX _ ID	10	N	Obl	1	$2^{32}-1$	复杂要素标识符。本复杂要素的标识符。
DESC _ ID	5	N	<S>	1	$2^{16}-1$	原始资料描述标识符。

表 70(续)

字段名称	长度	类型	无数据	最小值	最大值	说明
NW _ ID	5	N	<S>	1	$2^{16}-1$	道路网络标识符。本要素所在的道路网络分类的“道路网络标识符”。
FEAT _ CODE	4	N	Obl	1000	9999	要素分类码。要素所属的分类的代码。
CMPSPLTIND	1	N	Obl	0	2	复杂分割指示。 0 = 复杂要素描述一个完整的要素； 1 = 复杂要素描述分割要素的一部分； 2 = 在另一个分区中重复定义。
NUM _ PARTS	5	N	Obl	0	$2^{16}-1$	字段计数器。
|FEAT _ CAT	2	N	Obl	1	4	要素表达类型。与下一个字段中的要素对应的要素表达类型的代码。 1 = 点要素；2 = 线要素；3 = 面要素；4 =复杂要素。
|FEAT _ ID	10	N	Obl	1	$2^{32}-1$	要素标识符。点要素、线要素、面要素、其他复杂要素的标识符，这些要素是本复杂要素中的一个元素。
NUM _ ATT	5	N	Obl	0	$2^{16}-1$	字段计数器，指示下面字段的重复次数。
|ATT _ ID	10	N	Obl	1	$2^{32}-1$	属性标识符。属性记录的标识符，该记录含有和本要素相应的属性值。
FROM _ ID	10	N	<S>	1	$2^{32}-1$	首复杂要素标识符。本复杂要素中第一个边界复杂要素的标识符。
TO _ ID	10	N	<S>	1	$2^{32}-1$	末复杂要素标识符。本复杂要素的最后一个边界复杂要素的标识符。

12.7.8 文本记录[TEXTREC]

(见表 71)

表 71

字段名称	长度	类型	无数据	最小值	最大值	说明
REC _ DESCR	2	N	Obl			记录类型码(41)。
TEXT _ ID	10	N	Obl	1	$2^{32}-1$	文本标识符。文本记录的标识编号，在分区中惟一。
DESC _ ID	5	N	<S>	1	$2^{16}-1$	原始资料描述标识符。原始文档的标识符。
LAN _ CODE	3	A	<S>			语种代码。下一个字段中指定的文本的语种代码。
TEXT	*	L	<S>			文本。

12.7.9 属性记录[ATTREC]

(见表 72)

表 72

字段名称	长度	类型	无数据	最小值	最大值	说　　明
REC_DESCR	2	N	Obl			记录类型码(44)。
ATT_ID	10	N	Obl	1	$2^{32}-1$	属性标识符。本属性记录的标识符，在分区中惟一。
FROM	7	N	<S>			开始曲线位置。属性开始有效的曲线位置。
TO	7	N	<S>			结束曲线位置。属性在此曲线位置之前有效。
ABS_REL	1	N	<S>	0	1	曲线位置类型。指示存储绝对还是相对的有效属性的曲线位置。 0 = 绝对；1 = 相对。
SEG_DIR	1	G	<S>			分段方向。指示路段和线要素的方向相同还是相反。 + = 分段方向和线要素的方向相同； — = 分段方向和线要素的方向相反。
NUM_ATT	5	I	Obl	1	$2^{16}-1$	字段计数器，指示下面字段组的重复次数。
|COUNT_LF_(	1	N	Obl	0	9	左圆括号数。包含属性或复合属性，以及它们的限制性属性所必需的，逻辑上的左圆括号的计数。
|ATT_TYPE	2	G	Obl			属性类型码。
|DESC_ID	5	N	<S>	1	$2^{16}-1$	原始资料描述标识符。原始资料的 ID 号。
|ATT_VAL	11	G	<S>			属性值。
|COUNT_RT_)	1	N	Obl	0	9	右圆括号数。包含属性或复合属性，以及它们的限制性属性所必需的，逻辑上的右圆括号的计数。

12.7.10 转换记录［CONVERTREC］

（见表 73）

表 73

字段名称	长度	类型	无数据	最小值	最大值	说　　明
REC_DESCR	2	N	Obl			记录类型码(46)。
DASET_ID	10	N	Obl	1	$2^{32}-1$	数据集标识符。外部数据集的标识符。
LAY_ID	2	N	Obl	1	99	图层标识符。外部图层的标识符。
SECT_ID	10	N	Obl	1	$2^{32}-1$	分区标识符。外部分区的标识符。
FEAT_CAT	2	N	Obl	1	4	要素表达类型。“外部要素标识符”引用的要素的要素表达类型代码。 1 = 点要素；2 = 面要素；3 = 线要素；4 = 复杂要素。
EXT_ID	10	N	Obl	1	$2^{32}-1$	外部要素标识符。外部分区体系中的点要素、线要素、面要素或复杂要素的标识符。

表 73(续)

字段名称	长度	类型	无数据	最小值	最大值	说　　明
FEAT_CAT	2	N	Obl	1	4	要素表达类型。"内部要素标识符"引用的要素的要素表达类型代码。 1 = 点要素;2 = 面要素;3 = 线要素;4 = 复杂要素。
INT_ID	10	N	Obl	1	$2^{32}-1$	内部要素标识符。在当前分区的标识符引用体系中,要转换的点要素、线要素、面要素或复杂要素的标识符。

12.7.11 **关系记录[RELATREC]**

(见表 74)

表 74

字段名称	长度	类型	无数据	最小值	最大值	说　　明
REC_DESCR	2	N	Obl			记录类型码(50)。
REL_ID	10	N	Obl	1	$2^{32}-1$	关系标识符。本关系的标识符,在分区中惟一。
REL_CODE	4	N	Obl			关系代码。关系所属的关系种类的代码。
DESC_ID	5	N	<S>	1	$2^{16}-1$	原始资料标识符。原始资料文档的 ID 码。
NUM_FEAT	5	N	Obl	1	99 999	字段计数器,指示下面字段组的重复次数。
|FEAT_CAT	2	N	<S>	1	4	要素表达类型。下一个字段引用的要素的要素表达类型代码。 1 = 点要素; 2 = 线要素;3 = 面要素;4 = 复杂要素。
|DASET_ID	10	N	<S>	1	$2^{32}-1$	数据集标识符。成员要素的数据集标识符。如果不提供数据集标识符,则要素在当前的数据集中。
|LAY_ID	2	N	<S>	1	99	图层标识符。成员要素的图层标识符。如果不提供图层标识符,则要素在当前的图层中。
|SECT_ID	10	N	<S>	1	$2^{32}-1$	分区标识符。成员要素的分区标识符。如果不提供分区标识符,则要素在当前的分区中。
|FEAT_ID	10	N	<S>	1	$2^{32}-1$	要素标识符。点要素、线要素、面要素或复杂要素的标识符。该要素是组成本关系的成员。
NUM_ATT	5	N	Obl	0	$2^{16}-1$	字段指示器,指示下一个字段重复的次数。
|ATT_ID	10	N	Obl	1	$2^{32}-1$	属性标识符。一个属性记录的标识符,该记录含有本关系的相应属性值。

12.7.12 **时间域记录[TIMEREC]**

(见表 75)

表 75

字段名称	长度	类型	无数据	最小值	最大值	说明
REC_DESCR	2	N	Obl			记录类型码(45)。
TIME_ID	10	N	Obl	1	$2^{32}-1$	时间域标识符。本时间域记录的标识编码,在一个分区内惟一。
DESC_ID	5	N	<S>	1	$2^{16}-1$	原始资料描述标识符。原始资料文档的标识符。
TIME_DOM	*	G	<S>			时间域描述。

12.7.13 对象引用记录[OBJREFREC]

(见表 76)

表 76

字段名称	长度	类型	无数据	最小值	最大值	说明
REC_DESCR	2	N	Obl			记录类型码(83)。
OBJREF_ID	10	N	Obl	1	$2^{32}-1$	对象引用标识符。"对象引用记录"的标识符,在本分区中惟一。
REC_TYPE	2	N	Obl	00	99	记录类型码。被引用记录的"记录类型"。
REF_REC_ID	10	N	Obl	1	$2^{32}-1$	被引用对象记录的标识符。由"对象引用记录"引用的记录的"记录标识符"。
OBJREF_TYP	1	A	<S>			对象引用类型。"对象引用"的用户定义类型。
DATA_TYPE	2	A	Obl			数据类型。"对象引用"的数据类型。允许值为 N,A,G,L。
OBJREF_LEN	5	N	Obl	1	$2^{16}-1$	对象引用长度。下面 OBJREF 字段的长度。
OBJREF	*	*	<S>			对象引用值。

12.8 记录格式说明:更新记录

12.8.1 几何图形更新信息记录[UPDINFREC.01]

(见表 77)

表 77

字段名称	长度	类型	无数据	最小值	最大值	说明
REC_DESCR	2	N	Obl			记录类型码(89)。
REC_CODE	2	N	Obl			记录子类型码(01)。
P_CYCLE	2	N	<S>	0	99	产品周期。
GEO_CAT	2	N	Obl	1	6	几何表达类型。 1 = 结点; 2 = 边; 3 = 面; 4 = 点; 5 = 折线; 6 = 多边形。

表 77(续)

字段名称	长度	类型	无数据	最小值	最大值	说明
GEO_ID	10	N	Obl	1	$2^{32}-1$	几何对象标识符。
ACTION	2	N	Obl	0	3	操作种类。 0 = 只更新原始资料; 1 = 添加; 2 = 删除; 3 = 修改。
ACT_DATE	20	G	Obl			操作时间标志。

12.8.2 对象更新信息记录[UPDINFREC.02]

(见表 78)

表 78

字段名称	长度	类型	无数据	最小值	最大值	说明
REC_DESCR	2	N	Obl			记录类型码(89)。
REC_CODE	2	N	Obl			记录子类型码(02)。
P_CYCLE	2	N	<S>	0	99	产品周期。
OBJ_CAT	2	N	Obl	1	8	对象表达类型。 1 = 点要素; 2 = 线要素; 3 = 面要素; 4 = 复杂要素; 5 = 关系; 6 = 名称; 7 = 时间域; 8 = 其他文本。
OBJ_ID	10	N	Obl	1	$2^{32}-1$	对象记录标识符。
OBJ_CODE	4	N	<S>	1	9 999	对象种类码。 对象是一个要素时,使用要素分类代码。 其他情况如下: 关 系:0001; 名 称:0002; 时 间 域:0003; 其他文本:0004;
ACTION	2	N	Obl	0	3	操作种类。 0 = 只更新原始资料; 1 = 添加; 2 = 删除; 3 = 修改。
ACT_DATE	20	G	Obl			操作时间标志。

12.8.3 对象属性更新信息[UPDINFREC.03]

(见表 79)

表 79

字段名称	长度	类型	无数据	最小值	最大值	说　　明
REC_DESCR	2	N	Obl			记录类型码(89)。
REC_CODE	2	N	Obl			记录子类型码(03)。
P_CYCLE	2	N	<S>	0	99	产品周期。
OBJ_CAT	2	N	Obl	1	8	对象表达类型。 1 = 点要素; 2 = 线要素; 3 = 面要素; 4 = 复杂要素; 5 = 关系; 6 = 名称; 7 = 时间域; 8 = 其他文本。
OBJ_ID	10	N	Obl	1	$2^{32}-1$	对象记录标识符。
OBJ_CODE	4	N	<S>	1	9 999	对象种类码。 对象是一个要素时,使用要素分类代码。 其他情况如下: 关　　系:0001; 名　　称:0002; 时 间 域:0003; 其他文本:0004。
ACTION	2	N	Obl	0	3	操作种类。 0 = 仅更新原始资料; 1 = 添加; 2 = 删除; 3 = 修改。
ACT_DATE	20	G	Obl			操作时间标志。
NUM_ATT	5	I	Obl	1	$2^{16}-1$	属性的个数。
|COUNT_LF_(	1	N	Obl	0	9	左圆括号数。包含属性或复合属性,以及它们的限制性属性所必需的,逻辑上的左圆括号的计数。
|ATT_TYPE	2	G	Obl			属性类型码。
|ATT_VAL	11	G	<S>			属性值。
|COUNT_RT_)	1	N	Obl	0	9	右圆括号数。包含属性或复合属性,以及它们的限制性属性所必需的,逻辑上的右圆括号的计数。

附 录 A
（规范性附录）
语 义 代 码

A.1 要素主题和要素分类代码（见表 A.1）

表 A.1

主题代码	分类代码	名 称
11		行政区划
	1110	跨国行政区划
	1111	国 家
	1112	1 级行政区划
	1113	2 级行政区划
	1114	3 级行政区划
	1115	4 级行政区划
	1116	5 级行政区划
	1117	6 级行政区划
	1118	7 级行政区划
	1119	8 级行政区划
	1120	9 级行政区划
	1165	行政地点 A
	1166	行政地点 B
	1167	行政地点 C
	1168	行政地点 D
	1169	行政地点 E
	1170	行政地点 F
	1171	行政地点 G
	1172	行政地点 H
	1173	行政地点 I
	1174	行政地点 J
	1175	行政地点 K
	1176	行政地点 L
	1177	行政地点 M
	1178	行政地点 N
	1179	行政地点 O
	1180	行政地点 P
	1181	行政地点 Q

表 A.1(续)

主题代码	分类代码	名　　称
	1182	行政地点 R
	1183	行政地点 S
	1184	行政地点 T
	1185	行政地点 U
	1186	行政地点 V
	1187	行政地点 W
	1188	行政地点 X
	1189	行政地点 Y
	1190	行政地点 Z
	1198	行政区划边界连接点
	1199	行政区划边界元素
31		命名区域
	3110	建成区域
	3120	有名称区域
	3131	治安区
	3132	急救医疗救护区
	3133	学　区
	3134	统计区
	3135	消防区
	3136	邮　区
	3137	电话区
	3138	选　区
	3198	边界连接点
	3199	边界元素
41		道路与车渡
	4110	道路元素
	4120	连接点
	4130	车渡联络线
	4135	封闭交通区域
	4140	路　段
	4145	交叉口
	4150	车　渡
	4160	地址区域
	4165	地址区域边界元素
	4170	聚合路

表 A.1(续)

主题代码	分类代码	名　　称
	4180	汇交路口
	4190	环　岛
42		铁　路
	4210	铁路元素
	4220	铁路元素连接点
43		水　系
	4310	水　体
	4330	水体边界元素
	4335	水体边界连接点
	4350	内陆水体
	4351	水　库
	4352	湖　泊
	4353	水　道
	4354	运　河
	4355	河　流
	4370	海　水
	4371	沿海礁湖
	4372	河　口
	4373	海、洋
49		链参考要素
	4910	链　段
	4920	参照点
50		公共交通
	5010	公交路线线段
	5015	公交连接点
	5020	公交车站
	5025	公交点
	5030	公交换乘区
	5040	公交路线
	5050	公交线路
71		土地覆盖与利用
	7110	建筑物
	7111	人工表面
	7112	城市区域
	7113	工业、商业和交通场所

表 A.1(续)

主题代码	分类代码	名　　称
	7114	矿区、堆场和施工场所
	7115	人工非农作物植被
	7137	农业区
	7138	耕　地
	7139	永久作物
	7140	牧　场
	7142	混合农业区
	7154	森林与半自然区
	7155	森　林
	7156	灌木与/或草本混杂的地区
	7157	很少或没有植被的空地
	7170	公园/花园
	7180	岛　屿
	7190	湿　地
	7191	内陆湿地
	7192	沿海湿地
72		道路附属设施
	7210	路　标
	7220	交通标志
	7230	交通信号灯
	7240	人行横道
	7251	环境设备
	7252	照明灯
	7253	测量设备
	7254	路面标记
	7255	安全设备
73		服　务
	7301	服务入口点
75		构造物
	7500	构造物
80		通用要素
	8001	交通位置
	8002	要素中心点
90—99		用户定义要素

A.2 属性类型代码

A.2.1 多要素主题属性(见表 A.2)

表 A.2

名　　称	代　　码
别名	复合
别名体	复合
别名文本	AN
关联类型	AY
链　距	CH
包含类型	CY
通用语言	CL
复合出口编号	复合
货　币	CU
显示等级	DC
出口编号	EN
外部标识	EI
多媒体动作	MC
多媒体描述	MD
多媒体文件	复合
多媒体文件内容	复合
多媒体文件名称	MN
多媒体文件类型	AT
多媒体时间域	MM
名称组件	复合
名称组件长度	NC
名称组件偏移	NO
名称组件类型	NT
名称前缀	NP
正式代码	OC
官方语言	OL
正式名称	复合
正式名称体	复合
正式名称文本	ON
开放时间	OP
地点中的地点分类	PP
人　口	PO

表 A.2(续)

名　　称	代　码
人口等级	PC
位置精度	AP
邮政编码	PS
街道侧面	SI
通行费	复合
收费金额	TC
有效方向	VD
有效期	VP

A.2.2　道路与车渡属性(见表 A.3)

表 A.3

名　　称	代　码
地址信息	复合
街道别名	复合
街道别名体	复合
街道别名文本	AL
平均车速	AS
路障	复合
路障位置	BP
路障类型	BE
链偏移	CO
道路复合形态	复合
复合语音	复合
分隔道路元素	DR
分隔带	复合
分隔带类型	DT
分隔带宽度	DW
紧急车道	EV
封闭交通区域类型	EA
车渡类型	FT
第一门牌号码	HF
道路形态	FW
高速公路	FY
交通连接的频率	FR
道路功能等级	FC
隘口高程	HP

表 A.3(续)

名 称	代 码
多人乘坐车辆	复合
门牌号码范围	复合
门牌号码结构	HS
汇交路口类型	IF
中间门牌号码	HI
连接点类型	JT
车道依赖性	LD
最后门牌号码	HL
道路元素长度	LR
位置参照	复合
位置参照代码	LC
位置参照类型	LT
磁异常	MA
最大车道数	XL
最小车道数	MI
最小乘坐人数	MO
位置参照代码	LC
山 隘	复合
正式街道名称	复合
正式街道名称体	复合
正式街道名称文本	OF
所有权	OW
隘 口	PA
通行限制	RP
语 音	PO
语音系统	PN
可移动路障	RB
道路坡度	RG
路面倾斜	IR
风景值	SV
匝道类型	SL
特殊限制	SR
速度限制	SP
街道类型前缀	SX
街道类型后缀	ST

表 A.3(续)

名　　称	代　码
收费道路	TR
交通堵塞概率	TJ
空格分隔标志	TI
摆渡时间	TT

A.2.3 道路与车渡和链参考要素属性(见表 A.4)

表 A.4

名　　称	代　码
事　故	复合
事故日期	AT
事故标识	AC
建筑状态	CS
交通流方向	DF
方向前缀	DP
方向后缀	DS
侧向偏移	LO
允许最大高度	MH
允许最大长度	ML
允许最大质量	MT
允许最大轴质量	AW
允许最大宽度	MW
实测长度	LM
道路管理等级	NR
车道数量	NL
铺设过的路面类型	PA
铺设状态	PV
国际交通百分比	PI
路　面	复合
路面条件	RR
路线编号	复合
路线编号体	RN
路线类型前缀	RE
路线类型后缀	RI
路径标识	RS
路径序号	RU
路径类型	RT

表 A.4(续)

名　　称	代　　码
分隔符	SE
特殊路径	复合
交通流	复合
交通流量	TM
交通流量类型	TY
交通流量单位	TU
未铺设的路面类型	UR
车辆类型	VT
宽　度	WI

A.2.4　行政区划属性(见表 A.5)

表 A.5

名　　称	代　　码
行政区划结构标识	HI
行政区划边界类型	BX
国家代码	IC
区域代码	RC
夏令时	SU
时　区	TZ

A.2.5　命名区域属性(见表 A.6)

表 A.6

名　　称	代　　码
边界类型	BY
居民地类型	SM

A.2.6　土地覆盖与利用属性(见表 A.7)

表 A.7

名　　称	代　　码
建筑物类型名称	BC
公园类型	PT
沙地类型	SA

A.2.7　构造物属性(见表 A.8)

表 A.8

名　　称	代　　码
构造物类别	SC
构造物标识	SF
构造物类型	BT

A.2.8　**铁路属性**(见表 A.9)

表 A.9

名　　称	代　　码
未定义属性	

A.2.9　**水系属性**(见表 A.10)

表 A.10

名　　称	代　　码
水体边界元素类型	WB
水体类型	WT

A.2.10　**道路附属设施属性**(见表 A.11)

表 A.11

名　　称	代　　码
目的地位置	DL
交通标志上的目的地信息	复合
方　向	DI
设备标识	EQ
交通标志上的其他文字内容	CT
交通标志上的路线编号	RX
交通标志上的符号	SY
交通标志类型	TS
交通标志信息	复合
交通标志上的数值	VA

A.2.11　**服务属性**(见表 A.12)

表 A.12

名　　称	代　　码
可接受的信用卡	CA
机场代码	AI
商标名称	BN
提供早餐	BA
工作午餐	BL
汽车经销商类型	CD
城市行政等级	CC
商业航线服务	CM
通勤/区域火车站	CR
出发/到达	AD
航线目的地	DC
国内/国际	NI

表 A.12(续)

名　　称	代　　码
入口点类型	ET
套间中的设施	FS
航班信息	复合
普通飞行	GA
政府类型	GT
隘口高程	HA
门牌号码	HN
航线 ID	ID
重要性	IM
国际列车站	AR
主要火车站	MR
军用机场	MP
房间数	RO
停车设施	PK
提供停车设施	PF
停车场类型	PY
地点名称	PE
邮局类型	PP
价　位	PR
火车站类型	RY
服务质量等级	RA
提供餐饮设施	RF
服务地址	复合
快餐服务	SS
街道名称	SN
残疾人适用	SD
传真号码	TX
电话号码	TL
航班时差	TF
航班的到达时间	TA
航班的出发时间	TD
收费站类型	TP
城市火车站	BR

A.2.12 公共交通属性(见表 A.13)

表 A.13

名　　称	代　　码
公交模式	PM
公交路线方向	RD
公交点的类型	TP

A.2.13 链参考要素属性(见表 A.14)

表 A.14

名　　称	代　　码
参照点数值	VR

A.2.14 用户自定义属性(见表 A.15)

表 A.15

名　　称	代　　码
任意两个非字母开头的字符代码	

A.3 属性值代码

A.3.1 多要素主题共有的属性值代码(见表 A.16)

表 A.16

属性类型名称	属性类型代码	属性值名称	属性值代码
包含类型	CY	完全被包含	1
		部分被包含	2
显示等级	DC	显示等级 1	1
		显示等级 2	2
		显示等级 3	3
		显示等级 4	4
		显示等级 5	5
		显示等级 6	6
		显示等级 7	7
		显示等级 8	8
		显示等级 9	9
		显示等级 10	10
多媒体文件	MD	用户定义	0…99
多媒体动作	MC	用户定义	0…99
多媒体时间域	MM	用户定义	0…99
地点中的地点分类	PP	行政区域	1
		邮区	2
		重要地址	3

表 A.16(续)

属性类型名称	属性类型代码	属性值名称	属性值代码
		用于反向的地理编码	4
人口等级	PC	人口等级 1	1
		人口等级 2	2
街道侧面	SI	街道左侧	1
		街道右侧	2
收费站类型	TP	物理收费亭	1
		虚拟收费站	2
		混　合	3
有效方向	VD	正向有效	1
		反向有效	2

A.3.2　道路与车渡的属性值代码(见表 A.17)

表 A.17

属性类型名称	属性类型代码	属 性 值 名 称	属性值代码
路障位置	BP	在开始连接点设置的路障	1
		在结束连接点设置的路障	2
		在开始连接点和结束连接点之间设置的路障	3
路障类型	BE	永久固定的	1
		可移动的	2
分隔道路元素	DR	未分隔的	0
		分隔的	1
分隔带类型	DT	不可穿越物理分隔带	1
		可穿越物理分隔带	2
		法定分隔带	3
紧急车道	EV	不存在	0
		存　在	1
封闭交通区域类型	EA	停车处	1
		停车建筑物	2
		非结构化的交通广场	3
		其他类型封闭交通区域	4
车渡类型	FT	由船或气垫船运作	1
		由火车运作	2
道路形态	FW	快速路的一部分	1
		非快速路的多车道道路的一部分	2
		单车道道路的一部分	3

表 A.17(续)

属性类型名称	属性类型代码	属性值名称	属性值代码
		环岛的一部分	4
		交通广场的一部分	5
		封闭交通区域的一部分:停车处	6
		封闭交通区域的一部分:停车建筑物	7
		封闭交通区域的一部分:非结构化的交通广场	8
		封闭交通区域的一部分:其他类型	9
		匝道的一部分	10
		辅路的一部分	11
		停车场出入通道	12
		服务的出入通道	13
		步行区的一部分	14
		不允许车辆穿越的人行道的一部分	15
高速公路	FY	非高速路段的一部分	0
		高速公路段的一部分	1
道路功能等级	FC	主要道路	0
		一级路	1
		二级路	2
		三级路	3
		四级路	4
		五级路	5
		六级路	6
		七级路	7
		八级路	8
		九级路	9
门牌号码结构	HS	无门牌号码	1
		规则的单号	2
		规则的双号	3
		规则的单、双号	4
		不规则	5
汇交路口类型	IF	高速公路之间的交叉口	1
		高速公路与非高速公路的交叉口	2
		非高速公路的交叉口	3
连接点类型	JT	小环岛	1
		铁路交叉	3

表 A.17(续)

属性类型名称	属性类型代码	属 性 值 名 称	属性值代码
		边界交叉	4
车道依赖性	LD	第一字符＝L:从左侧数起第几车道	
		第一字符＝R:从右侧数起第几车道	
		第(n+1)字符＝0:对于本车道(第 n+1 位)无效	
		第(n+1)字符＝1:对于本车道(第 n+1 位)有效	
位置参照类型	LT	RDS/TMC	1
		VICS	2
		自定义	99
磁异常	MA	不存在	0
		存　在	1
所有权	OW	公　有	1
		私　有	2
隘　口	PA	非隘口	0
		隘　口	1
通行限制	RP	有限制	0
		无限制	1
语音系统	PN	语音的	1
		用户定义	99
可移动路障	RB	只允许紧急车辆通过	1
		有授权可通行	2
		被看守的	3
道路铺设情况	DS	已铺设的	1
		未铺设的	2
风景值	SV	不是风景区	0
		是风景区	1
匝道类型	SL	平行路	1
		立交跨越的匝道	2
		平面交叉的匝道	3
		其　他	4
特殊限制	SR	公众可进入	1
		公众不可进入	2
收费道路	TR	不收费道路	0
		收费道路	1

表 A.17(续)

属性类型名称	属性类型代码	属 性 值 名 称	属性值代码
交通堵塞概率	TJ	没有或者低概率	0
		高概率	1
空格分隔标志	TI	没 有	0
		位于前部与正式街道名称体/街道别名体之间	1
		位于正式街道名称体/街道别名体与后部分之间	2
		位于前部与正式街道名称体/街道别名体之间,以及正式街道名称体/街道别名体与后部分之间	3

A.3.3 道路与车渡和链参考要素的属性值代码(见表 A.18)

表 A.18

属性类型名称	属性类型代码	属 性 值 名 称	属性值代码
建筑状态	CS	规 划	1
		建设之中 — 关闭	2
		建设之中 — 开放	3
交通流方向	DF	双向通行	1
		正向禁行且反向通行	2
		反向禁行且正向通行	3
		双向禁行	4
道路管理等级	NR	国家主干线公路	0
		国家干线公路(国道)	1
		省干线公路(省道)	2
		县公路	3
		乡公路	4
		专用公路	5
		城市道路	6
		其他道路	7
铺设状态	PV	铺设过	1
		未铺设过	2
铺设过的路面类型	PA	刚性的	11
		柔软的	12
		砖石的	13
未铺设的路面类型	UR	沙 砾	21
		土 路	22
路面条件	RR	好	1

表 A.18(续)

属性类型名称	属性类型代码	属 性 值 名 称	属性值代码
		差	2
路径类型	RT	受限制的车辆路线	1
		危险品路线	2
		撒盐路线	3
		横贯大陆路线	4
		其他路线	99
交通流量类型	TY	平均交通流量	1
		高峰期间平均流量	2
		最大流量	3
车辆类型	VT	所有车辆	0
		客　车	11
		本地车辆	12
		多人乘坐车辆	13
		有拖车的车	14
		急救车	15
		出租车	16
		公共汽车	17
		私营公共汽车	18
		军　车	19
		配送卡车	20
		运输卡车	21
		摩托车	22
		机动脚踏两用车	23
		自行车	24
		行　人	25
		农用车	26
		载有水污染品的车辆	28
		载有易爆品的车辆	29
		载有其他危险品的车辆	30
		电　车	31
		班车公务车	32
		轻　轨	33
		工程车	34
		校　车	35
		四轮驱动车	36

表 A.18(续)

属性类型名称	属性类型代码	属性值名称	属性值代码
		装有防雪链的车	37
		邮政车	38
		槽罐车	39
		残疾人车	40
		用户自定义	99

A.3.4 行政区划的属性值代码(见表 A.19)

表 A.19

属性类型名称	属性类型代码	属性值名称	属性值代码
行政区划边界类型	BX	数据库覆盖区域边界	5
		跨国行政区划	10
		国 家	20
		省、自治区、直辖市	21
		地 级	22
		县 级	23
		乡/镇级	28
		其 他	30
		行政地点 A	65
		行政地点 B	66
		行政地点 C	67
		行政地点 D	68
		行政地点 E	69
		行政地点 F	70
		行政地点 G	71
		行政地点 H	72
		行政地点 I	73
		行政地点 J	74
		行政地点 K	75
		行政地点 L	76
		行政地点 M	77
		行政地点 N	78
		行政地点 O	79
		行政地点 P	80
		行政地点 Q	81
		行政地点 R	82
		行政地点 S	83

表 A.19(续)

属性类型名称	属性类型代码	属 性 值 名 称	属性值代码
		行政地点 T	84
		行政地点 U	85
		行政地点 V	86
		行政地点 W	87
		行政地点 X	88
		行政地点 Y	89
		行政地点 Z	90
国家代码	IC	见 GB/T 2659—2000	CHN

A.3.5 居民地和命名区域的属性值代码(见表 A.20)

表 A.20

属性类型名称	属性类型代码	属 性 值 名 称	属性值代码
边界类型	BY	数据库覆盖区域边界	5
		建成区域	10
		有名称区域	20
		治安区	31
		急救医疗服务区	32
		学区	33
		统计区	34
		消防区	35
		邮区	36
		电话区	37
		选区	38
居民地类型	SM	居住	1
		娱乐	2
		工业	3
		军事	4

A.3.6 土地覆盖与利用的属性值代码(见表 A.21)

表 A.21

属性类型名称	属性类型代码	属 性 值 名 称	属性值代码
公园类型	PT	城市公园	1
		区域公园	2
		县级公园	3
		省级公园	4
		国家公园	5
沙地类型	SA	海滩/沙丘	1

表 A.21(续)

属性类型名称	属性类型代码	属性值名称	属性值代码
		沙漠	2
		其他	99

A.3.7 构造物的属性值代码(见表 A.22)

表 A.22

属性类型名称	属性类型代码	属性值名称	属性值代码
构造物类别	SC	上面	1
		下面	2
		其他	3
构造物类型	BT	桥梁	1
		高架桥	2
		渡槽	3
		隧道	4
		路堑	11
		廊道	12
		防护墙	13
		路堤	14
		未分类的	5

A.3.8 铁路的属性值代码

本标准未定义铁路的属性值。

A.3.9 水系的属性值代码(见表 A.23)

表 A.23

属性类型名称	属性类型代码	属性值名称	属性值代码
水体边界元素类型	WB	海、洋的岸线	1
		湖岸线	2
		河岸线	3
		运河岸线	4
		湿地岸线	5
		港口岸线	6
		桥墩或码头岸线	7
		湾岸线	8
		其他	99
水体类型	WT	港口/海港	6
		湾	8
		码头	9
		未指明的	99

A.3.10 **道路附属设施的属性值代码**(见表 A.24)

表 A.24

属性类型名称	属性类型代码	属性值名称	属性值代码
方向	DI	前	0
		右前	1
		右	2
		右后	3
		后	4
		后左	5
		左	6
		左前	7
交通标志上的符号	SY	所有交通形式	0
		载其他危险品货物车辆	8
		载易爆货物车辆	9
		载水污染货物车辆	10
		火　车	12
		自行车	15
		自动自行车(机动脚踏两用车)	16
		马　车	17
		骑　手	18
		步行者	19
		使用手拖车的步行者	20
		速　度	40
		总质量	50
		每轴质量	51
		宽度	52
		高度	53
		长度	54
		汽车	100
		轿车	110
		客车	120
		公共汽车	121
		货车	130
		工程作业车	140
		特种车	150
		牵引车	160
		吉普车	170

表 A.24(续)

属性类型名称	属性类型代码	属 性 值 名 称	属性值代码
		摩托车	200
		电　车	300
		无轨电车	310
		有轨电车	320
		拖拉机	400
		挂　车	500
交通标志类型	TS	警告标志	100
		禁令标志	200
		指示标志	300
		指路标志	400
		旅游区标志	500
		道路施工安全标志	600
		辅助标志	700

A.3.11　服务的属性值代码(见表 A.25)

表 A.25

属性类型名称	属性类型代码	属 性 值 名 称	属性值代码
可接受的信用卡	CA	用户自定义	数字 1
		用户自定义	数字 2
		用户自定义	数字 3
		用户自定义	数字 4
		用户自定义	数字 5
		用户自定义	数字 6
		用户自定义	数字 7
		用户自定义	数字 8
		用户自定义	数字 9
		用户自定义	数字 10
		用户自定义	数字 11
		每一个数字有可能取下面的值:	
		不接受	0
		接受	1
提供早餐	BA	无	0
		有	1
工作午餐	BL	无	0
		有	1
汽车经销商类型	CD	销售	1

表 A.25(续)

属性类型名称	属性类型代码	属 性 值 名 称	属性值代码
		维修	2
		销售和维修	3
城市行政等级	CC		
		省、自治区、直辖市	1
		地级	2
		县级	3
		乡/镇级	8
		其他	10
通勤/区域火车站	CR	否	0
		是	1
商业航线服务	CM	无	0
		有	1
出发/到达	AD	出发	1
		到达	2
		出发和到达	
国内/国际	NI	国内	1
		国际	2
		国内和国际	3
入口点类型	ET	主要	1
		次要	2
普通飞行	GA	无	0
		有	1
政府类型	GT	国家	0
		第 1 级	1
		第 2 级	2
		第 3 级	3
		第 4 级	4
		第 5 级	5
		第 6 级	6
		第 7 级	7
		市政当局	8
		跨国	9
重要性	IM	全国	1
		本地	2
国际列车站	AR	否	0

表 A.25(续)

属性类型名称	属性类型代码	属 性 值 名 称	属性值代码
		是	1
主要火车站	MR	否	0
		是	1
军用机场	MP	否	0
		是	1
停车设施	PK	不可停车	0
		可停车	1
停车场类型	PY	免费停车	0
		收费	1
邮局类型	PP	主要邮局	1
		一般邮局	2
价位	PR	最高价位	1
		第二高价位	2
		第三高价位	3
		第四高价位	4
		第五高价位	5
		第六高价位	6
		第七高价位	7
		第八高价位	8
		最低价位	9
火车站类型	RY	主要火车站	1
		一般火车站	2
		地铁站	3
提供餐馆设施	RF	无	0
		有	1
服务质量等级	RA	未分类	0
		第一类(最高)	1
		第二类	2
		第三类	3
		第四类	4
		第五类(最低)	5
快餐服务	SS	无	0
		有	1
残疾人适用	SD	不适用	0
		适用	1

表 A.25(续)

属性类型名称	属性类型代码	属 性 值 名 称	属性值代码
收费站类型	TP	物理收费站	1
		虚拟收费站	2
		混合	3
城市火车站	BR	否	0
		是	1

A.3.12 公共交通的属性值代码(见表 A.26)

表 A.26

属性类型名称	属性类型代码	属 性 值 名 称	属性值代码
公交模式	PM	公共汽车	1
		轻轨	2
		地铁	3
		铁路	4
公交路线方向	PD	反向	0
		正向	1
公交点类型	PT	定时点	1
		交通控制点	2
		活化点	3
		折返点	4
		休息设施	5
		停车点	6
		调剂点	7

A.4 关系类型代码

A.4.1 每种关系可能使用的要素类型(见表 A.27)

表 A.27

代 码	名 称	有 关 的 要 素
1001	与行政区划关联的道路元素	8 级行政区划 道路元素
1002	与行政区划关联的连接点	8 级行政区划 连接点
1003	与命名区域关联的道路元素	命名区域 道路元素
1005	与行政区划关联的建筑物	8 级行政区划 建筑物
1006	与行政区划关联的服务	8 级行政区划 服务

表 A.27(续)

代 码	名 称	有关的要素
1007	与行政区划关联的建成区域	8级行政区划 建成区域
1008	与行政区划关联的车渡联络线	8级行政区划 车渡联络线
1009	与行政区划关联的管区	8级行政区划 管区
1010	与行政区划关联的封闭交通区域	8级行政区划 封闭交通区域
1011	与建成区域关联的道路元素	建成区域 道路元素
1012	与建成区域关联的连接点	建成区域 连接点
1013	与命名区域关联的车渡联络线	命名区域 车渡联络线
1014	与命名区域关联的服务	命名区域 服务
1015	与建成区域关联的建筑物	建成区域 建筑物
1016	与建成区域关联的服务	建成区域 服务
1017	与建成区域关联的封闭交通区域	建成区域 封闭交通区域
1018	与建成区域关联的管区	建成区域 管区
1019	与管区关联的道路元素	管区 道路元素
1020	与建成区域关联的车渡联络线	建成区域 车渡联络线
1021	道路元素沿线的建筑物	道路元素 建筑物
1022	道路元素沿线的服务	道路元素 服务
1023	路段沿线的服务	路段 服务
1024	连接点处的服务	连接点 服务
1025	交叉口处的服务	交叉口 服务
1026	与服务相关的服务	服务 服务

表 A.27(续)

代　码	名　　称	有关的要素
1027	通向封闭交通区域的道路元素	道路元素 封闭交通区域
1028	属于服务的道路元素	道路元素 服务
1029	属于要素的要素中心点	要素的中心点 要素
1030	分隔的连接点	道路元素 连接的道路元素
1031	与道路元素有关的道路相关对象	构造物/道路附属设施 道路元素 链距(属性) 链距(属性)
1032	道路元素沿线的参照点位置	参照点 道路元素 链距(属性)
1033	链参考	链段 参照点 ＃1 参照点 ＃2 链距 ＃1(属性) 链距 ＃2(属性) 其他属性
1034	与链段有关的道路相关对象	构造物/道路附属设施 链段 参照点 ＃1 参照点 ＃2 链距 ＃1(属性) 链距 ＃2(属性)
2102	限制策略	道路元素 连接点 道路元素 道路元素
2103	禁止策略	道路元素 连接点 道路元素 道路元素
2104	优先策略	道路元素 连接点 道路元素 道路元素
2105	直达路线	道路元素 道路元素 道路元素

表 A.27(续)

代 码	名 称	有关的要素
2106	岔路	道路元素(进入的) 连接点(分岔点) 道路元素(退出的) 道路元素(退出的)
2128	路标信息	路标 道路元素 道路元素 文字
2129	汇交路口的出口	汇交路口 连接点 连接点(可选的)
2140	收费路线	收费站 道路元素(第一)或车渡联络线 道路元素(之间)或车渡联络线 道路元素(最后)或车渡联络线
2200	立交跨越	交通元素 交通元素 构造物
2300	道路元素沿线的交通标志	交通标志 道路元素
2305	道路元素沿线的交通信号灯	交通信号灯 道路元素
2400	地点中的地点	地点 地点
7001	道路元素沿线的公交路线线段	公交路线线段 道路元素
7002	公交路线沿线的公交车站	公交车站 公交路线
7003	道路元素沿线的公交车站	公交车站 道路元素
7004	连接点处的公交车站	公交车站 连接点
7005	服务要素附近的公交车站	公交车站 服务
7006	公交路线线段沿线的公交点	公交点 公交路线线段

A.4.2 用户自定义代码

从9000开始的任何关系类型代码。

附 录 B
（资料性附录）
服 务

B.1 服务的分类(见表 B.1)

表 B.1

分 类	说 明
游乐园	
机场安检	
飞机场	
自动柜员机(ATM)	
银 行	
保龄球馆	
商业设施	
公共汽车站	
露营地	可以搭帐篷(或其他)露营的正式地点
汽车销售代理	
汽车码头	
车队露营地	可以旅行车队(或其他)露营的正式地点
货运中心	
夜总会	
电影院	
人大办公地点	
城市中心	
长途汽车和货车停车场	
社团活动中心	
法 庭	
文化中心	
海 关	
百货商店	
大使馆	
紧急呼救站	有直通紧急呼救服务的免费电话
急救中心	
展览中心	
车 渡	可以通过轮渡或火车渡车的渡口
消防队	

表 B.1(续)

分　　类	说　　明
急救点	可提供急救的地点
免税店	
通关口岸	
高尔夫球场	
政府办公地点	
历史纪念碑	
医院/诊所	
旅馆或汽车旅馆	
幼儿园	
图书馆	
游船码头	
汽车俱乐部	
山　顶	
博物馆	
开放式停车场	
车　库	
加油站	
药　店	
寺庙/教堂	
警察局	
邮政局	
公共电话	
火车站	
户外娱乐设施	
汽车租赁	
高速公路服务区	
餐馆	
路边餐厅	路旁可以停车和用餐的地点
学　校	
购物中心	
索道站	
滑雪场	
体育中心	
有看台的露天体育场	
游泳池	

表 B.1(续)

分　　类	说　　明
剧　院	
收费站	
游览胜地	
旅游部门	
运输公司	
旅行社	
大　学	
风景点	
汽车修理厂	
仓　库	
葡萄酒酿造厂	
动物园	

B.2　服务的要素分类代码(见表 B.2)

表 B.2

主题代码	分类代码	解　　释
73		服　务
	7301	服务入口点
	7310	汽车修理厂
	7311	加油站
	7312	汽车租赁
	7313	车　库
	7314	旅馆或汽车旅馆
	7315	餐　馆
	7316	旅游部门
	7317	博物馆
	7318	剧　院
	7319	文化中心
	7320	体育中心
	7321	医院/诊所
	7322	警察局
	7323	人大办公地点
	7324	邮政局
	7325	急救点
	7326	药　店

表 B.2(续)

主题代码	分类代码	解　　释
	7327	百货商店
	7328	银　行
	7329	旅行社
	7330	公共电话
	7331	仓　库
	7334	索道站
	7336	动物园
	7337	风景点
	7338	游泳池
	7339	寺庙教堂
	7340	运输公司
	7341	夜总会
	7342	电影院
	7343	法　院
	7344	高尔夫球场
	7345	历史纪念碑
	7346	图书馆
	7347	游船码头
	7348	滑雪场
	7349	葡萄酒酿造厂
	7350	山　顶
	7351	货运中心
	7352	车　渡
	7355	汽车码头
	7356	机场安检
	7360	露营地
	7361	车队露营地
	7362	长途汽车和货车停车场
	7363	社团活动中心
	7364	海　关
	7365	大使馆
	7366	通关口岸
	7367	政府办公地点
	7368	汽车俱乐部
	7369	开放式停车场

表 B.2(续)

主题代码	分类代码	解　　释
	7370	户外娱乐设施
	7371	路边餐厅
	7372	学　校
	7373	购物中心
	7374	露天体育场
	7375	收费站
	7376	游览胜地
	7377	大　学
	7378	商业设施
	7379	城市中心
	7380	火车站
	7383	飞机场
	7384	公共汽车站
	7385	展览中心
	7386	幼儿园
	7390	紧急呼救站
	7391	急救中心
	7392	消防队
	7394	免税店
	7395	高速公路服务区
	7396	游乐园
	7397	自动柜员机
	7398	汽车销售代理
	7399	保龄球馆

B.3　服务的属性定义

B.3.1　别名

见7.2.1。

B.3.2　别名体

见7.2.2。

B.3.3　别名文字

见7.2.3。

B.3.4　可接受的信用卡

定义

是一个服务可接受的信用卡列表。

域/单位

对于每个有效信用卡,其值如下:

- 不接受;
- 接受。

本标准不具体定义哪种卡有效。

B.3.5 机场代码

定义

某航班出发的机场的代码。

域/单位

按国际标准三位字母机场代码表达,其后跟一个可能的机场候车室的位置标识。如果该机场只有一个机场候车室,则最后一个字符是0。

B.3.6 商标名称

定义

服务的商标名称。

域/单位

任意字母、数字或标点的组合。

描述

如雷诺、Texaco、Q8、Hilton等。

B.3.7 提供早餐

定义

早餐是否作为服务的一部分获得。

域/单位

- 无;
- 有。

B.3.8 工作午餐

定义

是否可获得商务午餐。

域/单位

- 无;
- 有。

B.3.9 汽车经销商类型

定义

一个汽车经销商是否提供销售、修理服务或两者结合的服务。

域/单位

- 销售;
- 维修;
- 销售与维修。

B.3.10 城市行政等级

定义

说明一个城市的行政重要程度。

域/单位

- 第0级:首都;
- 第1级:省会、自治区首府、直辖市;

- 第 2 级：地级政府所在地；
- 第 3 级：县级政府所在地；
- 第 8 级：乡/镇政府所在地；
- 其他：其余的村镇（如小村、镇）。

描述

第 1 至 7 级与国家有关，并不要求全部出现。但一般情况下第 i 级总是比第 $i+1$ 级重要。

B.3.11 商业航线服务

定义

一个机场是否提供定期航班服务。

域/单位

- 无；
- 有。

B.3.12 通勤/区域火车站

定义

用于提供城市内及通勤轨道运输的设施。

域/单位

- 否；
- 是。

B.3.13 出发/到达

定义

一个交通服务是否仅作为出发、到达点或两者。

域/单位

- 出发；
- 到达；
- 出发和到达。

B.3.14 航线目的地

定义

航线（由航线 ID 标识）的目的地。

域/单位

按国际标准三位字母机场码表达，其后跟一个可能的机场候机室的位置标识。如果该机场只有一个机场候机室，则最后一个字符是 0。

描述

该属性作为复合属性航行信息的子属性。

B.3.15 显示等级

见 7.2.9。

B.3.16 国内/国际

定义

一个交通服务是国内、国际交通，或两者。

域/单位

- 国内；
- 国际；
- 国内和国际。

B.3.17 入口点类型

定义

一个入口点重要程度的说明。

域/单位

- 主要；
- 次要。

描述

一个“主要”入口一般有以下特点：

- 它与所选择的服务具有相同的地址；
- 为来访者提供接待/大厅；
- 是最吸引人注意的入口；
- 是路标(如果有的话)所指示的入口。

一个服务至少应有一个入口被定为“主要”入口。

B.3.18 套房中的设施

定义

每个套房中的房间数。

域/单位

正整数。

B.3.19 航班信息

定义

与某一航线相关的信息。

域/单位

复合。

B.3.20 子属性

包括以下子属性：

- 航线 ID；
- 机场代码；
- 航班目的地；
- 航班起飞时间；
- 航班到达时间；
- 航线时差。

B.3.21 普通飞行

定义

一个机场是否提供普通飞行服务。

域/单位

- 无；
- 有。

B.3.22 政府类型

定义

在某一政府机关中执行的政府职能的说明。

域/单位

包括以下类型：

- 跨国；

· 国家；
· 第1级；
· 第2级；
· 第3级；
· 第4级；
· 第5级；
· 第6级；
· 第7级；
· 市政当局。

描述

1～7级表示国家与市政当局之间的分层行政区划，跨国政府表示由多个国家的组成的团体（如欧洲；比利时、荷兰、卢森堡三国经济联盟；联合国等）。

B.3.23　隘口高程

定义

一个山隘最高点的海拔高度。

域/单位

整数米。

B.3.24　门牌号码

定义

与一个服务有关的说明门牌号码的任意号码或号码范围。

域/单位

号码、字母或标点的任意组合，如12、39B、2300－2360。

描述

与子属性街道名称、地点名称与邮政编码联合，构成复合属性服务地址。

B.3.25　航线 ID

定义

航线的航班号。

域/单位

以国际标准航线格式表达。

描述

作为航班信息的子属性。

B.3.26　重要性

定义

服务的重要程度。

域/单位

· 全国；
· 本地。

描述

“本地”指城镇或市政当局。具有本地重要性的要素包括旅馆、饭店、电影院等。大多数城镇有一个或多个。

“全国”指国家级或国际级重要性，如考古纪念处（史前巨石柱）、纪念馆、主题公园（迪斯尼）等。

B.3.27　国际列车站

定义

用于国际轨道交通的设施。

域/单位

· 否；

· 是。

B.3.28　主要火车站

定义

在一个城市地区的交通网络中有较重要的作用。一个城市地区可以有多个主要铁路车站。

域/单位

· 否；

· 是。

B.3.29　军用机场

定义

一个机场是否用于军事飞行活动。

域/单位

· 是；

· 否。

B.3.30　多媒体动作

见7.2.12。

B.3.31　多媒体描述

见7.2.13。

B.3.32　多媒体文件

见7.2.17。

B.3.33　多媒体文件内容

见7.2.18。

B.3.34　多媒体文件名称

见7.2.14。

B.3.35　多媒体文件类型

见7.2.15。

B.3.36　多媒体时间域

见7.2.16。

B.3.37　名称组件

见7.2.19。

B.3.38　名称组件长度

见7.2.20。

B.3.39　名称组件偏移

见7.2.21。

B.3.40　名称组件类型

见7.2.22。

B.3.41　名称前缀

见7.2.23。

B.3.42　房间数

定义

可以向公众提供的房间数量。

域/单位

正整数。

B.3.43 正式代码

见7.2.24。

B.3.44 正式名称

见7.2.26。

B.3.45 正式名称体

见7.2.27。

B.3.46 正式名称文字

见7.2.28。

B.3.47 有效期

见7.2.39。

B.3.48 停车设施

定义

说明一个停车处是否提供停车服务。

域/单位

- 不可停车；
- 可停车。

描述

诸如开放停车区或停车库这样的具有停车设施的停车场允许公共交通直接进入。一般情况下，停车设施被官方认为是这一类，并在路边用交通标志指示出来。

B.3.49 提供停车设施

定义

可获得的车位数量。

域/单位

正整数。

B.3.50 停车场类型

定义

说明一个停车处(开放停车场、停车库)是否收费。

域/单位

- 免费停车；
- 收费。

B.3.51 地点名称

定义

一个行政区划、管区或其他有名称区域的名称，是一个服务的地址的一部分，并且需要街道名称具有惟一性。

域/单位

任意字母、数字或标点的组合。

描述

与街道名称、邮政编码、门牌号码联合使用，构成复合属性服务地址。

B.3.52 人口

见7.2.31。

B.3.53 人口等级

见7.2.32。

B.3.54 位置精度

见7.2.33。

B.3.55 邮局类型

定义

邮局的重要程度。

域/单位

- 主要邮局；
- 一般邮局。

描述

一般情况下，在一个邮区内有一个主要邮局，一般作为总局，还有几个(0～n)一般邮局。

B.3.56 邮政编码

见7.2.34。

B.3.57 价位

定义

服务的价格分类。

域/单位

- 最高价位；
- 第二高价位；
- 第三高价位；
- 第四高价位；
- 第五高价位；
- 第六高价位；
- 第七高价位；
- 第八高价位；
- 最低价位。

B.3.58 火车站类型

定义

火车站重要性的分类。

域/单位

- 主要火车站；
- 一般火车站；
- 地铁站。

描述

主要火车站与一般火车站及地铁站的区别在于它是与国家铁路网还是与城市网连通。其是否位于地面(或地下)并不重要。因而主要火车站/一般火车站可以位于地面，也可以位于地下。

火车站只有一个类型，因此，如果一个火车站同时连通国家铁路网与城市铁路网，它应被表达为两个不同的火车站。

B.3.59 服务质量等级

定义

服务质量分类。可以按照任何分类标准，如汽车协会(UK)或Michelin(法国)等。

域/单位

- 未分类；
- 第一类(最高)；
- 第二类；
- 第三类；
- 第四类；
- 第五类(最低)。

B.3.60 质量级别数

级别数，亦即表示最高质量的级别，将随不同的分级方法而变化。

B.3.61 提供餐饮设施

定义

是否可获得餐馆服务。

域/单位

- 无；
- 有。

B.3.62 服务地址

定义

一个服务与街道或管区相关的地址的描述。

域/单位

复合。

子属性

本属性可包括如下子属性：

- 地点名称；
- 街道名称；
- 门牌号码；
- 邮政编码。

[.]..[.]表示可以有多个实例。

B.3.63 快餐服务

定义

是否可获得快餐或小点心。

域/单位

- 无；
- 有。

B.3.64 街道名称

定义

一个服务地址中的街道名称。

域/单位

任意字母、数字或标点的组合。

描述

与地点名称、邮政编码及门牌号码联合，构成复合属性服务地址。

B.3.65 街道侧面

见7.2.35。

B.3.66 残疾人适用性

定义

服务是否适用于残疾人或乘坐轮椅的人。

域/单位

- 不适用；
- 适用。

B.3.67 电传号码

定义

服务的传真号码。

域/单位

按以下标准语法表示：

+(国家代码)-(去掉前面的0的地区码)- 当地电传码

例：+(44)-(171)-1234567。

任意字母、数字或标点的组合。

B.3.68 电话号码

定义

服务的电话号码。

域/单位

同电传号码。

任意字母、数字或标点的组合。

B.3.69 航班时差

定义

由航线ID指定的航线起止点的时差。

域/单位

以时间域语法表示。对于目的地时区在出发地时区之后的，用负时差。

描述

作为航班信息的子属性。

B.3.70 航班到达时间

定义

由航线ID指定的航班目的地的到达时间。

域/单位

按时间域语法表达的任意时间点。

描述

作为航班信息的子属性。

B.3.71 航班起飞时间

定义

由航线ID指定的航班的出发时间。

域/单位

按时间域语法表达的任意时间点。

描述

作为航班信息的子属性。

B.3.72 收费站类型

定义

通行费收缴点的类型。

域/单位

- 物理收费站；
- 虚拟收费站；
- 混合。

描述

- 物理收费站的定义：

  一个收费站是道路旁边或横跨道路的建筑物，在此可以向负责收取通行费的职员缴费，或用信用卡及银行卡向机器刷卡。
- 虚拟收费站的定义：

  在一个虚拟收费站，通行费是通过对过往车辆的自动登记而进行的。
- 混合的定义：

  即可物理方式也可虚拟方式的收费站。

B.3.73　城市火车站

定义

在城区内建立的轨道运输设施。

域/单位

- 否；
- 是。

B.3.74　有效期

见7.2.39。

附 录 C
（规范性附录）
时 间 域

C.1 概述

通常，时间域是以开始时间，持续时间，或开始时间和持续时间来表示的。如以下语法：

· [(Starting Date) {Time duration}]。

例如：[(M5d1){d1}]

意思是：

—— 开始日期：任何一年的 5 月 1 日（从上午零时起）；

—— 持续时间：一整天（也就是 24 小时，或者 1 440 分钟）。

时间域的特殊情况包括：

· 有开始时间而没有具体的持续时间；

· 只有持续时间没有开始时间。

C.2 开始日期语法

C.2.1 引言

开始时间通过一系列符号来定义，可以包含描述明确的时间：年、月、周、日和一些更小的时间单元如秒。其次是模糊时间，模糊时间没有一个通用的定义。不同地点、不同时间有不同的表示方式。时间符号按一定的顺序组织，首先是大的时间单元，然后是小的时间单元，最后以模糊时间单元结束。

C.2.2 准确时间术语

年

ynnnn　特指某一年。如(y1991)意思是 1991 年。当没有给出其他时间信息时，(y1991)就表示 1991 年 1 月 1 日上午零时。

月

Mnn　特指某年或任何一年（当没有给出“Y”信息时）中的某个月。范围从 1 月到 12 月，无论年如何表示，(M5)都表示 5 月 1 日上午零时。

周

wnn　特指某年或任何一年（当没有给出“Y”信息时）中的某一周。范围从 1 到 53 表示第 1 周到第 53 周。

日

一天可以用四种不同时间类型代码表示。应用何种代码取决这天是否特指一个月中某一天、一周中某一天，或是特指一个月中某一周中的某一天。

dnn　当前面给出了“M”信息时，特指一个月中某一天。天数范围从 1 到 28、29、30 或者 31，天数的值取决于相应的月。

例如：(…d14)意思是一个已经定义的年、月中的 14 号上午零时。

tn　当前面给出了“M”信息时，特指一个月中的星期几（1：星期日；2：星期一；3：星期二；4：星期三；5：星期四；6：星期五；7：星期六）。

例如：(M5t2)表示：任何一年的 5 月的每个星期一的上午零时。

fxn　　当前面给出了周信息时，特指一个月中某一周的星期几。规则如下：

n 的用法和在"t"中一样（1:星期日 — 7:星期六）

x 表示一月中的第几周（1:第一个；2:第二个；3:第三个；4:第四个；5:第五个）

例如：(…f12)表示一月的第一个星期一的上午零时。

lxn　　在一个已定义的月中特指某一个星期几。规则如下：

n 的用法和在"t"中一样（1:星期日 — 7:星期六）

x 从 1 到 5 选择（1:最近；2:最后 2 周的；3:最后 3 周的；4:最后 4 周的；5:最后 5 周的）

例如：(…l12)表示最后一周的星期一的上午零时。

时

hnn　　特指某天(如果前面已经定义)中的某一时。如果给出具体"天"信息，则表示对任何一天都有效，时间范围从 0 到 23 点。

例如：(d12h6)表示每月第 12 天的上午 6 时。

分

mnn　　特指某时(如果前面已经定义)中的某一分。如果给出具体"时"信息，则表示对任何一小时都有效。时间范围从 0 到 59。

例如：(d12h6m30)表示每月第 12 天的上午 6 点 30 分。

秒

Snn　　特指某分(如果前面已经定义)中的某一秒。如果给出具体"分"信息，则表示对任何一分钟都有效。时间范围从 0 到 59。

例如：(d12h6m30s52)表示每月第 12 天的上午 6 点 30 分 52 秒。

C.2.3 模糊时间术语

Znn　　用来在已经定义的明确时间中定义模糊时间。如果前面没有指定时间，那么模糊时间对任何时间均有效。nn 的时间范围从 0 到 49。（在 XX 和 YY 表中有模糊时间的相应语意）

例如：(d12h6m30s52z57)表示夏季中任何一个月的第 12 天的上午 6 点 30 分 52 秒。

C.2.4 准确时间符号(见表 C.1)

表 C.1

时间单元	参照的时间	符号	域　值	注　释
年		ynnnn	1000...9999	任何一年
月	一年中	Mnn	1...12	1 月、2 月……12 月
周	一年中	Wnn	1...53	
天	一月中	dnn	1...28/29/30/31	每月的最大天数
天	某周的	tn	1...7	星期日到星期六
周日	特定一周的	fxn	x: 1...5	第一、第二……
				某月中的某周
	一月中		n: 1...7	周日到周六
周日	特定的一周	lxn	x: 1...5	最后 1 周的，最后 2 周的…
	一月中		n: 1...7	星期日到星期六
时	某天中	hnn	0...23	24 小时制
分	一小时中	mnn	0...59	
秒	一分钟中	snn	0...59	

C.2.5 模糊时间符号(见表C.2)

表C.2

时间单元	参照的时间	符号	域值	注释
外部	任意	z0		由外部设备(如能够使用数字信号控制交通流量的设备)控制的开始时期
黎明	在一天中	z1		黎明开始
黄昏	在一天中	z2		黄昏开始
学期	在一年、一周或一天中	z3		学校学期(日期、时间)
假期	在一年中	z4		假期开始
冬天	在一年中	z5		冬天开始
春天	在一年中	z6		春天开始
夏天	在一年中	z7		夏天开始
秋天	在一年中	z8		秋天开始
潮起	在一天中	z9		涨潮开始
潮落	在一天中	z10		落潮开始
汛期	在一年中	z11		江河达到高水位时开始
非汛期	在一年中	z12		江河达到低水位时开始
雨季	在一年中	z13		多雨季节开始(雨季)
旱季	在一年中	z14		旱季开始
高峰期	在一年、一个月、一周或一天	z15		高峰期开始时间:是基于活动或预定事件的时间,它会随着位置和季节的不同而变化。高峰期不仅适用于道路网,也适用于车渡。这里所说的活动包括购物、去海滩、滑雪等;预定事件包括阅兵、体育运动、音乐会、会议
低峰期	在一年、一个月、一周或一天	z16		低峰期开始时间
用户自定义	任意	z17～z49		用户自定义

C.2.6 开始日期的组合格式和默认值

开始日期的组合格式

开始日期由几个时间单元组成,以符号相连,在一些约束条件下按层次排放。有效的符号序列组合如图C.1。

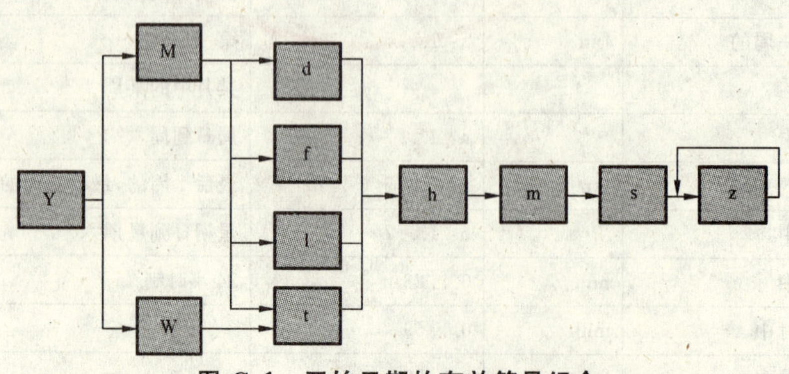

图C.1 开始日期的有效符号组合

有些时间前面加负号表示负值。

如果没有用到组合格式中的所有时间类型代码(如只指定了周、时),那么没有用到的时间单元就按默认值处理。对于模糊时间不涉及默认值。

默认值的一般规则

为了得到在开始时间序列中没有明确指定的时间单元的默认值,就必须确定所缺省的时间类型代码是“final”还是“other”。

- “final” 时间类型码:对于时间序列末尾缺省的所有时间类型码而言,它的默认值都为可能的最小值。如 M1,w1,d1,h0,m0,s0 等。在已定义的年或月中没有指定天,则默认的时间码和值就是 d1;
- “other”时间类型码:如果时间类码在时间类码序列的开始位置或在定义的时间单元的中间位置被缺省,就意味着这个被缺省的时间码的所有可能的值都有效。

以下是未定义时间单元的默认值的例子:

例 1:(y1994t1) 表示 1994 年的任何一个月/任何一周的每个星期日,时间为 00 : 00 : 00 am。

例 2:(w9h11m30) 表示任何一年的第九周的任何一天,时间为 11 : 30 am, 0 sec。

例 3:(M4) 表示任何一年 4 月的第一天,时间为 00 : 00 : 00 am。

例 4:(M4m33) 表示任何一年 4 月的任何一天,任何一小时的 33 分 0 秒。

例 5:(y1994t1z1) 表示 1994 年任何一个月的每个星期天的黎明某时。

例 6:(w9z3) 表示任何一年的第 9 周左右是学校新学期的开始时间。

例 7:(M4z4) 表示任何 年的 4 月是假日的开始时间,如果 4 月份没有假日,可以为空。

例 8:(m33z55)表示任何一年冬天中任何一天,任何一小时的 33 分 0 秒。

可能的组合和默认值

y: 如果没有给出的“M,w,d,t,f,l,h,m,s”信息,M1d1h0m0s0 的默认值就为已定义的年中的 1 月 1 日上午 0 点 0 分 0 秒。

M: 如果没有给出年信息,就意味着对任何一年都有效。如果没有给出“d,t,f,l,h,m,s”信息,则默认值为 d1h0m0s0,表示一个已定义的月的第一天的上午 0 点 0 分 0 秒。注意:“w”不能和“m”组合。

w: 如果没有给出年信息,就意味着对任何一年都有效。如果没有给出“t,h,m,s”信息,则默认值为 t1h0m0s0,表示一个已定义的周中的星期日的上午 0 点 0 分 0 秒。注意:“M,d,l,f”不能和“W”组合。

d: 如果没有给出年和/或月信息,就意味着对任何年和/或月都有效。如果没有给出“h,m,s”

信息,则默认值为 h0m0s0,表示一个已定义的天的上午 0 点 0 分 0 秒。注意:"w, t ,l, f"不能和"d"组合。

t: 如果没有给出年和/或月或周信息,就意味着对任何一年和/或月或周都有效。如果没有给出"h, m, s"信息,则默认值为 h0m0s0,表示一个已定义的天的上午 0 点 0 分 0 秒。注意:"d, l, f"不能和"t"组合。

f: 如果没有给出年和/或月信息,就意味着对任何一年和/或月都有效。如果没有给出"h, m, s"信息,则默认值为 h0m0s0,表示一个已定义的天的上午 0 点 0 分 0 秒。注意:"w, d, t, l"不能和"f"组合。

l: 如果给出年和/或月信息,就意味着对任何年和/或月都有效。如果没有给出"h, m, s"信息,则默认值为 h0m0s0,表示一个已定义的天的上午 0 点 0 分 0 秒。注意:"w, d, t, f"不能与"l"组合。

h: 如果没有给出"y, M, w, d, t, l, f"信息,就意味着对任何一天都有效。如果没有给出"m, s"信息,则默认值为 m0s0。

m: 如果没有给出"y, M, w, d, t, l, f"信息,就意味着对任何一天都有效。如果没有给出"h"信息,则默认值可以是已定义的一天中的任何小时。如果没有给出"s"秒信息,默认值是被讨论的一分钟中的 0 秒。

s: 如果没有给出"y, M, w, d, t, l, f"信息,就意味着对任何一天都有效。如果没有给出"m"月信息,则可以是一个已定义的小时中的任意一分钟。

z0,z50 : 因为时间范围没有给出,很难分配默认值,则认为逻辑上是正确的。

z1,z51: [从黎明到黄昏],如果没有给出"y, M, w, d, t, l, f"信息,则对任何一天都有效,"h, m, s"不必给出。

z2,z52 : [从黄昏到黎明],如果没有给出"y, M, w, d, t, l, f"信息,则对任何一天都有效,"h, m, s"不必给出。

z3,z53 : [学期] 如果没有给出"y, M, w, d, t, l, f"信息,则意味着任何学期间(包括开始和其中)。如果完整地给出了"y, M, w, d, t, l, f"信息,而且出现了 z3,那么" h, m, s"就一定不能出现。

z4,z54 : [放假] 如果没有给出"y, M, w, d, t, l, f"信息,则意味着适用于任何放假时间(包括开始和其中)。如果给出了" h, m, s",则表示该节假日的开始。

z5,z55 : [冬天] 如果没有给出" y, d, t, l, f "信息,则意味着适用于整个冬天(包括开始和其中)。"M, w "信息可以不和 z5 组合,如果提供了"h, m, s"信息,则表示已经指定的该冬天中某一天的开始。

z6,z56： [春天] 如果没有给出“y，d，t，l，f”信息，则意味着适用于整个春天(包括开始和其中)。“M，w”信息可以不和z6组合，如果提供了“h，m，s”信息，则表示已经指定的该春天中某一天的开始。

z7,z57： [夏天] 如果没有给出“y，d，t，l，f”信息，则意味着适用于整个春天(包括开始和其中)。“M，w”信息可以不和z7组合，如果提供了“h，m，s”信息，则表示已经指定的该春天中某一天的开始。

z8,z58： [秋天] 如果没有给出“y，d，t，l，f”信息，则意味着适用于整个秋天(包括开始和其中)。“M，w”信息可以不和z5组合，如果提供了“h，m，s”信息，则表示已经指定的该秋天中某一天的开始。

z9,z59： [潮汐] 如果没有给出“y，M，w，d，t，l，f”信息，则对每一天都有效，“h，m，s”不必给出。

z10,z60： [潮落] 如果没有给出“y，M，w，d，t，l，f”信息，则对每一天都有效，“h，m，s”不必给出。

z11,z61： [汛期] 如果没有给出“y，d，t，l，f”信息，则对汛期中的每一天都有效，“M，w”信息可以不和z11组合，如果提供了“h，m，s”信息，则表示已经指定的该汛期中某一天的开始。

z12,z62： [非汛期] 如果没有给出“y，d，t，l，f”信息，则对非汛期中的每一天都有效，“M，w”信息可以不和z12组合，如果提供了“h，m，s”信息，则表示已经指定的该非汛期中某一天的开始。

z13,z63： [雨季] 如果没有给出“y，d，t，l，f”信息，则对雨季中的每一天都有效，“M，w”信息可以不和z13组合，如果提供了“h，m，s”信息，则表示已经指定的该雨季中某一天的开始。

z14,z64： [旱季] 如果没有给出“y，d，t，l，f”信息，则对旱季中的每一天都有效，“M，w”信息可以不和z14组合，如果提供了“h，m，s”信息，则表示已经指定的该旱季中某一天的开始。

z15,z65： [高峰期] 如果没有给出“y，M，w，d，t，l，f”信息，则对每一天都有效，“h，m，s”不必给出。

z16,z66： [低峰期] 如果没有给出“y，M，w，d，t，l，f”信息，则对每一天都有效，“h，m，s”不必给出。

允许的和禁止的格式组合表

表C.3列出了开始日期格式的有效组合。格式A和格式B中的每一种可能的组合都被标记为“*”。由于表很大不能完全放在一页纸中，所以被分为四份表示。(由于表的第三部分的内容和表的第二部分的内容相似，这里将其省略了)

例如，(M5w1) 5月份中的一周不正确，但(y1991w1)1991年中的一周可以，则表示为：

表 C.3

	B	Y	M	W	d	t	f	l	h	m	s
A											
Y			*	*	*	*	*	*	*	*	*
M					*	*	*	*	*	*	*
W						*			*	*	*
d									*	*	*
t									*	*	*
f									*	*	*
l									*	*	*
h										*	*
m											*
s											

Z	B	z0	z1	z2	z3	z4	z5	z6	z7	z8	z9	z10	z11	z12	z13	z14	z15	z16
A																		
Y			*	*	*	*	*	*	*	*	*	*	*	*	*	*	*	*
M			*	*	*	*					*	*					*	*
W			*	*	*	*					*	*					*	*
d			*	*	*	*	*	*	*	*	*	*	*	*	*	*	*	*
t			*	*	*	*	*	*	*	*	*	*	*	*	*	*	*	*
f			*	*	*	*	*	*	*	*	*	*	*	*	*	*	*	*
l			*	*	*	*	*	*	*	*	*	*	*	*	*	*	*	*
h					*	*	*	*	*	*			*	*	*	*		
m					*	*	*	*	*	*			*	*	*	*		
s					*	*	*	*	*	*			*	*	*	*		

Z	B	z0	z1	z2	z3	z4	z5	z6	z7	z8	z9	z10	z11	z12	z13	z14	z15	z16
A																		
z0																		
z1					*	*	*	*	*	*			*	*	*	*		
z2					*	*	*	*	*	*			*	*	*	*	*	*
z3			*	*			*	*	*	*	*	*	*	*	*	*		
z4			*	*			*	*	*	*	*	*	*	*	*	*		
z5			*	*	*	*		*	*	*	*	*					*	*
z6			*	*	*	*	*		*	*	*	*					*	*
z7			*	*	*	*	*	*		*	*	*					*	*
z8			*	*	*	*	*	*	*	*	*	*					*	*
z9					*	*	*	*	*	*			*	*	*	*		
z10					*	*	*	*	*	*			*	*	*	*		
z11			*	*	*	*					*	*			*	*	*	*
z12			*	*	*	*					*	*			*	*	*	*
z13			*	*	*	*					*	*	*	*			*	*
z14			*	*	*	*					*	*	*	*			*	*
z15							*	*	*	*			*	*	*	*		
z16							*	*	*	*			*	*	*	*		

开始日期示例

“1991 年 11 月 14 号(上午 0：00：00)”：
(y1991M11d14)。

“每个 5 月 2 号的下午 5：31(任何一年，秒＝00)”：
(M5d2h17m31)。

“每个 2 月的最后一个星期天(任何一年，上午 0：00：00)”：
(M2l11)。

“1991 年第 41 周的星期一(上午 0：00：00)”：
(y1991w41t2)。

“1962 年 7 月(默认值:7 月 1 号的上午 0：00：00)”：
(y1962M7)。

“1991 年 11 月 14 号，潮汐开始时间”：
(y1991M11d14z9)。

“雨季中每个月的 2 号，下午 5：31(每年，秒＝00)”：
(d2h17m31z63)。

“每个 2 月的最后一个星期天的高峰期(每年，上午 0：00：00)”：
(M2l11z15)。

“1991 年春季开始后的星期一”：
(y1991t2z2z56)。

C.3 持续时间语法

C.3.1 引言

持续时间通过一系列表示持续时间的符号单位:年、月、周、日、小时、分、秒和模糊时间来表示。开始时间和间隔时间一起组成一个基本的时间域，符号由持续时间类型代码组成，它代表一个特殊的持续时间单元如:y 表示年，也就是两位阿拉伯数字表示的时间值的单位。如果在时间类型代码的第一位是负号，表示持续时间是按倒序计算的。

C.3.2 准确时间术语

几年

ynn　定义以年为单位的持续时间。例如，[(y1991M11d14h5m30s19){y1}] 表示从 1991 年 11 月 14 号上午 5 点 30 分 19 秒到 1992 年 11 月 14 号上午 5 点 30 分 19 秒。如果日历中没有这样的同一日期，就表示头一年 2 月 29 到下一年的 2 月 28。注意{y1} ＝ {M12}。

几月

Mnn　定义以月为单位的持续时间。例如，[(y1991M11d14h5m30s19){M3}] 表示从 1991 年

11月14号上午5点31分19秒到1992年2月14号上午5点31分19秒。如果在目标月的日历中没有同一日期,这个月的最后一天将是目标月的日历天数计。例如,1月31号加一月为2月31号是不对的,按照前面的规则,1月31号加一月是2月28号 或 29号(取决于不同的年)。

几周

wnn 定义以周为单位的持续时间,也就是 nn * 7 天。例如,[(y1991M11d14h5m30s19){w2}]表示从1991年11月14号上午5点30分19秒到1991年11月28号上午5点30分19秒。注意{w1} = {d7} 即7天。

几天

dnn 定义以天为单位的持续时间,也就是 nn * 24 小时。例如,[(y1991M11d14h5m30s19){d2}] 表示从1991年11月14号上午5点30分19秒到1991年11月16号上午5点30分19秒。注意{d1} = {h24} 即24小时。

几小时

hnn 定义以小时为单位的持续时间,也就是 nn * 60 分钟。例如,[(y1991M11d14h5m30s19){h10}] 表示从1991年11月14号上午5点30分19秒到1991年11月14号下午3点30分19秒。注意{h1} = {m60} 即60分钟。

几分钟

mnn 定义以分钟为单位的持续时间,也就是 nn * 60 秒钟。例如,[(y1991M11d14h5m30s19){m11}]表示从1991年11月14号 上午5点30分19秒到1991年11月14号上午5点41分19秒。注意{m1} ={s60} 即60秒钟。

几秒

snn 定义以秒钟为单位的持续时间,例如,[(y1991M11d14h5m30s19){s21}]表示从1991年11月14号上午5点30分19秒到1991年11月14号上午5点41分40秒。注意{m1} ={s60} 即60秒。

C.3.3 模糊时间术语

znn 定义以模糊时间为单位的持续时间,时间范围从50到99(参照表XX和YY模糊时间语义)。例如,(z51)表示持续时间从黎明到黄昏。

C.3.4 准确时间符号(见表C.4)

表 C.4

时间单元	参照的时间	域　值	符　号	注　释
年	Ynn	1...99		如果目标年的目标月中最后一天在日历中不存在,则按该月在日历的最后一天计算
月	mnn	1...99	{M12}={y1}	如果目标月中的最后一天在日历中不存在,则按该月在日历的最后一天计算
周	wnn	1...99		
天	dnn	1...99	{d7}={w1}	
小时	hnn	1...99	{h24}={d1}	
分	mnn	1...99	{m60}={h1}	
秒	snn	1...99	{s60}={m1}	

C.3.5　模糊时间符号表

时间单元	参照的时间	符号	域值	注　释
外部	任意	z50		由外部设备(例如能够使用数字信号控制交通流量的设备)控制的开始时期
黎明到黄昏	在一天中	z51		从黎明到黄昏
黄昏到黎明	在一天中	z52		从黄昏到黎明
学期	在一年、一周或一天	z53		学期期间(一个可能的非临近期)
假期	在一年中	z54		假期(一个可能的非临近期)
冬天	在一年中	z55		整个冬天
春天	在一年中	z56		整个春天
夏天	在一年中	z57		整个夏天
秋天	在一年中	z58		整个秋天
潮起	在一天中	z59		涨潮期间
潮落	在一天中	z60		落潮期间
汛期	在一年中	z61		江河高水位期间
非汛期	在一年中	z62		江河低水位期间
雨季	在一年中	z63		降水多的季节
旱季	在一年中	z64		降水少的季节
高峰期	在一年、一个月、一周或一天	z65		高峰期间(例如高速公路高峰时间)
低峰期	在一年、一个月、一周或一天	z66		低峰期间
使用者	任意	z67～z99		使用者定义期间模糊类型

C.3.6　持续时间的组合格式和默认值

时间段组合

时间段由一系列的持续时间单元组成,表现为有层次顺序的、独立的、连续的符号(见图 C.2)。

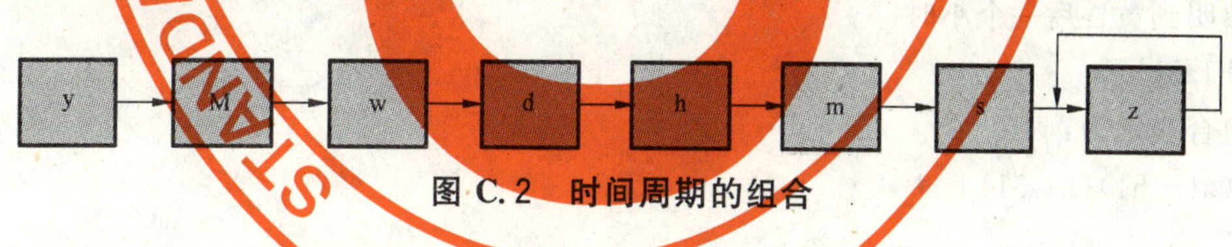

图 C.2　时间周期的组合

持续时间的组合符号由若干个独立的时间段符号组成。

例如,{y2M1w2}表示一个时间为两年一个月和两周的时间段。

默认值

基本时间序列中每一个省略的时间值类型的值均为 0,模糊持续时间无默认值。

C.3.7　时间域示例

“每天上午 9 点到下午 1 点”

开始于任何一年、任何一个月、任何一天,上午 9:00:00

(h9)

持续 4 小时

{h4}

组合表示为：

[(h9){h4}]

“3月份的每个星期五的19：30到22：00”

开始于任何一年、3月份、任何一个星期五，下午7：30：00

(M3t6h19m30)

持续2小时30分钟

{h2m30}

组合表示为：

[(M3t6h19m30){h2m30}]

“1992年元旦零时前5分钟”

开始于1992年1月1号，上午0：00：00

(y1992) 包含的意思是1月1号上午0：00：00

持续 －5分钟

{－m5}

组合表示为：

[(y1992){－m5}]

“从黎明到黄昏”

开始于任何一年、任何一个月、任何一天，黎明

(z1)

黎明到黄昏

{z51}

组合表示为：

[(z1){z51}]

“从黎明前一小时到黄昏后一小时”

开始于任何一年、任何一个月、任何一天，黎明前一个小时

(z1－h1)

黎明到黄昏后一个小时

{h1z51}

组合表示为：

[(z1－h1){h1z51}]

“学期”

开始于任何一年、任何一个学期开始时间

(z3)

在校期间

{z53}

组合表示为：

[(z3){z53}]

“在夏天和秋天”

开始于任何一年、进入夏天后

(z7)

持续时间是夏天和秋天

{z57z58}

组合表示为：

[(z7){z57z58}]

“冬天里的高峰期”

开始于任何一年、冬天、任何高峰期的开始时间

(z55z15)

高峰持续时间

{z65}

组合表示为：

[(z55z15){z65}]

C.4 时间域的组合

C.4.1 一般情况

既然时间域可以用一系列最小的时间单元秒来描述，那么时间域也可以由一系列操作符组成：

加号： +

乘号： *

减号： －

C.4.2 示例

假定一个商店，除了因为盘点原因在5月1号，1月的最后一个星期二，和因为假期原因的8月份除外。从星期一到星期六，每天从上午9点到12时，13：30时到19时对所有消费者营业。当要为“购物中心”要素设置“营业中”属性值时。可以使用一个时间域记录，该记录包括所有的营业信息。

按照德摩根定律，A *(B + C) =(A * B) +(A * C)，一个相同的时间域可以用很多不同的符号组合来表示。上面例子中的描述可以用下面的基本时间域组合来表示：

从上午9时到12时表示为：

[(h9){h3}]

从下午13：30时到19时表示为：

[(h13m30){h5m30}]

从上午9时到12时和从下午13：30时到19时表示为：

[[(h9){h3}] + [(h13m30){h5m30}]

既然仅从星期一到星期六是有效的，则“任何一周从星期一到星期六”表示为：

[(t2){d6}]

必须使用乘法操作表示组合关系，表达式现在变成：

[[[(h9){h3}] + [(h13m30){h5m30}]] * [(t2){d6}]]

我们现在将处理约束：

“每年5月的第一天”表示为： [(M5d1){d1}]

“1月的最后一个星期二”表示为： [(M1l13){d1}]

“整个8月”，表示为： [(M8){M1}]

最后的表达式如下：

[
[[[(h9){h3}] + [(h13m30){h5m30}]] * [(t2){d6}]]
—[(M5d1){d1}]
—[(M1l13){d1}]
—[(M8){M1}]
].

C.5 时间公式

C.5.1 引言

这个问题是确定一个特定的时刻属不属于一个给定的时间域。当被讨论的时刻在那个时间域内，取真值，反之取假值。

C.5.2 布尔值表

“*”是(和)运算符，“+”是(或)运算符，“—”是(非)运算符 。表C.5是时间域组合的布尔值。

表 C.5

A + B	B	True	False
A True False		 T T	 T F

A * B	B	True	False
A True False		 T F	 F F

A — B	B	True	False
A True False		 F F	 T F

C.5.3 示例

假定我们想知道上面所说的那个商店在1991年11月14日上午10：20时是否在营业，我们必须检查这一时刻是否满足“营业中”属性的时间域。用1991年11月14日上午10：20时与下面的基本时间域进行匹配：

y1991 / M11 / w46 / d14 / t5 / f25 / l25 / h10 / m20 / s0

检查结果为：

“从上午9时到12时”： [(h9){h3}]是正确的
“从13：30时到19时”： [(h13m30){h5m30}]是正确的
“从星期一到星期六”： [(t2){d6}]是正确的

因此，表达式[[[(h9){h3}] + [(h13m30){h5m30}]] * [(t2){d6}]]是正确的。
“每年5月的第一天”： [(M5d1){d1}]是错误的

“1月的最后一个星期二”：　　[(M1l13){d1}]是错误的
“整个8月”：　　[(M8){M1}]是错误的

因而完整表达式：

[
[[[(h9){h3}]+[(h13m30){h5m30}]]*[(t2){d6}]]-[(M5d1){d1}]
-[(M1l13){d1}]
-[(M8){M1}]
]

的值是 TRUE：商店营业。

附　录　D
（资料性附录）
划分数据集

D.1　划分的目的

划分数据的目的是对地理数据文件中的数据记录进行有效的组织以减轻大数据量的处理，数据集只是对数据进行组织，使之处理更加优化，而不是定义一个数据库的覆盖区域。一个特定的地理数据文件区域是由数据集、图层、分区这些独立的子单元来定义的。

分区是划分的最小逻辑单元。就像图层边界和数据集边界一样，图层边界也总是与分区边界相符合，不会出现大于图层或者数据集边界的其他情况。

D.2　定义

元素：　　任何地理数据文件 0-层，1-层，2-层对象：结点(Node)、边(Edge)、面(Face)、点要素(Point)、线要素(Line)、面要素(Area)和复合要素(Complex)。

本地的：　　定义在同一个分区，如果两个元素被定义在同一个分区，它们彼此被称为本地的。一个元素在它被定义为 0-层，1-层，2-层元素的地方被认为是本地的。

外部的：　　定义在不同分区中，如果两个元素被定义在不同分区中，它们彼此被称为外部的。一个元素在被一个转换记录引用时，被认为是外部的。

分割的要素：　　任何与边界相交的要素，以及包含与边界相交的要素的那些几何体。

本地的和外部的是相对的，一个元素在一个分区内是本地的，对于另一个分区则可以是外部的。

D.3　划分规则

D.3.1　引言

规则用于描述元素在相关分区中如何定义，哪些元素可以被定义为外部的，如何定义。规则也用于描述如何对跨分区边界的元素进行编码，以保证这些元素可以重构。

D.3.2　确定分区

因为分区被用来减轻大数据量的处理量，所以，在一个分区中的元素应该是几何相关的。但是如何分区并没有严格的限制，分区之间可以交叠或者覆盖。对于分区边界也没有一个统一标准，分区边界按照 0-层几何要素描述，与其他分区的描述方法一致。

D.3.3　0-层元素

由于 0-层是惟一包含对真实世界的几何描述的，它应该被作为要素定义在同一个分区中。因此，所有被 1-层或者 2-层要素所引用的 0-层元素都必须与该引用它的要素放在同一个分区中并被定义为本地的。

在某一分区中定义的 1-层或 2-层要素的任何部分，必须在该分区中定义 0-层几何元素。

没有要求共享几何元素的要素在同一个分区内定义，所以，0-层元素可能会在多个分区内重复出现。

D.3.4　1-层和 2-层要素

因为太大或与分区的边界相交的原因，许多 1-层和 2-层要素不能被完整定义在一个分区中，这种情况下，一个 1-层和 2-层要素就被分割为定义在不同的分区中几个部分，这些元素将被标记出来，以便在处理该数据时，可以重新建立形成单个的对象。为了分割 1-层要素，可能会在分区边界处增加额外的 0-层元素。这些元素应该按照下面的方法来定义：

· 0-层点要素可能从来不与分区边界相交,因此,1-层点要素总是单一的,本地的。

· 如果 1-层线要素与分区边界相交,应在该线与每个边界相交的位置增加一个点,这种情况可能出现多次。线要素应该在每个相交的分区内被定义,这些要素仅仅指向本地的 0-层元素,这些线要素将被标记为"分割的"要素的,构成一个"分割的"线要素的那些边不应重叠。

· 如果 1-层面要素与一个分区相交,一个额外的边和任何必要的点将加到两个相邻的分区中,以构成这个面要素的完整面。这种情况将出现在每个相交的分区中,这些要素将指向本地的 0-层几何体,这些面要素将被标记为"分割的",构成一个"分割的"面要素的那些面不应重叠。

由于 2-层复杂要素由 1-层要素组成,因此对于 2-层要素没有必要引入新的几何体。如果 2-层面要素与一个分区边界相交(因为该要素是由与分区边界相交的要素构成的,或者是由定义在不同分区中的要素构成),它应该在构成它的 1-层要素所在的每个分区中定义,这些 2-层复杂要素将被标记为"分割的"。构成一个"分割的"要素的所有 1-层或者 2-层要素不应重叠。只有行政区划是个例外,为了能够按实际分级,允许那些定义在更高一层的行政区划面要素有一个针对更高一层的其他行政区划面要素的本地的定义,这些定义在不同分区中的行政区划面要素可以按照更高级行政区划的名称进行标识,就像同一个行政区划面要素一样。这些要素被标识为"在其他分区中重复定义",这种情况仅仅针对行政区划面要素有效。

D.3.5 名称

在任意一个包含名称信息的元素所在的分区中名称是能够重复的,名称记录不能被外部引用。因此,所有元素的名称必须在所定义分区内以本地方式定义。

D.3.6 关系

为了减少数据处理量,所有关系至少有一个本地的要素,而不要求每一个要素必须被定义为本地的。如果一个要素被定义为本地的和外部的两种,则关系记录必须指向本地定义。例如:如果一个行政区划被分割,而且,在本地分区和外部分区都进行了定义。则在行政区划中的道路元素必须指向本地定义的行政区划要素,该关系记录中的所有指向其他元素的指针(包括名称和属性)必须指向本地元素。

D.3.7 属性

任何一个包含属性的元素所在的分区中属性是能够重复的,属性记录不能被外部引用。因此,所有元素的属性必须在所定义分区内以本地方式定义。该属性记录中的所有指向其他元素的指针(包括子属性和时间域)不能指向外部元素,属性记录的段是基于本地元素的。

D.4 分区、图层、数据集之间的关系

分区、图层和数据集之间的关系除了数据集必须包含一层或多层,图层必须依次包含一个或多个分区外,没有一个统一的要求。可以由数据提供者和用户之间协商确定。

附 录 E
（资料性附录）
道路与车渡构建 2-层要素的规则

E.1 基本方法

E.1.1 引言

2-层的道路、交叉口和汇交路口是由道路元素以及连接点的各种组合构造形成的复杂要素。道路和交叉口的构造是基于行车规则确定的。一个路口从功能单元的角度可以被认为是一个交叉口。两个相临路口之间的连接可以被定义为具有特定功能的一条道路。汇交路口的构建包含更多的概念特点。汇交路口可以看作是更高层次道路之间的交叉口。应该注意用于定义路段和交叉口的规则和用于定义汇交路口的规则并不是严格区分的。这种规则可能会导致一定程度的抽象，另一方面，也会影响一些可能具有功能特点的对象。交叉口的功能特点与一个行驶决定相关（如“左转”），汇交路口的功能特点一般与一组行驶决定相关（如：在西直门桥，向紫竹桥方向行驶）。特别是在不太复杂的情况下（比如：在没有匝道的两个单向行驶道路交叉口）交叉口和汇交路口可能完全一致。

路段和交叉口的构建规则是高度相关的，一个交叉口的定义直接影响连接该交叉口的路段的定义。反之亦然，一个路段的起点和终点都是交叉口，所以，路段的定义也影响着交叉口的定义。

交叉口的基本构建规则是：在一个汇集了 3 个以上单向或双向车道普通路口，构成连通关系的连接点与道路元素的集合，形成该交叉口。

以这种方式定义的交叉口和路段的构建规则会影响道路网的 1-层表达，如果在一个多车道道路的某一点只有一个车道与辅路连通，应该在表达与辅路连通的连接点的对面的那条车道上加入一个 2 价连接点。加入这些连接点是为了保证与 2-层数据的一致性。这些连接点被称为“2 价对面的连接点”（见图 E.2）。

汇交路口是道路网中具有明确现实意义的位置的表达。汇交路口的概念与综合有关，当抽象程度足够高的时候，两个高速路之间的连接可视为一个对象，这个对象可以被表达为汇交路口（见图 E.18）。当连接道路是比高速路等级低的道路时（如城区），汇交路口可能与两个单车道相交的简单路口重合。

E.1.2 交叉口和汇交路口之间的区别：环岛

环岛可以在 2-层上以两种完全不同的方式进行描述，这种描述方法可以使汇交路口和交叉口之间的差别更加明显。一个是将整个环岛看成一个功能点，即由组成环岛的所有的道路元素和连接点组成一个汇交路口。另一种选择是，将环岛看成是许多具有特定功能的道路元素（详见图 E.17）。

E.2 交叉口构建的详细规则

E.2.1 交叉口

交叉口包括各种情况，这些情况需要特定的构建规则。

判断路口是否应视为一个功能单元的一般的规则是：道路是否汇集于同一点。这一规则如图 E.1 所示，其解释如下：如果几个道路之间的连接的连接点全部位于由不同道路边线的延长线所构成的公共区域之内，则这些连接点共同构成一个交叉口。

仅含有单车道的道路交叉口

这些交叉口依据它们的车道分类：

1. 二条道路的交叉口

二条路的交叉口(除了双向双车道外),不应该被看作是交叉口的一部分,而应该和道路一起看作是道路的一部分。

2. 三条道路的交叉口

典型的3条道路的交叉口是一个T型路口。这样的路口在1-层中被描述为连接点,而在2-层中被描述为一个交叉口。对于Y型路口或叉型的路口的描述方法也一样。当道路的中心线在路口没有相交在一个点上时,我们仍可以使用本章开头中图E.3所说的规则描述。

3. 四个或更多道路的交叉路口

图E.4、图E.5也给出了一些常见的例子。图E.6～图E.8给出的是较特殊的例子。常用的规则可以当作规范来使用,但没有很严格的要求,所以可以看作是例子。有些情况下规则不能完全适用,但也仍然可以作为统一的规定。

含有双车道的道路的交叉口

在一般的情况下双向车道交叉口的构建详看图E.2、图E.9、图E.10和图E.11。

在两个上下线分离的道路形成交叉的路口,路口内的道路连接点和连接道路一起构建了交叉口(见图E.11)。

在单车道与上下线分离的道路形成交叉的路口,路口内的道路连接点和连接道路一起构建了交叉口,可能出现三种不同的情况:

- 单车道只连接多车道道路的一侧(见图E.2)。这种情况下,单车道和多车道道路的连接点和多车道道路另外一侧的连接点一起构建成一个交叉口;
- 两个单车道分别连接到多车道道路的两侧(见图E.10)。这种情况下,单车道和多车道道路各侧形成的两个交叉点一起构建成一个交叉口;
- 两个单车道和一个多车道道路的各侧相交,而且两条单车道之间有一小段道路元素(见图E.9)。这种情况下,两条单车道和多车道道路之间的连接点和两条单车道路之间的连接道路将一起构建成一个交叉口。

当两个双向行驶的车道不明确时,应按照一个车道对待。当每条双车道的中线位于双向双车道的轮廓之内时,交叉口可以被看作是一个功能单位。这样的交叉口能被描述成一个交叉口。

在图E.12中有个特殊的情况。在双向车道的中间有个缺口,是用来做U型转弯(即调头)。在1-层中按照2个交叉口和1小段路来描述,而在2-层中则将2个交叉口和1小段公路合并看作是一个交叉口。

基于功能的一般规则在构成2-层要素时也受道路属性的影响。在图E.13中,1条低等级道路与1条主要道路并行,这两条公路有不同的功能,所以不能被看作是一条公路。因此在2-层中要在低等级道路和主要道路上各形成一个交叉口。

在交叉路口出现交通岛和类似交通岛的情况

通常,交通岛由形成两条道路交叉路口的所有部分构成。这些道路元素,已经定义指出存在这些结构,所以应该包括在交叉路口的定义中。图E.14～图E.16说明了这种情况。

E.2.2 实际案例

在地理数据文件中的实际案例,常常不能正好严格地归入上面描述的某一类情况。所以,在实际形成2-层时,常常带有个人的主观理解,同时对于某些出现矛盾的案例难以应用上面的指导案例。为此再给出一些指导,图E.23～图E.25描述了一个如何从含有几个功能关联的情形,形成2-层表示的例子。

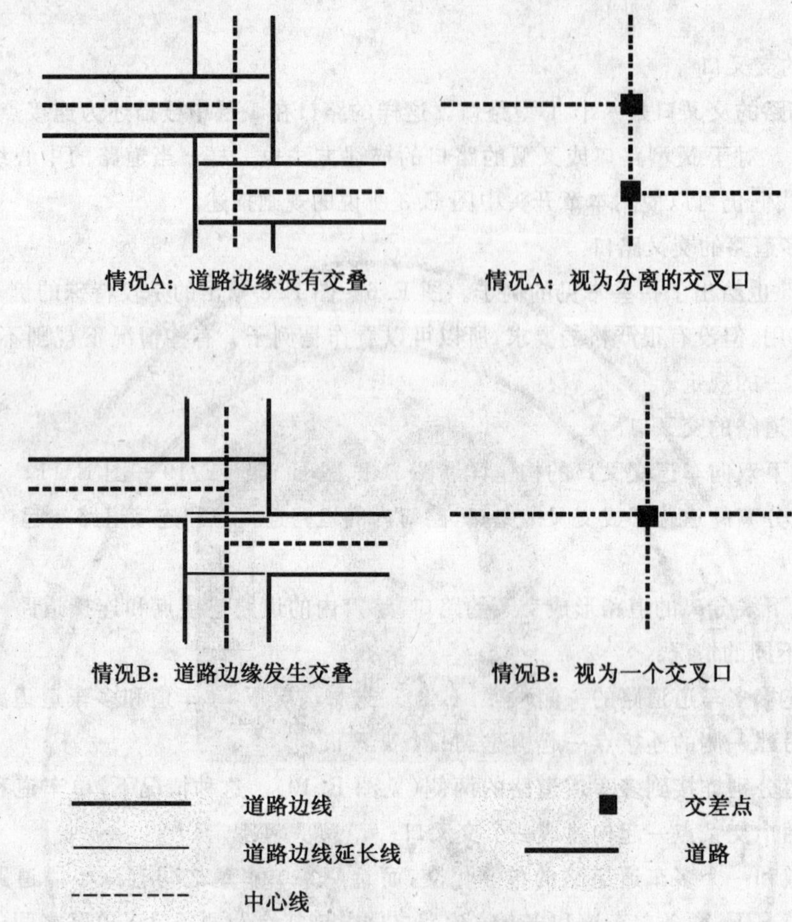

图 E.1 十字路口处交叉口的定义规则

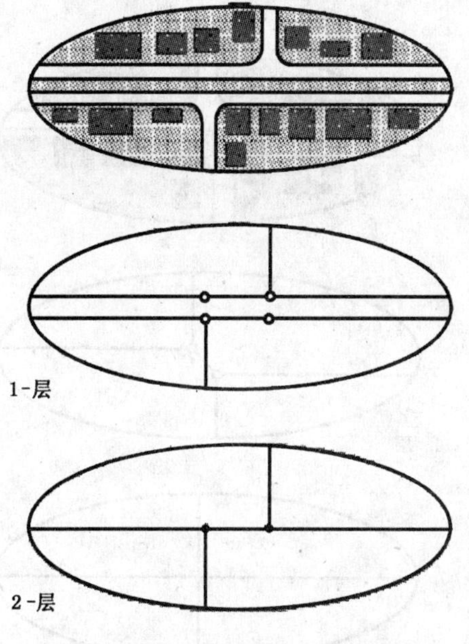

图 E.2　2-层上的多车道表示

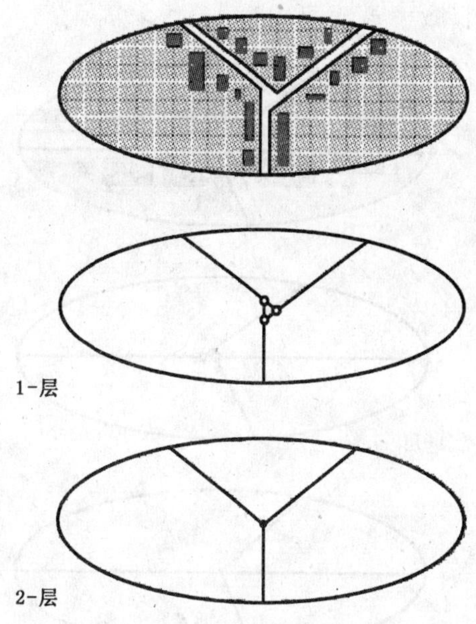

图 E.3　有三个连接点和一个交叉口的 3 岔路口

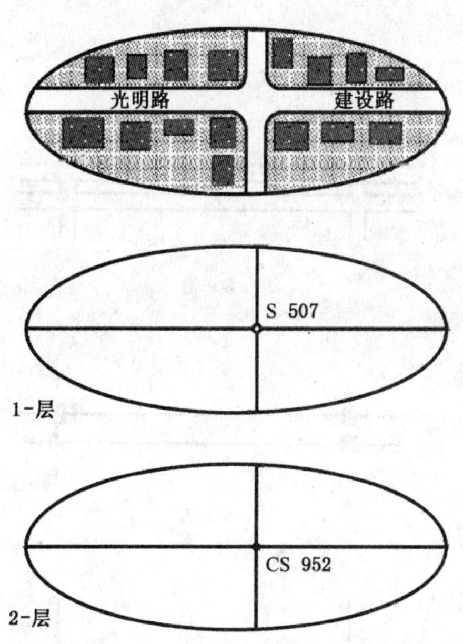

图 E.4　包含一个连接点的交叉口

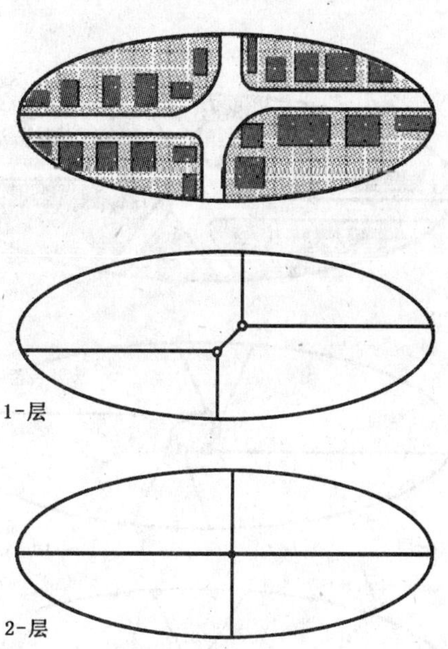

图 E.5　包含两个连接点的交叉口

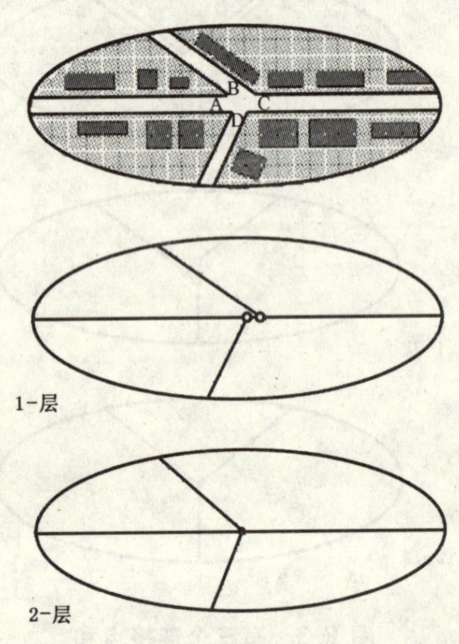

图 E.6 有两个连接点和一个交叉口的4岔路口

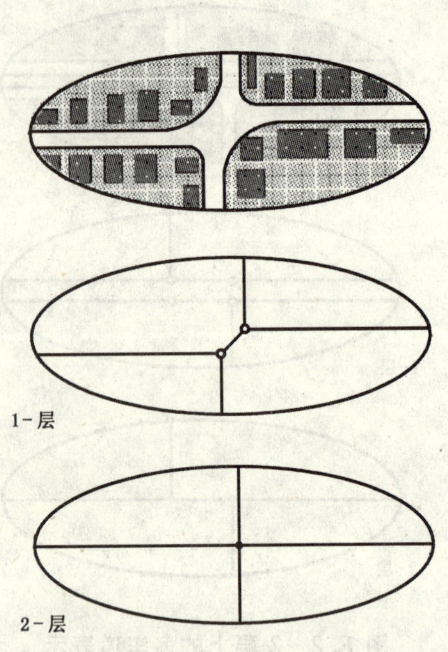

图 E.7 有两个连接点和一个交叉口的4岔路口

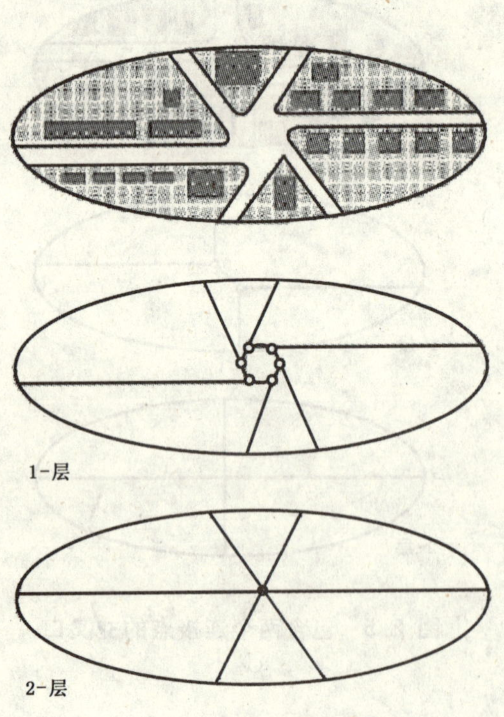

图 E.8 有六个连接点和一个交叉口的6岔路口

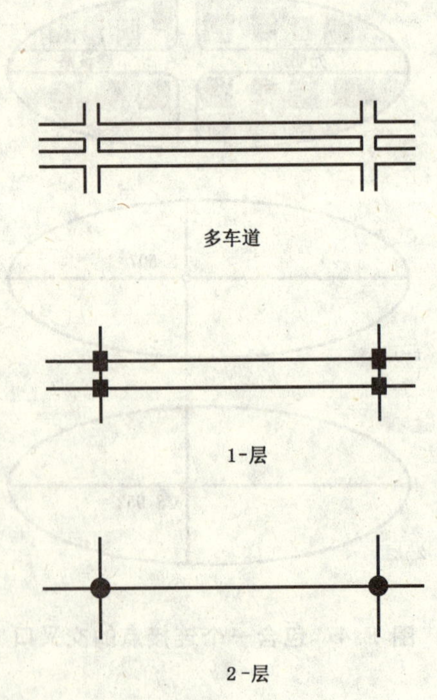

图 E.9 两个单车道路和一个多车道路相交构成的交叉口

图 E.10 两条没有相连的单车道路和一条多车道路之间的交叉路口

图 E.11 两条多车道路之间的交叉路口

图 E.12 2-层调头口的表示

图 E.13 形成 2-层时道路功能分类的影响

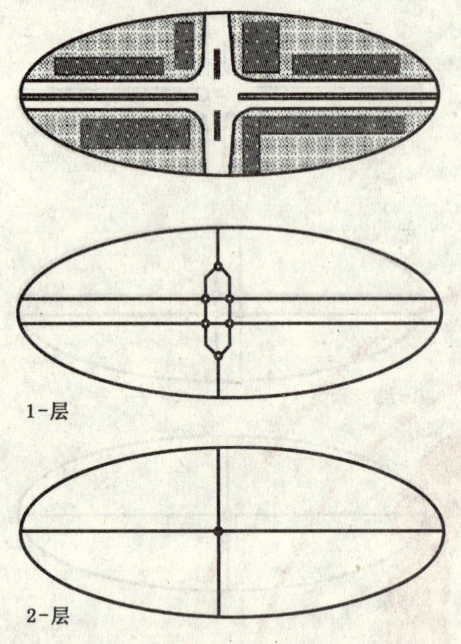

图 E.14 带交通岛的交叉路口形成 2-层交叉口的例子

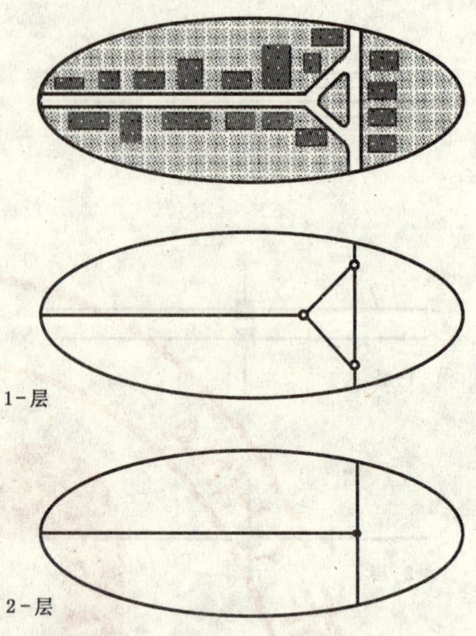

图 E.15 带交通岛的交叉路口形成 2-层交叉口的例子

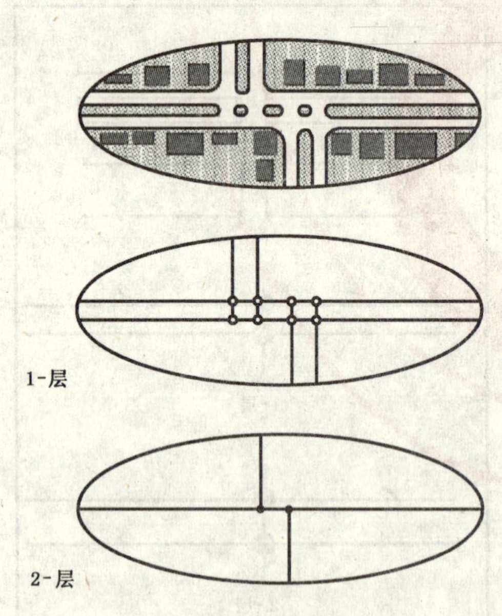

图 E.16 带交通岛的交叉路口形成 2-层交叉口的例子

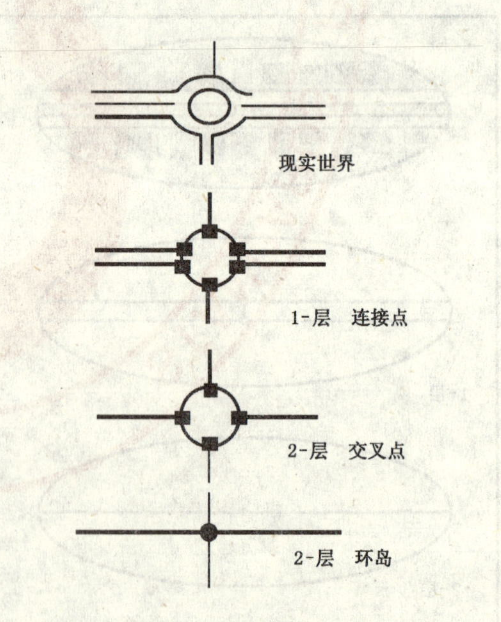

图 E.17 在 2-层形成环岛的例子

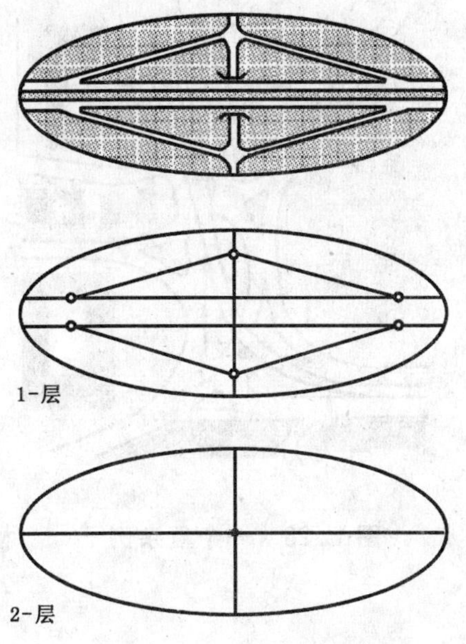

图 E.18　2-层表示汇交路口的例子

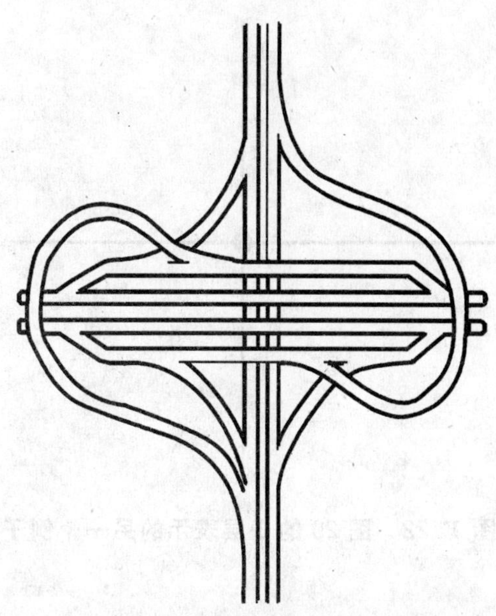

图 E.19　高速公路的立交路口

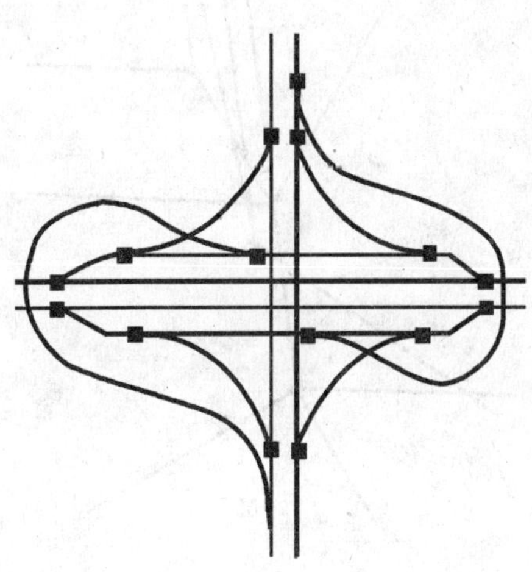

图 E.20　图 19 的 1-层表示

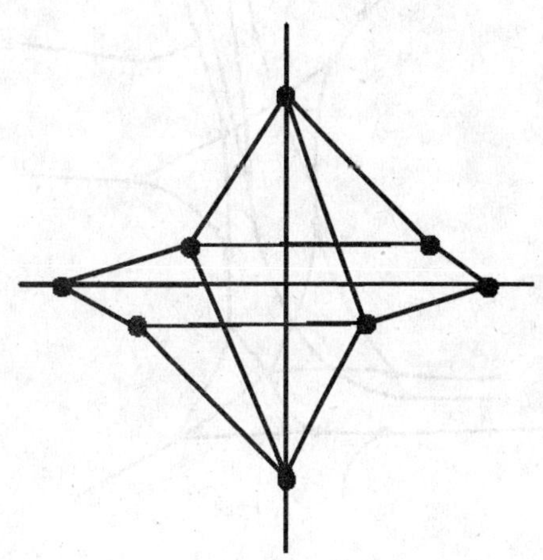

图 E.21　图 20 的 2-层表示

图 E.22 图 20 的 2-层表示的另一个例子

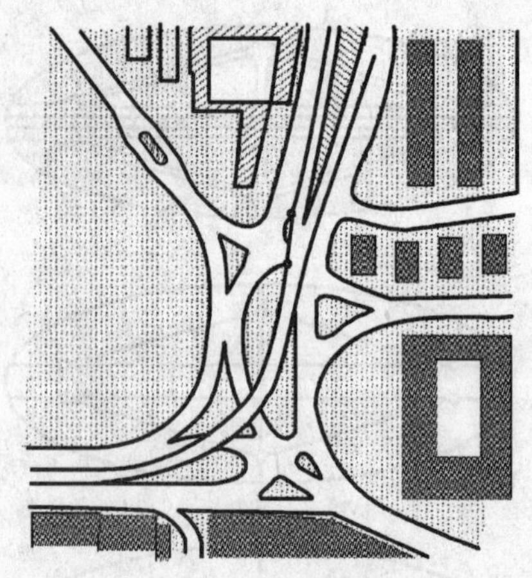
图 E.23 一个复杂例子

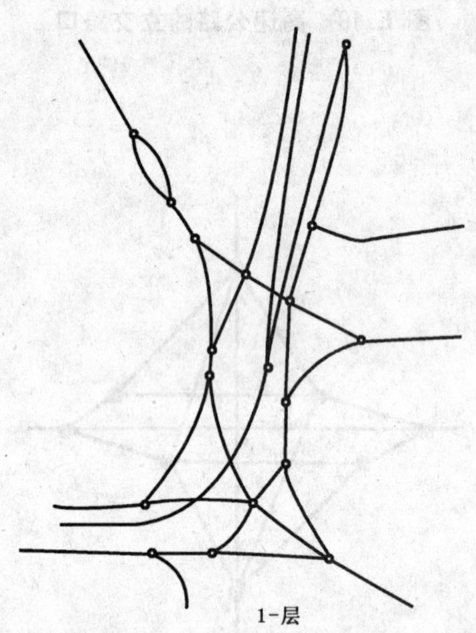

图 E.24 图 23 的 1-层表示

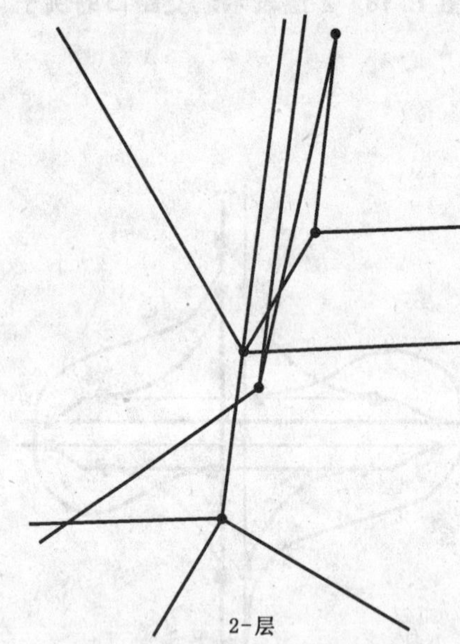

图 E.25 图 24 的 2-层表示

附 录 F
(资料性附录)
国家编码对应的行政区划类型名称

F.1 行政区划类型名称(见表 F.1)

表 F.1

国家	1级	2级	3级	4级…	8级	9级
中国	省/自治区/直辖市/特别行政区	地区/地级市/自治州/盟/直辖市所属市辖区	县/自治县/旗/县级市/市辖区	—	乡/镇	村级

注：这个表格不是完整的，它仅仅作为一个例子。

附 录 G
（资料性附录）
评 价 方 法

G.1 适用范围

这个标准里涉及的描述评价数字地图数据库质量的名词和方法是根据地理数据文件的格式来定义的。它为开发者根据用户和/或处理的需要定义质量标准提供了一个依据。给出这个质量标准是为了确保评价与比较不同的数字地图数据库的质量特性。该标准可以作为专业应用的数据内容和质量要求的基础。

数据的内容和质量主要依赖于应用要求，也就是不同的要求需要有自己独特的数据集，这些数据集由特定的内容和质量构成。然而，甚至在同样一个应用领域（如：汽车导航），由于对某一系统或服务的功能有不同的需求，也将导致所需的地图信息是不一样的。

G.2 数据质量的描述

为了描述数字地图的质量，必须将数据表的内容与相关的资料相对应，这些资料或者是相对应的真实的地理位置数据，或是可以接受的替代数据。要让数字地图达到它的使用目的，它必须与现实的数据在一定的限度内保持一致。

一个质量检查程序至少需要：

- 定义标准化的评价方法；
- 指定每次评价的质量级别。

无论一个数字地图的质量是否满意，这种评价方法都要对它有一个合理的评价。这种检查过程能够帮助评价者根据检查结果来决定是否接受或拒绝数据集。

G.3 质量评价方法

G.3.1 概述

评价数据集的质量包括两个步骤：

- 格式质量检查：信息以一个正确的方式被存放；
- 语义质量检查：信息是真实的。这个步骤要在格式质量检查通过后进行。

G.3.2 格式质量检查

这个检查步骤所涉及的几个方面如表 G.1 所示。

表 G.1

错误分类	示　　例
语法错误	使用了未定义的字符 记录长度错误 字段长度错误 字段类型错误 记录填写错误 判断错误

表 G.1(续)

错误分类	示　例
数值错误	记录描述错误 记录编码错误 要素编码错误 属性编码错误 关系编码错误 分割的标识错误 超出值域范围
数据库完整性错误	指针错误 字段数错误
拓扑错误	出现了共享的0-层几何对象 错误的图框 无任何连接关系的线要素
数值完整性错误	错误要素-属性关系 错误要素-关联关系 错误关系-属性关系 坐标超出分区范围

注：应用软件进行格式检查时，检查的过程可能是不同的。

G.3.3 语义质量检查

语义检查实质上是对一套基于地图的应用系统的质量的反映，它比格式检查更复杂，因为它所涉及的内容是真实的世界，所以是很复杂的。每一个数据项都来自于相应的现实对象。

语义质量检查有两种方法：

- 直接质量检查：将数据本身或者是这个数据的抽样数据与现实数据相比较；
- 间接质量检查：通过检查数据集的成果是否与规格书(如 ISO 9000)中所定义的标准相符合，来判断这个数据集的质量。

本规格中认为直接质量检查是非常有效的，规格书中详细说明了如何执行直接质量检查，没有说明间接质量检查的方法。

G.4 直接语义质量检查

G.4.1 抽样方法

由于质量的衡量需要很大的费用开支，因此，合理的检查方法是从数据库中提取重要的统计样本。在抽样方法中运用正确的统计方法能够得到很满意的结果。

这个抽样方法包括四个步骤：

- 确认满意的标准；
- 根据标准和被检查的整体中项目的总数来确定样本的大小；
- 检查样本的要素值；
- 将结果和一些标准误差概率相比较，从而决定这一结果是否被接受。

G.4.2 ISO 2859“属性检查的抽样步骤和抽样表”

ISO 2859 提供了确定抽样参数的数学方法，并且给出了建立检查程序的指导。最初，它是为了适应于工业生产的需要发展起来的，因为生产出的产品是由明显易确认的成分所组成。

以下是 ISO 2859 中给出的定义：

- 新的产品被细分成各个项目进行质量检查；
- 一个整体里的项目称为单元；
- 从一个整体里取得一个有代表性的样本进行质量检查，检查这个样本所包含的单元的属性。(与地理数据文件中的属性是组件的意思相反，这里检查的可能是一个物体的成分或特性)；
- 与真实世界相比较，一个不正确的属性被认为是无效的，如果一个单元里有一个或多个无效项，则这个单元被称作无效单元，没有无效项的单元是正确的；
- 平均误差比率的最大可接受限值就是“可接受质量标准”(AQL)。AQL 的定义是使用者根据外部的质量需求来定义的。

ISO 2859 认为产品是一个持续稳定的生产进程的结果，对于地图数据库就意味着：

- 稳定的生产环境(硬件、软件、操作者)；
- 连续的生产；
- 根据抽样方法所建的数据库，它的资料来源是一致的；
- 对于整个数据库进行内部质量检查。

G.4.3 ISO 2859 在数字地图数据库中的应用

ISO 2859 的抽样和检查方法也适合数字地图。只是在检查地理数据文件的数据集时，要将那些已经定义的检查项目转变成为地理数据文件的条款。主要的工作在于将什么作为道路数据库产品的检查单元。紧跟着的就是所有质量百分比。

对于地理数据文件地图定义如表 G.2。

表 G.2

ISO 项	对应的 ISO 地理数据文件 质量标准
单元	样本要素
属性	位置精度 1-层的完整性和拓扑 2-层的完整性和拓扑 属性值 关系定义 特性值(见下面)
分子	不符合数
分母	样本总数
出错率	每 100 个检查单元中的不符合数。这种测试适用于属性、关系、特性、拓扑和完整性

样本要素

根据判断哪类地理数据文件的要素是检查目标，来确定什么应该被认为是一个样本要素，什么属性应该被检查。只有对一个样本要素有意义的属性进行的检查才是有用的。

被检查的数据库的地理数据文件的要素和被作为检查单位的样本要素它们之间的关系如表 G.3。

表 G.3

地理数据文件要素	样本要素
点要素	点要素
线要素	复合线要素
面要素	面和面要素
复杂要素	复杂要素

复合线要素被认为是 1-层路网中的有完整拓扑关系的线。也就是一条或多条连续的地理数据文

件线，都有起点和终点，如果是多条线，则必须相互边接。在目前的地理数据文件中，线要素和复合线要素的不同只涉及道路元素。

抽样要素如点、面，复杂要素的涵义与在地理数据文件中的定义是相同的。

属性的检查结果

表 G.4 里的每一个属性都对应一个检查。

表 G.4

检　　查	检查内容	质量指标
位置精度	要素的坐标和形状是否正确	位置精度
1-层的拓扑检查	1-层样本要素是否能够正确显示； 1-层样本要素与其他要素之间的拓扑关系是否正确	完整性和逻辑一致性
2-层的拓扑检查	2-层样本要素是否由正确的 1-层要素和/或 2-层要素组成	完整性和逻辑一致性
属性值检查	样本要素是否有正确的属性值	属性的完整性和正确性
关系检查	样本要素是否在一个正确的关系中	关系的完整性和正确性
特性检查	样本要素的特性是否正确	相关特性/关系的完整性

G.4.4　检查的定义

位置精确度检查

如果一个抽样要素所包含的 0-层元素中有一个的位置不正确，则这个抽样要素的位置就不正确。不仅仅是结点和中间点，中间点之间的所有位置都要被考虑到。如果一个位置的精确度超出了所需要满足的精确度限值，这个位置的精确度就被认为是不正确的。在图 G.1 中的示例说明，组成一条道路的一条边的所有中间点都是正确的，然而中间点之间的连线的位置是不正确的。

如果一个抽样要素只有一部分存在于数据集中，则认为这个抽样要素的位置不精确。如果已存在的这部分位置是正确的，则整个的抽样要素就被认为是位置正确的。

图 G.1　一个道路元素某条边线的位置精度错误

1-层的拓扑检查

- 如果一个 1-层抽样要素在地理数据文件数据集中不完整，是部分的，或是多余的，或者在 1-层路网中的拓扑关系是不正确的，则这个抽样要素的拓扑是错误的；
- 拓扑错误编号应该与预定义的处理编号相等，这对修正 1-层图形很有必要。预定义的处理包括：

  恢复立交跨越；

  在不改变其他的拓扑关系情况下延长含悬挂点的要素以消除悬挂点；

  在不改变其他的拓扑关系情况下缩短要素使其成为悬挂点；

最低限度地删除重建正确拓扑关系需要删除的抽样要素；

增加必要的抽样要素来形成 1-层图形。

- 判别抽样数据和原始资料之间的的差异(例如，数字地图中出现的要素在原图中并不存在，若反之)是否应作为错误处理，要取决于用户对于数字地图内容的需求(例如，如果在数据库中只记录 1—4 级道路，则在原图中低级道路不出现于数字地图中就不会作为错误处理)。

2-层的拓扑检查

- 如果一个或多个 1-层要素或 2-层要素缺漏或多余，则这个 2-层要素的拓扑是不正确的；
- 如果 2-层要素完全是缺漏的或多余的，则这个 2-层要素的拓扑也是不正确的。

属性值检查

- 如果一个属性有一个或多个值是错误的，则这个抽样要素被认为有一个属性错误，哪怕只有一个；
- 如果一个抽样要素有一个或多个属性值缺漏或多余，则这个抽样要素被认为有一个属性错误。

关系检查

- 如果一个样本要素有错误，则与它相关联的另一个样本要素被认为和它有相同的关系错误。在一个关系里每一个错误的要素都有一个关系错误；
- 多余或缺漏的关系，或者不正确的关系都会导致错误。

特性检查

特性由用户定义成属性和/或关系，才能开始应用，对要素特性的质量检查的规范也属于这个规格范围。

特性只与一个抽样要素相关。如果一个样本要素的特性(即属性和关系)是错误，则这个样本要素被认为是错误的。

特性示例

为了进一步说明，下面给出了一个特性，它包含了多个属性和关系。其他的特性根据应用的要求来定义。

街道地址

在北美洲、欧洲和其他地方的城市的街道中，街道地址是一段街道的精确位置。大多数的地图数据库中都包含了地址范围而不是单个地址。街道地址是一个特性，它包含了以下属性：

- 门牌号码范围；
- 正式街道名称；
- 邮政区域名称；
- 邮政编码。

如果街道地址的各个属性都正确，且每个属性值都是正确的，则这个街道地址也是正确的。如果所有真实地址数据都被一个街道地址范围所表现出来，而这个范围包含了在不同的复合道路上出现的所有的真实地址，则这些地址的值都是正确的。

行驶限制

行驶限制是对于车辆从一条路到另一条路，特别是通过一个交叉路口时的各种限制。这些包括禁止转弯，单行道和路障。更复杂的是在选定的时间对转弯有限制，举例来说，“在星期一至星期五上午 7 点到下午 7 点禁止左转”。或者是针对车辆的种类的限制，如“禁止卡车行驶”，或者是“除公共汽车外其余车辆禁止左转”。在路网中，抽样要素是交叉口。如果检查一个交叉口上设置的交通限制是合理合法的，则这个交叉口是正确的。

检查的层次

- 1-层拓扑错误；
- 2-层拓扑错误；

- 位置精确度的错误；
- 关系错误，属性值误差，要素值误差。

G.4.5 检查程序

检查水平

检查程序本身是一个很简单的任务。ISO 2859 提供了表格，抽样的大小可以根据整体的大小和 AQL 从表格选出。

抽样

根据 ISO 2859，抽样要素必须从整体里随机提取出来。当出现错误时，抽样的数量是有影响的。如果应用的 AQL＜5％，则被允许。随机抽样在应用于数字地图时引起其他一些困难。首先，因为抽样要素的拓扑关系检查要观察它周围相关联的要素，所以，随机抽样检查是很困难的。

执行检查，错误率判断

在表里显示出来的对于每一个属性和关系进行的检查，通过计算不符合项的出现次数得到误差几率。对于每一个抽样要素都进行检查。

参照

每一个抽样要素都可以根据真实情况或参数指标进行检查。

抽样的检查：合格和不合格

这步检查程序遵循 ISO 2859 给出的规定来进行。简要的说，可以用错误率与外部定义的 AQL 参数对比，得到合格和不合格的结论。

- 如果从整体抽取的样本是可接受的，则整体是可接受的，反之，如果样本是不合格的，则整体是不合格的；
- 如果在样本中抽样要素是合格的，则整体里同类型的所有抽样要素也都是合格的，反之，如果在样本中抽样要素是不合格的，则整体里同类型的抽样要素都是不合格的；
- 如果在样本中的抽样要素的属性是合格的，则整体里相同要素里的同类属性是合格的，反之不合格。

G.5 报告结果

应该报告测试的结果。

附 录 H
（资料性附录）
要素/关系中可能用到的属性类型

H.1 概述

下面表格列出了关系要素可能的属性，它清晰地给出了要素和关系的属性的用法规则。

注意：

- 本表首先按要素主题分类，从道路和车渡主题开始，然后按属性类型名的字母排序，并形成了明确的结构层次；
- 另一个表存放关系，首先按关系类型码排序，然后按照属性类型名称的字母排序；
- 子属性紧跟在复合属性的后面用一个或多个制表符表示，制表符的个数由它在复合属性树中的位置来确定；
- 属性组合和受限制的子属性通过（＋属性类型码）来表示。

H.2 道路与车渡（见表H.1）

表 H.1

要素代码	要素分类	属性类型名称	属性类型代码/注释
4160	地址区域	地址信息	复合
		街道别名	复合
		方向前缀	DP
		街道类型前缀	SX
		街道别名体	复合
		街道别名文本	AL
		名称组件	复合
		名称组件偏移	NO
		名称组件长度	NC
		名称组件类型	NT
		空格分隔标志	TI
		街道类型后缀	ST
		方向后缀	DS
		复合语音	复合
		语音	PO
		语音系统	PN
		邮政编码	PS
		地址信息	复合
		正式街道名称	复合
		方向前缀	DP

表 H.1(续)

要素代码	要素分类	属性类型名称	属性类型代码/注释
		街道类型前缀	SX
		正式街道名称体	复合
		正式街道名称文本	OF
		名称组件	复合
		名称组件偏移	NO
		名称组件长度	NC
		名称组件类型	NT
		空格分隔标志	TI
		街道类型后缀	ST
		方向后缀	DS
		复合语音	复合
		语音	PO
		语音系统	PN
		邮政编码	PS
		街道别名	见地址信息
		街道别名体	见街道别名
		街道别名文本	见街道别名体
		复合语音	见街道别名/正式街道名称
		方向前缀	见街道别名/正式街道名称
		方向后缀	见街道别名/正式街道名称
		外部标识	EI
		多媒体动作	见多媒体文件内容
		多媒体文件	复合
		多媒体文件内容	复合
		多媒体描述	MD
		多媒体动作	MC
		多媒体时间域	MM
		多媒体文件名称	MN
		多媒体文件类型	AT
		多媒体文件内容	见多媒体文件
		多媒体文件名称	见多媒体文件
		多媒体文件类型	见多媒体文件
		多媒体描述	见多媒体文件内容
		多媒体时间域	见多媒体文件
		名称组件	见街道别名/正式街道名称体

表 H.1(续)

要素代码	要素分类	属性类型名称	属性类型代码/注释
		名称组件偏移	见名称组件
		名称组件长度	见名称组件
		名称组件类型	见名称组件
		正式街道名称	见地址信息
		正式街道名称体	见正式街道名称
		正式街道名称文本	见正式街道名称体
		位置精度	AP
		邮政编码	见地址信息
		语音	见组件语音
		语音系统	见组件语音
		街道类型前缀	见街道别名/正式街道名称
		街道类型后缀	见街道别名/正式街道名称
		空格分隔标志	见街道别名/正式街道名称
4165	地址区域边界元素	地址信息(+SI)	复合
		街道别名	复合
		方向前缀	DP
		街道类型前缀	SX
		街道别名体	复合
		街道别名文本	AL
		名称组件	复合
		名称组件偏移	NO
		名称组件长度	NC
		名称组件类型	NT
		空格分隔标志	TI
		街道类型后缀	ST
		方向后缀	DS
		复合语音	复合
		语音	PO
		语音系统	PN
		门牌号码范围	复合
		街道侧面	SI
		门牌号码结构	HS
		中间门牌号码	HI
		第一门牌号码	HF
		最后门牌号码	HL

表 H.1(续)

要素代码	要素分类	属性类型名称	属性类型代码/注释
		邮政编码	PS
		地址信息(+SI)	复合
		正式街道名称	复合
		方向前缀	DP
		街道类型前缀	SX
		正式街道名称体	复合
		正式街道名称文本	OF
		名称组件	复合
		名称组件偏移	NO
		名称组件长度	NC
		名称组件类型	NT
		空格分隔标志	TI
		街道类型后缀	ST
		方向后缀	DS
		复合语音	复合
		语音	PO
		语音系统	PN
		门牌号码范围	复合
		街道侧面	SI
		门牌号码结构	HS
		中间门牌号码	HI
		第一门牌号码	HF
		最后门牌号码	HL
		邮政编码	PS
		街道别名	见地址信息
		街道别名体	见街道别名
		街道别名文本	见街道别名体
		复合语音	见街道别名/正式街道名称
		方向前缀	见街道别名/正式街道名称
		方向后缀	见街道别名/正式街道名称
		外部标识	EI
		第一门牌号码	见门牌号码范围
		门牌号码范围	见地址信息
		门牌号码结构	见门牌号码范围
		中间门牌号码	见门牌号码范围

表 H.1(续)

要素代码	要素分类	属性类型名称	属性类型代码/注释
		最后门牌号码	见门牌号码范围
		多媒体动作	见多媒体文件内容
		多媒体文件	复合
		多媒体文件内容	复合
		多媒体描述	MD
		多媒体动作	MC
		多媒体时间域	MM
		多媒体文件名称	MN
		多媒体文件类型	AT
		多媒体文件内容	见多媒体文件
		多媒体文件名称	见多媒体文件
		多媒体文件类型	见多媒体文件
		多媒体描述	见多媒体文件内容
		多媒体时间区域	见多媒体文件
		名称组件	见街道别名/正式街道名称体
		名称组件偏移	见名称组件
		名称组件长度	见名称组件
		名称组件类型	见名称组件
		正式街道名称	见地址信息
		正式街道名称体	见正式街道名称
		正式街道名称文本	见正式街道名称体
		位置精度	AP
		语音	见组件语音
		语音系统	见组件语音
		街道类型前缀	见街道别名/正式街道名称
		街道类型后缀	见街道别名/正式街道名称
		空格分隔标志	见街道别名/正式街道名称
4170	聚合路	别名	复合
		别名体	复合
		名称组件	复合
		名称组件偏移	NO
		名称组件长度	NC
		名称组件类型	NT
		别名文本	NT
		名称前缀	NP

表 H.1(续)

要素代码	要素分类	属性类型名称	属性类型代码/注释
		别名体	见别名
		别名文本	见别名体
		外部标识	EI
		多媒体动作	见多媒体文件内容
		多媒体文件	复合
		多媒体文件内容	复合
		多媒体描述	MD
		多媒体动作	MC
		多媒体时间区域	MM
		多媒体文件名称	MN
		多媒体文件类型	AT
		多媒体文件内容	见多媒体文件
		多媒体文件名称	见多媒体文件
		多媒体文件类型	见多媒体文件
		多媒体描述	见多媒体文件内容
		多媒体时间区域	见多媒体文件
		名称组件	见别名体
		名称组件偏移	见名称组件
		名称组件长度	见名称组件
		名称组件类型	见名称组件
		名称前缀	见别名
		正式名称	复合
		正式名称体	复合
		名称组件	复合
		名称组件偏移	NO
		名称组件长度	NC
		名称组件类型	NT
		正式名称文本	OF
		名称前缀	NP
		正式名称体	见正式名称
		正式名称文本	见正式名称体
4135	封闭交通区域	别名	复合
		别名体	复合
		名称组件	复合
		名称组件偏移	NO

表 H.1(续)

要素代码	要素分类	属性类型名称	属性类型代码/注释
		名称组件长度	NC
		名称组件类型	NT
		别名文本	AN
		名称前缀	NP
		别名体	见别名
		别名文本	见别名体
		显示等级	DC
		封闭交通区域类型	EA
		外部标识	EI
		多媒体动作	见多媒体文件内容
		多媒体文件	复合
		多媒体文件内容	复合
		多媒体描述	MD
		多媒体动作	MC
		多媒体时间域	MM
		多媒体文件名称	MN
		多媒体文件类型	AT
		多媒体文件内容	见多媒体文件
		多媒体文件名称	见多媒体文件
		多媒体文件类型	见多媒体文件
		多媒体描述	见多媒体文件内容
		多媒体时间域	见多媒体文件
		名称组件	见别名体
		名称组件偏移	见名称组件
		名称组件长度	见名称组件
		名称组件类型	见名称组件
		名称前缀	见别名
		正式名称	复合
		正式名称体	复合
		名称组件	复合
		名称组件偏移	NO
		名称组件长度	NC
		名称组件类型	NT
		正式名称文本	OF
		名称前缀	NP

表 H.1(续)

要素代码	要素分类	属性类型名称	属性类型代码/注释
		正式名称体	见正式名称
		正式名称文本	见正式名称体
		位置精度	AP
4150	车渡	别名	复合
		别名体	复合
		名称组件	复合
		名称组件偏移	NO
		名称组件长度	NC
		名称组件类型	NT
		别名文本	AN
		名称前缀	NP
		别名体	见别名
		别名文本	见别名体
		外部标识	EI
		位置参照	复合
		位置参照类型	LT
		位置参照代码	LC
		位置参照代码	见位置参照
		位置参照类型	见位置参照
		多媒体动作	见多媒体文件内容
		多媒体文件	复合
		多媒体文件内容	复合
		多媒体描述	MD
		多媒体动作	MC
		多媒体时间域	MM
		多媒体文件名称	MN
		多媒体文件类型	AT
		多媒体文件内容	见多媒体文件
		多媒体文件名称	见多媒体文件
		多媒体文件类型	见多媒体文件
		多媒体描述	见多媒体文件内容
		多媒体时间域	见多媒体文件
		名称组件	见别名体
		名称组件偏移	见名称组件
		名称组件长度	见名称组件

表 H.1(续)

要素代码	要素分类	属性类型名称	属性类型代码/注释
		名称组件类型	见名称组件
		名称前缀	见别名
		正式名称	复合
		正式名称体	复合
		名称组件	复合
		名称组件偏移	NO
		名称组件长度	NC
		名称组件类型	NT
		正式名称文本	OF
		名称前缀	NP
		正式名称体	见正式名称
		正式名称文本	见正式名称体
4130	车渡联络线	别名	复合
		别名体	复合
		名称组件	复合
		名称组件偏移	NO
		名称组件长度	NC
		名称组件类型	NT
		别名文本	AN
		名称前缀	NP
		别名体	见别名
		别名文本	见别名体
		交通流方向	DF
		显示等级	DC
		外部标识	EI
		车渡(船)类型	FT
		道路功能等级	FC
		位置参照	复合
		位置参照类型	LT
		位置参照代码	LC
		位置参照代码	见位置参照
		位置参照类型	见位置参照
		多媒体动作	见多媒体文件内容
		多媒体文件	复合
		多媒体文件内容	复合

表 H.1(续)

要素代码	要素分类	属性类型名称	属性类型代码/注释
		多媒体描述	MD
		多媒体动作	MC
		多媒体时间域	MM
		多媒体文件名称	MN
		多媒体文件类型	AT
		多媒体文件内容	见多媒体文件
		多媒体文件名称	见多媒体文件
		多媒体文件类型	见多媒体文件
		多媒体描述	见多媒体文件内容
		多媒体时间域	见多媒体文件
		允许最大高度(+VP)	MH
		允许最大长度(+VP)	ML
		允许最大质量(+VP)	MT
		允许最大轴质量(+VP)	AW
		允许最大宽度(+VP)	MW
		实测长度	LM
		名称组件	见别名体
		名称组件偏移	见名称组件
		名称组件长度	见名称组件
		名称组件长度	见名称组件
		名称组件类型	
		名称前缀	见别名
		道路管理等级	NR
		路线编号体	RN
		正式名称	复合
		正式名称体	复合
		名称组件	复合
		名称组件偏移	NO
		名称组件长度	NC
		名称组件类型	NT
		正式名称文本	OF
		名称前缀	NP
		正式名称体	见正式名称
		正式名称文本	见正式名称体
		开放时间	OP

表 H.1(续)

要素代码	要素分类	属性类型名称	属性类型代码/注释
		国际交通百分比	见交通流
		风景值(+VP)	SV
		交通流	复合
		交通流量	TM
		交通流量类型	TY
		交通流量单位	TU
		国际交通百分比	PI
		车辆类型	VT
		交通流量	见交通流
		交通流量类型	见交通流
		交通流量单位	见交通流
		摆渡时间	TT
		车辆类型	VT/限制信息
		交通连接频率	FR
4180	汇交路口	别名	复合
		别名体	复合
		名称组件	复合
		名称组件偏移	NO
		名称组件长度	NC
		名称组件类型	NT
		别名文本	AN
		名称前缀	NP
		别名体	见别名
		别名文本	见别名体
		显示等级	DC
		外部标识	EI
		汇交路口类型	IF
		位置参照	复合
		位置参照类型	LT
		位置参照代码	LC
		位置参照代码	见位置参照
		位置参照类型	见位置参照
		多媒体动作	见多媒体文件内容
		多媒体文件	复合
		多媒体文件内容	复合

表 H.1(续)

要素代码	要素分类	属性类型名称	属性类型代码/注释
		多媒体描述	MD
		多媒体动作	MC
		多媒体时间域	MM
		多媒体文件名称	MN
		多媒体文件类型	AT
		多媒体文件名称	见多媒体文件
		多媒体文件名称	见多媒体文件
		多媒体文件类型	见多媒体文件
		多媒体描述	见多媒体文件内容
		多媒体时间域	见多媒体文件
		名称组件	见别名体
		名称组件偏移	见名称组件
		名称组件长度	见名称组件
		名称组件类型	见名称组件
		名称前缀	见别名
		正式名称	复合
		正式名称体	复合
		名称组件	复合
		名称组件偏移	NO
		名称组件长度	NC
		名称组件类型	NT
		正式名称文本	OF
		名称前缀	NP
		正式名称体	见正式名称
		正式名称文本	见正式名称体
4145	交叉口	别名	复合
		别名体	复合
		名称组件	复合
		名称组件偏移	NO
		名称组件长度	NC
		名称组件类型	NT
		别名文本	AN
		名称前缀	NP
		别名体	见别名
		别名文本	见别名体

表 H.1(续)

要素代码	要素分类	属性类型名称	属性类型代码/注释
		显示等级	DC
		外部标识	EI
		位置参照	复合
		位置参照类型	LT
		位置参照代码	LC
		位置参照代码	见位置参照
		位置参照类型	见位置参照
		多媒体动作	见多媒体文件内容
		多媒体文件	复合
		多媒体文件内容	复合
		多媒体描述	MD
		多媒体动作	MC
		多媒体时间域	MM
		多媒体文件名称	MN
		多媒体文件类型	AT
		多媒体文件内容	见多媒体文件
		多媒体文件名称	见多媒体文件
		多媒体文件类型	见多媒体文件
		多媒体描述	见多媒体文件内容
		多媒体时间域	见多媒体文件
		名称组件	见别名体
		名称组件偏移	见名称组件
		名称组件长度	见名称组件
		名称组件类型	见名称组件
		名称前缀	见别名
		正式名称	复合
		正式名称体	复合
		名称组件	复合
		名称组件偏移	NO
		名称组件长度	NC
		名称组件类型	NT
		正式名称文本	OF
		名称前缀	NP
		正式名称体	见正式名称
		正式名称文本	见正式名称体

表 H.1(续)

要素代码	要素分类	属性类型名称	属性类型代码/注释
4120	连接点	别名	复合
		别名体	复合
		名称组件	复合
		名称组件偏移	NO
		名称组件长度	NC
		名称组件类型	NT
		别名文本	AN
		名称前缀	NP
		别名体	见别名
		别名文本	见别名体
		事故	复合
		事故标识	AC
		事故日期	AT
		事故标识	见事故
		事故日期	见事故
		外部标识	EI
		连接点类型	JT
		位置参照	复合
		位置参照类型	LT
		位置参照代码	LC
		位置参照代码	见位置参照
		位置参照类型	见位置参照
		多媒体动作	见多媒体文件内容
		多媒体文件	复合
		多媒体文件内容	复合
		多媒体描述	MD
		多媒体动作	MC
		多媒体时间域	MM
		多媒体文件名称	MN
		多媒体文件类型	AT
		多媒体文件内容	见多媒体文件
		多媒体文件名称	见多媒体文件
		多媒体文件类型	见多媒体文件
		多媒体描述	见多媒体文件内容
		多媒体时间域	见多媒体文件

表 H.1(续)

要素代码	要素分类	属性类型名称	属性类型代码/注释
		名称组件	见别名体
		名称组件偏移	见名称组件
		名称组件长度	见名称组件
		名称组件类型	见名称组件
		名称前缀	见别名
		正式名称	复合
		正式名称体	复合
		名称组件	复合
		名称组件偏移	NO
		名称组件长度	NC
		名称组件类型	NT
		正式名称文本	OF
		名称前缀	NP
		正式名称体	见正式名称
		正式名称文本	见正式名称体
		位置精度	AP
4140	路段	别名	复合
		别名体	复合
		名称组件	复合
		名称组件偏移	NO
		名称组件长度	NC
		名称组件类型	NT
		别名文本	AN
		名称前缀	NP
		别名体	见别名
		别名文本	见别名体
		显示等级	DC
		外部标识	EI
		位置参照	复合
		位置参照类型	LT
		位置参照代码	LC
		位置参照代码	见位置参照
		位置参照类型	见位置参照
		多媒体动作	见多媒体文件内容
		多媒体文件	复合

表 H.1(续)

要素代码	要素分类	属性类型名称	属性类型代码/注释
		多媒体文件内容	复合
		多媒体描述	MD
		多媒体动作	MC
		多媒体时间域	MM
		多媒体文件名称	MN
		多媒体文件类型	AT
		多媒体文件内容	见多媒体文件
		多媒体文件名称	见多媒体文件
		多媒体文件类型	见多媒体文件
		多媒体描述	见多媒体文件内容
		多媒体时间域	见多媒体文件
		名称组件	见别名体
		名称组件偏移	见名称组件
		名称组件长度	见名称组件
		名称组件类型	见名称组件
		名称前缀	见别名
		正式名称	复合
		正式名称体	复合
		名称组件	复合
		名称组件偏移	NO
		名称组件长度	NC
		名称组件类型	NT
		正式名称文本	OF
		名称前缀	NP
		正式名称体	见正式名称
		正式名称文本	见正式名称体
4110	道路元素	事故	复合
		事故标识	AC
		事故日期	AT
		地址信息(＋SI)	复合
		街道别名	复合
		方向前缀	DP
		街道类型前缀	SX
		街道别名体	复合
		街道别名文本	AL

表 H.1(续)

要素代码	要素分类	属性类型名称	属性类型代码/注释
		名称组件	复合
		名称组件偏移	NO
		名称组件长度	NC
		名称组件类型	NT
		空格分隔标志	TI
		街道类型后缀	ST
		方向后缀	DS
		复合语音	复合
		语音	PO
		语音系统	PN
		门牌号码范围	复合
		街道侧面	SI
		门牌号码结构	HS
		中间门牌号码	HI
		第一门牌号码	HF
		最后门牌号码	HL
		邮政编码	PS
		地址信息(+SI)	复合
		正式街道名称	复合
		方向前缀	DP
		街道类型前缀	SX
		正式街道名称体	复合
		正式街道名称文本	OF
		名称组件	复合
		名称组件偏移	NO
		名称组件长度	NC
		名称组件类型	NT
		空格分隔标志	TI
		街道类型后缀	ST
		方向后缀	DS
		复合语音	复合
		语音	PO
		语音系统	PN
		门牌号码范围	复合
		街道侧面	SI

表 H.1(续)

要素代码	要素分类	属性类型名称	属性类型代码/注释
		门牌号码结构	HS
		中间门牌号码	HI
		第一门牌号码	HF
		最后门牌号码	HL
		邮政编码	PS
		地址信息(+SI)	复合
		路线编号	复合
		方向前缀	DP
		路线类型前缀	RE
		分隔符	SE
		路线编号体	RN
		路线类型后缀	RI
		方向后缀	DS
		门牌号码范围	复合
		街道侧面	SI
		门牌号码结构	HS
		中间门牌号码	HI
		第一门牌号码	HF
		最后门牌号码	HL
		邮政编码	PS
		街道别名	见地址信息
		街道别名体	见街道别名
		街道别名文本	见街道别名体
		平均车速(+VP)(+VT)(+LD)	AS
		路障(+VP)(+LD)	复合
		路障位置	BP
		路障类型	BE
		可移动路障	RB
		路障位置	见路障
		路障类型	见路障
		链偏移	CO
		道路复合形态(+VP)	复合
		道路形态	FW
		匝道类型	SL
		高速公路	FY

表 H.1(续)

要素代码	要素分类	属性类型名称	属性类型代码/注释
		复合交叉口类型	复合
		交叉口类型	IT
		汇交路口类型	IF
		复合语音	见正式街道名称/街道别名
		建筑状态(+VP)(+LD)	CS
		货币	见收费
		交通流方向(+VP)(+VT)	DF
		方向前缀	见正式街道名称/街道别名
		方向后缀	见正式街道名称/街道别名
		显示等级	DC
		分隔带(+VP)	复合
		分隔道路元素	DR
		分隔带类型	DT
		分隔带宽度	DW
		紧急车道(+VP)(+LD)	EV
		外部标识	EI
		第一门牌号码	见门牌号码范围
		道路形态	见道路复合形态
		道路功能等级	FC
		隘口高程	见山隘
		多人乘坐车辆(+VP)(+VT)(+LD)	复合
		最小乘坐人数	MO
		车辆类型	VT
		门牌号码范围	见地址信息
		门牌号码结构	见门牌号码范围
		中间门牌号码	见门牌号码范围
		车道依赖性	LD
		最后门牌号码	见门牌号码范围
		道路元素长度	LR
		位置参照	复合
		位置参照类型	LT
		位置参照代码	LC
		位置参照代码	见位置参照
		位置参照类型	见位置参照
		磁异常(+VP)	MA

表 H.1(续)

要素代码	要素分类	属性类型名称	属性类型代码/注释
		允许最大高度(+VP)	MH
		允许最大长度(+VP)	ML
		最大车道数(+VP)	XL
		允许最大质量(+VP)	MT
		允许最大轴质量(+VP)	AW
		允许最大宽度(+VP)	MW
		实测长度	LM
		最小车道数(+VP)	MI
		最小乘坐人数	见多人乘坐车辆
		山隘	复合
		隘口	PA
		隘口高程	HP
		多媒体动作	见多媒体文件内容
		多媒体文件	复合
		多媒体文件内容	复合
		多媒体描述	MD
		多媒体动作	MC
		多媒体时间域	MM
		多媒体文件名称	MN
		多媒体文件类型	AT
		多媒体文件内容	见多媒体文件
		多媒体文件名称	见多媒体文件
		多媒体文件类型	见多媒体文件
		多媒体描述	见多媒体文件内容
		多媒体时间域	见多媒体文件
		道路管理等级	NR
		车道数量(+VP)	NL
		名称组件	见街道别名/正式街道名称体
		名称组件偏移	见名称组件
		名称组件长度	见名称组件
		名称组件类型	见名称组件
		正式街道名称	见地址信息
		正式街道名称体	见正式街道名称
		正式街道名称文本	见正式街道名称体
		所有权(+VP)	OW

表 H.1(续)

要素代码	要素分类	属性类型名称	属性类型代码/注释
		隘口	见山隘
		通行限制(+VP)(+VT)	RP
		铺设过的路面类型	见路面
		铺设状态	见路面
		国际交通百分比	见交通流量
		位置精度	AP
		邮政编码	见地址信息
		语音	见组件语音
		语音系统	见组件语音
		可移动路障	见路障
		道路坡度	RG
		路面倾斜	IR
		路面	复合
		铺设状态	PV
		铺设过的路面类型	PA
		未铺设的路面类型	UR
		路面条件	RR
		路面条件	见路面
		路线编号体	RN
		路径标识	见特殊路径
		路径序号	见特殊路径
		路径类型	见特殊路径
		风景值(+VP)	SV
		匝道类型	见道路复合形态
		特殊路径	复合
		路径标识	RS
		路径类型	RT
		路径序号	RU
		特殊限制(+VP)	SR
		速度限制(+VP)(+VT)	SP
		街道名称体	见正式街道名称/街道别名
		街道类型前缀	见正式街道名称/街道别名
		街道侧面	SI/限制信息
		街道类型后缀	见正式街道名称/街道别名
		通行费	复合

表 H.1(续)

要素代码	要素分类	属性类型名称	属性类型代码/注释
		收费金额	TC
		货币	CU
		收费金额	见收费
		收费道路(+VP)	TR
		交通堵塞概率(+VP)	TJ
		交通流量	复合
		交通流量	TM
		交通流量类型	TY
		交通流量单位	TU
		国际交通百分比	PI
		车辆类型	VT
		交通流量	见交通流量
		交通流量类型	见交通流量
		交通流量单位	见交通流量
		有效方向	VD/限制信息
		有效期	VP/限制信息
		车辆类型	VT/限制信息
		空格分隔标志	见街道别名/正式街道名称
		未铺设的路面类型	见路面
		车辆类型	VT
		宽度	WI
4190	环岛	别名	复合
		别名体	复合
		名称组件	复合
		名称组件偏移	NO
		名称组件长度	NC
		名称组件类型	NT
		别名文本	AN
		名称前缀	NP
		别名体	见别名
		别名文本	见别名体
		显示等级	DC
		外部标识	EI
		位置参照	复合
		位置参照类型	LT

表 H.1(续)

要素代码	要素分类	属性类型名称	属性类型代码/注释
		位置参照代码	LC
		位置参照代码	见位置参照
		位置参照类型	见位置参照
		多媒体动作	见多媒体文件内容
		多媒体文件	复合
		多媒体文件内容	复合
		多媒体描述	MD
		多媒体动作	MC
		多媒体时间域	MM
		多媒体文件名称	MN
		多媒体文件类型	AT
		多媒体文件内容	见多媒体文件
		多媒体文件名称	见多媒体文件
		多媒体文件类型	见多媒体文件
		多媒体描述	见多媒体文件内容
		多媒体时间域	见多媒体文件
		名称组件	见别名体
		名称组件偏移	见名称组件
		名称组件长度	见名称组件
		名称组件类型	见名称组件
		名称前缀	见别名
		正式名称	复合
		正式名称体	复合
		名称组件	复合
		名称组件	NO
		名称组件长度	NC
		名称组件类型	NT
		正式名称文本	OF
		名称前缀	NP
		正式名称体	见正式名称
		正式名称文本	见正式名称体

H.3 行政区划(见表 H.2)

表 H.2

要素代码	要素分类	属性类型名称	属性类型代码/注释
1199	行政区划边界元素	行政区划边界类型	BT
		别名	复合
		别名体	复合
		名称组件	复合
		名称组件偏移	NO
		名称组件长度	NC
		名称组件类型	NT
		别名文本	AN
		名称前缀	NP
		别名体	见别名
		别名文本	见别名体
		外部标识	EI
		多媒体动作	见多媒体文件内容
		多媒体文件	复合
		多媒体文件内容	复合
		多媒体描述	MD
		多媒体动作	MC
		多媒体时间域	MM
		多媒体文件名称	MN
		多媒体文件类型	AT
		多媒体文件内容	见多媒体文件
		多媒体文件名称	见多媒体文件
		多媒体文件类型	见多媒体文件
		多媒体描述	见多媒体文件内容
		多媒体时间域	见多媒体文件
		名称组件	见别名体
		名称组件偏移	见名称组件
		名称组件长度	见名称组件
		名称组件类型	见名称组件
		名称前缀	见别名
		正式名称	复合
		正式名称体	复合
		名称组件	复合

表 H.2(续)

要素代码	要素分类	属性类型名称	属性类型代码/注释
		名称组件偏移	NO
		名称组件长度	NC
		名称组件类型	NT
		正式名称文本	OF
		名称前缀	NP
		正式名称体	见正式名称
		正式名称文本	见正式名称体
1198	行政区划边界连接点	别名	复合
		别名体	复合
		名称组件	复合
		名称组件偏移	NO
		名称组件长度	NC
		名称组件类型	NT
		别名文本	AN
		名称前缀	NP
		别名体	见别名
		别名文本	见别名体
		外部标识	EI
		多媒体动作	见多媒体文件内容
		多媒体文件	复合
		多媒体文件内容	复合
		多媒体描述	MD
		多媒体动作	MC
		多媒体时间域	MM
		多媒体文件名称	MN
		多媒体文件类型	AT
		多媒体文件内容	见多媒体文件
		多媒体文件名称	见多媒体文件
		多媒体文件类型	见多媒体文件
		多媒体描述	见多媒体文件内容
		多媒体时间域	见多媒体文件
		名称组件	见别名体
		名称组件偏移	见名称组件
		名称组件长度	见名称组件
		名称组件类型	见名称组件

表 H.2(续)

要素代码	要素分类	属性类型名称	属性类型代码/注释
		名称前缀	见别名
		正式名称	复合
		正式名称体	复合
		名称组件	复合
		名称组件偏移	NO
		名称组件长度	NC
		名称组件类型	NT
		正式名称文本	OF
		名称前缀	NP
		正式名称体	见正式名称
		正式名称文本	见正式名称体
1165 — 1190	行政地点 A—行政地点 Z	行政区划结构标识	HI
		别名	复合
		别名体	复合
		名称组件	复合
		名称组件偏移	NO
		名称组件长度	NC
		名称组件类型	NT
		别名文本	AN
		名称前缀	NP
		别名体	见别名
		别名文本	见别名体
		外部标识	EI
		正式代码	OC
		多媒体动作	见多媒体文件内容
		多媒体文件	复合
		多媒体文件内容	复合
		多媒体描述	MD
		多媒体动作	MC
		多媒体时间域	MM
		多媒体文件名称	MN
		多媒体文件类型	AT
		多媒体文件内容	见多媒体文件
		多媒体文件名称	见多媒体文件
		多媒体文件类型	见多媒体文件

表 H.2(续)

要素代码	要素分类	属性类型名称	属性类型代码/注释
		多媒体描述	见多媒体文件内容
		多媒体时间域	见多媒体文件
		名称组件	见别名体
		名称组件偏移	见名称组件
		名称组件长度	见名称组件
		名称组件类型	见名称组件
		名称前缀	见别名
		正式名称	复合
		正式名称体	复合
		名称组件	复合
		名称组件偏移	NO
		名称组件长度	NC
		名称组件类型	NT
		正式名称文本	OF
		名称前缀	NP
		正式名称体	见正式名称
		正式名称文本	见正式名称体
		人口	PO
		人口等级	PC
		夏令时	SU
		时区	TZ
1111	国家	行政区划结构标识	HI
		别名	复合
		别名体	复合
		名称组件	复合
		名称组件偏移	NO
		名称组件长度	NC
		名称组件类型	NT
		别名文本	AN
		名称前缀	NP
		别名体	见别名
		别名文本	见别名体
		外部标识	EI
		国家代码	IC
		多媒体动作	见多媒体文件内容

表 H.2(续)

要素代码	要素分类	属性类型名称	属性类型代码/注释
		多媒体文件	复合
		多媒体文件内容	复合
		多媒体描述	MD
		多媒体动作	MC
		多媒体时间域	MM
		多媒体文件名称	MN
		多媒体文件类型	AT
		多媒体文件内容	见多媒体文件
		多媒体文件名称	见多媒体文件
		多媒体文件类型	见多媒体文件
		多媒体描述	见多媒体文件内容
		多媒体时间域	见多媒体文件
		名称组件	见别名体
		名称组件偏移	见名称组件
		名称组件长度	见名称组件
		名称组件类型	见名称组件
		名称前缀	见别名
		正式名称	复合
		正式名称体	复合
		名称组件	复合
		名称组件偏移	NO
		名称组件长度	NC
		名称组件类型	NT
		正式名称文本	OF
		名称前缀	NP
		正式名称体	见正式名称
		正式名称文本	见正式名称体
		人口	PO
		人口等级	PC
		夏令时	SU
		时区	TZ
1112 — 1118	1 — 7 级行政区划	行政区划结构标识	HI
		别名	复合
		别名体	复合
		名称组件	复合

表 H.2(续)

要素代码	要素分类	属性类型名称	属性类型代码/注释
		名称组件偏移	NO
		名称组件长度	NC
		名称组件类型	NT
		别名文本	AN
		名称前缀	NP
		别名体	见别名
		别名文本	见别名体
		外部标识	EI
		正式代码	OC
		多媒体动作	见多媒体文件内容
		多媒体文件	复合
		多媒体文件内容	复合
		多媒体描述	MD
		多媒体动作	MC
		多媒时域	MM
		多媒体文件名称	MN
		多媒体文件类型	AT
		多媒体文件内容	见多媒体文件
		多媒体文件名称	见多媒体文件
		多媒体文件类型	见多媒体文件
		多媒体描述	见多媒体文件内容
		多媒体时间域	见多媒体文件
		名称组件	见别名体
		名称组件偏移	见名称组件
		名称组件长度	见名称组件
		名称组件类型	见名称组件
		名称前缀	见别名
		正式代码	OC
		正式名称	复合
		正式名称体	复合
		名称组件	复合
		名称组件偏移	NO
		名称组件长度	NC
		名称组件类型	NT
		正式名称文本	OF

表 H.2(续)

要素代码	要素分类	属性类型名称	属性类型代码/注释
		多媒体文件内容	复合
		多媒体描述	MD
		多媒体动作	MC
		多媒体时间域	MM
		多媒体文件名称	MN
		多媒体文件类型	AT
		多媒体文件内容	见多媒体文件
		多媒体文件名称	见多媒体文件
		多媒体文件类型	见多媒体文件
		多媒体描述	见多媒体文件内容
		多媒体时间域	见多媒体文件
		名称组件	见别名体
		名称组件偏移	见名称组件
		名称组件长度	见名称组件
		名称组件类型	见名称组件
		名称前缀	见别名
		正式代码	OC
		正式名称	复合
		正式名称体	复合
		名称组件	复合
		名称组件偏移	NO
		名称组件长度	NC
		名称组件类型	NT
		正式名称文本	OF
		名称前缀	NP
		正式名称体	见正式名称
		正式名称文本	见正式名称体
		人口	PO
		人口等级	PC
		区域代码	RC
		夏令时	SU
		时区	TZ
1110	跨国行政区划	行政区划结构标识	HI
		别名	复合
		别名体	复合

表 H.2(续)

要素代码	要素分类	属性类型名称	属性类型代码/注释
		名称组件	复合
		名称组件偏移	NO
		名称组件长度	NC
		名称组件类型	NT
		别名文本	AN
		名称前缀	NP
		别名体	见别名
		别名文本	见别名体
		外部标识	EI
		多媒体动作	见多媒体文件内容
		多媒体文件	复合
		多媒体文件内容	复合
		多媒体描述	MD
		多媒体动作	MC
		多媒体时间域	MM
		多媒体文件名称	MN
		多媒体文件类型	AT
		多媒体文件内容	见多媒体文件
		多媒体文件名称	见多媒体文件
		多媒体文件类型	见多媒体文件
		多媒体描述	见多媒体文件内容
		多媒体时间域	见多媒体文件
		名称组件	见别名体
		名称组件偏移	见名称组件
		名称组件长度	见名称组件
		名称组件类型	见名称组件
		名称前缀	见别名
		正式名称	复合
		正式名称体	复合
		名称组件	复合
		名称组件偏移	NO
		名称组件长度	NC
		名称组件类型	NT
		正式名称文本	OF
		名称前缀	NP

表 H.2(续)

要素代码	要素分类	属性类型名称	属性类型代码/注释
		正式名称体	见正式名称
		正式名称文本	见正式名称体
		人口	PO
		人口等级	PC
		夏令时	SU
		时区	TZ

H.4 命名区域(见表 H.3)

表 H.3

要素代码	要素分类	属性类型名称	属性类型代码/注释
3110	建成区域	别名	复合
		别名体	复合
		名称组件	复合
		名称组件偏移	NO
		名称组件长度	NC
		名称组件类型	NT
		别名文本	AN
		名称前缀	NP
		别名体	见别名
		别名文本	见别名体
		外部标识	EI
		多媒体动作	见多媒体文件内容
		多媒体文件	复合
		多媒体文件内容	复合
		多媒体描述	MD
		多媒体动作	MC
		多媒体时间域	MM
		多媒体文件名称	MN
		多媒体文件类型	AT
		多媒体文件内容	见多媒体文件
		多媒体文件名称	见多媒体文件
		多媒体文件类型	见多媒体文件
		多媒体描述	见多媒体文件内容
		多媒体时间域	见多媒体文件
		名称组件	见别名体

表 H.3(续)

要素代码	要素分类	属性类型名称	属性类型代码/注释
		名称组件偏移	见名称组件
		名称组件长度	见名称组件
		名称组件类型	见名称组件
		名称前缀	见别名
		正式名称	复合
		正式名称体	复合
		名称组件	复合
		名称组件偏移	NO
		名称组件长度	NC
		名称组件类型	NT
		正式名称文本	OF
		名称前缀	NP
		正式名称体	见正式名称
		正式名称文本	见正式名称体
		居民地类型	SM
		人口	PO
		人口等级	PC
3198	边界元素	边界类型	BY
		外部标识	EI
		多媒体动作	见多媒体文件内容
		多媒体文件	复合
		多媒体文件内容	复合
		多媒体描述	MD
		多媒体动作	MC
		多媒体时间域	MM
		多媒体文件名称	MN
		多媒体文件类型	AT
		多媒体文件内容	见多媒体文件
		多媒体文件名称	见多媒体文件
		多媒体文件类型	见多媒体文件
		多媒体描述	见多媒体文件内容
		多媒体时间域	见多媒体文件
3199	边界连接点		
		外部标识	EI
		多媒体动作	见多媒体文件内容

表 H.3(续)

要素代码	要素分类	属性类型名称	属性类型代码/注释
		多媒体文件	复合
		多媒体文件内容	复合
		多媒体描述	MD
		多媒体动作	MC
		多媒体时间域	MM
		多媒体文件名称	MN
		多媒体文件类型	AT
		多媒体文件内容	见多媒体文件
		多媒体文件名称	见多媒体文件
		多媒体文件类型	见多媒体文件
		多媒体描述	见多媒体文件内容
		多媒体时间域	见多媒体文件
3134	统计区	别名	复合
		别名体	复合
		名称组件	复合
		名称组件偏移	NO
		名称组件长度	NC
		名称组件类型	NT
		别名文本	AN
		名称前缀	NP
		别名体	见别名
		别名文本	见别名体
		外部标识	EI
		多媒体动作	见多媒体文件内容
		多媒体文件关联	复合
		多媒体文件内容	复合
		多媒体描述	MD
		多媒体动作	MC
		多媒体时间域	MM
		多媒体文件名称	MN
		多媒体文件类型	AT
		多媒体文件内容	见多媒体文件
		多媒体文件名称	见多媒体文件
		多媒体文件类型	见多媒体文件
		多媒体描述	见多媒体文件内容

表 H.3(续)

要素代码	要素分类	属性类型名称	属性类型代码/注释
		多媒体时间域	见多媒体文件
		名称组件	见别名体
		名称组件偏移	见名称组件
		名称组件长度	见名称组件
		名称组件类型	见名称组件
		名称前缀	见别名
		正式名称	复合
		正式名称体	复合
		名称组件	复合
		名称组件偏移	NO
		名称组件长度	NC
		名称组件类型	NT
		正式名称文本	OF
		名称前缀	NP
		正式名称体	见正式名称
		正式名称文本	见正式名称体
		人口	PO
		人口等级	PC
3138	选区	别名	复合
		别名体	复合
		名称组件	复合
		名称组件偏移	NO
		名称组件长度	NC
		名称组件类型	NT
		别名文本	AN
		名称前缀	NP
		别名体	见别名
		别名文本	见别名体
		外部标识	EI
		多媒体动作	见多媒体文件内容
		多媒体文件	复合
		多媒体文件内容	复合
		多媒体描述	MD
		多媒体动作	MC
		多媒体时间域	MM

表 H.3(续)

要素代码	要素分类	属性类型名称	属性类型代码/注释
		多媒体文件名称	MN
		多媒体文件类型	AT
		多媒体文件内容	见多媒体文件
		多媒体文件名称	见多媒体文件
		多媒体文件类型	见多媒体文件
		多媒体描述	见多媒体文件内容
		多媒体时间域	见多媒体文件
		名称组件	见别名体
		名称组件偏移	见名称组件
		名称组件长度	见名称组件
		名称组件类型	见名称组件
		名称前缀	见别名
		正式名称	复合
		正式名称体	复合
		名称组件	复合
		名称组件偏移	NO
		名称组件长度	NC
		名称组件类型	NT
		正式名称类型	OF
		名称前缀	NP
		正式名称体	见正式名称
		正式名称文本	见正式名称体
		人口	PO
		人口等级	PC
3132	急救医疗服务区	别名	复合
		别名体	复合
		名称组件	复合
		名称组件偏移	NO
		名称组件长度	NC
		名称组件类型	NT
		别名文本	AN
		名称前缀	NP
		别名体	见别名
		别名文本	见别名体
		外部标识	EI

表 H.3(续)

要素代码	要素分类	属性类型名称	属性类型代码/注释
		多媒体动作	见多媒体文件内容
		多媒体文件	复合
		多媒体文件内容	复合
		多媒体描述	MD
		多媒体动作	MC
		多媒体时间域	MM
		多媒体文件名称	MN
		多媒体文件类型	AT
		多媒体文件内容	见多媒体文件
		多媒体文件名称	见多媒体文件
		多媒体文件类型	见多媒体文件
		多媒体描述	见多媒体文件内容
		多媒体时间域	见多媒体文件
		名称组件	见别名体
		名称组件偏移	见名称组件
		名称组件长度	见名称组件
		名称组件类型	见名称组件
		名称前缀	见别名
		正式名称	复合
		正式名称体	复合
		名称组件	复合
		名称组件偏移	NO
		名称组件长度	NC
		名称组件类型	NT
		正式名称文本	OF
		名称前缀	NP
		正式名称体	见正式名称
		正式名称文本	见正式名称体
		人口	PO
		人口等级	PC
3135	消防区	别名	复合
		别名体	复合
		名称组件	复合
		名称组件偏移	NO
		名称组件长度	NC

表 H.3(续)

要素代码	要素分类	属性类型名称	属性类型代码/注释
		名称组件类型	NT
		别名文本	AN
		名称前缀	NP
		别名体	见别名
		别名文本	见别名体
		外部标识	EI
		多媒体动作	见多媒体文件内容
		多媒体文件	复合
		多媒体文件内容	复合
		多媒体描述	MD
		多媒体动作	MC
		多媒体时间域	MM
		多媒体文件名称	MN
		多媒体文件类型	AT
		多媒体文件内容	见多媒体文件
		多媒体文件名称	见多媒体文件
		多媒体文件类型	见多媒体文件
		多媒体描述	见多媒体文件内容
		多媒体时间域	见多媒体文件
		名称组件	见别名体
		名称组件偏移	见名称组件
		名称组件长度	见名称组件
		名称组件类型	见名称组件
		名称前缀	见别名
		正式名称	复合
		正式名称体	复合
		名称组件	复合
		名称组件偏移	NO
		名称组件长度	NC
		名称组件类型	NT
		正式名称文本	OF
		名称前缀	NP
		正式名称体	见正式名称
		正式名称文本	见正式名称体
		人口	PO

表 H.3(续)

要素代码	要素分类	属性类型名称	属性类型代码/注释
		人口等级	PC
3120	命名区域	别名	复合
		别名体	复合
		名称组件	复合
		名称组件偏移	NO
		名称组件长度	NC
		名称组件类型	NT
		别名文本	AN
		名称前缀	NP
		别名体	见别名
		别名文本	见别名体
		外部标识	EI
		多媒体动作	见多媒体文件内容
		多媒体文件	复合
		多媒体文件内容	复合
		多媒体描述	MD
		多媒体动作	MC
		多媒体时间域	MM
		多媒体文件名称	MN
		多媒体文件类型	AT
		多媒体文件内容	见多媒体文件
		多媒体文件名称	见多媒体文件
		多媒体文件类型	见多媒体文件
		多媒体描述	见多媒体文件内容
		多媒体时间域	见多媒体文件
		名称组件	见别名体
		名称组件偏移	见名称组件
		名称组件长度	见名称组件
		名称组件类型	见名称组件
		名称前缀	见别名
		正式名称	复合
		正式名称体	复合
		名称组件	复合
		名称组件偏移	NO
		名称组件长度	NC

表 H.3(续)

要素代码	要素分类	属性类型名称	属性类型代码/注释
		名称组件类型	NT
		正式名称文本	OF
		名称前缀	NP
		正式名称体	见正式名称
		正式名称文本	见正式名称体
		人口	PO
		人口等级	PC
3137	电话区	别名	复合
		别名体	复合
		名称组件	复合
		名称组件偏移	NO
		名称组件长度	NC
		名称组件类型	NT
		别名文本	AN
		名称前缀	NP
		别名体	见别名
		别名文本	见别名体
		外部标识	EI
		多媒体动作	见多媒体文件内容
		多媒体文件关联	复合
		多媒体文件内容	复合
		多媒体描述	MD
		多媒体动作	MC
		多媒体时间域	MM
		多媒体文件名称	MN
		多媒体文件类型	AT
		多媒体文件内容	见多媒体文件
		多媒体文件名称	见多媒体文件
		多媒体文件类型	见多媒体文件
		多媒体描述	见多媒体文件内容
		多媒体时间域	见多媒体文件
		名称组件	见别名体
		名称组件偏移	见名称组件
		名称组件长度	见名称组件
		名称组件类型	见名称组件

表 H.3(续)

要素代码	要素分类	属性类型名称	属性类型代码/注释
		名称前缀	见别名
		正式名称	复合
		正式名称体	复合
		名称组件	复合
		名称组件偏移	NO
		名称组件长度	NC
		名称组件类型	NT
		正式名称文本	OF
		名称前缀	NP
		正式名称体	见正式名称
		正式名称文本	见正式名称体
		正式代码	OC
		人口	PO
		人口等级	PC
3131	治安区	别名	复合
		别名体	复合
		名称组件	复合
		名称组件偏移	NO
		名称组件长度	NC
		名称组件类型	NT
		别名文本	AN
		名称前缀	NP
		别名体	见别名
		别名文本	见别名体
		外部标识	AI
		多媒体动作	见多媒体文件内容
		多媒体文件	复合
		多媒体文件内容	复合
		多媒体描述	MD
		多媒体动作	MC
		多媒体时间域	MM
		多媒体文件名称	MN
		多媒体文件类型	AT
		多媒体文件内容	见多媒体文件
		多媒体文件名称	见多媒体文件

表 H.3(续)

要素代码	要素分类	属性类型名称	属性类型代码/注释
		多媒体文件类型	见多媒体文件
		多媒体描述	见多媒体文件内容
		多媒体时间域	见多媒体文件
		名称组件	见别名
		正式代码	OC
		正式名称	复合
		正式名称前缀	OX
		正式名称体	OY
		正式名称前缀	见正式名称
		正式名称体	见正式名称
		人口	PO
		人口等级	PC
3136	邮区	别名	复合
		别名体	复合
		名称组件	复合
		名称组件偏移	NO
		名称组件长度	NC
		名称组件类型	NT
		别名文本	AN
		名称前缀	NP
		别名体	见别名
		别名文本	见别名体
		外部标识	EI
		多媒体动作	见多媒体文件内容
		多媒体文件	复合
		多媒体文附件关联	复合
		多媒体描述	MD
		多媒体动作	MC
		多媒体时间域	MM
		多媒体文件名称	MN
		多媒体文件类型	AT
		多媒体文件内容	见多媒体文件
		多媒体文件名称	见多媒体文件
		多媒体文件类型	见多媒体文件
		多媒体描述	见多媒体文件内容

表 H.3(续)

要素代码	要素分类	属性类型名称	属性类型代码/注释
		多媒体时间域	见多媒体文件
		名称组件	见别名体
		名称组件偏移	见名称组件
		名称组件长度	见名称组件
		名称组件类型	见名称组件
		名称前缀	见别名
		正式名称	复合
		正式名称体	复合
		名称组件	复合
		名称组件偏移	NO
		名称组件长度	NC
		名称组件类型	NT
		正式名称文本	OF
		名称前缀	NP
		正式名称体	见正式名称
		正式名称文本	见正式名称体
		人口	PO
		人口等级	PC
		邮政编码	PS
3133	学区	别名	复合
		别名体	复合
		名称组件	复合
		名称组件偏移	NO
		名称组件长度	NC
		名称组件类型	NT
		别名文本	AN
		名称前缀	NP
		别名体	见别名
		别名文本	见别名体
		外部标识	EI
		多媒体动作	见多媒体文件内容
		多媒体文件	复合
		多媒体文件内容	复合
		多媒体描述	MD
		多媒体动作	MC

表 H.3(续)

要素代码	要素分类	属性类型名称	属性类型代码/注释
		多媒体时间域	MM
		多媒体文件名称	MN
		多媒体文件类型	AT
		多媒体文件内容	见多媒体文件
		多媒体文件名称	见多媒体文件
		多媒体文件类型	见多媒体文件
		多媒体描述	见多媒体文件内容
		多媒体时间域	见多媒体文件
		名称组件	见别名体
		名称组件偏移	见名称组件
		名称组件长度	见名称组件
		名称组件类型	见名称组件
		名称前缀	见别名
		正式名称	复合
		正式名称体	复合
		名称组件	复合
		名称组件偏移	NO
		名称组件长度	NC
		名称组件类型	NT
		正式名称文本	OF
		名称前缀	NP
		正式名称体	见正式名称
		正式名称文本	见正式名称体
		人口	PO
		人口等级	PC

H.5 土地覆盖与利用(见表 H.4)

表 H.4

要素代码	要素分类	属性类型名称	属性类型代码/注释
7110	建筑物	别名	复合
		别名体	复合
		名称组件	复合
		名称组件偏移	NO
		名称组件长度	NC
		名称组件类型	NT

表 H.4(续)

要素代码	要素分类	属性类型名称	属性类型代码/注释
		别名文本	AN
		名称前缀	NP
		别名体	见别名
		别名文本	见别名体
		建筑物类型名称	BC
		显示等级	DC
		外部标识	EI
		多媒体动作	见多媒体文件内容
		多媒体文件	复合
		多媒体文件内容	复合
		多媒体描述	MD
		多媒体动作	MC
		多媒体时间域	MM
		多媒体文件名称	MN
		多媒体文件类型	AT
		多媒体文件内容	见多媒体文件
		多媒体文件名称	见多媒体文件
		多媒体文件类型	见多媒体文件
		多媒体描述	见多媒体文件内容
		多媒体时间域	见多媒体文件
		名称组件	见别名体
		名称组件偏移	见名称组件
		名称组件长度	见名称组件
		名称组件类型	见名称组件
		名称前缀	见别名
		正式名称	复合
		正式名称体	复合
		名称组件	复合
		名称组件偏移	NO
		名称组件长度	NC
		名称组件类型	NT
		正式名称文本	OF
		名称前缀	NP
		正式名称体	见正式名称
		正式名称文本	见正式名称体

表 H.4(续)

要素代码	要素分类	属性类型名称	属性类型代码/注释
7180	岛屿	别名	复合
		别名体	复合
		名称组件	复合
		名称组件偏移	NO
		名称组件长度	NC
		名称组件类型	NT
		别名文本	AN
		名称前缀	NP
		别名体	见别名
		别名文本	见别名体
		显示等级	DC
		外部标识	EI
		多媒体动作	见多媒体文件内容
		多媒体文件	复合
		多媒体文件内容	复合
		多媒体描述	MD
		多媒体动作	MC
		多媒体时间域	MM
		多媒体文件名称	MN
		多媒体文件类型	AT
		多媒体文件内容	见多媒体文件
		多媒体文件名称	见多媒体文件
		多媒体文件类型	见多媒体文件
		多媒体描述	见多媒体文件内容
		多媒体时间域	见多媒体文件
		名称组件	见别名体
		名称组件偏移	见名称组件
		名称组件长度	见名称组件
		名称组件类型	见名称组件
		名称前缀	见别名
		正式名称	复合
		正式名称体	复合
		名称组件	复合
		名称组件偏移	NO
		名称组件长度	NC

表 H.4(续)

要素代码	要素分类	属性类型名称	属性类型代码/注释
		名称组件类型	NT
		正式名称文本	OF
		名称前缀	NP
		正式名称体	见正式名称
		正式名称文本	见正式名称体
7111 — 7170	土地覆盖与利用的其他要素	别名	复合
		别名体	复合
		名称组件	复合
		名称组件偏移	NO
		名称组件长度	NC
		名称组件类型	NT
		别名文本	AN
		名称前缀	NP
		别名体	见别名
		别名文本	见别名体
		显示等级	DC
		外部标识	EI
		多媒体动作	见多媒体文件内容
		多媒体文件	复合
		多媒体文件内容	复合
		多媒体描述	MD
		多媒体动作	MC
		多媒体时间域	MM
		多媒体文件名称	MN
		多媒体文件类型	AT
		多媒体文件内容	见多媒体文件
		多媒体文件名称	见多媒体文件
		多媒体文件类型	见多媒体文件
		多媒体描述	见多媒体文件内容
		多媒体时间域	见多媒体文件
		名称组件	见别名体
		名称组件偏移	见名称组件
		名称组件长度	见名称组件
		名称组件类型	见名称组件

表 H.4(续)

要素代码	要素分类	属性类型名称	属性类型代码/注释
		名称前缀	见别名
		正式名称	复合
		正式名称体	复合
		名称组件	复合
		名称组件偏移	NO
		名称组件长度	NC
		名称组件类型	NT
		正式名称文本	OF
		名称前缀	NP
		正式名称体	见正式名称
		正式名称文本	见正式名称体
7165	海滩、沙丘与沙地	沙地区域类型	SA
7170	公园绿地	公园类型	PT

H.6 构造物(见表 H.5)

表 H.5

要素代码	要素分类	属性类型名称	属性类型代码/注释
7500	构造物	别名	复合
		别名体	复合
		名称组件	复合
		名称组件偏移	NO
		名称组件长度	NC
		名称组件类型	NT
		别名文本	AN
		名称前缀	NP
		别名体	见别名
		别名文本	见别名体
		多媒体动作	见多媒体文件内容
		多媒体文件	复合
		多媒体文件内容	复合
		多媒体描述	MD
		多媒体动作	MC
		多媒体时间域	MM
		多媒体文件关联名称	MN
		多媒体文件类型	AT

表 H.5(续)

要素代码	要素分类	属性类型名称	属性类型代码/注释
		多媒体文件内容	见多媒体文件
		多媒体文件名称	见多媒体文件
		多媒体文件类型	见多媒体文件
		多媒体描述	见多媒体文件内容
		多媒体时间域	见多媒体文件
		名称组件	见别名体
		名称组件偏移	见名称组件
		名称组件长度	见名称组件
		名称组件类型	见名称组件
		名称前缀	见别名
		正式名称	复合
		正式名称体	复合
		名称组件	复合
		名称组件偏移	NO
		名称组件长度	NC
		名称组件类型	NT
		正式名称文本	OF
		名称前缀	NP
		正式名称体	见正式名称
		正式名称文本	见正式名称体
		构造物类别	SC
		构造物标识	SF
		构造物类型	BT

H.7 铁路(见表 H.6)

表 H.6

要素代码	要素分类	属性类型名称	属性类型代码/注释
4210	铁路元素	别名	复合
		别名体	复合
		名称组件	复合
		名称组件偏移	NO
		名称组件长度	NC
		名称组件类型	NT
		别名文本	AN
		名称前缀	NP

表 H.6(续)

要素代码	要素分类	属性类型名称	属性类型代码/注释
		别名体	见别名
		别名文本	见别名体
		显示等级	DC
		外部标识	EI
		多媒体动作	见多媒体文件内容
		多媒体文件	复合
		多媒体文件内容	复合
		多媒体描述	MD
		多媒体动作	MC
		多媒体时间域	MM
		多媒体文件名称	MN
		多媒体文件类型	AT
		多媒体文件内容	见多媒体文件
		多媒体文件名称	见多媒体文件
		多媒体文件类型	见多媒体文件
		多媒体描述	见多媒体文件内容
		多媒体时间域	见多媒体文件
		名称组件	见别名体
		名称组件偏移	见名称组件
		名称组件长度	见名称组件
		名称组件类型	见名称组件
		名称前缀	见别名
		正式名称	复合
		正式名称体	复合
		名称组件	复合
		名称组件偏移	NO
		名称组件长度	NC
		名称组件类型	NT
		正式名称文本	OF
		名称前缀	NP
		正式名称体	见正式名称
		正式名称文本	见正式名称体
4220	铁路元素连接点	显示等级	DC
		外部标识	EI
		多媒体动作	见多媒体文件内容

表 H.6(续)

要素代码	要素分类	属性类型名称	属性类型代码/注释
		多媒体文件	复合
		多媒体文件内容	复合
		多媒体描述	MD
		多媒体动作	MC
		多媒体时间域	MM
		多媒体文件名称	MN
		多媒体文件类型	AT
		多媒体文件内容	见多媒体文件
		多媒体文件名称	见多媒体文件
		多媒体文件类型	见多媒体文件
		多媒体描述	见多媒体文件内容
		多媒体时间域	见多媒体文件

H.8 水系(见表 H.7)

表 H.7

要素代码	要素分类	属性类型名称	属性类型代码/注释
4330	水体边界元素	显示等级	DC
		外部标识	EI
		多媒体动作	见多媒体文件内容
		多媒体文件	复合
		多媒体文件内容	复合
		多媒体描述	MD
		多媒体动作	MC
		多媒体时间域	MM
		多媒体文件名称	MN
		多媒体文件类型	AT
		多媒体文件内容	见多媒体文件
		多媒体文件名称	见多媒体文件
		多媒体文件类型	见多媒体文件
		多媒体描述	见多媒体文件内容
		多媒体时间域	见多媒体文件
		水体边界元素类型	WB
4335	水体边界元素连接点	显示等级	DC
		外部标识	EI
		多媒体动作	见多媒体文件内容

表 H.7(续)

要素代码	要素分类	属性类型名称	属性类型代码/注释
		多媒体文件	复合
		多媒体文件内容	复合
		多媒体描述	MD
		多媒体动作	MC
		多媒体时间域	MM
		多媒体文件名称	MN
		多媒体文件类型	AT
		多媒体文件内容	见多媒体文件
		多媒体文件名称	见多媒体文件
		多媒体文件类型	见多媒体文件
		多媒体描述	见多媒体文件内容
		多媒体时间域	见多媒体文件
4310	水体和所有子类	别名	复合
		别名体	复合
		名称组件	复合
		名称组件偏移	NO
		名称组件长度	NC
		名称组件类型	NT
		别名文本	AN
		名称前缀	NP
		别名体	见别名
		别名文本	见别名体
		显示等级	DC
		外部标识	EI
		多媒体动作	见多媒体文件内容
		多媒体文件	复合
		多媒体文件内容	复合
		多媒体描述	MD
		多媒体动作	MC
		多媒体时间域	MM
		多媒体文件名称	MN
		多媒体文件类型	AT
		多媒体文件内容	见多媒体文件
		多媒体文件名称	见多媒体文件
		多媒体文件类型	见多媒体文件

表 H.7(续)

要素代码	要素分类	属性类型名称	属性类型代码/注释
		多媒体描述	见多媒体文件内容
		多媒体时间域	见多媒体文件
		名称组件	见别名体
		名称组件偏移	见名称组件
		名称组件长度	见名称组件
		名称组件类型	见名称组件
		名称前缀	见别名
		正式名称	复合
		正式名称体	复合
		名称组件	复合
		名称组件偏移	NO
		名称组件长度	NC
		名称组件类型	NT
		正式名称文本	OF
		名称前缀	NP
		正式名称体	见正式名称
		正式名称文本	见正式名称体
		水体类型	WT

H.9 道路附属设施(见表 H.8)

表 H.8

要素代码	要素分类	属性类型名称	属性类型代码/注释
7251	环境设施	设备标识	EQ
		外部标识	EI
		多媒体动作	见多媒体文件内容
		多媒体文件	复合
		多媒体文件内容	复合
		多媒体描述	MD
		多媒体动作	MC
		多媒体时间域	MM
		多媒体文件名称	MN
		多媒体文件类型	AT
		多媒体文件内容	见多媒体文件
		多媒体文件名称	见多媒体文件
		多媒体文件类型	见多媒体文件

表 H.8(续)

要素代码	要素分类	属性类型名称	属性类型代码/注释
		多媒体描述	见多媒体文件内容
		多媒体时间域	见多媒体文件
7252	照明灯	设备标识	EQ
		外部标识	EI
		多媒体动作	见多媒体文件内容
		多媒体文件文件附件	复合
		多媒体文件内容	复合
		多媒体描述	MD
		多媒体动作	MC
		多媒体时间域	MM
		多媒体文件名称	MN
		多媒体文件类型	AT
		多媒体文件内容	见多媒体文件
		多媒体文件名称	见多媒体文件
		多媒体文件类型	见多媒体文件
		多媒体描述	见多媒体文件内容
		多媒体时间域	见多媒体文件
7253	测量设备	设备标识	EQ
		外部标识	EI
		多媒体动作	见多媒体文件内容
		多媒体文件	复合
		多媒体文件内容	复合
		多媒体描述	MD
		多媒体动作	MC
		多媒体时间域	MM
		多媒体文件名称	MN
		多媒体文件类型	AT
		多媒体文件内容	见多媒体文件
		多媒体文件名称	见多媒体文件
		多媒体文件类型	见多媒体文件
		多媒体描述	见多媒体文件内容
		多媒体时间域	见多媒体文件
7240	人行横道	显示等级	DC
		设备标识	EQ
		外部标识	EI

表 H.8(续)

要素代码	要素分类	属性类型名称	属性类型代码/注释
		多媒体动作	见多媒体文件内容
		多媒体文件	复合
		多媒体文件内容	复合
		多媒体描述	MD
		多媒体动作	MC
		多媒体时间域	MM
		多媒体文件名称	MN
		多媒体文件类型	AT
		多媒体文件内容	见多媒体文件
		多媒体文件名称	见多媒体文件
		多媒体文件类型	见多媒体文件
		多媒体描述	见多媒体文件内容
		多媒体时间域	见多媒体文件
7254	路面标记	设备标识	EQ
		外部标识	EI
		多媒体动作	见多媒体文件内容
		多媒体文件	复合
		多媒体文件内容	复合
		多媒体描述	MD
		多媒体动作	MC
		多媒体时间域	MM
		多媒体文件名称	MN
		多媒体文件类型	AT
		多媒体文件内容	见多媒体文件
		多媒体文件名称	见多媒体文件
		多媒体文件类型	见多媒体文件
		多媒体描述	见多媒体文件内容
		多媒体时间域	见多媒体文件
7255	安全设备	设备标识	EQ
		外部标识	EI
		多媒体动作	见多媒体文件内容
		多媒体文件	复合
		多媒体文件关联	复合
		多媒体描述	MD
		多媒体动作	MC

表 H.8(续)

要素代码	要素分类	属性类型名称	属性类型代码/注释
		多媒体时间域	MM
		多媒体文件名称	MN
		多媒体文件类型	AT
		多媒体文件内容	见多媒体文件
		多媒体文件名称	见多媒体文件
		多媒体文件类型	见多媒体文件
		多媒体描述	见多媒体文件内容
		多媒体时间域	见多媒体文件
7210	路标	交通标志上的目的地信息	见交通标志信息
		目的地位置	见交通标志上的目的地信息
		方向	见交通标志信息
		显示等级	DC
		设备标识	EQ
		出口编号	见交通标志信息
		出口编号	见交通标志上的目的地信息
		外部标识	EI
		多媒体动作	见多媒体文件内容
		多媒体文件	复合
		多媒体文件内容	复合
		多媒体描述	MD
		多媒体动作	MC
		多媒体时间域	MM
		多媒体文件名称	MN
		多媒体文件类型	AT
		多媒体文件内容	见多媒体文件
		多媒体文件名称	见多媒体文件
		多媒体文件类型	见多媒体文件
		多媒体描述	见多媒体文件内容
		多媒体时间域	见多媒体文件
		交通标志上的其他文字内容	见交通标志信息
		交通标志上的路线编号	见交通标志上的目的地信息
		交通标志上的符号	见交通标志信息
		交通标志信息	复合
		交通标志类型	TS
		交通标志上的符号	SY

表 H.8(续)

要素代码	要素分类	属性类型名称	属性类型代码/注释
		方向	DI
		交通标志上的数值	VA
		出口编号	EN
		交通标志上的目的地信息	复合
		目的地位置	DL
		交通标志上的路线编号	RX
		出口编号	EN
		交通标志上的其他文字内容	CT
		交通标志类型	见交通标志信息
		交通标志上的数值	见交通标志信息
7230	交通信号灯	显示等级	DC
		设备标识	EQ
		外部标识	EI
		多媒体动作	见多媒体文件内容
		多媒体文件	复合
		多媒体文件内容	复合
		多媒体描述	MD
		多媒体动作	MC
		多媒体时间域	MM
		多媒体文件名称	MN
		多媒体文件类型	AT
		多媒体文件内容	见多媒体文件
		多媒体文件名称	见多媒体文件
		多媒体文件类型	见多媒体文件
		多媒体描述	见多媒体文件内容
		多媒体时间域	见多媒体文件
7220	交通标志	交通标志上的目的地信息	见交通标志信息
		目的地位置	见交通标志上的目的地信息
		方向	见交通标志信息
		显示等级	DC
		设备标识	EQ
		出口编号	见交通标志信息
		出口编号	见交通标志上的目的地信息
		外部标识	EI
		多媒体动作	见多媒体文件内容

表 H.8(续)

要素代码	要素分类	属性类型名称	属性类型代码/注释
		多媒体文件	复合
		多媒体文件内容	复合
		多媒体描述	MD
		多媒体动作	MC
		多媒体时间域	MM
		多媒体文件名称	MN
		多媒体文件类型	AT
		多媒体文件内容	见多媒体文件
		多媒体文件名称	见多媒体文件
		多媒体文件类型	见多媒体文件
		多媒体描述	见多媒体文件内容
		多媒体时间域	见多媒体文件
		交通标志上的其他文字内容	见交通标志信息
		交通标志上的路线编号	见交通标志上的目的地信息
		交通标志上的符号	见交通标志信息
		交通标志信息	复合
		交通标志类型	TS
		交通标志上的符号	SY
		方向	DI
		交通标志上的数值	VA
		出口编号	EN
		交通标志上的目的地信息	复合
		目的地位置	DL
		交通标志上的路线编号	RX
		出口编号	EN
		交通标志上的其他文字内容	CT
		交通标志类型	见交通标志信息
		交通标志上的数值	见交通标志信息

H.10　服务(见表 H.9)

表 H.9

要素代码	要素分类	属性类型名称	属性类型代码/注释
7301	服务入口点	入口点类型	ET
		外部标识	EI
		多媒体动作	见多媒体文件关联

表 H.9(续)

要素代码	要素分类	属性类型名称	属性类型代码/注释
		多媒体文件	复合
		多媒体文件内容	复合
		多媒体描述	MD
		多媒体动作	MC
		多媒体时间域	MM
		多媒体文件名称	MN
		多媒体文件类型	AT
		多媒体文件内容	见多媒体文件
		多媒体文件名称	见多媒体文件
		多媒体文件类型	见多媒体文件
		多媒体描述	见多媒体文件内容
		多媒体时间域	见多媒体文件

H.11 公共交通(见表 H.10)

表 H.10

要素代码	要素分类	属性类型名称	属性类型代码/注释
5015	公交连接点	外部标识	EI
		多媒体动作	见多媒体文件内容
		多媒体文件	复合
		多媒体文件内容	复合
		多媒体描述	MD
		多媒体动作	MC
		多媒体时间域	MM
		多媒体文件名称	MN
		多媒体文件类型	AT
		多媒体文件内容	见多媒体文件
		多媒体文件名称	见多媒体文件
		多媒体文件类型	见多媒体文件
		多媒体描述	见多媒体文件内容
		多媒体时间域	见多媒体文件
5025	公交点	外部标识	EI
		多媒体动作	见多媒体文件内容
		多媒体文件	复合
		多媒体文件内容	复合
		多媒体描述	MD

表 H.10(续)

要素代码	要素分类	属性类型名称	属性类型代码/注释
		多媒体动作	MC
		多媒体时间域	MM
		多媒体文件名称	MN
		多媒体文件类型	AT
		多媒体文件内容	见多媒体文件
		多媒体文件名称	见多媒体文件
		多媒体文件类型	见多媒体文件
		多媒体描述	见多媒体文件内容
		多媒体时间域	见多媒体文件
		公交点类型	TP
5040	公交路线	别名	复合
		别名体	复合
		名称组件	复合
		名称组件偏移	NO
		名称组件长度	NC
		名称组件类型	NT
		别名文本	AN
		名称前缀	NP
		别名体	见别名
		别名文本	见别名体
		外部标识	EI
		多媒体动作	见多媒体文件内容
		多媒体文件	复合
		多媒体文件内容	复合
		多媒体描述	MD
		多媒体动作	MC
		多媒体时间域	MM
		多媒体文件名称	MN
		多媒体文件类型	AT
		多媒体文件内容	见多媒体文件
		多媒体文件名称	见多媒体文件
		多媒体文件类型	见多媒体文件
		多媒体描述	见多媒体文件内容
		多媒体时间域	见多媒体文件
		名称组件	见别名体

表 H.10(续)

要素代码	要素分类	属性类型名称	属性类型代码/注释
		名称组件偏移	见名称组件
		名称组件长度	见名称组件
		名称组件类型	见名称组件
		名称前缀	见别名
		正式名称	复合
		正式名称体	复合
		名称组件	复合
		名称组件偏移	NO
		名称组件长度	NC
		名称组件类型	NT
		正式名称文本	OF
		名称前缀	NP
		正式名称体	见正式名称
		正式名称文本	见正式名称体
		公交路线方向	RD
5010	公交路线线段	公交模式	PM
		外部标识	EI
		多媒体动作	见多媒体文件内容
		多媒体文件	复合
		多媒体文件内容	复合
		多媒体描述	MD
		多媒体动作	MC
		多媒体时间域	MM
		多媒体文件名称	MN
		多媒体文件类型	AT
		多媒体文件内容	见多媒体文件
		多媒体文件名称	见多媒体文件
		多媒体文件类型	见多媒体文件
		多媒体描述	见多媒体文件内容
		多媒体时间域	见多媒体文件
5030	公交换乘区	别名	复合
		别名体	复合
		名称组件	复合
		名称组件偏移	NO
		名称组件长度	NC

表 H.10(续)

要素代码	要素分类	属性类型名称	属性类型代码/注释
		名称组件类类型	NT
		别名文本	AN
		名称前缀	NP
		别名体	见别名
		别名文本	见别名体
		外部标识	EI
		多媒体动作	见多媒体文件内容
		多媒体文件	复合
		多媒体文件内容	复合
		多媒体描述	MD
		多媒体动作	MC
		多媒体时间域	MM
		多媒体文件名称	MN
		多媒体文件类型	AT
		多媒体文件内容	见多媒体文件
		多媒体文件名称	见多媒体文件
		多媒体文件类型	见多媒体文件
		多媒体描述	见多媒体文件内容
		多媒体时间域	见多媒体文件
		名称组件	见别名体
		名称组件偏移	见名称组件
		名称组件长度	见名称组件
		名称组件类型	见名称组件
		名称前缀	见别名
		正式名称	复合
		正式名称体	复合
		名称组件	复合
		名称组件偏移	NO
		名称组件长度	NC
		名称组件类型	NT
		正式名称文本	OF
		名称前缀	NP
		正式名称体	见正式名称
		正式名称文本	见正式名称体
5020	公交车站	别名	复合

表 H.10(续)

要素代码	要素分类	属性类型名称	属性类型代码/注释
		别名体	复合
		名称组件	复合
		名称组件偏移	NO
		名称组件长度	NC
		名称组件类型	NT
		别名文本	AN
		名称前缀	NP
		别名体	见别名
		别名文本	见别名体
		外部标识	EI
		多媒体动作	见多媒体文件内容
		多媒体文件	复合
		多媒体文件内容	复合
		多媒体描述	MD
		多媒体动作	MC
		多媒体时间域	MM
		多媒体文件名称	MN
		多媒体文件类型	AT
		多媒体附件关联	见多媒体文件
		多媒体文件名称	见多媒体文件
		多媒体文件类型	见多媒体文件
		多媒体描述	见多媒体文件内容
		多媒体时间域	见多媒体文件
		名称组件	见别名体
		名称组件偏移	见名称组件
		名称组件长度	见名称组件
		名称组件类型	见名称组件
		名称前缀	见别名
		正式名称	复合
		正式名称体	复合
		名称组件	复合
		名称组件偏移	NO
		名称组件长度	NC
		名称组件类型	NT
		正式名称文本	OF

表 H.10(续)

要素代码	要素分类	属性类型名称	属性类型代码/注释
		名称前缀	NP
		正式名称体	见正式名称
		正式名称文本	见正式名称体

H.12 链参考要素(见表 H.11)

表 H.11

要素代码	要素分类	属性类型名称	属性类型代码/注释
4910	链段	外部标识	EI
		多媒体动作	见多媒体文件内容
		多媒体文件	复合
		多媒体文件内容	复合
		多媒体描述	MD
		多媒体动作	MC
		多媒体时间域	MM
		多媒体文件名称	MN
		多媒体文件类型	AT
		多媒体文件内容	见多媒体文件
		多媒体文件名称	见多媒体文件
		多媒体文件类型	见多媒体文件
		多媒体描述	见多媒体文件内容
		多媒体时间域	见多媒体文件
4920	参照点	外部标识	EI
		多媒体动作	见多媒体文件内容
		多媒体文件	复合
		多媒体文件内容	复合
		多媒体描述	MD
		多媒体动作	MC
		多媒体时间域	MM
		多媒体文件名称	MN
		多媒体文件类型	AT
		多媒体文件内容	见多媒体文件
		多媒体文件名称	见多媒体文件
		多媒体文件类型	见多媒体文件
		多媒体描述	见多媒体文件内容
		多媒体时间域	见多媒体文件
		参照点数值	VR

H.13 通用要素(见表 H.12)

表 H.12

要素代码	要素分类	属性类型名称	属性类型代码/注释
8000	要素的中心点	要素中心点的属性与其所在要素的属性完全相同	
8001	交通位置	别名	复合
		别名体	复合
		名称组件	复合
		名称组件偏移	NO
		名称组件长度	NC
		名称组件类型	NT
		别名文本	AN
		名称前缀	NP
		别名体	见别名
		别名文本	见别名体
		外部标识	EI
		位置参照	复合
		位置参照类型	LT
		位置参照代码	LC
		位置参照代码	复合
		位置参照类型	复合
		多媒体动作	见多媒体文件内容
		多媒体文件	复合
		多媒体文件内容	复合
		多媒体描述	MD
		多媒体动作	MC
		多媒体时间域	MM
		多媒体文件名称	MN
		多媒体文件类型	AT
		多媒体文件关联	见多媒体文件
		多媒体文件名称	见多媒体文件
		多媒体文件类型	见多媒体文件
		多媒体描述	见多媒体文件内容
		多媒体时间域	见多媒体文件
		名称组件	见别名体
		名称组件偏移	见名称组件

表 H.12(续)

要素代码	要素分类	属性类型名称	属性类型代码/注释
		名称组件长度	见名称组件
		名称组件类型	见名称组件
		名称前缀	见别名
		正式名称	复合
		正式名称体	复合
		名称组件	复合
		名称组件偏移	NO
		名称组件长度	NC
		名称组件类型	NT
		正式名称文本	OF
		名称前缀	NP
		正式名称体	见正式名称
		正式名称文本	见正式名称体

H.14 每个关系可能用到的属性类型的说明(见表 H.13)

表 H.13

代 码	名 称	属 性	
1001	与行政区划关联的道路元素	关联类型(+ SI)	AY
1002	行政区划关联的连接点	关联类型	AY
1003	与命名区域关联的道路元素	关联类型(+ SI)	AY
1005	与行政区划关联的建筑	关联类型	AY
1006	与行政区划关联的服务	关联类型	AY
1007	与行政区划关联的建成区域	关联类型	AY
1008	与行政区划关联的车渡联络线	关联类型	AY
1009	与行政区划关联的管区	关联类型	AY
1010	与行政区划关联的封闭交通区	关联类型	AY
1011	与建成区域关联的道路元素	关联类型(+ SI)	AY
1012	与建成区域关联的连接点	关联类型	AY
1013	与命名区域关联的车渡联络线	关联类型	AY
1014	与命名区域关联的服务	关联类型	AY
1015	与建成区域关联的建筑物	关联类型	AY
1016	与建成区域关联的服务	关联类型	AY
1017	与建成区域关联的封闭交通区域	关联类型	AY
1018	与建成区域关联的管区	关联类型	AY
1019	与管区关联的道路元素	关联类型(+ SI)	AY

表 H.13(续)

代码	名称	属性	
1020	与建成区域关联的车渡联络线	关联类型	AY
1021	道路元素沿线的建筑物	链距(＋ SI)	CH
1022	道路元素沿线的服务	链距(＋ SI)	CH
1023	路段沿线的服务	(＋ SI)	
1024	连接点处的服务		
1025	交叉口处的服务		
1026	与服务相关的服务		
1027	通向封闭交通区域的道路元素		
1028	属于服务的道路元素		
1029	属于要素的要素中心点		
1030	分隔的连接点		
1031	与道路元素有关的道路相关对象	链距	CH
1032	道路元素沿线的参照点位置	链距	CH
		侧向偏移	LO
		宽度	WI
1033	链参考	事故	复合
		事故标识	AC
		事故日期	AT
		链距	CH
		链偏移	CO
		建筑状态(＋VP)(＋LD)	CS
		货币	CU
		道路功能等级	FC
		侧向偏移	LO
		允许最大高度(＋VP)	MH
		允许最大长度(＋VP)	ML
		允许最大质量(＋VP)	MT
		允许最大轴质量(＋VP)	AW
		允许最大宽度(＋VP)	MW
		实测长度	LM
		多媒体文件	复合
		多媒体文件内容	复合
		多媒体描述	MD
		多媒体动作	MC
		多媒体时间域	MM

表 H.13(续)

代码	名称	属性	
		多媒体文件名称	MN
		多媒体文件类型	AT
		道路管理等级	NR
		车道数(+VP)	NL
		路面	复合
		铺设状态	PV
		铺设过的路面类型	PA
		未铺设的路面类型	UR
		路面条件	RR
		路线编号体	RN
		特殊路径	复合
		路径标识	RS
		路径类型	RT
		路径序号	RU
		交通流	复合
		交通流量	TM
		交通流量类型	TY
		交通流量单位	TU
		国际交通百分比	PI
1034	与链段有关的道路相关对象	链距	CH
		侧向偏移	LO
		宽度	WI
2102	限制策略	有效期	VP
		车辆类型	VT
		车道依赖性	LD
2103	禁止策略	有效期	VP
		车辆类型	VT
		车道依赖性	LD
2104	优先策略	有效期	VP
		车辆类型	VT
		车道依赖性	LD
2105	直达路线		
2106	岔路		
2128	路标信息	交通标志上的目的地信息	复合
		目的地位置	DL

表 H.13(续)

代码	名称	属性	
		交通标志上的路线编号	RX
		出口编号	EN
2129	汇交路口的出口	复合出口编号	复合
		别名	复合
		别名体	复合
		名称组件	复合
		名称组件偏移	NO
		名称组件长度	NC
		名称组件类型	NT
		别名文本	AL
		名称前缀	NP
		出口编号	EN
		路线编号体	RN
		正式名称	复合
		正式名称体	复合
		名称组件	复合
		名称组件偏移	NO
		名称组件长度	NC
		名称组件类型	NT
		正式名称文本	OF
		名称前缀	NP
2140	收费路线	通行费	复合
		收费金额	TC
		货币	CU
2200	立交跨越		
2300	道路元素沿线的交通标志	链距(+VD)	CH
2305	道路元素沿线的交通信号灯	链距(+VD)	CH
2400	地点中的地点	地点中的地点分类	PL
		包含类型	CT
7001	道路元素沿线的公交路线线段	链距	CH
7002	公交路线沿线的公交车站		
7003	道路元素沿线的公交车站	链距	CH
7004	连接点处的公交车站		
7005	服务要素附近的公交车站		
7006	公交路线线段沿线的公交点	链距	CH

ICS 83.140.30
G 33

中华人民共和国国家标准

GB/T 19712—2005/ISO 13957:1997

塑料管材和管件　聚乙烯(PE)鞍形旁通抗冲击试验方法

Plastics pipes and fittings—Polyethylene (PE) tapping tees—Test method for impact resistance

(ISO 13957:1997,IDT)

2005-03-23 发布　　　　2005-09-01 实施

中华人民共和国国家质量监督检验检疫总局
中国国家标准化管理委员会　发布

前　言

本标准等同采用ISO 13957:1997《塑料管材和管件　聚乙烯(PE)鞍形旁通　抗冲击试验方法》(英文版)。

为了便于使用,本标准做了下列编辑性修改:

a) “本国际标准”改为“本标准”;

b) 用小数点“.”代替作为小数点的逗号“,”;

c) 删除国际标准的前言。

请注意本标准的某些内容有可能涉及专利。本标准的发布机构不应承担识别这些专利的责任。

本标准由中国轻工业联合会提出。

本标准由全国塑料制品标准化技术委员会塑料管材、管件及阀门分技术委员会(TC 48/SC 3)归口。

本标准起草单位:亚大塑料制品有限公司、河北宝硕管材有限公司。

本标准主要起草人:王志伟、代启勇、邹丽君、赵海深。

塑料管材和管件　聚乙烯(PE)鞍形旁通抗冲击试验方法

1　范围

本标准规定了测定聚乙烯鞍形旁通抗冲击性能的一种试验方法。

本标准适用于流体输送用聚乙烯鞍形旁通。

2　原理

鞍形旁通的端帽(或分支的顶部)承受从一定高度、沿与鞍形旁通熔接的管材的轴线平行的方向下落的重物冲击。

沿与管材轴线平行的方向正反两次冲击后,检查旁通是否有明显可见的损伤或丧失气密性。

试验在(0±2)℃或另一规定的温度下进行。

3　装置

3.1　落锤试验机

主机架应有沿竖直方向固定的导杆或导管,以引导重锤释放后沿竖直方向自由下落,重锤冲击鞍形旁通时的速度不能小于理论速度的95%。

3.2　重锤

质量为(2 500±20)g或(5 000±20)g,具有直径50 mm的半球形冲击表面。

3.3　带有钢质芯轴的刚性试样固定器

能将试样维持在图1所示位置并防止试验过程中试样的任何旋转。

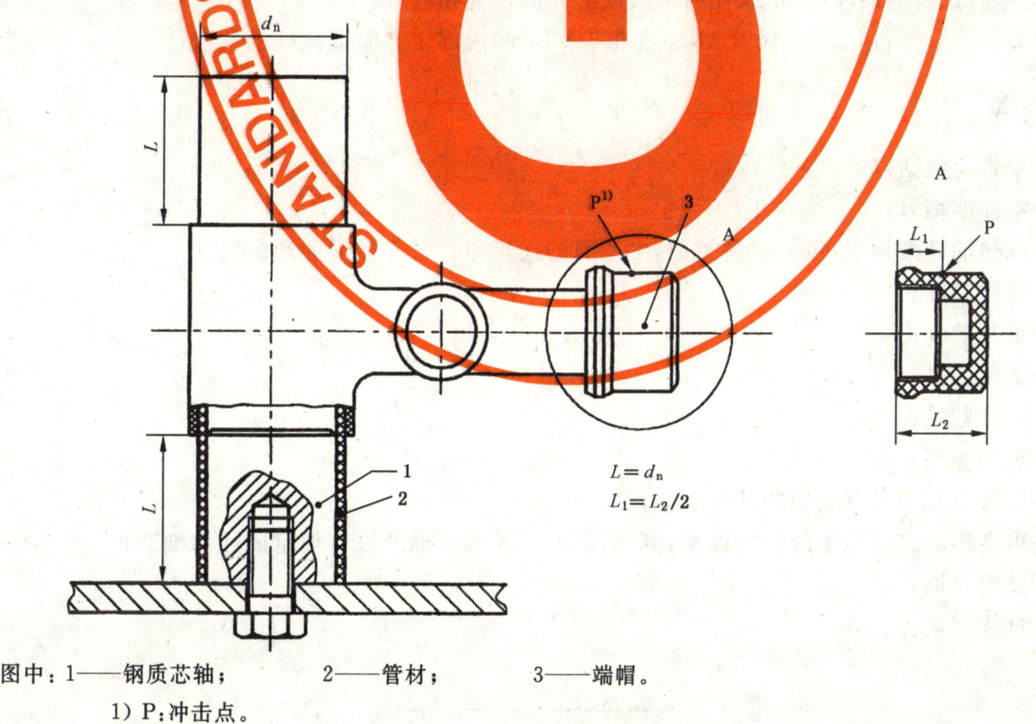

图中:1——钢质芯轴;　　2——管材;　　3——端帽。

1) P:冲击点。

图1　试样安装示意图

4 试样

对于任一给定尺寸的鞍形旁通，至少需要三个试样。

任一试样都应包含一个完整的管材/鞍形旁通组件，其中 L 至少等于 d_n（见图 1）。若无必要，可不用定位夹块。

所有组件的连接以及主管材的切削均应按鞍形旁通生产商给出的说明进行，或按照相关标准的规定进行。

在试验前，每一个试样都要在温度为 23℃±2℃、2.5×10^{-3} MPa 或 0.6 MPa 的条件下进行气密性检查（见第 6 章）。

5 状态调节

鞍形旁通和管材焊接完成至少 8 h 以后，将试样在温度为（0±2）℃的空气中处理 4 h 或在液体中浸泡 2 h。

6 步骤

试样从状态调节环境中取出后，在 30 s 内完成 6.1～6.4 的操作。

如果 30 s 内未完成上述操作，且试样离开状态调节环境未超过 3 min，试样应重新状态调节至少 5 min；如果超过了 3 min，应按照第 5 章重新进行状态调节。

6.1 将试样套在钢质芯轴上，如图 1 所示。

6.2 沿与鞍形旁通熔接的管材轴线平行的方向，从高度（2 000±10）mm 处释放重锤，冲击鞍形旁通端帽（或其分支顶部）。冲击点 P 应距离鞍形分支端部不超过 30 mm。如果旁通装有端帽（如图 1），P 最好应位于此端帽圆柱部位。

6.3 翻转组件，准备冲击端帽或分支的对面。

6.4 在相同条件下重复 6.2 中给出的过程。

6.5 目测检查试验后的样件，记录任何裂纹或破坏的位置和程度。

6.6 在（23±2）℃下，用 2.5×10^{-3} MPa 或 0.6 MPa 的内部压力验证试样的气密性。

7 试验报告

试验报告应包括以下内容：

——本标准编号；

——试样的详细标识，包括材料类型，生产商的代码和管材与鞍形旁通的尺寸；

——试验温度；

——重锤质量；

——下落高度；

——试样数量：

——破坏类型；

——试验过程中所观察到的任何细节；

——可能影响试验结果的任何因素，例如，偶发事件或本标准没有规定的任何细节；

——试验日期；

——试验室名称。

ICS 35.100.70
L 79

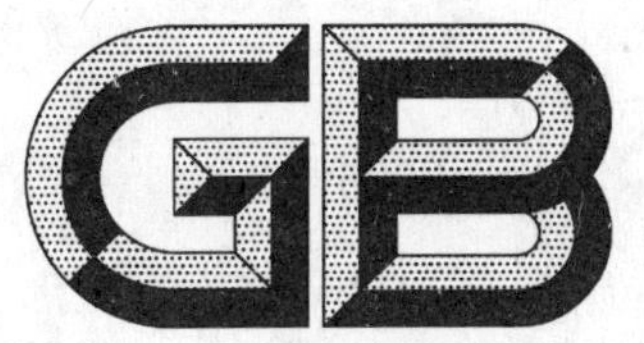

中华人民共和国国家标准

GB/T 19713—2005

信息技术 安全技术 公钥基础设施 在线证书状态协议

Information technology—Security techniques—Public key infrastructure—Online certificate status protocol

2005-04-19 发布 2005-10-01 实施

中华人民共和国国家质量监督检验检疫总局
中国国家标准化管理委员会 发布

前　言

本标准主要参考 IETF(互联网工程特别工作组)RFC2560 文件制定，其中对某些功能项的实施方法，结合实际经验提出了一些特别的建议。

本标准中凡涉及密码算法相关内容，按国家有关法规执行。

本标准的附录 B 为规范性附录，附录 A 为资料性附录。

本标准由中华人民共和国信息产业部提出。

本标准由全国信息安全标准化技术委员会(TC 260)归口。

本标准主要起草单位：国家信息安全基础设施研究中心、国家信息安全工程技术研究中心、中国电子技术标准化研究所、国瑞数码安全系统有限公司。

本标准主要起草人：顾青、吴志刚、邓琳、陈刚、王于、苏恒、李跃、黄峰、郭晓雷、袁文恭、李丹、上官晓丽、王利。

信息技术 安全技术 公钥基础设施
在线证书状态协议

1 范围

本标准规定了一种无需请求证书撤销列表(CRL)即可查询数字证书状态的机制(即在线证书状态协议——OCSP)。该机制可代替 CRL 或作为周期性检查 CRL 的一种补充方式,以便及时获得证书撤销状态的有关信息。本标准主要描述了以下内容:

a) 具体描述了在线证书状态协议的请求形式;

b) 具体描述了在线证书状态协议的响应形式;

c) 分析了处理在线证书状态协议响应时可能出现的各种异常情况;

d) 说明了在线证书状态协议基于超文本传输协议(HTTP)的应用方式;

e) 提供了采用抽象语法记法 1(ASN.1)描述的在线证书状态协议。

本标准适用于各类基于公开密钥基础设施的应用程序和计算环境。

2 规范性引用文件

下列文件中的条款通过本标准的应用而成为本标准的条款。凡是注日期的引用文件,其随后所有的修改单(不包括勘误的内容)或修订版均不适用于本标准,然而,鼓励根据本标准达成协议的各方研究是否可使用这些文件的最新版本。凡是不注日期的引用文件,其最新版本适用于本标准。

ISO/IEC 8824-1:2002 抽象语法记法一(ASN.1) 第 1 部分:基本记忆规范

RFC 2459 因特网 X.509 公开密钥基础设施证书和证书撤销列表框架

RFC 2616 超文本传输协议(HTTP 1.1)

3 术语和定义

下列术语和定义适用于本标准。

3.1

证书扩展项 extensions

在证书的结构中,该域定义了证书的一些扩展信息。

3.2

证书序列号 certificate serial number

为每个证书分配的唯一整数值,在 CA 颁发的证书范围内,此整数值与该 CA 所颁发的证书相关联一一对应。

3.3

请求者 requester

申请在线证书状态查询服务的主体。

3.4

响应者 responder

提供在线证书状态查询服务的主体。

4 缩略语

下列缩略语适用于本标准。

CA 证书认证机构

CAs 证书认证机构群体

CRL 证书撤销列表

HTTP 超文本传输协议

OCSP 在线证书状态协议

OID 对象标识符

PKI 公钥基础设施

5 总则

5.1 概述

OCSP 作为检查定期 CRL 的替代方法或补充方法，在必须及时获得证书撤销状态的相关信息的情况下，是必不可少的。

OCSP 能够使应用程序确定某个标识证书的(撤销)状态。OCSP 可以用来满足那些需要提供比检查 CRL 更及时的撤销信息的操作要求，还可以用来获得附加的状态信息。OCSP 请求者向 OCSP 响应器发出一个状态请求，并延缓接受待查询的证书，直到响应器提供响应为止。

本标准规定了检查证书状态的应用程序和提供证书状态查询的服务器之间需要交换的数据。

5.2 请求

OCSP 请求包含以下数据：

a) 协议版本；

b) 服务请求；

c) 目标证书标识符；

d) OCSP 响应器可处理的可选扩展，比如：OCSP 请求者的签名、随机数。

对某个请求的回应，OCSP 响应器应确定：

a) 报文格式是否正确；

b) 响应器是否配置了所要求的服务；

c) 请求是否包含响应器需要的信息。

如果上述任何一个条件未满足，则 OCSP 响应器将发出一个错误信息；否则，将返回一个明确的响应。

5.3 响应

OCSP 响应可以有不同类型，且响应由响应类型和响应实体两部分组成。本标准只规定了一种所有 OCSP 请求者和响应器都必须支持的 OCSP 基本响应类型。

对所有明确的响应报文都应进行数字签名。用于响应签名的密钥必须满足下列条件之一：

a) 签发待查询证书的 CA；

b) 可信赖的响应器，即请求者信任该响应器的公钥；

c) CA 指定的响应器(即授权的响应器)，该响应器拥有一个 CA 直接发布的带有特殊标记扩展项的证书，该特殊标记扩展项指明该响应器可以为 CA 发布 OCSP 响应。

明确的响应消息由如下内容组成：

a) 响应语法的版本；

b) 响应器的名称；

c) 对请求中每个证书的响应；

d) 可选择的扩展；

e) 签名算法的 OID；

f) 响应的哈希签名。

对请求中每个证书的响应由如下内容组成：

a) 目标证书标识符；

b) 证书状态值；

c) 响应有效期限；

d) 可选的扩展。

本标准对证书状态值规定了如下明确的响应标识符：

a) good(好)：表示对状态查询的肯定响应。如果客户端没有使用时间戳服务器和有限期验证的安全策略，肯定的响应只能说明证书未被撤销，但并不能说明证书已被发布或产生响应的时间是在证书有效性时间范围内。响应扩展可用于传输响应器作出的关于证书状态信息的附加声明，例如发布的肯定声明、有效性等。

b) revoked(已撤销)：表示证书已被(永久地或临时地)撤销。

c) unknown(未知)：表明响应器不能鉴别待验证状态的证书(包括 OCSP 响应器证书与待验证状态的证书不是同一 CA 签发的情况)。

5.4 异常情况

当出现错误时，OCSP 响应器返回某个错误消息。这些消息不能被签名。错误可以是下列几类：

a) malformedRequest(不完整的申请)：OCSP 响应器(服务器)接收到的请求没有遵循 OCSP 语法；

b) internalError(内部错误)：OCSP 响应器处于非协调的工作状态，应当向另一个响应器再次进行询问；

c) tryLater(以后再试)：OCSP 响应器正处于运行状态，不能返回所请求证书的状态，即表明存在所需的服务，但是暂时不能响应；

d) sigRequired(需要签名)：响应器要求请求者对请求签名；

e) unauthorized(未授权)：该查询是由未授权请求者向响应器提出的。

5.5 thisUpdate、nextUpdate 和 producedAt 的语义

各响应中可包含三个时间字段，即 thisUpdate、nextUpdate 和 producedAt。这些字段的语义分别是：

a) thisUpdate：此次更新时间，所要求指明的状态是正确的时间；

b) nextUpdate：下次更新时间，表示证书在此时间之前，状态是正确的，并且在此时间可以再次获得证书状态更新的信息；

c) producedAt：签发时间，OCSP 响应器签署该响应的时间。

如果未设置 nextUpdate，响应器要指明随时可以获得更新的撤销信息。鉴于 OCSP 是实时更新有关证书的状态，本标准建议可不设置 nextUpdate 字段；thisUpdate 定义为 CA 签发证书状态的时间；producedAt 为 OCSP 签发响应的时间。

5.6 预产生响应

为说明某一特定时刻内某些证书的状态，OCSP 响应器可以预先生成某些签名响应。证书状态被认为合法的特定时刻应该就是响应的 thisUpdate 字段；关于状态再次更新的时间应反映在响应中的 nextUpdate 字段；而产生响应的时间应反映在响应中的 ProduceAt 字段。

本标准建议：鉴于 OCSP 在线服务，强调其实时性，并防重放攻击，建议可不采用预产生响应。预响应也不能对客户请求时产生的随机数作出反应。

5.7 OCSP 签名机构的委托

签署证书状态信息的密钥不必与签署证书的密钥相同。证书的发布者通过发布一个含有 extendedKeyUsage 唯一值的证书，并作为 OCSP 响应器的签名证书，来明确指派 OCSP 响应器签名机构。此证书必须由认可的 CA 直接签发给响应器。

5.8 CA 密钥泄漏

如果 OCSP 响应器知道一个特定 CA 的私钥已被泄漏，则它可以使所有由该 CA 发布的证书都返回撤销状态。

6 功能要求

6.1 证书内容

为向 OCSP 客户端请求者提供 OCSP 响应器的访问位置，CA 应该在证书扩展项中提供用于 OCSP 访问的 AuthorityInfoAccess 值（访问授权信息）（详见 RFC2459 中的 4.2.2.1）；或者，OCSP 响应器的 accessLocation（访问地址）可在 OCSP 客户端进行本地配置。

提供 OCSP 服务的 CA，不管是在本地实现还是由指定的 OCSP 响应器实现，都必须在 AccessDescription SEQUENCE 中包含 uniformResourceIndicator（URI）accessLocation 值和对象标识符 id-ad-ocsp。

主体证书中的 accessLocation（访问地址）字段的值详细说明了访问 OCSP 响应器的信息传输路径（如 HTTP），也可以包含其他的信息（如一个 URL）。

6.2 签名响应的接收要求

a) 在把 OCSP 响应视作有效之前，OCSP 客户端应确认；

b) 收到的响应中所鉴别的证书应和请求中的证书一致；

c) 响应方的签名是有效的；

d) 响应方的签名者身份应和请求的预定接收者保持一致；

e) 签名者已被授权对响应进行签名；

f) 指明证书状态的时间（thisUpdate）应为当前最近的时间；

g) 如果设置了 nextUpdate 字段，此时间应该晚于客户端当前时间。

7 具体协议

7.1 约定

本标准采用抽象语法记法 1(ASN.1)来描述具体协议内容，ASN.1 语法引用一些 RFC 2459 定义的术语，完整的 OCSP 协议描述见附录 B。支持 HTTP 的 OCSP 请求格式和响应格式见 RFC2616 和参见附录 A。对于签名计算来说，要签名的数据是用 ASN.1 的可辨别编码规则(DER)来编码的。

如果无特殊说明，默认使用 ASN.1 显式标记。

引用的其他术语还有：Extensions，CertificateSerialNumber，SubjectPublicKeyInfo，Name，AlgorithmIdentifier，CRLReason。

7.2 请求

本条规定了确定请求的 ASN.1 规范。根据所使用的传输机制（HTTP、SMTP、LDAP 等），实际的消息格式可能会发生相应的变化。

7.2.1 请求语法

```
OCSPRequest          ::=      SEQUENCE {
tbsRequest                         TBSRequest,
optionalSignature    [0]           EXPLICIT Signature OPTIONAL }

TBSRequest           ::=      SEQUENCE {
version              [0]           EXPLICIT Version DEFAULT v1,
requestorName        [1]           EXPLICIT GeneralName OPTIONAL,
requestList                   SEQUENCE OF Request,
```

```
requestExtensions      [2]           EXPLICIT Extensions OPTIONAL }

Signature            ::=        SEQUENCE {
signatureAlgorithm               AlgorithmIdentifier,
signature                        BIT STRING,
certs                  [0]       EXPLICIT SEQUENCE OF Certificate
OPTIONAL}

Version              ::=        INTEGER { v1(0) }

Request              ::=        SEQUENCE {
reqCert                              CertID,
singleRequestExtensions              [0] EXPLICIT Extensions OPTIONAL }

CertID               ::=        SEQUENCE {
hashAlgorithm                    AlgorithmIdentifier,
issuerNameHash                   OCTET STRING,——发布者名称的哈希
issuerKeyHash                    OCTET STRING,——发布者公开密钥的哈希
serialNumber                     CertificateSerialNumber }
```

issuerNameHash 是发布者唯一名称的哈希值。该值对所检查证书的发布者名称字段的 DER 编码进行计算。issuerKeyHash 是发布者公钥的哈希值。该值将通过对发布者证书中的主体公钥字段(不含标记和长度)进行计算。hashAlgorithm 字段用来指明这些哈希计算所使用的哈希算法。serialNumber 是请求其状态的证书的序列号。

7.2.2 请求语法的注解

既使用 CA 公开密钥的哈希值又使用 CA 名称的哈希值来标识某个发布者的主要原因,是两个 CA 可能使用相同的名称(虽然推荐名称的唯一性,但并不强制)。但是,两个 CA 的公开密钥是不可能相同的,除非两者都决定共享私钥,或一方的密钥发生泄漏。

对任何特殊扩展域的支持是个可选项。不应将这些扩展域设置为关键性的。7.5 提出了许多有用的扩展域。在其他标准中会定义其他的附加扩展域。必须忽略那些不能识别的扩展域(除非它们有关键性的标志并且不被理解)。

请求者可以选择对 OCSP 请求进行签名。这种情况下,将针对 tbsRequest 结构来验证签名。如果请求被签名,请求者应在 requestorName 中指定其名称。同时,对于已签名的请求,请求者可在 Signature 的 certs 字段中包含有助于 OCSP 响应器验证请求者签名的那些证书。

7.3 响应

本条规定了确定响应的 ASN.1 规范。根据所使用的传输机制(HTTP、SMTP、LDAP 等),实际的消息格式可能会发生相应的变化。

7.3.1 响应语法

一个 OCSP 响应至少由一个指明先前请求的处理状态的 responseStatus 字段构成。如果responseStatus 的值是某个错误条件,则不设置 responseBytes。

```
OCSPResponse ::= SEQUENCE {
        responseStatus          OCSPResponseStatus,
        responseBytes           [0] EXPLICIT ResponseBytes OPTIONAL }
```

```
OCSPResponseStatus ::= ENUMERATED {
    successful            (0), ——响应被有效确认
    malformedRequest      (1), ——非法确认请求
    internalError         (2), ——发布者内部错误
    tryLater              (3), ——稍候重试
    sigRequired           (4), ——必须对请求签名
    unauthorized          (5), ——请求未被授权
}
```

responseBytes 的值由一个对象标识符和响应语法组成，该响应语法由按照 OCTECT STRING 编码的 OID 来标识。

```
ResponseBytes ::=        SEQUENCE {
    responseType     OBJECT IDENTIFIER,
    response         OCTET STRING }
```

对于基本的 OCSP 响应器，responseType 应为 id-pkix-ocsp-basic.

```
id-pkix-ocsp            OBJECT IDENTIFIER ::= { id-ad-ocsp }
id-pkix-ocsp-basic      OBJECT IDENTIFIER ::= { id-pkix-ocsp 1 }
```

OCSP 响应器应能产生 id-pkix-ocsp-basic 类型的响应。相应地，OCSP 客户端应有能力接受和处理此类响应。

response 的值应为 BasicOCSPResponse 的 DER 编码。

```
BasicOCSPResponse       ::= SEQUENCE {
tbsResponseData         ResponseData,
signatureAlgorithm      AlgorithmIdentifier,
signature               BIT STRING,
certs                   [0] EXPLICIT SEQUENCE OF Certificate OPTIONAL }
```

signature 的值应该基于 DER 编码的 ResponseData 哈希值计算得到。

```
ResponseData ::= SEQUENCE {
version                 [0] EXPLICIT Version DEFAULT v1,
responderID                 ResponderID,
producedAt                  GeneralizedTime,
responses                   SEQUENCE OF SingleResponse,
responseExtensions      [1] EXPLICIT Extensions OPTIONAL }

ResponderID ::= CHOICE {
byName                  [1] Name,
byKey                   [2] KeyHash }

KeyHash ::= OCTET STRING——响应器公开密钥的 SHA-1 哈希
(不包括 tag 和 length 字段)

SingleResponse ::= SEQUENCE {
certID                          CertID,
certStatus                      CertStatus,
```

```
    thisUpdate                          GeneralizedTime,
    nextUpdate              [0]         EXPLICIT GeneralizedTime OPTIONAL,
    singleExtensions        [1]         EXPLICIT Extensions OPTIONAL }

CertStatus ::= CHOICE {
    good                    [0]         IMPLICIT NULL,
    revoked                 [1]         IMPLICIT RevokedInfo,
    unknown                 [2]         IMPLICIT UnknownInfo }

RevokedInfo ::= SEQUENCE {
    revocationTime                      GeneralizedTime,
    revocationReason        [0]         EXPLICIT CRLReason OPTIONAL }

UnknownInfo ::= NULL——此处可用枚举替代
```

7.3.2 响应语法的注解

7.3.2.1 时间

thisUpdate 和 nextUpdate 两个字段定义了有效时间间隔。这个时间间隔是和 CRLs 中的{thisUpdate,nextUpdate}间隔相对应。NextUpdate 值比本地系统时间早的响应应被认为无效。ThisUpdate 值比本地系统时间晚的响应也应被认为无效。未提供 nextUpdate 值的响应和未提供 nextUpdate 值的 CRL 意义相同。

producedAt 时间是响应被签名的时间。

7.3.2.2 授权的响应器

对证书状态信息签名的密钥和签发证书的密钥不必相同。但必须确保对该信息进行签名的实体是经过授权的。因此,证书的签发者直接对 OCSP 响应签名,或明确地指派授权给另一个实体对 OCSP 响应签名。CA 通过在 OCSP 响应器证书的 extendedKeyUsage 扩展中包含 id-kp-OCSPSigning 来指派 OCSP 响应器对响应进行签名。OCSP 响应器证书必须直接由 CA 发布,该 CA 还发布了需要验证状态的证书。

id-kp-OCSP Signing OBJECT IDENTIFIER ::= {id-kp 9}

依赖于 OCSP 响应的系统或应用必须能够检测并使用上述的 id-ad-ocspSigning 值,它们可以提供一种方法在本地配置一个或多个 OCSP 签名权威实体以及信任这些权威实体的 CA。如果用来验证响应上的签名所需的证书不能满足以下任何标准,响应必须被拒绝:

a) 本地配置的 OCSP 签名权威实体中包含了与待验证状态的证书相匹配的证书;
b) 或是签发待验证状态证书的 CA 证书;
c) 在 extendedKeyUsage 扩展中含有 id-ad-ocsp Signing 值,并且由签发待验证状态证书的 CA 发布。

附加的接受或拒绝标准可以应用于响应自身,或应用于验证响应签名的证书。

7.3.2.2.1 授权响应器的撤销检查

既然一个授权权威 OCSP 响应器可以为一个或多个 CA 提供状态信息,OCSP 客户端就需要知道如何去检查授权权威响应器的证书是否已被撤销。CA 可任选以下三种方法之一来解决这个问题:

a) CA 可指定 OCSP 客户端在响应器证书的整个生存期内信任该响应器。CA 通过在响应器证书中包含 id-pkix-ocsp-nocheck 扩展来完成该指定。这应该是一个非关键性的扩展。扩展值应为空。至少对于证书的有效期而言,发布这样一个证书的 CA 应认识到响应器密钥的泄密同用来签发 CRL 的 CA 密钥的泄密所带来的后果一样严重。CA 可以选择发布一种有效期很短并且经常更新的证书，也就是短生命周期的证书。

id-pkix-ocsp-nocheck OBJECT IDENTIFIER ::= { id-pkix-ocsp 5 }

b) CA 可以指定如何检查响应器证书是否已被撤销。假如是使用 CRLs 或 CRL 分布点来检查的话，就能够使用 CRL 的分布点来完成，假如是用其他的方法来检查，就要用到权威实体信息访问(AuthorityInfoAccess 扩展)。在 RFC2459 中有这两种机制的详细说明。

c) CA 可选择不指定检查响应器证书是否已被撤销的方法。在此情况下，将遵循 OCSP 客户端的本地安全策略来决定是否做这项检查工作。

7.4 强制的密码算法和可选的密码算法

请求 OCSP 服务的客户端应能够处理已签名的响应，响应由 DSA sig-alg-oid(RFC2459 的 7.2.2 中指定)鉴别的 DSA 密钥签名。OCSP 响应器应支持散列算法。在国内应用时，应使用国家密码管理主管部门审核批准的相关算法。

7.5 扩展

本条定义了一些标准的扩展，这些扩展基于 X.509 的 V3 版本证书(见 RFC2459)中使用的扩展模式。对客户端和响应器而言，对所有扩展的支持都是可选的。对于每个扩展，定义指出了它被 OCSP 响应器处理时的语法，以及任何包含在相应响应中的扩展。

7.5.1 Nonce(现时)

Nonce 通过秘密地加密绑定一个请求和一个响应，以防止重放攻击。Nonce 在请求中作为请求包中的一个 requestExtensions 而包括在请求中，然而在响应中，它将作为响应包中的一个 responseExtensions 包括在响应中。在请求和响应中，Nonce 将由对象标识符 id-pkix-ocsp-nonce 标识，extnValue 中包含了 Nonce 的值。

id-pkix-ocsp-nonce OBJECT IDENTIFIER ::= { id-pkix-ocsp 2 }

7.5.2 CRL 参考

对于 OCSP 响应器来说，在 CRL 上指出一个已撤销的或在用的证书，可能更有价值。这一点在 OCSP 作为存储库和审计机制使用时非常有用。CRL 可能由一个 URL(CRL 可以从这个 URL 处获得)，一个序列号(CRL 序列号)或一个时间点(产生相应的 CRL 的时间点)指定。这些扩展被确定为 singleExtensions。该扩展的标识符为 id-pkix-ocsp-crl，值为 CrlID。

```
id-pkix-ocsp-crl        OBJECT    IDENTIFIER ::= { id-pkix-ocsp 3 }
CrlID ::= SEQUENCE {
    crlUrl              [0]    EXPLICIT IA5String OPTIONAL,
    crlNum              [1]    EXPLICIT INTEGER OPTIONAL,
    crlTime             [2]    EXPLICIT GeneralizedTime OPTIONAL }
```

选择项 crlUrl 指定适用于 CRL 的 URL，它的类型是 IA5String；选择项 crlNum 指定相关 CRL 的 CRL 序列号扩展的值，它的类型是 INTEGER；选择项 crlTime 指定发布相应 CRL 的时间点，它的类型是 GeneralizedTime。

7.5.3 可接受的响应类型

一个 OCSP 客户端可以希望指定其能理解的各种响应类型。为了达到这样的目的，它应该包含 id-pkix-ocsp-response 扩展，值为 AcceptableResponses。该扩展作为请求中的一个 requestExtensions。包含在 AcceptableResponses 中的 OIDs 是该客户端能够接受的各种响应类型(例如：id-pkix-ocsp-basic)的 OIDs。

id-pkix-ocsp-response OBJECT IDENTIFIER ::= { id-pkix-ocsp 4 }

AcceptableResponses ::= SEQUENCE OF OBJECT IDENTIFIER

如 7.3.1 所述，OCSP 响应器将能够产生 id-pkix-ocsp-basic 类型的响应。相应的，OCSP 的客户端也将能接收和处理 id-pkix-ocsp-basic 类型的响应。

7.5.4 存档截止

OCSP 响应器可以选择在证书过期后仍保留相应的撤销信息。从响应的 producedAt 时间减去间隔保持值而得到的时间定义为证书的“存档截止”时间。

即便是所要验证有效签名的证书很久以前就过期了，激活的 OCSP 应用也能使用 OCSP 存档截止时间，来提供数字签名是否有效的证明。

提供历史参考支持的 OCSP 服务器应该在响应包里面包括存档截止扩展。如果包括存档截止扩展，将把这个值作为 OCSP 的 singleExtensions 扩展，并由 id-pkix-ocsp-archive-cutoff 和 Generalized-Time 语法来识别。

```
id-pkix-ocsp-archive-cutoff OBJECT IDENTIFIER ::= { id-pkix-ocsp 6 }
ArchiveCutoff ::= GeneralizedTime
```

举例，如果服务器的操作具有采用 7 年保留期的策略，且 produceAt 值为 t_1，那么响应中 Archive Cutoff 值为(t_1-7 年)。

7.5.5 CRL 入口扩展域

所有指定为 CRL 入口扩展的扩展——见 RFC2459 的 5.3。

7.5.6 服务定位器

一台 OCSP 服务器也许以这样一种模式运作，服务器接收到一个请求，并转发该请求到能识别待验证证书的 OCSP 服务器上。为此定义了 serviceLocator 请求扩展。这个扩展作为一个 singleRequest-Extensions 包括在请求中。

```
id-pkix-ocsp-service-locator OBJECT IDENTIFIER ::= { id-pkix-ocsp 7 }
ServiceLocator ::= SEQUENCE {
issuer      Name,
locator     AuthorityInfoAccessSyntax OPTIONAL }
```

这些字段的值可从主体证书的相应字段中获得。

8 安全考虑

为使服务有效，证书使用系统必须与证书状态服务提供者相连接。当不能获得此连接时，证书使用系统可以执行一个 CRL 处理逻辑，作为一种后备的处理手段。

一种拒绝服务攻击很明显是由于对服务器的大量查询引起的。密码签名的计算严重影响了应答产生的周期时间，因而更加加剧了这一情形。同时，未签名的错误响应可使协议遭受另外一种拒绝服务攻击，就是攻击者发送大量的虚假错误的应答。

预产生响应的使用给重放攻击提供了机会，一个以前的(好的)应答在证书已经被撤销之后但又在它过期之前被重放会导致重放攻击。部署 OCSP 响应器应当仔细地在预产生响应所带来的益处和重放攻击发生的可能性之间，以及重放攻击成功执行后所造成的损失和预防重放攻击相应的花费之间作出权衡。

请求中不包括目标应答器的任何信息，这就给攻击者将请求重放发送给任何可能的 OCSP 响应器提供了可能。

如果没有正确配置中间级服务器，或缓存管理出错，那么对 HTTP 高速缓存的信赖，可能导致一些意外的结果。在部署 OCSP OVER HTTP 时，本标准建议实施者把 HTTP 缓存机制的可靠性考虑进去。

附 录 A
（资料性附录）
HTTP 上的 OCSP

本附录描述了支持 HTTP 的 OCSP 请求格式和 OCSP 响应格式。

A.1 请求

基于 HTTP 的 OCSP 请求可以使用 GET 或 POST 方法来提交。为了使得 HTTP 缓存生效，较小的请求（经过编码后小于 255 字节）可以用 GET 方法来提交。如果 HTTP 缓存不是很重要，或者请求大于或等于 255 字节，那么请求应该用 POST 方法来提交。在保密性是一个重要需求的时候，基于 HTTP 的 OCSP 会话可以用 TLS/SSL 或其他底层的协议来保障其安全性。

一个使用 GET 方法的 OCSP 请求按如下方式进行构造：

GET {url}/{url-encoding of base-64 encoding of the DER encoding of the OCSPRequest}

其中 {url}可以从 AuthorityInfoAccess 的值或者 OCSP 客户端的本地配置获得。

一个使用 POST 方法的 OCSP 请求按如下方式进行构造：

Content-Type 头具有值："application/ocsp-request"，而消息体是 OCSPRequest 的 DER 编码的二进制值。

本标准建议，实施者只使用 POST 方法，使用 POST 方法还可避免 HTTP 缓存机制带来的麻烦。客户端必须对请求进行签名。

A.2 响应

一个基于 HTTP 的 OCSP 响应由以下方式定义：

Content-Type 头具有值："application/ocsp-response"，Content-Length 头应该指定响应的长度，而消息体是 OCSPResponse 的 DER 编码的二进制值。其他的不能被客户端识别的 HTTP 头可能存在于响应中，可以被忽略。

注：因业务需求，可能有甲网用户访问乙网用户的 OCSP 服务的情况，可将有关交叉认证的协议融入其中。为了方便实现，访问者证书中应有其签发者的 KeyID，这样在响应器中的 CA 信任链中能更准确的找到验证它的上级证书。

附 录 B
（规范性附录）
采用 ASN.1 定义的 OCSP

```
OCSP DEFINITIONS EXPLICIT TAGS::=
BEGIN
IMPORTS
    ——Directory Authentication Framework (X.509)
      Certificate, AlgorithmIdentifier, CRLReason
      FROM AuthenticationFramework { joint-iso-itu-t ds(5)
      module(1) authenticationFramework(7) 3 }
    ——PKIX Certificate Extensions
      AuthorityInfoAccessSyntax
      FROM PKIX1Implicit88 {iso(1) identified-organization(3)
      dod(6) internet(1) security(5) mechanisms(5) pkix(7)
      id-mod(0) id-pkix1-implicit-88(2)}
      Name, GeneralName, CertificateSerialNumber, Extensions,
      id-kp, id-ad-ocsp
      FROM PKIX1Explicit88 {iso(1) identified-organization(3)
      dod(6) internet(1) security(5) mechanisms(5) pkix(7)
      id-mod(0) id-pkix1-explicit-88(1)}
    ——Cryptographic Message Syntax (CMS)
      IssuerAndSerialNumber
      FROM { iso(1) member-body(2) us(840) rsadsi(113549)
      pkcs(1) pkcs-9(9) smime(16) modules(0) cms-2001(14)}
      OCSPRequest         ::=         SEQUENCE {
      tbsRequest                          TBSRequest,
    optionalSignature     [0]     EXPLICIT Signature OPTIONAL }
     TBSRequest        ::=     SEQUENCE {
     version               [0]     EXPLICIT Version DEFAULT v1,
     requestorName         [1]     EXPLICIT GeneralName OPTIONAL,
     requestList                   SEQUENCE OF Request,
     requestExtensions     [2]     EXPLICIT Extensions OPTIONAL }
     Signature        ::=          SEQUENCE {
     signatureAlgorithm    AlgorithmIdentifier,
     signature             BIT STRING,
     certs                 [0]     EXPLICIT Certificates OPTIONAL }
     Version    ::=    INTEGER { v1(0), v2(1) }
     Request    ::=        SEQUENCE {
     reqCert                                  ReqCert,
     singleRequestExtensions                  [0] EXPLICIT Extensions OPTIONAL }
     Certificates      ::=      SEQUENCE SIZE(1..MAX) of Certificate
     ReqCert      ::=    CHOICE {
```

```
certID                          CertID,
fullCert                        [0] FullCertificate,
certIdWithSignature             [1] CertIdWithSignature }
CertID ::= SEQUENCE {
hashAlgorithm                   AlgorithmIdentifier,
issuerNameHash          OCTET STRING,—— Hash of Issuer's DN
issuerKeyHash           OCTET STRING,—— Hash of Issuers public key
serialNumber            CertificateSerialNumber }
FullCertificate ::= CHOICE {
certificate             [0]   Certificate,
attributeCert           [1]   AttributeCertificate }
CertIdWithSignature ::= SEQUENCE {
issuerandSerialNumber   IssuerandSerialNumber,
tbsCertificateHash      BIT STRING,
certsignature           CertSignature
}
CertSignature ::= SEQUENCE {
signatureAlgorithm      AlgorithmIdentifier,
signatureValue          BIT STRING
}
OCSPResponse ::= SEQUENCE {
responseStatus                  OCSPResponseStatus,
responseBytes           [0] EXPLICIT ResponseBytes OPTIONAL }
OCSPResponseStatus ::= ENUMERATED {
successful              (0), ——Response has valid confirmations
malformedRequest        (1), ——Illegal confirmation request
internalError           (2), ——Internal error in issuer
tryLater                (3), ——Try again later
                        (4), —— is not used
sigRequired             (5), ——Must sign the request
unauthorized            (6), ——Request unauthorized
badCRL                  (8), ——Error in CRL processing
}
ResponseBytes ::=       SEQUENCE {
responseType            OBJECT IDENTIFIER,
response                OCTET STRING }
BasicOCSPResponse               ::= SEQUENCE {
tbsResponseData         ResponseData,
signatureAlgorithm      AlgorithmIdentifier,
signature               BIT STRING,
certs                   [0] EXPLICIT Certificates OPTIONAL }
ResponseData ::= SEQUENCE {
version                 [0] EXPLICIT Version DEFAULT v1,
responderID             ResponderID,
```

```
producedAt              GeneralizedTime,
responses               SEQUENCE OF SingleResponse,
responseExtensions   [1] EXPLICIT Extensions OPTIONAL }
ResponderID ::= CHOICE {
byName        [1] Name,
byKey         [2] KeyHash }
KeyHash ::= OCTET STRING ——SHA-1 hash of responder's public key
——(excluding the tag, length and number of unused
—— bits fields)
SingleResponse ::= SEQUENCE {
reqCert                          ReqCert,
—— MUST be identical to the same field from the request
certStatus                       CertStatus,
thisUpdate                       GeneralizedTime,
nextUpdate                   [0] EXPLICIT GeneralizedTime OPTIONAL,
singleExtensions [1]         EXPLICIT Extensions OPTIONAL }
CertStatus ::= CHOICE {
good          [0]    IMPLICIT NULL,
revoked       [1]    IMPLICIT RevokedInfo,
unknown       [2]    IMPLICIT UnknownInfo }
RevokedInfo ::= SEQUENCE {
revocationTime           GeneralizedTime,
revocationReason [0]     EXPLICIT CRLReason OPTIONAL }
UnknownInfo ::= NULL —— this can be replaced with an enumeration
ArchiveCutoff ::= GeneralizedTime
AcceptableResponses ::= SEQUENCE OF OBJECT IDENTIFIER
ServiceLocator ::= SEQUENCE {
issuer       Name,
locator      AuthorityInfoAccessSyntax }
CrlLocator ::= CRLDistributionPoints
—— Object Identifiers
id-kp-OCSPSigning                  OBJECT IDENTIFIER ::= { id-kp 9 }
id-pkix-ocsp                       OBJECT IDENTIFIER ::= { id-ad-ocsp }
id-pkix-ocsp-basic                 OBJECT IDENTIFIER ::= { id-pkix-ocsp 1 }
id-pkix-ocsp-nonce                 OBJECT IDENTIFIER ::= { id-pkix-ocsp 2 }
id-pkix-ocsp-crl                   OBJECT IDENTIFIER ::= { id-pkix-ocsp 3 }
id-pkix-ocsp-response              OBJECT IDENTIFIER ::= { id-pkix-ocsp 4 }
id-pkix-ocsp-nocheck               OBJECT IDENTIFIER ::= { id-pkix-ocsp 5 }
id-pkix-ocsp-archive-cutoff        OBJECT IDENTIFIER ::= { id-pkix-ocsp 6 }
id-pkix-ocsp-service-locator       OBJECT IDENTIFIER ::= { id-pkix-ocsp 7 }
id-pkix-ocsp-crl-locator           OBJECT IDENTIFIER ::= { id-pkix-ocsp X }
END
```